# 机械原理

刘送永　王洪欣　杨金勇　主编

科学出版社

北京

## 内 容 简 介

机械原理是机械类专业的专业基础核心课程。本书内容是基于作者团队长期教学与科研的成果，并结合当前工业机械领域对机械设计人才提出的更高要求而写成的。本书共14章，分别是绪论、平面机构的组成分析、平面机构的运动分析、平面机构的力分析、平面连杆机构及其设计、凸轮机构及其设计、齿轮机构及其设计、齿轮系及其设计、其他常用机构、机械的运转及其速度波动的调节、机械的平衡、机械无级变速机构、工业机器人机构学以及机械系统方案设计。读者通过扫描本书中的二维码可获取相关动画、视频或小程序。

本书既可作为高等院校工科机械类专业本科生、专科生学习机械原理课程的教材，也可供其他相关专业的教师与工程技术人员参考。

**图书在版编目(CIP)数据**

机械原理 / 刘送永，王洪欣，杨金勇主编. -- 北京 : 科学出版社，2025. 2.
ISBN 978-7-03-080485-3

Ⅰ. TH111

中国国家版本馆 CIP 数据核字第 2024W63Y92 号

责任编辑：惠　雪/责任校对：郝璐璐
责任印制：张　伟/封面设计：许　瑞

科学出版社 出版
北京东黄城根北街16号
邮政编码：100717
http://www.sciencep.com
三河市骏杰印刷有限公司印刷
科学出版社发行　各地新华书店经销
*
2025年2月第　一　版　开本：787×1092　1/16
2025年2月第一次印刷　印张：19
字数：447 000

**定价：59.00元**

（如有印装质量问题，我社负责调换）

# 前　言

由人工智能、生命科学、物联网、机器人、新能源与智能制造等一系列创新所带来的物理空间、网络空间和生物空间三者融合为标志的第四次工业革命飞速发展，导致现代的机器不仅具有极大的力量，而且具有感知判断与决策能力。大多数机器将机械、电子、电气、液压和控制技术集成于一体，既可以按照生产工序的要求实施过程控制，也能依据预设逻辑自动调整控制过程。这不仅显著提高了工作速度和精度，还解放了人类的体力劳动，甚至正在逐步解放部分脑力劳动。现代机器的工作原理、结构组成和设计理念也大大不同于传统的机器。为此，机械原理课程的教学内容也发生了广泛、深刻和质的变化，以适应市场经济发展对机械设计人才的需求。

当前，机械产品的国际竞争更加激烈，市场要求企业不断创造出质量高、功能满足需求、价格合理的新机器。每个机械设计人员必须具有深厚的机械设计理论和宽广的跨学科知识、了解市场的需求，才能设计出满足市场要求的机械产品。

当今的机器结构太复杂，“机械原理”课程仅从“机构”的层面上选择大多数机器使用频率高的“机构”加以学习和研究，那些偶尔被使用的 “机构”则在专业课程中研究讨论。

学习“机械原理”课程的目的就是让机械设计人员具有认知理解已有机械机构，进而具有开发出新机械的能力。为此，“机械原理”课程既介绍机械设计中各种常用机构的特点、分析与设计方法，也适当地讲述它们具体的应用。

为了培养学生理解当前机械机构的能力、改进机械的设计能力与创新设计机械的能力，本教材作者基于长期教学中的实践、学术研究与科研的积累，从以下几个方面进行改进和提高。

(1) 传授知识，培养设计能力。本教材在阐述“机械原理”课程的基本内容时，不仅讲清基本概念、基本理论和基本方法，而且还进行适当扩展，以提高学生的机构设计能力，并通过机构参数的变化，展示机构的几何特征、运动特征与动力学特征。

(2) 培养逻辑思维能力，促进形象思维能力的提高。本教材的许多基本理论都经过理论分析，以期培养学生的逻辑思维能力，同时还给出适量的机构创新设计实例，以启发学生的形象思维能力。

(3) 注重机构分析，讲述机构创新设计。本教材在讲述常用机构的通用分析与设计方法的同时，介绍了机构创新设计的基本原则与实例，以培养学生机构创新设计的能力。

(4) 增加机械无级变速机构，扩展对机械传动的了解。本教材介绍了机械无级变速器的机构类型与传动比的分析方法，以期学生了解机械无级变速的概念与基本理论。与变频调速相比，机械无级变速器在成本和安全性方面更具优势，价格更低且属于本质安全型。

(5) 介绍工业机器人的应用，普及工业机器人的机构学理论。本教材对工业机器人的类型与应用、工业机器人的机构学理论予以介绍，以期学生了解这一机电一体化产品，增强交叉学科知识的应用能力。

由于作者水平有限，书中难免存在错误与不足之处，敬请同仁和广大读者不吝赐教，以期不断完善。

编 者

2024 年 5 月

# 目　录


## 第 1 章　绪论　/1

1.1　近代科学技术进步，加快机器的全面发展　/1
1.2　机械原理课程的使命与研究方法　/2
1.3　机械、机器与机构　/8
1.4　设计机器的基本要求与流程　/8
1.5　机械原理的基本内容　/9
1.6　学习本课程的目的　/10
1.7　学习本课程的方法　/10

## 第 2 章　平面机构的组成分析　/11

2.1　概述　/11
2.2　平面机构的组成分析　/11
2.3　平面机构的运动简图　/14
2.4　平面机构的自由度　/19
2.5　计算平面机构自由度的注意事项　/22
2.6　平面机构的组成原理与结构分析　/24
2.7　平面机构的高副低代　/28
习题　/30

## 第 3 章　平面机构的运动分析　/32

3.1　概述　/32
3.2　平面机构运动分析的图解法　/32
3.3　平面机构运动分析的解析法　/39
习题　/43

## 第 4 章　平面机构的力分析　/46

4.1　概述　/46
4.2　平面机构静力分析的图解法　/46

4.3 计入运动副中摩擦的机构受力分析 / 50
4.4 平面机构的动态静力分析 / 59
习题 / 64

第 5 章 平面连杆机构及其设计 / 67
5.1 概述 / 67
5.2 平面四杆机构的基本型式及其演化 / 67
5.3 平面四杆机构的基本概念与传动特征 / 70
5.4 按行程速比系数设计平面四杆机构 / 73
5.5 平面四杆机构的解析法设计 / 75
5.6 近似等速比机构的设计与传动特征 / 88
5.7 高阶停歇机构的设计与传动特征 / 90
5.8 平面连杆机构的应用 / 93
习题 / 96
思考题 / 97

第 6 章 凸轮机构及其设计 / 99
6.1 概述 / 99
6.2 凸轮机构的分类及封闭形式 / 99
6.3 从动件常用的运动规律 / 101
6.4 盘形凸轮轮廓曲线的作图法设计 / 105
6.5 盘形凸轮轮廓曲线的解析法设计 / 107
6.6 凸轮机构基本尺寸的确定 / 109
6.7 凸轮机构的应用 / 111
习题 / 112
思考题 / 114

第 7 章 齿轮机构及其设计 / 115
7.1 概述 / 115
7.2 齿轮机构的类型 / 115
7.3 齿轮的齿廓曲线 / 118
7.4 渐开线齿廓的啮合特征 / 120
7.5 渐开线标准齿轮的基本参数和几何尺寸 / 120
7.6 渐开线标准圆柱齿轮的啮合传动 / 123
7.7 渐开线圆柱齿轮的加工 / 126
7.8 渐开线齿轮的变位加工与传动 / 128
7.9 斜齿圆柱齿轮传动 / 136

7.10　圆柱蜗杆传动　/ 140
7.11　直齿圆锥齿轮传动　/ 142
习题　/ 144
思考题　/ 145

第 8 章　齿轮系及其设计　/ 146
8.1　概述　/ 146
8.2　定轴轮系的传动比　/ 150
8.3　周转轮系的传动比　/ 151
8.4　复合轮系的传动比　/ 154
8.5　轮系的功用　/ 158
8.6　周转轮系的设计　/ 162
8.7　其他类型的行星传动简介　/ 164
习题　/ 169
思考题　/ 170

第 9 章　其他常用机构　/ 171
9.1　概述　/ 171
9.2　棘轮机构　/ 171
9.3　槽轮机构　/ 172
9.4　不完全齿轮机构　/ 174
9.5　滚子分度凸轮机构　/ 174
9.6　瞬时停歇的间歇运动机构　/ 175
9.7　万向节机构　/ 175
9.8　非圆高副机构　/ 178
思考题　/ 181

第 10 章　机械的运转及其速度波动的调节　/ 183
10.1　概述　/ 183
10.2　机械运动的微分方程及其解　/ 183
10.3　稳定运转状态下机械的周期性速度波动及其调节　/ 191
习题　/ 206
思考题　/ 208

第 11 章　机械的平衡　/ 210
11.1　概述　/ 210

11.2 平面连杆机构的平衡 / 211
11.3 圆盘类零件的静平衡 / 217
11.4 刚性转子的动平衡 / 218
习题 / 224
思考题 / 226

## 第12章 机械无级变速机构 / 227

12.1 概述 / 227
12.2 定轴无中间滚动体式机械无级变速传动 / 227
12.3 定轴有中间滚动体式机械无级变速传动 / 229
12.4 行星式机械无级变速传动 / 234
12.5 脉动无级变速传动 / 241
思考题 / 242

## 第13章 工业机器人机构学 / 244

13.1 概述 / 244
13.2 工业机器人的组成 / 245
13.3 工业机器人的分类与性能 / 247
13.4 工业机器人的运动学基础 / 249
13.5 工业机器人的正向运动学 / 256
13.6 工业机器人的逆向运动学 / 263
习题 / 267
思考题 / 269

## 第14章 机械系统方案设计 / 271

14.1 概述 / 271
14.2 一种管道移动机器人迈动行走及自适机构 / 273
14.3 一种碳化硅粉末膏状体挤压成圆管机器 / 276
思考题 / 289

## 参考文献 / 292

# 第 1 章

# 绪　论

## 1.1　近代科学技术进步，加快机器的全面发展

为了系统地描述客观世界，人们对客观世界中的对象进行分层分类，顶层中的概念是物质、能量、信息与相互作用等基本范畴。牛顿(Newton，1643—1727)发现了宏观物质之间的相互作用(惯性定律、$\Sigma \boldsymbol{F} = m\boldsymbol{a}$、$\boldsymbol{F}_{12} = -\boldsymbol{F}_{21}$)；牛顿于 1687 年发现了宏观物质长距离之间的相互作用 $\boldsymbol{F} = (Gm_1m_2)/r^2$；笛卡儿 (Descartes，1596—1650)建立了碰撞定律；爱因斯坦(Einstein，1879—1955)提出物质的质量($m$)与能量($E$)并不是彼此孤立的，而是互相联系的，不可分割的，即 $E = mc^2$，$c$ 为光速。热力学第零定律，如果两个热力学系统中的每一个都与第三个热力学系统处于热平衡(温度相同)，则它们彼此也处于热平衡；热力学第一定律，其表达式为 $\Delta U = Q + W$，揭示了热现象领域内的能量守恒和转化定律，反映了不同形式的能量在传递与转换过程中守恒；热力学第二定律，该定律表明力学能可以全部转换成热能，但是热能却不能以有限次的实验操作全部转换成功；热力学第三定律，绝对零度不可达到，但可以无限趋近。于是人类进入第一次工业革命时代(18 世纪 60 年代至 19 世纪 30 年代)，以蒸汽机的发明为标志，称为“机器时代”。这个时期所形成的关于机器设计的部分理论依然是当前设计机器的基础理论。

1862 年，德国工程师尼古拉斯·奥托(Nikolaus Otto)发明了一种可靠的内燃机，推进了新交通工具的出现；1831 年，英国物理学家法拉第(Farady)发现了电磁感应现象，为发电机和电动机的诞生及一切有线电器设备的创新奠定了科学基础；1866 年，德国物理学家西门子(Siemens)研制成功了直流发电机，电力开始成为影响人们生产和生活的一种新能源；1887 年德国物理学家赫兹(Hertz)发现了电磁波，为无线通信奠定了科学基础；19 世纪七八十年代，电力开始用于驱动机器。于是人类进入第二次工业革命时代(19 世纪中期至 20 世纪初)，称为“电气时代”。这个时期形成的关于让机器的行为更好地满足生产工艺的理论仍然是今天设计机器的基础理论。

第三次工业革命始于 20 世纪四五十年代，在原子能、电子计算机、微电子技术、航天技术、分子生物学和遗传工程等领域取得重大突破。这个时期的机器从编程单机控制向集群控制发展，从有线控制向无线控制发展，机器变得灵活、聪明。这个时期的机器设计理论向微小机器、超大机器、超精密机器的设计方向发展。

第四次工业革命始于 21 世纪初，以互联网产业化、工业智能化与工业一体化为代表，

以人工智能、清洁能源、无人控制技术、量子信息技术、虚拟现实以及生物技术为主的全新技术革命。我们正处于第四次工业革命的时代浪潮中，必须深入掌握机器设计的前沿理论与方法，同时具备推动第四次工业革命迈向更高阶段的能力，以顺应时代发展的需求。

## 1.2 机械原理课程的使命与研究方法

机械原理课程是将物质之间的相互作用具体化，满足人类生活与生产的相互作用，研究其中的理论与对应的实现方法。

机械原理把抽象的物质具体成为构件、杆、连杆、滑块、齿轮、凸轮等，把一对相互作用具体成为运动副(转动副、移动副、高副、球面副等更为细化的术语)，把多对相互作用的关系具体成为机构(连杆机构、齿轮机构、凸轮机构、齿轮系等更为具体的术语)。为了展开论述机械原理课程的内容，后面还需要定义若干更为具体的名词术语。下面结合具体实例说明机械原理分析问题的方法。

(1) 窗户开闭机构

低层房间的窗户基于一侧垂直安装的双铰链向外摆动打开便于通风；高层房间的窗户有的是基于一侧的垂直安装的双铰链向内摆动打开，有的是基于底部的凹槽左右移动开闭，有的是基于顶部的水平安装的双铰链摆动打开，有的是既可以基于一侧的铰链向外摆动打开，又可以基于顶部的铰链摆动向外打开。关于顶部水平安装的双铰链向外摆动打开的窗户如图 1-1 所示，在机械原理课程中的表达如图 1-2 所示，图中构件 1 为下连杆，构件 2 为窗户组合体，构件 3 为上连杆，构件 4 为滑块，构件 5 为中连杆，构件 6 为窗户框架。窗户框架的前后侧分别应用一对平面六杆机构，令 $l_{11} = OA$，$l_{12} = AB$，$l_2 = BC$，$l_3 = CD$，$l_4 = DE$，$l_5 = AE$，它利用几何关系 $l_{12} + l_2 = l_5 + l_4 + l_3$ 实现构件 2 做平面位移，利用滑块 4 与窗户框架 6 中的导槽之间的摩擦力实现任意开度时窗户组合体 2 的自锁。这样打开窗户既实现通风，又避免雨水溅进房间。

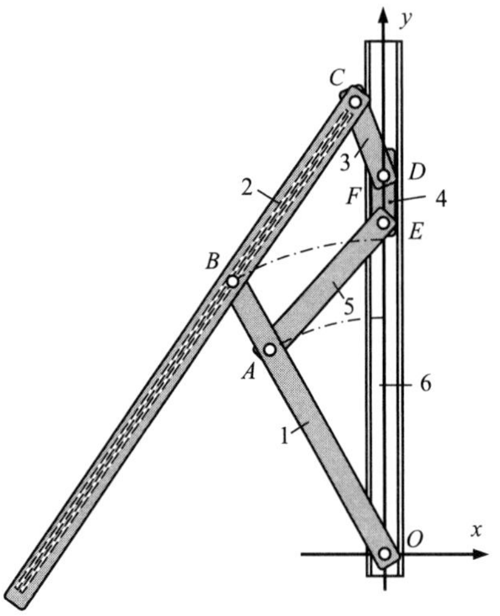

图 1-1 窗户开闭六杆机构的设计

1–下连杆；2–窗户组合体；3–上连杆；4–滑块；5–中连杆；6–窗户框架

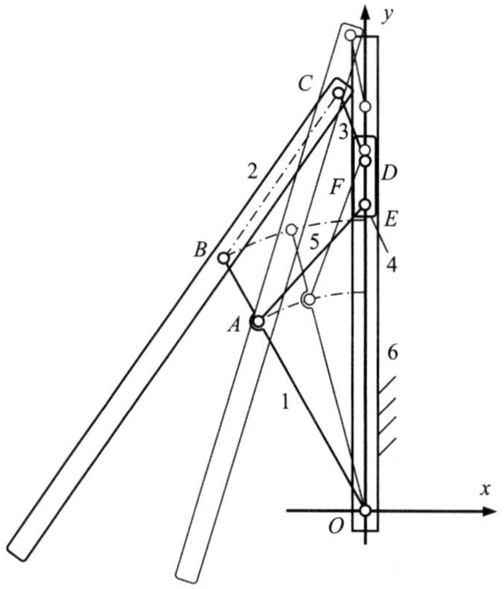

图 1-2 窗户开闭六杆机构的运动简图

1–下连杆；2–窗户组合体；3–上连杆；4–滑块；5–中连杆；6–窗户框架

(2) 回形针制作机构

如图 1-3 所示的回形针，用图 1-3 所示的标注说明其成形过程如图 1-4 所示，一根被驱动以等速前进的钢丝，与等速转动的圆盘在周向错位、径向安装的 3 个凸面块依次接触，第一个凸面块在 $B$ 处将钢丝转向 180°并沿径向外翘，第二个凸面块在 $C$ 处将钢丝转向 180°，第三个凸面块在 $D$ 处将钢丝转向 180°并沿径向外翘，第四个是切刀，在 $E$ 处将钢丝切断，如此循环，一个个回形针被制造出来。显然，这是相对运动与几何约束合成的结果。当然，还有其他的成形方法。

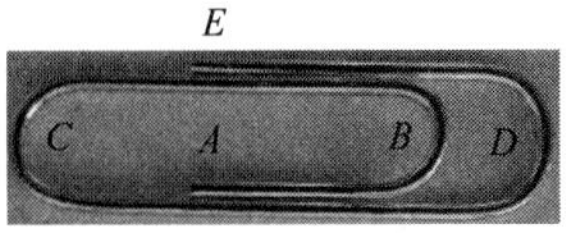


图 1-3 回形针

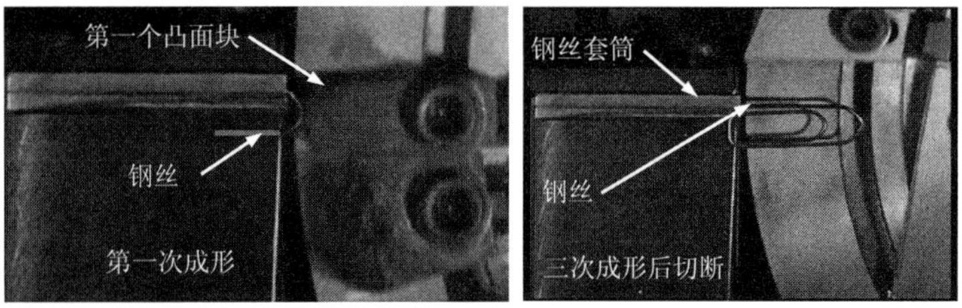


图 1-4 凸轮机构完成回形针的成形过程

(3) 钳子

钳子是生活与生产中常用的工具，利用杆杆原理设计的叉形钳子的增力倍数较小，剪断钢丝费劲。利用四杆机构设计出横向型四杆机构型的钳子，如图 1-5 所示，其机构运动简图如图 1-6 所示，增力倍数较大；利用五杆机构设计出五杆机构型钳子，如图 1-7 所示，其机构运动简图如图 1-8 所示，它不仅增力倍数较大，而且更灵活。

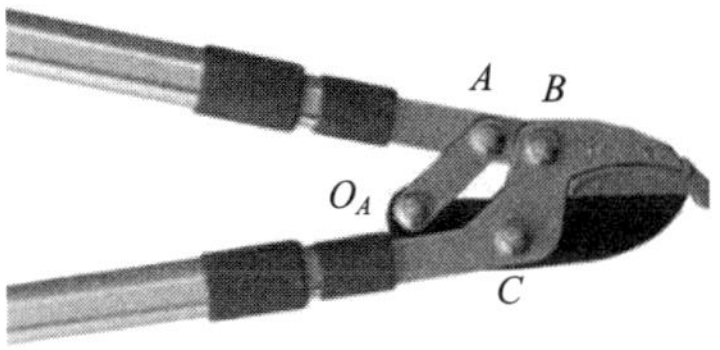


图 1-5 横向型四杆机构型钳子

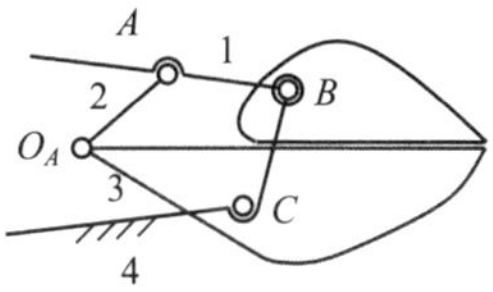


图 1-6 横向型四杆机构型钳子的机构运动简图

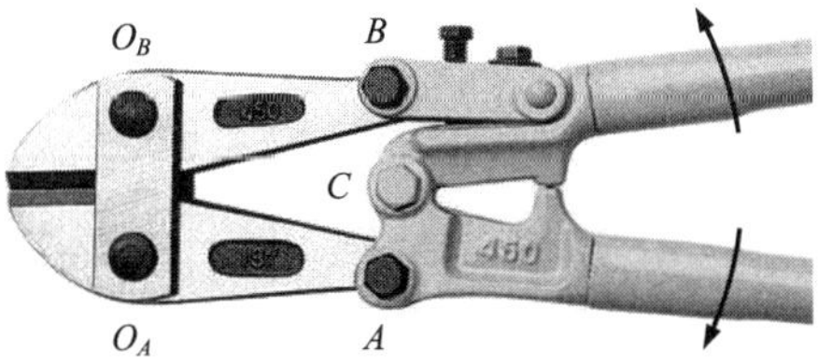


图 1-7 五杆机构型钳子

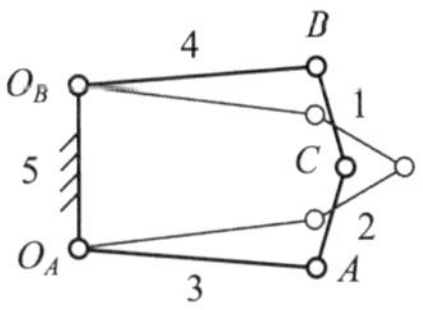


图 1-8 五杆机构型钳子的机构运动简图

(4) 菱形金属网编织机

牧场的围栏、专用场地的护栏、采煤的巷道支护、采煤区支护与边坡护理中都应用到菱形金属网，菱形金属网是性能优良的隔离体与支护层。菱形金属网的钢丝直径为 $d$、螺距为 $P$、菱形金属网宽度为 $b$、菱形金属网厚度为 $h$，如图 1-9 所示。菱形金属网是由成捆的钢丝经成型与编织后得到的，一种菱形金属网编织机如图 1-10 所示，两根互绕扁螺旋钢丝的成型结构如图 1-11 所示。学习机械原理课程的目的就是为设计此类及其他机械装置提供机构学理论基础与设计方法支持。

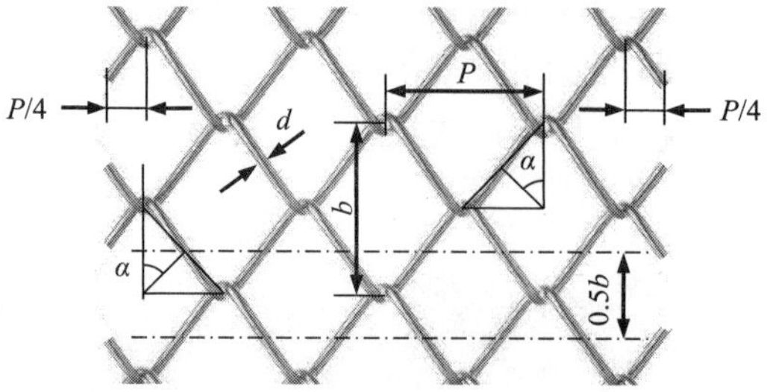


图 1-9 菱形金属网的结构

图 1-10 菱形金属网编织机

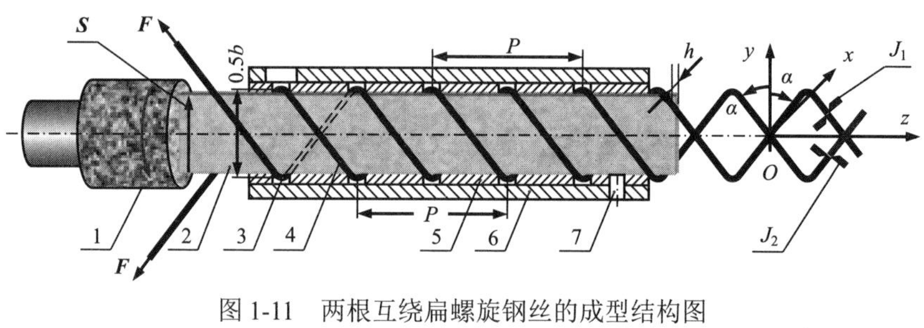


图 1-11 两根互绕扁螺旋钢丝的成型结构图

1–主轴；2–成型导板；3–第一根扁螺旋钢丝；4–第二根扁螺旋钢丝；5–螺旋套；6–约束套筒；7–定位销轴

***F***–张力；***S***–导板方位矢量；$P$–螺距；$b$–菱形金属网宽度；$h$–菱形金属网厚度；$J_1$–第一根钢丝的对剪；$J_2$–第二根钢丝的对剪；$\alpha$—扁螺旋钢丝与 $xOy$ 面的夹角

从钢丝到菱形金属网的历程为：直径为 $d$ 的钢丝被转动的成型导板 2 与螺旋套 5 的导引作用而抽出；抽出的路径中钢丝被张力机构拉直(基于弹塑性力学的理论设计而得)；钢丝在张力状态下绕入成型导板 2 以便获得厚度为 $h$ 的扁螺旋钢丝；扁螺旋钢丝被螺旋套 5 成型出

规定的螺距 $P$，当成型导板 2 旋转 $N+2\times0.25$ 圈时，菱形金属网的宽度为 $NP$，对应的扁螺旋钢丝的宽度为 $NP+2P/4$，出端的 $P/4$ 与入端的 $P/4$ 用于锁边，成型导板 2 每次的转数 $N+2\times0.25$ 被计数器计数，成型导板 2 第一次停止对应的转数为 $N+1/2$，成型导板 2 第二次停止对应的累计转数为 $2N+1$，显然，若 1/2 对应成型导板 2 的矢量 $\boldsymbol{S}$ 在上，则 1 对应成型导板 2 的矢量 $\boldsymbol{S}$ 在下，于是成型导板 2 要做双位精确定位，由液压缓冲定位机构实现；第一次定位信号在 $N$ 圈时发出，定位结束后扁螺旋钢丝的长度为 $NP+2P/4$，剪切机构对钢丝实施正切(将空间问题转化为平面组合问题)，外抽机构抽出 $2\times0.5b$ 距离的网并通过摩擦轮驱动打捆间歇步进运动，由步进电机与减速机构以及摩擦轮机构实现；锁边机构对两端 $P/4$ 的钢丝锁边，由电磁铁机构与曲面锁边头以及支撑轮组合实现；每次定位信号的增量为 $N$，1/2 圈由惯性走完并被定位机构定位。

主轴被电机驱动的减速机构与电磁离合器组合驱动；定位信号由霍尔传感器获得；张力机构基于弹塑性力学的拉弯理论设计；螺距为 $P$、宽度为 $0.5b$、厚度为 $h$ 的扁螺旋钢丝，其运动特性可等效为两种情形：外螺纹从母体上分离压扁平展开的运动，以及与内螺纹的螺旋套做螺旋运动；剪切机构将空间状态的两根互绕扁螺旋钢丝分解为两套平面机构的组合进行剪切；向螺旋套内注入乳化液以减小摩擦，或减轻磨损。两根互绕扁螺旋钢丝在成型的同时与已经编织的网实现穿网，即完成编织作业。

显然，菱形金属网编织机的设计涉及多个工程技术领域，主要包括：电机驱动系统、电气控制系统、弹塑性力学分析、流体动力传输、摩擦学与润滑技术、材料科学以及机械结构设计等内容。

(5) 鹤式起重机

鹤式起重机用于港口与码头装船与卸货，如图 1-12 所示，其机构简图如图 1-13 所示。

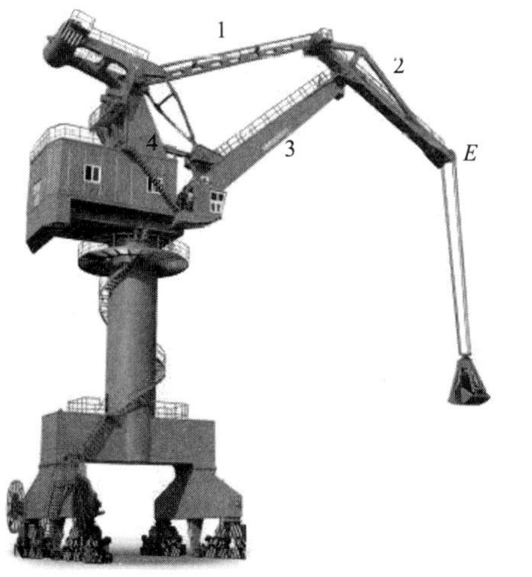


图 1-12 鹤式起重机

1–后摇杆；2–连杆；3–前摇杆；4–支座； E–拐点

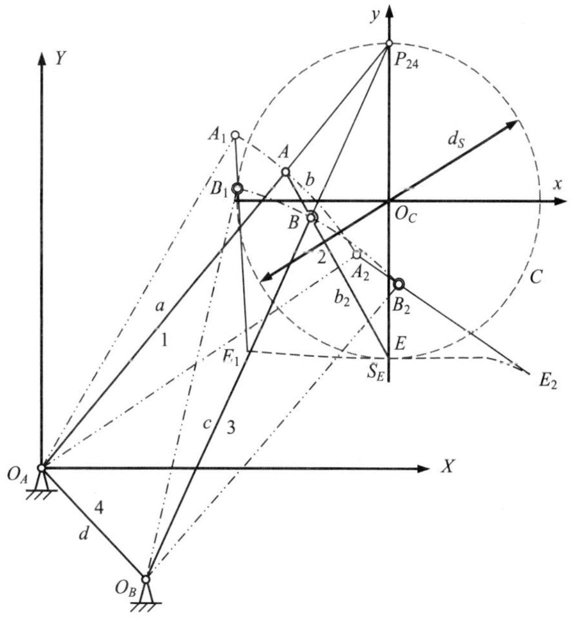


图 1-13 鹤式起重机的机构简图

1–后摇杆；2–连杆；3–前摇杆；4–支座； E–拐点

鹤式起重机是利用数学中拐点的特征设计的。令平面曲线的方程为 $y=f(x)$，$y''_E=f''(x_E)=0$，$f''(x_E-\varepsilon)f''(x_E+\varepsilon)<0$，则 $E$ 点称为拐点。拐点是轨迹曲线上曲率为零的点，在拐点 $E$ 的左右两段分别存在较长的近似直线，通过 Euler-Savary 方程求解，当该直线为水平状态时，就可求解。机构运动几何学可以寻找出合适的拐点。

可见，不同的机器对应不同的设计问题，机械原理只研究使用参数最多的基本机构，不同专业的课程再对特殊的问题讲述对应的解决办法。

(6) 液压支架

支撑掩护式液压支架如图 1-14(a)所示，其机构简图如图 1-14(b)所示，支撑掩护式液压支架主要应用于煤炭回采工作面的稳定性控制，其主要功能是顶梁对顶板的支撑，辅助功能是掩护梁防止煤矸石落入支架下部。

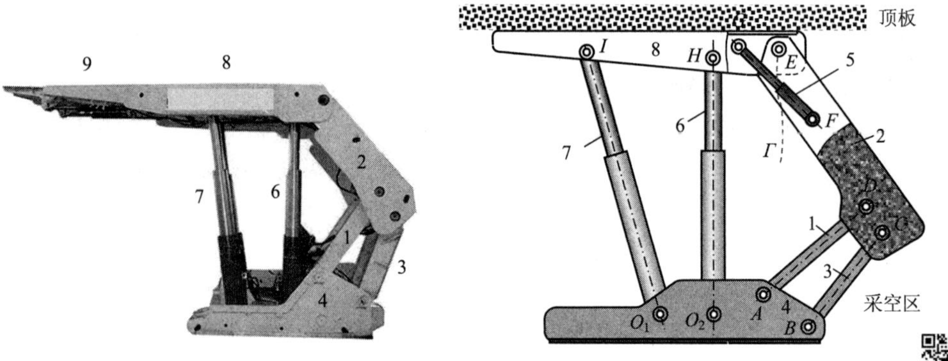


(a) 结构图　　(b) 机构简图

图 1-14　支撑掩护式液压支架

1–前连杆；2–掩护梁；3–后连杆；4–底座；5–平衡千斤顶；6–后立柱油缸；7–前立柱油缸；8–顶梁；9–前梁

液压支架在支撑顶板期间，要满足顶板初次来压时，顶梁向实体煤岩挺进，这样顶梁对顶板产生一个切向的压实摩擦力，以便将相对松散的煤岩压紧，阻止煤岩快速垮落并延缓到二次来压；当二次来压时，顶梁相对实体煤岩后撤，这时松散的煤岩对顶梁的压力不是增大而是减小，顶梁相对于煤岩实体(顶板)一进一出的时间大于采煤所需的时间。由于这时煤岩处于相对松散的状态，减轻了后续移架的阻力。

于是，液压支架的顶梁上 $E$ 点的下落轨迹 $\Gamma$ 是“S”形的曲线，在“S”形曲线上取 $n$ 个点($n\geqslant 7$)，建立轨迹生成机构的非线性代数方程组，对非线性代数方程组进行数值求解(采用无约束多维问题的最小二乘法、最速下降法、共轭梯度法、单纯形法等)，便获得 $B$ 点的位置，$BA$ 的长度与方位，$BC$、$AD$、$CD$ 与 $DE$ 的长度，$CD$ 与 $DE$ 的夹角。

该实例最终表现为近似满足轨迹要求的非线性代数方程组的建立与数值求解。

(7) 汽车转向机构

汽车转向通过等腰梯形机构实现，汽车转向要求左右轮与路面做纯滚动，既减少轮胎与路面的磨损，又增加方向的可控性，汽车悬架与转向部分的结构如图 1-15 所示，基于等腰梯形机构的汽车转向机构如图 1-16 所示。$AB_0C_0D$ 组成等腰梯形机构，$AB_0=a_2$，$DC_0=a_4$，$a_2=a_4$，$B_0C_0=a_3$。$AB_LC_LD$ 为车辆左转的位置，对应速度瞬心 $P_1$；$AB_RC_RD$ 为车辆右转的位置，对应速度瞬心 $P_2$。当车辆向左转向时，内侧前轮的转角 $\varphi$ 对应 $AB_0$ 的变化范围为 $0\leqslant\varphi\leqslant\varphi_L$，外侧前轮的转角 $\psi$ 对应 $DC_0$ 的变化范围为 $0\leqslant\psi\leqslant\psi_L$；当车辆向右转向时，内侧前轮的转角 $\psi$ 对

应 $DC_0$ 的变化范围为 $0\geqslant\psi\geqslant\psi_R$，外侧前轮的转角 $\varphi$ 对应 $AB_0$ 的变化范围为 $0\geqslant\varphi\geqslant\varphi_R$；根据左右转向的对称性，$\psi_R=-\varphi_L$，$\varphi_R=-\psi_L$，因此，$\varphi\in(\varphi_R,\ \varphi_L)$、$\psi\in(\psi_R,\ \psi_L)$。另外，图中，$a$ 为前后轮的轴距，$a_1$ 为前轮支点的跨距。

图 1-15 汽车悬架与转向部分结构

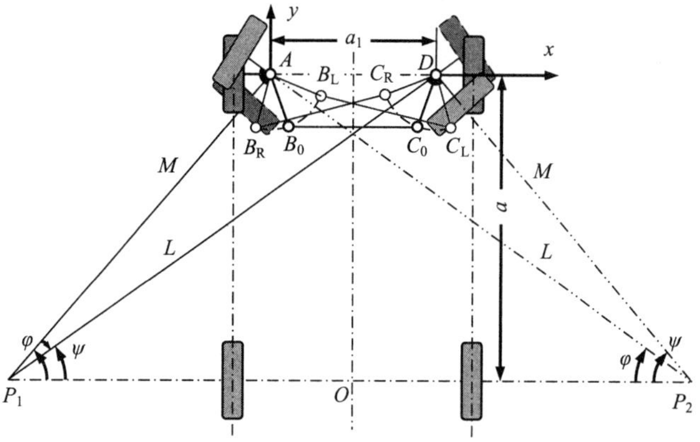


图 1-16 汽车转向中的等腰梯形机构

当左转向时考察△$ADP_1$，令 $M=a/\sin\varphi$，$L=a/\sin\psi$，对△$ADP_1$ 应用正弦定理得：$a_1/\sin(\varphi-\psi)=M/\sin\psi=a/(\sin\psi\sin\varphi)$。

当右转向时考察△$ADP_2$，令 $M=a/\sin(-\psi)$，$L=a/\sin(-\varphi)$，对△$ADP_2$ 应用正弦定理得：$a_1/\sin(\varphi-\psi)=M/\sin(-\varphi)=a/(\sin\psi\sin\varphi)$。

由 $\psi$ 与 $\varphi$ 的关系，$B_0C_0$ 的距离为定长，构造出任意一点 $B$ 与点 $C$ 的误差函数 $E=[(x_B-x_C)^2+(y_B-y_C)^2]^{\frac{1}{2}}-a_3$，令 $E$ 达到最小值，得到机构的尺寸。

令轴距 $a$=3500mm，跨距 $a_1$=2100mm，在 $xAy$ 坐标系中 $B_0$ 点的初值 $x_{B_0}$=200mm，$y_{B_0}$=−550mm，取插值节点数 $m$=14，收敛精度 $\varepsilon$=0.01mm，角位移区间内的计算点数 $n$=69。$\varphi\in(\varphi_R,\ \varphi_L)=(-29.166°,\ 40°)$，$\psi\in(\psi_R,\ \psi_L)=(-40°,\ 29.166°)$。

设计结果为 $x_{B_0j}$=131.222mm，$y_{B_0j}$=−354.074mm，$a_2$=377.608mm，$a_3$=1378.566mm。

令纯滚动向下转的转角* $\varphi_i$ 与所设计机构的转角 $\varphi_{mi}$ 之差为 $\chi$，即 $\chi=\varphi_i-\varphi_{mi}$，该参数反映转向系统的误差量级。

纯滚动转角 $\varphi_i$ 与机构的转角 $\varphi_{mi}$ 曲线如图 1-17 所示，误差曲线如图 1-18 所示。

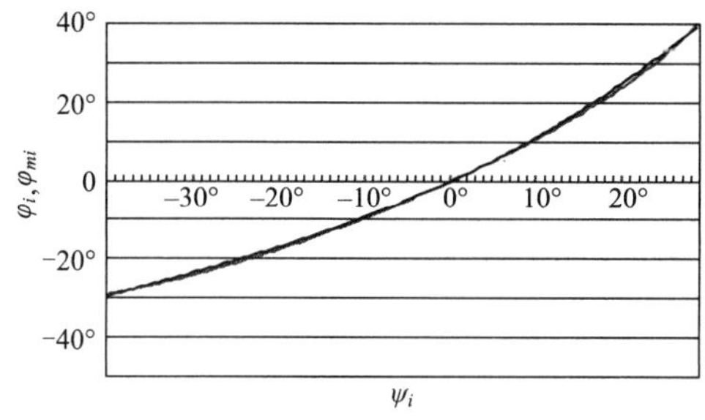


图 1-17 $\varphi_i$ 与 $\varphi_{mi}$ 关于 $\psi_i$ 的曲线图

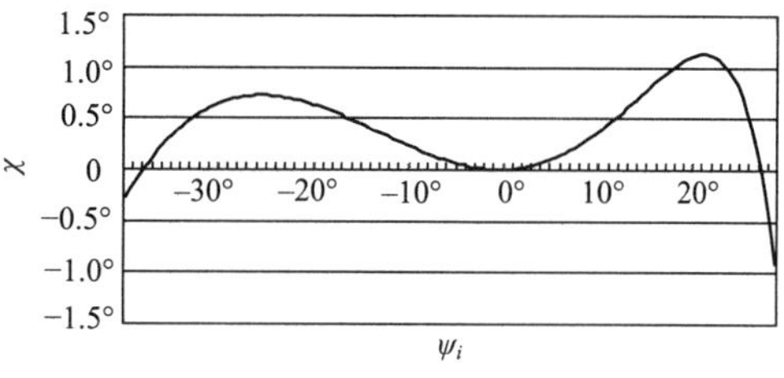


图 1-18 误差 $\chi$ 曲线图

* 在定轴转动中用转角；在刚体的平面运动中用角位移与线位移。

该实例最终表现为近似满足函数关系的非线性代数方程组的建立与数值求解。可见，机械原理是解决生活与生产中的机构设计问题，高等数学、数值方法、优化方法、物理学、理论力学是其最基础的支点。

## 1.3 机械、机器与机构

机器是人类设计与制造的产物，其用途是代替人类做有用功、进行能量转换或进行信息变换。飞机、坦克、汽车、电动机、内燃机、纺织机、编织机、采煤机、掘进机、挖掘机、旋挖钻机、牙轮钻机、收割机、数控机床、机器人等都是机器。机器的类型很多，能完成特定的作业任务，应用的机构与采用的结构多种多样。机器的共同点：第一，是人为的实物组合体；第二，各实物组合体之间具有确定的相对运动；第三，做机械功、能量转换、信息变换。

机构也是人类设计与制造的产物，只是其只关注机器的前两个共同点，暂不关注第三个。即机构是人为的实物组合体，各实物组合体之间具有确定的相对运动。在对机构进行研究时，重点应在几何尺寸的设计与运动特征的分析上。

人们把机器与机构统称为机械。

原理，泛指客观事物内部与客观事物之间的客观联系，这种联系不以人的意志为转移；本课程特指的原理是满足生活与生产需要的构件之间的特定联系。找出这种特定联系就是机构设计。

机械原理主要讲述常用机构的类型、常用机构的分析方法，研究常用机构的设计方法，从而为设计不同领域的机器奠定必要的理论与方法基础。

机构中的每一个具有独立运动的单元体(实物)被称为构件，与构件对应的一个概念是零件，零件是一个独立制造的单元体。一个构件往往由若干个零件组成，从构件到零件是一个复杂的创新性设计过程，如图 1-4 所示的圆盘上的曲面块设计等。零件具有制造所需要的全部信息，即完整的几何尺寸与公差、形状公差、位置公差、材料与力学性能指标、可制造性与检测性等。构件只具有机构设计与分析所要求的少量信息。

构件总是用规定的简单图形予以表示。

机器有相对简单与复杂之分，手工操作与自动工作之别。对于相对简单与手工操作的机器，是由原动机、传动机构与执行机构组成；对于相对复杂与自动工作的机器，是由原动机、传动机构、执行机构与测控系统组成。

机器中普遍使用的机构有连杆机构、齿轮机构、齿轮系与凸轮机构等。

## 1.4 设计机器的基本要求与流程

机械设计是一项创造性的实践活动，机械设计在向市场提供所需要产品的同时，设计与制造者从中获得一定的利润。机械设计的起点是市场需求，接着是将市场需求细化为期望设计机器的功能要求，经过方案设计与比较之后，最终确定机器的方案设计。一旦有了机器的设计方案，就可以对每一个组成部分进行机构的尺寸设计，机械原理课程确定影响机器运动规律的相关尺寸；机械设计课程确定影响动力传递性能的相关尺寸；优化设计课程则研究并优化机器的运动学与动力学特征以及安全性。设计出的机器不但具有良好的使用性能、良好的人机界面，而且具有良好的制造工艺性、安全性、环保性与维护性。

## 1.5 机械原理的基本内容

机械原理研究机器、机构的分析与设计的基本理论与方法，具体内容如下。

### 1.5.1 平面机构的组成分析

平面机构的组成分析是研究机构组成的一般规律。机构是一个实现运动变换与动力传递的实物组合体。平面机构的组成分析通过构件、运动副、运动链、机架与自由度的概念，研究平面机构是如何组成和可动性的，从而为平面机构的设计确定机构的类型。平面机构的组成分析是进行平面机构几何尺寸设计的基础。

### 1.5.2 平面机构的运动分析

当机构的类型已经选定、机构的几何尺寸也被确定，假设机构中的一个构件做匀速运动时，平面机构的运动分析研究其余构件的位移、速度与加速度的分析方法，既研究基于作图的图解方法，也研究基于数学分析的解析方法。通过对机构进行运动分析，可以了解机构的运动规律是否满足设计要求。

### 1.5.3 平面机构的受力分析

当机构中的一个构件在外力作用下做匀速运动时，平面机构的受力分析研究力在机构中是如何传递的，以便为构件的三维尺寸设计提供力参数。

### 1.5.4 平面机构的摩擦力分析

当机构中的一个构件在外力作用下做匀速运动时，平面机构的摩擦力分析研究运动副中存在摩擦时，如何作机构的受力分析，以便确定机器的机械效率。

### 1.5.5 机器的动力分析

当机器在外力作用下运动时，机器的动力分析研究某个构件的真实运动规律，当其运动规律不满足设计要求时，可通过“飞轮”的设计方式，调节机器的运动规律来实现。

### 1.5.6 常用机构的设计

在机器中应用最多的机构是连杆机构、齿轮机构、齿轮系、凸轮机构与其他常用机构，常用机构的设计任务是研究这些机构的类型、传动特点、设计与分析方法以及相关标准。

### 1.5.7 机械无级变速机构的传动分析

机械无级变速器相对于变频调速的优势是价格低、本安型。无级变速传动在机器设计中的应用广泛，本书主要介绍机械无级变速机构的类型、工作原理、传动比计算、传动特性与应用。

### 1.5.8 工业机器人机构学基础

工业机器人经历了从视觉再现、编程控制，到具有视觉、触觉、思维的变迁，工业机器人在现代生产与物流自动化中发挥着重要作用，其中一类工业机器人是由若干个关节联系的可控开链。本书主要介绍工业机器人中的转动关节之间的位移矩阵、刚体的空间位移矩阵、目标物体的齐次坐标表示、工业机器人的正向运动学与逆向运动学基础。

### 1.5.9 机械系统方案设计

机构表达的是构件之间的相互联系，各个构件的尺寸共同决定了机构的功能。机器是机构与生产工艺相结合的产物，同一个机构与不同的生产工艺相结合得到不同的机器，如曲柄滑块机构与燃气结合得到内燃机、曲柄滑块机构与空气结合得到压缩机、曲柄滑块机构与剪刀结合得到剪切机、曲柄滑块机构与冲头结合得到冲孔机等。单一的机构常常不能满足生产工艺的要求，为此，不得不转向机械系统，从生产工艺出发，把多个或多种机构组合起来满足生产工艺的要求，这样便进入机械系统方案设计。机械系统方案设计就是把语言描述的总目标细化为各个子目标，再将子目标与可行的机构关联起来。首先获得解决现实问题的可行的设计方案，通过引入真实的构件尺寸数据，获得解决现实问题的初步设计方案，然后，通过优化真实的尺寸数据获得解决现实问题的条件最优的设计方案。

## 1.6 学习本课程的目的

机械原理是机械专业的专业基础课程，要比物理、理论力学更接近工程实际应用，但其又不研究具体的机械的设计方法。机械原理主要研究各种机械中共性的问题，从而为各类机械专业相关的课程学习提供专业基础。为此，学习机械原理课程，首先是为进一步学习专业机械课程提供专业基础；其次，为机械产品的创新设计提供基本的机构设计理论与分析方法；最后，为认知已有的机械，理解机械的工作原理，改进机械的工作性能提供专业知识基础。

## 1.7 学习本课程的方法

机械原理课程主要研究机构的组成原理、可动性分析、运动与受力分析以及动力学分析；研究常用机构的传动特性与设计方法。为此，在学习本课程时，应注重知识之间的相关性，注重通过知识的积累，提高分析与解决实际具体问题的能力。由于本课程是通过机构运动简图对机械进行研究的，较为抽象，因此，应充分发挥形象思维的能力，深刻理解关于机械的相关设计理论。机械产品在日常生活中随处可见，应从现实生活中认识机械的组成，发现其中的设计特点，做到理论联系实际。

# 第2章

# 平面机构的组成分析

## 2.1 概述

古往今来，表达平面上的对象比表达空间上的对象相对容易，求解平面上要素间的关系比求解空间上要素间的关系相对简单，因此，平面机构依然是目前机器设计的首选。平面机构是指构件的运动平面相互平行的机构，最简单的平面机构如图 2-1 所示的拱式自由锻电液锤，其锤体相对于框架的运动为一个移动副；图 2-2 所示的石油抽油机是基于平面四杆机构设计的，图 2-3 所示的矿区转运自卸卡车是基于平面六杆机构设计的。在设计平面机构时，首先应该确定选择什么类型的机构，由多少个构件、多少个运动副组成，然后才能进行机构的尺寸设计与运动分析。为此，通过机构的运动简图表达机构，借助于一定的规则判断平面机构的可动性是平面机构组成分析要研究的内容。

图 2-1　拱式自由锻电液锤

图 2-2　石油抽油机

图 2-3　矿区转运自卸卡车

## 2.2 平面机构的组成分析

### 2.2.1 构件

在机器中，每一个具有独立运动的单元体称为构件；每一个单独制造的单元体称为零件。

构件是机器中的运动单元体，本课程中构件的边界是不受限制的，具体的边界是机械设计课程确定的，构件是本课程中的一个重要概念；零件是机器中的制造单元体，是机械设计课程中的一个重要概念。在机械设计中，一个构件往往由若干个零件组合而成。

## 2.2.2 运动副

两个构件直接接触且仍具有一定形式的相对运动的连接称为运动副。当两个构件以面接触且仍具有一定形式的相对运动时，称为低副，如图 2-4(a)、(b)所示。图 2-4(a)中的两个构件可以作相对转动，称为转动副(用符号 *R* 表示，revolute pair 的首字母)，图 2-4(b)中的两个构件可以作相对移动，称为移动副(用符号 *P* 表示，prismatic pair 的首字母)。当两个构件以点或线接触且仍具有一定形式的相对运动时，称为高副，如图 2-4(c)、(d)所示。图 2-4(c)中的两个构件作共轭(conjugate)相对运动，图 2-4(d)中的两个构件作非共轭相对运动。两个构件通过运动副的约束作相对运动时，若相对运动为平面运动，则称为平面运动副，如图 2-4 所示。

(a) (b) (c) (d)

图 2-4 运动副的三维图

(a) (b)

图 2-5 球面副与螺旋副

当两个构件通过运动副的约束作相对运动时，若相对运动为空间运动，则称为空间运动副，如图 2-5 所示，图 2-5(a)为球面副(用符号 *S* 表示，spherical pair 的首字母)，图 2-5(b)为螺旋副(用符号 *H* 表示，helical pair 的首字母)。磁悬浮列车与轨道不接触，从相对运动的角度考察，磁悬浮列车与轨道之间的关系视为移动副。

为了研究机构的设计与分析，便于在工程上交流设计思想，国家标准制定了绘制机构运动简图的运动副符号规范。表 2.1 列出常用的运动副符号。

**表 2.1 常用的运动副符号(GB/T 4460—2013)**

| 运动副名称 | | 运动副符号 | |
|---|---|---|---|
| | | 两个运动构件组成运动副 | 两个构件之一固定组成运动副 |
| 平面运动副 | 转动副 | 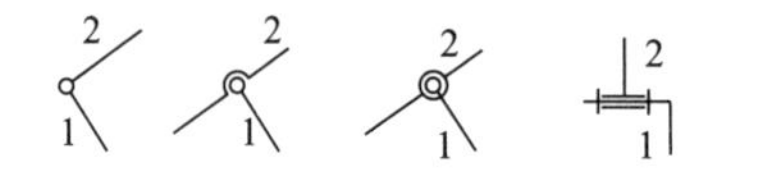 | 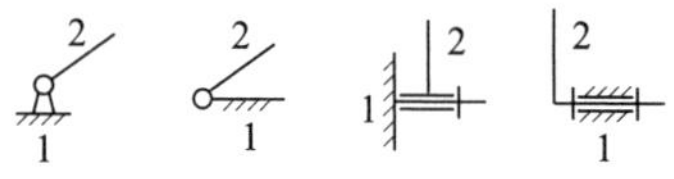 |
| | 移动副 | 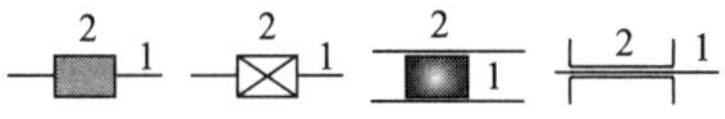 | 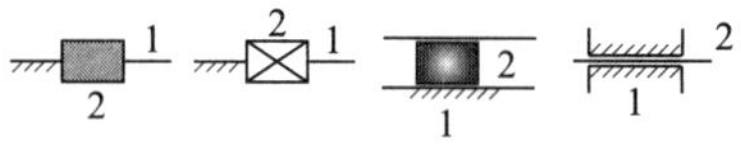 |

续表

| 运动副名称 | | 运动副符号 | |
|---|---|---|---|
| | | 两个运动构件组成运动副 | 两个构件之一固定组成运动副 |
| 平面运动副 | 平面高副 | 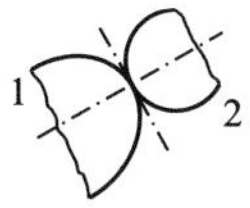 |  |
| 空间运动副 | 圆柱副 | 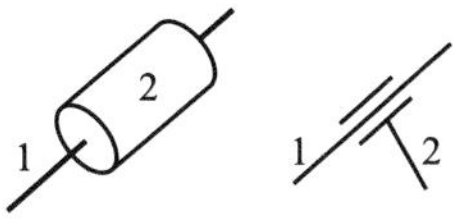 | 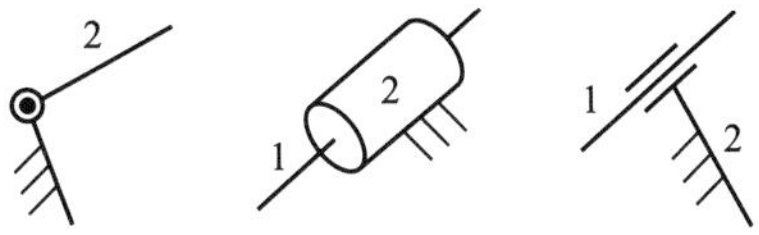 |
| | 球面副<br>球销副 | 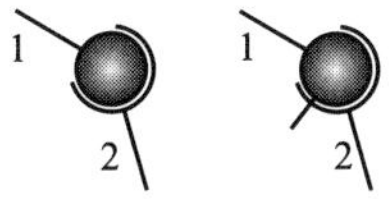 | 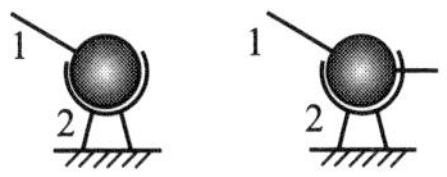 |
| | 螺旋副 | 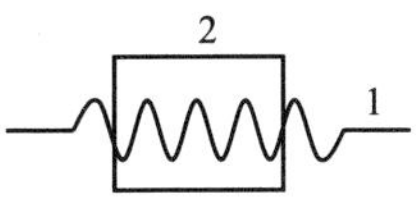 | 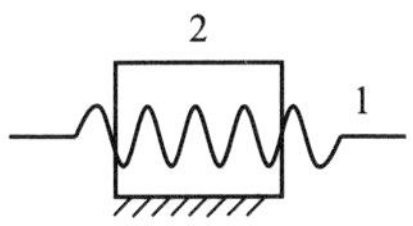 |

## 2.2.3　运动链

由若干个构件通过运动副的连接所形成的可动构件组称为运动链。若运动链为封闭结构的，则称之为闭式运动链，如图 2-6(a)、(b)所示；若运动链为开放结构的，则称之为开式运动链，如图 2-6(c)、(d)所示。若形成运动链的各个构件的运动平面不相互平行，则称之为空间运动链，如图 2-6(e)、(f)所示。

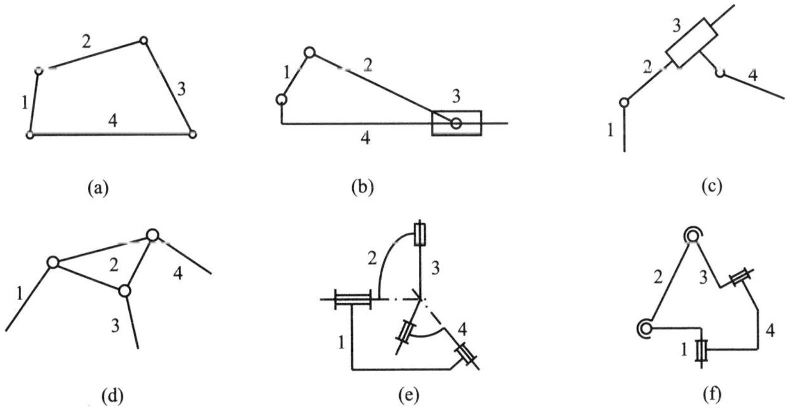

图 2-6　平面运动链与空间运动链

### 2.2.4 机构

当在一个运动链中选择一个构件作为机架时，则该运动链便成为机构。在机构中，运动规律已知的构件称为原动件或主动件，原动件与机架之外的构件称为从动件。从动件的运动规律取决于原动件的运动规律、可动构件的质量、外力与机构的尺寸。若机构中各个构件的运动平面相互平行，则称为平面机构，如图 2-7(a)、(b)所示；若机构中各个构件的运动平面不相互平行，则称为空间机构，如图 2-7(c)、(d)所示。

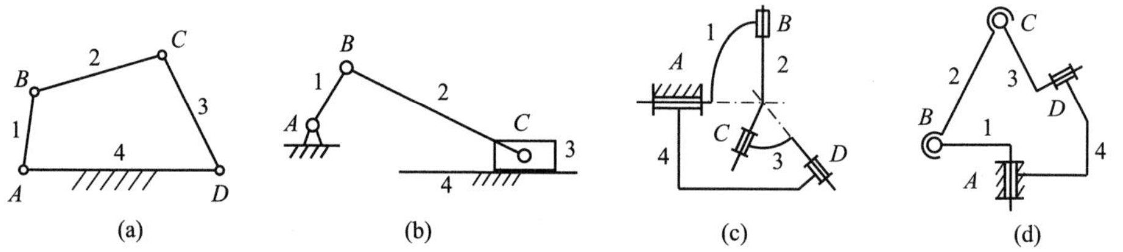


图 2-7 平面机构与空间机构

随着超精密机械加工、电子束聚焦、激光束扫描、高速照相机快门开闭、传感器等微小位移输入与变换的需要，运动副的概念也不得不扩展。

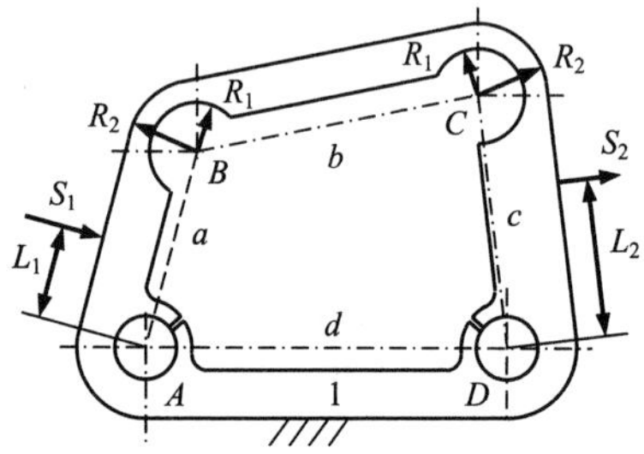


图 2-8 微位移变换机构

磁致伸缩材料(镍基合金、铁基合金等)的线应变范围 $\lambda = 20 \sim 80\mu m/m$、电致伸缩材料(稀土化合物磁致伸缩材料等)的线应变范围 $\lambda = 200 \sim 400\mu m/m$。当驱动源为基于磁致伸缩单元或电致伸缩单元时，微小位移变换不能使用表 2.1 中的转动副。

图 2-8 所示的微位移变换机构，$S_1$ 为微小输入位移，$S_2$ 为微小输出位移，$a = AB$、$b = BC$、$c = CD$、$d = AD$，$S_2$ 是 $S_1$ 与 $a$、$b$、$c$、$d$、$L_1$、$L_2$ 的函数，$R_1$、$R_2$ 的大小影响力传递的消耗几乎不影响位移的变换。这个微位移变换机构只有一个构件，常用低碳合金钢板铣削得到。

## 2.3 平面机构的运动简图

无论是对已有的机器进行运动与动力分析，还是设计新的机器，都需要画出机构的运动简图。所谓机构的运动简图，是指用规定的符号绘出的简单图形，它与机器中的运动副之间的尺寸成比例关系。有了机构的运动简图，就可以通过机构的运动简图对机器的运动与动力进行分析，就可以开展新机器的设计。

寻找机器中的运动副之间的尺寸常常是困难的，为此，为了表明机器的结构情况，所绘出的图形与机器的运动副之间的尺寸不成严格的比例关系，通常称这样的简图为机构的示意图。

为了正确绘制机构的运动简图，国家标准《机械制图　机构运动简图用图形符号》(GB/T 4460—2013)制定了绘制机构运动简图的符号规范。图 2-9(a)给出摩擦轮传动、图 2-9(b)给出外啮合圆柱齿轮传动、图 2-9(c)给出内啮合圆柱齿轮传动的机构运动简图，其他类型的机构运动简图参见国家标准(GB/T 4460－2013)。

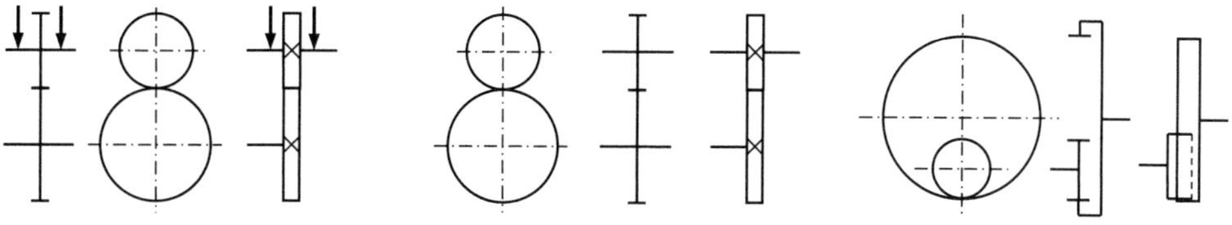

(a) (b) (c)

图 2-9 机构运动简图

表 2.2 列出一般构件的表示方法。

**表 2.2 一般构件的表示方法(GB/T 4460—2013)**

| 杆、轴类构件 | 构件的表示方法 |
|---|---|
| 固定构件 | 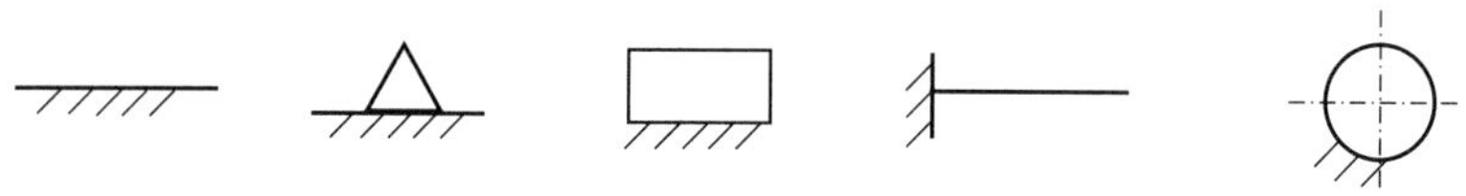 |
| 同一构件 | 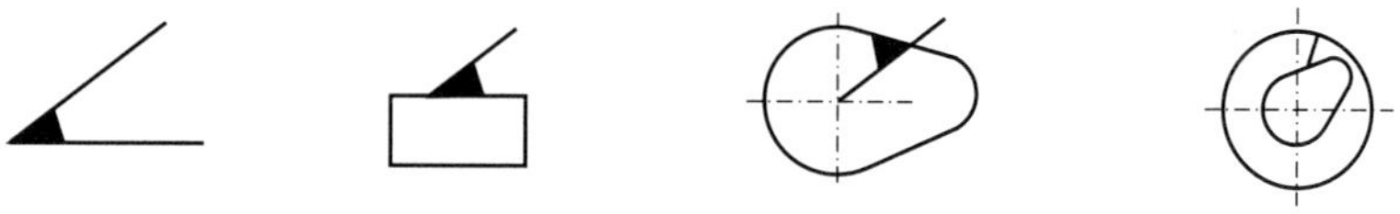 |
| 两副构件 | 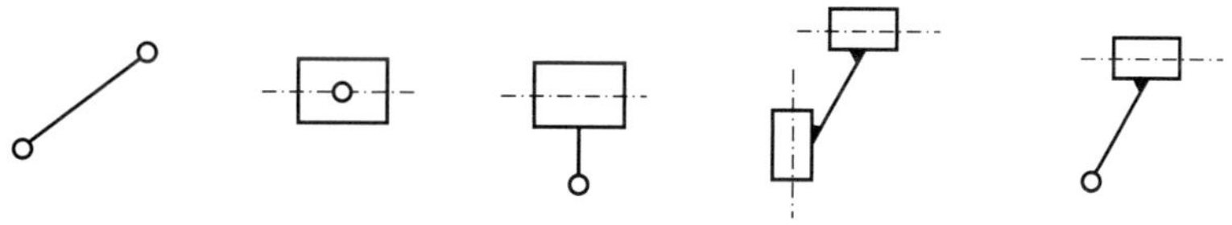 |
| 三副构件 | 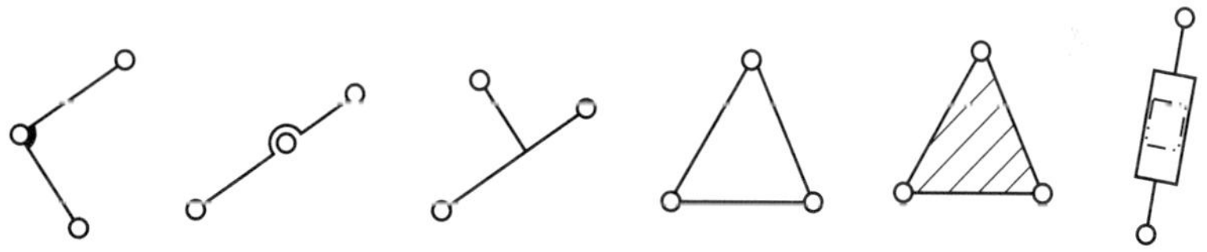 |

表 2.2 中的两副构件、三副构件，这里的“副”是指运动副元素，当前还不是运动副，可以与外来的构件组成真正的运动副。

在绘制机构的运动简图时，首先应该把机器的构造分析清楚，厘清运动是如何传递的，区分主动件与执行构件，从主动件到执行构件经历了哪些传动环节。

为了具体说明机构运动简图的画法，下面举 6 个例子予以说明。

［**例 2.1**］ 如图 2-2 所示的开采石油的抽油机，电动机通过 V 形带传动驱动二级齿轮减速器，减速器的输出轴上安装一个曲柄并成为平面四杆机构的输入构件，平面四杆机构的摇杆(专业术语为游梁)一端为圆弧形(专业术语为驴头)，圆弧槽的上端固连一根钢丝绳，钢丝绳的下端固定连接抽油杆，抽油杆的下端固连一个泵筒，泵筒在柱塞内上下运动从而将石油抽

上来(更多的细节省略)。试绘制其中的机构运动简图。

［**解**］ V 形带传动的机构运动简图如图 2-10(a)所示，其中构件 3 为挠性体，构件 1 与 2 为 V 形带轮，构件 4 为机架，这里利用了摩擦传动防止过载打滑；二级齿轮减速器的机构运动简图如图 2-10(b)所示，其中构件 1 为输入齿轮轴，构件 2 为中间齿轮轴，构件 3 为输出齿轮轴，构件 4 为机架(箱体)，利用齿轮啮合实现传动；平面四杆机构的机构运动简图如图 2-10(c)所示，其中构件 1 为输入曲柄，构件 2 为连杆，构件 3 为摇杆，构件 4 为机架(塔架)，钢丝绳 5 可以不计入，该平面四杆机构把转动变换成摇杆的摆动，摇杆的摆动带动钢丝绳上下往复移动，往复移动的中段尽量接近匀速有助于抽油并减少空化；钢丝绳带动抽油杆，抽油杆下端固连泵筒，泵筒与柱塞之间的关系是一个移动副，如图 2-10(d)所示。

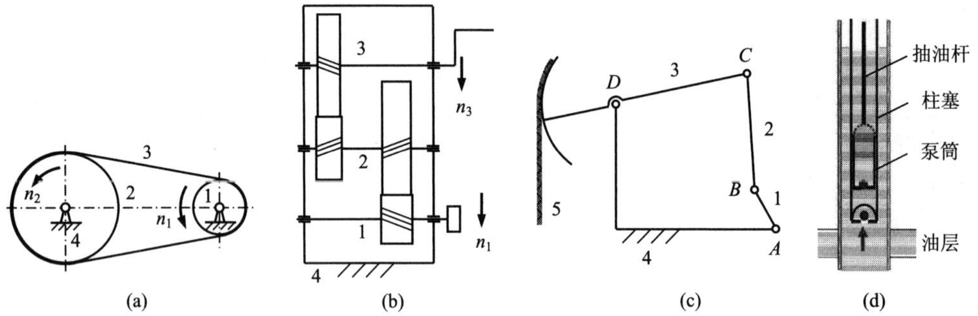


图 2-10 石油抽油机中传动机构与机构运动简图

［**例 2.2**］ 图 2-3 所示的矿区转运自卸汽车，试绘制其中卸货动作的机构运动简图。

［**解**］ 矿区转运自卸汽车采用油缸作为动力，通过平面连杆机构实现卸货，如图 2-11 所示。构件 1 为油缸，构件 2 为活塞杆，构件 3 为连杆(三副构件)，构件 4 为第一摇杆(车厢)，构件 5 为第二摇杆，构件 6 为机架(汽车底盘)。

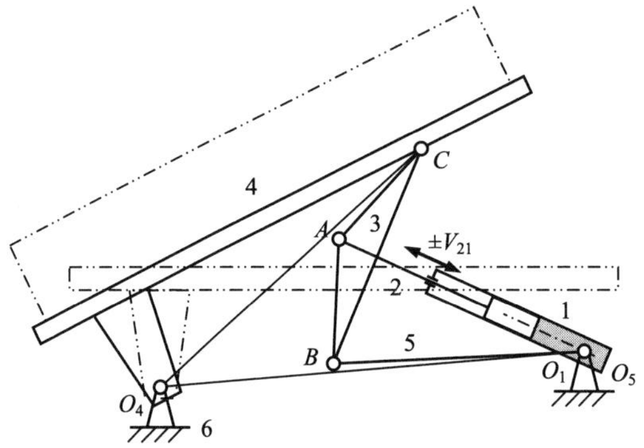


图 2-11 后推式自卸汽车的工作机构运动简图

［**例 2.3**］ 如图 2-12(a)所示的散装货物自卸与联动开闭后门的汽车。试绘制其机构运动简图。

［**解**］ 允许上路的散装货物汽车必须有后门，如图 2-12(a)所示的汽车，采用多节油缸作为动力，通过平面连杆机构实现自卸，再通过联动机构实现后门自动开闭。当自卸与后门

联动开闭时，机构运动简图如图 2-12(b)所示。

当车门联动开闭时，机构的运动简图如图 2-12(c)所示，构件 4 为机架(底架)，$DA_1$ 为摇杆 1，$A_1B_1$ 为连杆 2(后门是连杆上的一部分)，$CF_1$ 为摇杆 3(车厢的一部分)，$DA_1B_1C$ 组成平面四杆机构。

当实现自卸时，车厢翻转的机构运动简图如图 2-12(d)所示，构件 4 为机架(底架)，$EF_1$ 为多节活塞杆 5 与油缸 6 组成的移动副，$CF_1$ 为摇杆 3(车厢的一部分)，$EF_1C$ 组成平面四杆机构。

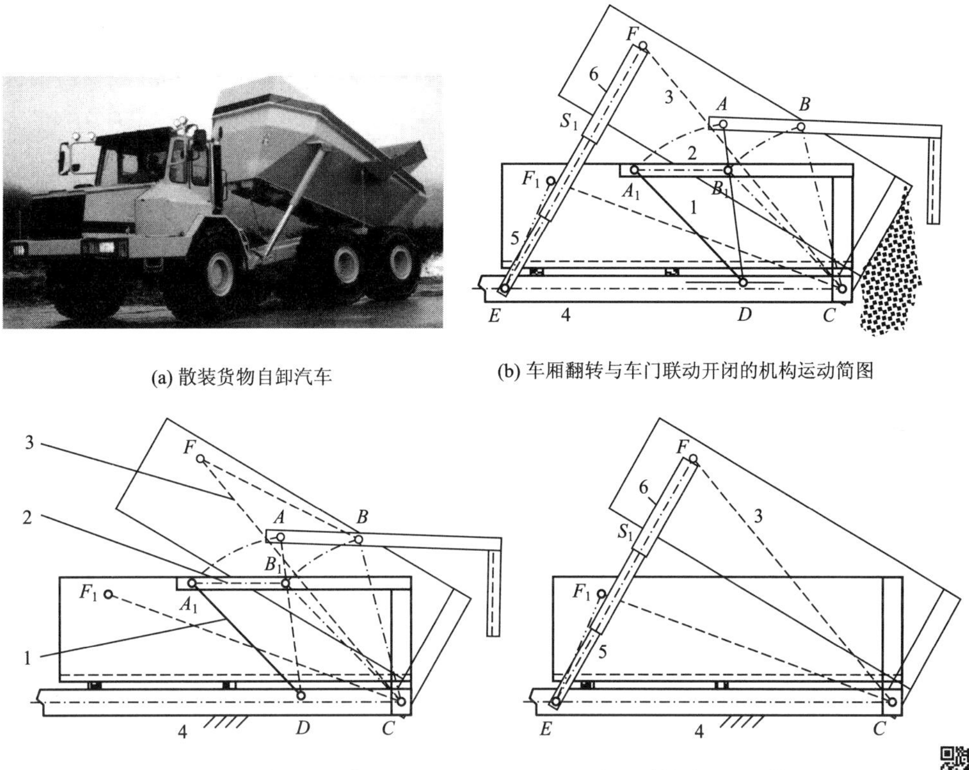


(a) 散装货物自卸汽车　(b) 车厢翻转与车门联动开闭的机构运动简图

(c) 车门联动开闭的机构运动简图　(d) 车厢翻转的机构运动简图

图 2-12　汽车自卸与车门联动开闭机构

［例 2.4］　如图 2-13(a)所示的单输入双输出圆锥齿轮传动箱。试绘制其机构运动简图。

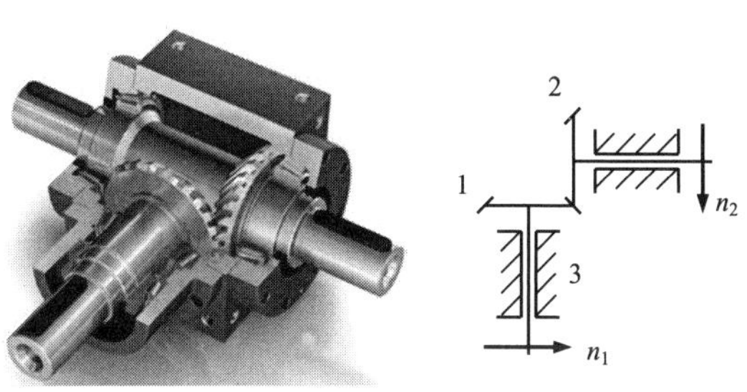


(a) 单输入双输出圆锥齿轮传动箱　(b) 圆锥齿轮机构运动简图

图 2-13　圆锥齿轮传动箱与机构运动简图

［解］　产品上的单输入双输出圆锥齿轮传动箱，其机构运动简图如图 2-13(b)所示。

在机械原理的层面，构件 1(输入圆锥齿轮轴)、构件 2(输出圆锥齿轮轴)与构件 3(箱体)组成圆锥齿轮传动的机构运动简图，看起来很简单。

产品上的单输入双输出圆锥齿轮传动箱，看起来就不简单。因为在输入侧存在：输入圆锥齿轮轴被一对圆锥滚子轴承支撑、通过键输入外来的转矩、输入端轴承端盖与密封圈、输入端支撑套筒通过螺钉安装在中心箱体上；在输出侧存在：输出圆锥齿轮轴被一对圆锥滚子轴承支撑、通过一对键输出转矩、输出端轴承端盖与密封圈、输出端轴承端盖通过螺钉安装在中心箱体上；中心箱体内装入润滑油对齿轮与轴承进行润滑。从图 2-13(b)到图 2-13(a)的设计方法在机械设计课程中将得到详细讲述。

［例 2.5］　斜盘式轴向柱塞泵将机械能($T\omega$，其中，$T$ 为转矩，N·m；$\omega$ 为角速度，rad/s)转化为液压油的压力能 $pQ$($p$ 为压力，N/m$^2$；$Q$ 为流量，m$^3$/s)，压力 $p$ 可达到 40 N/mm$^2$。斜盘式轴向柱塞泵可以被设计成柱塞从动的，也可以被设计成柱塞主动的，柱塞从动斜盘式轴向柱塞泵如图 2-14(a)所示，试绘制其结构简图(查阅《液压传动与控制手册》)。

［解］　从产品的外形判断其内部结构，柱塞从动斜盘式轴向柱塞泵的结构简图如图 2-14(b)所示。构件 1 为主动轴圆盘，构件 2 为柱塞，一组构件 2 与构件 1 通过球面副连接，构件 3 为回转缸体，构件 4 为包含配流盘的机架。真实的产品比图 2-14(b)复杂得多，由于这是一个空间机构，机构的运动简图难以表达出必要的结构信息，所以，只能采用结构简图进行表达。

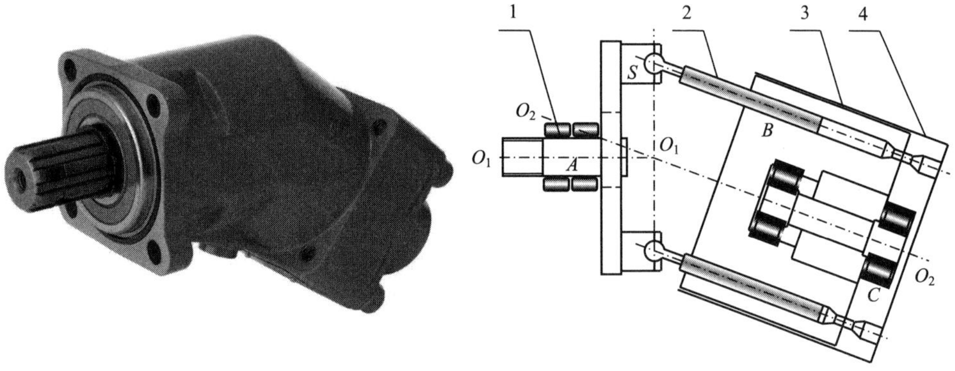


(a) 柱塞从动斜盘式轴向柱塞泵　　(b) 柱塞从动斜盘式轴向柱塞泵的结构简图

图 2-14　柱塞从动斜盘式轴向柱塞泵与结构简图

［例 2.6］　柱塞主动斜盘式轴向柱塞泵如图 2-15(a)所示，试绘制其结构简图(查阅《液压传动与控制手册》)。

［解］　柱塞主动斜盘式轴向柱塞泵的结构简图如图 2-15(b)所示。构件 1 为主动轴，构件 2 为回转多缸体，构件 1 与构件 2 通过花键连接，关于 $O_1O'_1$ 轴线转动；构件 3 为柱塞，一组构件 3 与构件 2 组成移动副；构件 4 为随动斜盘，关于 $O_2O'_2$ 轴线随动；一组构件 3 与构件 4 通过球面副连接；构件 5 为包含配流盘等零件的机架。真实的产品比图 2-15(b)复杂得多，由于这是一个空间机构，所以，只能采用结构简图进行表达。

能从机械产品的外观中抽象出机构的运动简图或结构简图是机械工程师的基础技能，能从机械产品的工作中抽象出机器内部的机构运动简图是机械工程师的中级技能，能从机械产品的工作质量中发现不足并解决对应的问题是机械工程师的高级技能。

(a) 柱塞主动斜盘式轴向柱塞泵

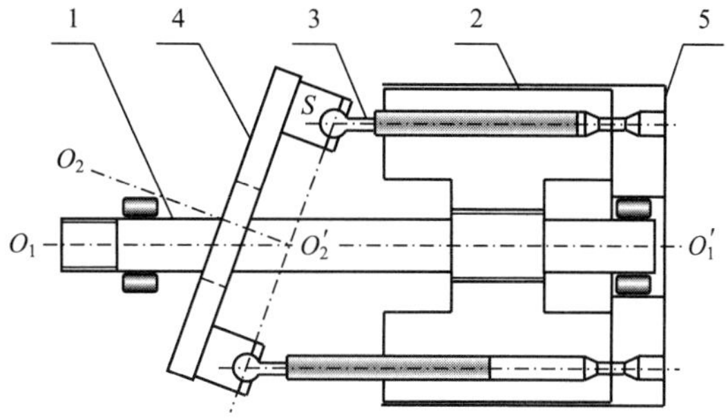


(b) 柱塞主动斜盘式轴向柱塞泵的结构简图

图 2-15　柱塞主动斜盘式轴向柱塞泵与结构简图

## 2.4　平面机构的自由度

机构的自由度是机构具有独立运动参数的数目。

对于平面机构，每个活动构件在形成运动副之前可以作自由运动，共有 3 个自由度，如图 2-16(a)所示，在构件上任取一点 $A$，$A$ 点沿 $x$ 轴的平移 $x_A$、沿 $y$ 轴的平移 $y_A$，绕垂直于运动平面轴线的转动 $\varphi$。当两个构件通过转动副连接之后，如图 2-16(b)所示，这两个构件所具有的独立运动参数的数目为 4，即 $x_A$、$y_A$、$\varphi_1$ 和 $\varphi_{21}$。当两个构件通过移动副连接之后，如图 2-16(c)所示，这两个构件所具有的独立运动参数的数目也为 4，即 $x_A$、$y_A$、$\varphi_1$ 和 $S_{21}$。当两个构件通过高副连接之后，如图 2-16(d)所示，这两个构件所具有的独立运动参数的数目为 5，即 $x_{A_1}$、$y_{A_1}$、$\alpha_{A_1}$、$S_1$ 和 $S_2$。显然，一个转动副引入 2 个约束(2×3–4=2)，一个移动副也产生 2 个约束(2×3–4=2)，一个高副产生沿公法线方向的 1 个相对移动约束(2×3–5=1)。若用 $P_L$ 表示机构中低副的个数，$P_H$ 表示机构中高副的个数，$n$ 表示机构中活动构件的个数，$F$ 表示机构的自由度，则平面机构的自由度 $F$ 为

$$F = 3n - (2P_L + P_H) \tag{2-1}$$

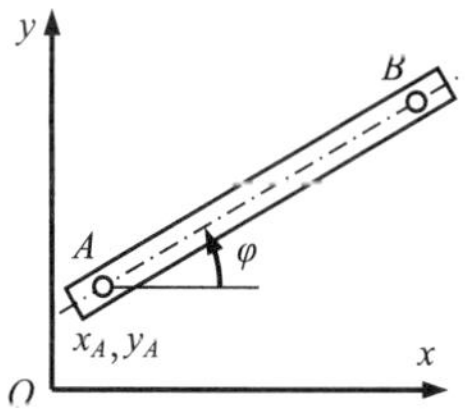


(a)

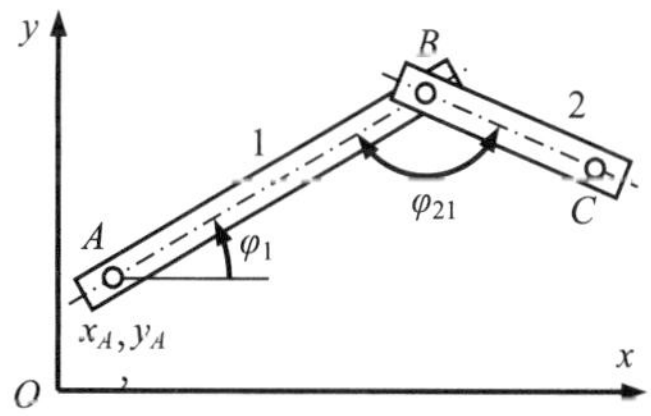


(b)

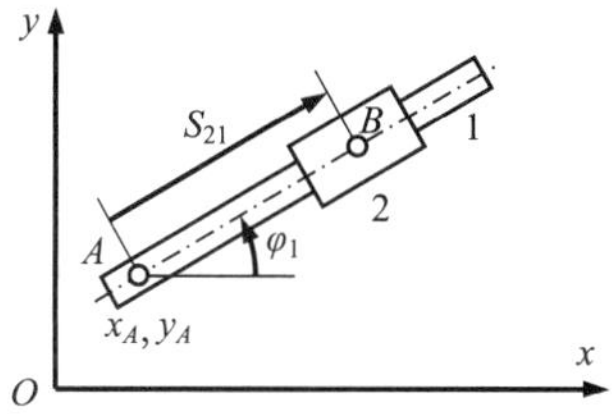


(c)

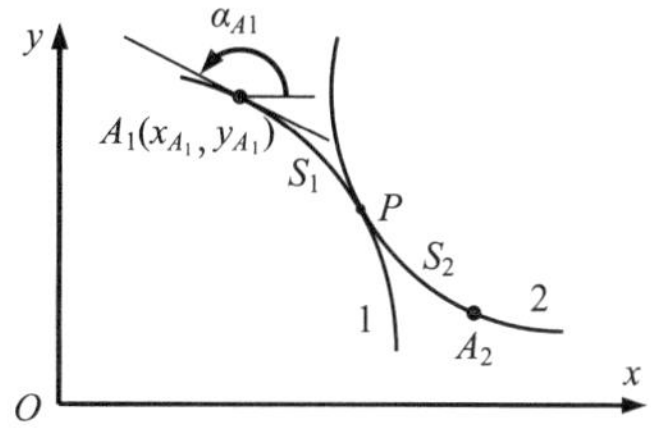


(d)

图 2-16　平面运动副产生的约束

若 $F \geqslant 1$，表明机构可以运动，当主动件的数目等于机构的自由度时，机构具有完全确定的运动；当主动件的数目少于机构的自由度时，机构的运动由动力学确定，属于动定机构；当主动件的数目大于机构的自由度时，机构会在薄弱的环节上被内力破坏。当 $F=0$ 时，已不是机构，称为一个结构体。当 $F<0$ 时，称为网架或桁架。

对于空间机构，每个活动构件在形成运动副之前可以作自由运动，共有 6 个自由度($x$、$y$、$z$、$\alpha$、$\beta$、$\gamma$)，在空间坐标系中，每个转动副、移动副与螺旋副都有 5 个约束，称为Ⅴ级副，用 $P_5$ 表示；每个圆柱副、球销副都有 4 个约束，称为Ⅳ级副，用 $P_4$ 表示；每个球面副有 3 个约束，称为Ⅲ级副，用 $P_3$ 表示。若有 $P_5$ 个Ⅴ级副，$P_4$ 个Ⅳ级副，$P_3$ 个Ⅲ级副，则空间机构的自由度 $F$ 为

$$F = 6n - (5P_5 + 4P_4 + 3P_3) \tag{2-2}$$

在空间机构中，若无相对移动，只有相对转动，则这时的机构自由度计算用式(2-1)。

［**例 2.7**］ 试计算图 2-7 所示四个机构的自由度。

［**解**］ 由图 2-7(a)得知，该机构为平面机构，活动构件个数 $n=3$，低副的个数 $P_L=4$，高副的个数 $P_H=0$，机构的自由度 $F_a$ 为

$$F_a = 3n - (2P_L + P_H) = 3\times 3 - (2\times 4 + 0) = 1$$

由图 2-7(b)得知，该机构为平面机构，活动构件个数 $n=3$，低副的个数 $P_L=4$，高副的个数 $P_H=0$，机构的自由度 $F_b$ 为

$$F_b = 3n - (2P_L + P_H) = 3\times 3 - (2\times 4 + 0) = 1$$

由图 2-7(c)得知，该机构在构型上为空间机构，但只存在相对转动不存在相对移动，所以在自由度计算上仍然只能使用平面机构的自由度计算公式，活动构件个数 $n=3$，低副的个数 $P_L=4$，高副的个数 $P_H=0$，机构的自由度 $F_c$ 为

$$F_c = 3n - (2P_L + P_H) = 3\times 3 - (2\times 4 + 0) = 1$$

由图 2-7(d)得知，该机构是一个空间机构，连杆 2 做空间运动，但绕自身轴线的转动为无用的转动，称为局部自由度，用 $F'$表示，应去除。活动构件个数 $n=3$，2 个Ⅴ级副，$P_5=2$，2 个Ⅲ级副，$P_3=2$，机构的自由度 $F_d$ 为

$$F_d = 6n - (5P_5 + 4P_4 + 3P_3) - F' = 6\times 3 - (5\times 2 + 4\times 0 + 3\times 2) - 1 = 1$$

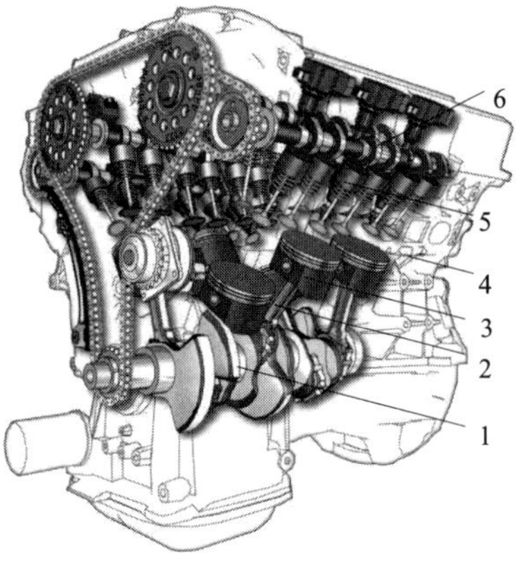

图 2-17 V6 内燃机三维简化图

［**例 2.8**］ 试计算图 2-14(b)所示机构的自由度。

［**解**］ 图 2.14(b)为空间机构，活动构件的个数 $n=3$，即构件 1、构件 2 与构件 3，构件 1 与机架 4 组成Ⅴ级副(在 $A$ 处)，构件 3 与机架 4 为Ⅴ级副(在 $C$ 处)，构件 2 与构件 3 为Ⅳ级副(在 $B$ 处)，构件 1 与构件 2 为Ⅲ级副(在 $S$ 处)，即 $P_5=2$，$P_4=1$，$P_3=1$，该机构的自由度 $F$ 为

$$F = 6n - (5P_5 + 4P_4 + 3P_3) = 6\times 3 - (5\times 2 + 4\times 1 + 3\times 1) = 1$$

［**例 2.9**］ 图 2-17 为 V6 内燃机三维简化图，构件 1 为曲轴(在机械原理阶段称为曲柄)，构件 2 为连杆，构件 3 为滑块(活塞)，构件 4 为机架(箱体)，构件 5 为配气推杆，构件 6 为凸轮轴。

内燃机将热能转化成机械能的机构运动简图如图 2-18(a)所示，实现进气与排气的机构运动简图如图 2-18(b)所示。

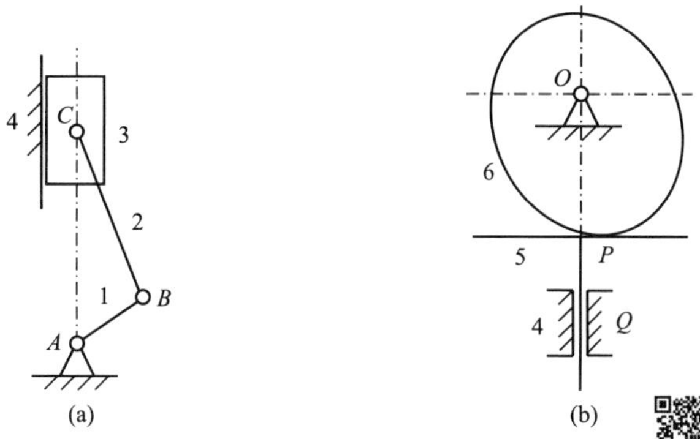


图 2-18　内燃机中 2 个机构的运动简图

内燃机中的产品曲轴 1 如图 2-19(a)所示，在机械原理中的表达如图 2-18(a)中的曲柄 *AB* 所示。曲轴不仅完成扭矩的输出，还要完成 6 组曲柄滑块机构惯性力的合力为零的任务，以便减小振动。

内燃机中的产品连杆 2 如图 2-19(b)所示，在机械原理中的表达如图 2-18(a)中的 *BC* 所示。连杆的小头通过销轴与活塞连接，连杆的大头与曲轴连接，与曲轴连接时必须是对开的组合结构，通过高强度螺钉连接起来，两头的孔内需安装耐磨合金套。

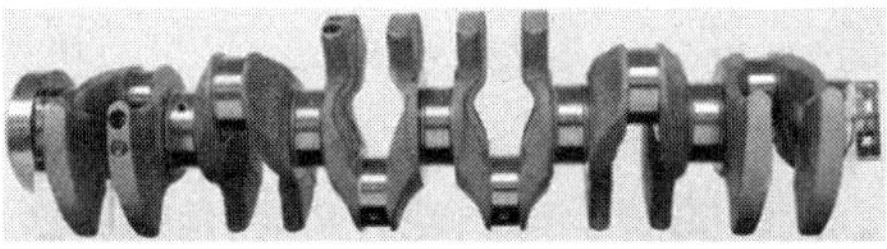

(a)

(b)

(c)

图 2-19　内燃机中的曲轴与连杆以及活塞

内燃机中的活塞 3 如图 2-19(c)所示，在机械原理中的表达如图 2-18(a)中的滑块 3 所示。活塞的顶面为异形腔室结构，以便燃油燃烧充分、减少紊流提高热机效率；活塞柱面安装一组开口涨圈，上行时下部喷机油，下行时涨环刮掉大部分，留下少部分作为活塞体与缸体内壁的润滑，同时被燃烧掉，这也就说明为什么要对内燃机定期补充机油。

内燃机中的配气推杆 5 如图 2-17 所示，在机械原理中的表达如图 2-18(b)中的构件 5 所示。平底的配气推杆 5 与凸轮具有最大的综合曲率半径、最小的挤压应力、最好的自润滑条件，无间隙导致的空程，不会产生附加冲击。

试计算图 2-18(a)所示曲柄滑块机构的自由度与图 2-18(b)所示凸轮机构的自由度。

［**解**］ 曲柄滑块机构的组成为：曲柄 1、连杆 2、滑块 3 与机架 4。3 个转动副与 1 个移动副，无高副。该机构的自由度 $F_a$ 为

$$F_a = 3n - (2P_L + P_H) = 3\times 3 - (2\times 4 + 0) = 1$$

凸轮机构的组成为：凸轮 6、推杆 5 与机架 4。1 个转动副、1 个移动副，1 个高副。该机构的自由度 $F_b$ 为

$$F_b = 3n - (2P_L + P_H) = 3\times 2 - (2\times 2 + 1\times 1) = 1$$

## 2.5 计算平面机构自由度的注意事项

机构最终要被转化为机器，在机器中要考虑的因素太多，如摩擦力尽量小、承受的载荷尽可能大、占据的空间尽量小，等等。解决摩擦力尽量小的方法通常是在允许的条件下，把相对滑动改为相对转动；解决承受的载荷尽可能大的方法通常是，在允许的条件下，采用多套相同的机构、采用多支撑结构；解决占据的空间尽量小的方法通常是做优化设计。在自由度计算阶段，只考虑可动性的问题。为此，应用式(2-1)计算机构的自由度时，要注意局部自由度、虚约束与复合铰链的问题，分述如下。

### 2.5.1 局部自由度

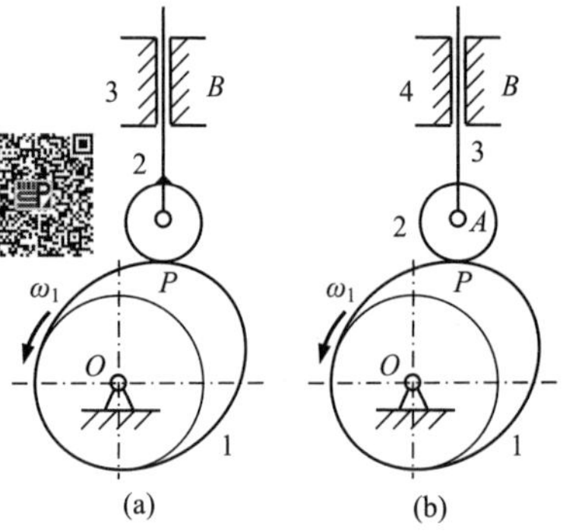


图 2-20 含局部自由度的机构

局部自由度是机构中某些构件所产生的局部运动而不影响整个机构运动的自由度。如图 2-20(a)所示的凸轮机构，凸轮 1 驱动推杆 2 在机架 3 的孔中往复移动，推杆 2 的下端焊接一个滚子，这时的滚子与凸轮之间既有相对滚动，也有相对滑动，相对滑动增加磨损是有害的，为此，将该滚子通过轴安装在推杆下方，如图 2-20(b)所示，这时的滚子 2 与凸轮 1 之间只有相对滚动。图 2-20(a)所示的凸轮机构与图 2-20(b)所示的凸轮机构具有相同的运动规律。

图 2-20(a)所示凸轮机构，1 个转动副、1 个移动副、1 个高副，自由度 $F_a$ 为

$$F_a = 3n - (2P_L + P_H) = 3\times 2 - (2\times 2 + 1) = 1$$

图 2-20(b)所示凸轮机构，2 个转动副、1 个移动副、1 个高副，1 个局部自由度 $F'$，局部自由度应去除，自由度 $F_b$ 为

$$F_b = 3n - (2P_L + P_H) - F' = 3\times 3 - (2\times 3 + 1) - 1 = 1$$

在计算机构的自由度时，一旦遇到局部自由度，只要把产生局部自由度的构件(滚子)与安装它的构件固连即可，如把图 2-20(b)视为图 2-20(a)即可。

### 2.5.2 虚约束

虚约束是对整个机构的运动不起运动约束的一种约束，但对力的重新分布将产生显著的影响。在机械上应用虚约束是要付出代价的。

如图 2-12(a)所示的散装货物自卸汽车，在车厢的两侧分别安装自卸油缸，若只在一侧安装自卸油缸是不切实际的。这时的代价是两侧的油缸必须实现等流量供油与泄油。

如图 2-13(a)所示的单输入双输出圆锥齿轮传动箱，输入圆锥齿轮轴 1、输出圆锥齿轮轴 2 都通过简支梁的方式与箱体 3 组成转动连接，若只用一个轴承是绝对不行的。这时的代价是输出圆锥齿轮轴 2 两侧的孔必须具有高的同轴度，输入圆锥齿轮轴 1 与输出圆锥齿轮轴 2 都要具有高的同轴度。

图 2-21 所示为一种机械压力机机构，滑块 6 具有更大的输出压力；图 2-22 所示的平行四边形机构避免了从动杆运动方向中途反向；图 2-23 所示的二级齿轮减速机构在相对较小的空间内实现较大的传动比，箱体上的三对孔必须具有高的同轴度；图 2-24(a)所示的行星轮系充分利用了几何空间传递更大的力矩，各个构件都必须具有高的几何精度。

图 2-21 所示的机械压力机机构中，构件 3 与 3'等长、构件 5 与 5'等长，它们都为虚约束，在计算机构的自由度时，构件 3'、4、5'都可以去掉。为此，该机构活动构件的个数 $n=5$，低副数 $P_L=7$，高副数 $P_H=0$，自由度 $F=3n-(2P_L+P_H)=3\times5-(2\times7+0)=1$。

图 2-22 所示的平行四边形机构中，构件 2'为虚约束，以避免构件 2 与 $O_1O_3$ 重合时构件 3 发生反向运动，该机构的自由度 $F=3n-(2P_L+P_H)=3\times3-(2\times4+0)=1$。

图 2-23 所示的二级齿轮减速机构中，可以把 $A_2$、$B_2$、$C_2$ 视为虚约束，该机构活动构件的个数 $n=3$，低副数 $P_L=3$，高副数 $P_H=2$，自由度 $F=3n-(2P_L+P_H)=3\times3-(2\times3+2\times1)$ $=1$。

图 2-24 所示的轮系中，使用 3 个行星轮 2、2'、2"(还可以更多)，在计算机构的自由度时，行星轮 2'、2"可以去掉。图 2-24(a)称为行星轮系，活动构件的个数 $n=3$，内齿轮 4 固定成为机架，中心轮 1 与机架 4 组成转动副，行星架也称为系杆 3 与机架 4 组成转动副，系杆 3 的产品如图 2-24(c)所示，行星轮 2 与行星架 3 组成转动副，中心轮 1 与行星轮 2 组成高副，行星轮 2 与固定的内齿轮 4 组成高副，自由度 $F=3n-(2P_L+P_H)=3\times3-(2\times3+1\times2)=1$。

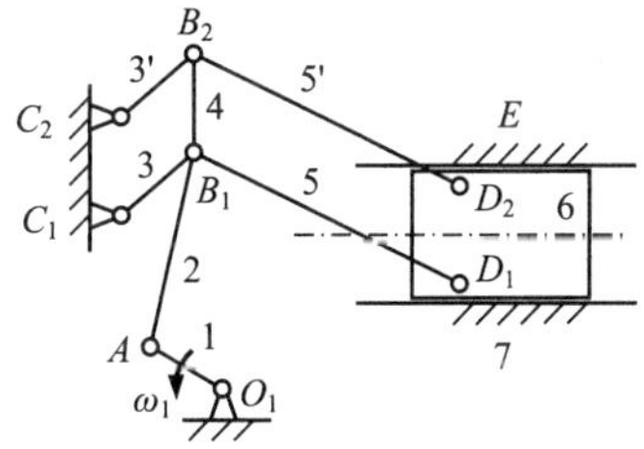


图 2-21　机械压力机机构

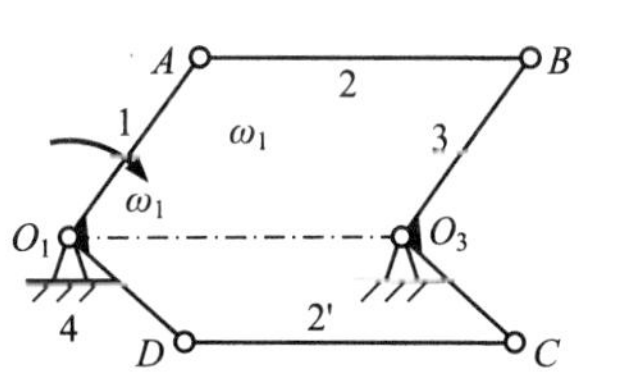


图 2-22　平行四边形机构

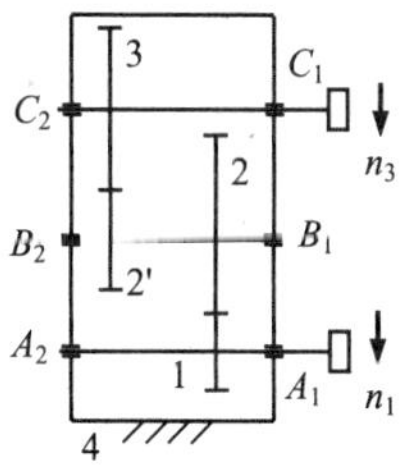


图 2-23　二级齿轮减速机构

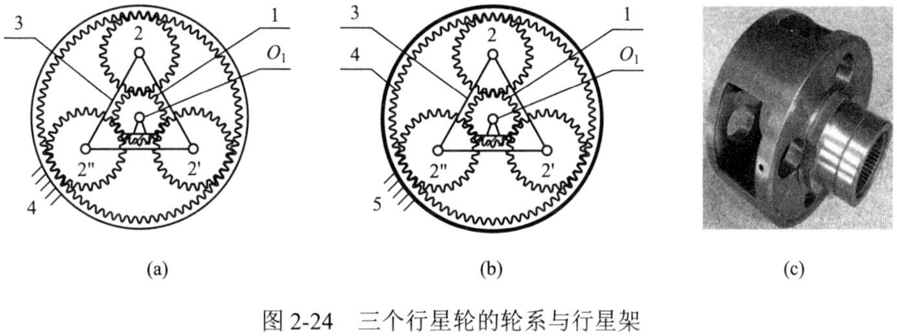


(a)　(b)　(c)

图 2-24　三个行星轮的轮系与行星架

图 2-24(b)称为差动轮系，活动构件的个数 $n = 4$，内齿轮 4 与机架 5 组成转动副，中心轮 1 与机架 5 组成转动副，行星架 3 与机架 5 组成转动副，行星轮 2 与行星架 3 组成转动副，中心轮 1 与行星轮 2 组成高副，行星轮 2 与内齿轮 4 组成高副，自由度 $F = 3n - (2P_L + P_H) = 3\times4-(2\times4+1\times2)=2$。

在机械原理中图 2-24(a)与图 2-24(b)所示的系杆到图 2-24(c)所示的行星架产品存在天壤之别，图 2-24(c)所示的行星架产品是经过三维造型、材料选择与金相组织设计、强度与刚度计算、几何精度设计、装配工艺、制造成本等最终确定下来的。

### 2.5.3 复合铰链

两个以上的构件同在一个轴心处以转动副相铰联，则构成复合铰链。以图 2-21 所示的机械压力机机构为例，在 $B_1$ 处，构件 2、3 和 5 组成 2 个转动副，即复合铰链处的运动副数目等于此处构件数减 1。为此，该机构的自由度为 $F=3n-(2P_L+P_H)=3\times5-(2\times7+0)=1$。可见，图 2-21 既使用虚约束，又应用复合铰链。

在图 2-24(a)中，在 $O_1$ 处，中心轮 1、行星架 3 与机架 4 组成 2 个转动副，为复合铰链。

在图 2-24(b)中，在 $O_1$ 处，中心轮 1、行星架 3、内齿轮 4 与机架 5 组成 3 个转动副，为复合铰链。

## 2.6 平面机构的组成原理与结构分析

### 2.6.1 平面机构的组成原理

由于机构具有确定运动的条件是原动件的个数等于机构自由度的数目，因此，如果将机构中的机架及原动件与其余的构件拆分开来，则其余构件所构成的构件组必然是一个自由度为 0 的构件组。而这个构件组有时还可以继续拆分下去，直到构件数最少的自由度为 0 的构件组。这种构件数最少且自由度为 0 的构件组称为**基本杆组**。由此可知，机构是由若干个基本杆组依次连接于机架和原动件上而形成的，该原理称为机构的组成原理。

在对一个机构拆分基本杆组时，各个运动副的符号只能出现一次，在原动件上与基本杆组相连接的那一端不能带有运动副；在连接时，同一基本杆组上的多个外接运动副不能与另一基本杆组上的同一构件相连。否则，就不符合机构的组成原理。

以图 2-25(a)所示的肘杆机械压力机机构为例，该机构的自由度为 $F=3n-(2P_L+P_H)=3\times5-(2\times7+0)=1$。当曲柄 1 为主动件时，将主动件 1 及机架 6 与其余的构件拆分开来，得到如图 2-25(b)所示的主动件 1 与机架 6，杆 2、3、4 和 5 所组成的自由度为零的杆组。将图 2-25(b)进一步拆分，得到如图 2-25(c)所示的主动件 1 与机架 6，基本杆组 2—3 与基本杆组 4—5。

如图 2-26 所示的装载机，铲斗向前铲取散体物料、放平、近似平举、卸料、下放后铲斗回到铲取姿态。其中的铲斗动作执行机构如图 2-27 所示。在图 2-27 中，当前把构件 9 视为机架，构件 1、2、3 与 9 组成动臂升降的曲柄摇块机构，其中的构件 1、2 组成主动的油缸副；构件 3、4、5、6、7、8 与 9 组成铲斗近似平举(状态Ⅱ)、卸料、下放后铲斗自动放平(状态Ⅰ)的平面七杆机构，其中的构件 7、8 组成主动的控制铲斗姿态的油缸副。

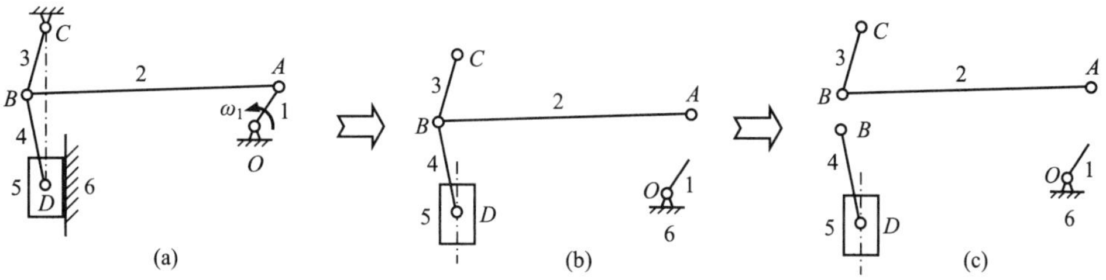


图 2-25　肘杆机械压力机的机构拆分

图 2-26　装载机

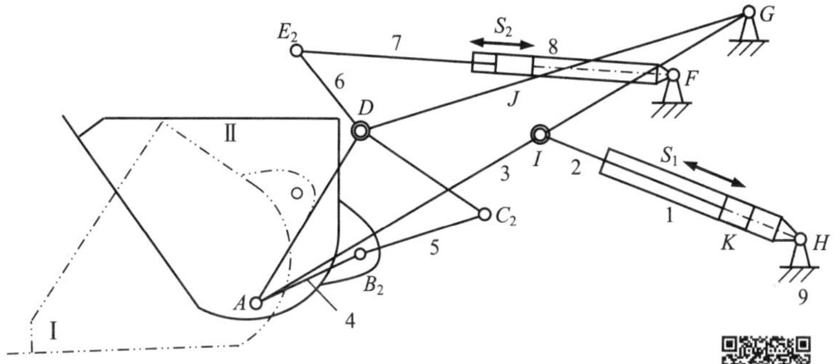


图 2-27　装载机中的铲斗动作执行机构

该机构的自由度为 $F = 3n - (2P_L + P_H) = 3\times 8 - (2\times 11 + 0) = 2$。

把构件 1、2 组成的油缸副中的一个自由度拆除，把构件 7、8 组成的油缸副中的一个自由度拆除，把机架拆除，得到图 2-28(a)所示的杆组。进一步拆分，构件 6、7 组成一个 PRR 型基本杆组，图 2-28(b)所示；构件 4、5 组成一个 RRR 型基本杆组，图 2-28(c)所示；构件 2、3 组成一个 PRR 型基本杆组，图 2-28(d)所示。

## 2.6.2　平面机构的结构分析

1) 平面机构的结构分类

由于平面机构是由若干个基本杆组依次连接机架和原动件所组成的，所以，当 $P_H$=0 时，

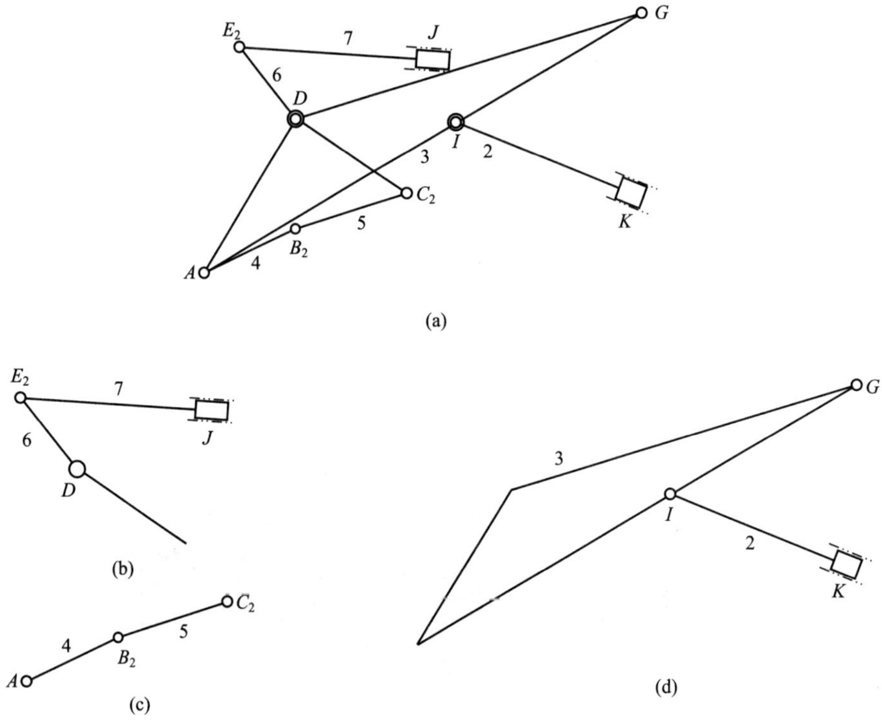


图 2-28　装载机中的铲斗动作执行机构拆分

平面低副机构的基本杆组应满足的条件为 $3n-2P_{L}=0$，又由于构件数和运动副数都必须为整数，所以，$n$ 应是 2 的倍数，$P_{L}$ 应是 3 的倍数。由此可见，在平面低副机构中，最少构件数的基本杆组是由 2 个构件、3 个低副构成的，这种基本杆组称为Ⅱ级组。绝大多数平面低副机构都是由Ⅱ级组构成的。Ⅱ级组有如图 2-29 所示的 6 种型式，其中图 2-29 (f)主要应用在伸缩式油缸中。图 2-29 中的外部转动副用双圆表示，以表示它们目前不是真正的转动副，但是它们一旦参与构成机构，就是真正的转动副；外部移动副用中心线表示，它们一旦参与构成机构，就是真正的移动副了。在少数结构比较复杂的平面低副机构中，除了Ⅱ级组外，还有其他高级别的基本杆组，当 $n=4$，$P_{L}=6$ 时，图 2-30 为比较常见的 5 种型式。其中，图 2-30 (a)、(b)、(c)、(d)为Ⅲ级组(杆组的级别由杆组中封闭形的边数决定)，图 2-30 (e)为Ⅳ级组(杆 1、2、3 与 4 组成四边形)。鉴于工程实际中很少应用高级别的基本杆组，所以在此不再介绍它们。

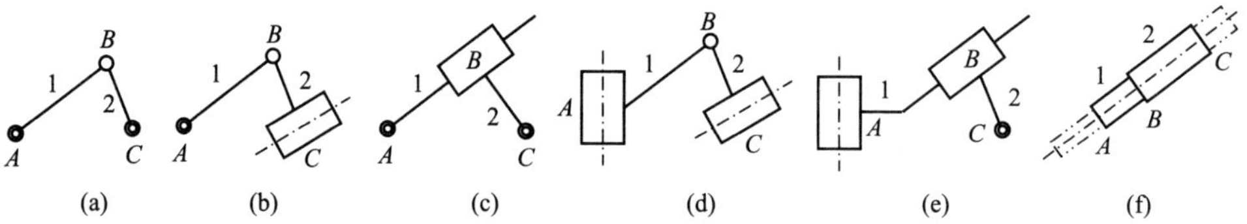


图 2-29　Ⅱ级组的 6 种型式

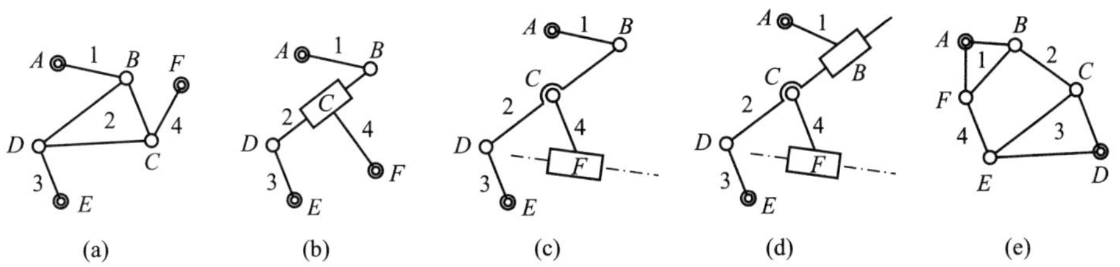


图 2-30　$n$=4，$P_L$=6 时的 4 种III级组与一个IV级组

2) 平面机构的结构分析

对于一个平面低副机构，首先计算它的自由度，确定原动件，然后从远离原动件的构件开始拆分基本杆组，直至最后剩下原动件和机架为止。先试拆分为II级组，若不成，再拆分为III级组或IV级组。

以图 2-31(a)所示的简摆颚式破碎机为例，简摆颚式破碎机的工作机构简图如图 2-31(b)所示。

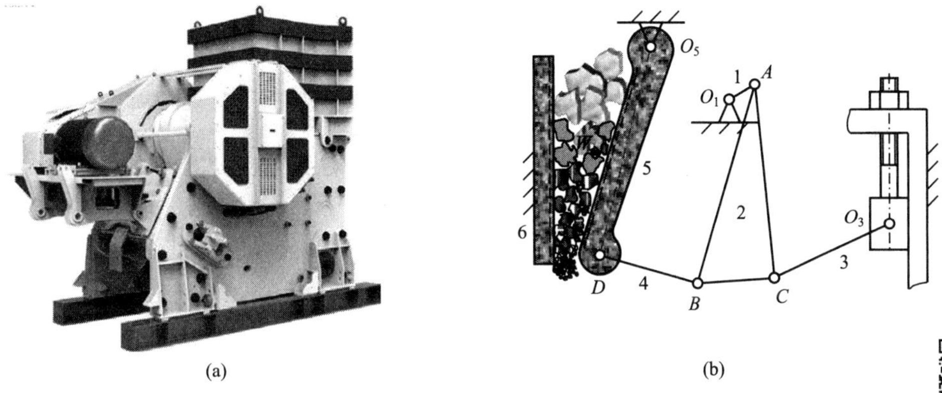


图 2-31　简摆颚式破碎机及其工作机构简图

简摆颚式破碎机的工作机构由曲柄 1、第一连杆 2、摇杆 3、第二连杆 4、动颚板 5、机架(包含静颚板)6 组成。

产品的简摆颚式破碎机要解决动颚板与静颚板的高耐磨性问题；弹性限位与减震结构的设计问题；简便调节排料口开度的问题；可拆装无焊接箱体结构方便运输，但要确保强度与刚度的问题；腔型的结构设计与高效破碎的问题。

当取构件 1 为原动件时，如图 2-32(a)所示，拆分该机构的杆组构成如图 2-32(b)所示。曲柄 1 与机架 6 被拆分出来，第一连杆 2 与摇杆 3 组成一个II级，第二连杆 4 与动颚板 5 组成一个II级。简摆颚式破碎机的工作机构为II级机构。

当以构件 5 为原动件时，如图 2-32(c)所示，动颚板 5 与机架 6 被拆分出来，构件 1－2－3－4 成为不可再分的基本杆组，如图 2-32(d)所示，为III级机构。

同一个运动链，取不同的构件为主动件，机构的级别可能不同，分析与设计的复杂性也随之不同。

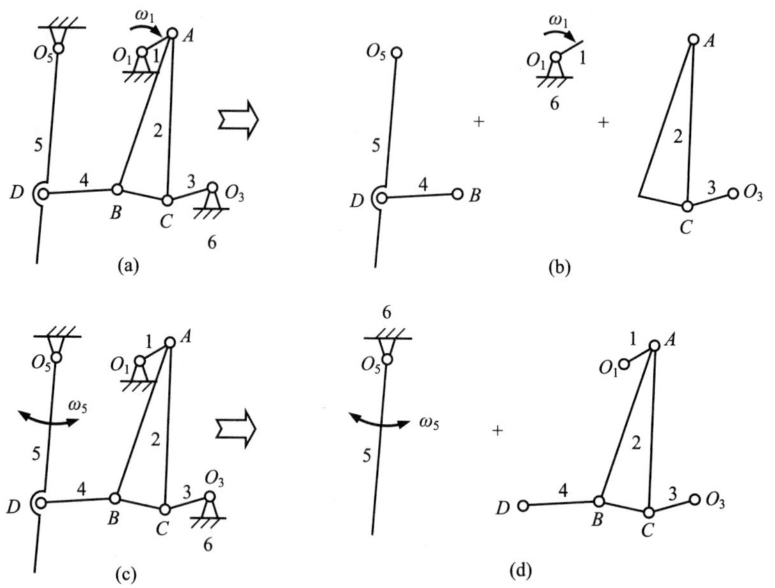


图 2-32　简摆颚式破碎机的结构分析

［**例 2.10**］　图 2-33(a)为油缸后推式自卸汽车的工作机构，动作时活塞杆 2 相对于缸体 1 的长度发生变化，油缸为原动件，试拆分该机构的杆组成分。

［**解**］　在图 2-33(a)中，把油缸 1 与机架 6 组成的一个自由度拆除，构件 2－3－4－5 成为不可再分的基本杆组，如图 2-33(b)所示，为III级机构。

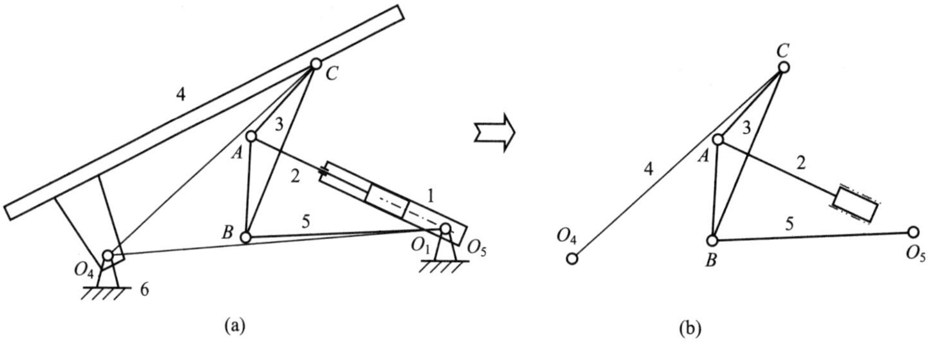


图 2-33　油缸后推式自卸汽车机构的结构分析

## 2.7　平面机构的高副低代

对于一个平面机构，若含有高副，可以将高副用低副瞬时代替，从而使含有高副的机构瞬时转化为低副机构。高副低代的原则是：代替前后机构的自由度不变；代替前后机构的瞬时速度与加速度不变。从约束的角度来说，一个高副产生一个约束，一个带有两个低副的构件也产生一个约束，为此，可以用一个带有两个低副的构件来代替一个高副。两个低副之间的距离就是形成高副的两条曲线在接触点的曲率半径之和。

图 2-34(a)所示为两个圆组成的高副机构，不论接触点 $P$ 在哪里，两个圆的圆心 $O_1$、$O_2$ 之间的长度都等于半径 $r_1$ 与 $r_2$ 之和。为此，引入连杆 4，连杆 4 的长度等于 $r_1$ 与 $r_2$ 之和，将 $O_1$、$O_2$ 分别视为转动副，连杆 4 与构件 1 在 $O_1$ 点组成转动副，与构件 2 在 $O_2$ 点组成转动副，于是，得到高副低代的平面四杆机构，如图 2-34(b)所示。这两个机构具有相同的运动规律。

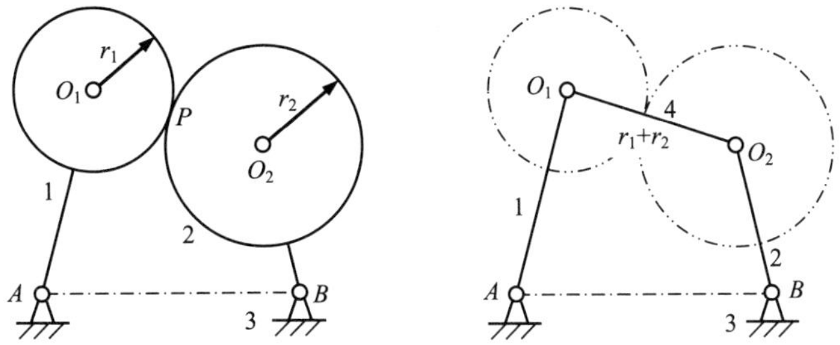


(a)　　(b)

图 2-34　两圆高副机构与低代

图 2-35(a)所示为两个一般曲线组成的高副机构，取接触点 $P$ 的曲率中心 $O_1$、$O_2$ 作为连杆 4 与构件 1 组成的转动副、与构件 2 组成的转动副，于是，得到高副瞬时低代的平面四杆机构，如图 2-35(b)所示。这两个机构在该瞬时具有相同的运动规律。

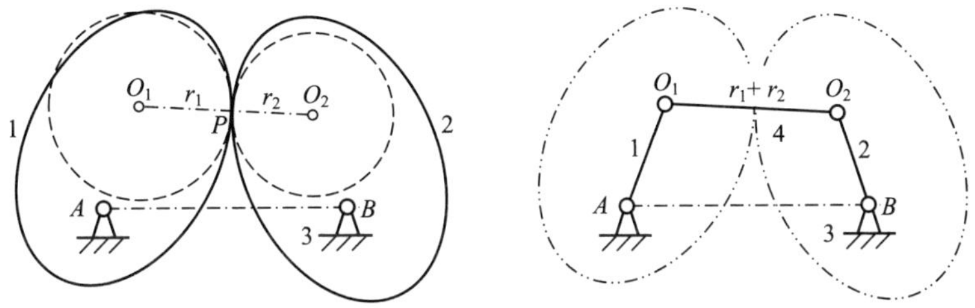


(a)　　(b)

图 2-35　一般高副机构与低代

图 2-36(a)所示为一般曲线与直线组成的高副机构，曲线 1 在接触点 $P$ 处的曲率中心在 $O_1$ 点、直线 2 在接触点 $P$ 处的曲率中心 $O_2$ 位于无限远，由于 $O_1$、$O_2$ 之间的距离为无限远，$PO_2$ 段为无限长，而 $PO_2$ 段不论有多长，它相对于构件 2 都是作移动，为此，可以仅仅取接

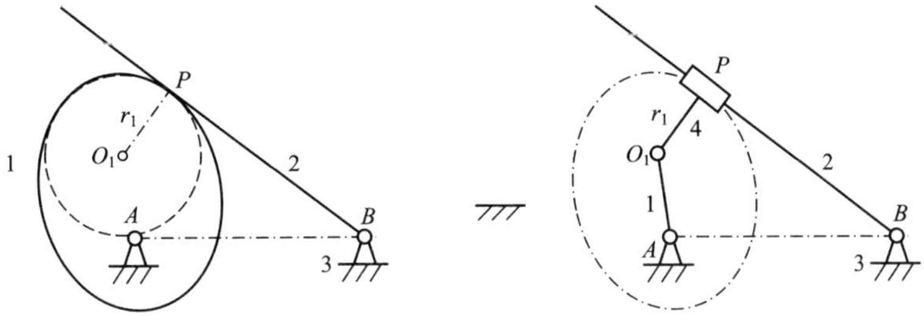


(a)　　(b)

图 2-36　一般曲线与直线高副机构与低代

近于 $P$ 点的一段实体作为连杆 4 的一端，这样，连杆 4 与构件 1 在 $O_1$ 点组成转动副、与构件 2 在 $P$ 点组成移动副，于是，得到高副瞬时低代的平面四杆机构，如图 2-36(b)所示。这两个机构在该瞬时具有相同的运动规律。

图 2-37(a)所示为一般曲线与点组成的高副机构，曲线 1 在接触点 $P$ 处的曲率中心在 $O_1$ 点、$P$ 点的曲率中心 $O_2$ 就在 $P$ 点，为此，连杆 4 与构件 1 在 $O_1$ 点组成转动副、与构件 2 在 $P$ 点组成转动副，于是，得到高副瞬时低代的平面四杆机构，如图 2-37(b)所示。这两个机构在该瞬时具有相同的运动规律。

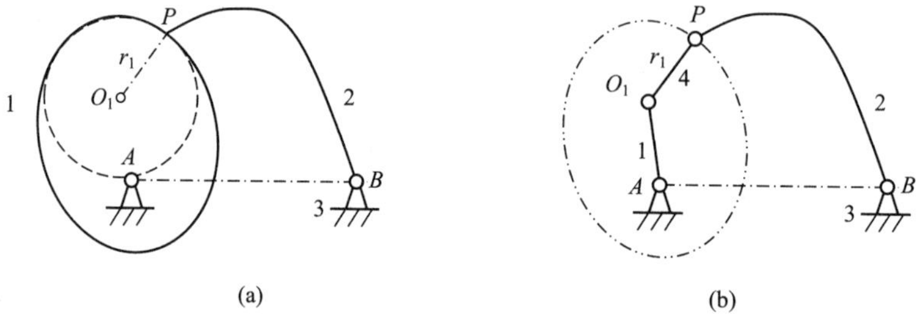


图 2-37 一般曲线与点高副机构与低代

## 习 题

**2.1** 题 2.1 图所示为三种型式液压泵的结构简图，试绘制它们的机构简图。

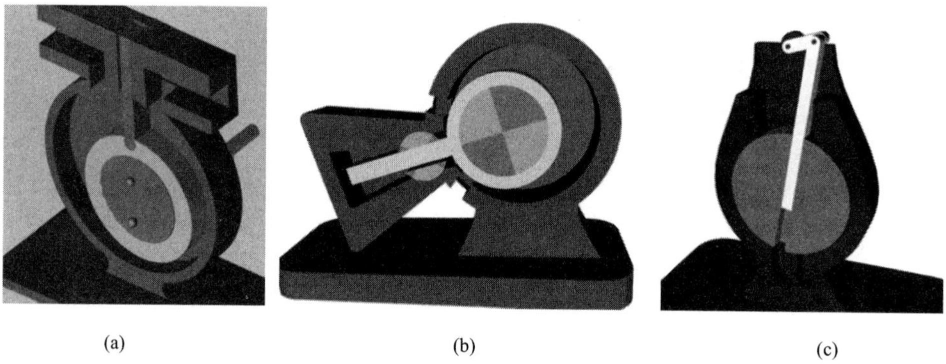


题 2.1 图

**2.2** 题 2.2 图所示为高速机械压力机的机构简图，除去曲柄 1、连杆 2 之外，机构尺寸关于 $y$ 轴对称，试求它的自由度。

**2.3** 题 2.3 图所示为连杆机械压力机的机构简图，试求它的自由度。

**2.4** 题 2.4 图所示为齿轮连杆组合机构的机构简图，其中构件 2、5 组成齿轮齿条副，构件 2、3 组成移动副，试求它的自由度。

**2.5** 题 2.5 图所示为凸轮连杆压力机的机构简图，试求它的自由度，将该机构中的高副用低副代替，画出低代后的机构简图。

**2.6** 题 2.6 图所示为另一种织机开口机构的机构简图，试求它的自由度。

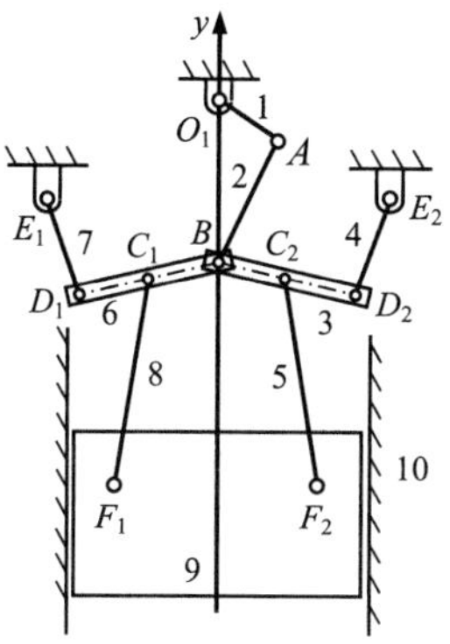


题 2.2 图

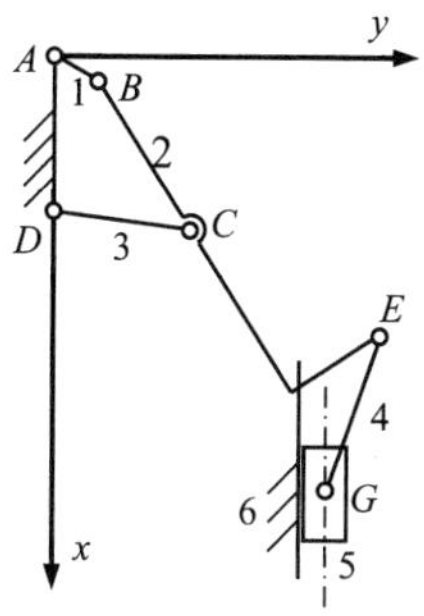


题 2.3 图

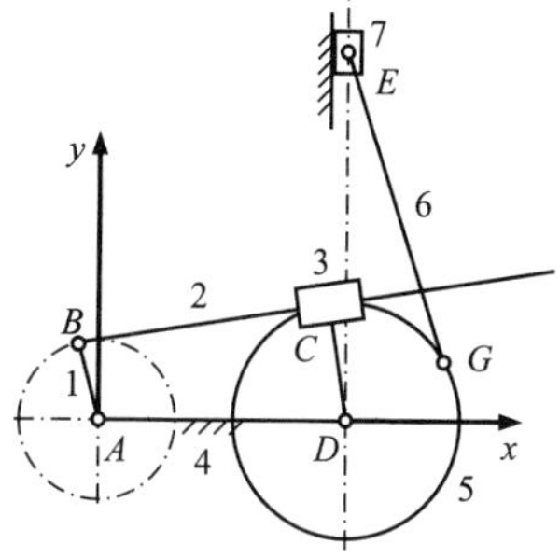


题 2.4 图

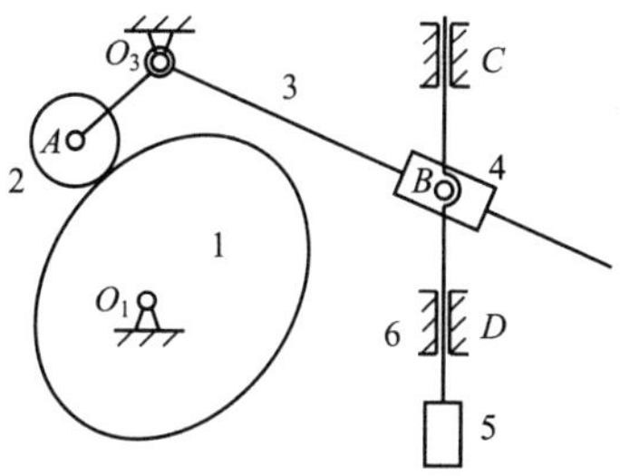


题 2.5 图

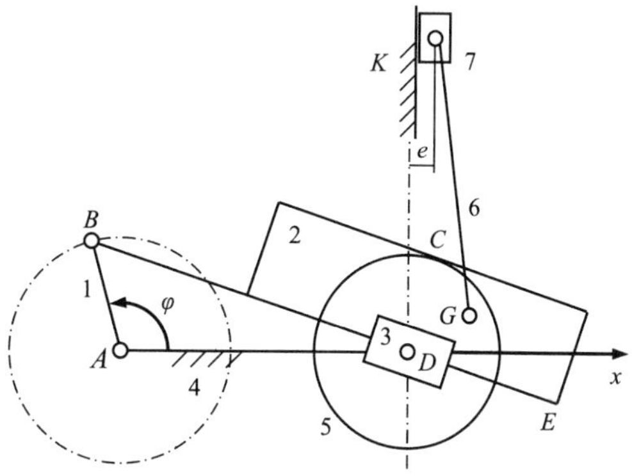


题 2.6 图

**2.7**　题 2.7 图所示为复摆颚式破碎机，试绘制它的机构运动简图并计算自由度，简述它与简摆颚式破碎机的性能差异。

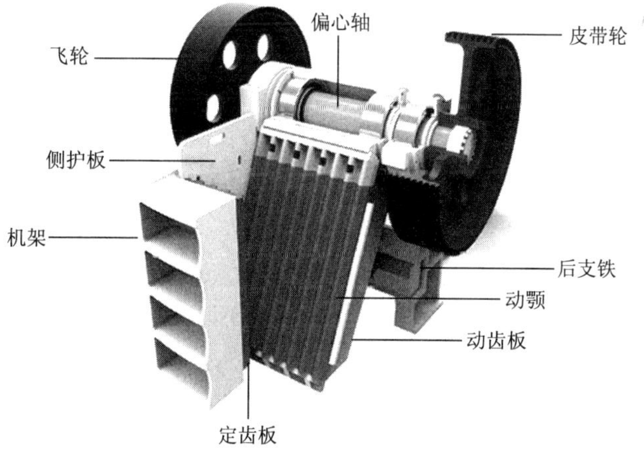


题 2.7 图

# 第3章

# 平面机构的运动分析

## 3.1 概述

机构的运动分析是指原动件的运动规律已知时，求解其余构件的运动规律，确定指定构件上点的位移、轨迹、速度与加速度。

对机构作运动分析的方法很多，这里只介绍基于矢量多边形的图解方法和基于机构几何尺寸的代数方法。

对机构作运动分析的目的是确定机构的运动空间、检验相关构件的运动规律是否符合设计要求，以及为构件的强度设计、运动副的尺寸设计提供计算惯性力与惯性力矩的参数。

## 3.2 平面机构运动分析的图解法

对平面机构作运动分析的方法有速度瞬心法、矢量方程图解法，其中速度瞬心法只能对平面机构作速度分析。

### 3.2.1 速度瞬心法

1) 速度瞬心与位置

速度瞬心是两个作平面相对运动的构件上具有相同位置坐标、相同速度的重合点。当该重合点的速度等于零时，称为绝对瞬心；当该重合点的速度不等于零时，称为相对瞬心。由于每两个构件都形成一个瞬心，对于由 $N = n + 1$ 个构件所形成的机构，其速度瞬心的数目 $S$ 为

$$S = N(N-1)/2 \tag{3-1}$$

运动副与速度瞬心的关系如图 3-1 所示，转动副的几何中心是速度瞬心；移动副的速度瞬心在垂直于运动方向的无限远处；高副的速度瞬心在过接触点所作的公法线上；纯滚动高副的速度瞬心在接触点上。

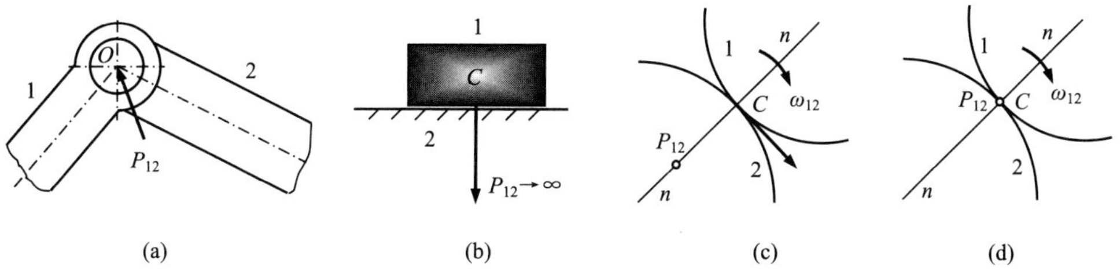


图 3-1　运动副与速度瞬心的关系

三个构件形成三个速度瞬心，这三个速度瞬心位于一条直线上，如图 3-2 所示，该规律称为三心定理。

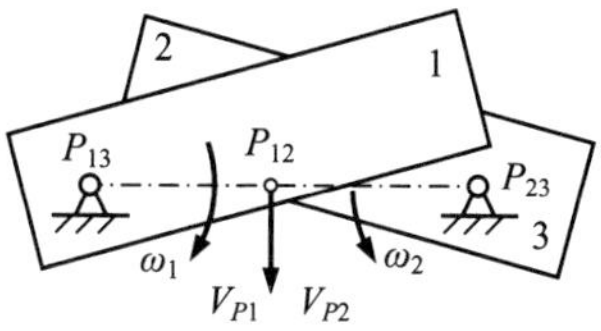


图 3-2　三心共线

2) 用速度瞬心法作机构的速度分析

在图 3-3 所示的铰链四杆机构中，主动件 1 以 $\omega_1$ 作匀速转动，求图示位置连杆 2、摇杆 3 的角速度 $\omega_2$、$\omega_3$。

利用三心定理确定速度瞬心 $P_{13}$、$P_{24}$，由 $P_{13}$ 是构件 1、3 的同速点得

$$\omega_1 \cdot \overline{P_{13}P_{14}} \cdot \mu_L = \omega_3 \cdot \overline{P_{13}P_{34}} \cdot \mu_L$$

式中，$\mu_L$ 是长度比例尺($\mu_L$=实际尺寸/图上尺寸)。由此得构件 3 的角速度 $\omega_3$ 为

$$\omega_3 = \omega_1 \cdot \overline{P_{13}P_{14}} \,/\, \overline{P_{13}P_{34}} \tag{3-2}$$

由于 $P_{24}$ 是绝对瞬心，连杆 2 在此时绕 $P_{24}$ 点作瞬时转动，由 $P_{12}$ 是构件 1、2 的同速点的速度方程与 $\omega_2$ 分别为

$$\omega_1 \cdot \overline{P_{12}P_{14}} \cdot \mu_L = \omega_2 \cdot \overline{P_{12}P_{24}} \cdot \mu_L$$

$$\omega_2 = \omega_1 \cdot \overline{P_{12}P_{14}} \,/\, \overline{P_{12}P_{24}} \tag{3-3}$$

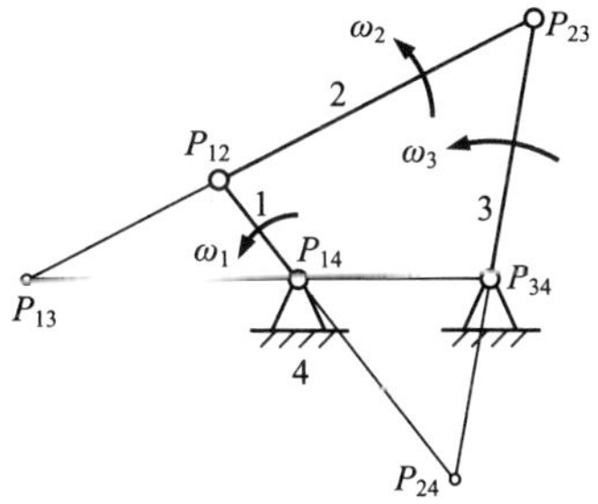


图 3-3　铰链四杆机构与速度瞬心

$\omega_2$、$\omega_3$ 的方向如图 3-3 所示。

在图 3-4 所示的曲柄滑块机构中，利用三心定理确定速度瞬心 $P_{13}$、$P_{24}$，由 $P_{13}$ 是构件 1、3 的同速点得滑块 3 的速度 $V_3$ 得

$$V_3 = \omega_1 \cdot \overline{P_{14}P_{13}} \cdot \mu_L \tag{3-4}$$

在图 3-5 所示的正弦机构中，利用三心定理确定速度瞬心 $P_{13}$、$P_{24}$，由 $P_{13}$ 是构件 1、3 的同速点得滑块 3 的速度 $V_3$ 得

$$V_3 = \omega_1 \cdot \overline{P_{14}P_{13}} \cdot \mu_L \tag{3-5}$$

在图 3-6 所示的凸轮机构中，利用三心定理确定速度瞬心 $P_{12}$，由 $P_{12}$ 是凸轮 1 与从动件 2 的同速点得从动件 2 的速度 $V_2$ 得

$$V_2 = \omega_1 \cdot \overline{P_{13}P_{12}} \cdot \mu_L \tag{3-6}$$

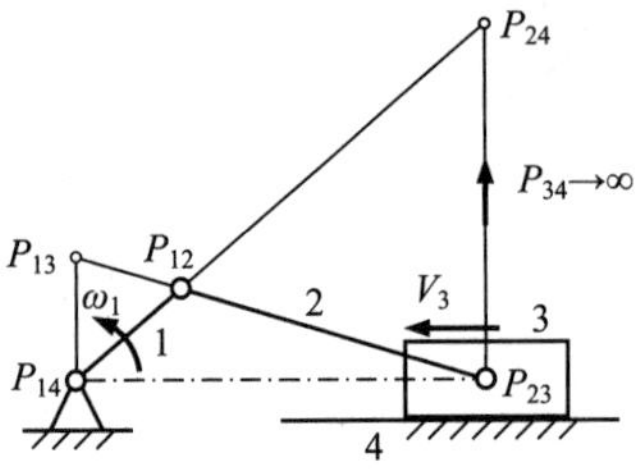


图 3-4　曲柄滑块机构与速度瞬心

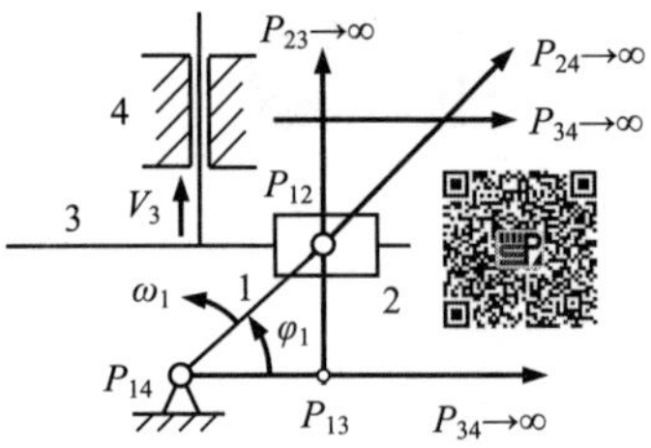


图 3-5　正弦机构与速度瞬心

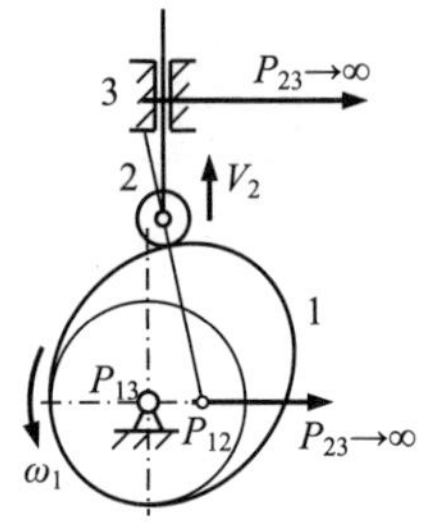


图 3-6　凸轮机构与速度瞬心

以上分析表明，利用速度瞬心作机构的速度分析较简单，但有时速度瞬心位于图纸之外，另外，用速度瞬心不能作机构的加速度分析。

### 3.2.2 矢量方程图解法

矢量方程图解法，也称相对运动图解法，其依据的原理是将动点的运动划分为伴随参考构件的运动以及相对于参考构件的运动。

1) 同一构件上两点间的速度与加速度关系

同一构件上两个非重合点之间的速度与加速度关系可以通过对图 3-7(a)所示的铰链四杆机构的速度分析予以说明，该图的长度比例尺为$\mu_L$。已知曲柄 1 的角速度为$\omega_1$，角加速度$\alpha_1=0$，求图示位置时连杆 2 的角速度 $\omega_2$，连杆 2 上 $E_2$ 点的速度 $\boldsymbol{V}_{E2}$ 以及构件 3 的角速度 $\omega_3$；求连杆 2 的角加速度 $\alpha_2$，连杆 2 上 $E_2$ 点的加速度 $\boldsymbol{a}_{E2}$ 以及构件 3 的角加速度 $\alpha_3$。

根据同一构件上两点之间的速度合成原理，得连杆 2 上 $B$、$C$ 两点之间的速度方程为

$$\begin{array}{cccccc} & \boldsymbol{V}_C & = & \boldsymbol{V}_B & + & \boldsymbol{V}_{CB} \\ \text{方向} & \perp CD & & \perp AB & & \perp CB \\ \text{大小} & ? & & \omega_1 \cdot BA \cdot \mu_L & & ? \end{array} \tag{3-7}$$

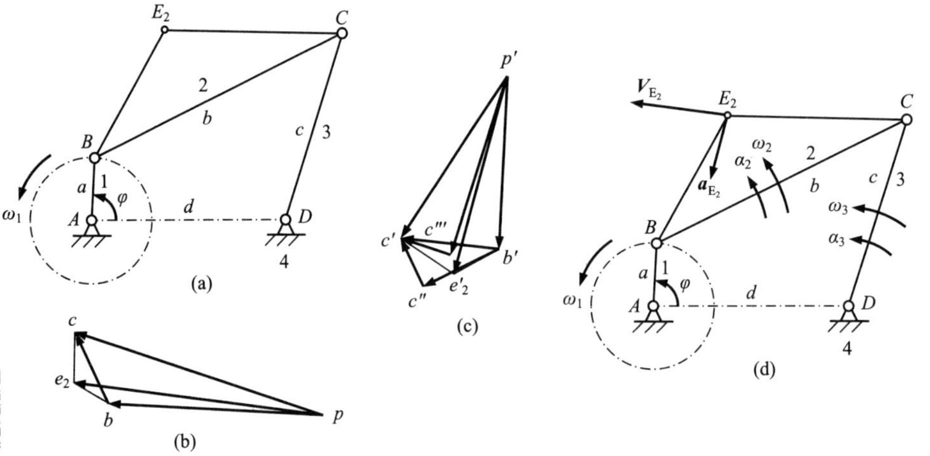


图 3-7　铰链四杆机构与运动分析

速度矢量方程式(3-7)中有两个未知量，可解。在机构简图附近的合适位置作速度图，取速度比例尺 $\mu_V$ ($\mu_V$=实际速度/图上尺寸)，取任意一点 $p$ 作为作图的起点。作 $pb\perp AB$，由 $pb\cdot\mu_V=\boldsymbol{V}_B=AB\cdot\mu_L\cdot\omega_1$ 得 $pb$ 的大小，作 $pc\perp CD$，$bc\perp CB$，得交点 $c$，如图 3-7(b)所示。

由 $pc\cdot\mu_V=\boldsymbol{V}_C$ 得 $\boldsymbol{V}_C$ 的大小，由 $bc\cdot\mu_V=\boldsymbol{V}_{CB}$ 得 $\boldsymbol{V}_{CB}$ 的大小。由 $\boldsymbol{V}_C=CD\cdot\mu_L\cdot\omega_3$ 得 $\omega_3$ 的大小，由 $\boldsymbol{V}_{CB}=BC\cdot\mu_L\cdot\omega_2$ 得 $\omega_2$ 的大小。

自 $c$ 点作 $ce_2\perp CE_2$，自 $b$ 点作 $be_2\perp BE_2$ 得交点 $e_2$。由 $pe_2\cdot\mu_V=\boldsymbol{V}_{E2}$ 得 $\boldsymbol{V}_{E2}$ 的大小。

由 $\boldsymbol{V}_C$ 的方向得构件 3 的角速度 $\omega_3$ 为逆时针方向；由 $\boldsymbol{V}_{CB}$ 的方向得构件 2 的角速度 $\omega_2$ 为逆时针方向，如图 3-7(d)所示。

根据同一构件上两点之间的加速度合成原理，得连杆 2 上 $B$、$C$ 两点之间的加速度方程为

$$a_C = a_{CD}^{n} + a_{CD}^{t} = a_B + a_{CB}^{n} + a_{CB}^{t} \tag{3-8}$$

| | | | | | |
|---|---|---|---|---|---|
| 方向 | $C\to D$ | $\perp CD$ | $B\to A$ | $C\to B$ | $\perp BC$ |
| 大小 | $\omega_3^2 CD\cdot\mu_L$ | ? | $\omega_1^2 AB\cdot\mu_L$ | $\omega_2^2 BC\cdot\mu_L$ | ? |

加速度矢量方程式(3-8)中有两个未知量 $a_{CD}^{t}$、$a_{CB}^{t}$，可解。取加速度比例尺 $\mu_a$ ($\mu_a$=实际加速度/图上尺寸)，作图过程如下。

步骤 1. 取任意一点 $p'$作为起点，作 $p'b'\mathbin{/\!/}AB$ 得 $b'$点，$p'b'$表示 $\boldsymbol{a}_B$，如图 3-7(c)所示。

步骤 2. 作 $c''b'\mathbin{/\!/}BC$ 得 $c''$点，$c''b'$表示 $a_{CB}^{n}$。

步骤 3. 过 $c''$点作 $c''b'$的垂线，$a_{CB}^{t}$ 在该直线上。

步骤 4. 作 $p'c'''\mathbin{/\!/}CD$ 得 $c'''$点，$p'c'''$表示 $a_{CD}^{n}$；

步骤 5. 作 $p'c'''$的垂线，与 $c''b'$的垂线相交的交点 $c'$，于是，$c''c'$表示 $a_{CB}^{t}$，$c'''c'$表示 $a_{CD}^{t}$。

由 $c''c'\cdot\mu_a=a_{CB}^{t}=\alpha_2\cdot BC\cdot\mu_L$ 得 $\alpha_2$ 的大小，由 $c''c'$得连杆 2 角加速度 $\alpha_2$ 的方向为逆时针方向；由 $c'''c'\cdot\mu_a=a_{CD}^{t}=\alpha_3\cdot CD\cdot\mu_L$ 得 $\alpha_3$ 的大小，由 $c'''c'$得构件 3 角加速度 $\alpha_3$ 的方向为逆时针方向，如图 3-7(d)所示。

在图 3-7(c)中，作$\triangle b'c'e'_2$ 相似于构件$\triangle BCE_2$，字母绕行顺序一致，得 $e'_2$ 点，于是，得连杆 2 上 $E_2$ 点的加速度的大小 $a_{E2}=p'e'_2\cdot\mu_a$，方向如图 3-7(c)、(d)所示。

2) 两构件上重合点之间速度与加速度关系

两构件上重合点之间的速度关系可以通过对图 3-8(a)所示的曲柄导杆机构的速度分析予以说明，该图的长度比例尺为 $\mu_L$。已知曲柄 1 的杆长为 $a$，角速度为 $\omega_1$，角加速度为 $\alpha_1=0$，连杆 2 上 $BC$ 的长度为 $b$。求图示位置时连杆 2 的角速度 $\omega_2$ 以及连杆 2 上 $E_2$ 点的速度 $\boldsymbol{V}_{E2}$，导杆 3 上 $E_3$ 点的速度 $\boldsymbol{V}_{E3}$；求连杆 2 的角加速度 $\alpha_2$ 以及连杆 2 上 $E_2$ 点的加速度 $\boldsymbol{a}_{E2}$，导杆 3 上 $E_3$ 点的加速度 $\boldsymbol{a}_{E3}$。

对于平面四杆机构，平面上的任意一点都是 4 个点的重合点，如图 3-8(a)中的 $B$ 点，它是曲柄 1 上的 $B_1$ 点、连杆 2 上的 $B_2$ 点、导杆 3 上的 $B_3$ 点与机架 4 上的 $B_4$ 点的重合点，它们具有相同的位置坐标，具有不完全相同的速度与加速度。

根据两构件上重合点之间的速度合成原理，得构件 2 上 $B_2$、导杆 3 上 $B_3$ 点之间的速度方程为

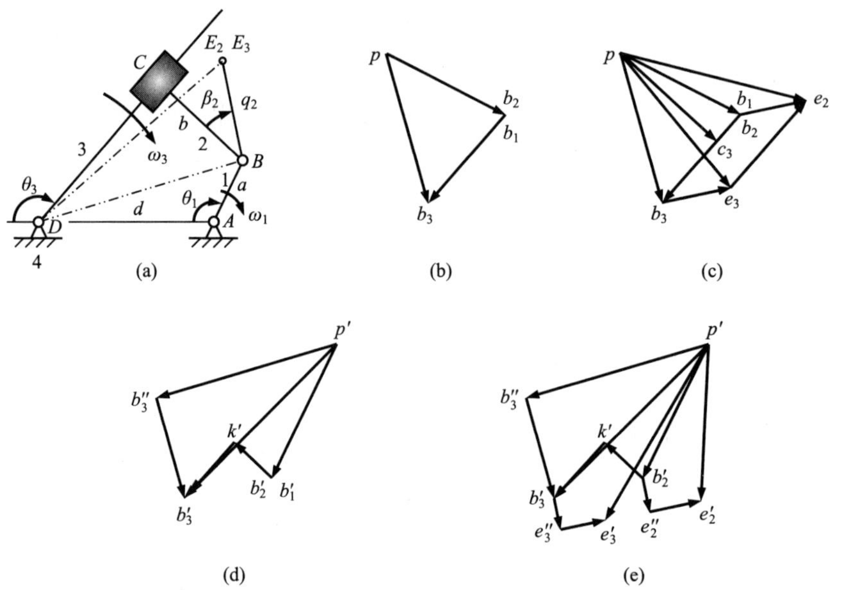


图 3-8　曲柄导杆机构与运动分析

$$\boldsymbol{V}_{B3} = \boldsymbol{V}_{B2} + \boldsymbol{V}_{B3B2} \tag{3-9}$$

| | $\boldsymbol{V}_{B3}$ | $\boldsymbol{V}_{B2}$ | $\boldsymbol{V}_{B3B2}$ |
|---|---|---|---|
| 方向 | $\perp BD$ | $\perp BA$ | $/\!/ CD$ |
| 大小 | ? | $\omega_1 \cdot BA \cdot \mu_L$ | ? |

速度矢量方程式(3-9)中有两个未知量，可解。在机构图附近的合适位置作速度图，取速度比例尺 $\mu_V$ ($\mu_V$=实际速度/图上尺寸)，取任意一点 $p$ 作为作图的起点。作 $pb_1 \perp AB$，由 $pb_1 \cdot \mu_V = \omega_1 \cdot BA \cdot \mu_L$ 得 $pb_1$ 的大小，作 $pb_3 \perp BD$，作 $b_2b_3 /\!/ CD$，得交点 $b_3$，如图 3-8(b)所示。由 $pb_3 \cdot \mu_V = \omega_3 \cdot BD \cdot \mu_L$ 得 $\omega_3$ 的大小，方向为顺时针，由 $b_3b_1 \cdot \mu_V = \boldsymbol{V}_{B3B1}$ 得相对速度 $\boldsymbol{V}_{B3B1}$ 的大小。由于构件 2、3 之间无相对转动，所以，$\omega_2 = \omega_3$。

在图 3-8(b)的基础上，由 $\boldsymbol{V}_{C3} = \boldsymbol{V}_{B3} + \boldsymbol{V}_{C3B3}$ 得 $C_3$ 点的速度矢量 $pc_3$，由 $pc_3 \cdot \mu_V$ 得 $C_3$ 点的速度 $\boldsymbol{V}_{C3}$，如图 3-8(c)所示。

由 $\boldsymbol{V}_{E3} = \boldsymbol{V}_{B3} + \boldsymbol{V}_{E3B3}$ 得 $E_3$ 点的速度矢量 $pe_3$，由 $pe_3 \cdot \mu_V$ 得 $E_3$ 点的速度 $\boldsymbol{V}_{E3}$，如图 3-8(c)所示。

由 $\boldsymbol{V}_{E2} = \boldsymbol{V}_{E3} + \boldsymbol{V}_{E2E3} = \boldsymbol{V}_{B2} + \boldsymbol{V}_{E2B2}$ 得 $E_2$ 点的速度矢量 $pe_2$，由 $pe_2 \cdot \mu_V$ 得 $E_2$ 点的速度 $\boldsymbol{V}_{E2}$，如图 3-8(c)所示。

根据两构件重合点之间的加速度合成原理，得重合点 $B_2$、$B_3$ 之间的加速度方程为

$$a_{B3} = a_{B3}^{\mathrm{n}} + a_{B3}^{\mathrm{t}} = a_{B2} + a_{B3B2}^{\mathrm{k}} + a_{B3B2}^{\mathrm{r}} \tag{3-10}$$

| | $a_{B3}^{\mathrm{n}}$ | $a_{B3}^{\mathrm{t}}$ | $a_{B2}$ | $a_{B3B2}^{\mathrm{k}}$ | $a_{B3B2}^{\mathrm{r}}$ |
|---|---|---|---|---|---|
| 方向 | $B \to D$ | $\perp BD$ | $B \to A$ | $C \to B$ | $/\!/ CD$ |
| 大小 | $\omega_3^2 \cdot BD \cdot \mu_L$ | ? | $\omega_1^2 \cdot AB \cdot \mu_L$ | $2\omega_2 V_{B3B2}$ | ? |

加速度矢量方程式(3-10)中有两个未知量 $a_{B_3}^{\mathrm{t}}$、$a_{B_3B_2}^{\mathrm{r}}$，可解。取加速度比例尺 $\mu_a$ ($\mu_a$=实际加速度/图上尺寸)，作图过程如下。

(1) 取任意一点 $p'$ 作为作图的起点，作 $p'b_3'' /\!/ BD$ 得 $b_3''$ 点，$p'b_3''$ 表示 $a_{B3}^{\mathrm{n}}$。

(2) 过 $p'$ 点作 $p'b_2' /\!/ BA$ 得 $b_2'$ 点，$p'b_2'$ 表示 $a_{B2}^{\mathrm{n}}$。

(3) 作 $b_2'k' \perp CD$，方向为 $\boldsymbol{V}_{B3B2}$ 沿 $\omega_2$ 方向旋转 90°，得 $k'$ 点，$b_2'k'$ 表示 $a_{B3B2}^{k}$。

(4) 过 $k'$作 $k'b_3' \mathbin{/\!/} CD$；过 $b_3''$ 作 $b_3''b_3' \perp BD$ 得交点 $b_3'$，$k'b_3'$ 表示 $a_{B3B2}^{\mathrm{r}}$，$b_3''b_3'$ 表示 $a_{B3}^{\mathrm{t}}$，如图 3-8(d)所示。

由 $b_3''b_3' \cdot \mu_a = a_{B3}^{\mathrm{t}} = \alpha_3 \cdot BD \cdot \mu_L$ 得 $\alpha_3$ 的大小，$\alpha_2=\alpha_3$，方向为顺时针。

由 $k'b_3' \cdot \mu_a = a_{B3B2}^{\mathrm{r}}$ 得 $a_{B3B2}^{\mathrm{r}}$ 的大小。

由 $a_{B3} = p'b_3' \cdot \mu_a$ 得 $a_{B3}$ 的大小。

在图 3-8(d)的基础上，由连杆 2 上 $E_2$ 点、$B_2$ 点之间的加速度方程 $a_{E2} = a_{B2} + a_{E2B2}^{\mathrm{n}} + a_{E2B2}^{\mathrm{t}}$ 继续作图，作 $b_2'e_2''$ 表示 $a_{E2B2}^{\mathrm{n}}$，$a_{E2B2}^{\mathrm{n}}$ 的大小为 $a_{E2B2}^{\mathrm{n}} = \omega_2^2 \cdot E_2B_2 \cdot \mu_a$；作 $e_2''e_2'$ 表示 $a_{E2B2}^{\mathrm{t}}$，$a_{E2B2}^{\mathrm{t}}$ 的大小为 $a_{E2B2}^{\mathrm{t}} = \alpha_2 \cdot E_2B_2 \cdot \mu_a$，连 $p'e_2'$，于是，得 $\boldsymbol{a}_{E2}= p'e_2' \cdot \mu_a$，如图 3-8(e)所示。

由导杆 3 上 $E_3$ 点、$B_3$ 点之间的加速度方程 $a_{E3} = a_{B3} + a_{E3B3}^{\mathrm{n}} + a_{E3B3}^{\mathrm{t}}$ 继续作图，作 $b_3'e_3''$ 表示 $a_{E3B3}^{\mathrm{n}}$，$a_{E3B3}^{\mathrm{n}}$ 的大小为 $a_{E3B3}^{\mathrm{n}} = \omega_3^2 \cdot E_3B_3 \cdot \mu_a$；作 $e_3''e_3'$ 表示 $a_{E3B3}^{\mathrm{t}}$，$a_{E3B3}^{\mathrm{t}}$ 的大小为 $a_{E3B3}^{\mathrm{t}} = \alpha_3 \cdot E_3B_3 \cdot \mu_a$，连 $p'e_3'$，于是，得 $\boldsymbol{a}_{E3}= p'e_3' \cdot \mu_a$，如图 3.8(e)所示。

**[例 3.1]**　图 3-9(a)为一平面六杆机构，主动件 1 的杆长 $r_1=AB=0.122$ m，$\varphi=55°$，角速度 $\omega_1=10$ rad/s，机架 6 上的 $h_1=AC=0.280$ m，$h_2=0.164$ m，比例尺 $\mu_L=10$。试用相对运动图解法求移动从动件 5 的速度 $\boldsymbol{V}_5$ 与加速度 $\boldsymbol{a}_5$。

**[解]**　由图 3-9(a)得导杆 3 上 $B$、$C$ 两点之间的实际长度 $L_{BC}$=0.362m，$C$、$D$ 两点之间的实际长度 $L_{CD}$=0.170m；$B$、$C$ 两点之间的图上长度 $BC$=0.0362m，$C$、$D$ 两点之间的图上长度 $CD$=0.0170m。

根据两构件上重合点之间的速度合成原理，得导杆 3 上的 $B_3$ 点与滑块 2 上的 $B_2$ 点之间的速度方程为 $\boldsymbol{V}_{B3}=\boldsymbol{V}_{B2}+\boldsymbol{V}_{B3B2}$。其中 $\boldsymbol{V}_{B2}=\omega_1 r_1=10\times0.122=1.22$m/s=1220mm/s，取速度比例尺 $\mu_V=50$。在机构图附近的合适位置作速度图，取任意一点 $p$ 作为作图的起点，作 $pb_2 \perp AB$，由 $pb_2 \cdot \mu_V=\omega_1 r_1$ 得 $pb_2=\omega_1 r_1/\mu_V=10\times0.122/50=0.0244$m=24.4mm，作 $pb_3 \perp BC$，作 $b_2b_3 \mathbin{/\!/} CD$，得交点 $b_3$，如图 3-9(b)所示。

从图 3-9(b)中量取 $pb_3$=19mm=0.019m，$b_2b_3$=15.2mm=0.0152m。由 $pb_3 \cdot \mu_V=\omega_3 \cdot L_{BC}$ 得 $\omega_3=pb_3 \cdot \mu_V/L_{BC}=0.019\times50/0.362=2.624$rad/s，方向为顺时针；由 $b_3b_2 \cdot \mu_V=\boldsymbol{V}_{B3B2}$ 得相对速度 $\boldsymbol{V}_{B3B2}=b_3b_2 \cdot \mu_V=0.0152\times50=0.76$m/s。由于构件 2、3 之间无相对转动，所以，$\omega_2=\omega_3$。导杆 3 上 $D_3$ 点的速度 $\boldsymbol{V}_{D3}=\omega_3 L_{CD}=2.624\times0.170=0.446$m/s=446mm/s。

从动件 5 上的 $D_5$ 点与导杆 3 上的 $D_3$ 点之间的速度方程为 $\boldsymbol{V}_{D5}=\boldsymbol{V}_{D3}+\boldsymbol{V}_{D5D3}$。由 $\boldsymbol{V}_{D3}=pd_3 \cdot \mu_V$ 得 $pd_3=\boldsymbol{V}_{D3}/\mu_V=446/50=8.92$mm，$D_3$ 点的速度矢量为 $pd_3$，过 $d_3$ 点作 $d_3d_5 \mathbin{/\!/} CD$，过 $p$ 点 $pd_5$ 平行于从动件 5 的运动方向，得交点 $d_5$。于是，得从动件 5 的速度 $\boldsymbol{V}_5=pd_5 \cdot \mu_V=9.3\times50=465$ mm/s =0.465m/s，$V_{D5D3}=d_5d_3 \cdot \mu_V=2.59\times50=129.5$mm/s=0.130m/s。

根据两构件重合点之间的加速度合成原理，得重合点 $B_2$、$B_3$ 之间的加速度方程为 $a_{B3} = a_{B3}^{\mathrm{n}} + a_{B3}^{\mathrm{t}} = a_{B2}^{\mathrm{n}} + a_{B3B2}^{\mathrm{k}} + a_{B3B2}^{\mathrm{r}}$。其中 $a_{B2}^{\mathrm{n}}$、$a_{B3}^{\mathrm{n}}$ 与 $a_{B3B2}^{\mathrm{k}}$ 分别为

$a_{B2}^{\mathrm{n}} = \omega_1^2 r_1=10^2\times0.122=12.2\text{m/s}^2=12200\text{mm/s}^2$，

$a_{B3}^{\mathrm{n}} = \omega_3^2 L_{BC}=2.624^2\times0.362=2.493\text{m/s}^2=2493\text{mm/s}^2$，

$a_{B3B2}^{\mathrm{k}} = 2\omega_2 V_{B3B2}=2\times2.624\times0.76=3.988\text{m/s}^2=3988\text{mm/s}^2$，方向为 $V_{B3B2}$ 沿 $\omega_2$ 旋转 90°。

取加速度比例尺 $\mu_a$= 200，取任意一点 $p'$作为作图的起点，如图 3-9(c)所示。

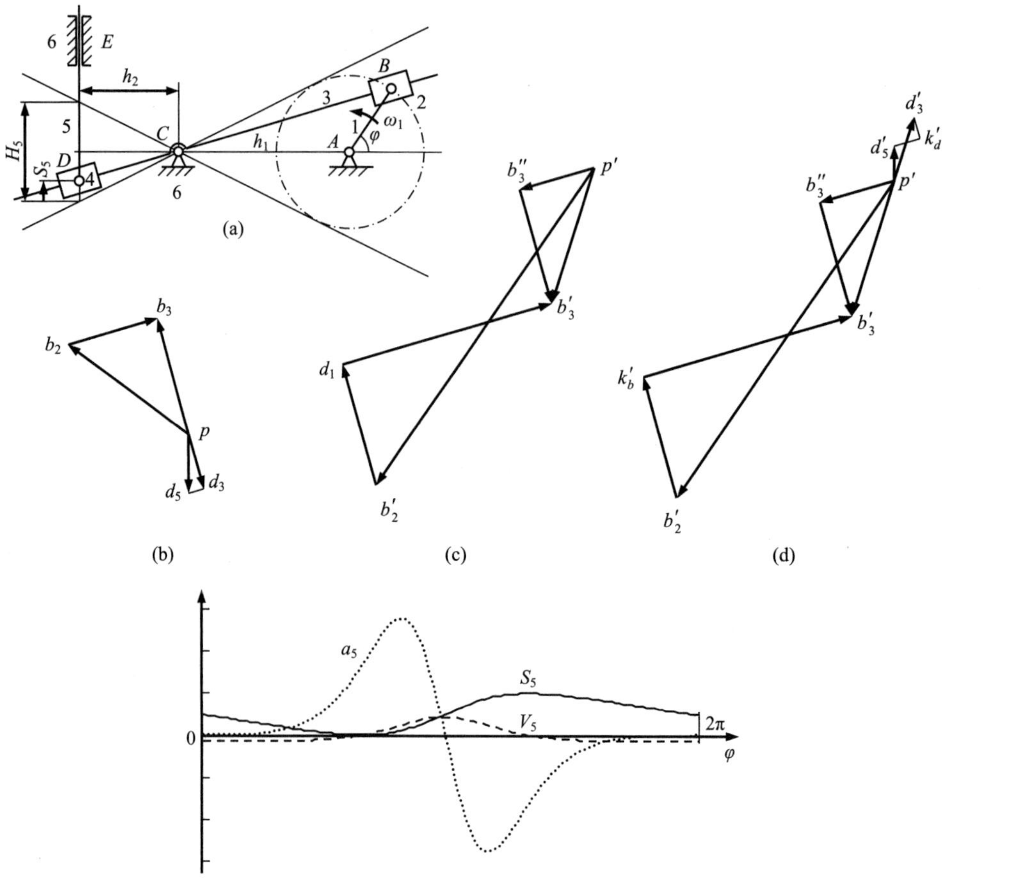


(e) 平面六杆机构的传动特征图

图 3-9 平面六杆机构的运动分析

作 $p'b_2' \mathbin{/\mkern-6mu/} AB$， $p'b_2' = a_{B2}^{\mathrm{n}} / \mu_a = 12200 / 200 = 61\mathrm{mm}$；

作 $b_2'k_b' \perp BC$， $b_2'k_b' = a_{B3B2}^{\mathrm{k}} / \mu_a = 3988 / 200 = 19.9\mathrm{mm}$；

过 $k_b'$ 作 $k_b'b_3' \mathbin{/\mkern-6mu/} BC$；

过 $p'$ 点作 $p'b_3'' \mathbin{/\mkern-6mu/} BC$， $p'b_3'' = a_{B3}^{\mathrm{n}} / \mu_a = 2493 / 200 = 12.5\mathrm{mm}$；

过 $b_3''$ 作 $b_3''b_3' \perp p'b_3''$，与 $k_b'b_3'$ 的交点为 $b_3'$。连 $p'b_3'$， $p'b_3'$ 表示 $a_{B3}$；

为此，相对加速度 $a_{B3B2}^{\mathrm{r}} = k'b_3' \cdot \mu_a = 35.26 \times 200 = 7052\mathrm{mm/s^2}$。

导杆 3 上 $B_3$ 点的切向加速度 $a_{B3}^{\mathrm{t}} = b_3''b_3' \cdot \mu_a = 18.83 \times 200 = 3766\mathrm{mm/s^2}$；

导杆 3 上 $B_3$ 点的加速度 $a_{B3} = p'b_3' \cdot \mu_a = 22.45 \times 200 = 4490\mathrm{mm/s^2}$；

导杆 3 上 $D_3$ 点的加速度 $a_{D3} = p'd_3' \cdot \mu_a = 10.5 \times 200 = 2100\,\mathrm{mm/s^2} = 2.1\mathrm{m/s^2}$。

重合点 $D_5$、$D_3$ 之间的加速度方程为 $a_{D5} = a_{D3} + a_{D5D3}^{\mathrm{k}} + a_{D5D3}^{\mathrm{r}}$，其中 $a_{D5D3}^{\mathrm{k}}$ 与 $a_{D3}$ 分别为 $a_{D5D3}^{\mathrm{k}} = 2\omega_3 V_{D5D3} = 2 \times 2.624 \times 0.130 = 0.682\mathrm{m/s^2} = 682\mathrm{mm/s^2}$，方向为 $V_{D5D3}$ 沿 $\omega_3$ 旋转 90°，如图 3-9(d)所示。

由 $a_{B3} / a_{D3} = p'b_3' / p'd_3' = L_{BC} / L_{CD}$ 得 $a_{D3} = a_{B3}(L_{CD} / L_{BC}) = 4490 \times 0.17 / 0.362 = 2108\mathrm{mm/s^2}$，为此，$D_3$ 点的加速度 $p'd_3' = a_{D3} / \mu_a = 2108 / 200 = 10.5\mathrm{mm}$；

过 $d_3'$ 点作 $d_3'k_d'$ 表示 $a^{\mathrm{k}}_{D5D3}$， $d_3'k_d' = a^{\mathrm{k}}_{D5D3} / \mu_a$ =682/200=3.4mm；

过 $k_d'$ 点作 $k_d'd_5'$，过 $p'$ 作 $p'd_5'$，得交点 $d_5'$。

于是，得相对加速度 $a^{\mathrm{r}}_{D5D3} = k_d'd_5' \cdot \mu_a = 4.36 \times 200 = 872\mathrm{mm/s^2}$；

从动件 5 的加速度 $a_5 = a_{D5} = p'd_5' \cdot \mu_a = 5.7 \times 200 = 1140\mathrm{mm/s^2}$。

由 $S_5$ 关于 $\varphi$ 的代数方程得从动件 5 在一个周期内的位移 $S_5$、速度 $V_5$ 与加速度 $a_5$ 如图 3-9(e)所示。

［**例 3.2**］　图 3-10(a)为一种后推式汽车自卸平面六杆机构，当构件 1 与 2 组成的油缸副以 $V_{21}$ 伸长时，求连杆 3 的角速度 $\omega_3$、摇杆 4 的角速度 $\omega_4$ 与车厢 5 后翻的角速度 $\omega_5$。

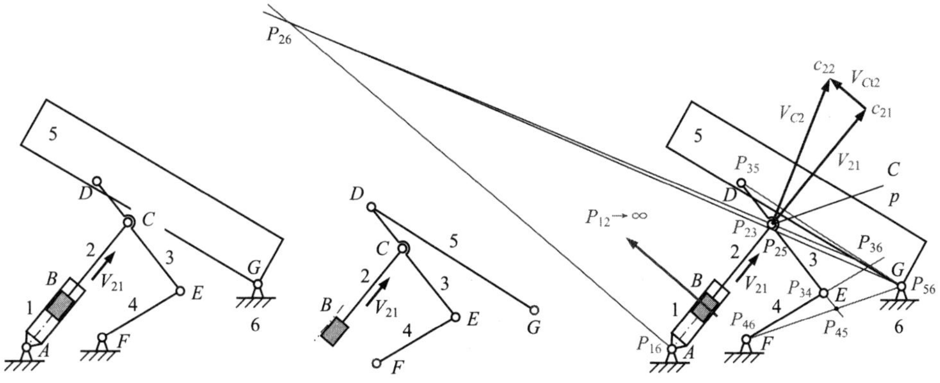


(a)　(b)　(c)

图 3-10　汽车自卸机构的运动分析

［**解**］　图 3-10(a)所示的汽车自卸平面六杆机构为III级机构，如图 3-10(b)所示，需要找到 $P_{26}$、$P_{36}$ 与 $P_{46}$，如图 3-10(c)所示。

在机构运动简图上直接以 $C$ 点作为速度图的起点，由 $P_{26}$ 得 $C$ 点速度 $V_{C2}$ 的方向，由 $V_{C2} = V_{21} + V_{Ct2}$ 得 $V_{C2} = (pc_{22} / pc_{21}) \times V_{21}$ 与 $V_{Ct2} = (c_{21}c_{22} / pc_{21}) \times V_{21}$，于是油缸副的角速度 $\omega_2 = V_{Ct2} / L_{AC}$。

由于 $V_{C3} = V_{C2}$、$V_{C3} = \omega_3 \cdot CP_{36} \cdot \mu_L$，所以 $\omega_3 = V_{C3} / (CP_{36} \cdot \mu_L)$。

由于 $V_{P35} = \omega_3 \times DP_{36}\, \mu_L = \omega_5 \cdot DG \cdot \mu_L$，所以 $\omega_5 = \omega_3 \cdot DP_{36} / DG$。

由于 $V_{P34} = \omega_3 \times EP_{36}\, \mu_L = \omega_4 \cdot EP_{46} \cdot \mu_L$，所以 $\omega_4 = \omega_3 \cdot EP_{36} / EF$。

## 3.3　平面机构运动分析的解析法

平面机构运动分析的解析方法很多，此处仅介绍直角坐标投影法。首先详细介绍曲柄摇杆机构的运动分析，然后给出曲柄摇杆机构、曲柄导杆机构以及基于曲柄摇杆机构的平面六杆机构的传动特征，最后介绍基于曲柄导杆机构的移动从动件平面六杆机构的运动分析与传动特征。

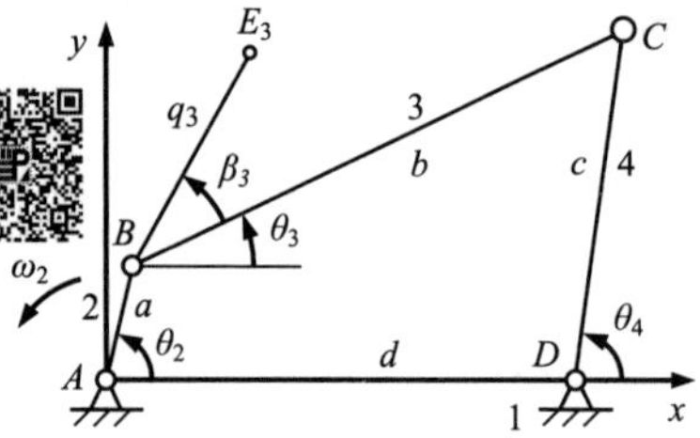


图 3-11 曲柄摇杆机构

1) 曲柄摇杆机构的运动分析

图 3-11 所示为曲柄摇杆机构，主动件 2 作匀速转动，连杆 3 上的有向线段 $BE_3$ 的长度为 $q_3$，$BE_3$ 关于 $BC$ 的方位角为 $\beta_3$。该机构的位移方程为

$$a\cos\theta_2 + b\cos\theta_3 = d + c\cos\theta_4 \tag{3-11}$$

$$a\sin\theta_2 + b\sin\theta_3 = c\sin\theta_4 \tag{3-12}$$

消去 $\theta_3$，令 $A_1$、$B_1$、$C_1$ 分别为

$$A_1 = -\sin\theta_2$$

$$B_1 = d / a - \cos\theta_2$$

$$C_1 = (d^2 + c^2 + a^2 - b^2) / (2a \cdot c) - (d / c)\cos\theta_2$$

得关于 $\theta_4$ 的位移方程为

$$A_1 \sin\theta_4 + B_1 \cos\theta_4 + C_1 = 0 \tag{3-13}$$

由式(3-13)解得 $\theta_4$ 为

$$\theta_4 = 2\arctan 2\left[\left(A_1 + \sqrt{A_1^2 + B_1^2 - C_1^2}\right) / (B_1 - C_1)\right] \tag{3-14}$$

由 $B$、$C$ 的坐标 $\theta_3$ 为

$$\theta_3 = \arctan[(c\sin\theta_4 - a\sin\theta_2) / (d + c\cos\theta_4 - a\cos\theta_2)] \tag{3-15}$$

对机构作速度分析，就是对机构的位移方程式(3-11)、式(3-12)求关于时间 $t$ 的一阶导数，得速度方程及其解分别为

$$a\omega_2 \sin\theta_2 + b\omega_3 \sin\theta_3 = c\omega_4 \sin\theta_4 \tag{3-16}$$

$$a\omega_2 \cos\theta_2 + b\omega_3 \cos\theta_3 = c\omega_4 \cos\theta_4 \tag{3-17}$$

$$\omega_4 = a\omega_2 \sin(\theta_2 - \theta_3) / [c\sin(\theta_4 - \theta_3)] \tag{3-18}$$

$$\omega_3 = a\omega_2 \sin(\theta_2 - \theta_4) / [b\sin(\theta_4 - \theta_3)] \tag{3-19}$$

对机构作加速度分析，就是对机构的速度方程式(3-16)、式(3-17)求关于时间 $t$ 的一阶导数，得角加速度方程及其解分别为

$$a\omega_2^2 \cos\theta_2 + b\alpha_3 \sin\theta_3 + b\omega_3^2 \cos\theta_3 = c\alpha_4 \sin\theta_4 + c\omega_4^2 \cos\theta_4 \tag{3-20}$$

$$-a\omega_2^2 \sin\theta_2 + b\alpha_3 \cos\theta_3 - b\omega_3^2 \sin\theta_3 = c\alpha_4 \cos\theta_4 - c\omega_4^2 \sin\theta_4 \tag{3-21}$$

$$\alpha_4 = [a\omega_2^2 \cos(\theta_2 - \theta_3) + b\omega_3^2 - c\omega_4^2 \cos(\theta_4 - \theta_3)] / [c\sin(\theta_4 - \theta_3)] \tag{3-22}$$

$$\alpha_3 = [a\omega_2^2 \cos(\theta_2 - \theta_4) + b\omega_3^2 \cos(\theta_3 - \theta_4) - c\omega_4^2] / [b\sin(\theta_4 - \theta_3)] \tag{3-23}$$

连杆 3 上 $E_3$ 点的位置坐标 $x_{E3}$、$y_{E3}$ 为

$$x_{E3} = a\cos\theta_2 + q_3 \cos(\theta_3 + \beta_3) \tag{3-24}$$

$$y_{E3} = a\sin\theta_2 + q_3 \sin(\theta_3 + \beta_3) \tag{3-25}$$

在图 3-11 中，当 $a$=0.100m，$b$=0.250m，$c$=0.225m，$d$=0.200m，$q_3$=0.200m，$\beta_3$=60°，$\omega_2$=1 时，摇杆 4 的角位移 $\theta_4$，角速度 $\omega_4$，角加速度 $\alpha_4 = \mathrm{d}\omega_4/\mathrm{d}t$，角加速度的一次变化率 $j_4 = \mathrm{d}^2\omega_4/\mathrm{d}t^2$ 如图 3-12 所示。

在图 3-8(a)所示的曲柄导杆机构中，设曲柄 1 的杆长 $a$=0.160 m，$b$=0，$d$=0.240 m，曲柄 1 的角速度 $\omega_1$=1，导杆 3 的角位移 $\theta_3$，角速度 $\omega_3$，角加速度 $\alpha_3=\mathrm{d}\omega_3/\mathrm{d}t$，角加速度的一次变化率 $j_3=\mathrm{d}^2\omega_3/\mathrm{d}t^2$ 如图 3-13 所示。

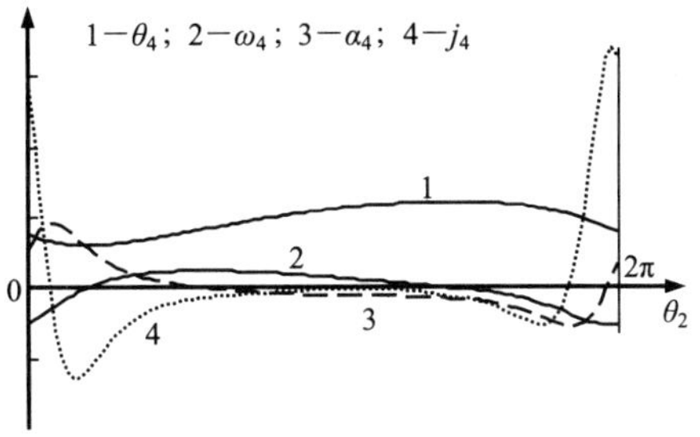


图 3-12　曲柄摇杆机构的运动规律

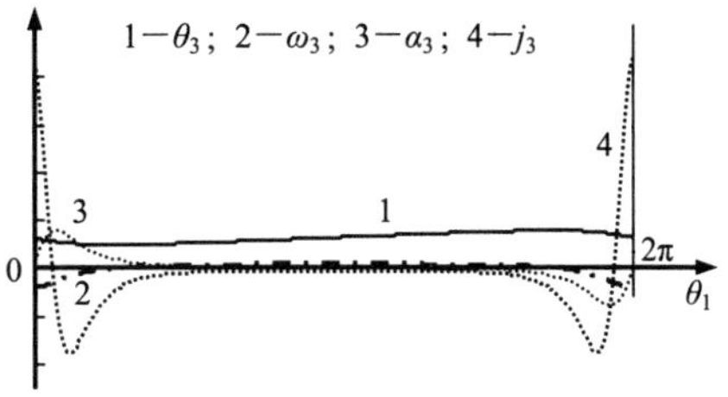


图 3-13　曲柄导杆机构的运动规律

2) 一种平面六杆机构的运动分析

图 3-14 为由曲柄导杆机构与一个 RPP 型Ⅱ级组构成的平面六杆机构。设曲柄 1 为主动件，角速度为 $\omega_1$，角位移为 $\varphi$，构件 5 为从动件，杆 3 的摆角 $\beta = 2\arctan\left(r_1 / \sqrt{d_1^2 - r_1^2}\right)$，杆 3 上 $O_3A$ 与 $O_3B$ 的结构角 $\alpha$ 满足 $\alpha+0.5\beta=\pi/2$ 条件。杆 5 的位移为 $S_5$，行程 $H_5$ 为 $H_5=r_3(1-\cos\beta)$。杆 3 达到一个极限位置 $O_3A_1$ 时，曲柄 1 的角位移 $\varphi_S=0.5\pi-0.5\beta$。该机构的运动分析如下。

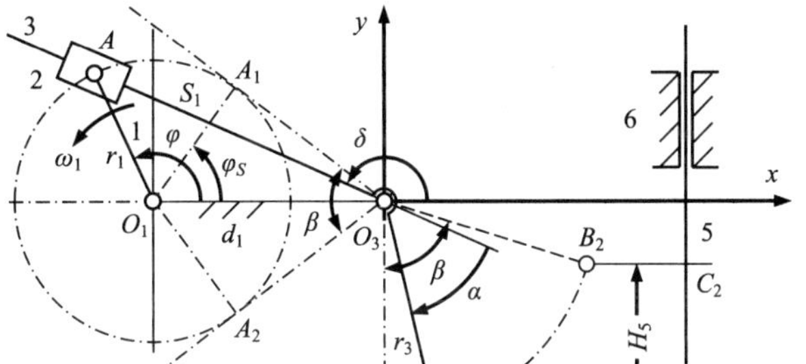


图 3-14　基于曲柄导杆机构的移动从动件平面六杆机构

令 $S_1$ 为杆 3 上 $O_3A$ 的长度，由杆 1、2、3 和 6 组成的导杆机构的位置方程及其解分别为

$$r_1\cos\varphi - d_1 = S_1\cos\delta \tag{3-26}$$

$$r_1\sin\varphi = S_1\sin\delta \tag{3-27}$$

$$\delta = \arctan 2[r_1\sin\varphi / (r_1\cos\varphi - d_1)] \tag{3-28}$$

$$S_1 = \sqrt{(r_1\sin\varphi)^2 + (r_1\cos\varphi - d_1)^2} \tag{3-29}$$

对式(3-26)、式(3-27)求关于 $\varphi$ 的一阶导数，得类速度方程以及类速度 $V_{\mathrm{L}_{23}}$、$\omega_{\mathrm{L}_3}$ 分别为

$$-r_1\sin\varphi = (\mathrm{d}S_1 / \mathrm{d}\varphi)\cos\delta - (\mathrm{d}\delta / \mathrm{d}\varphi)S_1\sin\delta \tag{3-30}$$

$$r_1\cos\varphi = (\mathrm{d}S_1 / \mathrm{d}\varphi)\sin\delta + (\mathrm{d}\delta / \mathrm{d}\varphi)S_1\cos\delta \tag{3-31}$$

$$V_{L23}=\mathrm{d}S_1/\mathrm{d}\varphi=r_1\sin(\delta-\varphi) \tag{3-32}$$

$$\omega_{L3}=\mathrm{d}\delta/\mathrm{d}\varphi=r_1\cos(\delta-\varphi)/S_1 \tag{3-33}$$

对式(3-30)、式(3-31)求关于 $\varphi$ 的一阶导数，得类加速度方程以及类加速度 $a_{L23}$、$\alpha_{L3}$ 分别为

$$-r_1\cos\varphi=\frac{\mathrm{d}^2S_1}{\mathrm{d}\varphi^2}\cos\delta-2\frac{\mathrm{d}S_1}{\mathrm{d}\varphi}\frac{\mathrm{d}\delta}{\mathrm{d}\varphi}\sin\delta-\frac{\mathrm{d}^2\delta}{\mathrm{d}\varphi^2}S_1\sin\delta-\left(\frac{\mathrm{d}\delta}{\mathrm{d}\varphi}\right)^2S_1\cos\delta \tag{3-34}$$

$$-r_1\sin\varphi=\frac{\mathrm{d}^2S_1}{\mathrm{d}\varphi^2}\sin\delta+2\frac{\mathrm{d}S_1}{\mathrm{d}\varphi}\frac{\mathrm{d}\delta}{\mathrm{d}\varphi}\cos\delta+\frac{\mathrm{d}^2\delta}{\mathrm{d}\varphi^2}S_1\cos\delta-\left(\frac{\mathrm{d}\delta}{\mathrm{d}\varphi}\right)^2S_1\sin\delta \tag{3-35}$$

$$a_{L23}=\frac{\mathrm{d}^2S_1}{\mathrm{d}\varphi^2}=\left(\frac{\mathrm{d}\delta}{\mathrm{d}\varphi}\right)^2S_1-r_1\cos(\varphi-\delta) \tag{3-36}$$

$$\alpha_{L3}=\frac{\mathrm{d}^2\delta}{\mathrm{d}\varphi^2}=\left[r_1\sin(\delta-\varphi)-2\frac{\mathrm{d}S_1}{\mathrm{d}\varphi}\frac{\mathrm{d}\delta}{\mathrm{d}\varphi}\right]\Big/S_1 \tag{3-37}$$

对式(3-36)、式(3-37)求关于 $\varphi$ 的一阶导数，得类加速度的一次变化率 $q_{L23}$、$j_{L3}$ 分别为

$$q_{L23}=\frac{\mathrm{d}^3S_1}{\mathrm{d}\varphi^3}=2\frac{\mathrm{d}\delta}{\mathrm{d}\varphi}\frac{\mathrm{d}^2\delta}{\mathrm{d}\varphi^2}S_1+\left(\frac{\mathrm{d}\delta}{\mathrm{d}\varphi}\right)^2\frac{\mathrm{d}S_1}{\mathrm{d}\varphi}+r_1\sin(\varphi-\delta)\left(1-\frac{\mathrm{d}\delta}{\mathrm{d}\varphi}\right) \tag{3-38}$$

$$j_{L3}=\frac{\mathrm{d}^3\delta}{\mathrm{d}\varphi^3}=\left[r_1\cos(\delta-\varphi)\left(\frac{\mathrm{d}\delta}{\mathrm{d}\varphi}-1\right)-2\frac{\mathrm{d}^2S_1}{\mathrm{d}\varphi^2}\frac{\mathrm{d}\delta}{\mathrm{d}\varphi}-3\frac{\mathrm{d}S_1}{\mathrm{d}\varphi}\frac{\mathrm{d}^2\delta}{\mathrm{d}\varphi^2}\right]\Big/S_1 \tag{3-39}$$

对式(3-38)、式(3-39)求关于 $\varphi$ 的一阶导数，得类加速度的二次变化率 $q'_{L23}$、$j'_{L3}$ 分别为

$$\begin{aligned}q'_{L23}=\frac{\mathrm{d}^4S_1}{\mathrm{d}\varphi^4}&=2\left(\frac{\mathrm{d}^2\delta}{\mathrm{d}\varphi^2}\right)^2S_1+2\frac{\mathrm{d}\delta}{\mathrm{d}\varphi}\frac{\mathrm{d}^3\delta}{\mathrm{d}\varphi^3}S_1+4\frac{\mathrm{d}\delta}{\mathrm{d}\varphi}\frac{\mathrm{d}^2\delta}{\mathrm{d}\varphi^2}\frac{\mathrm{d}S_1}{\mathrm{d}\varphi}\\&+\left(\frac{\mathrm{d}\delta}{\mathrm{d}\varphi}\right)^2\frac{\mathrm{d}^2S_1}{\mathrm{d}\varphi^2}+r_1\cos(\varphi-\delta)\left(1-\frac{\mathrm{d}\delta}{\mathrm{d}\varphi}\right)^2-r_1\sin(\varphi-\delta)\frac{\mathrm{d}^2\delta}{\mathrm{d}\varphi^2}\end{aligned} \tag{3-40}$$

$$\begin{aligned}j'_{L3}=\frac{\mathrm{d}^4\delta}{\mathrm{d}\varphi^4}&=\left[-r_1\sin(\delta-\varphi)\left(\frac{\mathrm{d}\delta}{\mathrm{d}\varphi}-1\right)+r_1\cos(\delta-\varphi)\frac{\mathrm{d}^2\delta}{\mathrm{d}\varphi^2}\right.\\&\left.-2\frac{\mathrm{d}^3S_1}{\mathrm{d}\varphi^3}\frac{\mathrm{d}\delta}{\mathrm{d}\varphi}-5\frac{\mathrm{d}^2S_1}{\mathrm{d}\varphi^2}\frac{\mathrm{d}^2\delta}{\mathrm{d}\varphi^2}-4\frac{\mathrm{d}S_1}{\mathrm{d}\varphi}\frac{\mathrm{d}^3\delta}{\mathrm{d}\varphi^3}\right]\Big/S_1\end{aligned} \tag{3-41}$$

在杆 3、4、5 和 6 组成的机构中，从动件 5 的位移 $S_5$ 以及滑块 4 相对于杆 5 的位移 $S_{45}$ 分别为

$$S_5=r_3+r_3\sin(\pi+\delta-\alpha) \tag{3-42}$$

$$S_{45}=r_3\cos(\pi+\delta-\alpha) \tag{3-43}$$

从动件 5 的类速度 $V_{L5}=\mathrm{d}S_5/\mathrm{d}\delta$、滑块 4 相对于杆 5 的类速度 $V_{L45}=\mathrm{d}S_{45}/\mathrm{d}\delta$ 分别为

$$V_{L5}=\mathrm{d}S_5/\mathrm{d}\delta=r_3\cos(\pi+\delta-\alpha) \tag{3-44}$$

$$V_{L45}=\mathrm{d}S_{45}/\mathrm{d}\delta=-r_3\sin(\pi+\delta-\alpha) \tag{3-45}$$

从动件 5 的类加速度 $a_{L5}=\mathrm{d}^2S_5/\mathrm{d}\delta^2$、滑块 4 相对于杆 5 的类加速度 $a_{L45}=\mathrm{d}^2S_{45}/\mathrm{d}\delta^2$ 分别为

$$a_{L5}=\mathrm{d}^2S_5/\mathrm{d}\delta^2=-r_3\sin(\pi+\delta-\alpha) \tag{3-46}$$

$$a_{L45}=d^2S_{45}/d\delta^2=-r_3\cos(\pi+\delta-\alpha) \tag{3-47}$$

从动件 5 的类加速度的一次变化率 $q_{L5}=d^3S_5/d\delta^3$、滑块 4 相对于杆 5 的类加速度的一次变化率 $q_{L45}=d^3S_{45}/d\delta^3$ 分别为

$$q_{L5}=d^3S_5/d\delta^3=-r_3\cos(\pi+\delta-\alpha) \tag{3-48}$$

$$q_{L45}=d^3S_{45}/d\delta^3=r_3\sin(\pi+\delta-\alpha) \tag{3-49}$$

从动件 5 的类加速度的二次变化率 $q'_{L5}=d^4S_5/d\delta^4$、滑块 4 相对于杆 5 的类加速度的二次变化率 $j'_{L45}=d^4S_{45}/d\delta^4$ 分别为

$$q'_{L5}=d^4S_5/d\delta^4=r_3\sin(\pi+\delta-\alpha) \tag{3-50}$$

$$j'_{L45}=d^4S_{45}/d\delta^4=r_3\cos(\pi+\delta-\alpha) \tag{3-51}$$

从动件 5 的速度 $V_5$、加速度 $a_5$、加速度的一次变化率 $q_5$ 与加速度的二次变化率 $q'_5$ 分别为

$$V_5=\frac{dS_5}{dt}=\frac{dS_5}{d\delta}\cdot\frac{d\delta}{d\varphi}\cdot\frac{d\varphi}{dt} \tag{3-52}$$

$$a_5=\frac{d^2S_5}{dt^2}=\left[\frac{d^2S_5}{d\delta^2}\left(\frac{d\delta}{d\varphi}\right)^2+\frac{dS_5}{d\delta}\cdot\frac{d^2\delta}{d\varphi^2}\right]\left(\frac{d\varphi}{dt}\right)^2 \tag{3-53}$$

$$q_5=\frac{d^3S_5}{dt^3}=\left[\frac{d^3S_5}{d\delta^3}\left(\frac{d\delta}{d\varphi}\right)^3+3\frac{d^2S_5}{d\delta^2}\cdot\frac{d^2\delta}{d\varphi^2}\cdot\frac{d\delta}{d\varphi}+\frac{dS_5}{d\delta}\cdot\frac{d^3\delta}{d\varphi^3}\right]\left(\frac{d\varphi}{dt}\right)^3 \tag{3-54}$$

$$\begin{aligned}q'_5=\frac{d^4S_5}{dt^4}=&\left[\frac{d^4S_5}{d\delta^4}\left(\frac{d\delta}{d\varphi}\right)^4+6\frac{d^3S_5}{d\delta^3}\cdot\frac{d^2\delta}{d\varphi^2}\left(\frac{d\delta}{d\varphi}\right)^2+4\frac{d^2S_5}{d\delta^2}\cdot\frac{d^3\delta}{d\varphi^3}\cdot\frac{d\delta}{d\varphi}\right.\\&\left.+3\frac{d^2S_5}{d\delta^2}\left(\frac{d^2\delta}{d\varphi^2}\right)^2+\frac{dS_5}{d\delta}\cdot\frac{d^4\delta}{d\varphi^4}\right]\left(\frac{d\varphi}{dt}\right)^4\end{aligned} \tag{3-55}$$

当 $H_5$=0.040m，$r_3$=0.160m，$\beta$=41.4096°，$d_1$=0.100m，$r_1$=0.035355m，$\omega_1$=1 时，该机构的运动规律如图 3-15 所示。在 $\varphi=\varphi_S$ 的位置，该机构的从动件作直到三阶的停歇。

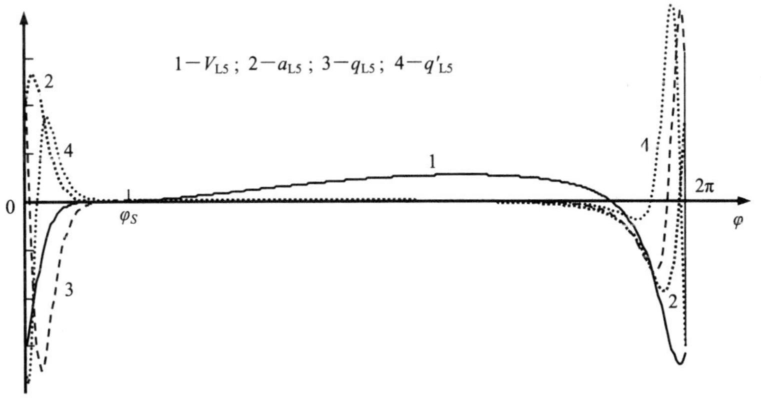


图 3-15 基于曲柄导杆机构的移动从动件平面六杆机构的传动特征

## 习 题

**3.1** 题 3.1 图所示为曲柄滑块机构，设曲柄 1 的杆长 $a=120$mm，连杆 2 的杆长 $b=260$mm，连杆上的

$BD = 90\text{mm}$、$DE_2 = 105\text{mm}$，曲柄 1 的角速度 $\omega_1 = 15\ \text{rad/s}$。试用速度瞬心法求 $\varphi= 40°$时滑块 3 的速度 $V_3$，连杆 2 上 $E_2$ 点的速度 $V_{E2}$。

**3.2** 题 3.2 图所示为曲柄摇块机构，设曲柄 1 的杆长 $AB = 120\text{mm}$，摇块 3 的杆长 $CD = 100\text{mm}$，导杆 2 上的 $BQ = 100\text{mm}$、$QE_2 = 100\text{mm}$，机架 4 的杆长 $AD = 220\text{mm}$，曲柄 1 的角速度 $\omega_1 = 12\text{rad/s}$。试用速度瞬心法求 $\varphi = 120°$时摇块 3 的角速度 $\omega_3$，导杆 2 上 $E_2$ 点的速度 $V_{E2}$。

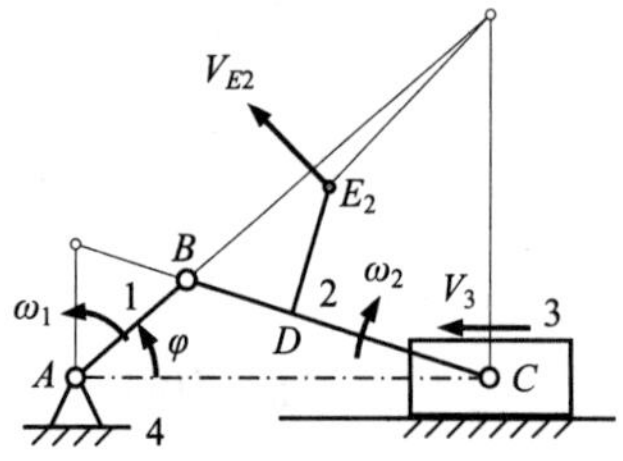


题 3.1 图

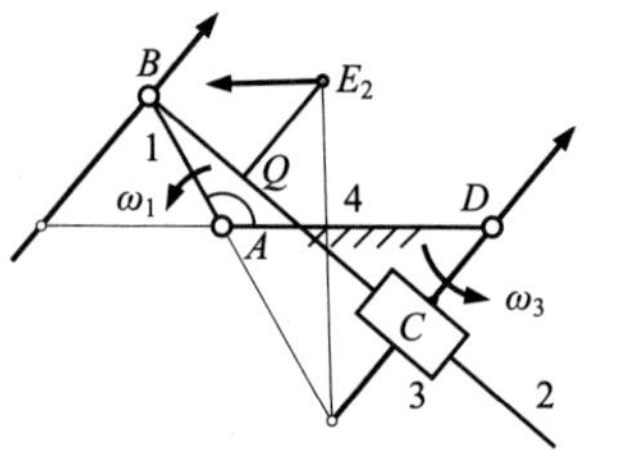


题 3.2 图

**3.3** 题 3.3 图所示为反平行四边形机构，当主动曲柄 1 作匀速转动时，从动件 3 作反向变速转动。设曲柄 1 的角速度 $\omega_1 = 10\text{rad/s}$，曲柄 1、3 的杆长 $AB = CD = a = 105\text{mm}$，连杆 2、机架 4 的杆长 $BC = AD = b = 360\text{mm}$，连杆上的 $BE_2 = b/2$。试用矢量方程图解法求 $\varphi= 99°$时，曲柄 3 的角速度 $\omega_3$，连杆 2 上 $E_2$ 点的速度 $V_{E2}$。

**3.4** 题 3.4 图所示为一种凸轮机构，$R_1 = 125\text{mm}$，$AB = 75\text{mm}$，$AD = 300\text{mm}$，设凸轮 1 的角速度 $\omega_1 = 10\ \text{rad/s}$，试用矢量方程图解法求 $\varphi= 90°$时，摆杆柄 2 的角速度 $\omega_2$。

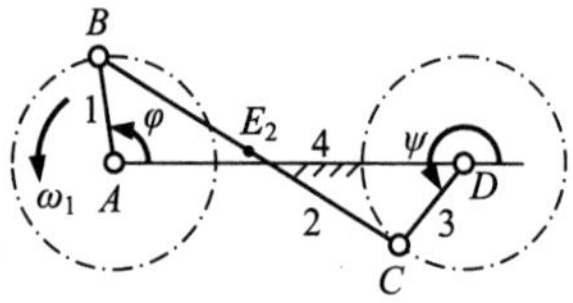


题 3.3 图

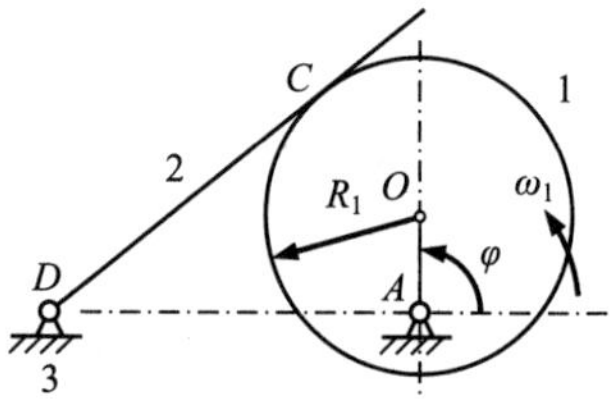


题 3.4 图

**3.5** 题 3.5 图(a)所示为曲柄滑块机构，设曲柄 1 的杆长 $a = 45\text{mm}$，连杆 2 的杆长 $b = 145\text{mm}$，连杆上的 $r_2 = 100\text{mm}$、$\beta = 35°$，曲柄 1 的角速度 $\omega_1 = 10\text{rad/s}$。试用解析法，求 $\varphi= 60°$时滑块 3 的位移 $S$、速度 $V_3$ 与加速度 $a_3$；当 $0 \leqslant \varphi \leqslant 2\pi$ 时，连杆 2 上 $D_2$ 点的轨迹；滑块 3 的位移 $S$、速度 $V_3$ 与加速度 $a_3$ 曲线如图(b)和图(c)所示。

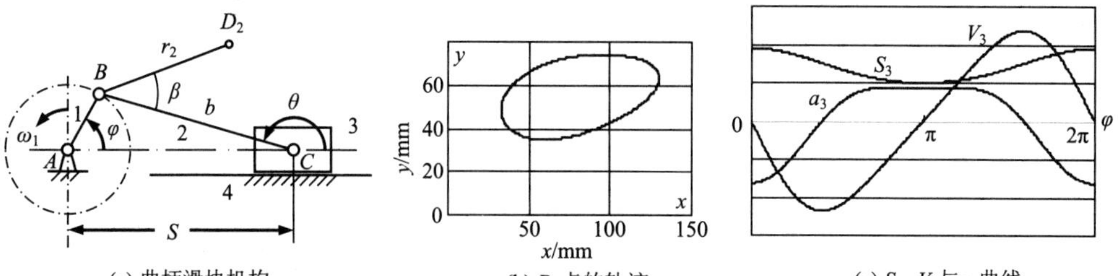


(a) 曲柄滑块机构 (b) $D_2$点的轨迹 (c) $S$、$V_3$与$a_3$曲线

题 3.5 图

**3.6** 题 3.6 图(a)所示为曲柄摇杆机构，当 $\varphi = 0$、π 时，$B_1C_1$ 与 $B_2C_2$ 共线，已知 $a = 50\text{mm}$，$b = 170\text{mm}$，

$c = 135\text{mm}$，$d = 210\text{mm}$，$\omega_1 = 10\text{rad/s}$。试用解析法，求 $\varphi = 60°$时，摇杆 3 的角位移 $\psi$、角速度 $\omega_3$ 与角加速度 $\alpha_3$；当 $0 \leqslant \varphi \leqslant 2\pi$ 时，求摇杆 3 的角位移 $\psi$、角速度 $\omega_3$ 与角加速度 $\alpha_3$ 曲线。

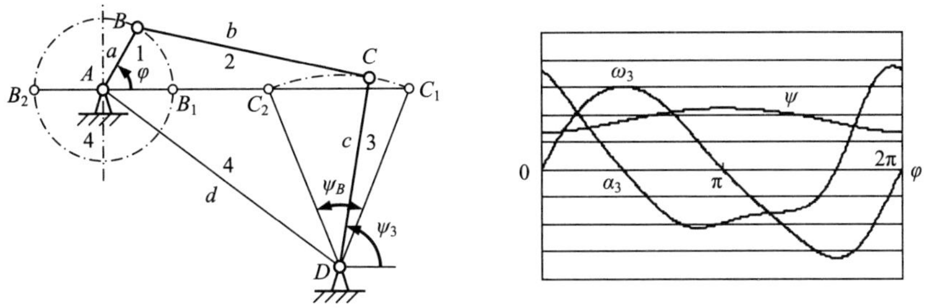


(a) 曲柄摇杆机构　　(b) $\psi_3$、$\omega_3$与$\alpha_3$曲线

题 3.6 图

**3.7**　题 3.7 图所示为一个平面六杆机构，已知原动件 1 的角速度 $\omega_1 = 12\text{rad/s}$，用速度瞬心法求滑块 5 的速度 $V_5$ 及构件 4 的角速度 $\omega_4$。

**3.8**　题 3.8 图所示为一个平面四杆机构，圆盘 2 与机架 1 在 $A$ 点做纯滚动，已知圆盘 2 上 $M$ 点的速度 $V_M$，试用作图法求圆盘 2 的角速度 $\omega_2$ 与摇块杆 4 的角速度 $\omega_4$。

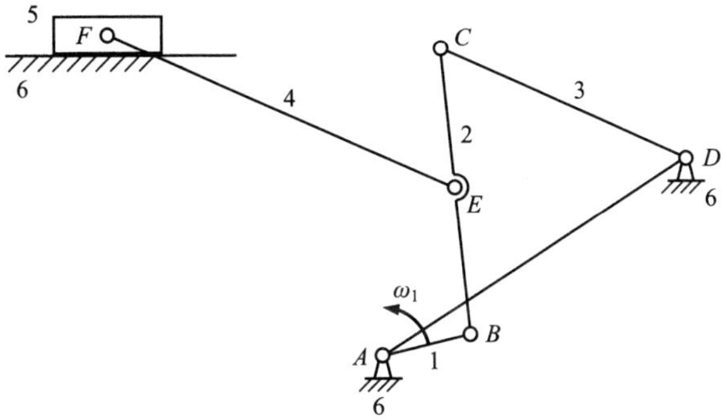


题 3.7 图

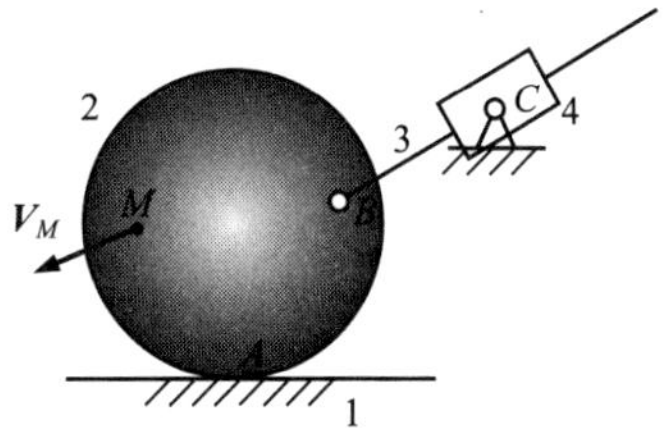


题 3.8 图

**3.9**　题 3.9 图所示为振动筛中应用的平面六杆机构，$\omega_1$ 已知，求 $\omega_2$、$\omega_3$、$\omega_4$、$\omega_5$ 与 $V_D$。

**3.10**　题 3.10 图所示为一个平面六杆机构，$\omega_1$ 已知，求 $\omega_3$、$\omega_4$ 与 $V_C$。

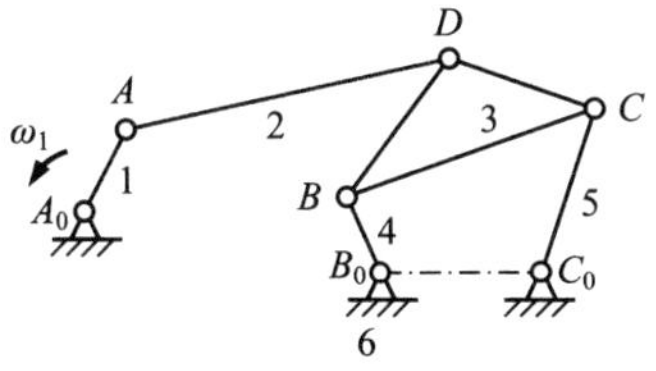


题 3.9 图

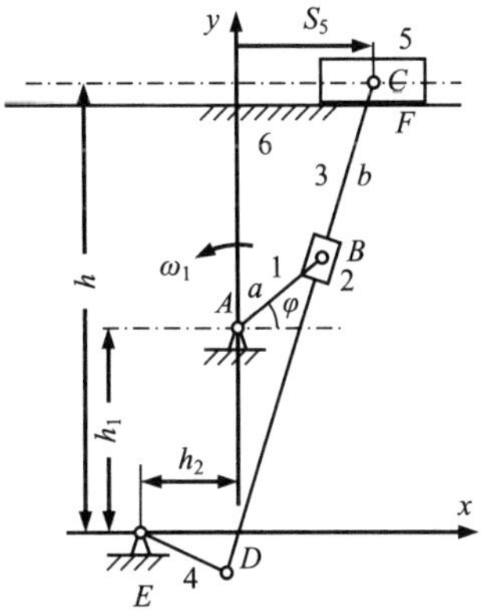


题 3.10 图

# 第4章

# 平面机构的力分析

## 4.1 概述

机械的运动是作用在机械上的各种外力共同作用的结果，这些外力包括驱动力、工作阻力、运动副中的摩擦力、构件的重力、构件的惯性力与惯性力矩。为了确定生产阻力所要求的驱动力，确定运动副中的支反力，均需进行机械的受力分析。对机械作受力分析有两个内容：一是确定运动副中的支反力；二是确定当主动件作匀速运转时，生产阻力与驱动力之间的关系。

运动副中的支反力是指运动副两元素接触处的相互作用力，只有确定这些力的大小、方向与变化性质，才能合理地设计运动副的几何结构，合理选择运动副的材料与润滑油，研究运动副中的摩擦、磨损以及估算机械的机械效率。

研究生产阻力与驱动力在主动件作匀速运转条件下的关系，一方面可以在已知生产阻力时，求解驱动力或驱动力矩的大小；另一方面也可以在已知原动机功率时，确定机械所能克服的生产阻力的大小。

在对机械进行受力分析时，若机械的运转速度相对较低，构件的重力与惯性力以及惯性力矩相对较小，可以略去不计，此时对机械所作的受力分析称为机械的静力分析。若机械的运转速度相对较高，构件的惯性力与惯性力矩相对较大，受力分析时考虑了构件的重力与惯性力以及惯性力矩，此时对机械所作的受力分析称为机械的动态静力分析。

## 4.2 平面机构静力分析的图解法

若主动件作匀速转动，其余各个构件的运动分析已经完成，则机构的受力分析过程如下。从作用力已知的构件开始，将机构分解为一个个的杆或杆组，将已知的重力与外力标注在构件上，根据运动副的类型标注运动副上的支反力，列出各个构件的力与力矩的平衡方程，若未知的作用力为三个，则先用力矩方程求解一个未知的作用力，再用力的多边形求解剩余的未知作用力。转动副、移动副与平面高副的支反力如图 4-1 所示。转动副的支反力 $\boldsymbol{R}_{21}$ 通过转动副的几何中心，其大小与方向为未知；移动副的支反力 $\boldsymbol{R}_{21}$ 垂直于移动副两元素的接触面，其大小与位置为未知；平面高副的支反力 $\boldsymbol{R}_{21}$ 在高副接触点的公法线上，仅大小为未知。

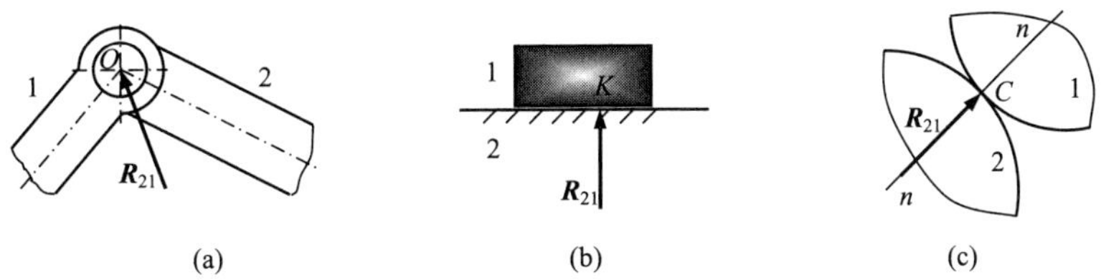


图 4-1　运动副中的支反力

下面以连杆压力机为例，说明平面机构静力分析的方法与步骤。

在图 4-2(a)所示的连杆压力机机构中，杆 1、2、3 和 6 组成曲柄摇杆机构，在连杆 2 上连接一个Ⅱ级杆组 4－5，主动件 1 以匀角速度 $\omega_1$ 转动，滑块 5 上作用有工作阻力 $\boldsymbol{F}_r$，维持曲柄 1 作匀速转动所施加的平衡力矩为 $\boldsymbol{M}_b$，构件 2、3、4 和 5 的质量分别为 $m_2$、$m_3$、$m_4$ 和 $m_5$，$DS_{C3}=C$。

首先，取杆组 4－5 为力分析的对象，受力标注如图 4-2(b)所示，图中 $\boldsymbol{F}_{24t}$、$\boldsymbol{F}_{24r}$ 和 $\boldsymbol{F}_{65}$ 为未知支反力。由于力多边形只能求解两个未知数，所以，先以 $E$ 点为力矩中心，对杆组 4－5 取关于 $E$ 点的力矩平衡方程为

$$m_4\boldsymbol{g}L_{C4}\sin(\pi-\delta)+(-\boldsymbol{F}_r+m_5\boldsymbol{g})L\sin(\pi-\delta)+\boldsymbol{F}_{65}L\cos(\pi-\delta)=0 \tag{4-1}$$

由式(4-1)解出机架 6 对滑块 5 的作用力 $\boldsymbol{F}_{65}$ 的大小。再列出杆组 4－5 的力平衡方程为

$$-\boldsymbol{F}_r+m_5\boldsymbol{g}+m_4\boldsymbol{g}+\boldsymbol{F}_{24t}+\boldsymbol{F}_{24r}+\boldsymbol{F}_{65}=0 \tag{4-2}$$

选比例尺 $\mu_F$ (N/mm)，作杆组 4－5 的力多边形，如图 4-2(c)所示，由此求出连杆 2 对连杆 4 的作用力 $\boldsymbol{F}_{24t}$、$\boldsymbol{F}_{24r}$ 的大小。

当 $\boldsymbol{F}_{65}$ 求出以后，取滑块 5 为力分析的对象，受力标注如图 4-2(d)所示，其中 $\boldsymbol{F}_{45t}$、$\boldsymbol{F}_{45r}$ 为未知支反力，为此，列出滑块 5 的力平衡方程为

$$-\boldsymbol{F}_r+m_5\boldsymbol{g}+\boldsymbol{F}_{45r}+\boldsymbol{F}_{45t}+\boldsymbol{F}_{65}=0 \tag{4-3}$$

作滑块 5 的力多边形，如图 4-2(e)所示，由此求得连杆 4 对滑块 5 的作用力 $\boldsymbol{F}_{45t}$、$\boldsymbol{F}_{45r}$ 的大小。

其次，取杆组 2－3 为力分析的对象，受力标注如图 4-2(f)所示，图中 $\boldsymbol{F}_{12t}$、$\boldsymbol{F}_{12r}$ 和 $\boldsymbol{F}_{63t}$、$\boldsymbol{F}_{63r}$ 为未知支反力。设 $\boldsymbol{F}_{ij}$ 与 $\boldsymbol{F}_{ji}$ 表示一对作用力与反作用力，它们大小相等，方向相反，作用在对方。杆组 2－3 上未知反力的数目有 4 个。先以 $C$ 点为力矩中心，取杆 2 关于 $C$ 点的力矩平衡方程为

$$\begin{aligned}&-(L_2-b_3-b_0)\boldsymbol{F}_{12t}-[b_3\sin\theta+b_1\sin(\theta+0.5\pi)]m_2\boldsymbol{g}-b_2\boldsymbol{F}_{42t}\cos(\delta-\theta-0.5\pi)+\\&(b_3+b_0)\boldsymbol{F}_{42t}\sin(\delta-\theta\ 0.5\pi)-b_2\boldsymbol{F}_{42r}\cos(\delta-\theta)+(b_3+b_0)\boldsymbol{F}_{42r}\sin(\delta-\theta)=0\end{aligned} \tag{4-4}$$

由式(4-4)求出 $\boldsymbol{F}_{12t}$ 的大小。

再取杆 3 关于 $C$ 点的力矩平衡方程为

$$m_3\boldsymbol{g}(L_3-c)-\boldsymbol{F}_{63t}L_3=0 \tag{4-5}$$

由式(4-5)求出 $\boldsymbol{F}_{63t}$ 的大小。

列出杆组 2－3 的力平衡方程为

$$\boldsymbol{F}_{24t}+\boldsymbol{F}_{24r}+m_2\boldsymbol{g}+m_3\boldsymbol{g}+\boldsymbol{F}_{12t}+\boldsymbol{F}_{12r}+\boldsymbol{F}_{63t}+\boldsymbol{F}_{63r}=0 \tag{4-6}$$

作杆组 2－3 的力多边形，如图 4-2(g)所示，由此求得 $\boldsymbol{F}_{12r}$、$\boldsymbol{F}_{63r}$ 的大小。

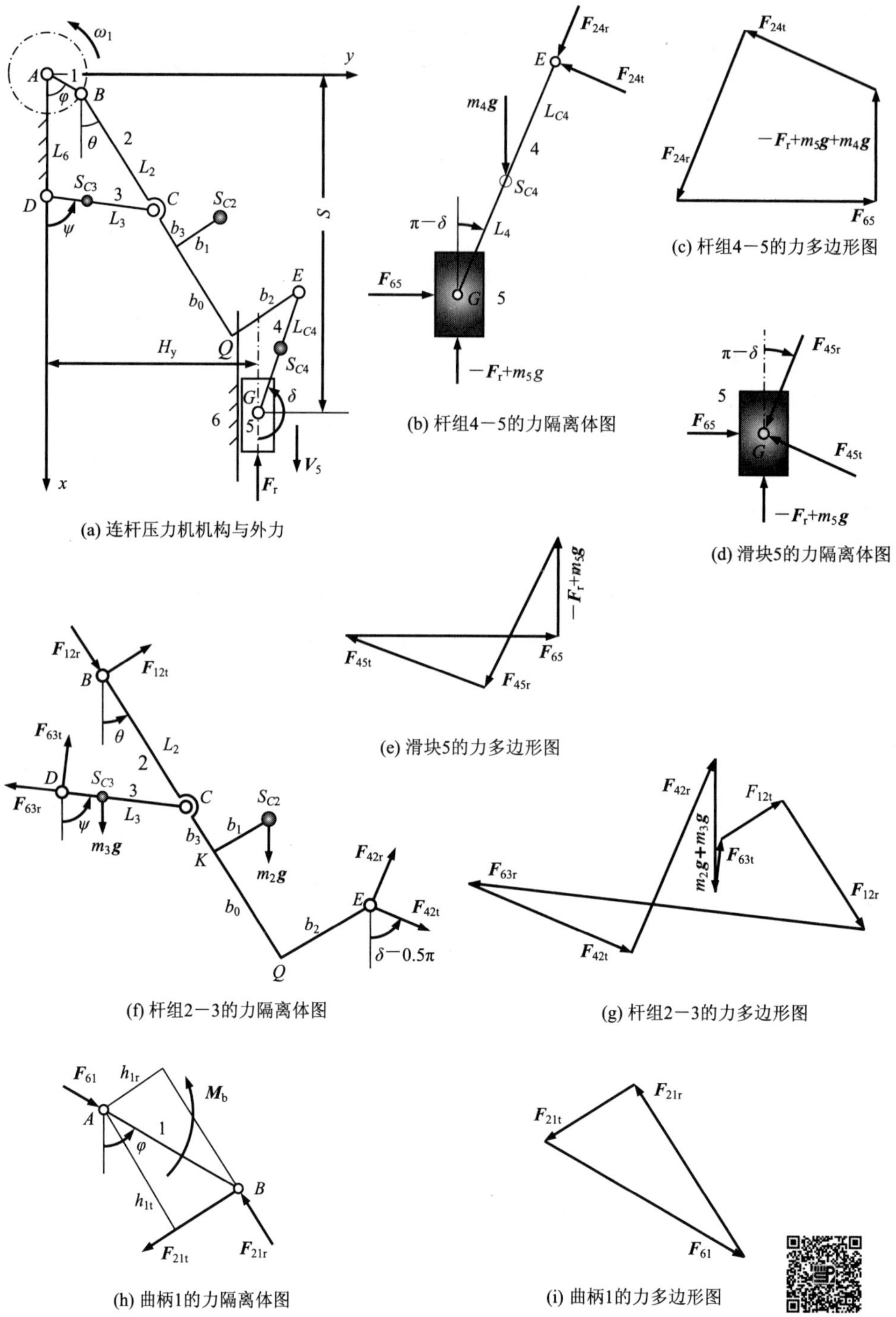


(a) 连杆压力机机构与外力

(b) 杆组4－5的力隔离体图

(c) 杆组4－5的力多边形图

(d) 滑块5的力隔离体图

(e) 滑块5的力多边形图

(f) 杆组2－3的力隔离体图

(g) 杆组2－3的力多边形图

(h) 曲柄1的力隔离体图

(i) 曲柄1的力多边形图

图 4-2 连杆压力机机构与受力分析

最后，取曲柄 1 为力分析的对象，受力标注如图 4-2(h)所示，机架 6 对曲柄 1 的支反力 $\boldsymbol{F}_{61}$ 以及平衡力矩 $\boldsymbol{M}_b$ 为未知，列出曲柄 1 的力平衡方程为

$$\boldsymbol{F}_{12t}+\boldsymbol{F}_{12r}+\boldsymbol{F}_{61}=0 \tag{4-7}$$

作曲柄 1 的力多边形，如图 4-2(i)所示，由此求得 $\boldsymbol{F}_{61}$ 的大小；对曲柄 1 取关于 $A$ 点的力矩平衡方程为

$$\boldsymbol{M}_{\mathrm{b}}+\boldsymbol{F}_{12\mathrm{r}}\cdot h_{1\mathrm{r}}-\boldsymbol{F}_{12\mathrm{t}}\cdot h_{1\mathrm{t}}=0 \tag{4-8}$$

由式(4-8)得平衡力矩 $\boldsymbol{M}_{\mathrm{b}}=\boldsymbol{F}_{12\mathrm{t}}\cdot h_{1\mathrm{t}}-\boldsymbol{F}_{12\mathrm{r}}\cdot h_{1\mathrm{r}}$。

在作机构的受力分析时，若单个构件上的未知反力的数目超过 3 个，则取杆组分析即可，如图 4-2(b)、图 4-2(f)所示。

若只求解输入与输出力之间的关系，不求解内部运动副中的作用力，则求解更加简单。以图 4-3 所示的曲柄滑块机构为例，假设从动件 3 上的工作阻力 $\boldsymbol{F}_{\mathrm{r}}$ 为已知，此时，驱动力矩 $\boldsymbol{M}_{\mathrm{d}}$ 与工作阻力 $\boldsymbol{F}_{\mathrm{r}}$ 之间的功率平衡方程为 $M_{\mathrm{d}}\cdot\omega_1=F_{\mathrm{r}}\cdot V_3$，由于构件 2 上 $B$ 点的速度 $\boldsymbol{V}_B\perp AB$，$C$ 点的速度 $\boldsymbol{V}_C$ 为水平方向，所以，构件 2 在该时刻的瞬时转动中心为 $AB$ 的延长线与过 $C$ 点垂直于 $\boldsymbol{V}_3$ 的直线的交点 $P_{24}$。为此得曲柄 1 上 $B$ 点的速度 $\boldsymbol{V}_{B1}$、$\boldsymbol{V}_{B2}$ 以及滑块 3 的速度 $\boldsymbol{V}_3$ 的大小分别为

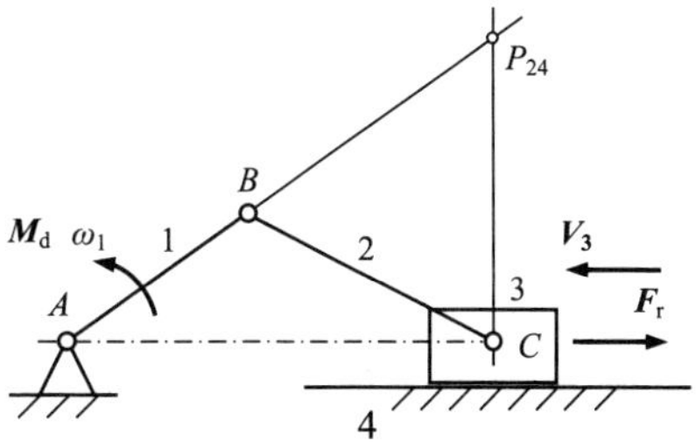


图 4-3　曲柄滑块机构与受力分析

$$V_{B1}=\mu_L\cdot AB\cdot\omega_1=V_{B2}=\mu_{\mathrm{L}}\cdot BP_{24}\cdot\omega_2$$

$$\omega_2=AB\cdot\omega_1/\ BP_{24}$$

$$V_3=V_{C3}=V_{C2}=\mu_L\cdot CP_{24}\cdot\omega_2$$

为此得 $V_3=\mu_L\cdot CP_{24}\cdot AB\cdot\omega_1/\ BP_{24}$，由此得 $\boldsymbol{M}_{\mathrm{d}}$ 的大小为

$$\boldsymbol{M}_{\mathrm{d}}=\boldsymbol{F}_{\mathrm{r}}\cdot\mu_L\cdot CP_{24}\cdot AB\ /\ BP_{24}$$

若机构中含有一个弹簧元件，只求解输入与输出力之间的关系，如图 4-4、图 4-5 所示的铰链四杆机构，则依据功率平衡方程，可以求得机构中未知力的大小。在图 4-4 中，已知主动力矩 $\boldsymbol{M}_{\mathrm{d}}$，未知阻力矩 $\boldsymbol{M}_{\mathrm{r}}$ 的求解过程为

(1) 由 $V_B=\omega_1L_{AB}=\omega_2L_{BP24}$，解得 $\omega_2$。

(2) 由 $V_C=\omega_2L_{CP24}=\omega_3L_{CD}$，解得 $\omega_3$。

(3) 由 $V_{C1}=\omega_1L_{AC1}$，$V_{C2}=\omega_2L_{C2P_{24}}$，解得 $C_1$、$C_2$ 点的速度 $\boldsymbol{V}_{C1}$、$\boldsymbol{V}_{C2}$。

(4) 从图 4-4 上量取弹簧的长度，与初始长度比较得伸长量 $\Delta l_5$，计算弹簧的拉力 $F_{52}-k\cdot\Delta l_5$。

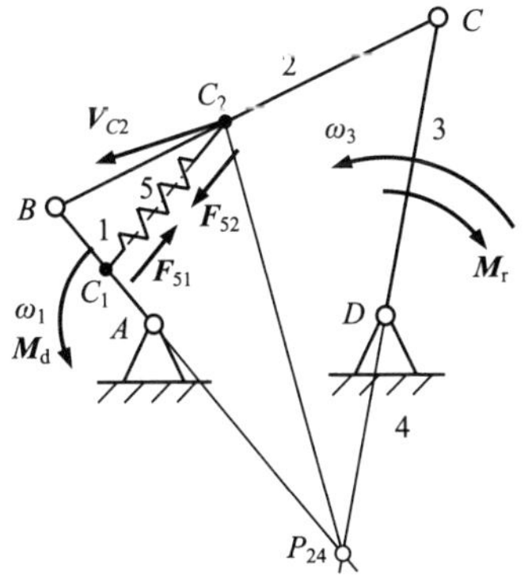


图 4-4　铰链四杆机构与受力分析 1

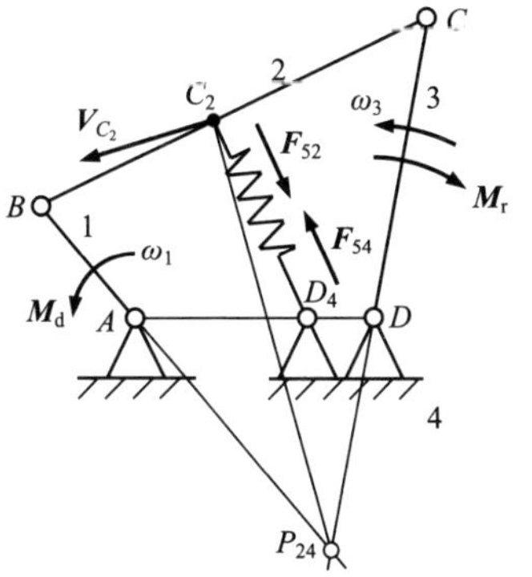


图 4-5　铰链四杆机构与受力分析 2

(5) 由功率平衡方程 $\boldsymbol{M}_d\,\omega_1+\boldsymbol{F}_{51}\boldsymbol{V}_{C1}\cos\alpha_{15}+\boldsymbol{F}_{52}\boldsymbol{V}_{C2}\cos\alpha_{25}-\boldsymbol{M}_r\,\omega_3=0$，解得 $\boldsymbol{M}_r$ 的大小。其中 $\alpha_{15}$ 为 $\boldsymbol{F}_{51}$ 与 $\boldsymbol{V}_{C1}$ 之间的夹角，$\alpha_{25}$ 为 $\boldsymbol{F}_{52}$ 与 $\boldsymbol{V}_{C2}$ 之间的夹角。

同理，可以列出图 4-5 所示的铰链四杆机构的功率平衡方程，即 $\boldsymbol{M}_d\,\omega_1+\boldsymbol{F}_{52}\boldsymbol{V}_{C2}\cos\alpha_{25}-\boldsymbol{M}_r\,\omega_3=0$，由此解得连架杆 3 上的阻力矩 $\boldsymbol{M}_r$ 的大小。

## 4.3 计入运动副中摩擦的机构受力分析

当机械运转时，运动副中因存在摩擦而产生摩擦阻力。在低副中，运动副两元素之间的相对运动为滑动，将产生滑动摩擦阻力；在高副中，运动副两元素之间的相对运动以滚动为主，兼有一定的相对滑动，将产生滚动摩擦阻力与滑动摩擦阻力。

若两个刚性构件以单一的平面接触形成移动副，如图 4-6(a)所示，其平面摩擦系数为 $f$，摩擦角为 $\varphi$，则 $f$ 与 $\varphi$ 存在以下关系

$$\varphi=\arctan f \tag{4-9}$$

如图 4-6(b)所示，垂直方向的力平衡方程为

$$Q=2\times(0.5N_{21})\sin\theta=N_{21}\sin\theta$$

为此，水平向外的驱动力 $\boldsymbol{P}$ 为

$$\boldsymbol{P}=2\times(0.5N_{21})\times f=(Q/\sin\theta)\times f=Q\times(f/\sin\theta)=Q\times f_V$$

于是当量摩擦系数 $f_V$ 与当量摩擦角 $\varphi_V$ 分别为

$$f_V=f/\sin\theta \tag{4-10}$$

$$\varphi_V=\arctan f_V \tag{4-11}$$

若一个刚性构件与一个柔性构件以 V 形槽接触形成移动副，如图 4-6(c)所示，柔性构件中的拉力为 $\boldsymbol{F}$，向下的压力为 $\boldsymbol{Q}$，刚性构件与柔性构件之间的摩擦因数为 $f$，槽面对柔性构件的支反力为 2 个 $\boldsymbol{F}_n/2$，柔性构件在槽内有下滑的趋势、沿槽的轴向有相对滑动的趋势，槽面对柔性构件沿槽面向上的摩擦力为 2 个 $f(\boldsymbol{F}_n/2)$，由垂直方向的力平衡得 $F_n$ 为

$$2\times(F_n/2)\sin(\phi/2)+2\times f(F_n/2)\cos(\phi/2)=Q$$

$$F_n=Q/[\sin(\phi/2)+f\cos(\phi/2)]$$

由摩擦力的定义得摩擦力 $F_f$ 为

$$F_f=F_n f=Q\times f/[\sin(\phi/2)+f\cos(\phi/2)]=Qf_V$$

于是，得当量摩擦系数 $f_V$ 为

$$f_V=f/[\sin(\phi/2)+f\cos(\phi/2)] \tag{4-12}$$

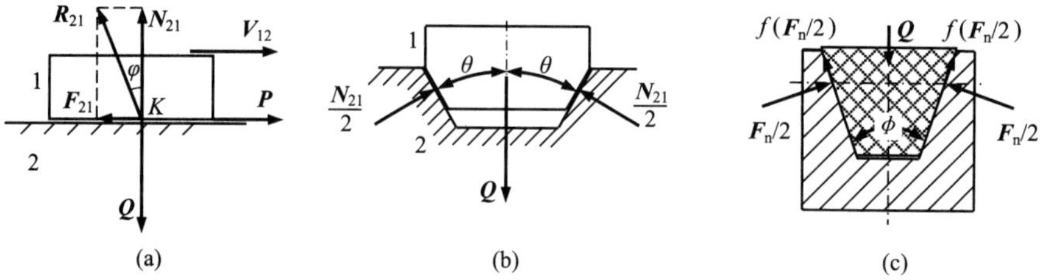


图 4-6 运动副中摩擦力

若两个构件形成径向支撑的转动副，如图 4-7(a)所示，转轴 1 做匀速转动，半径为 $r$，其上作用有径向外力与重力 $\boldsymbol{Q}$、驱动力矩 $\boldsymbol{M}_{\mathrm{d}}$，孔 2 对转轴 1 的摩擦阻力的合力为 $\boldsymbol{F}_{21}$，支反力的合力为 $\boldsymbol{N}_{21}$，$\boldsymbol{F}_{21}$ 与 $\boldsymbol{N}_{21}$ 的合力 $\boldsymbol{R}_{21}=-\boldsymbol{Q}$，即大小相等、方向相反，由图 4-7(a)得孔 2 对转轴 1 的摩擦阻力矩 $\boldsymbol{M}_f$ 为

$$\boldsymbol{M}_f=r\times\boldsymbol{F}_{21}=\rho\times\boldsymbol{R}_{21} \tag{4-13}$$

式中，$\rho$ 为转动副中摩擦圆的摩擦半径；$\boldsymbol{M}_f$ 的方向与相对转动 $\omega_{12}$ 的方向相反。

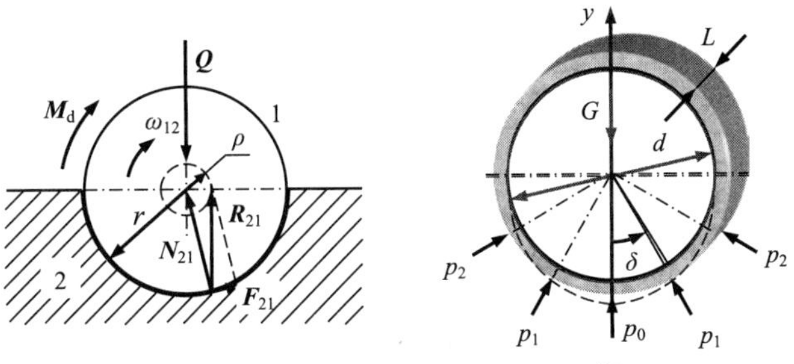

(a)　　(b)

图 4-7　径向支撑转动副中的摩擦力矩

将摩擦阻力 $\boldsymbol{F}_{21}$ 表达为

$$\boldsymbol{F}_{21}=\boldsymbol{Q}f_{\mathrm{V}} \tag{4-14}$$

式中，$f_{\mathrm{V}}$ 为转动副中的当量摩擦系数，$f_{\mathrm{V}}$ 与这两个构件组成平面摩擦的摩擦系数 $f$ 的关系为 $f_{\mathrm{V}}=(1\sim\pi/2)f$，定义 $\rho=f_{\mathrm{V}}\cdot r'$，则摩擦阻力矩 $\boldsymbol{M}_f$ 为

$$\boldsymbol{M}_f=r\times\boldsymbol{F}_{21}=r\times(\boldsymbol{Q}f_{\mathrm{V}})=(f_{\mathrm{V}}\cdot r)\times\boldsymbol{Q}=\rho\times\boldsymbol{Q} \tag{4-15}$$

合力 $\boldsymbol{R}_{21}$ 相切于摩擦圆，$\rho\times\boldsymbol{R}_{21}$ 的方向与转轴 1 相对于孔 2 的角速度 $\omega_{12}$ 的方向相反。

转动副中摩擦力矩的近似计算如图 4-7(b)所示，轴与孔的接触长度为 $L$，在重力与外载荷 $G$ 的作用下，单位轴向接触长度上的载荷为 $G/L$ (N/mm)，轴与孔发生弹性变形，在 $G$ 方向的最大变形对应单位弧长上的最大压力 $p_0$ (N/mm$^2$)，单位弧长上的压力 $p$ 在$(-\pi/2,\ +\pi/2)$区域内近似服从 $p=p_0\cos\delta$ 分布，在 $\delta$ 位置，单位轴向接触长度上的支撑力 $F_i=(p_0\cos\delta)(0.5d)\cdot\mathrm{d}\delta$ (N/mm)，支撑力 $F_i$ 在 $y$ 轴上的投影为 $F_{iy}=(p_0\cos\delta)(0.5d)\cdot\mathrm{d}\delta\cos\delta$，$-\pi/2\leqslant\delta\leqslant\pi/2$。由 $y$ 轴上力的平衡关系得 $p_0$ 为

$$G/L=2(0.5d)p_0\int_0^{\pi/2}\cos^2\delta\,\mathrm{d}\delta=d\cdot p_0\left[\frac{\delta}{2}+\frac{\sin(2\delta)}{4}\right]\Bigg|_0^{\pi/2}=\frac{\pi d\cdot p_0}{4}$$

$$p_0=4G/(\pi d\cdot L)$$

单元体上的摩擦力矩 $M_f$ 为

$$M_f=2\int_0^{\pi/2}\left(\frac{4G}{\pi d}\cos\delta\right)\left(\frac{d}{2}\mathrm{d}\delta\right)f\cdot\frac{d}{2}=\frac{2Gdf}{\pi}\int_0^{r}\cos\delta\,\mathrm{d}\delta=\frac{2Gdf}{\pi}\sin\delta\Big|_0^{\pi/2}=\frac{2Gdf}{\pi} \tag{4-16}$$

若引入摩擦圆的摩擦半径为 $\rho$，定义 $M_f=G\rho$，则当量摩擦圆的半径 $\rho=2df/\pi$；若引入当量摩擦系数 $f_{\mathrm{V}}$，由 $\rho=f_{\mathrm{V}}d/2=2df/\pi$，得当量摩擦系数 $f_{\mathrm{V}}=4f/\pi$。

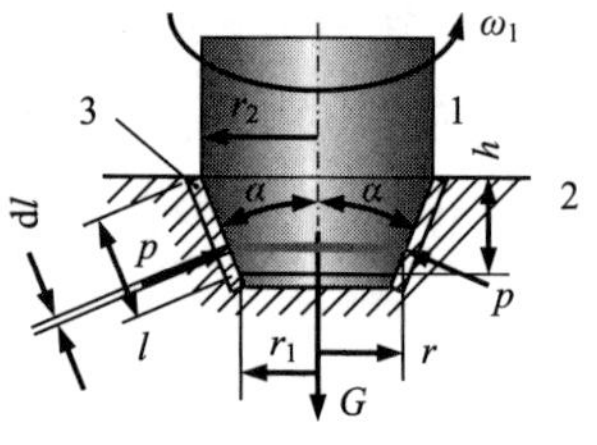


图 4-8 锥面运动副中的摩擦力矩

两个构件形成锥面支撑结构具有同轴度高的优点，如图 4-8 所示，在相对转动时存在摩擦阻力矩 $M_f$，设构件 1 的重力与外载荷为 $G$，圆台的高度 $h=(r_2-r_1)/\tan\alpha$，圆台的侧面长度 $l=h/\cos\alpha=(r_2-r_1)/\sin\alpha$，圆台的接触面积 $S=\pi(r_1+r_2)h/\cos\alpha$，锥环 3 与机架 2 固连，支撑锥环面上单位面积的支撑力为 $p$ ($\mathrm{N/mm^2}$)，单位宽度支撑锥环面上的支撑力在垂直方向的分量为$(2\pi r)(\mathrm{d}l)p\sin\alpha$ (N)，$\mathrm{d}l=\mathrm{d}r/\sin\alpha$，由轴向力的平衡得 $p$ 为

$$\int_0^l(2\pi r)(\mathrm{d}l)p\sin\alpha=\int_{r_1}^{r_2}(2\pi r)p\mathrm{d}r=\pi p(r_2^2-r_1^2)=G$$

$$p=G/[\pi(r_2^2-r_1^2)]$$

摩擦力矩 $M_f$ 为

$$M_f=\int_0^l p(2\pi r\cdot\mathrm{d}l)f\cdot r=\int_{r_1}^{r_2}\frac{G}{\pi(r_2^2-r_1^2)}\left(2\pi r\cdot\frac{\mathrm{d}r}{\sin\alpha}\right)f\cdot r=\frac{2}{3}\frac{G}{r_2^2-r_1^2}\frac{f}{\sin\alpha}(r_2^3-r_1^3)\quad(4\text{-}17)$$

若 $p\leqslant 1\mathrm{N/mm^2}$，则可以选择聚四氟乙烯(PTFE)材料；若 $p>1\mathrm{N/mm^2}$，则可以选择有色金属材料，参见国家标准(GB/T 1176—2013、GB/T 1173—2013、GB/T 1175—1997、GB/T 1174—1997)。

两个构件形成端面支撑结构，如图 4-9 所示，轴 1 的端面一定要设置半径为 $r_1$ 的圆柱孔，必要时在衬板 3 与机架 2 设置半径为 $r_3$ 的进油孔，轴 1 在 $r_1$ 与 $r_2$ 组成的圆环上与衬板 3 接触，衬板 3 可以是 PTFE 材料，也可以是有色金属材料。由于磨损率与相对速度正相关，所以，半径大的区域磨损快、由此压力 $p$ ($\mathrm{N/mm^2}$)下降、半径小的区域磨损快，如此交替，近似计算是认为 $p$ 是一个常数。

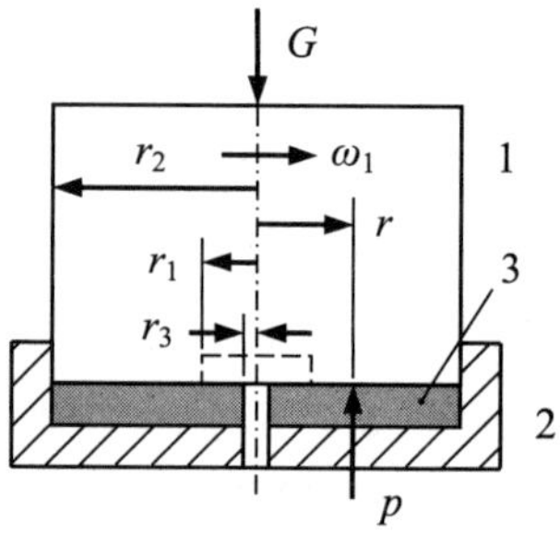


图 4-9 端面运动副中的摩擦力矩

摩擦力矩 $M_f$ 为

$$M_f=\int_{r_1}^{r_2}\frac{G}{\pi(r_2^2-r_1^2)}(2\pi r\cdot\mathrm{d}r)f\cdot r=\frac{2}{3}G\cdot f\frac{r_2^3-r_1^3}{r_2^2-r_1^2}\tag{4-18}$$

当计入摩擦对机构做受力分析时，要点是摩擦力阻碍相对移动、摩擦力矩阻碍相对转动。下面以曲柄滑块机构与斜楔机构为例，说明计入运动副中摩擦时机构受力分析的方法。

在图 4-10(a)所示的曲柄滑块机构中，已知滑块 3 与机架 4 的摩擦角 $\varphi_{34}$，转动副 $A$、$B$、$C$ 中的摩擦圆的半径 $\rho$，已知滑块 3 上的工作阻力 $\boldsymbol{F}_\mathrm{r}$，假定曲柄 1 的角速度 $\omega_1$ 较小，略去各个构件的惯性力。求各个运动副中的相互作用力。

首先，画出各个转动副的摩擦圆，画出移动副的摩擦角 $\varphi_{34}=\arctan f$。

其次，取连杆 2 为研究对象，如图 4-10(b)所示，连杆 2 为拉力杆，标出曲柄 1 相对于连杆 2 的角速度 $\omega_{12}$、滑块 3 相对于连杆 2 的角速度 $\omega_{32}$，$\boldsymbol{R}_{21}=-\boldsymbol{R}_{12}$ 产生的摩擦力矩 $\boldsymbol{M}_{f21}$ 阻碍 $\omega_{12}$，$\boldsymbol{M}_{f21}$ 为

$$\boldsymbol{M}_{f21}=\rho\times\boldsymbol{R}_{21}\tag{4-19}$$

$\boldsymbol{R}_{23}=-\boldsymbol{R}_{32}$ 产生的摩擦力矩 $\boldsymbol{M}_{f23}$ 阻碍相对转动 $\omega_{32}$，$\boldsymbol{M}_{f23}$ 为

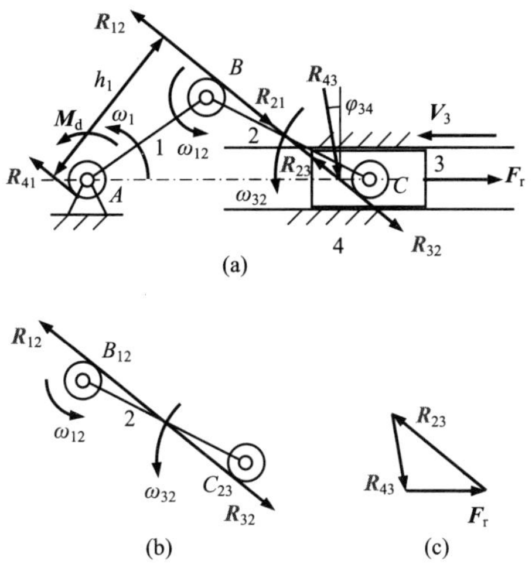


图 4-10　计入运动副中摩擦的机构受力

$$\boldsymbol{M}_{f23}=\rho\times\boldsymbol{R}_{23} \tag{4-20}$$

由此确定连杆 2 上拉力作用线的位置，由 $\boldsymbol{R}_{12}$ 与 $\boldsymbol{R}_{32}$ 形成的力线，上部在 $B_{12}$ 点与摩擦圆相切，下部在 $C_{23}$ 点与摩擦圆相切。

对于滑块 3，由三力汇交原理得 $\boldsymbol{F}_r$ 与 $\boldsymbol{R}_{23}$ 的交点即为 $\boldsymbol{R}_{43}$ 应通过的点，由此确定 $\boldsymbol{R}_{43}$ 的位置。选比例尺 $\mu_F$ (N/mm)，为此，滑块 3 的力多边形如图 4-10(c)所示。由此解得未知反力 $\boldsymbol{R}_{23}$ 与 $\boldsymbol{R}_{43}$ 的大小。机架 4 对曲柄 1 的作用力 $\boldsymbol{R}_{41}$ 与 $\boldsymbol{R}_{21}$ 大小相等、方向相反，在数值上，$R_{41}=R_{21}=R_{12}=R_{32}=R_{23}$。

$\boldsymbol{R}_{41}$ 形成的摩擦力矩 $\boldsymbol{M}_{f41}$ 为

$$\boldsymbol{M}_{f41}=\rho\times\boldsymbol{R}_{41} \tag{4-21}$$

$\boldsymbol{M}_{f41}$ 阻碍相对运动 $\omega_{14}=\omega_1$。

曲柄 1 上的驱动力矩 $\boldsymbol{M}_d$ 为

$$\boldsymbol{M}_d=h_1\times\boldsymbol{R}_{12} \tag{4-22}$$

若不计运动副中的摩擦力，该机构的受力分析如图 4-11(a)所示，连杆 2 上的 $\boldsymbol{R}_{12}$ 与 $\boldsymbol{R}_{32}$ 大小相等、方向相反，力多边形如图 4-11(b)所示。此时，曲柄 1 上的驱动力矩 $\boldsymbol{M}_{d0}$ 为

$$\boldsymbol{M}_{d0}=h_{10}\times\boldsymbol{R}_{12} \tag{4-23}$$

$\boldsymbol{M}_{d0}$ 与 $\boldsymbol{M}_d$ 的比值为该机构存在摩擦时的机械效率 $\eta$，即机械效率 $\eta$ 定义为

$$\eta-M_{d0}/M_d \tag{4-24}$$

一个机构的机械效率总等于无摩擦时机构的输入力(矩)与存在摩擦时机构的输入力(矩)之比；或者等于有摩擦时机构的输出力(矩)与无摩擦时机构的输出力(矩)之比。

在图 4-12(a)所示的斜楔机构中，设斜楔 1 为主动件，斜角为 $\alpha$，推杆 2 为从动件，斜楔 1 在主动力 $\boldsymbol{P}$ 的驱动下以速度 $\boldsymbol{V}_1$ 运动，推杆 2 以速度 $\boldsymbol{V}_2$ 匀速上升，$\boldsymbol{V}_2=\boldsymbol{V}_1\tan\alpha$，推杆 2 上的工作阻力为 $\boldsymbol{Q}$。假定斜楔 1 与机架 3 的摩擦角为 $\varphi_1$，斜楔 1 与推杆 2 的摩擦角为 $\varphi_2$，推杆 2 与机架 3 的摩擦角为 $\varphi_3$，各构件之间的作用力如图 4-12(a)所示。求各个运动副中的相互作用力与机械效率 $\eta_1$。

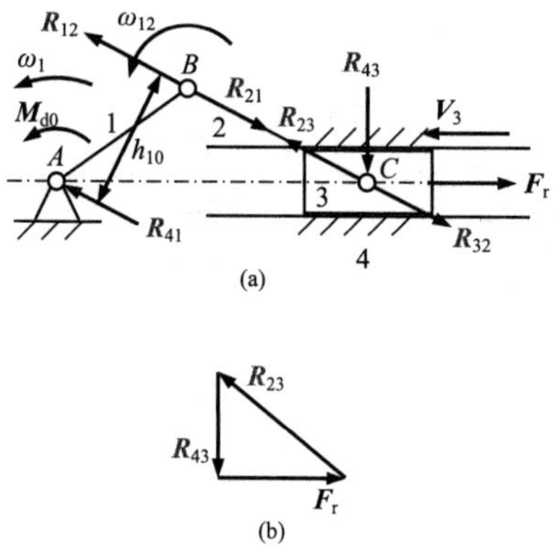


图 4-11 不计入运动副中摩擦的机构受力

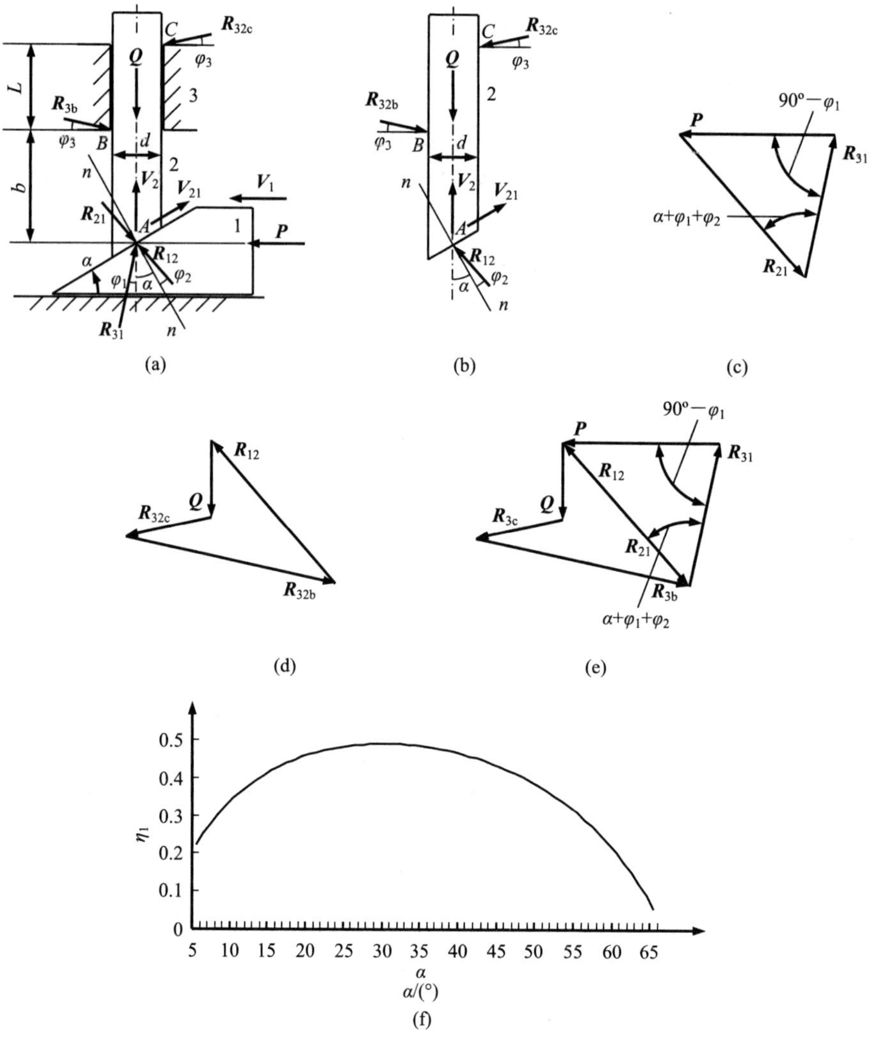


图 4-12 斜楔主动时的机构受力分析与机械效率关系

斜楔 1 上的主动力 $\boldsymbol{P}$、未知力为 $\boldsymbol{R}_{31}$ 与 $\boldsymbol{R}_{21}$，如图 4-12(a)所示，力平衡方程为

$$\boldsymbol{R}_{31}+\boldsymbol{R}_{21}+\boldsymbol{P}=0 \tag{4-25}$$

$\boldsymbol{R}_{31}$ 与 $\boldsymbol{R}_{21}$ 可以通过力多边形求出，选比例尺 $\mu_F$(N/mm)，如图 4-12(c)所示。

推杆 2 上的主动力 $\boldsymbol{R}_{12}$、未知力为 $\boldsymbol{R}_{32b}$、$\boldsymbol{R}_{32c}$、$\boldsymbol{Q}$，如图 4-12(b)所示，推杆 2 的力平衡方程为

$$\boldsymbol{R}_{32b}+\boldsymbol{R}_{32c}+\boldsymbol{R}_{12}+\boldsymbol{Q}=0 \tag{4-26}$$

由于未知力的数目为 3，所以，不能直接作图求解，又由于 $\boldsymbol{R}_{32b}$、$\boldsymbol{R}_{32c}$、$\boldsymbol{Q}$ 与 $\boldsymbol{R}_{12}$ 关于任意一点的力矩方程中都至少含有 2 个未知数，所以需要力平衡方程与力矩平衡方程的联立，才能求得未知力 $\boldsymbol{R}_{32b}$、$\boldsymbol{R}_{32c}$ 与 $\boldsymbol{Q}$ 的大小。

为了获得机械效率 $\eta_1$ 与 $\alpha$ 的函数关系，先求解 $\boldsymbol{R}_{31}$ 与 $\boldsymbol{R}_{21}$，对斜楔 1 取力平衡方程为

$$-P+R_{31}\sin\varphi_1+R_{21}\sin(\alpha+\varphi_2)=0 \tag{4-27}$$

$$R_{31}\cos\varphi_1-R_{21}\cos(\alpha+\varphi_2)=0 \tag{4-28}$$

由式(4-27)与式(4-28)得 $\boldsymbol{R}_{31}$、$\boldsymbol{R}_{21}$ 的大小分别为

$$R_{31}=P\cos(\alpha+\varphi_2)/\sin(\alpha+\varphi_1+\varphi_2) \tag{4-29}$$

$$R_{21}=P\cos\varphi_1/\sin(\alpha+\varphi_1+\varphi_2) \tag{4-30}$$

再求解 $\boldsymbol{R}_{32b}$、$\boldsymbol{R}_{32c}$ 与 $\boldsymbol{Q}$，对推杆 2 取力平衡方程与力矩平衡方程分别为

$$\sum F_x=(R_{32b}-R_{32c})\cos\varphi_3-R_{12}\sin(\alpha+\varphi_2)=0 \tag{4-31}$$

$$\sum F_y=-(R_{32b}+R_{32c})\sin\varphi_3+R_{12}\cos(\alpha+\varphi_2)-Q=0 \tag{4-32}$$

$$\begin{aligned}\sum M_C=&R_{32b}L\cos\varphi_3+R_{32b}d\sin\varphi_3-R_{12}(0.5d)\cos(\alpha+\varphi_2)-\\&R_{12}(b+L)\sin(\alpha+\varphi_2)+Q(0.5d)=0\end{aligned} \tag{4-33}$$

由式(4-31)～式(4-33)得工作阻力 $\boldsymbol{Q}$，机架 3 对推杆 2 的反作用力 $\boldsymbol{R}_{32b}$、$\boldsymbol{R}_{32c}$ 分别为

$$Q=\frac{P\cos\varphi_1}{\sin(\alpha+\varphi_1+\varphi_2)}\left[\cos(\alpha+\varphi_2)-\sin(\alpha+\varphi_2)\left(1+\frac{2b}{L}-\frac{d}{L}\tan\varphi_3\right)\tan\varphi_3\right] \tag{4-34}$$

$$R_{32b}=\frac{1}{L\cos\varphi_3+d\sin\varphi_3}\left[R_{21}(b+L)\sin(\alpha+\varphi_2)+0.5d\cdot R_{21}\cos(\alpha+\varphi_2)-0.5d\cdot Q\right] \tag{4-35}$$

$$R_{32c}=R_{32b}-R_{21}\sin(\alpha+\varphi_2)/\cos\varphi_3 \tag{4-36}$$

若用作图法，由式(4-34)求出 $\boldsymbol{Q}$，再用 $\boldsymbol{Q}$ 与 $\boldsymbol{R}_{12}$ 由作图求出 $\boldsymbol{R}_{32b}$、$\boldsymbol{R}_{32c}$，如图 4-12(d)所示。$\boldsymbol{R}_{21}$、$\boldsymbol{R}_{32b}$、$\boldsymbol{R}_{32c}$ 与 $\boldsymbol{Q}$ 的力多边形如图 4-12(e)所示。

机械效率(mechanical efficicncy)为输出能量与输入能量的比值。为了方便计算，也可以只从输入端考察，此时的机械效率定义为无摩擦损失要求的输入能量与有摩擦损失要求的输入能量的比值；或者从输出端考察，机械效率定义为有摩擦损失后的输出能量与无摩擦损失对应的输出能量的比值。

若不计运动副中的摩擦力，则得无摩擦状态下的工作阻力 $\boldsymbol{Q}_0=\boldsymbol{Q}(\varphi_1=\varphi_2=\varphi_3=0)=\boldsymbol{P}/\tan\alpha$。于是，在主动力 $\boldsymbol{P}$ 的驱动下，斜楔机构的机械效率 $\eta_1$ 为

$$\eta_1=\frac{Q}{Q_0}=\frac{\tan\alpha\cos\varphi_1}{\sin(\alpha+\varphi_1+\varphi_2)}\left[\cos(\alpha+\varphi_2)-\sin(\alpha+\varphi_2)\left(1+\frac{2b}{L}-\frac{d}{L}\tan\varphi_3\right)\tan\varphi_3\right] \tag{4-37}$$

设 $\varphi_1=\varphi_2=\varphi_3=8°$，$b/L=0.5$，$d/L=0.1$，$\alpha=20°$，此时，斜楔机构的机械效率 $\eta_1$ 为

$$\eta_1=\frac{Q}{Q_0}=\frac{\tan 20^\circ\cos 8^\circ}{\sin(20^\circ+8^\circ+8^\circ)}[\cos(20^\circ+8^\circ)-\sin(20^\circ+8^\circ)(1+2\times 0.5-0.1\times\tan 8^\circ)\tan 8^\circ]$$
$$=0.4611$$

在以上参数下，若 5°≤$\alpha$≤65°，则斜楔机构的机械效率 $\eta_1$ 关于 $\alpha$ 的曲线如图 4-12(f)所示。由图 4-12(f)可见，在以上参数下，斜楔机构的机械效率 $\eta_1$≤0.48974，当 $\alpha$=30°时，$\eta_1$=0.48974。

当机械效率 $\eta_1$=0 时，斜楔机构处于自锁状态，主动力 $\boldsymbol{P}$ 无法驱动工作阻力 $\boldsymbol{Q}$，此时，令 $\alpha=\alpha_{C1}$，对应 $\eta_1$=0，$\alpha_{C1}$ 为

$$\alpha_{C1}=\arctan\left\{1\Big/\left[\left(1+\frac{2b}{L}-\frac{d}{L}\tan\varphi_3\right)\tan\varphi_3\right]\right\}-\varphi_2 \tag{4-38}$$

在以上参数下，斜楔机构处于自锁状态的 $\alpha_{C1}$ 为

$$\alpha_{C1}=\arctan\{1/[(1+2\times 0.5-0.1\times\tan 8^\circ)\times\tan 8^\circ]\}-8^\circ=66.405^\circ$$

在图 4-12(a)所示的斜楔机构中，若设推杆 2 为主动件，斜楔 1 为从动件，推杆 2 在主动力 $\boldsymbol{Q}$ 的驱动下以速度 $\boldsymbol{V}_2$ 向下运动，斜楔 1 以速度 $\boldsymbol{V}_1$ 向右运动，$\boldsymbol{V}_1=\boldsymbol{V}_2/\tan\alpha$，斜楔 1 上的工作阻力为 $\boldsymbol{P}$，则各构件之间的作用力如图 4-13(a)所示。求各个运动副中的相互作用力与机械效率 $\eta_2$。

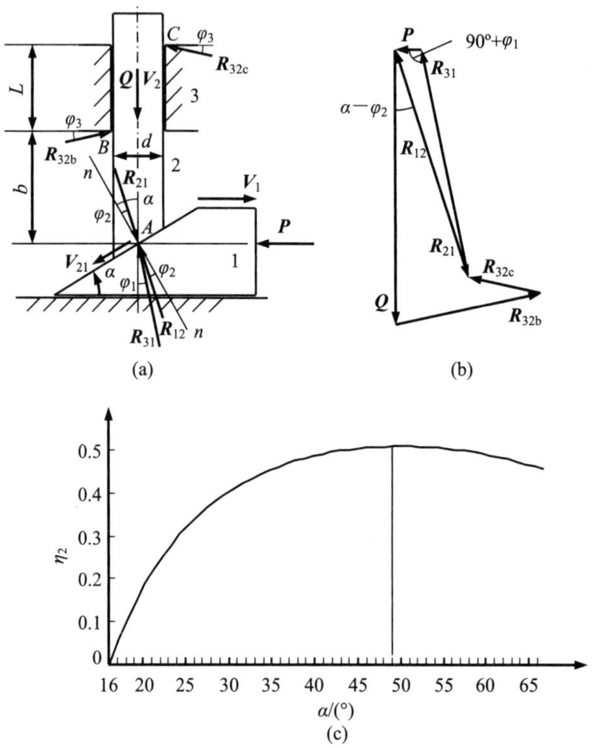


图 4-13 斜楔被动时的机构受力分析与机械效率关系

首先对推杆 2 列力与力矩的平衡方程得

$$\sum F_x=(R_{32b}-R_{32c})\cos\varphi_3-R_{12}\sin(\alpha-\varphi_2)=0 \tag{4-39}$$

$$\sum F_y = (R_{32b} + R_{32c})\sin\varphi_3 + R_{12}\cos(\alpha - \varphi_2) - Q = 0 \tag{4-40}$$

$$\sum M_C = R_{32b}L\cos\varphi_3 - R_{32b}d\sin\varphi_3 - R_{12}(0.5d)\cos(\alpha-\varphi_2) - R_{12}(b+L)\sin(\alpha-\varphi_2) + Q(0.5d) = 0 \tag{4-41}$$

联立式(4-39)～式(4-41)，得斜楔 1 对推杆 2 的作用力 $\boldsymbol{R}_{12}$、机架 3 对推杆 2 的反作用力 $\boldsymbol{R}_{32b}$、$\boldsymbol{R}_{32c}$ 分别为

$$R_{12} = \frac{Q\cos\varphi_3}{\left(1-\dfrac{d}{L}\tan\varphi_3\right)\cos(\alpha-\varphi_2+\varphi_3)+\dfrac{d}{L}\sin\varphi_3\cos(\alpha-\varphi_2)+2\left(1+\dfrac{b}{L}\right)\sin(\alpha-\varphi_2)\sin\varphi_3} \tag{4-42}$$

$$R_{32b} = [Q\cos\varphi_3 - R_{12}\cos(\alpha-\varphi_2+\varphi_3)]/\sin(2\varphi_3) \tag{4-43}$$

$$R_{32c} = [Q\cos\varphi_3 - R_{12}\cos(\alpha-\varphi_2-\varphi_3)]/\sin(2\varphi_3) \tag{4-44}$$

其次，对斜楔 1 列力的平衡方程得

$$-P - R_{31}\sin\varphi_1 + R_{21}\sin(\alpha-\varphi_2) = 0 \tag{4-45}$$

$$R_{31}\cos\varphi_1 - R_{21}\cos(\alpha-\varphi_2) = 0 \tag{4-46}$$

由式(4-45)与式(4-46)得机架 3 对斜楔 1 的作用力 $\boldsymbol{R}_{31}$、斜楔 1 上的工作阻力 $\boldsymbol{P}$ 分别为

$$R_{31} = R_{21}\cos(\alpha-\varphi_2)/\cos\varphi_1 \tag{4-47}$$

$$P = R_{21}\sin(\alpha-\varphi_1-\varphi_2)/\cos\varphi_1 \tag{4-48}$$

为此，$\boldsymbol{R}_{12}$、$\boldsymbol{R}_{32b}$、$\boldsymbol{R}_{32c}$、$\boldsymbol{R}_{31}$ 与 $\boldsymbol{R}_{21}$ 所组成的力多边形如图 4-13(b)所示。

若不计运动副中的摩擦力，则得无摩擦状态下的工作阻力 $\boldsymbol{P}_0=\boldsymbol{P}(\varphi_1=\varphi_2=\varphi_3=0)=\boldsymbol{Q}\tan\alpha$。于是，在主动力 $\boldsymbol{Q}$ 的驱动下，该斜楔机构的机械效率 $\eta_2$ 为

$$\eta_2 = \frac{P}{P_0} = \frac{\sin(\alpha-\varphi_1-\varphi_2)}{\tan\alpha\cos\varphi_1} \times \frac{\cos\varphi_3}{\left(1-\dfrac{d}{L}\tan\varphi_3\right)\cos(\alpha-\varphi_2+\varphi_3)+\dfrac{d}{L}\sin\varphi_3\cos(\alpha-\varphi_2)+2\left(1+\dfrac{b}{L}\right)\sin(\alpha-\varphi_2)\sin\varphi_3} \tag{4-49}$$

在以上参数下，机械效率 $\eta_2$ 如图 4-13(c)所示。由图 4-13(c)可见，斜楔机构的机械效率 $\eta_2 \leqslant 0.50839$，当 $\alpha$=49°时，$\eta_2$=0.50839；当 $\alpha$＜16°时，$\eta_2$＜0。$\eta_2$＜0 为机构到达自锁状态。

爬电线杆维修电气、爬椰子树摘椰子、爬松树采摘松果等都使用脚踏器，爬电线杆如图 4-14(a)所示，脚踏器自锁的原理如图 4-14(b)所示。

脚踏器的着力点 $A$ 到直径为 $d$ 的电线杆轴线的距离为 $L$，脚踏器与电线杆的接触点为 $B$ 与 $C$，脚踏器与电线杆的摩擦系数为 $f$，人的重力为 $G$。当前脚踏器与电线杆无相对滑动，$F_{f1} = N_1 f$，$F_{f2} = N_2 f$，对 $B$ 点取力矩平衡 $GL + F_{f2}d = N_2h$，$GL + N_2fd = N_2h$，则 $N_2 = GL/(h-fd)$；对 $C$ 点取力矩平衡 $G(L+d/2) = F_{f1}d + N_1h$，$G(L+d/2) = N_1fd + N_1h$，则 $N_1 = G(L+d/2)/(h+fd)$。

$F_{f1} + F_{f2}$ 必须大于 $G$ 才能不下滑，即 $[G(L+d/2)/(h+fd) + GL/(h-fd)]f > G$，则 $[(L+d/2)/(h+fd) + L/(h-fd)]f > 1$。

进一步化简得 $L$ 为

(a) 爬电线杆

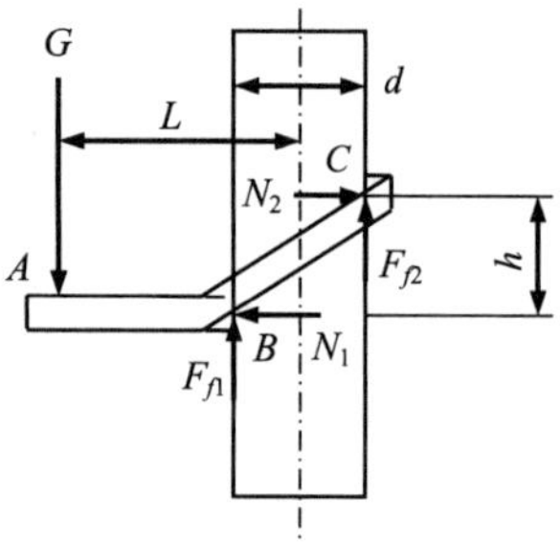


(b) 脚踏器自锁

图 4-14 自锁机构与应用

$$(L+d/2)(h-fd)+L(h+fd)>(h+fd)(h-fd)/f$$

$$L(h-fd+h+fd)+d/2(h-fd)>(h+fd)(h-fd)/f$$

$$L=[(h+fd)(h-fd)/f-d(h-fd)/2]/(2h)$$

若 $h=160\text{mm}$，$d=280\text{mm}$，$f=0.45$，则 $L$ 为

$L=[(160+0.45\times280)\times(160-0.45\times280)/0.45-280\times(160-0.45\times280)/2]/(2\times160)=52.65\text{mm}$。

事实上，$L$ 往往大于 $2d$，彻底实现自锁。

如图 4-14(a)所示，人的上身一定要向外倾斜通过安全带防止外翻，向外倾斜在力学上是增大 $L$。

以图 4-15 所示的二级展开式齿轮减速器为例，说明串联机构机械效率的计算。设 $\eta_1$ 为轴承的机械效率、$\eta_2$ 为齿轮啮合的机械效率，输入轴 I 获得输入功率 $P_1$，经过轴承 $A_1$ 与轴承 $A_2$ 的能量损失后到达齿轮 1 上 $C_1$ 点剩余功率为 $P_1\eta_1$，到达齿轮 2 上 $C_2$ 点的功率为 $P_1\eta_1\eta_2$；中间轴 II 获得 $P_1\eta_1\eta_2$ 被轴承 $A_3$ 与轴承 $A_4$ 的能量损失后到达齿轮 2′上 $C_3$ 点的功率为 $P_1\eta_1^2\eta_2$，到达齿轮 3 上 $C_4$ 点的功率为 $P_1\eta_1^2\eta_2^2$；输出轴III获得功率为 $P_1\eta_1^2\eta_2^2$ 被轴承 $A_5$ 与轴承 $A_6$ 的能量损失后输出功率 $P_3$ 为 $P_1\eta_1^3\eta_2^2$，所以机械效率 $\eta=P_3/P_1=\eta_1^3\eta_2^2$。

以图 4-16 所示的二级同轴式齿轮减速器为例，说明并联机构机械效率的计算，设 $\eta_1$ 为轴承的机械效率、$\eta_2$ 为齿轮啮合的机械效率，输入轴 I 获得输入功率 $P_1$，假定从齿轮 1 到齿轮 2 的功率等于从齿轮 1 到齿轮 2′的功率，经过一对轴承的能量损失后到达齿轮 1 上 $C_{12}$ 点与 $C_{13}$ 点，交到齿轮 2 上的功率为 $0.5P_1\eta_1\eta_2$，交到齿轮 2′上的功率为 $0.5P_1\eta_1\eta_2$；中间轴 II 获得功率 $0.5P_1\eta_1\eta_2$ 被轴承能量损失后到达齿轮 3′上功率为 $0.5P_1\eta_1^2\eta_2$；中间轴III获得功率 $0.5P_1\eta_1\eta_2$

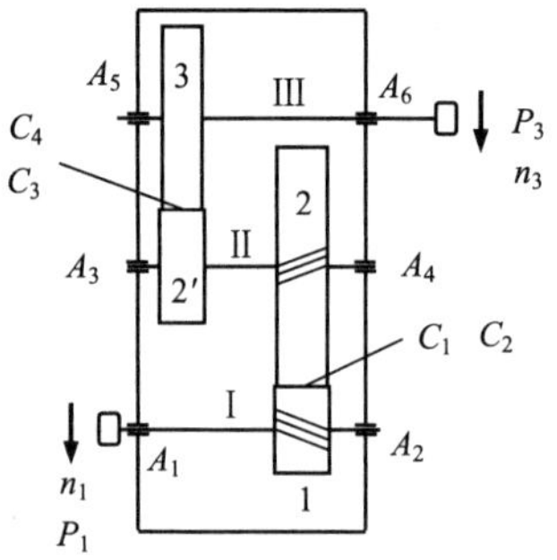


图 4-15 二级展开式齿轮减速器

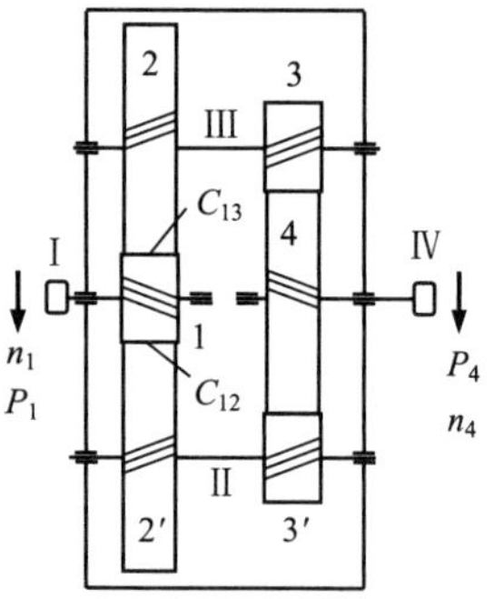


图 4-16 二级同轴式齿轮减速器

被轴承能量损失后到达齿轮 3 上功率为 $0.5P_1\eta_1^2\eta_2$；齿轮 3′把功率为 $0.5P_1\eta_1^2\eta_2$ 交给齿轮 4 的功率为 $0.5P_1\eta_1^2\eta_2^2$，齿轮 3 把 $0.5P_1\eta_1^2\eta_2$ 交给齿轮 4 的功率为 $0.5P_1\eta_1^2\eta_2^2$，齿轮 4 的输出功率 $P_4$ 为 $(0.5P_1\eta_1^2\eta_2^2+0.5P_1\eta_1^2\eta_2^2)\eta_1$，所以机械效率 $\eta=P_4/P_1=\eta_1^3\eta_2^2$。

## 4.4　平面机构的动态静力分析

平面机构的动态静力分析是指计入构件的重力、惯性力以及惯性力矩时，假定机械的主动件作匀速运动，分析作用在机构上的外力之间的关系以及运动副之间的相互作用力。对平面机构作动态静力分析既可以采用图解方法，也可以采用解析方法。

### 4.4.1　平面机构动态静力分析的图解法

当采用图解方法对平面机构作动态静力分析时，首先从外力作用的构件开始分析，然后依次往后分析。若一个构件上的未知力的数目小于等于 3，则可以采用力矩方程与力多边形求出该构件上未知力的大小。若一个构件上的未知力的数目超过 3，则无法直接进行求解，此时，只要将与该构件直接相连的构件合在一起分析即可。下面以图 4-17(a)所示的曲柄摇杆机构为例，介绍平面机构动态静力分析的图解方法。

在图 4-17(a)所示的曲柄摇杆机构中，假设曲柄 1 以角速度 $\omega_1$ 作匀速转动，已知作用在摇杆 3 上的工作阻力矩为 $\boldsymbol{M}_{r3}$，摇杆 3 关于 $D$ 点的转动惯量为 $J_D$，假设质心在 $D$ 点，连杆 2 的质量 $m_2$ 在 $E$ 点，关于 $E$ 点的转动惯量为 $J_E$，$EC$ 的长度为 $b_2$，曲柄 1 的质心在 $A$ 点，各个运动副中的摩擦力忽略不计，求各个运动副中的相互作用力与曲柄上的平衡力矩 $\boldsymbol{M}_{b1}$。

首先，作曲柄摇杆机构的速度与加速度分析，速度图如图 4-17(b)所示、加速度图如图 4-17(c)所示。由此得连杆 2 的角加速度 $\boldsymbol{\alpha}_2$、连杆 2 上 $E_2$ 点的加速度 $\boldsymbol{a}_{E2}$ 以及摇杆 3 的角加速度 $\boldsymbol{\alpha}_3$。

其次，确定连杆 2 上 $E$ 点的惯性力 $\boldsymbol{F}_{I2}=m_2\boldsymbol{a}_E$ 与方位角 $\beta_2$、连杆 2 的惯性力矩 $\boldsymbol{M}_{I2}=J_E\boldsymbol{\alpha}_2$ 与方向，画出连杆 2 的重力 $\boldsymbol{G}_2=m_2\boldsymbol{g}$，确定摇杆 3 的惯性力矩 $\boldsymbol{M}_{I3}=J_D\boldsymbol{\alpha}_3$ 与方向。

由于摇杆 3 上作用有已知的外力矩 $\boldsymbol{M}_{r3}$，所以，先进行摇杆 3 的受力分析，如图 4-17(d)所示。

在图 4-17(d)中，标出摇杆 3 的外力矩 $\boldsymbol{M}_{r3}$、惯性力矩 $\boldsymbol{M}_{I3}=J_D\boldsymbol{\alpha}_3$，机架 4 对摇杆 3 的作用力 $\boldsymbol{F}_{43r}$、$\boldsymbol{F}_{43t}$，连杆 2 对摇杆 3 的作用力 $\boldsymbol{F}_{23r}$、$\boldsymbol{F}_{23t}$，未知力的数目共有 4 个，无法直接求解 4 个未知力。为此，将摇杆 3 与连杆 2 在图示位置视作为一个整体，画出杆组 2—3 的受力分析图如图 4-17(e)所示。在杆组 2—3 上，已知连杆 2 的重力 $\boldsymbol{G}_2=m_2\boldsymbol{g}$、惯性力 $\boldsymbol{F}_{I2}=m_2\boldsymbol{a}_E$ 与惯性力矩 $\boldsymbol{M}_{I2}=J_E\boldsymbol{a}_2$，摇杆 3 的外力矩 $\boldsymbol{M}_{r3}$、惯性力矩 $\boldsymbol{M}_{I3}=J_D\boldsymbol{\alpha}_3$，未知力为 $\boldsymbol{F}_{12r}$、$\boldsymbol{F}_{12t}$、$\boldsymbol{F}_{43r}$、$\boldsymbol{F}_{43t}$，在形式上，未知力的数目也为 4 个，但是，$\boldsymbol{F}_{12t}$ 与 $\boldsymbol{F}_{43t}$ 可以通过力矩方程求得，即对连杆 2 关于 $C$ 点取力矩平衡方程得

$$J_E\alpha_2+m_2gb_2\cos\theta+(m_2\boldsymbol{a}_E\cos\beta_2)(b_2\sin\theta)-(m_2\boldsymbol{a}_E\sin\beta_2)(b_2\cos\theta)-F_{12t}b=0 \tag{4-50}$$

由式(4-50)得 $F_{12t}$。对摇杆 3 取关于 $C$ 点的力矩平衡方程得

$$F_{43t}c-M_{r3}-J_D\alpha_3=0 \tag{4-51}$$

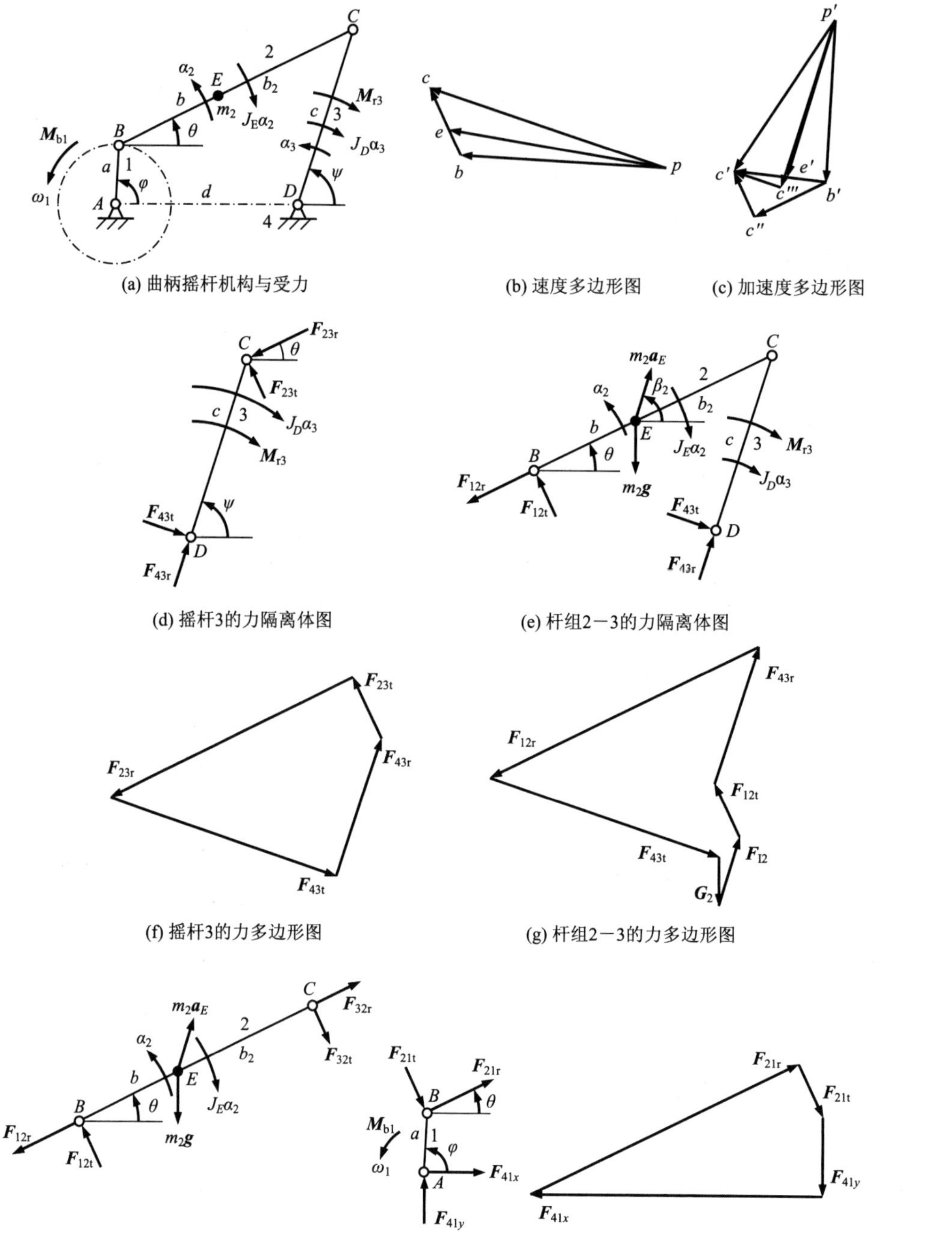

(a) 曲柄摇杆机构与受力　(b) 速度多边形图　(c) 加速度多边形图
(d) 摇杆3的力隔离体图　(e) 杆组2—3的力隔离体图
(f) 摇杆3的力多边形图　(g) 杆组2—3的力多边形图
(h) 连杆2的力隔离体图　(i) 曲柄1的力隔离体图　(j) 曲柄1的力多边形图

图 4-17　曲柄摇杆机构的图解法动态静力分析

由式(4-51)得 $F_{43t}$。一旦 $F_{12t}$、$F_{43t}$ 被求出，对杆组 2—3 列力平衡方程为

$$\boldsymbol{F}_{43r}+\boldsymbol{F}_{43t}+\boldsymbol{F}_{12r}+\boldsymbol{F}_{12t}+m_2\boldsymbol{g}+m_2\boldsymbol{a}_E=0 \tag{4-52}$$

式(4-52)所对应的力多边形如图 4-17(g)所示，于是 $\boldsymbol{F}_{12r}$、$\boldsymbol{F}_{43r}$ 可以被求出。

当 $\boldsymbol{F}_{43t}$、$\boldsymbol{F}_{43r}$ 被求出之后，摇杆 3 上的未知反力为 $\boldsymbol{F}_{23t}$ 与 $\boldsymbol{F}_{23r}$，如图 4-17(d)所示，对摇杆

3 列力平衡方程为

$$\boldsymbol{F}_{43r}+\boldsymbol{F}_{43t}+\boldsymbol{F}_{23r}+\boldsymbol{F}_{23t}=0 \tag{4-53}$$

式(4-48)所对应的力多边形如图 4-17(f)所示，于是 $\boldsymbol{F}_{23t}$ 与 $\boldsymbol{F}_{23r}$ 可以被求出。

当 $\boldsymbol{F}_{23t}$ 与 $\boldsymbol{F}_{23r}$ 被求出之后，连杆 2 的受力分析如图 4-17(h)所示，运动副中的反力 $\boldsymbol{F}_{12t}$、$\boldsymbol{F}_{12r}$、$\boldsymbol{F}_{32t}$ 与 $\boldsymbol{F}_{32r}$ 已经被全部求出。

当 $\boldsymbol{F}_{12t}$ 与 $\boldsymbol{F}_{12r}$ 被求出之后，曲柄 1 的受力分析如图 4-17(i)所示，未知反力 $\boldsymbol{F}_{41x}$ 与 $\boldsymbol{F}_{41y}$，曲柄 1 的力平衡方程为

$$\boldsymbol{F}_{41x}+\boldsymbol{F}_{41y}+\boldsymbol{F}_{21t}+\boldsymbol{F}_{21r}=0 \tag{4-54}$$

式(4-49)所对应的力多边形如图 4-17(j)所示，曲柄 1 上的平衡力矩 $\boldsymbol{M}_{b1}$ 由曲柄 1 关于 $A$ 点的力矩平衡方程求出。

$$M_{b1}-F_{21r}\cos\theta\, a\sin\varphi+F_{21r}\sin\theta\, a\cos\varphi-F_{21t}\cos(\theta+3\pi/2)\, a\sin\varphi-F_{21t}\sin(\theta+3\pi/2)\, a\cos\varphi=0 \tag{4-55}$$

至此，曲柄摇杆机构在以上条件下的受力分析得到解决。

### 4.4.2 平面机构动态静力分析的解析法

当采用解析方法对平面机构作动态静力分析时，首先作机构的位移分析，然后作机构的速度与加速度分析，由此获得计算惯性力与惯性力矩的加速度与角加速度。最后对每一个构件标注已知力与未知力，建立构件的力与力矩平衡方程，由此求得未知的支承反力或力矩。下面以图 4-18(a)所示的曲柄摇杆机构为例，介绍平面机构动态静力分析的解析方法。

1) 机构的运动分析

在图 4-18(a)所示的曲柄摇杆机构中，曲柄 1 的长度为 $a$，质心在 $A$ 点，连杆 2 的长度为 $b$，质量为 $m_2$，质心在 $E$ 点，$EC=b_2$，关于 $E$ 点的转动惯量为 $J_E$，摇杆 3 的长度为 $c$，质量为 $m_3$，质心在 $H$ 点，$DH=c_3$，关于 $H$ 点的转动惯量为 $J_H$，机架 4 的长度为 $d$。当摇杆 3 的角速度 $\omega_3\geqslant0$ 时，工作阻力矩 $M_{r3}$ 为常数，曲柄 1 上的平衡力矩为 $M_{b1}$。在图示的标注下，该机构的位移方程为

$$a\cos\varphi+b\cos\theta=d+c\cos\psi \tag{4-56}$$

$$a\sin\varphi+b\sin\theta=c\sin\psi \tag{4-57}$$

消去 $\theta$，引入系数 $K_A$、$K_B$ 和 $K_C$，得摇杆 3 的角位移方程及其解 $\psi$ 分别为

$$K_A=-\sin\varphi$$

$$K_B=d/a-\cos\varphi$$

$$K_C=(d^2+c^2+a^2-b^2)/(2ac)-(d/c)\cos\varphi$$

$$K_A\sin\psi+K_B\cos\psi+K_C=0 \tag{4-58}$$

$$\psi=2\arctan2\left[\left(K_A+\sqrt{K_A^2+K_B^2-K_C^2}\right)/(K_B-K_C)\right] \tag{4-59}$$

由式(4-56)、式(4-57)得连杆 2 的角位移 $\theta$ 为

$$\theta=\arctan2[(c\sin\psi-a\sin\varphi)/(d+c\cos\psi-a\cos\varphi)] \tag{4-60}$$

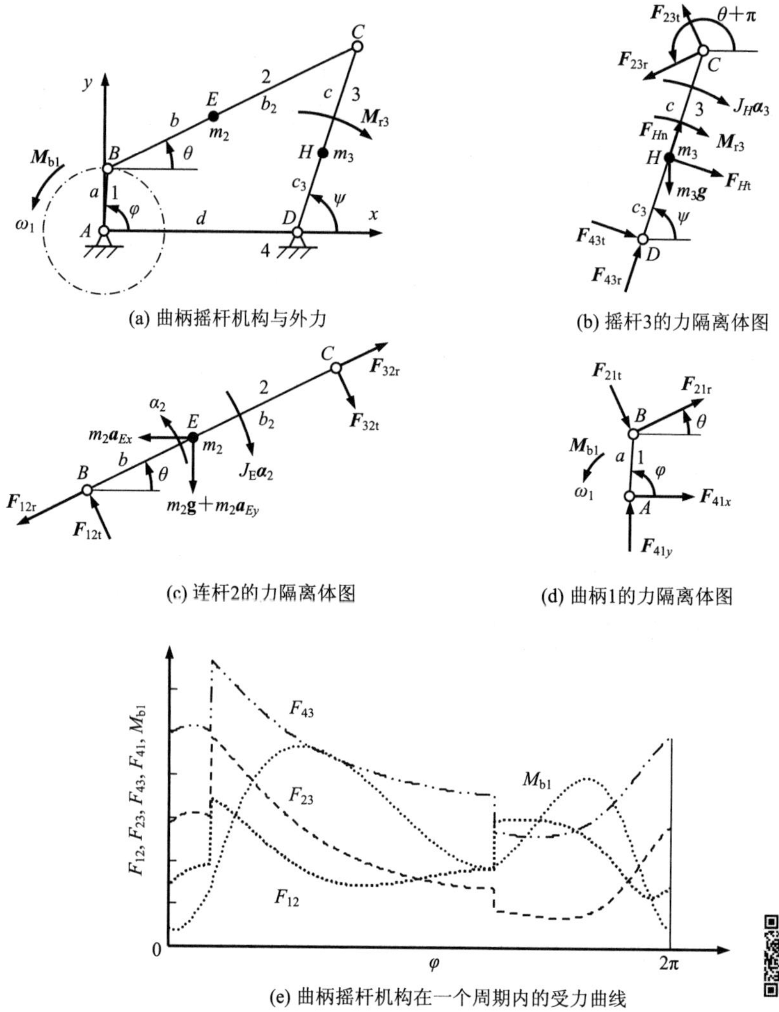

(a) 曲柄摇杆机构与外力

(b) 摇杆3的力隔离体图

(c) 连杆2的力隔离体图

(d) 曲柄1的力隔离体图

(e) 曲柄摇杆机构在一个周期内的受力曲线

图 4-18 曲柄摇杆机构的解析法动态静力分析

对式(4-56)、式(4-57)求关于 $t$ 的 1～2 阶导数，得速度方程及其角速度 $\omega_2=\mathrm{d}\theta/\mathrm{d}t$、$\omega_3=\mathrm{d}\psi/\mathrm{d}t$，加速度方程及其角加速度 $\alpha_2=\mathrm{d}^2\theta/\mathrm{d}t^2$、$\alpha_3=\mathrm{d}^2\psi/\mathrm{d}t^2$ 分别为

$$-a\omega_1\sin\varphi-b\omega_2\sin\theta=-c\omega_3\sin\psi \tag{4-61}$$

$$a\omega_1\cos\varphi+b\omega_2\cos\theta=c\omega_3\cos\psi \tag{4-62}$$

$$\omega_3=a\omega_1\sin(\varphi-\theta)/[c\sin(\psi-\theta)] \tag{4-63}$$

$$\omega_2=a\omega_1\sin(\varphi-\psi)/[b\sin(\psi-\theta)] \tag{4-64}$$

$$-a\omega_1^2\cos\varphi-b\omega_2^2\cos\theta-b\alpha_2\sin\theta=-c\omega_3^2\cos\psi-c\alpha_3\sin\psi \tag{4-65}$$

$$-a\omega_1^2\sin\varphi-b\omega_2^2\sin\theta+b\alpha_2\cos\theta=-c\omega_3^2\sin\psi+c\alpha_3\cos\psi \tag{4-66}$$

$$\alpha_3=[a\omega_1^2\cos(\varphi-\theta)+b\omega_2^2-c\omega_3^2\cos(\psi-\theta)]/[c\sin(\psi-\theta)] \tag{4-67}$$

$$\alpha_2=[a\omega_1^2\cos(\varphi-\psi)+b\omega_2^2\cos(\psi-\theta)-c\omega_3^2]/[b\sin(\psi-\theta)] \tag{4-68}$$

连杆 2 上质量 $m_2$ 处的位置坐标 $x_E$、$y_E$，速度 $V_{Ex}$、$V_{Ey}$ 与加速度 $a_{Ex}$、$a_{Ey}$ 分别为

$$x_E = a\cos\varphi + (b - b_2)\cos\theta \tag{4-69}$$

$$y_E = a\sin\varphi + (b - b_2)\sin\theta \tag{4-70}$$

$$V_{Ex} = -a\omega_1\sin\varphi - (b - b_2)\omega_2\sin\theta \tag{4-71}$$

$$V_{Ey} = a\omega_1\cos\varphi + (b - b_2)\omega_2\cos\theta \tag{4-72}$$

$$a_{Ex} = -a\omega_1^2\cos\varphi - (b - b_2)\alpha_2\sin\theta - (b - b_2)\omega_2^2\cos\theta \tag{4-73}$$

$$a_{Ey} = -a\omega_1^2\sin\phi + (b - b_2)\alpha_2\cos\theta - (b - b_2)\omega_2^2\sin\theta \tag{4-74}$$

2) 机构的受力分析

在图 4-18(a)中，首先计算连杆 2 与摇杆 3 的惯性力与惯性力矩，再对构件列力与力矩的平衡方程，从而获得机构的受力分析。

连杆 2 上质量 $m_2$ 产生的水平惯性力 $\boldsymbol{F}_{Ex} = -m_2 a_{Ex}$、垂直惯性力 $\boldsymbol{F}_{Ey} = -m_2 a_{Ey}$、转动惯量 $J_E$ 产生的惯性力矩 $M_E = -J_E\alpha_2$。

摇杆 3 上质量 $m_3$ 产生的切向惯性力 $F_{Ht} = -m_3 c_3 \alpha_3$、法向惯性力 $F_{Hn} = m_3 c_3 \omega_3^2$（从 $H$ 点指向 $D$ 点）；转动惯量 $J_H$ 产生的惯性力矩 $M_H = -J_H\alpha_3$。

取摇杆 3 为力隔离体，如图 4-18(b)所示，摇杆 3 上已知的力分别为 $\boldsymbol{F}_{Ht}$、$\boldsymbol{F}_{Hn}$ 与 $m_3\boldsymbol{g}$，已知的力矩分别为 $\boldsymbol{M}_H$ 与 $\boldsymbol{M}_{r3}$，未知的反力为 $\boldsymbol{F}_{23t}$、$\boldsymbol{F}_{23r}$、$\boldsymbol{F}_{43t}$ 与 $F_{43r}$。取沿着 $DC$ 方向的力平衡方程、$DC$ 逆时针转 90°方向的力平衡方程以及关于 $C$ 点的力矩平衡方程分别为

$$-F_{23t}\sin(\theta - \psi) - F_{23r}\cos(\theta - \psi) + F_{43r} = -F_{Hn} + m_3 g\sin\psi \tag{4-75}$$

$$F_{23t}\cos(\theta - \psi) - F_{23r}\sin(\theta - \psi) - F_{43t} = F_{Ht} + m_3 g\cos\psi \tag{4-76}$$

$$F_{43t}c = M_{r3} + J_H\alpha_3 - m_3 g(c - c_3)\cos\psi - F_{Ht}(c - c_3) \tag{4-77}$$

取连杆 2 为力隔离体，如图 4-18(c)所示，连杆 2 上已知的力分别为 $\boldsymbol{F}_{Ex}$、$\boldsymbol{F}_{Ey}$ 与 $m_2\boldsymbol{g}$；已知的力矩为 $\boldsymbol{M}_E$，未知的反力为 $\boldsymbol{F}_{32t}=\boldsymbol{F}_{23t}$、$\boldsymbol{F}_{32r}=\boldsymbol{F}_{23r}$、$\boldsymbol{F}_{12t}$ 与 $F_{12r}$。取沿着 $BC$ 方向的力平衡方程、垂直于 $BC$ 方向的力平衡方程以及关于 $B$ 点的力矩平衡方程分别为

$$F_{32r} - F_{12r} = m_2(a_{Ey} + g)\sin\theta + m_2 a_{Ex}\cos\theta \tag{4-78}$$

$$-F_{32t} + F_{12t} = m_2(a_{Ey} + g)\cos\theta - m_2 a_{Ex}\sin\theta \tag{4-79}$$

$$F_{32t}b = -J_E\alpha_2 - m_2(a_{Ey} + g)(b - b_2)\cos\theta + m_2 a_{Ex}(b - b_2)\sin\theta \tag{4-80}$$

取曲柄 1 为力隔离体，如图 4-18(d)所示，曲柄 1 上未知的力分别为 $\boldsymbol{F}_{21t}=\boldsymbol{F}_{12t}$、$\boldsymbol{F}_{21r}=\boldsymbol{F}_{12r}$、$\boldsymbol{F}_{41x}$ 与 $\boldsymbol{F}_{41y}$；未知的力矩为 $\boldsymbol{M}_{b1}$。为此，曲柄 1 的力平衡方程与力矩平衡方程分别为

$$F_{21t}\sin\theta + F_{21r}\cos\theta + F_{41x} = 0 \tag{4-81}$$

$$-F_{21t}\cos\theta + F_{21r}\sin\theta + F_{41y} = 0 \tag{4-82}$$

$$F_{21t}a\cos(\varphi + \theta) - F_{21r}a\sin(\varphi - \theta) + M_{b1} = 0 \tag{4-83}$$

式(4-75)～式(4-83)中，未知力与力矩的总数有 9 个($\boldsymbol{F}_{ij}=\boldsymbol{F}_{ji}$)，其解分别为

$$F_{43t} = [M_{r3} + J_H\alpha_3 - m_3 g(c - c_3)\cos\psi - F_{Ht}(c - c_3)]/c \tag{4-84}$$

$$F_{32t} = [-J_E\alpha_2 - m_2(a_{Ey} + g)(b - b_2)\cos\theta + m_2 a_{Ex}(b - b_2)\sin\theta]/b \tag{4-85}$$

$$F_{23r} = [F_{23t}\cos(\theta - \psi) - F_{43t} - F_{Ht} - m_3 g\cos\psi]/\sin(\theta - \psi) \tag{4-86}$$

$$F_{43r} = -F_{Hn} + m_3 g\sin\psi + F_{23t}\sin(\theta - \psi) + F_{23r}\cos(\theta - \psi) \tag{4-87}$$

$$F_{12\mathrm{r}} = -m_2(a_{Ey} + \mathrm{g})\sin\theta - m_2 a_{Ex}\cos\theta + F_{32\mathrm{r}} \tag{4-88}$$

$$F_{12\mathrm{t}} = m_2(a_{Ey} + \mathrm{g})\cos\theta - m_2 a_{Ex}\sin\theta + F_{32\mathrm{t}} \tag{4-89}$$

$$F_{41x} = -F_{21\mathrm{t}}\sin\theta - F_{21\mathrm{r}}\cos\theta \tag{4-90}$$

$$F_{41y} = F_{21\mathrm{t}}\cos\theta - F_{21\mathrm{r}}\sin\theta \tag{4-91}$$

$$M_{\mathrm{b}1} = F_{21\mathrm{t}}a\cos(\varphi-\theta) + F_{21\mathrm{r}}a\sin(\varphi-\theta) \tag{4-92}$$

式(4-75)～式(4-83)也可以采用线性方程组求解，其对应的线性方程组为

$$\begin{bmatrix} -\sin(\theta-\psi) & -\cos(\theta-\psi) & 0 & 1 & 0 & 0 & 0 & 0 & 0 \\ \cos(\theta-\psi) & -\sin(\theta-\psi) & -1 & 0 & 0 & 0 & 0 & 0 & 0 \\ 0 & 0 & c & 0 & 0 & 0 & 0 & 0 & 0 \\ 0 & 1 & 0 & 0 & 0 & -1 & 0 & 0 & 0 \\ -1 & 0 & 0 & 0 & 1 & 0 & 0 & 0 & 0 \\ b & 0 & 0 & 0 & 0 & 0 & 0 & 0 & 0 \\ 0 & 0 & 0 & 0 & \sin\theta & \cos\theta & 1 & 0 & 0 \\ 0 & 0 & 0 & 0 & -\cos\theta & \sin\theta & 0 & 1 & 0 \\ & & & & a\cos(\varphi-\theta) & -a\sin(\varphi-\theta) & 0 & 0 & 1 \end{bmatrix} \begin{bmatrix} F_{23\mathrm{t}} \\ F_{23\mathrm{r}} \\ F_{43\mathrm{t}} \\ F_{43\mathrm{r}} \\ F_{12\mathrm{t}} \\ F_{12\mathrm{r}} \\ F_{41x} \\ F_{41y} \\ M_{\mathrm{b}1} \end{bmatrix} = \begin{bmatrix} k_1 \\ k_2 \\ k_3 \\ k_4 \\ k_5 \\ k_6 \\ k_7 \\ k_8 \\ k_9 \end{bmatrix} \tag{4-93}$$

式中，$k_1$～$k_9$分别为式(4-75)～式(4-83)所对应的右项。当 $0\leqslant\varphi\leqslant2\pi$ 时，可以求得运动副在一个周期中的反力 $F_{12}=\sqrt{F_{12\mathrm{t}}^2+F_{12\mathrm{r}}^2}$、$F_{23}=\sqrt{F_{23\mathrm{t}}^2+F_{23\mathrm{r}}^2}$、$F_{43}=\sqrt{F_{43\mathrm{t}}^2+F_{43\mathrm{r}}^2}$、$F_{41}=\sqrt{F_{41\mathrm{t}}^2+F_{41\mathrm{r}}^2}$ 与平衡力矩为 $M_{\mathrm{b}1}$。

在图 4-18(a)中，设曲柄 1 的长度 $a$=0.150m，连杆 2 的长度 $b$=0.650m，质量 $m_2$=65kg，$b_2$=0.350m，$J_E$=2.35kg·m$^2$，摇杆 3 的长度 $c$=0.450m，质量 $m_3$=45kg，$c_3$=0.250m，$J_H$=0.78 kg·m$^2$，机架 4 的长度为 $d$=0.500m。当摇杆 3 的角速度 $\omega_3\geqslant0$ 时，工作阻力矩 $M_{\mathrm{r}3}$=100N·m；当 $\omega_3<0$ 时，$M_{\mathrm{r}3}$=0。于是，对式(4-84)～式(4-92)以及相关的式子编程计算得 $\boldsymbol{F}_{12}$、$\boldsymbol{F}_{23}$、$\boldsymbol{F}_{43}$、$\boldsymbol{F}_{41}$ 与 $\boldsymbol{M}_{\mathrm{b}1}$ 在 $0\leqslant\varphi\leqslant2\pi$ 范围内的曲线关系如图 4-18(e)所示。

## 习　题

**4.1** 题 4.1(a)图为一个夹具机构，用于夹紧工件 3，题 4.1(b)图为受力分析提示，$P$ 为驱动力，$F_r$ 为夹紧阻力，各个构件的质量忽略不计，$\alpha = 12°$，各个接触面的摩擦角 $\varphi = 10°$，试用作图方法求机械效率 $\eta$。

**4.2** 题 4.2 图为一个双滑块机构，用于位移变换，滑块 3 上的阻力 $Q = 1000$N，连杆 2 的长度 $L_2 = 300$ mm，小圆为转动副，大圆为摩擦圆，$\rho_{12} = 15$mm，$\rho_{23} = 15$mm，$\varphi_2 = 20°$，$\varphi_{14} = 8°$，$\varphi_{34} = 8°$，$F_{12}$ 与 $F_{32}$、$\omega_{21}$ 与 $\omega_{23}$ 为分析提示，试用作图方法求机械效率 $\eta$。

**4.3** 题 4.3 图为一斜面运动变换机构，主动力 $F$=10000N，$\alpha$=35.5°，$b$=88mm，$h_1$=120mm，$h_2$=50mm，$h_3$=188mm。

(1) 若不计摩擦力的影响，求阻力 $Q_0$ 的大小；

(2) 当各个摩擦面的摩擦系数 $f$ = 0.1 时，求阻力 $Q$ 的大小；

(3) 当各个摩擦面的摩擦系数 $f$ = 0.1 时，求该斜面机构的机械效率 $\eta$。

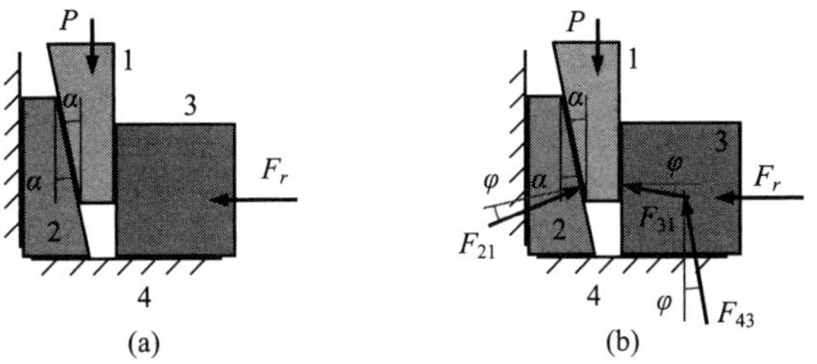


题 4.1 图

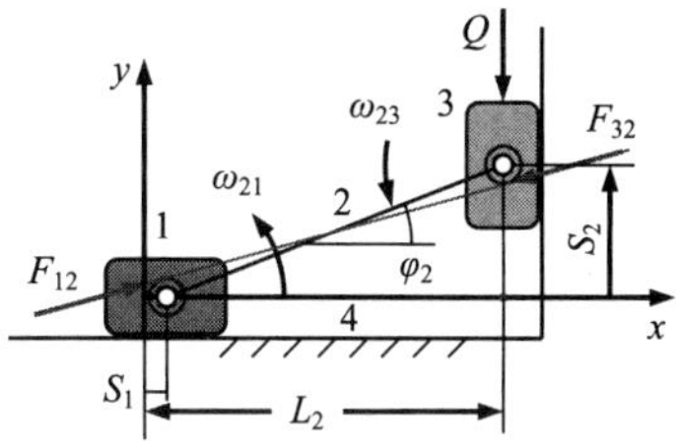


题 4.2 图

**4.4**　题 4.4 图为一偏心轮与杠杆组成的夹具机构，已知 $R$=100mm，$O_1A$=30mm，构件 1 与 2 组成转动副 $A$，构件 1 与工作台 3 组成高副 $B$，$A$ 处的摩擦圆半径 $\rho$＝8mm，$B$ 处的摩擦系数 $f$=0.1。试分析当夹紧到图示位置后，在工件反作用力 $F$ 下，夹具不会自动松开时，求 $O_1A$ 与垂线之间的夹角 $\alpha$。

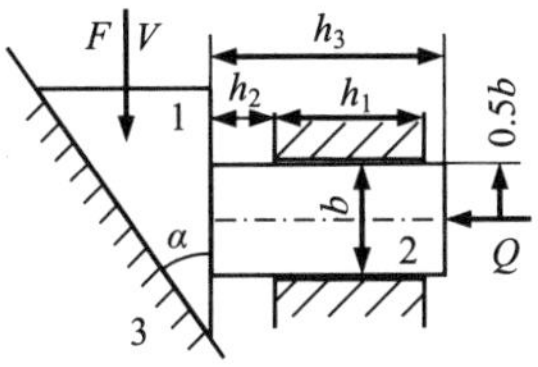


题 4.3 图

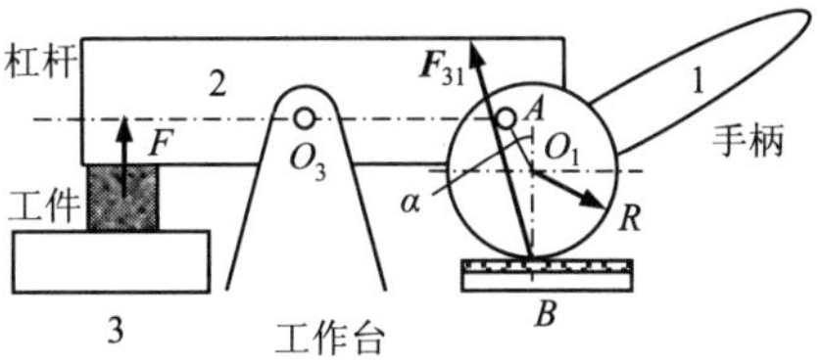


题 4.4 图

**4.5**　题 4.5 图为一正切机构，用作摆动到移动的变换，已知 $h$=400mm，$b$=80mm，$\omega_1$= –10 rad/s，构件 3 的质量 $m_3$=20kg，滑块 2 的质量 $m_2$=5kg，工作阻力 $Q$=1000N。

(1) 不计惯性力时，试求图示位置驱动力矩 $M_d$ 的大小；

(2) 计入惯性力时，试求图示位置驱动力矩 $M_d$ 的大小。

**4.6**　题 4.6 图为一正弦机构，用作转动到摆动的变换，已知 $L_{AB}$=110mm，$h_1$=150mm，$h_2$=70mm，$\omega_1$=10rad/s，构件 3 的质量 $m_3$=30kg，滑块 2 的质量 $m_2$=8kg，构件 1 的质心在 $A$ 点，$m_1$=20kg，工作阻力 $F_r$=2000N。

(1) 不计惯性力时，试用解析法求机构在 $\varphi_1$=30°、$\varphi_1$=60°、$\varphi_1$=120°和 $\varphi_1$=220°位置时，构件 1 上的平衡力矩 $M_b$；

(2) 计入惯性力时，试用解析法求机构在 $\varphi_1$=30°、$\varphi_1$=60°、$\varphi_1$=120°和 $\varphi_1$=220°位置时，构件 1 上的平衡力矩 $M_b$。

**4.7**　题 4.7 图为一偏心夹具机构，已知 $R$=100mm，$A$ 处为固定支承，$OA$ 与垂线之间的夹角 $\alpha$=30°，转动副 $A$ 处的摩擦圆半径 $\rho$=8mm，构件 1 与 2、2 与 3 之间的摩擦系数 $f$=0.1。试分析当夹紧到图示位置后，在工件反力的作用下夹具不会自动松开时，$OA$ 之间的长度为多大。

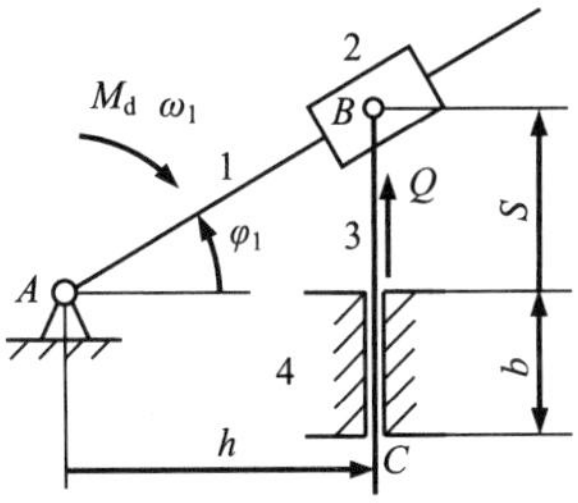


题 4.5 图

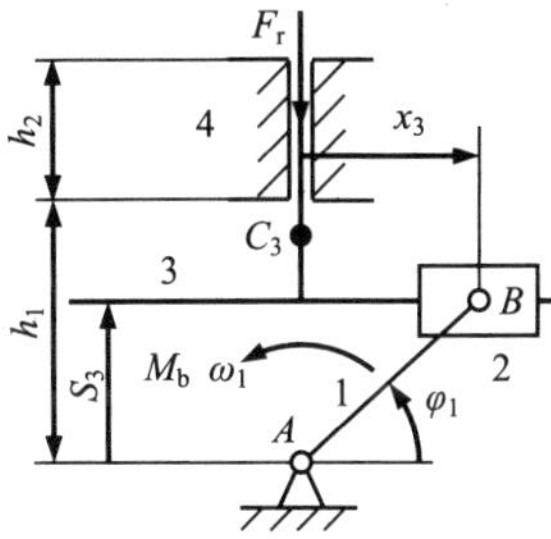


题 4.6 图

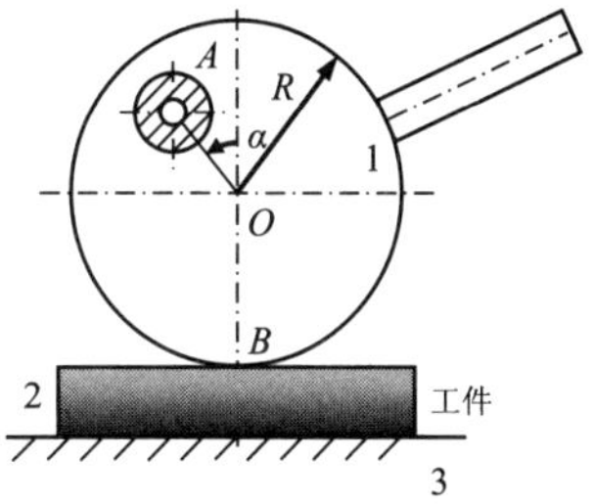


题 4.7 图

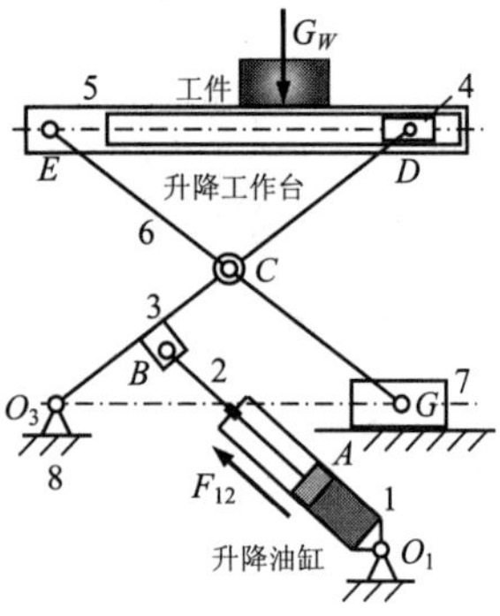


题 4.8 图

**4.8** 题 4.8 图为一工作台升降机构，当油缸下腔通入高压油时，工作台作上升运动。已知比例尺 $\mu_L$=实际尺寸 / 图上尺寸=30，工件的重量 $G_W$=10000N，求驱动力 $F_{12}$ 的大小。

**4.9** 题 4.9 图为双节叉剪式升降平台，具有大举高、大举重、高稳定性的优点，在飞机场得到广泛的应用，采用 8 个油缸实现平台的升降。找出移动副的位置，分析油缸的出力与货物重量的关系。

**4.10** 题 4.10 图为集装箱装卸车，具有大举高、大举重、高稳定性、找准位置快的优点，采用 2 个举升油缸实现集装箱的升降、2 个找准油缸实现集装箱的进退货位。试分析集装箱在最远位置时稳定性对应的受力条件。

题 4.9 图

题 4.10 图

# 第5章

# 平面连杆机构及其设计

## 5.1 概述

平面连杆机构是由若干个构件通过低副连接且各构件都在相互平行的平面内运动的一类机构，又称为平面低副机构。由于平面连杆机构能够生成多样的运动轨迹、再现大量的运动规律、具有较高的承载能力、磨损寿命长及制造方便等特点，所以，平面连机机构在物流自动化、工程机械等诸多领域都得到广泛应用。由于连杆机构的设计工作十分复杂，很多情况下只能近似地实现给定的运动要求，所以，本章主要介绍连杆机构中最基本的平面四杆机构的类型、传动特性与简单条件下的机构设计方法，同时介绍近似等速比机构、高阶停歇机构的设计以及机构创新设计的一般方法。

## 5.2 平面四杆机构的基本型式及其演化

### 5.2.1 平面四杆机构的基本型式

全部由转动副组成的平面四杆机构是平面四杆机构的基本型式，又称铰链四杆机构，如图 5-1 所示。其他型式的平面四杆机构可以看作是在它的基础上通过机架变换、运动副扩大和尺寸变化而演化形成的。

在图 5-1 中，$A_0B_0$ 为机架，$A_0A$、$B_0B$ 与机架分别组成转动副，称为连架杆，$AB$ 不与机架直接相连且作平面一般运动，称为连杆。在连架杆中，若相对于机架作整周转动，则该构件称为曲柄；若只在一定范围内摆动，则该构件称为摇杆；若相对于机架作移动，则该构件称为滑块。通过改变铰链四杆机构各杆的长度，铰链四杆机构可以区分为曲柄摇杆机构(图 5-2)、双曲柄机构(图 5-3)、平行四边形机构(图 5-4)、反平行四边形机构(图 5-5)和双摇杆机构(图 5-6)。

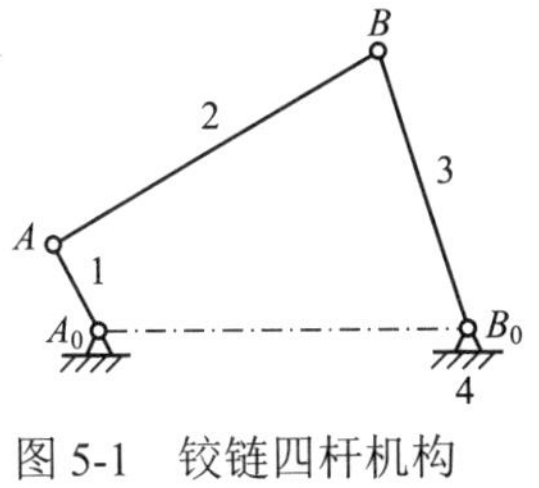

图 5-1 铰链四杆机构

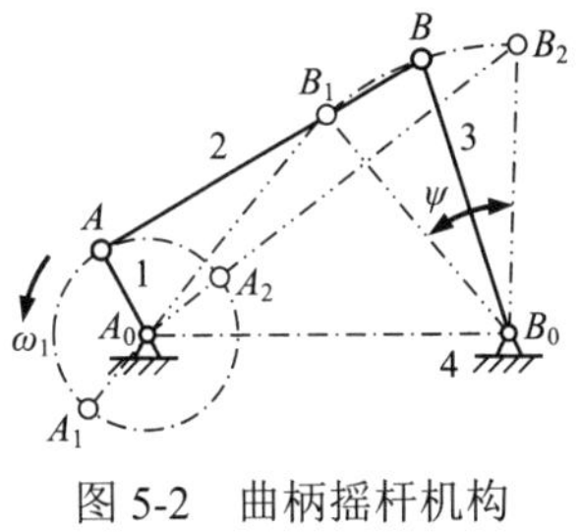

图 5-2 曲柄摇杆机构

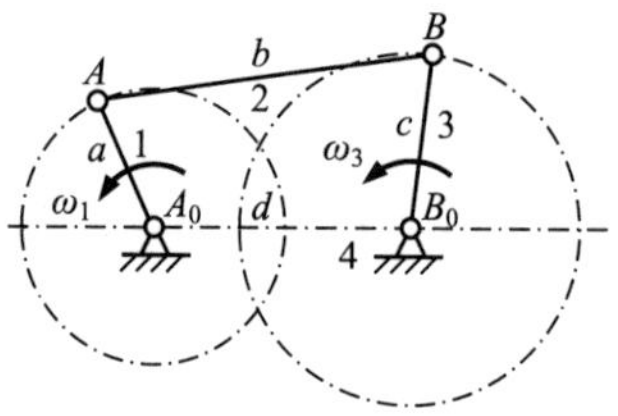


图 5-3 双曲柄机构

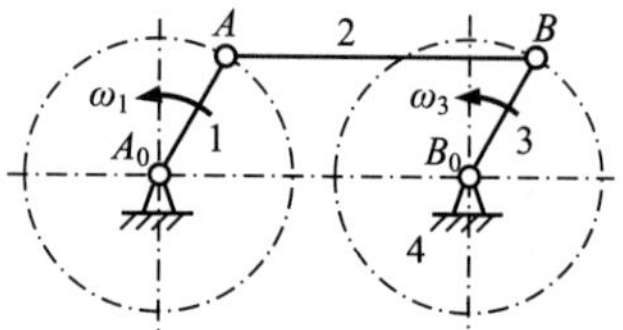


图 5-4 平行四边形机构

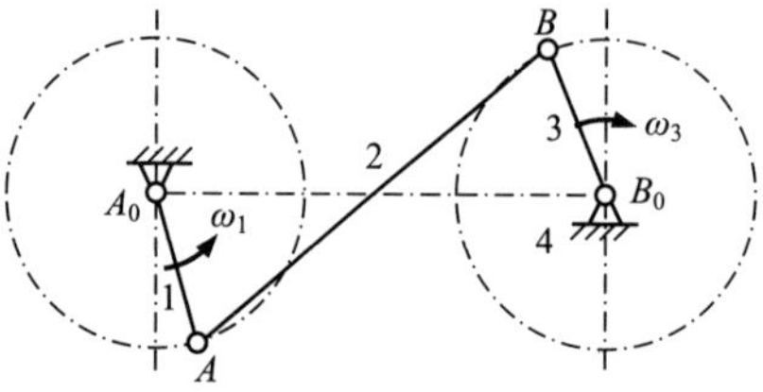


图 5-5 反平行四边形机构

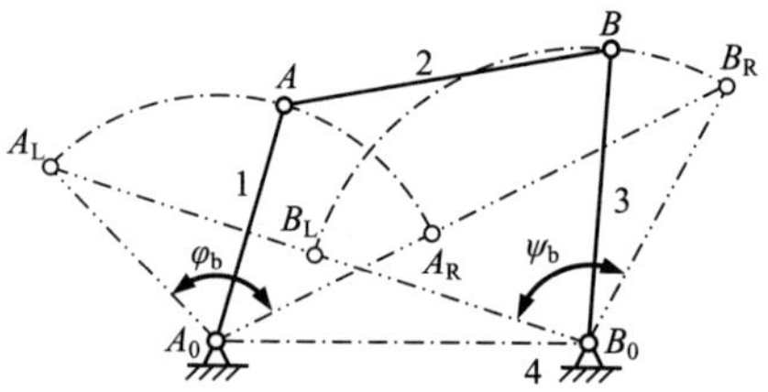


图 5-6 双摇杆机构

### 5.2.2 平面四杆机构的演化

图 5-2～图 5-6 所定义的平面四杆机构，可以认为是通过改变铰链四杆机构中构件的相对尺寸所得到的。为了得到更多的平面四杆机构，还可以通过改变构件的几何形状与尺寸、改变运动副的尺寸、互换运动副的元素和选择不同的构件作为机架而形成。

若将图 5-2 所示曲柄摇杆机构的摇杆 3 的长度扩为无穷大，$B_0$ 位于无穷远，$B$ 的运动无限接近于直线运动，取摇杆 3 上 $B$ 点附近的一段实体，则摇杆 3 就转化成滑块 3，于是得到曲柄滑块机构，如图 5-7(a)所示。通过改变机架，可以得到图 5-7(b)、(c)、(d)所示的三种平面四杆机构。

若将图 5-7(a)所示的滑块 3 上转动副 $B$ 的运动方向线不通过转动副 $A$ 的中心，则得到偏置曲柄滑块机构，如图 5-7(e)所示。通过改变机架，可以得到图 5-7(f)、(g)、(h)所示的三种平面四杆机构。

若将图 5-7(a)所示机构的连杆 2 的长度以 $B$ 为参考点延长至无穷大，转动副 $B$ 的半径扩大为无穷大，则连杆 2 与滑块 3 作相对移动、它们形成移动副，连杆 2 又转化为一个滑块，于是得到图 5-8(a)所示的正弦机构，通过改变机架，可以得到图 5-8(b)、(c)、(d)所示的三种平面四杆机构。

若将图 5-7(a)所示机构的转动副 $A$ 的半径扩大为无穷大，则杆 1 与杆 2 作相对移动、它们形成移动副，杆 2 也转化为一个滑块，于是得到图 5-9(a)所示的正切机构，通过改变机架，可以得到图 5-9(b)、(c)、(d)所示的三种平面四杆机构。

若将图 5-7(c)所示的曲柄摇块机构的构件 3、4 之间的包容与被包容关系互换，可以得到图 5-7(i)所示的Ⅱ型曲柄摇块机构以及图 5-7(j)所示的曲柄导杆机构。

当把曲柄设计成图 5-10(a)所示的偏心轮结构，赋予机架以一定的几何结构时，图 5-7(a)所示的曲柄滑块机构可以转化为图 5-10(b)所示的偏心轮滑块泵，图 5-7(c)所示的曲柄摇块机构可以转化为图 5-10(c)所示的偏心轮摇块泵，它们都可以被用于液体或气体的压缩机械中。

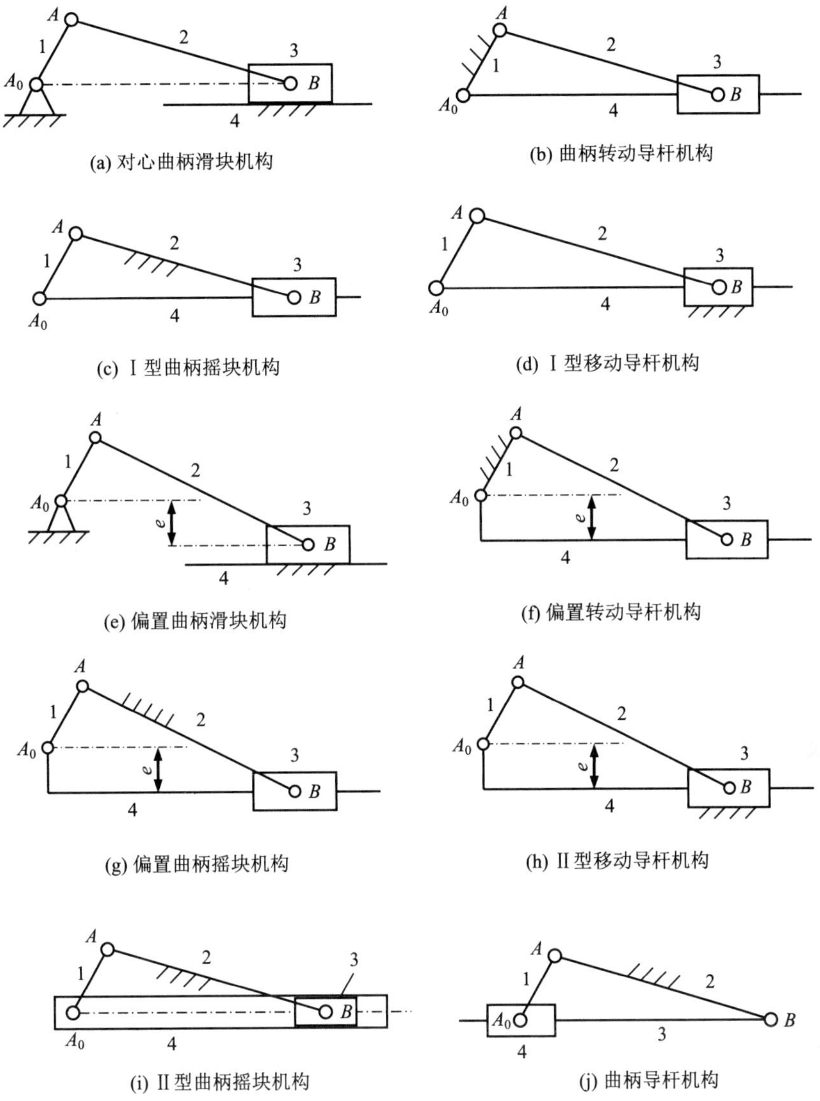


(a) 对心曲柄滑块机构　(b) 曲柄转动导杆机构

(c) Ⅰ型曲柄摇块机构　(d) Ⅰ型移动导杆机构

(e) 偏置曲柄滑块机构　(f) 偏置转动导杆机构

(g) 偏置曲柄摇块机构　(h) Ⅱ型移动导杆机构

(i) Ⅱ型曲柄摇块机构　(j) 曲柄导杆机构

图 5-7　RRRP 型平面四杆机构

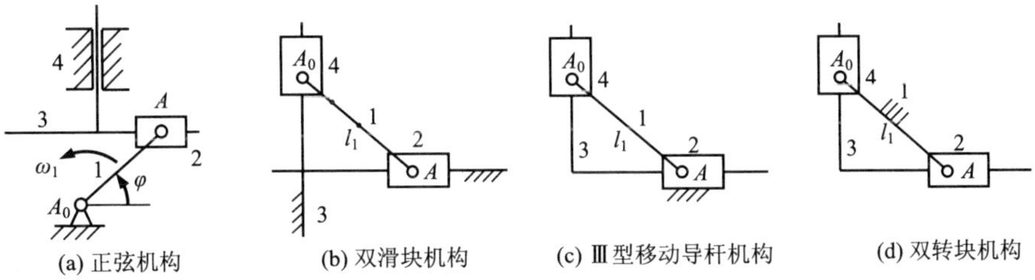


(a) 正弦机构　(b) 双滑块机构　(c) Ⅲ型移动导杆机构　(d) 双转块机构

图 5-8　RRPP 型平面四杆机构

当把图 5-7(b)所示的曲柄转动导杆机构赋予一定的几何结构时，则可以得到图 5-11(a)所示的曲柄转动导杆泵。

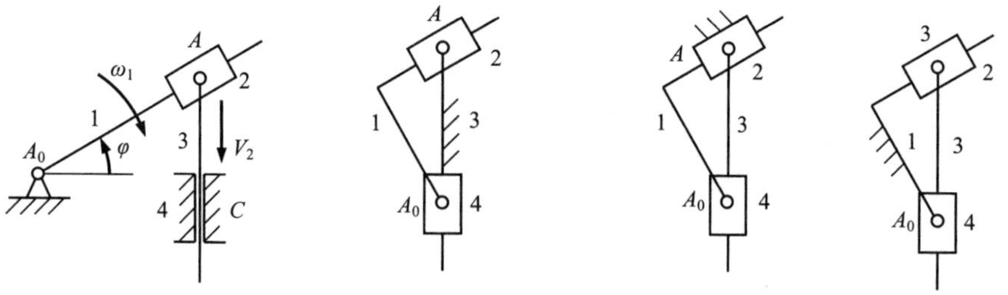


(a) 正切机构　(b) 转块滑块机构　(c) 摆动导杆机构　(d) 滑块摆块机构

图 5-9　RPRP 型平面四杆机构

(a) 偏心轮　(b) 偏心轮滑块泵　(c) 偏心轮摇块泵

图 5-10　偏心轮对应的平面四杆机构

当把图 5-2 所示的曲柄摇杆机构赋予一定的几何结构时，可以转化为图 5-11(b)所示的曲柄摇杆机构泵，图中 $K_1$～$K_4$ 为进出油口，当 $K_1$、$K_3$ 进油时，$K_2$、$K_4$ 出油；当 $K_2$、$K_4$ 进油时，$K_1$、$K_3$ 出油。

当把图 5-8(d)所示的双转块机构赋予一定的几何结构时，则可以得到图 5-11(c)所示的十字滑块联轴节，用于轴线不同轴的两根轴的联接。

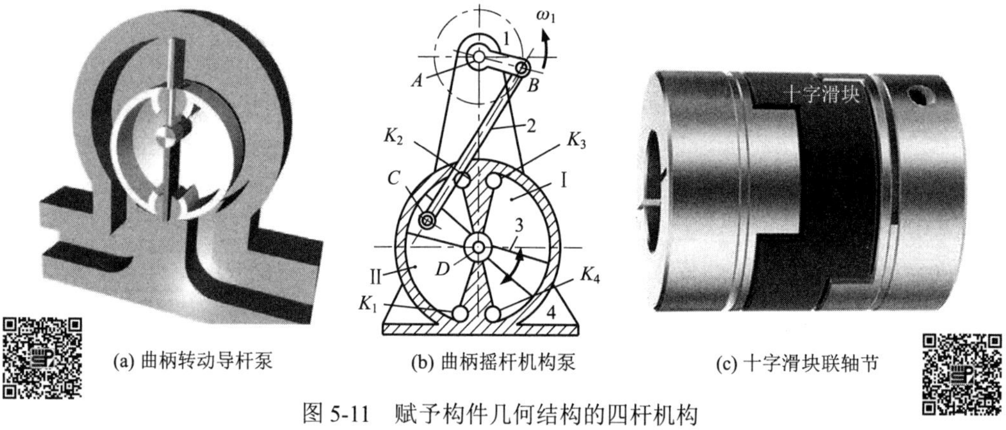


(a) 曲柄转动导杆泵　(b) 曲柄摇杆机构泵　(c) 十字滑块联轴节

图 5-11　赋予构件几何结构的四杆机构

## 5.3 平面四杆机构的基本概念与传动特征

### 5.3.1 平面四杆机构曲柄存在的条件

铰链四杆机构的连架杆既可能成为曲柄，也可能只是摇杆，连架杆能否成为曲柄与该机构中各杆的相对长度有关。

在图 5-12 所示的铰链四杆机构中，设以 $a$、$b$、$c$ 和 $d$ 分别表示杆 $AB$、$BC$、$CD$、$AD$ 的长度，且设 $a<d$，则当杆 $AB$ 绕轴心 $A$ 相对于机架 $AD$ 作整周转动时，杆 $AB$ 应能达到与连杆 $BC$ 共线的两个位置 $AB_1$、$AB_2$。

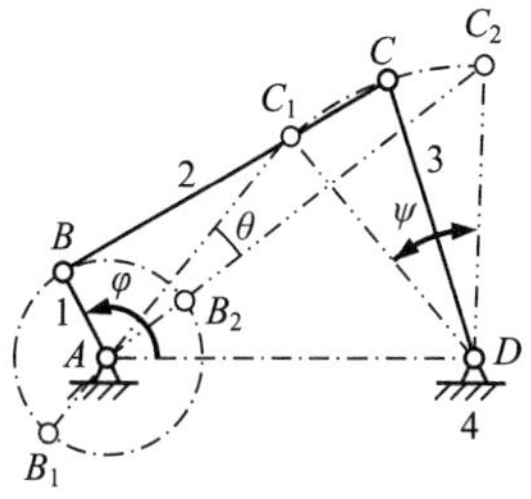

图 5-12　曲柄摇杆机构

由图 5-12 可见，当杆 $AB$ 转至 $AB_1$ 时，各杆的长度应满足以下条件

$$c<(b-a)+d \tag{5-1}$$

$$d<(b-a)+c \tag{5-2}$$

当杆 $AB$ 转至 $AB_2$ 时，各杆的长度应满足以下条件

$$a+b<c+d \tag{5-3}$$

将上面三个式子两两相加，并考虑到杆 $AB$、连杆 $BC$ 及摇杆 $CD$ 出现重合的极限情况，则得

$$a\leqslant b;\quad a\leqslant c;\quad a\leqslant d \tag{5-4}$$

这就导出杆 $AB$ 相对于机架 $AD$ 相互作整周转动的条件，也就是铰链四杆机构中曲柄存在的条件为：

(1) 连架杆与机架中必有一个为最短杆。

(2) 最短杆与最长杆的长度之和必小于或等于其余两杆的长度之和。

为此，铰链四杆机构的名称被进一步区分为：

(1) 当铰链四杆机构的最短杆与最长杆的长度之和小于或等于其余两杆长之和时，定义三种机构的名称为：① 最短杆的相邻杆作机架时，称为曲柄摇杆机构；② 最短杆作为机架时，称为双曲柄机构；③ 最短杆的对边杆作机架时，称为双摇杆机构。

(2) 当铰链四杆机构中最短杆与最长杆的长度之和大于其余两杆长之和时，不论以何种杆作机架，均为双摇杆机构。

## 5.3.2　平面四杆机构的极限位置与急回特性

### 1) 极限位置

在平面连杆机构中，从动件速度为零且速度反向的位置称为机构的极限位置。如图 5-12 所示，若杆 $AB$ 为主动件，杆 $CD$ 为从动件，则当杆 $AB$ 与 $BC$ 共线时，由速度瞬心的性质知 $C_1$、$C_2$ 点的速度为零，即 $V_{C1}=V_{C2}=0$，于是，$C_1D$ 和 $C_2D$ 为曲柄摇杆机构的两个极限位置。$C_1D$ 和 $C_2D$ 之间的运动角 $\psi$ 称为从动件的摆角或角行程，$AC_1$ 与 $AC_2$ 之间的夹角 $\theta$ 称为极位夹角。

### 2) 急回特性

在图 5-12 中，当曲柄 $AB$ 顺时针以等角速度 $\omega_1$ 转动 $\varphi_1=180°+\theta$ 时，摇杆自 $C_1D$ 摆至 $C_2D$ 称为工作行程，所需时间为 $t_1$，$C$ 点的平均速度为 $V_1$；当曲柄 $AB$ 继续转过 $\varphi_2=180°-\theta$ 时，摇杆自 $C_2D$ 摆回 $C_1D$ 称为空回行程，所需时间为 $t_2$，$C$ 点的平均速度为 $V_2$。由于 $\varphi_1>\varphi_2$，所以 $t_1>t_2$，$V_1<V_2$。$V_2>V_1$ 表明，空载行程快于工作行程，这种特性称为机构的急回特性。

为了表明急回运动的相对程度，引入行程速比系数 $K$，其等于空载行程与工作行程的平均速度之比，即

$$K=\frac{V_2}{V_1}=\frac{t_1}{t_2}=\frac{\varphi_1}{\varphi_2}=\frac{180^\circ+\theta}{180^\circ-\theta},\quad \theta=\frac{K-1}{K+1}180^\circ \tag{5-5}$$

式(5-5)表明，当曲柄的极位夹角 $\theta>0°$时，机构具有急回特性。$\theta$ 越大则 $K$ 值越大，机构的急回特性越显著。当 $\theta=0°$时，机构无急回特性。急回运动可提高机器的生产率。

### 5.3.3 压力角、传动角与死点位置

1) 压力角与传动角

在不计摩擦力、惯性力和重力的条件下，机构中从动件的受力方向与受力点速度方向的夹角为锐角，称为机构的压力角，用 $\alpha$ 表示。而压力角 $\alpha$ 的余角 $\gamma$ 称为传动角，即 $\gamma=90°-\alpha$。

在图 5-13(a)所示的曲柄摇杆机构中，在以上条件下连杆 2 为二力杆，主动件 $AB$ 经连杆 $BC$ 传递给从动件 $CD$ 的力 $\boldsymbol{F}_C$ 沿 $BC$ 方向。设 $\boldsymbol{F}_C$ 作用点 $C$ 的速度为 $\boldsymbol{V}_C$，力 $\boldsymbol{F}_C$ 在 $\boldsymbol{V}_C$ 方向的有效分量为 $\boldsymbol{F}_t=\boldsymbol{F}_C\cos\alpha$，显然，压力角 $\alpha$ 越小，有效分力 $\boldsymbol{F}_t$ 就越大，理想情况是 $\alpha=0°$。因此，压力角是衡量机构传力效率优劣的一个重要参数。在设计机构时应控制最大压力角 $\alpha_{max}$ 不超过许用值$[\alpha]$。

由于传动角 $\gamma$ 的大小等于从动件与连杆或连杆的延长线之间所夹的锐角 $\delta$，所以，常用传动角 $\gamma$ 来衡量机构传动性能的优劣。在设计连杆机构时，应使传动角 $\gamma$ 的最小值 $\gamma_{min}$ 大于等于许用传动角 $[\gamma]$，$[\gamma]$一般不小于 40°。由图 5-13(a)可见，$\gamma_{min}=\delta_{min}$ 发生于杆 $AB$ 与 $AD$ 共线的两个位置之一。

在图 5-13(b)所示的曲柄滑块机构，当曲柄 1 为主动件、滑块 3 为从动件时，压力角 $\alpha$ 与传动角 $\gamma$ 如图所示。

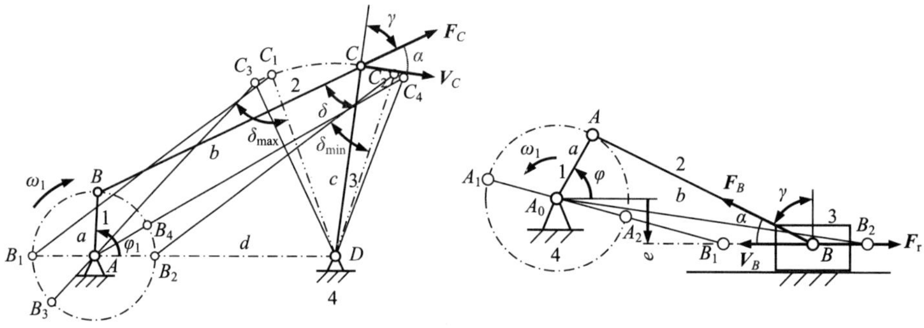


(a) 曲柄摇杆机构的传动角和死点　　(b) 曲柄滑块机构的传动角和死点

图 5-13　四杆机构的压力角、传动角与死点

2) 机构的死点位置

在连杆机构中，压力角 $\alpha=90°$或传动角 $\gamma=0°$的位置称为机构的死点位置。在图 5-13(a)所示的曲柄摇杆机构中，若摇杆 $CD$ 为主动件，$AB$ 为从动件，则当 $AB$ 处于 $AB_3$、$AB_4$ 位置时，

$\gamma=0°$，所以，$AB_3$、$AB_4$为从动件 $AB$ 的两个死点位置。在图 5-13(a) 所示的曲柄摇杆机构中，在机构的死点位置，从动件的受力方向与运动方向垂直，从动件在此位置不能被驱动。

在图 5-13(b)中，当滑块 3 为主动件，曲柄 1 为从动件时，在 $A_0A_1$、$A_0A_2$ 位置，会出现死点。

死点位置使机构的从动件无法运动或出现运动方向不确定的现象。为了克服这种现象，可在机构的从动件上安装飞轮(也可采用其他方法)，利用飞轮的惯性(或机构错位排列方式)顺利通过死点位置，保证机构不致发生停转或反转现象，在曲柄摇杆机构中，当曲柄为主动件时，机构没有死点位置。

在机械工程上有时利用死点位置的自锁性来满足一些工作的特殊需要。如钻床夹具利用死点位置夹紧工件；在飞机起落架收放机构中，利用机构的死点位置来保证机轮在着陆时承受地面的撞击力而不会自动收起；在电气设备上，开关的分合闸机构也利用死点特性。

## 5.4 按行程速比系数设计平面四杆机构

平面四杆机构可以实现多种运动变换，满足或近似满足多种工作要求。其中一种工作要求是实现某一构件的位移并具有规定的行程速比系数。下面介绍曲柄摇杆机构、曲柄滑块机构的作图设计法。

### 5.4.1 曲柄摇杆机构的作图法设计

设已知从动摇杆的杆长 $c$、摆角 $\psi$ 及行程速比系数 $K$，用作图法确定曲柄的杆长 $a$、连杆的杆长 $b$、机架的杆长 $d$ 以及校验 $\gamma_{\min}$。

首先按给定的行程速比系数 $K$，求出极位夹角 $\theta$，即 $\theta=180°(K-1)/(K+1)$。

然后，选取适当的长度比例尺 $u_L$，$u_L$ 等于实际尺寸(m)除以图上尺寸(mm)，按已知从动摇杆长度 $c$ 和摆角 $\psi$，画出摇杆在左、右的极限位置 $C_1D$ 和 $C_2D$，如图 5-14 所示。连接 $C_1$ 和 $C_2$，作 $C_1M\perp C_1C_2$，再画出$\angle C_1C_2N=90°-\theta$，使 $C_2N$ 和 $C_1M$ 相交于 $P$ 点。由图 5-14 可知：$\angle C_1PC_2=\theta$。再作$\triangle PC_1C_2$ 的外接圆 $C_f$，则圆弧 $C_1PC_2$ 上任一点 $A$ 至 $C_1$ 和 $C_2$ 连线的夹角$\angle C_1AC_2$ 均等于极位夹角 $\theta$，因此，曲柄轴心 $A$ 可在此圆弧上选取。

因摇杆在两极限位置处，曲柄与连杆共线，故 $AC_1=BC+AB$，$AC_2=BC-AB$，考虑 $\mu_L$ 后得

$$a=l_{AB}=\mu_L(AC_1-AC_2)/2 \tag{5-6}$$

$$b=l_{BC}=\mu_L(AC_1+AC_2)/2 \tag{5-7}$$

或者以 $A$ 为圆心，以 $AC_2$ 为半径作圆弧交 $AC_1$ 于 $E$，则同样可求出 $a$、$b$ 分别为

$$a=l_{AB}=\mu_L\, EC_1/2 \tag{5-8}$$

$$b=l_{BC}=\mu_L(AC_1-EC_1/2) \tag{5-9}$$

因 $A$ 点是在$\triangle C_1PC_2$ 的外接圆周的非 $C_1C_2$ 与 $FG$ 弧段上任意选取，均能满足行程速比系数 $K$ 的要求，故有无穷多解。若没有给出其他条件，则可按照传动角条件来确定 $A$ 点的位置。

若已知 $K$、$c$、$\psi$ 和 $b$，则设计过程如图 5-15 所示，分别以 $C_1$、$C_2$ 为圆心，以 $b$ 为半径作圆弧 $C_{1b}$、$C_{2b}$，在辅助圆 $C_f$ 上试找 $A$ 点，试取一个半径作圆，当该圆与圆弧 $C_{1b}$、$C_{2b}$ 同时相切时，$A$ 点即为曲柄的转动中心。由此设计出其他尺寸。

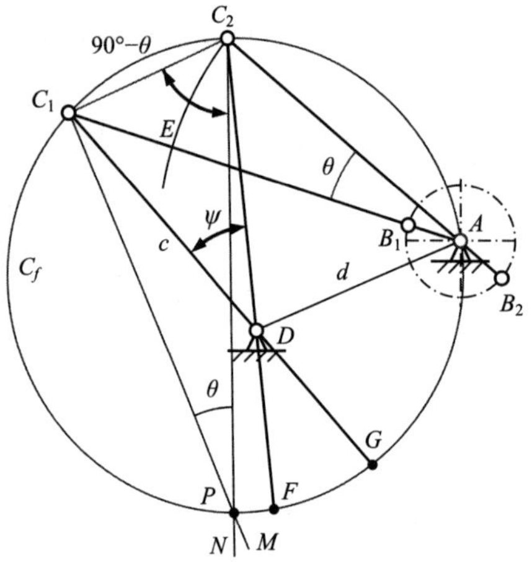


图 5-14 按 $K(\theta)$、$c$、$\psi$ 设计曲柄摇杆机构

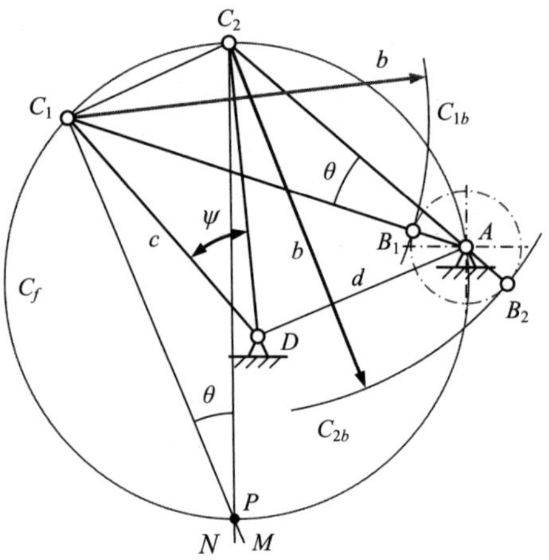


图 5-15 按 $K$、$c$、$\psi$ 和 $b$ 设计曲柄摇杆机构

若已知 $K$、$c$、$\psi$ 和 $a$，则设计过程如图 5-16 所示，以 $C_1$ 为圆心、以 $2a$ 为半径作圆弧 $C_{1a}$，在辅助圆 $C_f$ 上试找一 $A$ 点，试取一半径$(b-a)$作圆，当该圆弧通过 $C_2$ 点且与圆弧 $C_{1a}$ 相切时，$A$ 点即为曲柄的转动中心。由此设计出其他尺寸。

由于所设计的机构应满足传动角条件，即最小传动角 $\gamma_{min}\geqslant[\gamma]$，所以应检验 $\gamma_{min}\geqslant[\gamma]$是否成立。如图 5-17 所示，根据 $\gamma_{min}$ 可能出现在曲柄与机架共线的两个位置之一，确定曲柄 $AB$ 与机架 $AD$ 重叠共线时的$\angle DCB=\gamma_{min}$。然后，量取 $\gamma_{min}$ 值，看是否满足 $\gamma_{min}\geqslant[\gamma]$。若 $\gamma_{min}$ 偏小，则将 $A$ 点向 $C$ 点移动，直至满足 $\gamma_{min}\geqslant[\gamma]$为止，至此，曲柄的轴心位置 $A$ 和机架杆长 $d$ 随之确定。

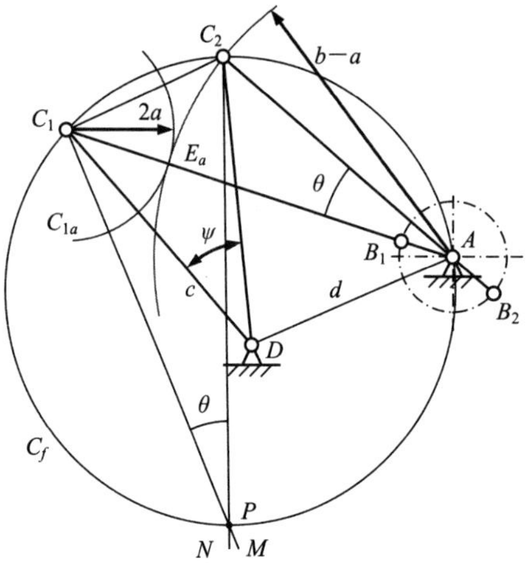


图 5-16 按 $K$、$c$、$\psi$ 和 $a$ 设计曲柄摇杆机构

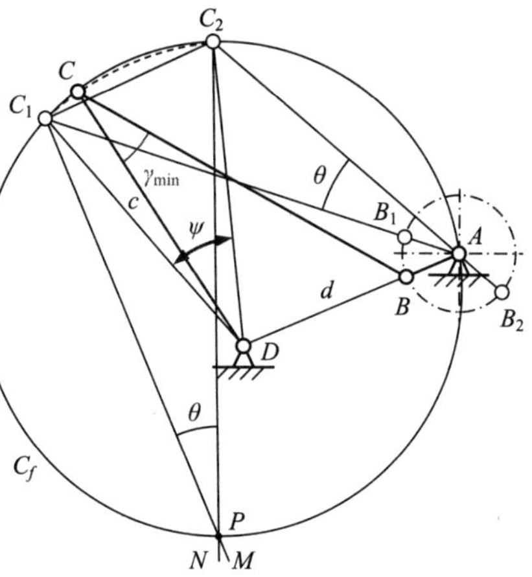


图 5-17 最小传动角的校核

## 5.4.2 曲柄滑块机构的作图法设计

设给定曲柄滑块机构的行程速比系数 $K$、滑块行程 $H$ 和偏距 $e$，要求设计该曲柄滑块机构并校核最小传动角。

首先根据行程速比系数 $K$，计算极位夹角 $\theta$。然后，如图 5-18 所示，作一直线 $C_1C_2$ 且 $C_1C_2=H/\mu_L$，由点 $C_1$ 作 $C_1C_2$ 的垂直线 $C_1M$，由点 $C_2$ 作一直线 $C_2N$ 与 $C_1C_2$ 成$(90°-\theta)$角，此两线相交于点 $P$。过 $P$、$C_1$ 及 $C_2$ 三点作圆。则从 $C_1$ 逆行到 $P$ 的圆弧、从 $C_2$ 顺行到 $P$ 的圆弧上任一点 $A$ 与 $C_1$、$C_2$ 两点连线的夹角$\angle C_1AC_2$ 均等于极位夹角 $\theta$，因而曲柄的轴心 $A$ 应在这两段圆弧上。再作一直线与 $C_1C_2$ 平行，使它们的距离等于偏距 $e$，则此直线与圆弧的交点即为曲柄轴心 $A$ 的位置。确定 $A$ 点后，即可用前述的方法分别求出曲柄的长度 $l_{AB}$ 及连杆的长度 $l_{BC}$ 为

$$a=l_{AB}=\mu_L(AC_2-AC_1)/2 \tag{5-10}$$

$$b=l_{BC}=\mu_L(AC_2+AC_1)/2 \tag{5-11}$$

最小传动角 $\gamma_{\min}$ 的校核如图 5-19 所示，若最小传动角 $\gamma_{\min}$ 不满足要求，可以改小偏距 $e$，直至 $\gamma_{\min}\geqslant[\gamma]$为止。

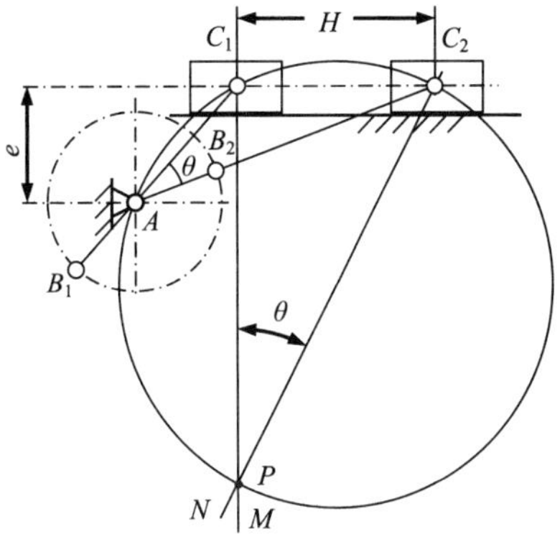

图 5-18　按 $K$、$H$、$e$ 设计曲柄滑块机构

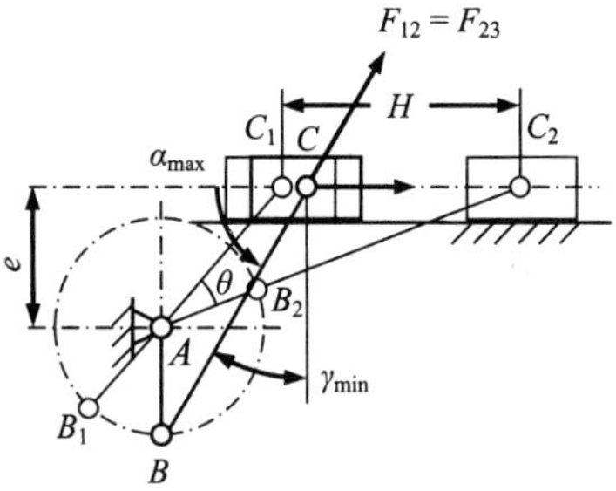

图 5-19　最小传动角的校核

在连杆机构的设计中，通过作图方法所能解决的机构设计问题是十分有限的，为此，解析方法得到充分的研究。通过解析法，可以实现函数关系的机构设计，从而满足或近似满足输出构件与输入构件之间函数关系的要求；可以实现刚体导引关系的机构设计，从而实现或近似实现刚体位于不同位置的要求；也可以实现轨迹生成的机构设计，从而实现或近似实现要求的轨迹。下面介绍实现函数关系、刚体导引关系、轨迹生成关系的机构设计方法。

## 5.5　平面四杆机构的解析法设计

### 5.5.1　按许用传动角设计曲柄摇杆机构

设已知从动摇杆的摆角 $\psi$、行程速比系数 $K$，机架的杆长 $d$=1，许用传动角$[\gamma]$，令曲柄的杆长 $a=A_0A$ 为参变量，用解析法确定连杆的杆长 $b=AB$ 以及摇杆的杆长 $c=B_0B$。

由行程速比系数 $K$ 求出极位夹角 $\theta$，即

$$\theta=180°(K-1)/(K+1)$$

在图 5-20 所示的曲柄摇杆机构中，由$\triangle B_1B_0B_2$ 得

$$B_1B_2=2c\sin(0.5\psi)$$

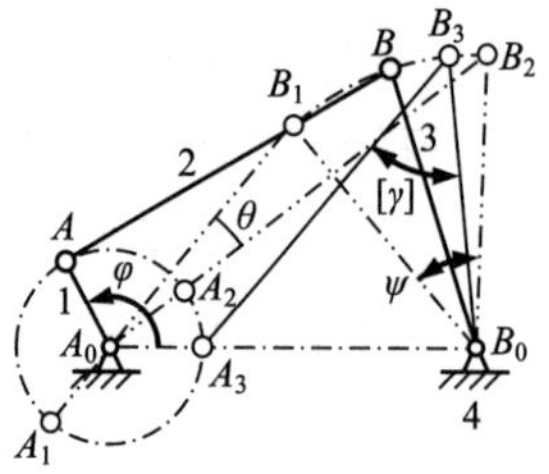


图 5-20　曲柄摇杆机构

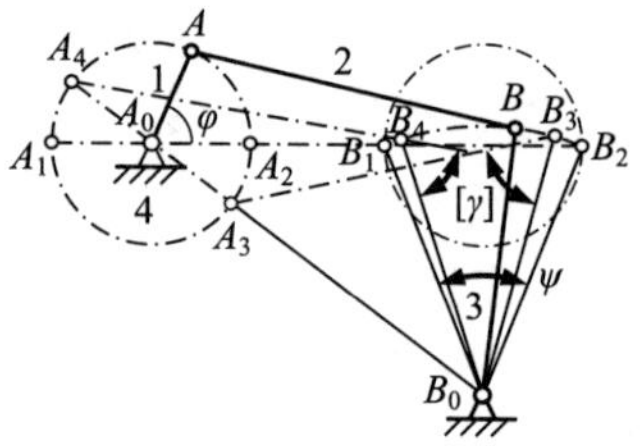


图 5-21　$\theta$=0 的曲柄摇杆机构

对$\triangle A_0B_1B_2$应用余弦定理得

$$(B_1B_2)^2 = (b+a)^2 + (b-a)^2 - 2(b+a)(b-a)\cos\theta \tag{5-12}$$

由此得 $a$、$b$、$c$ 与 $\theta$ 的函数关系为

$$c^2 = \frac{b^2 + a^2 - (b^2 - a^2)\cos\theta}{2\sin^2(0.5\psi)} \tag{5-13}$$

对$\triangle A_3B_3B_0$应用余弦定理得

$$(1-a)^2 = b^2 + c^2 - 2bc\cos[\gamma] \tag{5-14}$$

将式(5-13)代入式(5-14)，得以 $a$ 为设计变量的设计方程为

$$b^2 + \frac{b^2 + a^2 - (b^2 - a^2)\cos\theta}{2\sin^2(0.5\psi)} - (1-a)^2 = \frac{\sqrt{2}b\cos[\gamma]}{\sin(0.5\psi)}\sqrt{b^2 + a^2 - (b^2 - a^2)\cos\theta} \tag{5-15}$$

将式(5-15)等号两边平方，令 $L_1$、$M_1$、$N_1$ 和 $S_1$ 分别为

$$L_1 = (1+\cos\theta)a^2 - 2(1-a)^2\sin^2(0.5\psi)$$

$$M_1 = 1 - \cos\theta + 2\sin^2(0.5\psi)$$

$$N_1 = 8\sin^2(0.5\psi)\cos^2[\gamma](1-\cos\theta)$$

$$S_1 = 8\sin^2(0.5\psi)\cos^2[\gamma](1+\cos\theta)a^2$$

得以 $a$ 为参变量、$b$ 为设计变量的方程为

$$(M_1^2 - N_1)b^4 + (2L_1\cdot M_1 - S_1)b^2 + L_1^2 = 0 \tag{5-16}$$

$b$ 的一个实数解为

$$b = \sqrt{\frac{-(2L_1M_1 - S_1) + \sqrt{(2L_1M_1 - S_1)^2 - 4(M_1^2 - N_1)L_1^2}}{2(M_1^2 - N_1)}} \tag{5-17}$$

由式(5-13)得 $c$ 为

$$c = \sqrt{\frac{b^2 + a^2 - (b^2 - a^2)\cos\theta}{2\sin^2(0.5\psi)}} \tag{5-18}$$

设已知从动摇杆的摆角为 $\psi$，若 $\theta$=0，$K$=1，机架的杆长 $d$=1，许用传动角为 $[\gamma]$。用解析法确定曲柄的杆长 $a = A_0A$、连杆的杆长 $b = AB$ 以及摇杆的杆长 $c = B_0B$。

在图 5-21 中，$K$=1，摇杆在 $B_3B_0$、$B_4B_0$ 位置出现最小传动角且两个最小传动角相等，对$\triangle A_0B_1B_0$、$\triangle A_0B_2B_0$应用余弦定理得

$$\cos\angle B_1A_0B_0 = \frac{1+(b-a)^2-c^2}{2(b-a)} = \frac{1+(b+a)^2-c^2}{2(b+a)} \tag{5-19}$$

化简上式得机构杆长之间的约束方程为

$$1+a^2 = b^2+c^2 \tag{5-20}$$

对$\triangle A_4B_4B_0$、$\triangle A_3B_3B_0$应用余弦定理得

$$\cos[\gamma] = \frac{(1+a)^2-b^2-c^2}{2bc} = -\frac{(1-a)^2+b^2+c^2}{2bc} \tag{5-21}$$

化简上式得

$$b = a/(c\cos[\gamma]) \tag{5-22}$$

令式(5-18)中的 $\theta$=0，得杆长 $c$ 的函数式为

$$c = a/\sin(0.5\psi) \tag{5-23}$$

联立式(5-20)～式(5-23)得曲柄的杆长 $a$、连杆的杆长 $b$ 以及摇杆的杆长 $c$ 的设计方程为

$$a = c\sqrt{(1-\cos\psi)/2} \tag{5-24}$$

$$b = \sqrt{(1-\cos\psi)/(2\cos^2[\gamma])} \tag{5-25}$$

$$c = \sqrt{(1-b^2)/(1-b^2\cos^2[\gamma])} \tag{5-26}$$

［例 5.1］　已知 $K$=1.1，机架的杆长 $d$=1，许用传动角［$\gamma$］=53°，摇杆的摆角 $\psi$=40°，曲柄的杆长 $a$ 取 0.18，试用解析法确定连杆的杆长 $b$ 以及摇杆的杆长 $c$。

［解］　由式(5-17)计算连杆的杆长 $b$=1.0251，由式(5-18)计算摇杆的杆长 $c$=0.5706。

### 5.5.2　许用传动角与行程速比系数最大的曲柄滑块机构设计

偏置曲柄滑块机构如图 5-22 所示，曲柄 1 的杆长为 $a$，连杆 2 的杆长为 $b$，滑块 3 的行程为 $H$，偏置量为 $e$，极位夹角为 $\theta$，行程速比系数 $K$ 与 $\theta$ 的关系为 $K=(180°+\theta)/(180°-\theta)$。

当机构位于最小传动角 $\gamma_{\min}$ 位置时，如图 5-23 所示，最小传动角 $\gamma_{\min}$ 为

$$\gamma_{\min} = \arccos[(e+a)/b] \tag{5-27}$$

在图 5-23 中，对$\triangle C_1AC_2$应用余弦定理，可得连杆 2 关于杆长 $b$ 的表达式为

$$H^2 = (b+a)^2+(b-a)^2-2(b+a)(b-a)\cos\theta$$

$$b = \sqrt{[H^2-2a^2(1+\cos\theta)]/[2(1-\cos\theta)]} \tag{5-28}$$

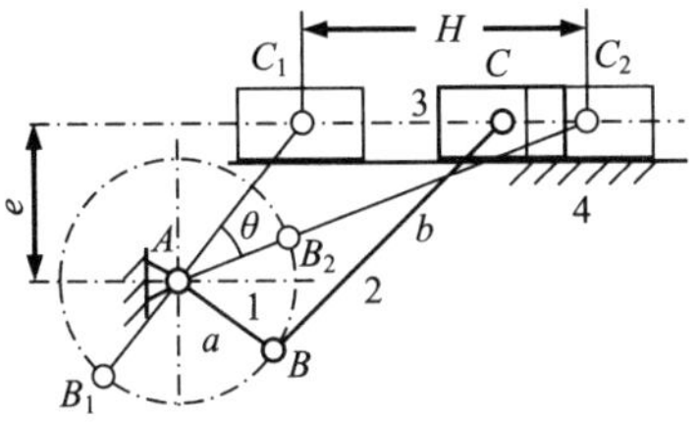


图 5-22　偏置曲柄滑块机构的几何关系

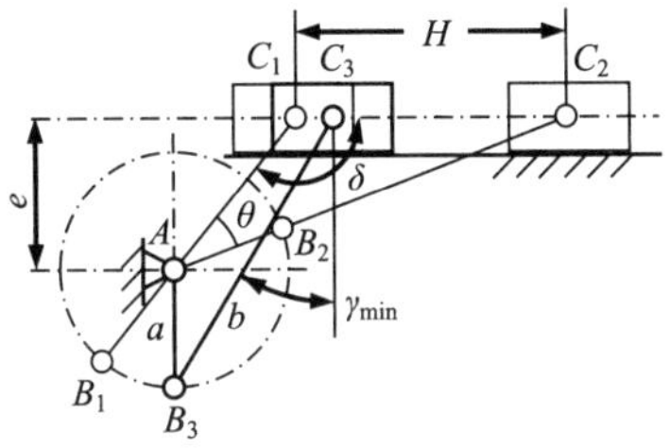


图 5-23　偏置曲柄滑块机构的最小传动角

在图 5-23 中，$\angle AC_1C_2=\delta$，$\sin\delta=e/(b-a)$，对$\triangle C_1AC_2$应用正弦定理，再得连杆 2 关于杆长 $b$ 的表达式为

$$H/\sin\theta=(b+a)/\sin\delta=(b+a)/[e/(b-a)]=(b^2-a^2)/e$$

$$b=\sqrt{He/\sin\theta+a^2} \tag{5-29}$$

利用 $\tan(\theta/2)=(1-\cos\theta)/\sin\theta$，消去式(5-28)与式(5-29)中连杆 2 的杆长 $b$，化简得偏置量 $e$ 为

$$e=\frac{H^2-4a^2}{2H\tan(\theta/2)} \tag{5-30}$$

利用 $\sin\theta=2\tan(\theta/2)/[1+\tan^2(\theta/2)]$，式(5-27)中的 $b=(e+a)/\cos\gamma_{\min}$，式(5-29)中 $b^2=He/\sin\theta+a^2$，消去式(5-27)与式(5-29)中连杆 2 的杆长 $b$，化简得几何关系为

$$\frac{(e+a)^2}{\cos^2\gamma_{\min}}=\frac{He[1+\tan^2(\theta/2)]}{2\tan(\theta/2)}+a^2 \tag{5-31}$$

将式(5-30)代入式(5-31)化简得

$$[H^2-4a^2+2a\cdot H\tan(\theta/2)]^2=H^2\cos^2\gamma_{\min}[H^2+H^2\tan^2(\theta/2)-4a^2] \tag{5-32}$$

令 $x=a/H$，$y=\tan(\theta/2)$，式(5-32)的两端除以 $H^4$，于是式(5-32)转换为

$$\{[H^2-4a^2+2aH\tan(\theta/2)]/H^2\}^2=H^2\cos^2\gamma_{\min}[H^2+H^2\tan^2(\theta/2)-4a^2]/H^4$$

$$(1-4x^2+2x\cdot y)^2=\cos^2\gamma_{\min}(1+y^2-4x^2) \tag{5-33}$$

当行程速比系数 $K$ 达到最大 $K_{\max}$ 时，对应的极位夹角 $\theta$ 达到最大 $\theta_{\max}$，即 $y$ 达到最大值，为此，对式(5-33)取 $y$ 关于 $x$ 的一阶导数并令其值等于零，得 $x$ 使 $y$ 取得极大值的条件，即 $\theta$ 取得极大值，$y$ 关于 $x$ 的一阶导数为

$$2(1-4x^2+2x\cdot y)(-8x+2y+2x\cdot\dot{y})=\cos^2\gamma_{\min}(2y\cdot\dot{y}-8x) \tag{5-34}$$

联立式(5-33)与式(5-34)消去最小传动角 $\gamma_{\min}$，化简得 $\dot{y}$ 为

$$\dot{y}=\frac{-4x(1-4x^2+2x\cdot y)-(-8x+2y)(1-4x^2+y^2)}{2x(1-4x^2+y^2)-y(1-4x^2+2x\cdot y)}=0 \tag{5-35}$$

由式(5-35)解得出 $x_1=y/2$ 与 $x_2=(-y+\sqrt{5y^2+4})/4$，第一个解($x_1$)为增根，将第二个解($x_2$)代入式(5-33)化简得

$$\cos^2\gamma_{\min}=2y(2y-\sqrt{5y^2+4})^2/(\sqrt{5y^2+4}-y) \tag{5-36}$$

将 $\gamma_{\min}$ 取为许用值$[\gamma]$，展开式(5-36)化简得

$$y^6+(8-11\cos^2[\gamma])y^4+(16-\cos^4[\gamma]-12\cos^2[\gamma])y^2-\cos^4[\gamma]=0 \tag{5-37}$$

分别令 $z=y^2$、$a_1=8-11\cos^2[\gamma]$、$a_2=16-\cos^4[\gamma]-12\cos^2[\gamma]$、$a_3=-\cos^4[\gamma]$，式(5-37)表达为关于 $z$ 的三次代数标准方程为

$$z^3+a_1z^2+a_2z+a_3=0 \tag{5-38}$$

令 $z=z_1-a_1/3$，再令 $p=a_2-a_1^2/3$、$q=2a_1^3/27-a_2a_1/3+a_3$，式(5-38)转化为

$$z_1^3+pz_1+q=0 \tag{5-39}$$

式(5-39)的一个解为

$$z_1 = \sqrt[3]{-\frac{q}{2}+\sqrt{\left(\frac{q}{2}\right)^2+\left(\frac{p}{3}\right)^3}}+\sqrt[3]{-\frac{q}{2}-\sqrt{\left(\frac{q}{2}\right)^2+\left(\frac{p}{3}\right)^3}} \tag{5-40}$$

于是，得 $z = z_1 - a_1 / 3$ 、 $y=\sqrt{z}$ 、 $\theta = 2\arctan y$ 与 $a = x \cdot H$。偏置量 $e$ 由式(5-30)求解，连杆 2 的杆长 $b$ 由式(5-29)求解。

可见，机构设计是很难的，不但要求有好的数学功底，还要有求解数学问题的技巧。

**［例 5.2］**　已知滑块的行程 $H = 1800\text{mm}$，最小传动角 $\gamma_{\min}$ 等于许用传动角$[\gamma] = 40°$，试按行程速比系数最大设计，计算曲柄 1 的杆长 $a$，连杆的杆长 $b$ 以及偏置量 $e$。

**［解］**　由以上对应公式计算 $z_1 = 0.5546$，$z = 0.0396$，$y = 0.1991$，$x = 0.46246$，$\theta = 22.521°$；故 $a = 832.428\text{mm}$，$b = 1939.852\text{mm}$，$e = 653.284\text{mm}$。

该行程速比系数最大的偏置曲柄滑块机构的运动分析如图 5-24 所示，当曲柄 1 的角速度 $\omega_1 = 1\text{rad/s}$ 时，滑块 3 的位移 $S_3$ (mm)、速度 $V_3$ (mm/s)、加速度 $a_3$ (mm/s$^2$)、加速度的一次变化率 $q_3$ (mm/s$^3$)关于曲柄 1 转角 $\varphi$ 的曲线关系如图 5-25 所示。

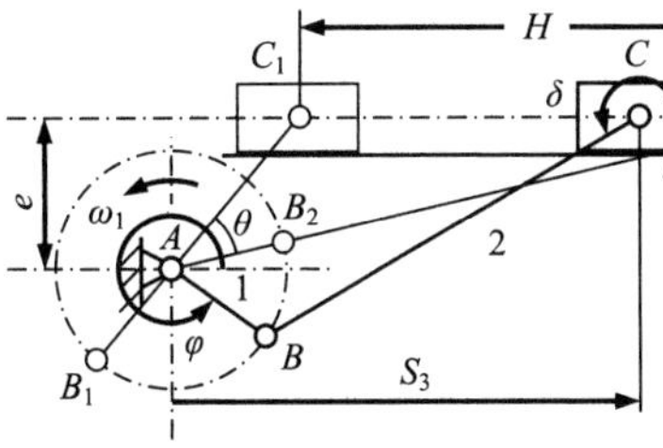


图 5-24　偏置曲柄滑块机构的运动分析

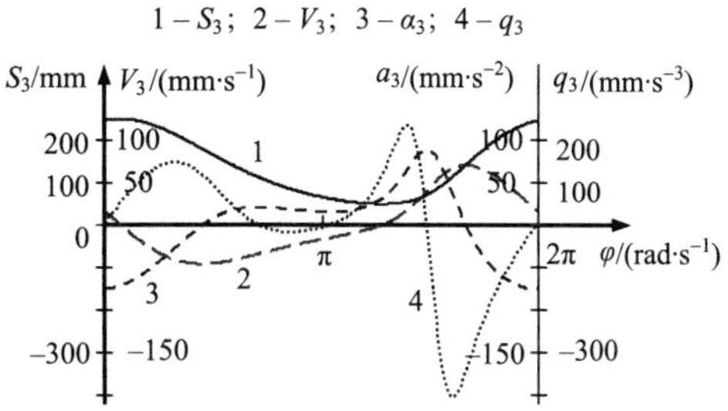


图 5-25　偏置曲柄滑块机构的传动特征

## 5.5.3　刚体导引四杆机构的解析法设计

刚体导引机构是指其连杆能够通过一系列有限分离位置的一种机构。刚体导引机构的设计是指在连杆上寻找两个点，这两个点的轨迹或者都是圆弧；或者是一个为圆弧，另一个为直线。

1) 平面位移矩阵

在图 5-26 中，连杆从位置 1 运动到任意位置 $j$，其上的位置矢量 $\boldsymbol{P}_1\boldsymbol{Q}_1$ 运动到 $\boldsymbol{P}_j\boldsymbol{Q}_j$。该运动可以视为从 $\boldsymbol{P}_1\boldsymbol{Q}_1$ 平移到 $\boldsymbol{P}_j\boldsymbol{Q}'_j$ 再绕 $\boldsymbol{P}_j$ 转动 $\theta_{1j}$ 到 $\boldsymbol{P}_j\boldsymbol{Q}_j$，且 $\boldsymbol{P}_j\boldsymbol{Q}'_j=\boldsymbol{P}_1\boldsymbol{Q}_1$。设$[R_{\theta 1j}]$表示 $\boldsymbol{P}_j\boldsymbol{Q}'_j$ 绕 $\boldsymbol{P}_j$ 转动 $\theta_{1j}$ 的转动矩阵，矢量 $\boldsymbol{P}_j\boldsymbol{Q}_j$ 与 $\boldsymbol{P}_1\boldsymbol{Q}_1$ 之间的变换关系为

$$(Q_j - P_j) = [R_{\theta 1j}](Q'_j - P_j) = [R_{\theta 1j}](Q_1 - P_1)$$

其分量形式为

$$\begin{bmatrix} q_{jx} - p_{jx} \\ q_{jy} - p_{jx} \end{bmatrix} = \begin{bmatrix} \cos\theta_{1j} & -\sin\theta_{1j} \\ \sin\theta_{1j} & \cos\theta_{1j} \end{bmatrix} \begin{bmatrix} q_{1x} - p_{1x} \\ q_{1y} - p_{1y} \end{bmatrix} \tag{5-41}$$

将式(5-41)扩展为三维形式得

$$\begin{bmatrix} q_{jx} \\ q_{jy} \\ 1 \end{bmatrix} = \begin{bmatrix} \cos\theta_{1j} & -\sin\theta_{1j} & p_{jx} - p_{1x}\cos\theta_{1j} + p_{1y}\sin\theta_{1j} \\ \sin\theta_{1j} & \cos\theta_{1j} & p_{jy} - p_{1x}\sin\theta_{1j} - p_{1y}\cos\theta_{1j} \\ 0 & 0 & 1 \end{bmatrix} \begin{bmatrix} q_{1x} \\ q_{1y} \\ 1 \end{bmatrix} \tag{5-42}$$

令

$$[D_{1j}] = \begin{bmatrix} \cos\theta_{1j} & -\sin\theta_{1j} & p_{jx} - p_{1x}\cos\theta_{1j} + p_{1y}\sin\theta_{1j} \\ \sin\theta_{1j} & \cos\theta_{1j} & p_{jy} - p_{1x}\sin\theta_{1j} - p_{1y}\cos\theta_{1j} \\ 0 & 0 & 1 \end{bmatrix} \tag{5-43}$$

$[D_{1j}]$ 称为平面位移矩阵。当给定连杆上一点的位置($p_{jx}$，$p_{jy}$)，连杆平面相对于第一个位置的角位移 $\theta_{1j}$，$j$=1，2，3，…，$n$ 时，$[D_{1j}]$ 为已知的矩阵。式(5-28)将连杆平面的任意位置与第一个位置联系起来。

2) 转动约束方程

当连杆上某点的轨迹是圆弧时，采用转动的连架杆对连杆上的该点进行引导。在图 5-27 中，设连杆上 $A$ 点的轨迹为圆弧，圆弧半径为 $l_1$，圆心在 $O_A$，$O_A$ 点的坐标为($a_{0x}$，$a_{0y}$)，$A_1$ 点为 $A$ 点的第一个点，$A_1$ 点的坐标为($a_{1x}$，$a_{1y}$)，$A_j$ 点的坐标为($a_{jx}$，$a_{jy}$)，$A_1$、$A_j$ 与 $O_A$ 点之间的约束方程为

$$(a_{jx} - a_{0x})^2 + (a_{jy} - a_{0y})^2 = (a_{1x} - a_{0x})^2 + (a_{1y} - a_{0y})^2 \qquad j = 2,3,\cdots,n \tag{5-44}$$

($a_{jx}$，$a_{jy}$)与($a_{1x}$，$a_{1y}$)之间的变换关系为

$$\begin{bmatrix} a_{jx} \\ a_{jy} \\ 1 \end{bmatrix} = [D_{1j}] \begin{bmatrix} a_{1x} \\ a_{1y} \\ 1 \end{bmatrix} \qquad j = 2,3,\cdots,n \tag{5-45}$$

当已知 $P_j(p_{jx}$，$p_{jy})$、$\theta_{1j}=\theta_j-\theta_1$，$j$=1,2,3,…,$n$ 时，($a_{jx}$，$a_{jy}$)表达为($a_{1x}$，$a_{1y}$)的函数。式(5-44)为以($a_{0x}$，$a_{0y}$，$a_{1x}$，$a_{1y}$)为未知数的方程组。其解可以通过优化方法予以解决。

采用相同的方法，可以在连杆上找到另外一点 $B(b_{1x}$，$b_{1y})$，其轨迹也是圆弧，其圆心在 $O_B$ 点，$O_B$ 点的坐标为($b_{0x}$，$b_{0y}$)，采用以上的方法，坐标($b_{0x}$，$b_{0y}$，$b_{1x}$，$b_{1y}$)可以被确定出来，从而设计出引导连杆通过规定位置的铰链四杆机构。

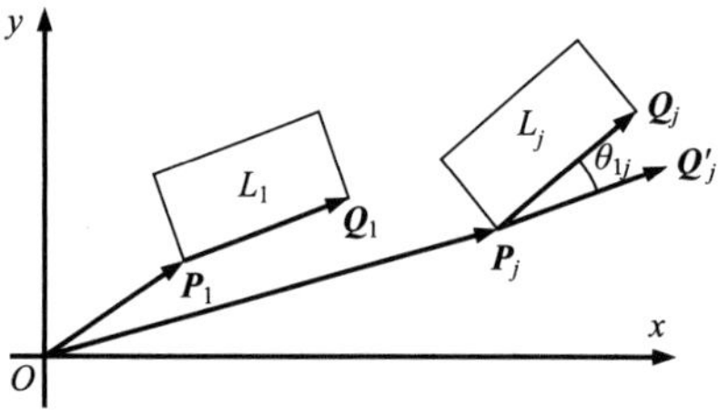


图 5-26　平面位移矩阵

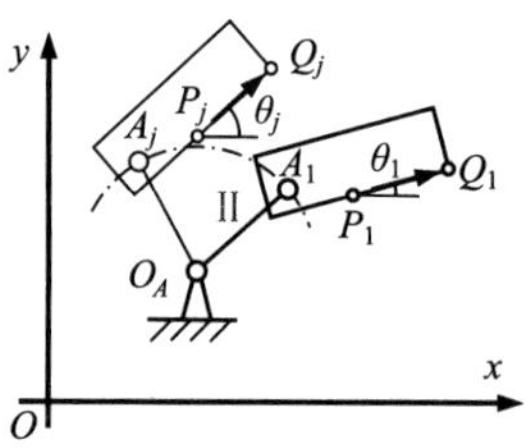


图 5-27　转动约束

3) 移动约束方程

当连杆上某点的轨迹是直线时，可以采用移动副对连杆上的该点进行引导。在图 5-28 中，

设连杆上 $A$ 点的轨迹为直线，方位角为 $\alpha$，$A_1$ 点的坐标为($a_{1x}$，$a_{1y}$)，$A_j$ 点的坐标为($a_{jx}$，$a_{jy}$)，$A_1$ 与 $A_j$ 之间的约束方程为

$$\tan\alpha = \frac{a_{jy} - a_{1y}}{a_{jx} - a_{1x}} = \frac{a_{2y} - a_{1y}}{a_{2x} - a_{1x}} \qquad j = 2,3,\cdots,n \tag{5-46}$$

($a_{jx}$，$a_{jy}$)与($a_{1x}$，$a_{1y}$)之间的变换关系与式(5-45)相同。

当已知 $P_j(p_{jx}, p_{jy})$、$\theta_{1j}=\theta_j-\theta_1$，$j=1，2，3，\cdots，n$ 时，($a_{jx}$，$a_{jy}$)表达为($a_{1x}$，$a_{1y}$)的函数。式(5-46)为以($a_{1x}$，$a_{1y}$)为未知数的方程组。其解可以通过优化方法予以解决。采用相同的方法，可以在连杆上找到另外一点 $B(b_{1x}, b_{1y})$，其轨迹是圆弧，其圆心坐标为($b_{0x}$，$b_{0y}$)，其坐标($b_{0x}$，$b_{0y}$，$b_{1x}$，$b_{1y}$)可以被确定出来，从而设计出引导连杆通过规定位置的曲柄滑块机构。

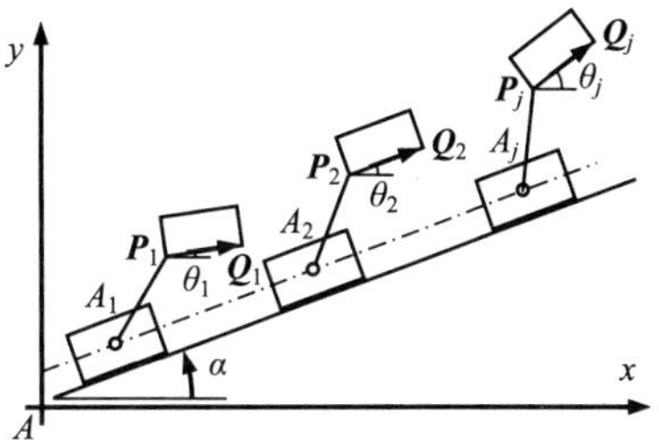


图 5-28 移动约束

第 2 章中，图 2-26 所示的装载机工作机构，上面的油缸副引导铲斗从铲取位置到放平位置，下面的油缸副使铲斗从放平位置向上平举，卸料后下放铲斗自动进入放平位置，这就是刚体导引机构具体应用的实例，由于这是一个平面六杆机构，建立方程与求解都过于复杂，所以这里就不再展开讨论。

## 5.5.4 基于半角转动法的刚体导引四杆机构设计

如图 5-29 所示，一个连杆平面从位置Ⅰ运动到位置Ⅱ，其上的 $A_1$ 到达 $A_2$、$B_1$ 到达 $B_2$，$A_1A_2$ 的中垂线为 $a_{12}$，$B_1B_2$ 的中垂线为 $b_{12}$，$a_{12}$ 与 $b_{12}$ 的交点为瞬时转动中心 $R_{12}$，也称为转动极。$\angle A_1R_{12}A_2=\angle B_1R_{12}B_2=\theta_{12}$，称为连杆平面的转角。线 $A_1R_{12}$ 与 $a_{12}$ 的夹角为 $\theta_{12}/2$，线 $B_1R_{12}$ 与 $b_{12}$ 的夹角为 $\theta_{12}/2$，称为等视角定理。连杆平面的固定转动中心 $C$ 在 $a_{12}$ 上任意选择、固定转动中心 $D$ 在 $b_{12}$ 上任意选择，这样就解决了实现连杆 2 个位置的机构设计问题。转动极 $R_{12}$ 对四杆机构中形成对边构件的视角相等或互补。

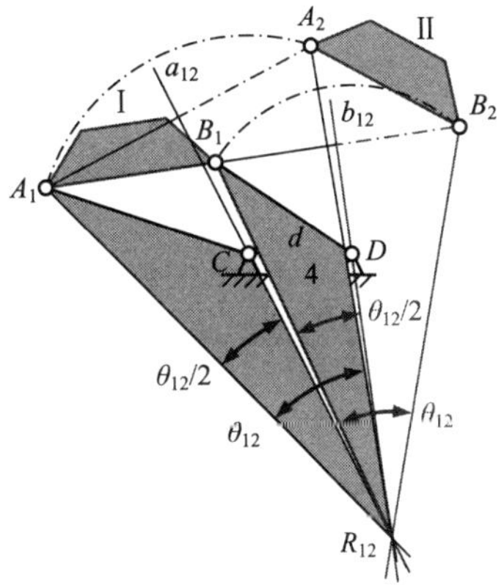


图 5-29 实现连杆 2 个位置的机构设计

［例 5.3］ 图 5-30 为公共汽车车门开关机构的机构简图，设 $l_{BC}$=800mm，$l_{C1C2}$=1100mm，$e_1$=220mm，$e_2$=320mm，$\alpha$=115°，$AB_1 /\!/ C_1C_2$。试设计出 $l_{AB}$ 的长度。

［解］ 作 $b_{12}\perp B_1B_2$，$c_{12}\perp C_1C_2$，得瞬时转动中心 $R_{12}$。固定转动副 $A$ 是 $b_{12}$ 与 $AB_1$ 的交点，$C_1$、$C_2$ 的固定转动副 $D$ 在无限远，得 $l_{AB}$=826mm。

［例 5.4］ 设计如图 5-31 所示的平面六杆机构。当原动件 1 自 $y$ 轴顺时针转动 $\varphi_{12}=50°$ 时，从动件 3 从当前位置知顺时针转动 $\psi_{12}=50°$后恰好与 $x$ 轴重合；滑块 6 自 $E_1$ 移动到 $E_2$，位移 $S_{12}=22$mm。试用图解法确定曲柄 1 与连杆 2 的铰链 $B$ 及连杆 2 与摇杆 3 的铰链 $C$ 的位置，并求连杆 2 和连杆 4 的长度。

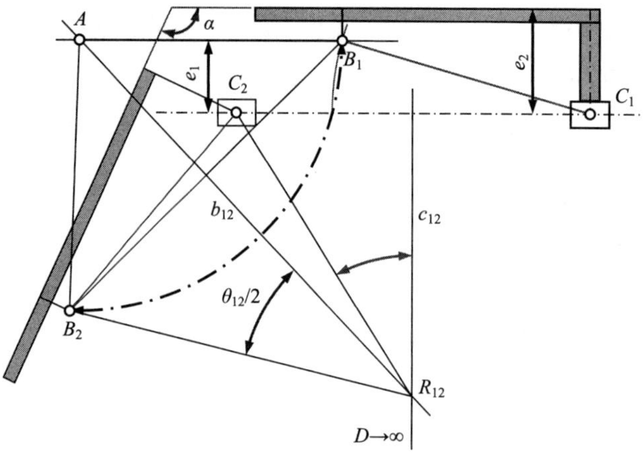


图 5-30 车门开关机构的机构简图

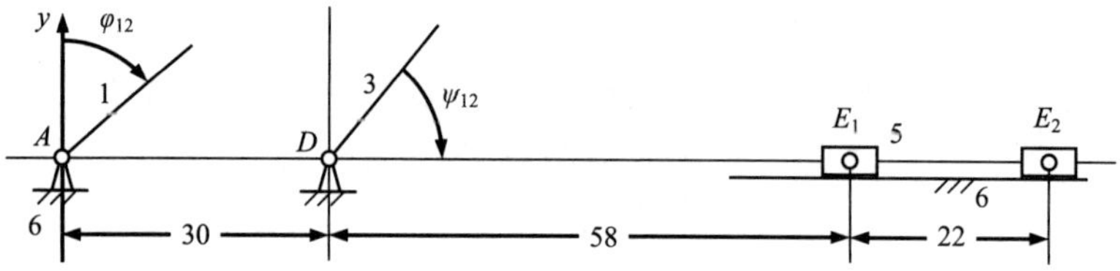


图 5-31 平面六杆机构的作图法设计(单位：mm)

［解］ 基于转动极方法的后端四杆机构的作图法设计如图 5-32 所示，$E$ 点的转动中心 $O_E$ 在无限远，作 $DO_E$，为了获得机构的第一个位置，采用反转方法，过 $D$ 点作$-\psi_{12}/2$ 线、过 $D$ 点作$-S_{12}/2$ 线，交点 $R_{46}$ 即为连杆 4 的转动极，从 $R_{46}$ 看机架上 $DO_E$ 的视角等于从 $R_{46}$ 看连杆上 $CE$ 的视角，连接 $R_{46}E_1$，连接 $R_{46}C_1$，$\angle O_ER_{46}D=\angle E_1R_{46}C_1$，得 $C_1$ 点，$l_3=DC=35.6\text{mm}$，$l_4=CE=44.4\text{mm}$。

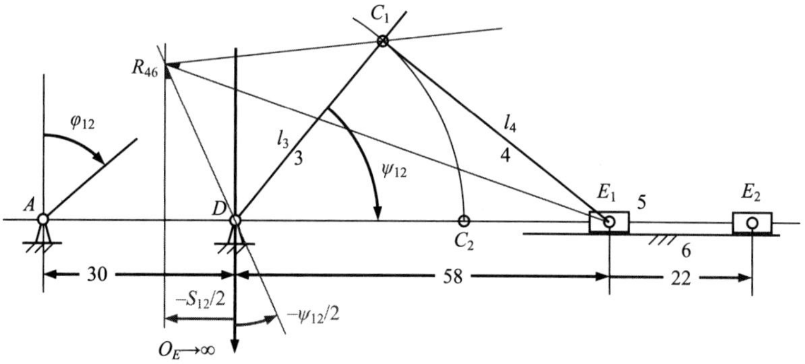


图 5-32 基于转动极方法的后端四杆机构的作图法设计(单位：mm)

基于转动极方法的前端四杆机构的作图法设计如图 5-33 所示，过 $D$ 点作$-\psi_{12}/2$ 线、过 $A$ 点作$-\varphi_{12}/2$ 线，交点 $R_{12}$ 即为连杆 2 的转动极，$R_{12}\to\infty$，从 $R_{12}$ 看机架上 $AD$ 的视角等于从 $R_{12}$ 看连杆上 $BC$ 的视角，此时的视角转化为直线 $R_{12}D$ 与 $R_{12}A$ 的距离 $h$ 等于直线 $R_{12}C_1$ 与 $R_{12}B_1$ 的距离 $h$，称为等距性，连接 $R_{12}B_1$，得 $B_1$ 点，于是 $l_2=BC=54\text{mm}$，$l_1=AB=16.7\text{mm}$。

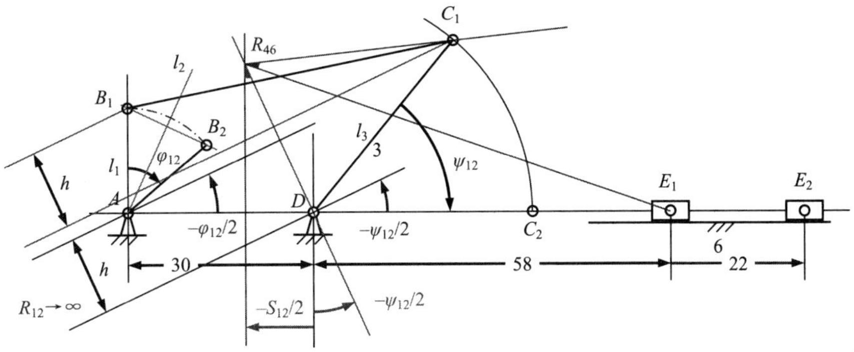


图 5-33　基于转动极方法的前端四杆机构的作图法设计(单位：mm)

## 5.5.5　函数生成四杆机构的解析法设计

1) 铰链四杆函数生成机构的设计

铰链四杆函数生成机构是指它的两个连架杆之间的函数关系 $\psi=f(\varphi)$能够准确或近似实现给定函数 $\psi_g=f_g(\varphi)$的一种机构，其中 $\varphi$ 的变化区间为 $\varphi_0\leqslant\varphi_i\leqslant\varphi_m$，$i$=1，2，3，…，$n$。在图 5-34 中，连架杆 $AB$、$CD$ 的初始角位移分别为 $\varphi_0$、$\psi_0$，连架杆 $AB$、$CD$ 之间的函数关系为 $\psi_i=f(\varphi_i)$，它是机构杆长的函数。铰链四杆函数生成机构的设计目标是使 $\psi_i=f(\varphi_i)$与给定的函数 $\psi_{gi}=f_g(\varphi_i)$的误差尽量小。

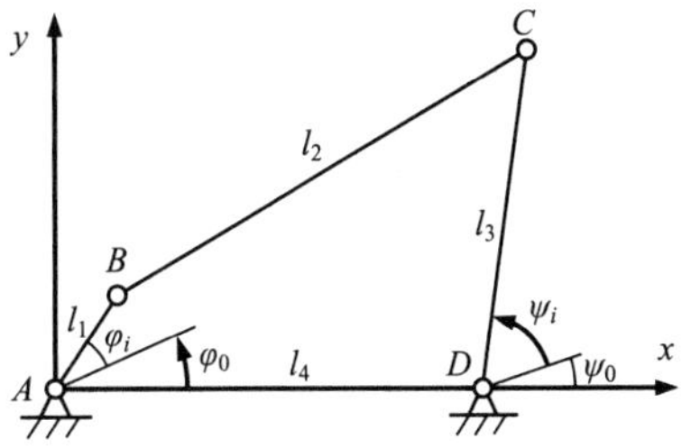


图 5-34　铰链四杆函数生成机构

在图 5-34 所示的坐标系中，设 $a=l_1/l_4$，$b=l_2/l_4$，$c=l_3/l_4$，$d=l_4/l_4=1$，$B$、$C$ 两点的坐标分别为 $x_B=a\cos(\varphi_0+\varphi_i)$，$y_B=a\sin(\varphi_0+\varphi_i)$；$x_C=1+c\cos(\psi_0+\psi_i)$，$y_C=c\cos(\psi_0+\psi_i)$，设计变量共 5 个($a$，$b$，$c$，$\varphi_0$，$\psi_0$)，$B$、$C$ 两点之间的定长约束方程为

$$[1+c\cos(\psi_0+\psi_i)-a\cos(\varphi_0+\varphi_i)]^2+[c\sin(\psi_0+\psi_i)-a\sin(\varphi_0+\varphi_i)]^2=b^2 \tag{5-47}$$

化简上式得

$$\begin{aligned}&(a^2-b^2+c^2+1)/(2ac)+(1/a)\cos(\psi_0+\psi_i)-(1/c)\cos(\varphi_0+\varphi_i)\\&=\cos(\psi_0+\psi_i-\varphi_0-\varphi_i)\end{aligned} \tag{5-48}$$

令 $K_1$、$K_2$、$K_3$ 分别为

$$K_1=-1/c，\quad K_2=1/a，\quad K_3=(a^2-b^2+c^2+1)/(2ac)。$$

于是，式(5-48)简化为

$$K_1\cos(\varphi_0+\varphi_i)+K_2\cos(\psi_0+\psi_i)+K_3=\cos(\psi_0+\psi_i-\varphi_0-\varphi_i)\qquad i=1,2,3,\cdots,n \tag{5-49}$$

若 $\varphi_0$、$\psi_0$ 根据需要作选择，则式(5-49)转换为以 $K_1$、$K_2$、$K_3$ 为设计变量的函数。当 $n$=3 时，式(5-49)为线性方程组，可以直接求解；当 $n$>3 时，式(5-49)所对应的方程组的数目大于未知数的数目，此时，通过优化方法进行求解。

为了求解 $n$>3 的机构设计，将式(5-49)转换为误差的形式

$$E=\sum_{i=1}^{n}[K_1\cos(\varphi_0+\varphi_i)+K_2\cos(\psi_0+\psi_i)+K_3-\cos(\psi_0+\psi_i-\varphi_0-\varphi_i)]^2 \tag{5-50}$$

为了求得误差 $E$ 的最小值，将式(5-50)分别求关于 $K_1$、$K_2$ 和 $K_3$ 的偏导数，令它们的值都等于零。于是，关于 $K_1$、$K_2$ 和 $K_3$ 的线性方程组为

$$\begin{aligned}&K_1\sum_{i=1}^{n}\cos^2(\varphi_0+\varphi_i)+K_2\sum_{i=1}^{n}\cos(\psi_0+\psi_i)\cos(\varphi_0+\varphi_i)+K_3\sum_{i=1}^{n}\cos(\varphi_0+\varphi_i)\\&=\sum_{i=1}^{n}\cos(\varphi_0+\varphi_i)\cos(\psi_0+\psi_i-\varphi_0-\varphi_i)\end{aligned} \tag{5-51}$$

$$\begin{aligned}&K_1\sum_{i=1}^{n}\cos(\varphi_0+\varphi_i)\cos(\psi_0+\psi_i)+K_2\sum_{i=1}^{n}\cos^2(\psi_0+\psi_i)+K_3\sum_{i=1}^{n}\cos(\psi_0+\psi_i)\\&=\sum_{i=1}^{n}\cos(\psi_0+\psi_i)\cos(\psi_0+\psi_i-\varphi_0-\varphi_i)\end{aligned} \tag{5-52}$$

$$K_1\sum_{i=1}^{n}\cos(\varphi_0+\varphi_i)+K_2\sum_{i=1}^{n}\cos(\psi_0+\psi_i)+K_3\sum_{i=1}^{n}1=\sum_{i-1}^{n}\cos(\psi_0+\psi_i-\varphi_0-\varphi_i) \tag{5-53}$$

为了使 $\psi=f(\varphi)$在非设计点上的误差达到最小，在 $\varphi_0\leqslant\varphi_i\leqslant\varphi_m$ 区间内，$\varphi$ 按 Chebyshev (1821～1894)分点法划分成 $n$ 份，即 $\varphi_i$ 为

$$\varphi_i=\frac{\varphi_m-\varphi_0}{2}\left[1-\cos\left(\frac{180°}{n}i-\frac{180°}{2n}\right)\right]\qquad i=1,2,3,\cdots,n \tag{5-54}$$

值得指出，$\varphi_0$、$\psi_0$ 的选择妥当与否对机构的存在性产生重要的影响。

当从式(5-51)～式(5-53)中求出 $K_1$、$K_2$ 和 $K_3$ 之后，曲柄 1 的相对长度 $a=1/K_2$，摇杆 3 的相对长度 $c=-1/K_1$，连杆 2 的相对长度 $b=\sqrt{a^2+c^2+1-2acK_3}$。

［例 5.5］ 设连架杆 $a$ 的角位移区间为 $0\leqslant\varphi\leqslant 90°$，初始角位移 $\varphi_0=100°$；连架杆 $c$ 的初始角位移 $\psi_0=80°$，连架杆 $c$ 与连架杆 $a$ 的函数关系为$\psi=\varphi^{1/1.25}$，在 $\varphi$ 的区间取 10 个插值结点，$n=10$，试用解析法确定连架杆 $a$、连架杆 $c$ 与连杆 $b$ 的杆长。

［解］ 由以上各式可得：连架杆 $a$ 的杆长 $a$=0.427，连杆 $b$ 的杆长 $b$=1.421，连架杆 $c$ 的杆长 $c$=1.120，机架 $d$ 的杆长 $d$=1。该机构为曲柄摇杆机构。

2) 曲柄滑块函数生成机构的设计

曲柄滑块函数生成机构是指它的转动连架杆与滑块之间的函数关系 $S=f(\varphi)$能够准确或近似实现给定函数 $S_g=f_g(\varphi)$的一种机构，其中 $\varphi$ 的变化区间为 $\varphi_0\leqslant\varphi_i\leqslant\varphi_m$，$i=1,2,3,\cdots,n$。在图 5-35(a)中，曲柄 1、滑块 3 的初始位移分别为 $\varphi_0$、$S_0$，曲柄与滑块之间的函数关系为 $S_i=f(\varphi_i)$，它是机构杆长的函数。曲柄滑块函数生成机构的设计目标是使 $S_i=f(\varphi_i)$与给定的函数 $S_{gi}=f_g(\varphi_i)$的误差尽量小。

在图 5-35(a)中，设 $a$，$b$，$e$ 为设计变量，$\varphi_0$，$S_0$ 为预先选择的参数，$A$、$B$ 两点的坐标分别为 $x_A=a\cos(\varphi_0+\varphi_i)$、$y_A=a\sin(\varphi_0+\varphi_i)$，$x_B=S_0-S_i$、$y_B=e$，$A$、$B$ 两点之间的定长约束方程为

$$[(S_0-S_i)-a\cos(\varphi_0+\varphi_i)]^2+[e-a\sin(\varphi_0+\varphi_i)]^2=b^2 \tag{5-55}$$

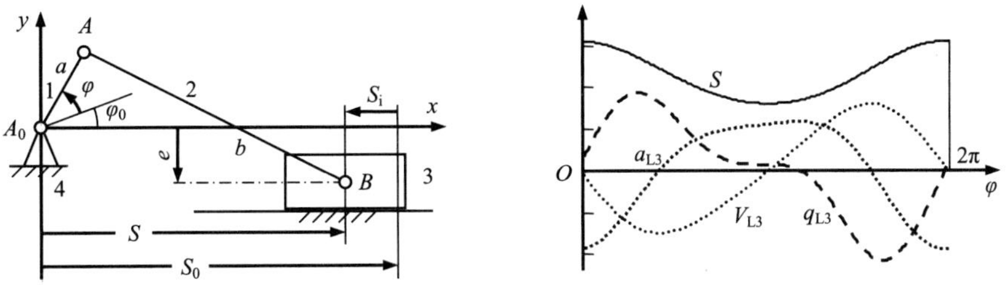


(a)　　　　(b)

图 5-35　曲柄滑块函数生成机构与运动规律曲线

令 $K_1$、$K_2$ 和 $K_3$ 分别为 $K_1 = a^2 - b^2 + e^2$ ， $K_2 = -2a$ ， $K_3 = -2ae$ ，于是，式(5-41)简化为

$$K_1 + K_2(S_0 - S_i)\cos(\varphi_0 + \varphi_i) + K_3\sin(\varphi_0 + \varphi_i) = -(S_0 - S_i)^2 \tag{5-56}$$

定义误差函数 $E$ 为

$$E = \sum_{i=1}^{n}[K_1 + K_2(S_0 - S_i)\cos(\varphi_0 + \varphi_i) + K_3\sin(\varphi_0 + \varphi_i) + (S_0 - S_i)^2]^2 \tag{5-57}$$

为了求得误差 $E$ 的最小值，将式(5-57)分别求关于 $K_1$、$K_2$ 和 $K_3$ 的偏导数，令它们的值都等于零。于是，关于 $K_1$、$K_2$ 和 $K_3$ 的线性方程组为

$$K_1\sum_{i=1}^{n}1 + K_2\sum_{i=1}^{n}(S_0 - S_i)\cos(\varphi_0 + \varphi_i) + K_3\sum_{i=1}^{n}\sin(\varphi_0 + \varphi_i) = -\sum_{i=1}^{\mathrm{n}}(S_0 - S_i)^2 \tag{5-58}$$

$$\begin{aligned}&K_1\sum_{i=1}^{n}(S_0 - S_i)\cos(\varphi_0 + \varphi_i) + K_2\sum_{i=1}^{n}(S_0 - S_i)^2\cos^2(\varphi_0 + \varphi_i)\\&+K_3\sum_{i=1}^{n}(S_0 - S_i)\sin(\varphi_0 + \varphi_i)\cos(\varphi_0 + \varphi_i) = -\sum_{i=1}^{n}(S_0 - S_i)^3\cos(\varphi_0 + \varphi_i)\end{aligned} \tag{5-59}$$

$$\begin{aligned}&K_1\sum_{i=1}^{n}\sin(\varphi_0 + \varphi_i) + K_2\sum_{i=1}^{n}(S_0 - S_i)\sin(\varphi_0 + \varphi_i)\cos(\varphi_0 + \varphi_i) + K_3\sum_{i=1}^{n}\sin^2(\varphi_0 + \varphi_i)\\&= -\sum_{i=1}^{n}(S_0 - S_i)^2\sin(\varphi_0 + \varphi_i)\end{aligned} \tag{5-60}$$

当从式(5-58)～式(5-60)中求出 $K_1$、$K_2$ 和 $K_3$ 之后，曲柄 1 的长度 $a = -K_2 / 2$ ，机架 4 上偏心距的长度 $e = -K_3 / (2a)$ ，连杆 2 的长度 $b = \sqrt{a^2 + e^2 - K_1}$ 。

**［例 5.6］**　设曲柄 1 的角位移 $\varphi_i$、初始角位移 $\varphi_0$、滑块 3 的位移 $S_i$ 与初始位移 $S_0$ 如表 5.1 所示。试用解析法确定曲柄 $a$、连杆 $b$ 与偏心距 $e$ 的杆长，判断该机构是否为曲柄滑块机构，给出该机构的运动规律曲线。

**表 5.1　机构的设计参数**

| $S_0$ | $S_1$ | $S_2$ | $S_3$ | $S_4$ | $S_5$ | $S_6$ | $S_7$ | $S_8$ | $S_9$ | $S_{10}$ |
|---|---|---|---|---|---|---|---|---|---|---|
| 0.079m | 0.008m | 0.012m | 0.016m | 0.020m | 0.0235m | 0.027m | 0.030m | 0.033m | 0.0355m | 0.0375m |
| $\varphi_0$ | $\varphi_1$ | $\varphi_2$ | $\varphi_3$ | $\varphi_4$ | $\varphi_5$ | $\varphi_6$ | $\varphi_7$ | $\varphi_8$ | $\varphi_9$ | $\varphi_{10}$ |
| 15° | 5° | 20° | 35° | 50° | 65° | 80° | 95° | 110° | 125° | 140° |

［解］ 由以上各式可得：曲柄 $a$ 的杆长 $a$=14.859mm，连杆 $b$ 的杆长 $b$=57.373mm，偏心距 $e$=−7.289mm。该机构为曲柄滑块机构，其位移 $S_3$、类速度 $V_{L3}$、类加速度 $a_{L3}$ 与类加速度 $a_{L3}$ 的 1 次变化率 $q_{L3}$ 曲线如图 5-35(b)所示。

### 5.5.6 轨迹生成四杆机构的解析法设计

轨迹生成机构是指连杆上的一点能够准确或近似通过一系列有限分离位置的一种机构。轨迹生成机构的设计，是指在连杆上寻找一个点，这个点的轨迹或者准确实现给定的轨迹，或者近似实现给定的轨迹。

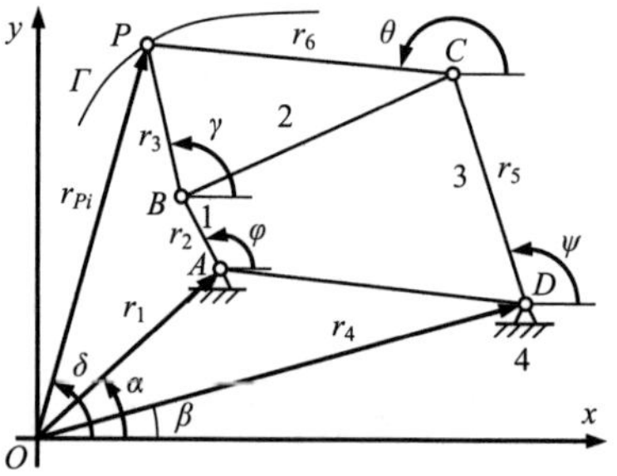


图 5-36 轨迹生成机构

在图 5-36 中，$P$ 点为给定轨迹 $\Gamma$ 上的任意一点，将连续量 $r_P$ 与 $\delta$ 离散化，$r_P=r_{Pi}$，$\delta=\delta_i$，$i=1,2,3,\cdots,n$ 为已知的数值，设连杆 2 上的 $P$ 点能够近似实现给定的轨迹，现建立 $P$ 点的位置与机构参数的设计方程。

由图 5-36 的符号标注得机构的位移方程为

$$r_1 e^{i\alpha} + r_2 e^{i\varphi} + r_3 e^{i\gamma} = r_P e^{i\delta} \tag{5-61}$$

$$r_4 e^{i\beta} + r_5 e^{i\psi} + r_6 e^{i\theta} = r_P e^{i\delta} \tag{5-62}$$

在式(5-61)、式(5-62)中，独立的结构变量为 $r_i$ ($i$=1,2,3,4,5,6)、$\alpha$、$\beta$ 与 $\gamma$ 共 9 个，未知的运动参数有 $\varphi_{12}$，$\varphi_{13}$，…，$\varphi_{1n}$，共有($n$−1)个。将式(5-61)、式(5-62)写成三角函数的形式得

$$\begin{cases} r_3\cos\gamma = r_P\cos\delta - r_1\cos\alpha - r_2\cos\varphi \\ r_3\sin\gamma = r_P\sin\delta - r_1\sin\alpha - r_2\sin\varphi \end{cases} \tag{5-63}$$

$$\begin{cases} r_5\cos\psi = r_P\cos\delta - r_4\cos\beta - r_6\cos\theta \\ r_5\sin\psi = r_P\sin\delta - r_4\sin\beta - r_6\sin\theta \end{cases} \tag{5-64}$$

从式(5-63)中消去 $\gamma$，从式(5-64)中消去 $\psi$，得机构的位移方程为

$$\begin{cases} r_1[2r_P\cos(\alpha-\delta)] + r_2[2r_P\cos(\varphi-\delta) + (r_3^2 - r_2^2 - r_1^2) = r_P^2 + r_1\cdot r_2[2\cos(\varphi-\alpha)] \\ r_4[2r_P\cos(\delta-\beta)] + r_6[2r_P\cos(\delta-\theta) + (r_5^2 - r_4^2 - r_6^2) = r_P^2 + r_4\cdot r_6[2\cos(\theta-\beta)] \end{cases} \tag{5-65}$$

为了避免直接求解式(5-65)的困难，对式(5-65)作以下处理，首先，引入系数 $K_1$～$K_8$，使式(5-65)在形式上表现为关于 $K_1$～$K_8$ 的线性方程组。令 $K_1$～$K_8$ 分别为

$$\left.\begin{matrix} K_1 = r_1, & K_5 = r_4, \\ K_2 = r_2, & K_6 = r_6, \\ K_3 = r_3^2 - r_2^2 - r_1^2, & K_7 = r_5^2 - r_4^2 - r_6^2, \\ K_4 = r_1\cdot r_2, & K_8 = r_4\cdot r_6. \end{matrix}\right\} \tag{5-66}$$

于是，式(5-65)转换为

$$\begin{cases} K_1[2r_{Pi}\cos(\alpha-\delta_i)] + K_2[2r_{Pi}\cos(\varphi_i-\delta_\mathrm{i}) + K_3 = r_{Pi}^2 + K_4[2\cos(\varphi_i-\alpha)] & \text{(5-67a)} \\ K_5[2r_{Pi}\cos(\delta_\mathrm{i}-\beta)] + K_6[2r_{Pi}\cos(\delta_i-\theta_\mathrm{i}) + K_7 = r_{Pi}^2 + K_8[2\cos(\theta_i-\beta)] & \text{(5-67b)} \end{cases}$$

令式(5-67)中的 $\alpha$ 与 $\beta$ 为选定的值，$\theta$ 的初值为 $\theta_1$，$\varphi_i$ 也为选定的值。其次，将 $K_1$～$K_8$ 表达为

$$\left.\begin{aligned} K_1 = l_1 + q \cdot m_1, \quad K_2 = l_2 + q \cdot m_2, \\ K_3 = l_3 + q \cdot m_3, \quad K_4 = q. \end{aligned}\right\} \tag{5-68}$$

$$\left.\begin{aligned} K_5 = l_5 + s \cdot m_5, \quad K_6 = l_6 + s \cdot m_6, \\ K_7 = l_7 + s \cdot m_7, \quad K_8 = s. \end{aligned}\right\} \tag{5-69}$$

将式(5-68)代入式(5-67a)，得关于 $l_j$ 与 $m_j$，$j$=1,2,3 的两个独立的线性方程分别为

$$l_1[2r_{P_i}\cos(\alpha-\delta_i)] + l_2[2r_{P_i}\cos(\varphi_i-\delta_i) + l_3 = r_{P_i}^2 \qquad i=1,2,3,\cdots,n \tag{5-70}$$

$$m_1[2r_{P_i}\cos(\alpha-\delta_i)] + m_2[2r_{P_i}\cos(\varphi_i-\delta_i) + m_3 = 2\cos(\varphi_i-\alpha)] \qquad i=1,2,3,\cdots,n \tag{5-71}$$

与式(5-49)的求解方法相同，可以求得式(5-70)中的 $l_j$ 和式(5-71)中的 $m_j$，$j$=1,2,3。将 $l_j$ 与 $m_j$，$j$=1,2 代入 $q=K_4=K_1 \cdot K_2$，得关于 $q$ 的代数方程为

$$(l_1 + q \cdot m_1)(l_2 + q \cdot m_2) - q = (m_1 m_2)q^2 + (l_1 m_2 + l_2 m_1 - 1)q + l_1 l_2 = q \tag{5-72}$$

由式(5-72)求得两个 $q$，选择一个 $q$，由式(5-68)计算出 $K_1$～$K_4$，再由式(5-66)计算出 $r_1$～$r_3$。

当 $r_1$、$r_2$ 求解出来之后，由式(5-63)计算出 $\gamma_i$ 为

$$\gamma_i = \arctan\left[\frac{r_{P_i}\sin\delta_i - r_1\sin\alpha - r_2\sin\varphi_i}{r_{P_i}\cos\delta_i - r_1\cos\alpha - r_2\cos\varphi_i}\right] \qquad i=1,2,3,\cdots,n \tag{5-73}$$

于是，连杆的结构角 $\theta_i$，$i$=2,3,⋯,$n$ 与 $\theta_1$(任意选择)的函数关系为

$$\theta_i = \theta_1 + \gamma_i - \gamma_1 \qquad i=2,3,\cdots,n \tag{5-74}$$

同理，可以计算出 $r_4$～$r_6$，由式(5-64)计算出 $\psi_i$，$i$=1,2,3,⋯,$n$。

当 $r_1$～$r_6$ 被计算出来，则基于四杆的轨迹生成机构便被设计出来。

### 5.5.7 基于拐点的近似直线轨迹四杆机构设计

拐点(inflection point)是平面曲线上曲率为零的一点，也就是平面曲线上三个无限接近的点在一条直线上。如图 5-37 所示，连杆 $AB$ 上存在无数个拐点，连杆 $AB$ 相对于机架的平面运动等价于连杆上的动瞬心线 $P_m$ 相对于机架上的固定瞬心线 $P_f$ 的相对运动。

欧拉-萨伐里(Euler-Savery)建立动曲线 $P_m$ 相对于固定曲线 $P_f$ 纯滚动时速度瞬心 $P$、动曲线 $P_m$ 上的动点 $A$ 与其瞬时曲率中心 $O_A$、动点 $A$ 轨迹的曲率半径 $\rho$ 之间的关系，如图 5-38 所示。

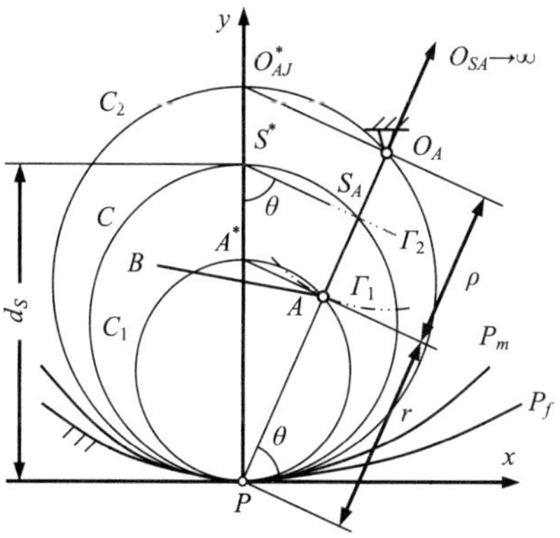


图 5-37　连杆的相对运动与瞬心线间的纯滚动

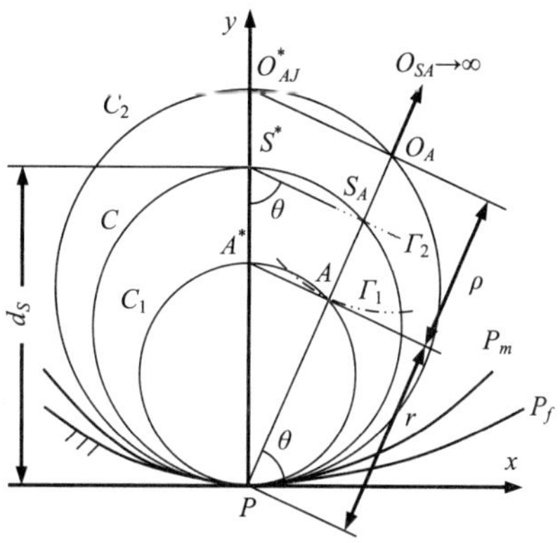


图 5-38　动平面上的拐点与拐点圆

$$\left(\frac{1}{\overrightarrow{PA}}-\frac{1}{\overrightarrow{PO_A}}\right)\sin\theta=-\frac{\omega}{V_P} \tag{5-75}$$

式(5-75)为欧拉-萨伐里方程的第一种形式。$\overrightarrow{PA}$ 表示从 $P$ 到 $A$ 的有向线段；$-\omega/V_P$ 是一个与动点位置无关的瞬时不变量。

如图 5-38 所示，令 $\overrightarrow{PA}/\sin\theta=PA^*$，$\overrightarrow{PO_A}/\sin\theta=PO_{AJ}^*$，$PA^*$、$PO_{AJ}^*$ 分别为沿着定瞬心线 $P_f$ 与动瞬心线 $P_m$ 在 $P$ 点法线方向($y$ 轴)的长度。点 $P$、$A$、$A^*$ 在与 $P$ 点相切的圆 $C_1$ 上，点 $P$、$O_A$、$O_{AJ}^*$ 在与 $P$ 点相切的圆 $C_2$ 上。为此，式(5-75)可以表达为到欧拉-萨伐里方程的第二种形式为

$$\left(\frac{1}{\overrightarrow{PA}}-\frac{1}{\overrightarrow{PO_A}}\right)\sin\theta=\frac{1}{\overrightarrow{PS^*}}=\frac{1}{d_S} \tag{5-76}$$

点 $P$、$S_A$、$S^*$ 在落在过 $P$ 点的圆 $C$ 上，圆 $C$ 称为拐点圆，其直径用 $d_S$ 表示。$S_A$ 点的曲率中心 $O_{SA}\to\infty$。$\rho=\overrightarrow{AO_A}=\overrightarrow{AP}^2/\overrightarrow{AS_A}$，或者 $\overrightarrow{AS_A}=\overrightarrow{AP}^2/\overrightarrow{AO_A}$。$O_A$、$S_A$ 在过 $A$ 点轨迹法线上的同一侧。

图 5-39 为鹤式起重机的机构运动简图，$O_AA$ 与 $O_BB$ 的交点为速度瞬心 $P_{24}$，$\overrightarrow{AS_A}=\overrightarrow{AP_{24}^2}/\overrightarrow{AO_A}$，$\overrightarrow{BS_B}=\overrightarrow{BP_{24}^2}/\overrightarrow{BO_B}$，由速度瞬心 $P_{24}$、拐点 $S_A$、拐点 $S_B$ 得拐点圆 $C$，在 $y$ 轴上取连杆上的一个拐点 $S_E$，根据需要，点 $A$、$B$、$S_E$ 可以在一条直线上，也可以不在一条直线上，得到连杆 2 上 $BS_E$ 的长度。$S_E$ 点的轨迹在较长的一段为近似直线 $\Gamma_2$。

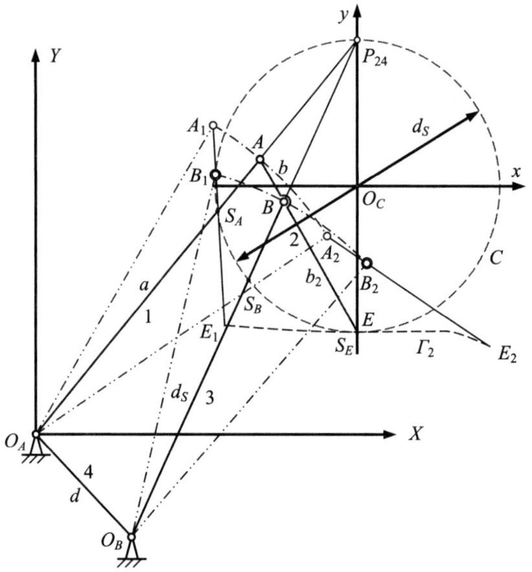


图 5-39　鹤式起重机的机构运动简图

## 5.6 近似等速比机构的设计与传动特征

近似等速比传动机构的设计理论是机构设计理论中的重要分支之一，由数学分析表明，

若两个基本机构所对应的组合机构的位移函数在同一时刻的一阶导数等于常数，二阶、三阶导数在对应时刻等于零，则该组合机构具有近似等速比的传动特征。

设一类平面六杆机构输入端子机构的速度函数为 $i_1$，比如 $\delta=\delta(\varphi)$，$i_1=\mathrm{d}\delta/\mathrm{d}\varphi=\delta'(\varphi)$，输出端子机构的速度函数为 $i_2$，比如 $S=S(\delta)$，$i_2=\mathrm{d}S/\mathrm{d}\delta=S'(\delta)$，这时的复合函数为 $S=S[\delta(\varphi)]$，则该平面六杆机构的类速度函数 $i$，$i$ 关于输入位移的一阶、二阶、三阶导数分别为

$$i=i_2\cdot i_1=\frac{\mathrm{d}S}{\mathrm{d}\delta}\cdot\frac{\mathrm{d}\delta}{\mathrm{d}\varphi} \tag{5-77}$$

$$i'=i_2'\cdot i_1^2+i_2\cdot i_1'=\frac{\mathrm{d}^2S}{\mathrm{d}\delta^2}\left(\frac{\mathrm{d}\delta}{\mathrm{d}\varphi}\right)^2+\frac{\mathrm{d}S}{\mathrm{d}\delta}\cdot\frac{\mathrm{d}^2\delta}{\mathrm{d}\varphi^2} \tag{5-78}$$

$$i''=i_2''\cdot i_1^3+3i_2'\cdot i_1'\cdot i_1+i_2\cdot i_1''=\frac{\mathrm{d}^3S}{\mathrm{d}\delta^3}\left(\frac{\mathrm{d}\delta}{\mathrm{d}\varphi}\right)^3+3\frac{\mathrm{d}^2S}{\mathrm{d}\delta^2}\cdot\frac{\mathrm{d}^2\delta}{\mathrm{d}\varphi^2}\cdot\frac{\mathrm{d}\delta}{\mathrm{d}\varphi}+\frac{\mathrm{d}S}{\mathrm{d}\delta}\cdot\frac{\mathrm{d}^3\delta}{\mathrm{d}\varphi^3} \tag{5-79}$$

$$\begin{aligned}i^{(3)}&=i_2^{(3)}\cdot i_1^4+6i_2''\cdot i_1'\cdot i_1^2+3i_2'\cdot i_1'^2+4i_2'\cdot i_1''\cdot i_1+i_2\cdot i_1^{(3)}=\frac{\mathrm{d}^4S}{\mathrm{d}\delta^4}\left(\frac{\mathrm{d}\delta}{\mathrm{d}\varphi}\right)^4+\\&\quad 6\frac{\mathrm{d}^3S}{\mathrm{d}\delta^3}\cdot\frac{\mathrm{d}^2\delta}{\mathrm{d}\varphi^2}\left(\frac{\mathrm{d}\delta}{\mathrm{d}\varphi}\right)^2+4\frac{\mathrm{d}^2S}{\mathrm{d}\delta^2}\cdot\frac{\mathrm{d}^3\delta}{\mathrm{d}\varphi^3}\cdot\frac{\mathrm{d}\delta}{\mathrm{d}\varphi}+3\frac{\mathrm{d}^2S}{\mathrm{d}\delta^2}\left(\frac{\mathrm{d}^2\delta}{\mathrm{d}\varphi^2}\right)^2+\frac{\mathrm{d}S}{\mathrm{d}\delta}\cdot\frac{\mathrm{d}^4\delta}{\mathrm{d}\varphi^4}\end{aligned} \tag{5-80}$$

若 $i$ 在机构某一位置的数值不等于零，令 $i'\sim i'''$ 在该位置的数值等于零，则机构在该位置的邻域内作近似等速比的传动。

**［例 5.7］** 图 5-40 为曲柄与移动从动件型近似等速比平面六杆机构。令 $q=O_1A/O_1O_3=a/d_1$，于是，导杆 3 的半摆角 $\delta_B=\arctan[q/(1-q^2)^{0.5}]$，当已知从动件 5 的工作行程 $H$ 时，从动件 5 关于 $O_3$ 点的距离 $d_2=0.5H/\tan\delta_B$，当已知曲柄 1 的杆长 $a$ 时，$O_1$、$O_3$ 之间的距离 $d_1=a/\sin\delta_B$。该机构的行程速比系数 $K=(\pi+2\delta_B)/(\pi-2\delta_B)$，最小传动角 $\gamma_{\min}=\pi/2-\delta_B$。

**［解］** 在图 5-40 中，当曲柄 1 的角位移为 $\varphi$ 时，导杆 3 的角位移 $\delta=\arctan[q\sin\varphi/(1+q\cos\varphi)]$，导杆 3 上 $O_3A$ 的长度 $R=\sqrt{a^2+d_1^2+2ad_1\cos\varphi}$，$O_3B$ 的长度 $L=d_2/\cos\delta$，令 $c=1/(1+q^2+2q\cos\varphi)$，于是 $\delta$ 关于 $\varphi$ 的 1～4 阶导数分别为

$$i_1=\delta'(\varphi)=\mathrm{d}\delta/\mathrm{d}\varphi=c\cdot q(q+\cos\varphi)$$

$$i_1'=\delta''(\varphi)=\mathrm{d}^2\delta/\mathrm{d}\varphi^2=c^2\cdot q(q^2-1)\sin\varphi$$

$$i_1''=\delta'''(\varphi)=\mathrm{d}^3\delta/\mathrm{d}\varphi^3=c^3\cdot q(q^2-1)[2q(1+\sin^2\varphi)+(1+q^2)\cos\varphi]$$

$$\begin{aligned}i_1^{(3)}=\delta^{(4)}(\varphi)=\mathrm{d}^4\delta/\mathrm{d}\varphi^4=c^4\cdot q(q^2-1)\sin\varphi[8q(1-q^2)\cos\varphi\\+8q^2\cos^2\varphi+12q^2(1+\sin^2\varphi)-(1+q^2)^2]\end{aligned}$$

当 $\varphi=0$ 时，$c(\varphi=0)=1/(1+q)^2$，$i_1(\varphi=0)=q/(1+q)$，$i_1'(\varphi=0)=0$，$i_1''(\varphi=0)=q(q-1)/(1+q)^3$，$i_1'''(\varphi=0)=0$。

当导杆 3 的角位移为 $\delta$ 时，由图 5-40 得滑块 5 的位移 $S_5=0.5H-d_2\tan\delta$，于是 $S_5$ 关于 $\theta$ 的 1～4 阶导数分别为

$$i_2=S_5'(\delta)=\mathrm{d}S_5/\mathrm{d}\delta=-d_2/\cos^2\delta$$

$$i_2'=S_5''(\delta)=\mathrm{d}^2S_5/\mathrm{d}\delta^2=2S_5'(\delta)\tan\theta$$

$$i_2'' = S_5'''(\delta) = \mathrm{d}^3 S_5 / \mathrm{d}\delta^3 = 2S_5''(\theta)\tan\delta + 2S_5'(\delta)/\cos^2\delta$$

$$i_2''' = S_5^{(4)}(\delta) = \mathrm{d}^4 S_5 / \mathrm{d}\delta^4 = 2S_5^{(3)}(\delta)\tan\delta + 4S_5''(\delta)/\cos^2\delta + 4S_5'(\delta)\tan\delta/\cos^2\delta$$

当 $\varphi$=0，$\delta$=0 时，$i_2(\delta=0) = -d_2$，$i_2'(\delta=0) = 0$，$i_2''(\delta=0) = -2d_2$，$i_2'''(\delta=0) = 0$。

此时，滑块 5 关于曲柄 1 的速比 $i(\varphi=0) = i_1(\varphi=0)\cdot i_2(\delta=0) = -d_2\cdot q/(1+q)$。

$i'$、$i''$ 与 $i'''$ 在 $\varphi$=0、$\delta$=0 时位置的值分别为

$$i'(\delta=0) = 0$$

$$i''(\delta=0) = -2d_2[q/(1+q)]^3 - d_2 q(q-1)/(1+q)^3$$

$$i'''(\delta=0) = 0$$

令 $i''(\delta=0) = 0$，解得 $q = 0.5$。

于是，滑块 5 的位移 $S_5 = 0.5H - d_2 q\sin\varphi/(1+q\cos\varphi)$，速度函数 $i$、速度函数关于 $\varphi$ 的一阶、二阶导数 $i'$、$i''$ 的曲线图如图 5-41 所示。由图 5-41 可见，在 $\varphi$=0 的邻域中，从动件 5 作近似等速比运动。

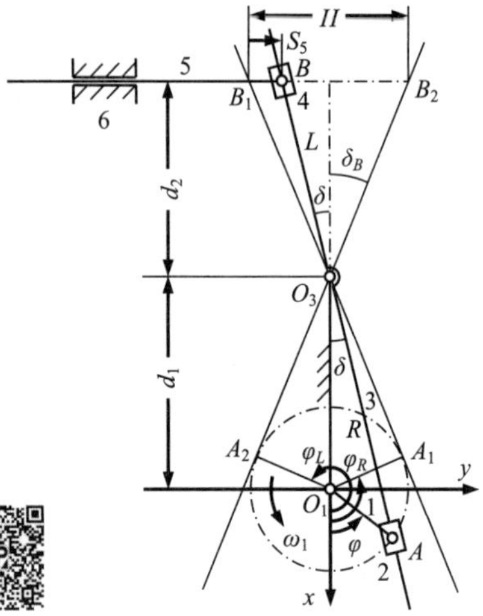


图 5-40　曲柄与移动从动件型近似等速比平面六杆机构

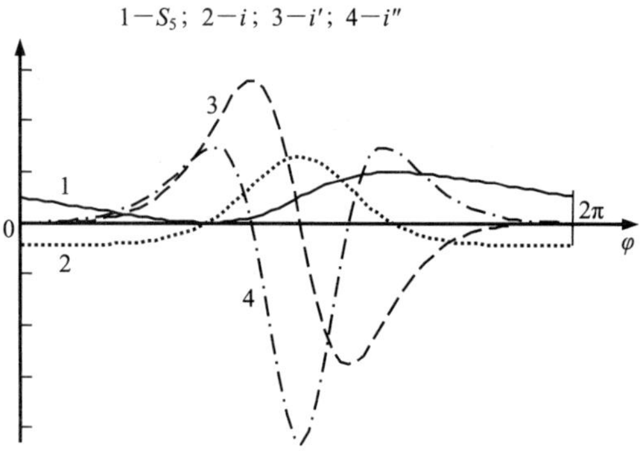


图 5-41　曲柄与移动从动件型近似等速比平面六杆机构的传动特征

## 5.7　高阶停歇机构的设计与传动特征

高阶停歇机构是指一类机构的从动件在极限位置作直到 3 阶或直到 5 阶停歇的一类组合机构。其设计原理为，若复合函数表示一类组合机构的位移传动函数，当复合函数的底层函数在一点或两点上的 1 阶导数为零，高层函数在对应点上的 1 阶导数为零时，则复合函数在该点上存在直到 3 阶零点，于是组合机构在一点或两点上具有直到 3 阶停歇。若复合函数的底层函数的 1 阶、2 阶导数在某个时刻同时为零，高层函数的 1 阶导数在对应时刻等于零，则组合机构在对应点上作 1~5 阶停歇。

设复合函数 $\theta=\theta[\delta(\varphi)]$表示一类组合机构输入角位移 $\varphi$ 到中间角位移 $\delta$，再到输出角位移 $\theta$ 的位移传递函数，其中 $\delta=\delta(\varphi)$表示输入端子机构的位移传动函数，实现输入角位移 $\varphi$ 到中

间角位移 $\delta$ 之间的位移变换，$i_1 = \mathrm{d}\delta/\mathrm{d}\varphi = \delta'(\varphi)$；$\theta=\theta(\delta)$表示输出端子机构的位移传动函数，实现中间角位移 $\delta$ 到输出角位移 $\theta$ 之间的位移变换，$i_2 = \mathrm{d}\theta/\mathrm{d}\delta = \theta'(\delta)$。再设 $\varphi$ 对时间的 2 阶及其以上各阶导数都为零。于是，对复合函数 $\theta=\theta[\delta(\varphi)]$求关于时间 $t$ 的 1～4 阶导数，得 $\omega=\mathrm{d}\theta/\mathrm{d}t$、$\alpha=\mathrm{d}^2\theta/\mathrm{d}t^2$、$j=\mathrm{d}^3\theta/\mathrm{d}t^3$ 和 $j'=\mathrm{d}^4\theta/\mathrm{d}t^4$ 分别为

$$\omega = \frac{\mathrm{d}\theta}{\mathrm{d}t} = \frac{\mathrm{d}\theta}{\mathrm{d}\delta}\frac{\mathrm{d}\delta}{\mathrm{d}\varphi}\frac{\mathrm{d}\varphi}{\mathrm{d}t} \tag{5-81}$$

$$\alpha = \frac{\mathrm{d}^2\theta}{\mathrm{d}t^2} = \left[\frac{\mathrm{d}^2\theta}{\mathrm{d}\delta^2}\left(\frac{\mathrm{d}\delta}{\mathrm{d}\varphi}\right)^2 + \frac{\mathrm{d}\theta}{\mathrm{d}\delta}\frac{\mathrm{d}^2\delta}{\mathrm{d}\varphi^2}\right]\left(\frac{\mathrm{d}\varphi}{\mathrm{d}t}\right)^2 \tag{5-82}$$

$$j = \frac{\mathrm{d}^3\theta}{\mathrm{d}t^3} = \left[\frac{\mathrm{d}^3\theta}{\mathrm{d}\delta^3}\left(\frac{\mathrm{d}\delta}{\mathrm{d}\varphi}\right)^3 + 3\frac{\mathrm{d}^2\theta}{\mathrm{d}\delta^2}\frac{\mathrm{d}^2\delta}{\mathrm{d}\varphi^2}\frac{\mathrm{d}\delta}{\mathrm{d}\varphi} + \frac{\mathrm{d}\theta}{\mathrm{d}\delta}\frac{\mathrm{d}^3\delta}{\mathrm{d}\varphi^3}\right]\left(\frac{\mathrm{d}\varphi}{\mathrm{d}t}\right)^3 \tag{5-83}$$

$$\begin{aligned} j' = \frac{\mathrm{d}^4\theta}{\mathrm{d}t^4} = &\left[\frac{\mathrm{d}^4\theta}{\mathrm{d}\delta^4}\left(\frac{\mathrm{d}\delta}{\mathrm{d}\varphi}\right)^4 + 6\frac{\mathrm{d}^3\theta}{\mathrm{d}\delta^3}\frac{\mathrm{d}^2\delta}{\mathrm{d}\varphi^2}\left(\frac{\mathrm{d}\delta}{\mathrm{d}\varphi}\right)^2 + 4\frac{\mathrm{d}^2\theta}{\mathrm{d}\delta^2}\frac{\mathrm{d}^3\delta}{\mathrm{d}\varphi^3}\frac{\mathrm{d}\delta}{\mathrm{d}\varphi}\right. \\ &\left. + 3\frac{\mathrm{d}^2\theta}{\mathrm{d}\delta^2}\left(\frac{\mathrm{d}^2\delta}{\mathrm{d}\varphi^2}\right)^2 + \frac{\mathrm{d}\theta}{\mathrm{d}\delta}\frac{\mathrm{d}^4\delta}{\mathrm{d}\varphi^4}\right]\left(\frac{\mathrm{d}\varphi}{\mathrm{d}t}\right)^4 \end{aligned} \tag{5-84}$$

其他位移关系的 1～4 阶导数关系同上。

在使用 Visual Basic(VB)作机构的位置分析时，角度求解会出现形如 $\arctan(Y/X)$ 的反正切函数，VB 中表示为 $\mathrm{Atn}(Y/X)$ 函数，其中 $Y$ 为一个关于机构尺寸的相当于 $Y$ 方向分量的表达式，$X$ 为另一个关于机构尺寸的相当于 $X$ 方向分量的表达式，$\arctan(Y/X)$ 与 $\mathrm{Atn}(Y/X)$ 函数的值域都为$[-\pi/2, \pi/2]$。当构件的角位移在该值域内时，可以直接使用 $\mathrm{Atn}(Y/X)$ 函数；当构件的角位移超出该值域时，不能直接使用 $\mathrm{Atn}(Y/X)$ 函数。譬如，当 $X=Y\neq 0$ 与$-X=-Y\neq 0$ 时，反正切函数 $\mathrm{Atn}(Y/X)$ 的解是一样的；当 $X_1>0$、$Y_1<0$，$X_2<0$、$Y_2>0$，$X_1=|X_2|$，$|Y_1|=Y_2$ 时，反正切函数 $\mathrm{Atn}(Y/X)$ 的解也是一样的，但是，以上条件所对应的机构处于不同的位置，所以，使用 $\mathrm{Atn}(Y/X)$ 函数是得不到正确的解的。为了使用 $\mathrm{Atn}(Y/X)$ 函数而又能得到正确的解，本书定义双变量函数 $\arctan 2(Y/X)$，VB 中表示为 $\mathrm{atn2}(Y,X)$ 函数，$\mathrm{atn2}(Y,X)$ 在 VB 中的 Function 函数过程为

```
Function atn2(Y As Double, X As Double) As Double
  If X > 0 And Y > 0 Then atn2 = Atn(Y / X)
  If X > 0 And Y < 0 Then atn2 = Atn(Y / X) + 2 * 3.14159265
  If X < 0 Then atn2 = Atn(Y / X) + 3.14159265
End Function
```

为了方便绘制曲线，本书给出类速度、类加速度，类角速度与类角加速度等概念，设位移 $S=S(\varphi)$，$\varphi$ 关于时间 $t$ 的导数等于常数 $\omega$，则类速度 $V_{\mathrm{L}}=\mathrm{d}S/\mathrm{d}\varphi$，类加速度 $a_{\mathrm{L}}=\mathrm{d}^2S/\mathrm{d}\varphi^2$；设角位移 $\psi=\psi(\varphi)$，$\varphi$ 关于时间 $t$ 的导数等于常数 $\omega$，则类角速度 $\omega_{\mathrm{L}}=\mathrm{d}\psi/\mathrm{d}\varphi$，类角加速度 $\alpha_{\mathrm{L}}=\mathrm{d}^2\psi/\mathrm{d}\varphi^2$。这样的定义等价于 $\omega=1$ 时的角速度与角加速度、速度与加速度。

**［例 5.8］**　图 5-42 所示为 I 型串联导杆的摆杆双极位作直到三阶停歇的平面六杆机构。设杆 1 为主动件，杆长为 $r_1$，$r_1=O_1A=200\mathrm{mm}$，以 $\omega_1=1\ \mathrm{rad/s}$ 作匀速转动；杆 5 为往复摆动

从动件，当杆 5 达到两个极限位置 $O_5B_1$、$O_5B_2$ 时，杆 5 的 $O_5B_1$ 与杆 3 的 $O_3B_1$ 垂直、$O_5B_2$ 与 $O_3B_3$ 垂直。令机架 6 上 $O_1O_3=d_1=332\text{mm}$，$O_3O_5=d_2=470\text{mm}$，杆 3 上的 $O_3B=r_3=375\text{mm}$，则杆 3 的摆角 $\delta_B=2\arctan\left[r_1/\sqrt{d_1^2-r_1^2}\right]=1.340\text{ rad}=76.796°$，杆 5 的摆角 $\theta_B=\pi-\delta_B=1.801\text{rad}=103.204°$，$\varphi_S=\pi/2-\delta_B/2=0.900\text{ rad}=51.602°$，$r_3$ 与 $d_2$ 的函数关系为 $r_3=d_2\cos(0.5\delta_B)$。由此可知，该种机构的尺寸设计相当简单，它的传动角恒等于 90°，这就意味着它具有较高的机械效率。

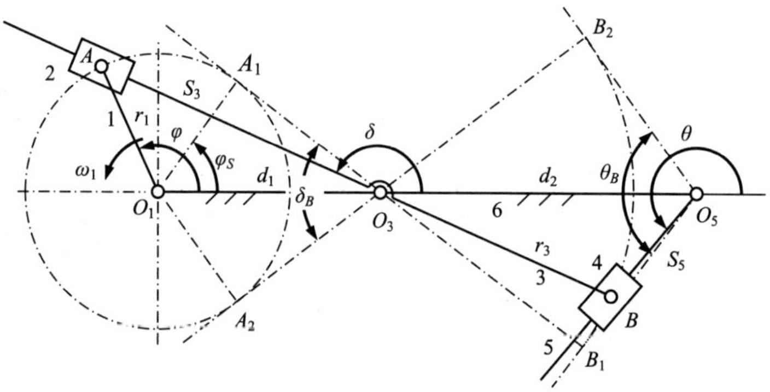


图 5-42 Ⅰ型串联导杆的摆杆双极位作直到三阶停歇的平面六杆机构

［解］ 在图 5-42 中，杆 3 的角位移函数为 $\delta=\arctan 2[r_1\sin\varphi/(r_1\cos\varphi-d_1)]$，杆 3 相对于滑块 2 的相对位移函数为 $S_3=\sqrt{(r_1\sin\varphi)^2+(r_1\cos\varphi-d_1)^2}$；于是 $\delta$ 关于 $\varphi$ 的 1～4 阶导数分别为

$$V_{L23}=\frac{dS_3}{d\varphi}=r_1\sin(\delta-\varphi)，\quad \omega_{L3}=\frac{d\delta}{d\varphi}=r_1\cos(\delta-\varphi)/S_3，\quad \left.\frac{d\delta}{d\varphi}\right|_{\delta-\varphi=\pi/2}=0，$$

$$a_{L23}=\frac{d^2S_3}{d\varphi^2}=\left(\frac{d\delta}{d\varphi}\right)^2S_3-r_1\cos(\delta-\varphi)，\quad \alpha_{L3}=\frac{d^2\delta}{d\varphi^2}=\left[r_1\sin(\delta-\varphi)-2\frac{dS_3}{d\varphi}\frac{d\delta}{d\varphi}\right]\Big/S_3，$$

$$q_{L23}=\frac{d^3S_3}{d\varphi^3}=2\frac{d\delta}{d\varphi}\frac{d^2\delta}{d\varphi^2}S_3+\left(\frac{d\delta}{d\varphi}\right)^2\frac{dS_3}{d\varphi}+r_1\sin(\delta-\varphi)\left(\frac{d\delta}{d\varphi}-1\right)，$$

$$j_{L3}=\frac{d^3\delta}{d\varphi^3}=\left[r_1\cos(\delta-\varphi)\left(\frac{d\delta}{d\varphi}-1\right)-2\frac{d^2S_3}{d\varphi^2}\frac{d\delta}{d\varphi}-3\frac{dS_3}{d\varphi}\frac{d^2\delta}{d\varphi^2}\right]\Big/S_3，$$

$$q'_{L23}=\frac{d^4S_3}{d\varphi^4}=2\left(\frac{d^2\delta}{d\varphi^2}\right)^2S_3+2\frac{d\delta}{d\varphi}\frac{d^3\delta}{d\varphi^3}S_3+4\frac{d\delta}{d\varphi}\frac{d^2\delta}{d\varphi^2}\frac{dS_3}{d\varphi}$$
$$+\left(\frac{d\delta}{d\varphi}\right)^2\frac{d^2S_3}{d\varphi^2}+r_1\cos(\delta-\varphi)\left(\frac{d\delta}{d\varphi}-1\right)^2+r_1\sin(\delta-\varphi)\frac{d^2\delta}{d\varphi^2}，$$

$$j'_{L3}=\frac{d^4\delta}{d\varphi^4}=\left[-r_1\sin(\delta-\varphi)\left(\frac{d\delta}{d\varphi}-1\right)^2+r_1\cos(\delta-\varphi)\frac{d^2\delta}{d\varphi^2}-2\frac{d^3S_3}{d\varphi^3}\frac{d\delta}{d\varphi}-5\frac{d^2S_3}{d\varphi^2}\frac{d^2\delta}{d\varphi^2}-4\frac{dS_3}{d\varphi}\frac{d^3\delta}{d\varphi^3}\right]\Big/S_3。$$

杆 5 的角位移函数为 $\theta=\arctan 2(-r_3\sin\delta)/(-r_3\cos\delta-d_2)$，杆 5 相对于滑块 4 的相对位移函数为 $S_5=(-d_2-r_3\cos\delta)/\cos\theta$。

$$\omega_{\mathrm{L}4}=\frac{\mathrm{d}\theta}{\mathrm{d}\delta}=-r_3\cos(\theta-\delta)/S_5\,,\quad \left.\frac{\mathrm{d}\theta}{\mathrm{d}\delta}\right|_{\theta-\delta=\pi/2}=0\,,\quad V_{\mathrm{L}45}=\frac{\mathrm{d}S_5}{\mathrm{d}\delta}=-r_3\sin(\theta-\delta)\,,$$

$$\alpha_{\mathrm{L}4}=\frac{\mathrm{d}^2\theta}{\mathrm{d}\delta^2}=-\left[r_3\sin(\theta-\delta)+2\frac{\mathrm{d}S_5}{\mathrm{d}\delta}\frac{\mathrm{d}\theta}{\mathrm{d}\delta}\right]\Big/S_5\,,\quad a_{\mathrm{L}45}=\frac{\mathrm{d}^2S_5}{\mathrm{d}\delta^2}=S_5\left(\frac{\mathrm{d}\theta}{\mathrm{d}\delta}\right)^2+r_3\cos(\theta-\delta)\,,$$

$$j_{\mathrm{L}4}=\frac{\mathrm{d}^3\theta}{\mathrm{d}\delta^3}=-\left[r_3\cos(\theta-\delta)\left(\frac{\mathrm{d}\theta}{\mathrm{d}\delta}-1\right)+2\frac{\mathrm{d}^2S_5}{\mathrm{d}\delta^2}\frac{\mathrm{d}\theta}{\mathrm{d}\delta}+3\frac{\mathrm{d}S_5}{\mathrm{d}\delta}\frac{\mathrm{d}^2\theta}{\mathrm{d}\delta^2}\right]\Big/S_5\,,$$

$$q_{\mathrm{L}45}=\frac{\mathrm{d}^3S_5}{\mathrm{d}\delta^3}=\frac{\mathrm{d}S_5}{\mathrm{d}\delta}\left(\frac{\mathrm{d}\theta}{\mathrm{d}\delta}\right)^2+2S_5\frac{\mathrm{d}\theta}{\mathrm{d}\delta}\frac{\mathrm{d}^2\theta}{\mathrm{d}\delta^2}-r_3\sin(\theta-\delta)\left(\frac{\mathrm{d}\theta}{\mathrm{d}\delta}-1\right),$$

$$j'_{\mathrm{L}4}=\frac{\mathrm{d}^4\theta}{\mathrm{d}\delta^4}=\left[r_3\sin(\theta-\delta)\left(\frac{\mathrm{d}\theta}{\mathrm{d}\delta}-1\right)^2-r_3\cos(\theta-\delta)\frac{\mathrm{d}^2\theta}{\mathrm{d}\delta^2}-2\frac{\mathrm{d}^3S_5}{\mathrm{d}\delta^3}\frac{\mathrm{d}\theta}{\mathrm{d}\delta}-5\frac{\mathrm{d}^2S_5}{\mathrm{d}\delta^2}\frac{\mathrm{d}^2\theta}{\mathrm{d}\delta^2}-4\frac{\mathrm{d}S_5}{\mathrm{d}\delta}\frac{\mathrm{d}^3\theta}{\mathrm{d}\delta^3}\right]\Big/S_5\,,$$

$$q'_{\mathrm{L}45}=\frac{\mathrm{d}^4S_5}{\mathrm{d}\delta^4}=\frac{\mathrm{d}^2S_5}{\mathrm{d}\delta^2}\left(\frac{\mathrm{d}\theta}{\mathrm{d}\delta}\right)^2+4\frac{\mathrm{d}S_5}{\mathrm{d}\delta}\frac{\mathrm{d}\theta}{\mathrm{d}\delta}\frac{\mathrm{d}^2\theta}{\mathrm{d}\delta^2}+2S_5\frac{\mathrm{d}^2\theta}{\mathrm{d}\delta^2}\frac{\mathrm{d}^2\theta}{\mathrm{d}\delta^2}$$
$$+2S_5\frac{\mathrm{d}\theta}{\mathrm{d}\delta}\frac{\mathrm{d}^3\theta}{\mathrm{d}\delta^3}-r_3\cos(\theta-\delta)\left(\frac{\mathrm{d}\theta}{\mathrm{d}\delta}-1\right)^2-r_3\sin(\theta-\delta)\frac{\mathrm{d}^2\theta}{\mathrm{d}\delta^2}。$$

由于 $\mathrm{d}\delta/\mathrm{d}\varphi$ 与 $\mathrm{d}\theta/\mathrm{d}\delta$ 在各自子机构的极限位置分别等于零，所以，$\omega_5$、$\alpha_5$、$j_5$ 的值在各自子机构的极限位置都等于零，即该组合机构的输出构件在两个极限位置具有直到 3 阶停歇的传动特征。

该组合机构输出构件的 $\theta$、$\omega_5$、$\alpha_5$、$j_5$ 和 $j'_5$ 关于 $\varphi$ 的传动特征曲线如图 5-43 所示。

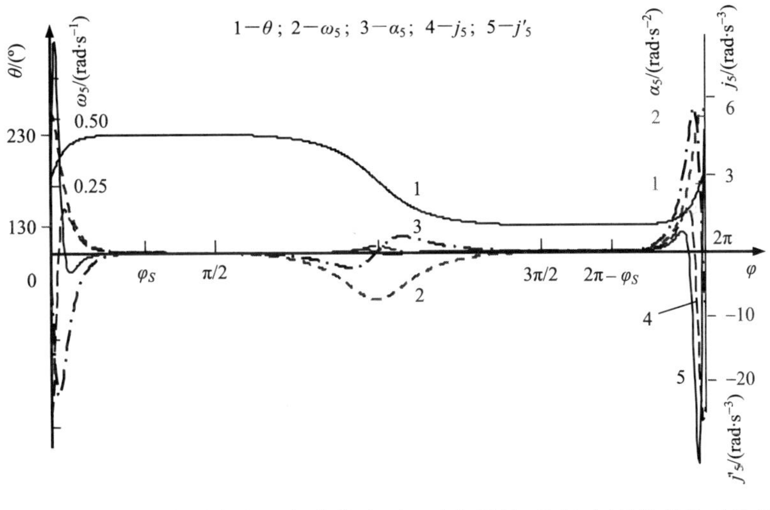


图 5-43　Ⅰ型串联导杆的摆杆双极位作直到三阶停歇的平面六杆机构的传动特征曲线

## 5.8　平面连杆机构的应用

平面连杆机构因其承载能力大、可以满足或近似满足很多的运动规律要求，所以，应用广泛。以下对一些典型应用作简单介绍，首先介绍平面四杆机构与平面六杆机构的一些应用。

如图 5-44 所示的沙箱翻箱机构，当摇杆 3 被油缸驱动时可以实现沙箱 180°的翻箱。

如图 5-45 所示的飞剪机剪切机构，当曲柄 1 主动时，可以设计出基于曲柄摇杆机构的飞剪剪切机，利用连杆 2 上的 $C$ 点轨迹在存在一段近似垂线的特征。

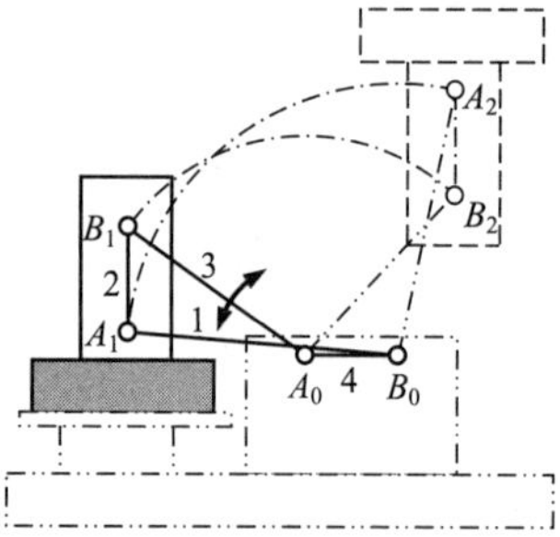

图 5-44　沙箱翻箱机构

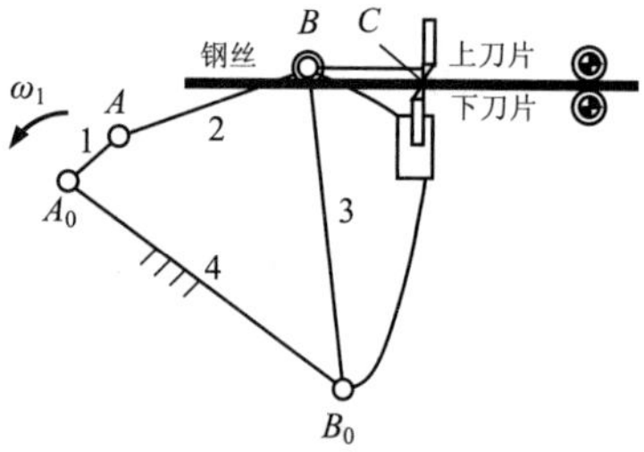

图 5-45　飞剪机剪切机构

如图 5-46 所示的对心曲柄滑块机构，当 $BP=(BC)^2 / AB$ 时，$P$ 点的轨迹上存在一段近似垂线，可以设计出物料上下传送的机构。

如图 5-47 所示的偏心曲柄滑块机构，当 $a=15$，$b=40$，$r=55$，$h=6$，$\theta=50°$时，可以实现 8 字形的轨迹输出。

如图 5-48 所示的曲柄摇块机构，在 $AC=1.5AB$，$BP=5.3AB$ 的几何条件下，导杆上的 $P$ 点生成一段近似直线轨迹。

如图 5-49 所示的曲柄摇块机构，在 $BP=[(AC)^2-(AB)^2]^{0.5}$ 的几何条件下，$P$ 点生成 8 字形轨迹。

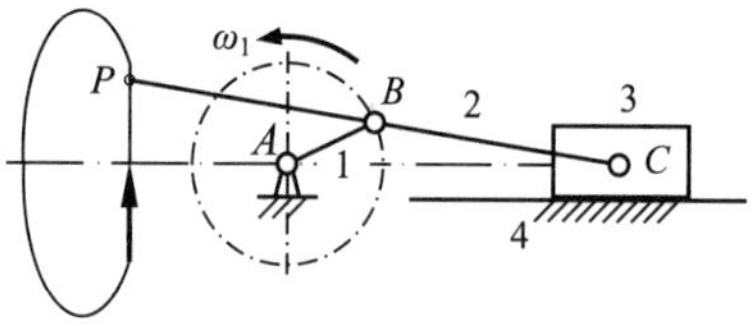

图 5-46　实现近似直线的对心曲柄滑块机构

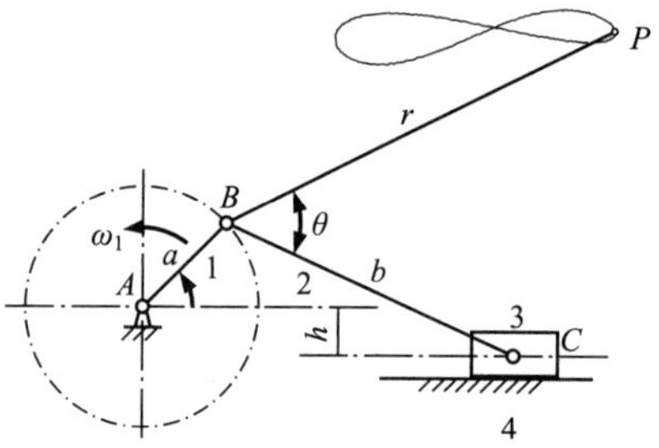

图 5-47　实现 8 字形轨迹的偏心曲柄滑块机构

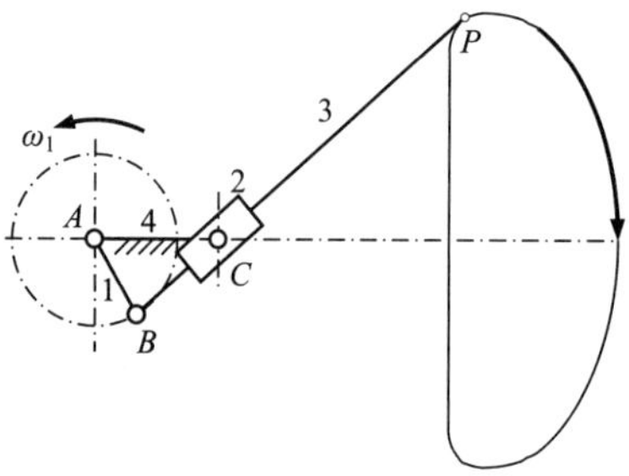

图 5-48　实现近似直线的曲柄摇块机构

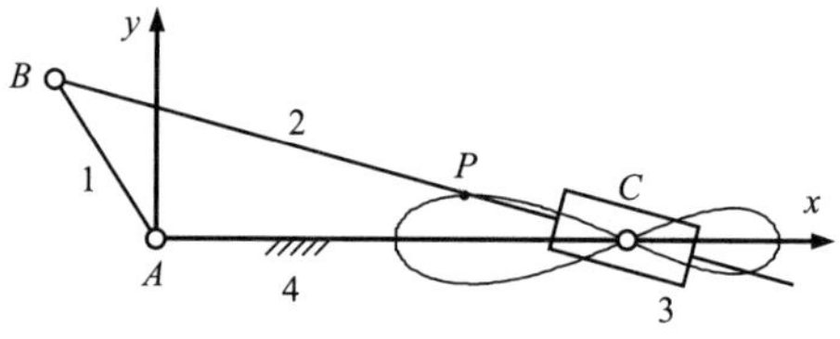

图 5-49　实现 8 字形轨迹的曲柄摇块机构

如图 5-50 所示的汽车悬架机构，两侧分别使用了双摇杆机构。通过该种支承，汽车左右轮子的上下振动传到汽车车身的幅度大大减少。

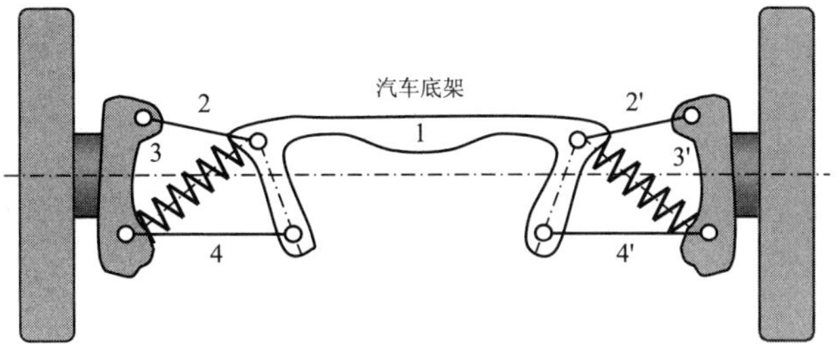


图 5-50　汽车悬架机构

平面六杆机构的功能比平面四杆机构的更多，但设计更复杂。

如图 5-51 所示为油缸浮动式汽车自卸机构的运动简图，当油缸的长度改变时，车厢作举升与复位。

图 5-52 为杠杆平衡式汽车自卸机构的运动简图，当油缸的长度改变时，车厢作举升与复位。

图 5-53 为前推式汽车自卸机构的运动简图，当油缸的长度改变时，车厢作举升与复位。

图 5-54 为后推式汽车自卸机构的运动简图，当油缸的长度改变时，车厢作举升与复位。

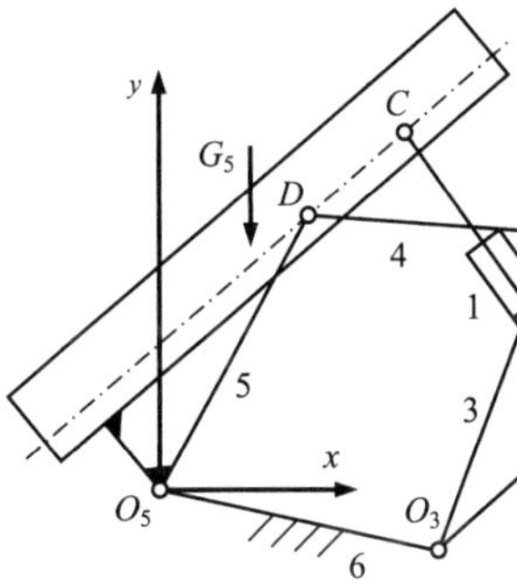


图 5-51　油缸浮动式汽车自卸机构

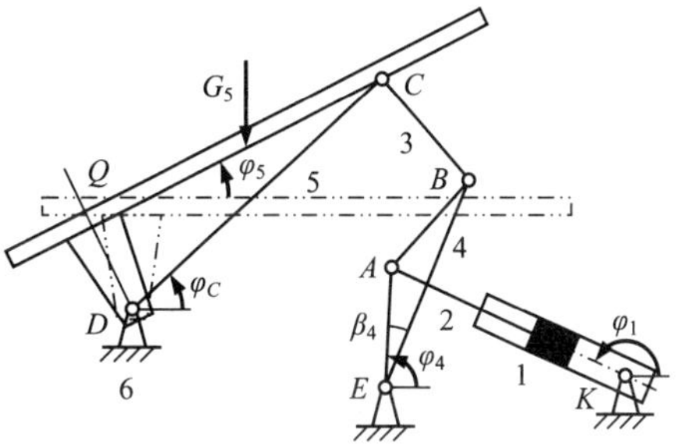


图 5-52　杠杆平衡式汽车自卸机构

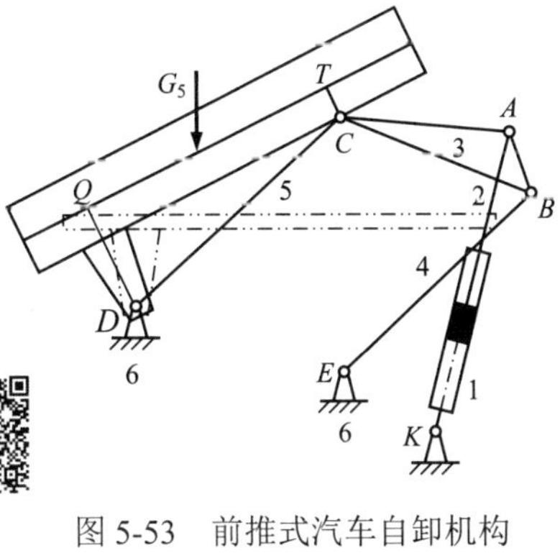


图 5-53　前推式汽车自卸机构

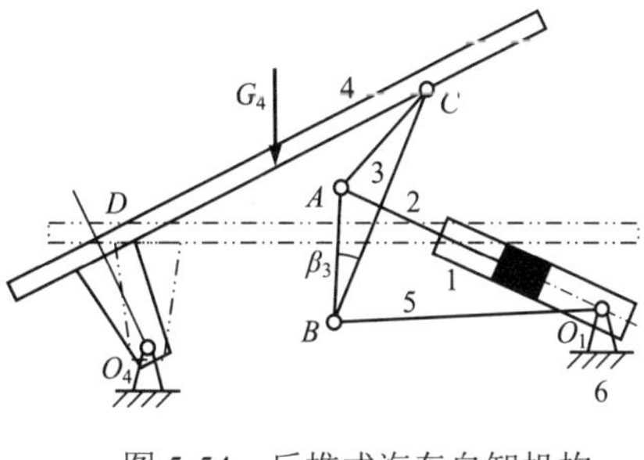


图 5-54　后推式汽车自卸机构

可见，实现汽车自卸的平面六杆机构是多样的，总有满足结构空间限制、运动范围大小、承载能力不同的自卸机构。

图 5-55(a)所示为一种钳口作平动的钳子，上手柄体 1 由左上手柄 $SB_1$、中间的“机架” $O_AO_B$ 以及右方为下钳口 $QK_1$ 三部分组成，下手柄体 2 由左下手柄 $SB_2$ 和右下摇杆 $O_AAI$ 两部分组成，摇杆 3 与上手柄体 1 在 $O_B$、第一连杆 4 在 $B$ 分别组成转动副，构件 1～4 组成以 $O_A$、$O_B$、$B$、$A$ 为转动副的双摇杆机构，图 5-55(b)所示，连杆 4 上的 $E$ 点在钳口开度之内作垂直于 $O_A$、$O_B$ 连线的精确直线运动，$E$ 点为拐点，上钳口件 5 与第一连杆 4 在 $E$ 点组成转动副、与第二连杆 6 在 $H$ 点组成转动副，第二连杆 6 与下手柄体 2 在 $I$ 点组成转动副，上钳口件 5 的右方为上钳口 $QK_2$，上下钳口之间作精确的相对平动。

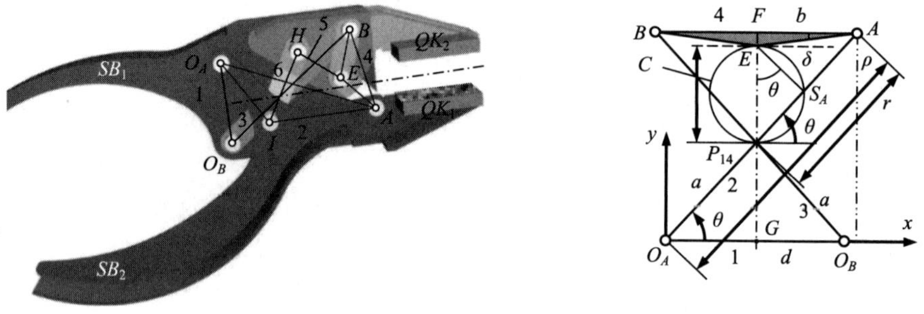


(a) (b)

图 5-55 平面六杆机构型平口钳

只要找到拐点 $E$，再构造 $O_A$、$I$、$H$、$E$ 之间的杆长误差函数；通过最小二乘法化非线性误差函数为线性方程组，即可设计出该平面六杆机构；最后是造型设计。从机构到产品还有很长的一段路要走。

## 习　题

**5.1** 试确定题 5.1 图所示偏置曲柄滑块机构中 $AB$ 为曲柄的几何条件。若为对心曲柄滑块机构($e$=0)，其条件又如何？

**5.2** 在题 5.2 图所示铰链四杆机构中，已知 $b$=50mm，$c$=35mm，$d$=30mm，$d$ 为机架。(1) 若为曲柄摇杆机构，$a$ 为曲柄，试求 $a$ 的最大值；(2) 若为双曲柄机构，试求 $a$ 的最小值；(3) 若为双摇杆机构，试求 $a$ 的值域。

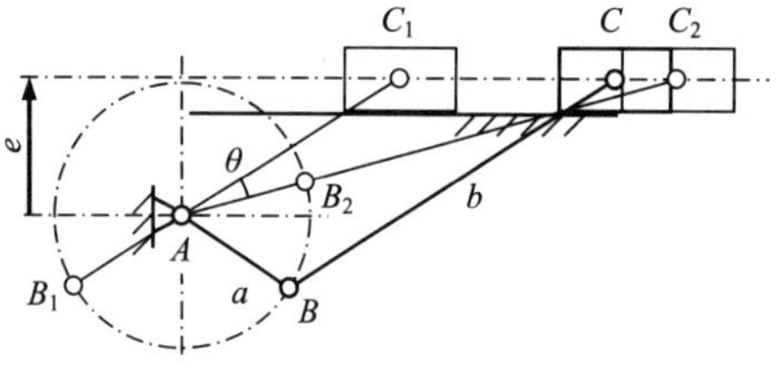


题 5.1 图

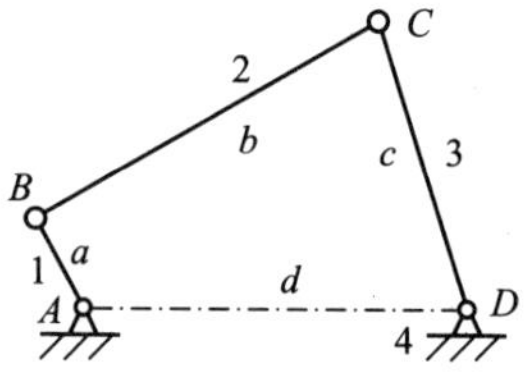


题 5.2 图

**5.3**　参见题 5.1 图所示的偏置曲柄滑块机构，已知：$a$=24mm，$b$=72mm，$e$=25mm，试作图求解：(1) 滑块的行程 $H$；(2) 曲柄为主动件时，机构的最小传动角 $\gamma_{min}$；(3) 滑块为主动件时，机构的死点位置。

**5.4**　试用图解法设计题 5.2 图所示的曲柄摇杆机构。已知摇杆 $CD$ 的急回系数 $K$=1.4，机架 $d$=38mm，摇杆长 $c$=45mm，其摆角 $\psi$=50°，试确定曲柄长 $a$ 和连杆长 $b$。

**5.5**　试用图解法设计题 5.1 图所示的曲柄滑块机构。已知滑块的急回系数 $K$=1.5，滑块的行程 $H$=55 mm，偏距 $e$=20mm，试确定曲柄长 $a$ 和连杆长 $b$。

**5.6**　试设计题 5.6 图所示的脚踏轧棉机上的曲柄摇杆机构。要求踏板 $CD$ 在水平位置上下各摆 10°，$l_{CD}$=500mm，$l_{AD}$=1000mm，用几何作图法求曲柄 $l_{AB}$ 和连杆 $l_{BC}$ 的长度。

**5.7**　如题 5.7 图所示，已知滑块 3 与曲柄 1 的对应位置如下表所示。试用解析法设计 $a$、$b$、$e$ 的长度。

| $S_0$ | $S_1$ | $S_2$ | $S_3$ | $S_4$ | $S_5$ | $S_6$ | $S_7$ | $S_8$ | $S_9$ | $S_{10}$ |
|---|---|---|---|---|---|---|---|---|---|---|
| 0.086 | 0.008 | 0.012 | 0.016 | 0.020 | 0.0235 | 0.027 | 0.030 | 0.033 | 0.0355 | 0.0375 |
| $\varphi_0$ | $\varphi_1$ | $\varphi_2$ | $\varphi_3$ | $\varphi_4$ | $\varphi_5$ | $\varphi_6$ | $\varphi_7$ | $\varphi_8$ | $\varphi_9$ | $\varphi_{10}$ |
| 20° | 5° | 20° | 35° | 50° | 65° | 80° | 95° | 110° | 125° | 140° |

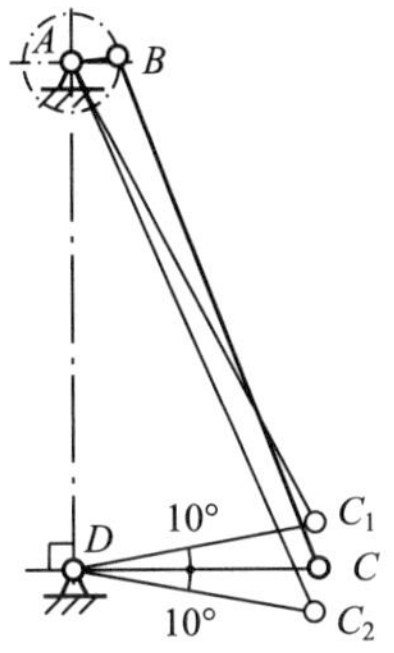


题 5.6 图

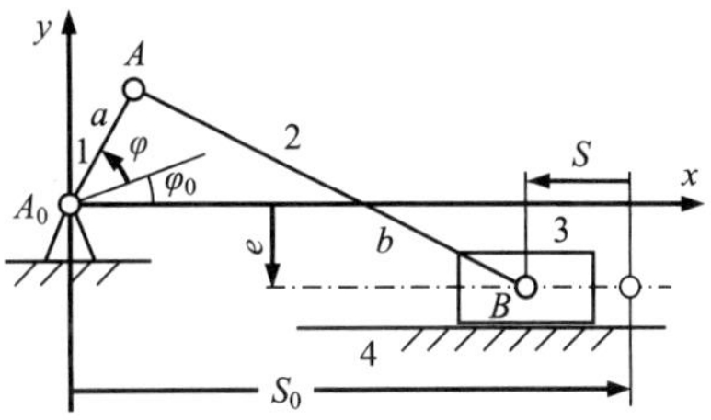


题 5.7 图

## 思　考　题

**5.1**　旋挖钻机是地铁建设、高铁与公路沉桩建设的必选装备，如思考题 5.1 图所示的旋挖钻机，在钻孔时通过一对姿态调整油缸使钻进支撑梁位于垂直状态，钻进时通过推进油缸使钻杆产生向下的压力，一对斜轴变量马达通过齿轮减速器使钻杆产生的巨大的旋转力矩。试解剖斜轴变量马达的结构并说明工作原理，姿态调整油缸的机构类型。

(a) 旋挖钻机

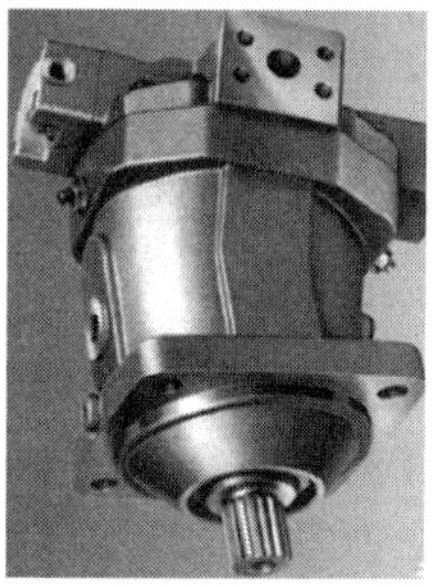

(b) 斜轴变量马达

(c) 齿轮减速器

(d) 动力头

思考题 5.1 图

# 第6章

# 凸轮机构及其设计

## 6.1 概述

凸轮机构是一类由凸轮、从动件和机架所组成的高副机构。该类机构至少存在一个高副，几乎可以实现任意的运动规律，为此，在间歇分度传动、摇摆分度输送、任意定位分度传动、升降摇摆分度传动、升降分度输送等场合得到广泛应用。

## 6.2 凸轮机构的分类及封闭形式

凸轮机构的类型很多，图 6-1(a)为盘形凸轮，图 6-1(b)为槽形凸轮，图 6-1(c)为轴线平行的凸轮机构，图 6-1(d)为轴线垂直的凸轮机构，当然还有其他型式的凸轮机构。

(a)盘形凸轮　(b)槽形凸轮　(c)轴线平行凸轮机构　(d)轴线垂直凸轮机构

图 6-1　凸轮与凸轮机构

凸轮副的类型也较多，图 6-2(a)为轴线平行的凸轮副，图 6-2(b)～ (d)为轴线垂直的凸轮副，当然还有其他型式的凸轮副。

根据从动件的运动形式区分，凸轮机构分为直动从动件凸轮机构和摆动从动件凸轮机构。图 6-3(a)所示的仿形车床中应用固定的平面凸轮引导从动件上的刀具批量加工杆类零件；图 6-3(b)所示的枪中应用固定的平面凸轮槽引导与自锁住滑块；图 6-3(c)所示的枪中应用圆柱凸轮槽引导弹仓连续上弹与排出弹壳。

(a) (b) (c) (d)

图 6-2 凸轮副的类型

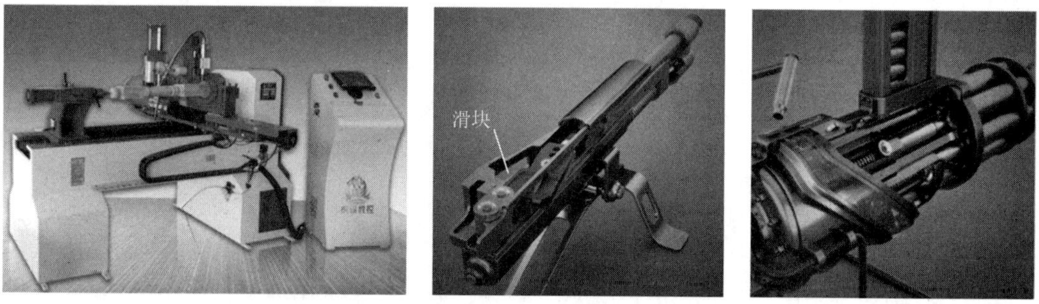

(a) (b) (c)

图 6-3 凸轮机构的类型

根据凸轮的形状、从动件的形状、凸轮与从动件的封闭形式，凸轮机构又分为平面移动型、平面摆动型、空间移动型与空间摆动型的凸轮机构。

图 6-4(a)～(d)、(i)、(j)所示为转动移动型凸轮机构，图 6-4(e)所示为移动型凸轮机构，图 6-4(f)～(h)所示为转动摆动型凸轮机构，图 6-4(i)所示为凸轮约束从动件，图 6-4(j)所示为从动件约束凸轮，图 6-4(c)所示为弹簧约束从动件与凸轮不分离。

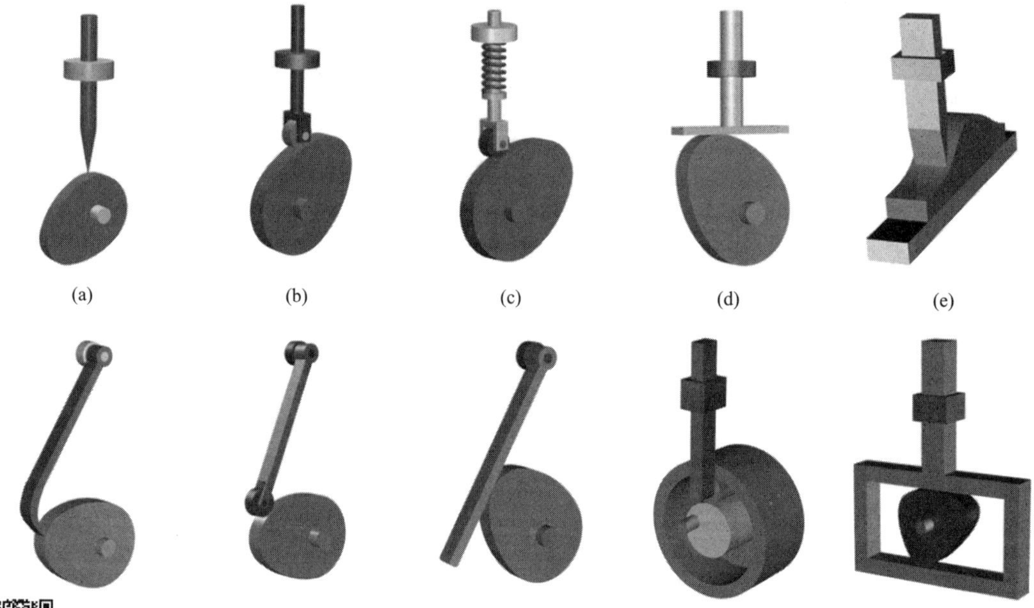
(a) (b) (c) (d) (e)

(f) (g) (h) (i) (j)

图 6-4 凸轮机构的类型

# 6.3　从动件常用的运动规律

由于凸轮机构主要完成运动变换的工作，这里的几何设计是在已知从动件运动规律的条件下确定凸轮的轮廓，所以，应首先了解从动件常用的运动规律，以便正确选择。为了叙述问题的需要，首先介绍凸轮机构的基本名词。图 6-5 所示为一对心直动尖底推杆盘形凸轮机构，凸轮 1 绕 $O$ 点转动，以 $O$ 点为中心所作的半径最小、与凸轮轮廓相切的圆称为基圆，基圆的半径用 $r_0$ 表示。图中 $AB$、$BC$、$CD$ 和 $DA$ 四段组成凸轮轮廓，其中 $BC$、$DA$ 两段为圆心在 $O$ 点的圆弧。当凸轮与推杆在 $A$ 点接触时，推杆处于最低位置。当凸轮以 $\omega_1$ 转动时，推杆在 $AB$ 段曲线的推动下向上运动，并从最低位置 $A$ 推到最高位置 $B'$，推杆的这一运动过程称为推程，其行程用 $h$ 表示，相应的凸轮转角 $\delta_0$ 称为推程运动角。当推杆与 $BC$ 段曲线接触时，推杆在最高位置静止，该过程称为远休止，相应的凸轮转角 $\delta_{01}$ 称为远休止角。当推杆与 $CD$ 段曲线接触时，推杆从最高位置下降到最低位置，该过程称为回程，相应的凸轮转角 $\delta'_0$ 称为回程运动角。最后，当推杆与 $DA$ 段曲线接触时，推杆在最低位置静止，该过程称为近休止，相应的凸轮转角 $\delta_{02}$ 称为近休止角。

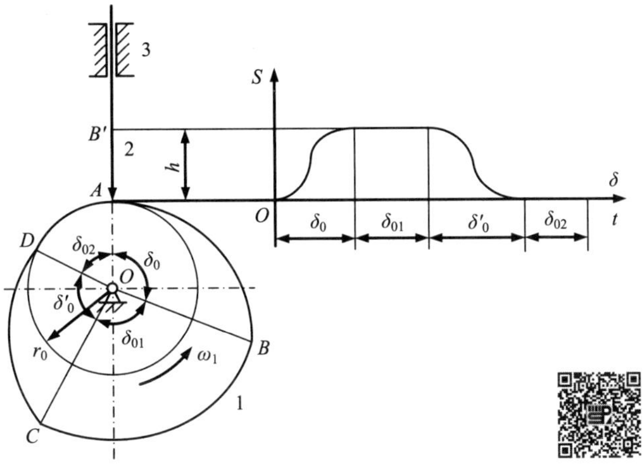


图 6-5　一对心直动尖底推杆盘形凸轮机构及对应的基本名词

凸轮机构的运动规律是指从动件在一个行程内的位移、速度与加速度随时间的变化规律，假设凸轮作匀速转动，凸轮的转角与时间成正比，此时，从动件在一个行程内的运动规律可以表达为凸轮转角的变化规律。从动件常用的运动规律为多项式与三角函数，以下对它们作简要介绍，其他的运动规律可参阅相关文献。

## 6.3.1　一次多项式运动规律

多项式运动规律是指从动件的位移与凸轮转角为多项式关系。假设从动件作直动，位移用 $S$ 表示，则 $S$ 可以表达为

$$S = C_0 + C_1\delta + C_2\delta^2 + C_3\delta^3 + \cdots + C_n\delta^n \tag{6-1}$$

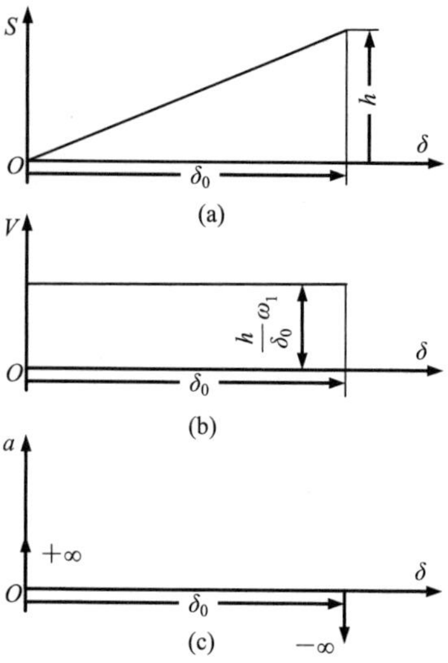

图 6-6 一次多项式运动曲线

式中，$C_0$，$C_1$，$C_2$，…，$C_n$ 为待定系数，可通过已知的设计条件予以确定。当 $S=C_0+C_1\delta$ 时，称从动件作一次多项式规律的运动。若 $\delta=0$ 时，$S=0$；$\delta=\delta_0$ 时，$S=h$，则 $C_0=0$，$C_1=h/\delta_0$。于是，推杆从最低位置向上运动的运动规律为

$$\begin{cases} S = h\delta / \delta_0 \\ V = \mathrm{d}S / \mathrm{d}t = h\omega_1 / \delta_0 \\ a = \mathrm{d}^2S / \mathrm{d}t^2 = 0 \end{cases} \tag{6-2}$$

其运动曲线如图 6-6 所示。

当从动件从最高位置向下运动时，其运动规律为

$$\begin{cases} S = h(1 - \delta / \delta_0') \\ V = \mathrm{d}S / \mathrm{d}t = -h\omega_1 / \delta_0' \\ a = \mathrm{d}^2S / \mathrm{d}t^2 = 0 \end{cases} \tag{6-3}$$

由图 6-6 可见，推杆在运动开始与终止时，因速度发生突变而使加速度达到无限大，此时，推杆突然产生非常大的惯性力作用在凸轮上或离开凸轮，称该情况为刚性冲击，使凸轮与推杆的接触区产生很大的应力与明显的塑性变形，从而严重影响凸轮机构的正常工作。但是，当凸轮的转速不超过 60 r/min 时，该刚性冲击不会明显影响凸轮机构的正常工作。

### 6.3.2 二次多项式运动规律

二次多项式运动规律的形式如式(6-4)所示，这时推杆的加速度为常数。在推程阶段，若边界条件为

$$\begin{cases} S = C_0 + C_1\delta + C_2\delta^2 \\ V = \mathrm{d}S / \mathrm{d}t = C_1\omega_1 + 2C_2\omega_1\delta \\ a = \mathrm{d}^2S / \mathrm{d}t^2 = 2C_2\omega_1^2 \end{cases} \tag{6-4}$$

推程始点处 $\delta=0$，$S=0$，$V=0$；

推程中点处 $\delta=\delta_0/2$，$S=h/2$。

将其代入式(6-4)可得：$C_0=0$，$C_1=0$，$C_2 = 2h / \delta_0^2$。于是得推杆等加速上升阶段的运动规律为

$$\begin{cases} S = 2h\delta^2 / \delta_0^2 \\ V = \mathrm{d}S / \mathrm{d}t = 4h\omega_1\delta / \delta_0^2 \\ a = \mathrm{d}^2S / \mathrm{d}t^2 = 4h\omega_1^2 / \delta_0^2 \end{cases} \tag{6-5a}$$

推杆等加速度上升阶段的运动曲线如图 6-7 所示。

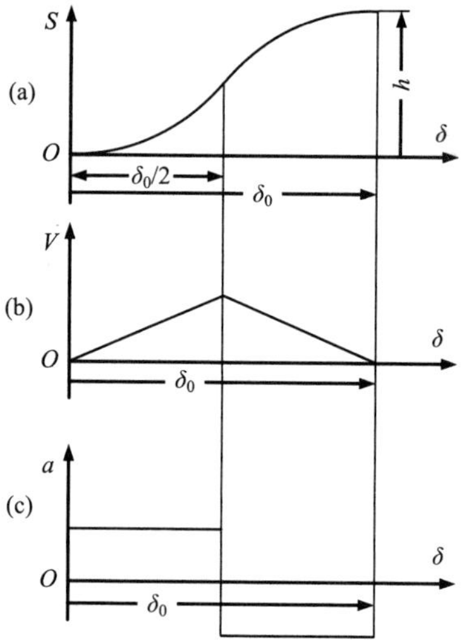

图 6-7 二次多项式运动曲线

推程等减速上升阶段的边界条件为

始点处 $\delta=\delta_0/2$、$S=h/2$；

终点处 $\delta=\delta_0$、$S=h$、$V=0$。

将其代入式(6-4)得 $C_0=-h$、$C_1=4h/\delta_0$、$C_2 = -2h / \delta_0^2$。于是得推杆等减速上升阶段的运动规

律为

$$\begin{cases} S = h - 2h(\delta_0 - \delta)^2 / \delta_0^2 \\ V = \mathrm{d}S / \mathrm{d}t = 4h\omega_1(\delta_0 - \delta) / \delta_0^2 \\ a = \mathrm{d}^2 S / \mathrm{d}t^2 = -4h\omega_1^2 / \delta_0^2 \end{cases} \tag{6-5b}$$

推杆等减速上升阶段的运动曲线如图 6-7 所示。

由图 6-7 可见，推杆在运动开始、加速与减速的转折点以及运动终止时，加速度发生有限的突变，此时，推杆突然产生较大的惯性力作用在凸轮上或离开凸轮，称该情况为柔性冲击。当凸轮的转速不超过 250 r/min 时，该种冲击对凸轮机构的正常工作影响不太大。

同理可得，推杆在回程阶段等加速下降的运动规律为

$$\begin{cases} S = h - 2h\delta^2 / \delta_0'^2 \\ V = \mathrm{d}S / \mathrm{d}t = -4h\omega_1\delta / \delta_0'^2 \qquad 0 \leqslant \delta \leqslant \delta_0' / 2 \\ a = \mathrm{d}^2 S / \mathrm{d}t^2 = -4h\omega_1^2 / \delta_0'^2 \end{cases} \tag{6-6a}$$

推杆在回程阶段等减速下降的运动规律为

$$\begin{cases} S = 2h(\delta_0' - \delta)^2 / \delta_0'^2 \\ V = \mathrm{d}S / \mathrm{d}t = -4h\omega_1(\delta_0' - \delta) / \delta_0'^2 \qquad \delta_0' / 2 < \delta \leqslant \delta_0' \\ a = \mathrm{d}^2 S / \mathrm{d}t^2 = 4h\omega_1^2 / \delta_0'^2 \end{cases} \tag{6-6b}$$

### 6.3.3　五次多项式运动规律

将式(6-1)中的 $n$ 取 5，对 $S$ 取关于时间 $t$ 的 1、2 阶导数，得 $S$、$V$ 与 $a$ 分别为

$$\begin{cases} S = C_0 + C_1\delta + C_2\delta^2 + C_3\delta^3 + C_4\delta^4 + C_5\delta^5 \\ V = \mathrm{d}S / \mathrm{d}t = C_1\omega_1 + 2C_2\omega_1\delta + 3C_3\omega_1\delta^2 + 4C_4\omega_1\delta^3 + 5C_5\omega_1\delta^4 \\ a = \mathrm{d}^2 S / \mathrm{d}t^2 = 2C_2\omega_1^2 + 6C_3\omega_1^2\delta + 12C_4\omega_1^2\delta^2 + 20C_5\omega_1^2\delta^3 \end{cases} \tag{6-7}$$

推程的边界条件为

始点处 $\delta$=0，$S$=0，$V$=0，$a$=0。

终点处 $\delta$=$\delta_0$，$S$=$h$，$V$=0，$a$=0。

上述条件代入式(6-7)可得 $C_0$=$C_1$=$C_2$=0，$C_3 = 10h / \delta_0^3$，$C_4 = -15\ h / \delta_0^4$，$C_5 = 6h / \delta_0^5$。于是运动方程为

$$\begin{cases} S = 10h\delta^3 / \delta_0^3 - 15h\delta^4 / \delta_0^4 + 6h\delta^5 / \delta_0^5 \\ V = \omega_1(30h\delta^2 / \delta_0^3 - 60h\delta^3 / \delta_0^4 + 30h\delta^4 / \delta_0^5) \\ a = \omega_1^2(60h\delta / \delta_0^3 - 180h\delta^2 / \delta_0^4 + 120h\delta^3 / \delta_0^5) \end{cases} \tag{6-8}$$

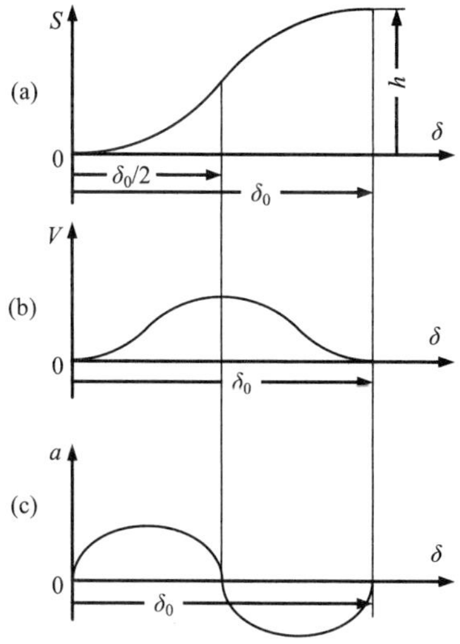

图 6-8　五次多项式运动曲线

推程阶段的运动曲线如图 6-8 所示。

由图 6-8 可见，推杆在运动开始与终止时，速度与加速度都为零，速度与加速度都连续变化，为此，凸轮与从动件之间无刚性与柔性冲击。该种运动规律可以使凸轮的转速达到

800r/min，而冲击效应不怎么明显。

### 6.3.4 余弦加速度运动规律

当从动件的运动规律按式(6-9)变化时，称为余弦加速度运动规律。

$$\begin{cases} S=\dfrac{h}{2}\left[1-\cos\left(\dfrac{\pi}{\delta_0}\delta\right)\right] \\ V=\dfrac{\pi h\omega_1}{2\delta_0}\sin\left(\dfrac{\pi}{\delta_0}\delta\right) \\ a=\dfrac{\pi^2 h\omega_1^2}{2\delta_0^2}\cos\left(\dfrac{\pi}{\delta_0}\delta\right) \end{cases} \tag{6-9}$$

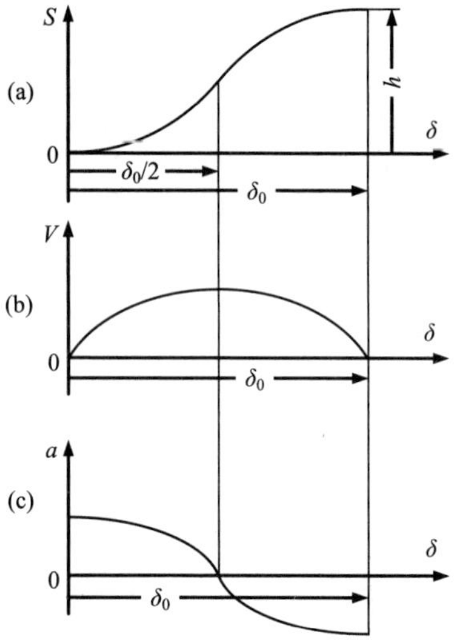


图 6-9 余弦加速度运动曲线

余弦加速度运动规律的边界条件为：当 $\delta=0$ 时，$S=0$，$V=0$，$a=\pi^2 h\omega_1^2/(2\delta_0^2)$；当 $\delta=\delta_0$ 时，$S=h$，$V=0$，$a=-\pi^2 h\omega_1^2/(2\delta_0^2)$。推程阶段的运动曲线如图 6-9 所示。

由图 6-9(c)可见，推杆在运动开始与终止时，加速度发生有限的突变，此时，推杆突然产生较大的惯性力作用在凸轮上或离开凸轮，仍会产生柔性冲击。当凸轮的转速不超过 400 r/min 时，该种冲击对凸轮机构的正常工作影响不太大。

### 6.3.5 正弦加速度运动规律

当从动件的运动规律按式(6-10)变化时，称为正弦加速度运动规律。

正弦加速度运动规律的边界条件为：当 $\delta=0$ 时，$S=0$，$V=0$，$a=0$；$\delta=\delta_0$ 时，$S=h$，$V=0$，$a=0$。

推程阶段的运动曲线如图 6-10 所示。推杆在运动开始与终止时，速度与加速度都为零，速度与加速度都连续变化，为此，凸轮与从动件之间无刚性与柔性冲击。该种运动规律可使凸轮的转速达到 900 r/min，而冲击效应不太严重。

$$\begin{cases} S=h\left[\dfrac{\delta}{\delta_0}-\dfrac{1}{2\pi}\sin\left(\dfrac{2\pi}{\delta_0}\delta\right)\right] \\ V=\dfrac{h\omega_1}{\delta_0}\left[1-\cos\left(\dfrac{2\pi}{\delta_0}\delta\right)\right] \\ a=\dfrac{2\pi h\omega_1^2}{\delta_0^2}\sin\left(\dfrac{2\pi}{\delta_0}\delta\right) \end{cases} \tag{6-10}$$

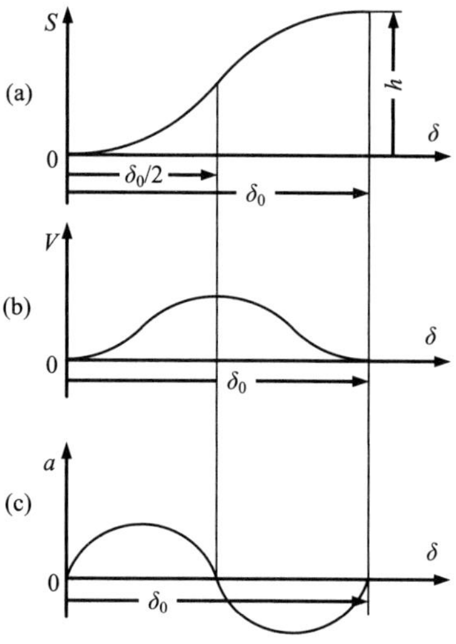


图 6-10 正弦加速度运动曲线

# 6.4　盘形凸轮轮廓曲线的作图法设计

当选定从动件的运动规律、凸轮机构的型式、凸轮的基圆半径与转向，就可以采用作图法进行凸轮轮廓的设计。

## 6.4.1　对心直动尖底从动件盘形凸轮轮廓曲线的设计

假设已知从动件的运动规律 $S=S(\delta)$、凸轮的理论基圆半径 $r_0$ 与转向，凸轮轮廓的作图法设计过程如下。

步骤 1. 将从动件的运动规律曲线在 $\delta_0$、$\delta_{01}$、$\delta'_0$ 和 $\delta_{02}$ 区间内分别划分为若干等份，在比例尺 $\mu_L$ 下，得凸轮在一系列转角 $\delta_i$ 位置的对应位移数值 $S(\delta_i)$，$i$=1,2,3,…。

步骤 2. 选择作图比例尺 $\mu_L$，画出理论基圆，标注凸轮的转向，画出推杆的初始位置，如图 6-11 所示。

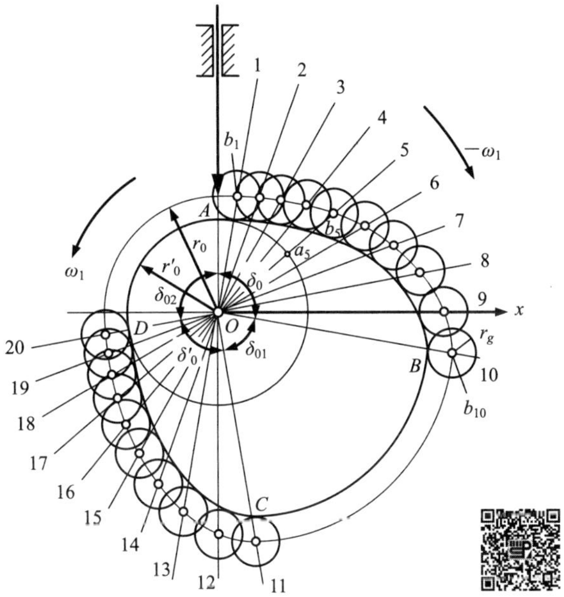


图 6-11　对心直动尖底、滚子从动件盘形凸轮轮廓线设计

步骤 3. 由于凸轮与推杆都运动时无法作图，所以，对整个机构施加一个$(-\omega_1)$转动，该做法不改变凸轮机构的相对运动，但此时凸轮相对于画图版面不动。沿着$(-\omega_1)$方向，将推杆相对于凸轮反转的[0,2π]区间作与从动件的运动规律曲线相同的划分，得一系列径向线 1,2,3,4,5,…。

步骤 4. 在径向线 1,2,3,4,5,…上，量取长度与运动规律曲线上推杆的对应位移相等，如图 6-11 所示，比如，图 6-11 中的 $a_5b_5$ 线段与运动规律曲线上在 $0\leqslant\delta\leqslant\delta_{01}$ 内的第五个 $S_5$ 相等，$a_5b_5=S_5=S(\delta_5)$。

步骤 5. 将径向线 1,2,3,4,5,…上的一系列点 $b_1$，$b_2$，$b_3$，$b_4$，$b_5$，… 连成一条光滑的曲线，

便得到凸轮的轮廓，如图 6-11 所示。

### 6.4.2 对心直动滚子从动件盘形凸轮轮廓曲线的设计

由于尖底从动件与凸轮的接触面积理论上为零，不能承受外力，所以，将尖底所对应的凸轮轮廓称为理论轮廓。为了加大推杆与凸轮的接触面积，可以通过在尖底处安装滚子予以解决，如图 6-11 所示。当在尖底上安装一系列半径为 $r_g$ 的滚子后，凸轮的轮廓就变成与一系列滚子只相切一次的光滑曲线，该曲线称为凸轮的实际轮廓。此时，尖底所对应的凸轮轮廓与凸轮的实际轮廓构成两条等距曲线，凸轮的实际基圆半径 $r'_0=r_0-r_g$。

### 6.4.3 偏置直动尖底从动件盘形凸轮轮廓曲线的设计

当直动尖底从动件的几何中心线与凸轮的转动中心有一段距离时，称为偏置直动尖底从动件盘形凸轮机构。其凸轮轮廓的设计方法如下。

步骤 1. 将从动件的运动规律 $S=S(\delta)$曲线在 $\delta_0$、$\delta_{01}$、$\delta'_0$ 和 $\delta_{02}$ 区间内分别划分为若干等份，得凸轮在一系列转角下的对应位移数值 $S(\delta_i)$，$i$=1,2,3,…。

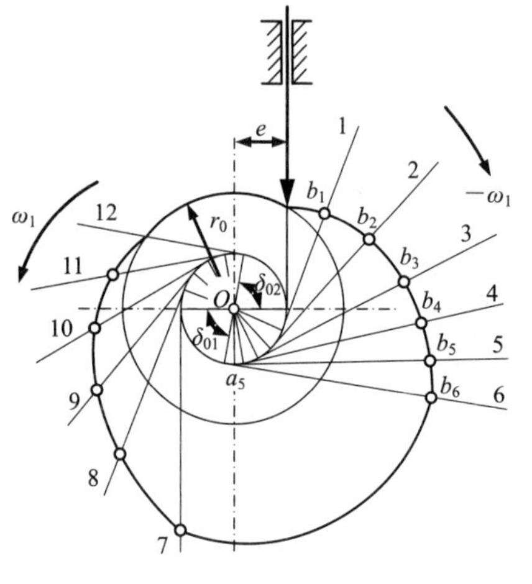


图 6-12 偏置直动尖底从动件盘形凸轮轮廓线设计

步骤 2. 选择作图比例尺 $\mu_L$，画出基圆、偏置距 $e$，且以 $O$ 为圆心、以 $e$ 为半径画出偏置圆，标注凸轮的转向，画出推杆的初始位置，如图 6-12 所示。

步骤 3. 对整个机构施加一个$(-\omega_1)$转动，沿着$(-\omega_1)$方向，将偏置圆在［0,2π］区间作与从动件的运动规律曲线相同的划分，得一系列径向线，作这些径向线的垂线得偏置圆的切线 1,2,3,4,5,…。

步骤 4. 在切线 1,2,3,4,5,…上，量取长度与运动规律曲线上推杆的对应位移相等，比如，图 6-12 中的 $a_5b_5$ 线段与运动规律曲线上在 $0\leqslant\delta\leqslant\delta_{01}$ 内第五个 $S_5$ 相等，$a_5b_5=S_5=S(\delta_5)$。

步骤 5. 将切线 1,2,3,4,5,…上的一系列点 $b_1$，$b_2$，$b_3$，$b_4$，$b_5$，…连成一条光滑的曲线，便得凸轮的理论轮廓，如图 6-12 所示。

### 6.4.4 偏置直动滚子从动件盘形凸轮轮廓曲线的设计

在图 6-12 所示的偏置直动尖底从动件盘形凸轮机构的基础上，在一系列尖底上安装一系列半径为 $r_g$ 的滚子，凸轮的轮廓就变成与一系列滚子只相切一次的光滑曲线，该曲线称为凸轮的实际轮廓，如图 6-13 所示。此时，尖底所对应的凸轮轮廓与凸轮的实际轮廓构成两条等距曲线，凸轮的实际基圆半径 $r'_0=r_0-r_g$。

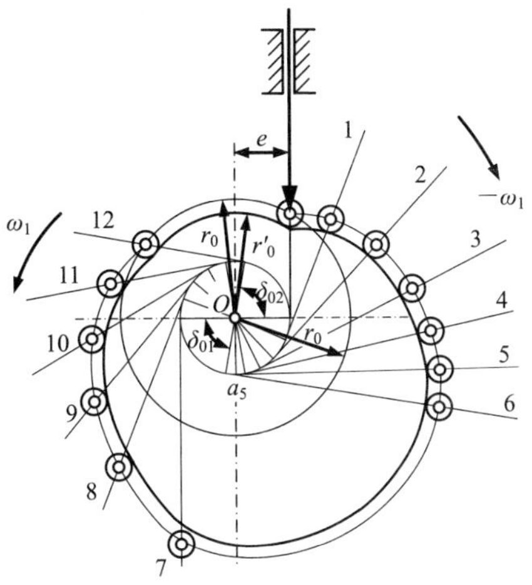


图 6-13　偏置直动滚子从动件盘形凸轮轮廓线设计

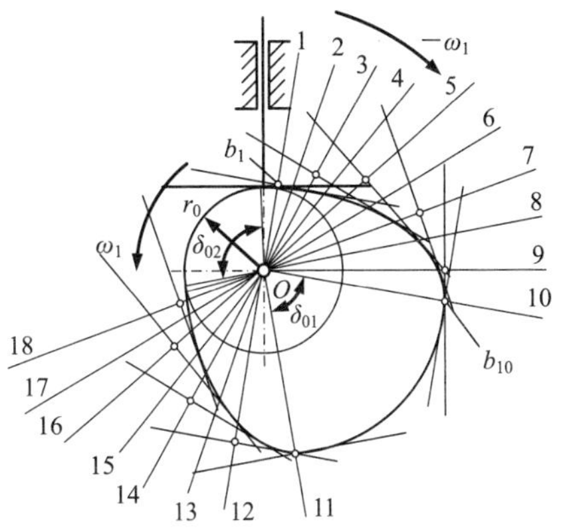


图 6-14　直动平底从动件盘形凸轮轮廓线作图法设计

### 6.4.5　直动平底从动件盘形凸轮轮廓曲线的设计

图 6-14 所示为直动平底从动件盘形凸轮机构的凸轮轮廓设计图，其凸轮轮廓的设计是将平底与直动从动件几何轴线的交点视为尖底直动从动件的尖底，首先画出尖底的一系列位置，然后过这些位置画出平底，最后，作一条光滑的与这些平底只相切一次的曲线，该曲线即为直动平底从动件盘形凸轮的轮廓。直动平底从动件盘形凸轮的轮廓与直动尖底从动件盘形凸轮的轮廓不构成两条等距曲线。

## 6.5　盘形凸轮轮廓曲线的解析法设计

由于作图法设计的凸轮轮廓的几何精度较低，基本不能满足生产的需求，所以，解析法设计已成为当今凸轮轮廓设计的主流。但是，作图法设计为解析法设计建立数学方程提供了清晰的图形与几何关系，是解析法的基础。解析法建立的凸轮轮廓的数学方程，经过编程，在数控机床上可以实现凸轮的数控切削加工或磨削。

### 6.5.1　直动平底从动件盘形凸轮轮廓曲线的解析法设计

图 6-15 所示为对心直动平底从动件盘形凸轮机构，在图示的坐标系中，当凸轮转过 $\delta$ 角时，推杆上升 $S$。采用反转法，让推杆相对于凸轮反转 $\delta$ 角，此时推杆上的平底与凸轮在 $C$ 点接触。作 $OP /\!/ BC$，$PC /\!/ OB$，$P$ 点为凸轮与推杆的速度瞬心，此时推杆的速度 $V=\omega_1 \cdot OP$，$OP$ 的长度等于 $V/\omega_1=(\mathrm{d}S/\mathrm{d}t)/(\mathrm{d}\delta/\mathrm{d}t)=\mathrm{d}S/\mathrm{d}\delta$。为此，凸轮轮廓上任意一点 $C$ 的坐标 $x$、$y$ 分别为

$$\begin{cases} x=(r_0+S)\sin\delta+(\mathrm{d}S/\mathrm{d}\delta)\cos\delta \\ y=(r_0+S)\cos\delta-(\mathrm{d}S/\mathrm{d}\delta)\sin\delta \end{cases} \tag{6-11}$$

式(6-11)即为对心直动平底从动件盘形凸轮机构的凸轮轮廓的方程。

由式(6-11)的推导过程可见，$C$ 的坐标 $x$、$y$ 与偏心距 $e$ 无关。

显然，平底的最小长度 $L$ 为

$$L=\left(\frac{\mathrm{d}S_{推程}}{\mathrm{d}\delta}\right)_{\max}+\left(\frac{\mathrm{d}S_{回程}}{\mathrm{d}\delta}\right)_{\max}+(5\sim7)\mathrm{mm} \tag{6-12}$$

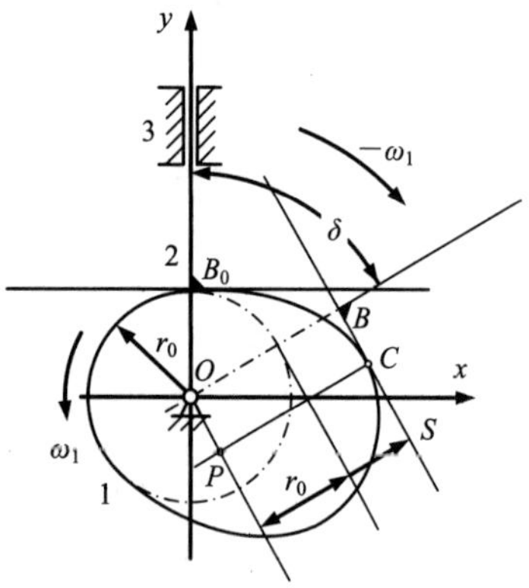


图 6-15　对心直动平底从动件盘形凸轮轮廓线解析法设计

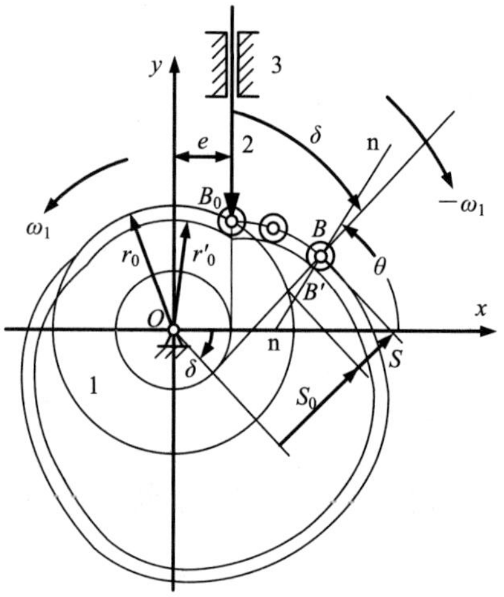


图 6-16　偏置直动滚子从动件盘形凸轮轮廓线设计

## 6.5.2　直动滚子从动件盘形凸轮轮廓曲线的解析法设计

偏置直动滚子从动件盘形凸轮机构如图 6-16 所示。在图示的坐标系中，直动滚子从动件 2 的几何中心线与凸轮 1 的转动中心 $O$ 之间有一偏心距 $e$，$B_0$ 点为推杆 2 位于最低位置时滚子中心与凸轮理论轮廓的接触点，$B_0$ 点到 $x$ 轴的距离 $S_0=\sqrt{r_0^2-e^2}$，当凸轮转过 $\delta$ 角度时，推杆 2 上升 $S$。采用反转法，让推杆 2 相对于凸轮 1 反转 $\delta$ 角度，此时，滚子中心与凸轮理论轮廓在 $B$ 点接触。为此，凸轮理论轮廓上任意一点 $B$ 的坐标 $x$、$y$ 分别为

$$\begin{cases}x=(S_0+S)\sin\delta+e\cos\delta\\ y=(S_0+S)\cos\delta-e\sin\delta\end{cases} \tag{6-13}$$

由于凸轮实际轮廓与理论轮廓是等距曲线，所以，与 $B$ 点对应的实际轮廓上的 $B'$的坐标在过 $B$ 点的法线 n–n 上。$B$ 点的法线 n–n 的斜率为

$$\tan\theta=\frac{\mathrm{d}x}{-\mathrm{d}y}=\frac{\mathrm{d}x/\mathrm{d}\delta}{-\mathrm{d}y/\mathrm{d}\delta}=\frac{(\mathrm{d}x/\mathrm{d}\delta)/\sqrt{(\mathrm{d}x/\mathrm{d}\delta)^2+(\mathrm{d}y/\mathrm{d}\delta)^2}}{(-\mathrm{d}y/\mathrm{d}\delta)/\sqrt{(\mathrm{d}x/\mathrm{d}\delta)^2+(\mathrm{d}y/\mathrm{d}\delta)^2}}=\frac{\sin\theta}{\cos\theta} \tag{6-14}$$

$$\begin{cases}\mathrm{d}x/\mathrm{d}\delta=(\mathrm{d}S/\mathrm{d}\delta-e)\sin\delta+(S_0+S)\cos\delta\\ \mathrm{d}y/\mathrm{d}\delta=(\mathrm{d}S/\mathrm{d}\delta-e)\cos\delta-(S_0+S)\sin\delta\end{cases} \tag{6-15}$$

为此 $B'(x', y')$的坐标为

$$\begin{cases} x' = x \mp r_g \cos\theta \\ y' = y \mp r_g \sin\theta \end{cases} \tag{6-16}$$

式(6-16)即为凸轮实际轮廓的方程。式中“－”号为内等距曲线；“+”号为外等距曲线，$r_g$为滚子的半径。

当偏置距 $e$=0 时，即为对心直动滚子从动件盘形凸轮轮廓曲线的设计。

## 6.6 凸轮机构基本尺寸的确定

凸轮机构的基本尺寸包括理论基圆半径 $r_0$、滚子半径 $r_g$、从动件的直径 $d$、从动件的安装结构尺寸 $L_1$ 和 $L_2$、正负偏置距 $e$ 和压力角 $\alpha$，如图 6-17 所示。当计入移动副中的摩擦角 $\varphi_{34}$(转动副的摩擦较小被忽略)时，压力角 $\alpha$ 的大小显著地影响凸轮机构的机械效率与运动副中作用力的大小。

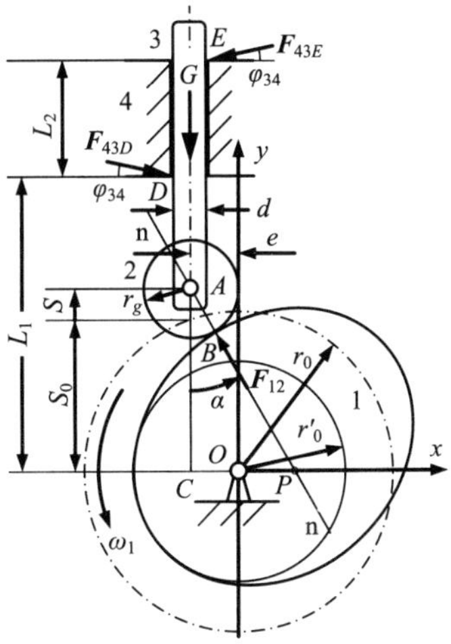

图 6-17　偏置直动滚子从动件盘形凸轮机构的受力分析与基本尺寸

### 6.6.1 凸轮机构中的作用力与许用压力角

以图 6-17 所示的偏置直动滚子从动件盘形凸轮机构为例，说明凸轮机构的受力、压力角与机构位置的关系。设凸轮 1 给滚子 2 的驱动力为 $F_{12}$，滚子 2 给推杆 3 的作用力 $F_{23}=F_{12}$，机架 4 在 $D$、$E$ 两点给推杆 3 的作用力分别为 $F_{43D}$、$F_{43E}$，推杆 3 上总的阻力为 $G$，推杆 3 上的惯性力不计。由推杆 3 的力平衡条件$\sum F_x=0$，$\sum F_y=0$ 和$\sum M_A=0$ 可得：

$$\begin{cases} -F_{23}\sin\alpha + F_{43D}\cos\varphi_{34} - F_{43E}\cos\varphi_{34} = 0 \\ -G + F_{23}\cos\alpha - F_{43D}\sin\varphi_{34} - F_{43E}\sin\varphi_{34} = 0 \\ -F_{43D}(L_1 - S_0 - S)\cos\varphi_{34} + F_{43D}\dfrac{d}{2}\sin\varphi_{34} + F_{43E}(L_1 + L_2 - S_0 - S)\cos\varphi_{34} - F_{43E}\dfrac{d}{2}\sin\varphi_{34} = 0 \end{cases} \tag{6-17}$$

化简后得作用力 $F_{23}$ 与总阻力 $G$ 的关系为

$$F_{23} = G / \{\cos\alpha - [1 + 2(L_1 - S_0 - S - d\tan\varphi_{34}) / L_2]\sin\alpha\tan\varphi_{34}\} \tag{6-18}$$

令当量摩擦角 $\varphi_{34}$=0，得理想状态下的作用力 $F_{230}=G/\cos\alpha$。此时机械效率 $\eta$ 为

$$\eta = F_{230} / F_{23} = 1 - [1 + 2(L_1 - S_0 - S - d\tan\varphi_{34}) / L_2]\tan\alpha\tan\varphi_{34} \tag{6-19}$$

由式(6-19)可见，压力角 $\alpha$、当量摩擦角 $\varphi_{34}$ 的增大导致机械效率的下降；$(L_1 - S_0 - S - d\tan\varphi_{34}) / L_2$ 项的增加也导致机械效率的下降。

为了提高机械效率，规定凸轮机构的最大压力角 $\alpha_{max}$ 小于许用压力角[$\alpha$]。在推程阶段，

当推杆作移动时，$[\alpha]$=30°；当推杆作摆动时，$[\alpha]$=35°～45°。在回程阶段，$[\alpha]$=70°～80°。

### 6.6.2 凸轮基圆半径的确定

以图 6-17 所示的偏置直动滚子从动件盘形凸轮机构为例，由直角$\triangle ACP$得到关于压力角$\alpha$的函数式为

$$\tan\alpha=(OP+e)/(S_0+S)=[(\mathrm{d}S/\mathrm{d}\delta)+e]/[(r_0^2-e^2)^{0.5}+S] \tag{6-20}$$

若让$\alpha\leqslant[\alpha]$，则得关于理论基圆半径$r_0$的设计公式为

$$r_0\geqslant\sqrt{[(\mathrm{d}S/\mathrm{d}\delta+e)/\tan[\alpha]-S]^2+e^2} \tag{6-21}$$

由式(6-21)可见，偏置直动滚子从动件盘形凸轮机构的基本尺寸与运动规律非线性相关。当偏置距$e$取在$O$点的右侧时，式(6-21)中的$e$取负值。

在图 6-17 所示的偏置直动滚子从动件盘形凸轮机构中，设理论基圆半径$r_0$=0.100m、滚子半径$r_g$=0.030m、从动件的直径$d$=0.025m、从动件的安装结构尺寸$L_1$=0.300m 和$L_2$=0.060m、正偏置距$e$=0.020m，$S_0=\sqrt{r_0^2-e^2}$=0.098m，移动副中的摩擦角$\varphi_{34}$=10°。假设从动件 2 的运动规律为正弦加速度，$S=h[\delta/\delta_0-1/(2\pi)\sin(2\pi\delta/\delta_0)]$，$h$=0.150m，$\delta_0$=120°=2π/3，$\mathrm{d}S/\mathrm{d}\delta=(h/\delta_0)[1-\cos(2\pi\delta/\delta_0)]$。由此得：$0\leqslant\delta\leqslant\delta_0$时，偏置直动滚子从动件盘形凸轮机构的机械效率$\eta$如图 6-18 所示。由图可见，凸轮机构在不同位置的机械效率是不同的。

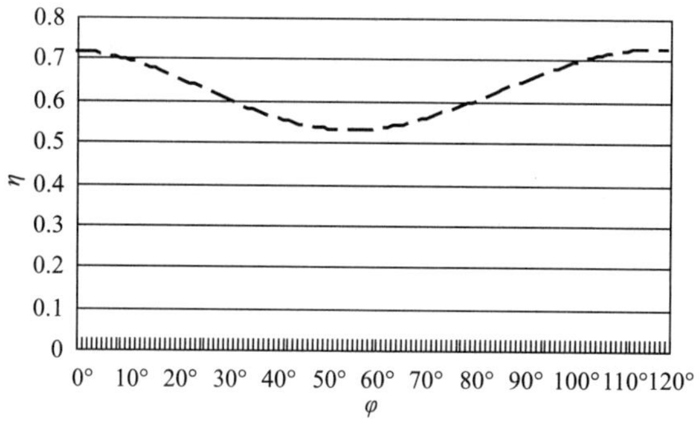


图 6-18 偏置直动滚子从动件盘形凸轮机构的机械效率

对于图 6-15 所示的直动平底从动件盘形凸轮机构，由于压力角$\alpha$始终等于零，所以凸轮基圆半径$r_0$的选择主要影响凸轮轮廓的存在性，如图 6-19 所示。设从动件的运动规律已经确定，若凸轮的基圆半径选为$r_0=OB_0$，当从动件的平底位于$B_0$，$B_1$，$B_2$，$B_3$，…时，不存在一条光滑与每一个平底相切的曲线，即凸轮的轮廓不存在；若凸轮的基圆半径选为$r_{01}=OB'_0$，当从动件的平底位于$B'_0$，$B'_1$，$B'_2$，$B'_3$，…时，存在一条光滑与每一个平底都相切的曲线，该光滑的曲线即为凸轮的轮廓。

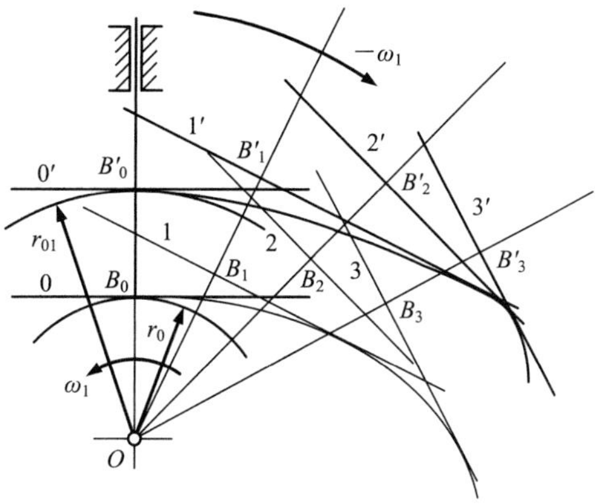


图 6-19　直动平底从动件盘形凸轮机构凸轮基圆半径与轮廓的存在性

### 6.6.3　滚子半径的确定

在图 6-17 所示的偏置直动滚子从动件盘形凸轮机构中，滚子半径 $r_g$ 的选择影响凸轮轮廓的存在性。为了使凸轮的实际轮廓存在，滚子半径 $r_g$ 不能取得太大，否则凸轮的实际轮廓可能不存在，图 6-20 给出滚子半径的大小与凸轮实际轮廓形状的关系。在图 6-20(a)中，凸轮实际轮廓的最小曲率半径比较大；在图 6-20(b)中，凸轮实际轮廓的最小曲率半径已经比较小；在图 6-20(c)中，凸轮实际轮廓的最小曲率半径不存在。在实际设计中，应使凸轮理论轮廓的最小曲率半径 $\rho_{\min}$ 满足 $\rho_{\min}/r_g \geqslant 1.25$。

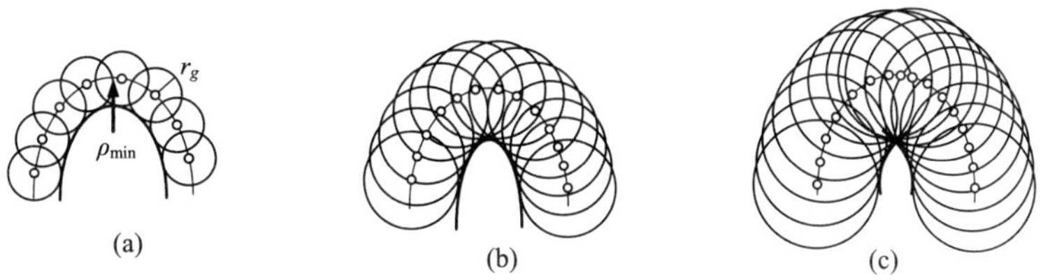


图 6-20　滚子半径 $r_g$ 对凸轮实际轮廓的影响

## 6.7　凸轮机构的应用

凸轮机构广泛应用于运动控制与工作阻力相对较小的场合。图 6-21 是图 2-17 所示的 V6 内燃机中的凸轮配气机构，当凸轮转动时，移动从动件 2 作间歇的上下运动，从而实现气门的开启与关闭。图 6-22 是家用缝纫机的送布机构，6 段圆弧组成的凸轮 1 作整周转动，6 段圆弧组成的凸轮 8 作往复摆动，通过连杆实现运动的合成，从而使送布齿板作图 6-22 所示的轨迹运动。当调节针距座的角度时，可以改变针距的大小。图 6-23 是包装机械中的块状物料推送机构，该机构采用两套曲柄滑块机构，在第一个曲柄滑块机构的滑块上焊接槽状凸轮，在第二个曲柄滑块机构的滑块上焊接一个垂直杆，连杆 6 通过滚子 7 与槽状凸轮形成高副并与垂直杆组成低副，连杆 6 上的 $K$ 点走出要求的轨迹。

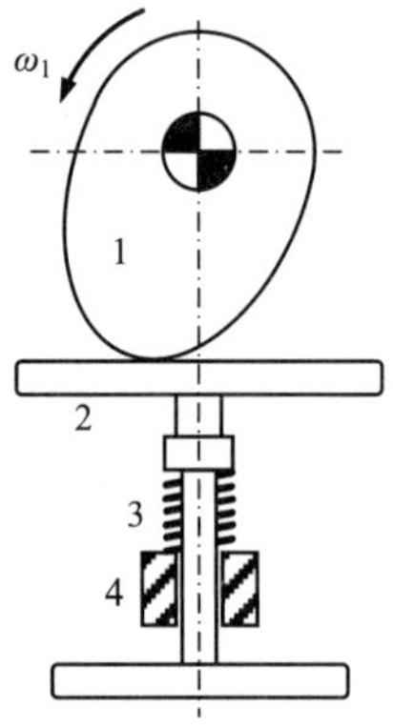

图 6-21　汽车发动机的凸轮配气机构

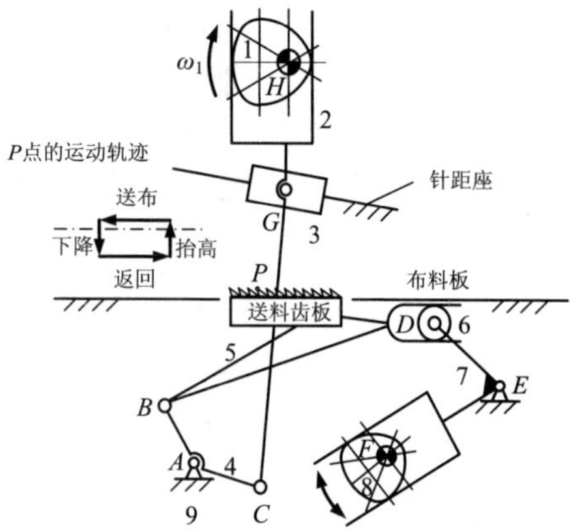


图 6-22　家用缝纫机的送布机构

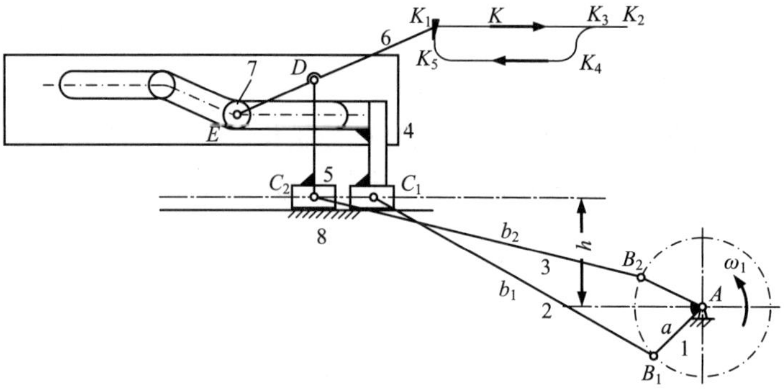

图 6-23　曲柄滑块与凸轮组合的块状物料推送机构

## 习　题

**6.1**　在题 6.1 图所示的凸轮机构中，作图比例尺 $\mu_L$=10，凸轮 1 为主动件，推杆 3 为从动件。

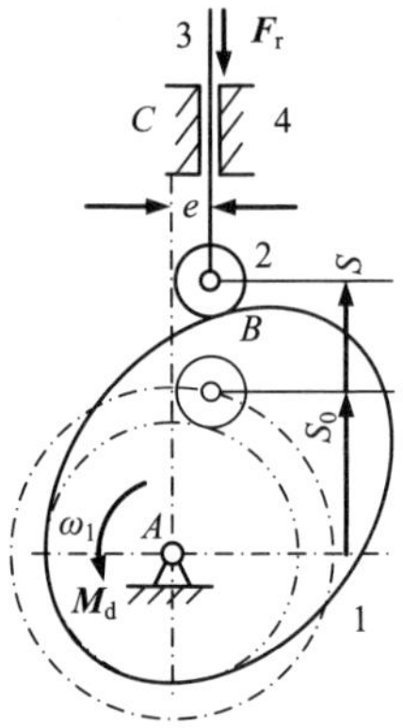

题 6.1 图

(1) 画出凸轮的理论基圆并量取半径 $r_0$；

(2) 标出凸轮机构在图示位置的压力角 $\alpha$ 并量取 $\alpha$；

(3) 标出并量取从动件的位移 $S$；

(4) 标出并量取从动件的行程 $h$；

(5) 若主动力矩 $M_d$=10N·m，不计所有运动副的摩擦，求图示位置的工作阻力 $F_r$；

(6) 偏置距 $e$ 的引入对受力是否有利。

**6.2**　在题 6.2 图所示的凸轮机构中，作图比例尺 $\mu_L$=10，凸轮 1 为主动件，推杆 2 为从动件，已知凸轮 1 的基圆半径 $r_0$，从动件在推程[0，80°]的运动规律为 $S=b\cdot\sin[9\delta/(4\pi)]$ (mm)，$b$ 为常数。(1) 试推导凸轮在推程阶段的轮廓方程；(2) 该机构的压力角 $\alpha$；(3) 从动件 2 的行程 $H$；(4) 求常数 $b$。

**6.3**　在题 6.3 图所示的凸轮机构中，凸轮 1 为圆心在 $O_1$ 点转动中心在 $A$ 点的圆，圆的半径 $R_1$=150 mm，$AO_1=0.542R_1$，摆杆 3 的长度 $L_3=2.118R_1$，滚子 2 的半径 $R_2=0.26R_1$，$AD=2.088R_1$。(1)标出摆杆 3 在图示位置的压力角 $\alpha$；(2)画出摆杆 3 的摆角 $\psi$；(3)求摆杆 3 的运动规律。

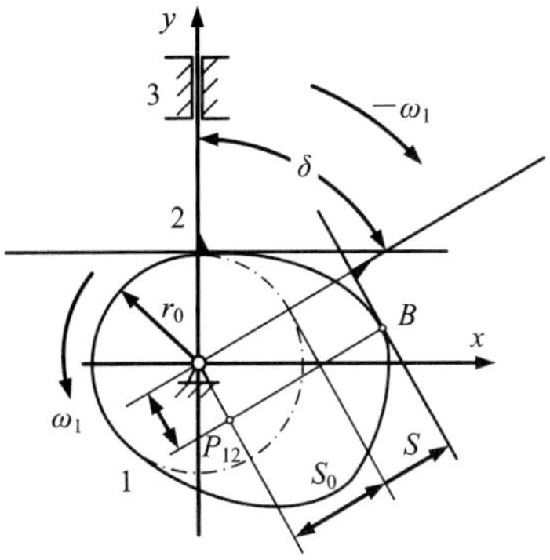


题 6.2 图

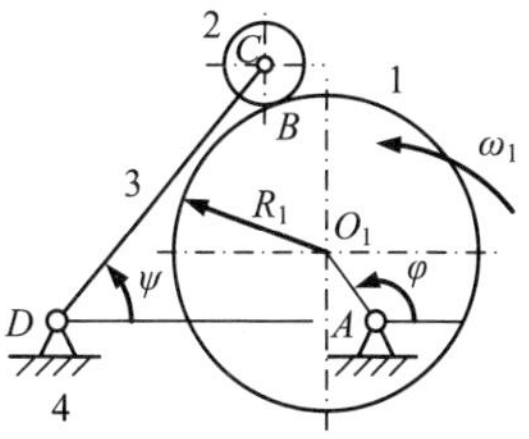


题 6.3 图

**6.4** 在题 6.1 图所示的凸轮机构中，已知基圆半径 $r_0$=60mm、滚子半径 $r_g$=30mm、偏置距 $e$=15mm，推程运动角 $\delta_0$=120°=2π/3，推程按正弦加速度运动规律上升 40mm，远休止角 $\delta_{01}$=60°=π/3，回程运动角 $\delta'_0$=100°=5π/9，回程按余弦加速度运动规律下降，近休止角 $\delta_{02}$=80°=4π/9。试建立推程阶段凸轮的理论轮廓与实际轮廓方程。

**6.5** 在题 6.5 图所示的凸轮机构中，设基圆半径为 $r_b$，推程起始角为 $\delta_s$，推程运动角 $\delta_0$=30°，推程阶段的凸轮轮廓为渐开线，其余尺寸如图所示，试求从动件 3 在凸轮推程阶段的运动规律。

**6.6** 在题 6.6 图所示的凸轮机构中，设基圆半径 $r_b$=30mm，推程起始角为 $\delta_s$，推程运动角 $\delta_0$=40°，推程阶段的凸轮轮廓为渐开线，其余的尺寸如图所示，试求从动件 3 在凸轮推程阶段的运动规律 $S$。

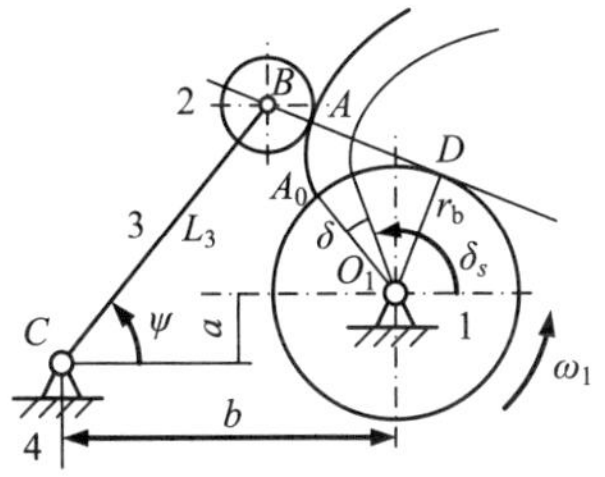


题 6.5 图

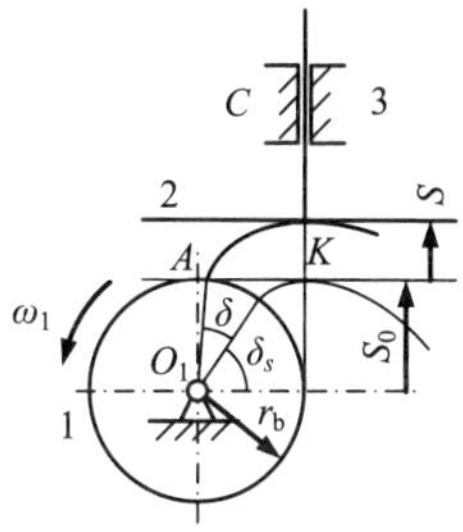


题 6.6 图

**6.7** 在题 6.7 图所示的凸轮机构中，凸轮 1 为圆心在 $O_1$ 点转动中心在 $A$ 点的圆，圆的半径为 $R_1$，$AO_1$=$b$，$CA$=$L_3$，从动件 2 以平底与凸轮接触。

(1) 求摆杆 2 在图示位置的压力角；

(2) 画出摆杆 2 的摆角 $\psi_b$；

(3) 列出摆杆 2 的运动规律。

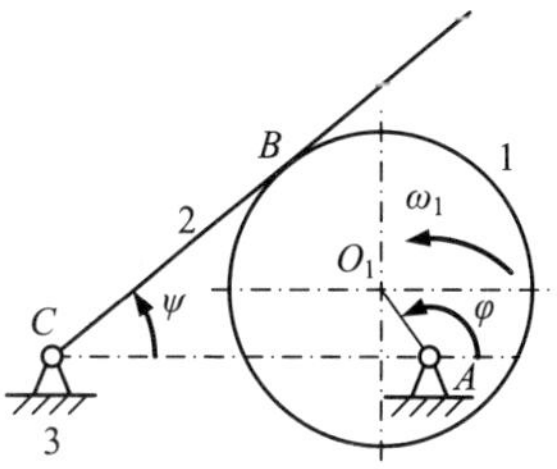


题 6.7 图

**6.8** 在题 6.8 图所示的凸轮机构中，凸轮 1 为圆心在 $O$ 点转动中心在 $A$ 点的圆，圆的半径 $R$=30mm，$AO$=15mm，滚子 2 的半径 $r_g$=10mm，偏置距 $e$=10mm。(1) 求图示位置以及凸轮 1 顺时针转过 30°角时的压力角 $\alpha$；(2) 画出凸轮 1 的基圆并量取基圆半径 $r_0$；(3) 求推程的运动角 $\delta_1$；(4) 画出推杆 3 的摆角 $\psi_b$。

**6.9** 在题 6.9 图所示的凸轮机构中，凸轮 1 为圆心在 $O$ 点转动中心在 $A$ 点的圆，圆的半径 $R$=15mm，$\omega_1$=10rad/s，$AO$=7.071mm，$AO$ 与水平线的夹角 $\delta_1$=45°，偏置距 $e$=5 mm，滚子半径 $r_g$=5 mm。(1) 画出凸轮 1 的基圆并量取基圆半径 $r_0$；(2) 画出推杆 3 的行程 $h$；(3) 标出滚子 2 与凸轮 1 上 $C$、$D$ 两点接触时的压力角 $\alpha_C$、$\alpha_D$； (4) 当凸轮 1 逆时针转动时，凸轮 1 上 $C$ 点、$D$ 两点成为接触时，凸轮 1 的转角 $\delta_{CD}$；(5) 求推杆 3 的运动规律 $S=S(\delta)$，$V=V(\delta)$，$a=a(\delta)$。

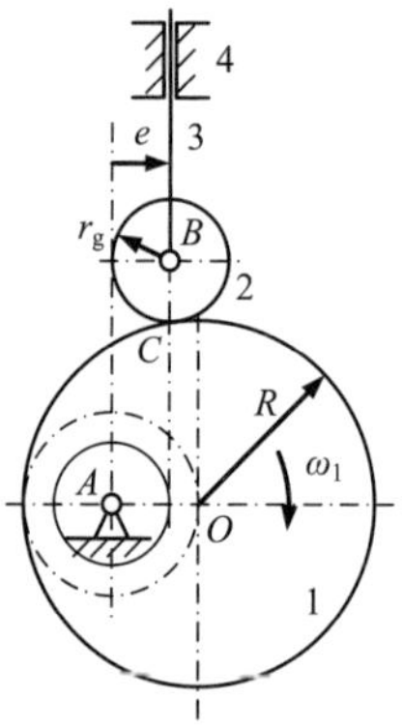


题 6.8 图

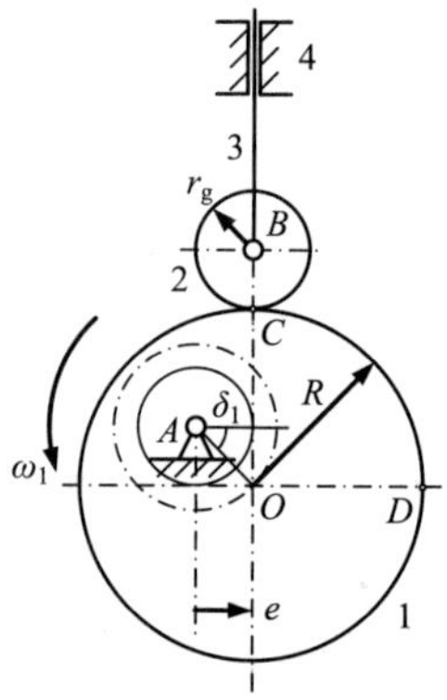


题 6.9 图

## 思 考 题

**6.1** 思考题 6.1 图所示为一个径向柱塞泵，柱塞的直径 $d_1$ = 80mm，凸轮为偏心圆盘，圆盘的直径 $d$ = 200mm，凸轮轴的中心线与圆盘的中心线偏置距 $e$ = 40mm，对称设置 6 个柱塞，当前不考虑配油的结构与弹簧等，柱塞出口的最小油压 $p_1$ = 10N/mm$^2$。当凸轮轴匀速转动时，试分析其中一个柱塞的位移、速度与加速度。

思考题 6.1 图

# 第7章

# 齿轮机构及其设计

## 7.1 概述

齿轮机构是一对齿轮与机架组成的高副机构。齿轮机构在机械产品中应用相当广泛，既可以传递平面运动，也可以传递空间运动。齿轮机构传递的功率范围大，机械效率高，传动比准确，使用寿命长，工作可靠。本章介绍齿轮机构的常用类型、标准与传动特征。

## 7.2 齿轮机构的类型

齿轮机构分为平行轴的齿轮机构与空间轴的齿轮机构。图 7-1(a)为直齿轮，图 7-2(a)为斜齿轮，图 7-3(a)为内齿轮，它们都能组成平行轴的齿轮机构，如图 7-1(b)、图 7-2(b)与图 7-3(b)所示。

(a) (b)

图 7-1 直齿轮与平行轴齿轮传动机构

当一根轴上加工出双斜齿轮时，如图 7-4(a)所示，称为人字齿轮，一对人字齿轮组成平行轴的齿轮机构如图 7-4(b)所示；当轮齿与端面垂直加工在板条上时，称为直齿条，如图 7-5(a)所示，与直齿轮组成直齿轮齿条传动，如图 7-5(b)所示；当轮齿与端面非垂直加工在板条上时，称为斜齿条，与斜齿轮组成斜齿轮齿条传动，如图 7-5(c)所示。

(a) (b)

图 7-2 斜齿轮与平行轴齿轮传动机构

(a) (b)

图 7-3 内齿轮与平行轴齿轮传动机构

(a) (b)

图 7-4 人字齿轮与平行轴传动机构

(a) (b) (c)

图 7-5 直齿条、直齿轮以及斜齿条与斜齿轮传动机构

当在圆锥面上加工出直的轮齿时，称为直齿圆锥齿轮，如图 7-6(a)所示，一对直齿圆锥齿轮组成垂直轴传动机构，如图 7-6(b)所示；当在圆锥面上加工出曲齿时，称为曲齿圆锥齿轮，如图 7-7(a)所示，一对曲齿圆锥齿轮组成垂直轴传动机构，如图 7-7(b)所示。图 7-6(b)与图 7-7(b)的两个齿轮的轴线相交。

(a)

(b)

图 7-6　直齿圆锥齿轮与垂直轴传动机构

(a)

(b)

图 7-7　曲齿圆锥齿轮与垂直轴传动机构

当一对圆锥齿轮的两个轴线不相交时，如图 7-8 所示，这时的圆锥齿轮为准双曲面齿轮。在汽车差速器中准双曲面齿轮传动可以降低主动锥齿轮和传动轴的位置，车身和整车重心降低，有利于提高汽车的行驶稳定性；齿轮的偏置还使主动齿轮的齿数可以更少，一对齿轮就可以获得更大的传动比，双曲面齿轮啮合时的重合度较大，强度更高，承载能力大，噪声更小，传动更平稳，使用寿命长。

图 7-9 为螺旋齿轮机构，两轴线既不垂直也不相交；图 7-10 为蜗杆传动机构，两轴线垂直交错。其他型式的齿轮传动可参阅相关文献。

图 7-8　准双曲面齿轮机构

图 7-9　螺旋齿轮机构

图 7-10　蜗杆传动机构

## 7.3 齿轮的齿廓曲线

一对齿轮传动，第一关注的是齿轮 1 的齿廓曲线 $C_1$、齿轮 2 的齿廓曲线 $C_2$ 应是什么曲线才能实现定传动比($i_{12}=\omega_1/\omega_2$ = con.)，研究的结论是无限多；第二关注的是怎样的一对齿廓曲线在中心距存在制造误差的情况下不影响传动比；第三关注的是怎样的一对齿廓曲线能用一把刀具加工出来；第四关注的是哪条曲线作为齿轮的齿廓曲线具有更多优点。欧拉(Euler)于 1767 年提出了渐开线(involute)，1900 年，普福特首创了滚齿机(gear hobbing machine)，如图 7-11 所示，使用的滚刀如图 7-12 所示，用展成法(generating method)连续切制齿轮，使渐开线齿轮得到普及应用。能够实现恒定传动比的一对相互啮合齿廓称为共轭齿廓(conjugate profile)。

图 7-11 滚齿机

图 7-12 滚刀

### 7.3.1 齿廓啮合的基本定律

一对轮齿的啮合如图 7-13 所示。齿轮 1 的齿廓曲线为 $C_1$，齿轮 2 的齿廓曲线为 $C_2$，在任意点 $K$ 接触，$K$ 是齿廓 1 上的 $K_1$ 点与齿廓 2 上的 $K_2$ 点的重合点，$K_1O_1=r_{K1}$，$K_2O_2=r_{K2}$，齿轮 1 上 $K_1$ 点的速度为 $V_{K1}$，$V_{K1}=\omega_1 r_{K1}$，$V_{K1}\perp r_{K1}$；齿轮 2 上 $K_2$ 点的速度为 $V_{K2}$，$V_{K2}=\omega_2 r_{K2}$，$V_{K2}\perp r_{K2}$。过 $K$ 点作齿廓曲线的公法线 $N_1N_2$，$N_1N_2$ 与 $O_1O_2$ 连线的交点 $P$ 称为节点，令 $r_1'=O_1P$，$r_2'=O_2P$，过 $O_1$ 作 $N_1N_2$ 的垂线 $O_1N_1$，令 $r_{b1}=O_1N_1$；过 $O_2$ 作 $N_1N_2$ 的垂线 $O_2N_2$，令 $r_{b2}=O_2N_2$。令 $\angle N_1O_1K=\alpha_{K1}$，$\angle N_2O_2K=\alpha_{K2}$，由于 $V_{K1}$ 在 $N_1N_2$ 上的投影必须等于 $V_{K2}$ 在 $N_1N_2$ 上的投影，所以速度方程为

$$\omega_1 r_{K1}\cos\alpha_{K1}=\omega_2 r_{K2}\cos\alpha_{K2}$$

两个齿轮的传动比 $i$ 为

$$i=\omega_1/\omega_2=r_{K2}\cos\alpha_{K2}/(r_{K1}\cos\alpha_{K1})=r_{b2}/r_{b1}=O_2P/O_1P=r_2'/r_1' \tag{7-1}$$

式(7-1)表明，相互啮合传动的一对齿轮，在任一位置时的传动比都与其连心线 $O_1O_2$ 被其啮合齿廓在接触点处的公法线所分成的两线段长成反比。这一规律称为齿廓啮合基本定律。满足齿廓啮合基本定律的一对曲线称为共轭齿廓曲线。

以 $O_1$ 为中心、$O_1P$ 为半径所作的圆，以 $O_2$ 为中心、$O_2P$ 为半径所作的圆，都称为节圆，节圆的半径分别用 $r_1'$、$r_2'$ 表示。以 $O_1$ 为中心、$O_1N_1$ 为半径所作的圆，以 $O_2$ 为中心、$O_2N_2$ 为半径所作的圆，都称为基圆，基圆的半径分别用 $r_{b1}$、$r_{b2}$ 表示。

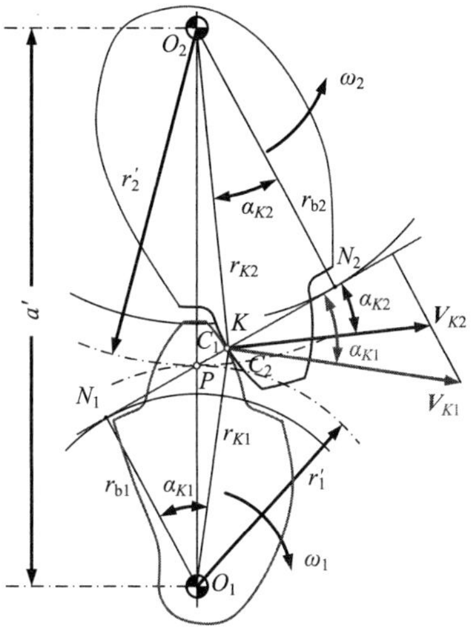

图 7-13　齿廓啮合的基本定律

## 7.3.2　渐开线的形成与特点

渐开线的形成原理如图 7-14 所示。在半径为 $r_b$ 的基圆上放置一条直线，称为渐开线的发生线，当发生线相对于基圆作纯滚动时，发生线上任意一点的轨迹 $AK$ 称为渐开线。$OA$、$OK$ 之间的夹角称为渐开线的展角，用 $\theta_K$ 表示，$K$ 点的绝对速度 $V_K$ 与渐开线在该点的法线(受力 $F_K$ 作用线)n–n 之间所夹的锐角称为渐开线在该点的压力角，用 $\alpha_K$ 表示。$OB$、$OK$ 之间的夹角在数值上等于压力角 $\alpha_K$。由渐开线的形成原理得渐开线的 5 个特征为：

(1) 由于发生线相对于基圆作纯滚动，所以 $\widehat{AB} = \overline{BK}$。

(2) $\overline{BK}$ 是渐开线的法线，也是基圆的切线。

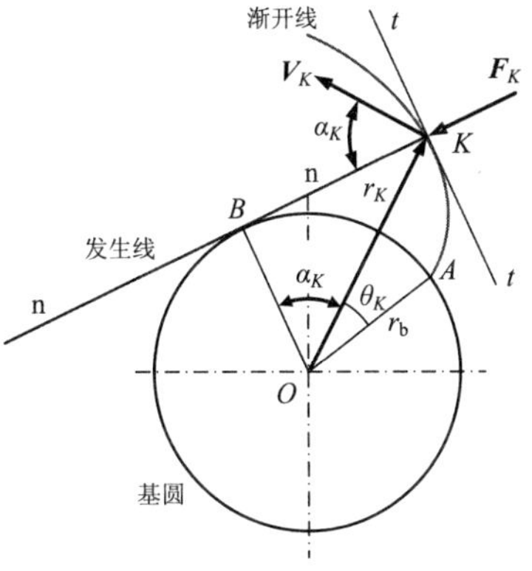

图 7-14　渐开线的形成

(3) $\overline{BK}$ 的长度为渐开线在 $K$ 点的曲率半径。当 $K$ 点在基圆上时，渐开线在 $K$ 点的曲率半径为零；当 $K$ 点远离基圆时，渐开线在 $K$ 点的曲率半径增大。

(4) 渐开线的形状取决于基圆的大小，基圆越大，渐开线越平直，当基圆半径为无限大时，渐开线变成直线。

(5) 基圆内无渐开线。

渐开线的上述特征是研究渐开线齿轮啮合传动的基础。

当压力角 $\alpha_K$ 为自变量，渐开线的展角 $\theta_K$ 为函数时，展角 $\theta_K$ 与压力角 $\alpha_K$ 的函数关系为

$$\tan\alpha_K = \frac{\overline{BK}}{r_b} = \frac{\widehat{AB}}{r_b} = \frac{r_b(\alpha_K + \theta_K)}{r_b} = \alpha_K + \theta_K$$

由上式得渐开线的展角 $\theta_K = \tan\alpha_K - \alpha_K$，工程上用 $\mathrm{inv}\alpha_K$ 表示 $\theta_K$。于是渐开线的极坐标方程为

$$\begin{cases} r_K = r_b / \cos\alpha_K \\ \mathrm{inv}\alpha_K = \tan\alpha_K - \alpha_K \end{cases} \tag{7-2}$$

当 $r_K = r_b$ 时，$\alpha_K$=0，$\mathrm{inv}\alpha_K = 0$，$\theta_K$=0。

## 7.4 渐开线齿廓的啮合特征

### 7.4.1 渐开线齿廓具有定传动比的特征

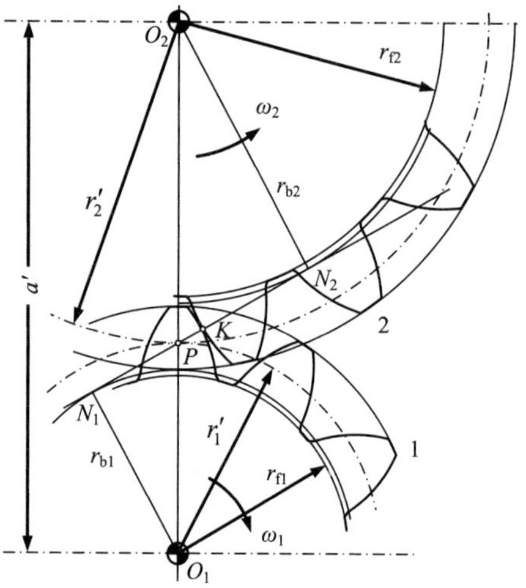


图 7-15　一对渐开线齿轮的啮合传动图

图 7-15 为一对渐开线齿轮的啮合传动图。图中两条渐开线齿廓在任意一点 $K$ 啮合，过 $K$ 点作这两条渐开线的公法线 $N_1N_2$，由于渐开线的法线也是基圆的切线，所以，$N_1N_2$ 与基圆 1、基圆 2 相切，切点分别为 $N_1$、$N_2$。又由于两个基圆的大小与位置不变，所以公切线 $N_1N_2$ 只有一条，$N_1N_2$ 与中心 $O_1O_2$ 线的交点 $P$ 只有唯一的一个。因此，两个齿轮的传动比

$$i = \omega_1 / \omega_2 = O_2P / O_1P = r_{b2} / r_{b1} = \text{const.} \tag{7-3}$$

式(7-3)表明，渐开线齿廓齿轮具有定传动比特征。

### 7.4.2 渐开线齿廓间的作用力在一条固定的直线上

在图 7-15 中两条渐开线齿廓在任意一点 $K$ 啮合，不考虑齿廓之间的摩擦力，两条渐开线齿廓之间的相互作用力始终在公法线 $N_1N_2$ 上，啮合点 $K$ 的轨迹落在公法线 $N_1N_2$ 上，公法线 $N_1N_2$ 又称为理论啮合线。若传递的功率为常数，齿轮 1 作匀速转动，则一对渐开线齿轮之间的相互作用力大小为常数、方向不变，相当于一对静力，所以，渐开线齿轮传动具有很好的传动平稳性。

### 7.4.3 渐开线齿廓传动具有中心距的可分性

由式(7-3)得知，两条渐开线齿廓的齿轮传动，其传动比最终为两个基圆半径的反比，与基圆是否在标准位置无关，所以，当两个基圆之间的距离变大一些时，传动比不变，即渐开线齿廓传动具有中心距的可分性。

## 7.5 渐开线标准齿轮的基本参数和几何尺寸

### 7.5.1 渐开线标准齿轮各部分的名称

图 7-16 为渐开线标准齿轮的结构图，过轮齿顶端所作的圆称为齿顶圆，其直径用 $d_a$ 表示；过轮齿槽底所作的圆称为齿根圆，其直径用 $d_f$ 表示；沿任意圆周所量得的轮齿弧线厚度称为齿厚，用 $s_i$ 表示；沿任意圆周所量得的相邻两轮齿之间的弧线宽度称为齿槽宽，用 $e_i$ 表示；沿任意圆周所量得的相邻两轮齿同侧之间的弧线宽度称为齿距，用 $p_i$ 表示；在同一圆周上，齿距等于齿厚($s_i$)与齿槽宽($e_i$)之和，即

$$p_i=s_i+e_i \tag{7-4}$$

为了设计计算方便，在齿轮上选择一个圆作为计算的基准，称该圆为分度圆，其直径用 $d$ 表示，该圆上的齿厚、齿槽宽和齿距分别用 $s$、$e$ 和 $p$ 表示。分度圆与齿顶圆之间的部分称为齿顶，其高度称为齿顶高，用 $h_a$ 表示；分度圆与齿根圆之间的部分称为齿根，其高度称为齿根高，用 $h_f$ 表示；齿顶高与齿根高之和称为齿全高，用 $h$ 表示。

图 7-16　渐开线标准齿轮

## 7.5.2　渐开线标准齿轮的基本参数

(1) 齿数。轮齿的总数称为齿数，用 $z$ 表示。

(2) 模数。在分度圆上，其周长为 $d\pi=zp$，由此得 $d=zp/\pi$。定义 $m=p/\pi$，称 $m$ 为模数，模数的单位为 mm，于是 $d=mz$。模数已标准化，表 7.1 为国家标准 GB/T 1357—2008 所规定的标准模数系列。齿数相同的齿轮，模数越大，尺寸越大。

**表 7.1　标准模数系列表(GB/T 1357—2008)**　(单位：mm)

| | | | | | | | | | |
|---|---|---|---|---|---|---|---|---|---|
| 第一 | 1 | 1.25 | 1.5 | 2 | 2.5 | 3 | 4 | 5 | 6 | 8 |
| 系列 | 10 | 12 | 16 | 20 | 25 | 32 | 40 | 50 | | |
| 第二 | 1.125 | 1.375 | 1.75 | 2.25 | 2.75 | 3.5 | 4.5 | (6.5) | 7 | 9 |
| 系列 | 11 | 14 | 18 | 22 | 28 | 35 | 45 | | | |

(3) 分度圆压力角。由图 7-14 所示，$\cos\alpha_K=r_b/r_K$，渐开线上各点的压力角不同。定义分度圆上的压力角为 $\alpha$，$\alpha=20°$。由此得基圆的直径 $d_b$ 为

$$d_b=d\cos\alpha=mz\cos\alpha \tag{7-5}$$

(4) 齿顶高系数与齿根高系数。分度圆与齿顶圆之间的齿高称为齿顶高，用 $h_a$ 表示；分度圆与齿根圆之间的齿高称为齿根高，用 $h_f$ 表示。为了设计计算方便，将齿轮上的所有长度尺寸都表示为标准模数 $m$ 的倍数，为此，定义 $h_a=h_a^*m$，$h_f=(h_a^*+c^*)m$，$h_a^*$ 称为齿顶高系数，$c^*$ 称为顶隙系数。国家标准规定 $h_a^*=1$，$c^*=0.25$。

当规定标准模数 $m$、分度圆压力角 $\alpha$、齿顶高系数 $h_a^*$ 以及顶隙系数 $c^*$ 之后，进一步规定分度圆上的齿厚 $s$ 与齿槽宽 $e$ 相等，即 $s=e$。于是，把满足以上条件的齿轮称为渐开线标准齿轮，把不满足以上条件的齿轮，称为渐开线非标准齿轮，或称变位齿轮。

## 7.5.3　渐开线标准齿轮的几何尺寸关系

1) 外齿轮

当对齿轮作以上规定之后，外齿轮各部分之间的尺寸关系如表 7.2 所示。

表 7.2 渐开线标准直齿圆柱齿轮传动的几何尺寸计算公式

| 名称 | 符号 | 计算公式 | |
|---|---|---|---|
| | | 小齿轮 | 大齿轮 |
| 模数 | $m$ | 由齿轮的抗弯强度确定并取标准值 | 由齿轮的抗弯强度确定并取标准值 |
| 压力角 | $\alpha$ | 取标准值 | 取标准值 |
| 分度圆直径 | $d$ | $d_1=mz_1$ | $d_2=mz_2$ |
| 齿顶高 | $h_a$ | $h_{a1}=h_a^* m$ | $h_{a2}=h_a^* m$ |
| 齿根高 | $h_f$ | $h_{f1}=(h_a^*+c^*)m$ | $h_{f2}=(h_a^*+c^*)m$ |
| 齿全高 | $h$ | $h_1=(2h_a^*+c^*)m$ | $h_2=(2h_a^*+c^*)m$ |
| 齿顶圆直径 | $d_a$ | $d_{a1}=(z_1+2h_a^*)m$ | $d_{a2}=(z_2+2h_a^*)m$ |
| 齿根圆直径 | $d_f$ | $d_{f1}=(z_1-2h_a^*-2c^*)m$ | $d_{f2}=(z_2-2h_a^*-2c^*)m$ |
| 基圆直径 | $d_b$ | $d_{b1}=d_1\cos\alpha$ | $d_{b2}=d_2\cos\alpha$ |
| 分度圆齿距 | $p$ | $p_1=m\pi$ | $p_2=m\pi$ |
| 基圆齿距 | $p_b$ | $p_{b1}=p_1\cos\alpha=m\pi\cos\alpha$ | $p_{b2}=p_2\cos\alpha=m\pi\cos\alpha$ |
| 分度圆齿厚 | $s$ | $s_1=m\pi/2$ | $s_2=m\pi/2$ |
| 分度圆齿槽宽 | $e$ | $e_1=m\pi/2$ | $e_2=m\pi/2$ |
| 顶隙 | $c$ | $c=c^* m$ | |
| 标准中心距 | $a$ | $a=m(z_1+z_2)/2=m z_1(1+i_{12})/2$ | |
| 节圆直径 | $d'$ | $d_1'=d_{b1}/\cos\alpha'$ | $d_2'=d_{b2}/\cos\alpha'$ |
| 传动比 | $i_{12}$ | $i_{12}=\omega_1/\omega_2=z_2/z_1=d_2/d_1=d_2'/d_1'=d_{b2}/d_{b1}$ | |

2) 直齿条

图 7-17 为直齿条的结构图。直齿条可以看作为基圆半径为无限大时的渐开线齿轮，此时，齿轮上的分度圆、齿顶圆、齿根圆分别变成分度线、齿顶线和齿根线。当模数 $m$、分度线上的压力角 $\alpha$、齿顶高系数 $h_a^*$ 以及顶隙系数 $c^*$ 为标准值，分度线上的齿厚 $s$ 与齿槽宽 $e$ 相等时，称为标准齿条。此时端面齿廓为直线，齿条作移动，齿廓上各点的压力角相同，与齿廓的倾斜角相等。由于齿条的端面齿廓是相互平行的线段，所以，其齿距不论在分度线上，还是在平行于分度线上度量，都等于 $m\pi$。

3) 内齿轮

图 7-18 为内齿轮的结构图。内齿轮的轮齿被制造在套筒的内侧，内齿轮的轮齿相当于外齿轮的齿槽，内齿轮的齿槽相当于外齿轮的轮齿。外齿轮的轮齿是外凸的，内齿轮的轮齿是外凹的。

内齿轮的齿顶圆最小，齿根圆最大，与外齿轮正好相反。为了使内齿轮的齿廓都是渐开线，齿顶圆直径 $d_a$ 必须大于基圆直径 $d_b$。

内齿轮的分度圆直径 $d=mz$，齿顶圆直径 $d_a=m(z-2h_a^*)$，齿根圆直径 $d_f=m(z+2h_a^*+2c^*)$。齿数为 $z_2$ 的内齿轮与齿数为 $z_1$ 的外齿轮啮合传动时，标准中心距 $a=m(z_2-z_1)/2$。

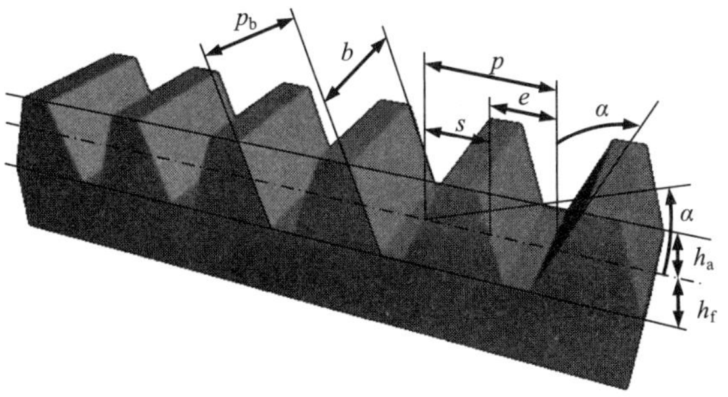


图 7-17　直齿条

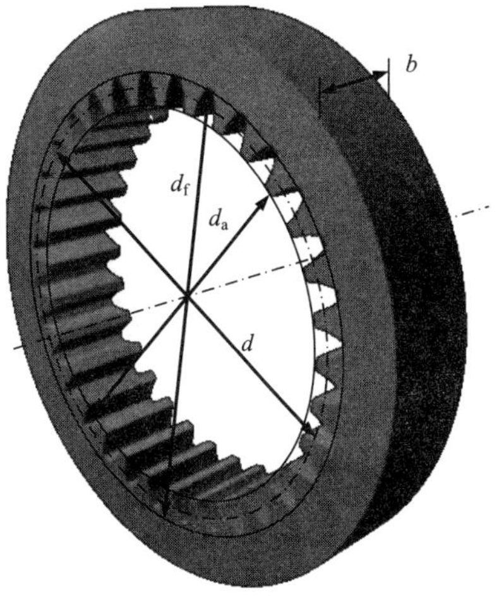


图 7-18　内齿轮

## 7.6　渐开线标准圆柱齿轮的啮合传动

两个标准渐开线齿轮只有满足一定的几何条件才能进行啮合传动，以下研究这些参数的关系。

### 7.6.1　一对渐开线齿轮正确啮合的条件

图 7-19 为渐开线标准齿轮的啮合传动图。齿轮 1 上的两个齿与齿轮 2 上的两个齿同时在 $K_1$、$K_2$ 点啮合，$K_1$、$K_2$ 点必落在啮合线 $N_1N_2$ 上。对于齿轮 1，$K_1$、$K_2$ 点之间的长度与该齿轮的基圆齿距相等，即 $K_1K_2=L_1=p_{b1}$；对于齿轮 2，$K_1$、$K_2$ 点之间的长度与该齿轮的基圆齿距相等，即 $K_1K_2=L_1=p_{b2}$，为此，一对渐开线齿轮正确啮合的条件为 $p_{b1}=p_{b2}$。由于 $p_{b1}=p_1\cos\alpha_1=m_1\pi\cos\alpha_1$，$p_{b2}=p_2\cos\alpha_2=m_2\pi\cos\alpha_2$，所以有 $m_1\cos\alpha_1=m_2\cos\alpha_2$，当两个齿轮的压力角相

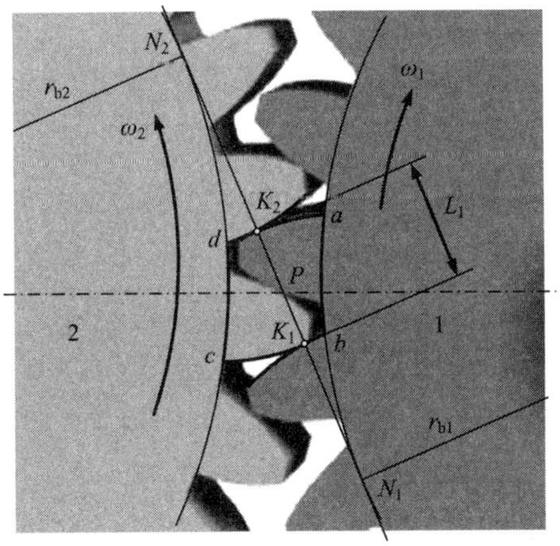


图 7-19　渐开线标准齿轮的啮合传动图

等时，两个齿轮的模数也相等，即 $\alpha_1=\alpha_2$，$m_1=m_2$。为此，一对渐开线齿轮正确啮合的条件是两个齿轮的压力角相等，模数相等。

$p_{b1}=p_{b2}=m\pi\cos\alpha$ 是正确啮合条件的要求，实践要求渐开线齿轮分度圆上的实际齿厚 $s_1<m\pi/2$、$s_2<m\pi/2$，与此对应 $e_1>m\pi/2$、$e_2>m\pi/2$，$m\pi/2-s_1$ 与 $m\pi/2-s_2$ 称为齿厚减薄量，加工时通过测量公法线的长度获得齿厚实际减薄量，齿厚减薄量在几何量公差与检测技术的课程中确定。这也就说，实践中的齿轮为非标准齿轮从而获得齿侧间隙，齿侧间隙用于补偿齿轮本身、支撑轴与箱体上的中心距制造误差、两端轴承的径向跳动，用于形成一定厚度的油膜，用于容纳轮齿的热胀等。

### 7.6.2 齿轮传动的中心距与啮合角

图 7-20 为渐开线标准齿轮的啮合传动图。当前，齿轮传动的标准中心距 $a$ 满足两个条件：第一，两个齿轮的分度圆相切，该条件使两对轮齿啮合时，非啮合传动的轮齿面之间的间隙为零，简称零齿侧间隙，如图 7-19 所示；第二，一个齿轮的齿顶与另一个齿轮的齿根之间有一段距离，该距离 $c=c^*m$，简称标准顶隙。为此，一对标准齿轮传动的标准中心距 $a$ 为

$$a=r_{a1}+c+r_{f2}=(r_1+h_a^*m)+c^*m+(r_2-h_a^*m-c^*m)=r_1+r_2=m(z_1+z_2)/2 \tag{7-6}$$

由于两个齿轮的节圆总是相切的，所以，在标准中心距下，两个齿轮的节圆与两个齿轮的分度圆分别重合。此时，节圆齿厚为 $s_1'$、$s_2'$，节圆齿槽宽为 $e_1'$、$e_2'$，$s_1'=s_1=e_1=e_1'=s_2'=s_2=e_2=e_2'$。

当一对标准齿轮传动的中心距为非标准值 $a'$，$a'>a$ 时，$a'$ 与 $a$ 满足下述关系

$$\begin{cases}a\cos\alpha=r_{b1}+r_{b2}=r_1\cos\alpha+r_2\cos\alpha\\ a'\cos\alpha'=r_1'\cos\alpha'+r_2'\cos\alpha'=r_{b1}+r_{b2}\\ a\cos\alpha=a'\cos\alpha'\end{cases} \tag{7-7}$$

当齿轮与齿条啮合时，如图 7-21 所示，无论齿轮与齿条是否标准安装，节点 $P$ 的位置不变，啮合角 $\alpha'$ 始终等于渐开线在分度圆上的压力角 $\alpha$。只是在非标准安装时，齿条的分度线与节线不再重合。

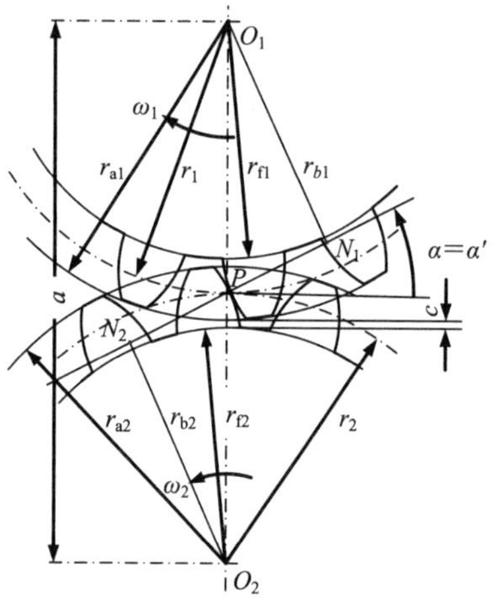

图 7-20 渐开线齿轮的中心距与啮合角

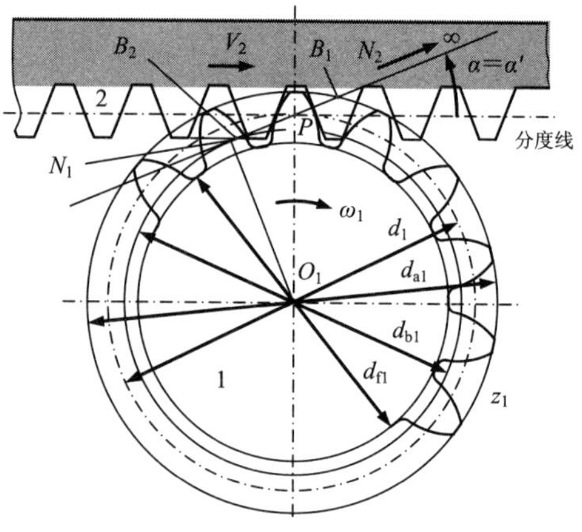

图 7-21 渐开线齿轮与齿条的啮合传动

当外齿轮与内齿轮啮合传动时，如图 7-22 所示，标准中心距 $a$ 为

$$a = r_{f2} - c - r_{a1} = (r_2 + h_a^* m + c_m^*) - c^* m - (r_1 + h_a^* m) = r_2 - r_1 = m(z_2 - z_1)/2 \tag{7-8}$$

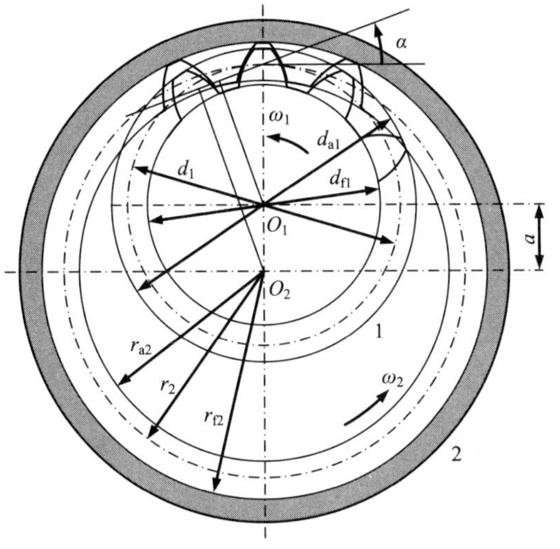


图 7-22　内齿轮的啮合传动

## 7.6.3　一对轮齿的啮合过程与连续传动条件

图 7-23 为满足正确啮合条件的渐开线标准直齿圆柱齿轮的啮合传动图，齿轮 1 为主动件。在啮合线 $N_1N_2$ 上，一对轮齿的啮合始点为 $B_2$，$B_2$ 点为齿轮 2 的齿顶圆与 $N_1N_2$ 的交点；一对轮齿的啮合终点为 $B_1$，$B_1$ 点为齿轮 1 的齿顶圆与 $N_1N_2$ 的交点，从啮合始点 $B_2$ 到啮合终点 $B_1$，主动轮上的一个齿转过 $\beta_1$ 角。线段 $B_1B_2$ 称为实际啮合线，线段 $N_1N_2$ 称为理论啮合线。由图 7-23 可见，一对轮齿啮合传动的区间是较小的，为了运动的连续传递，在前一对轮齿脱离啮合之前，后一对轮齿必须进入啮合，如图 7-23 所示，当前一对轮齿 $g_{11}$、$g_{21}$ 还没有脱离啮合之前，后一对轮齿 $g_{12}$、$g_{22}$ 必须进入啮合。为了表示两对轮齿工作段的相对长度，定义 $B_1B_2$ 与 $p_b$ 的比值为重合度 $\varepsilon_\alpha$，$PB_1 = N_1B_1 - N_1P - (mz_1\cos\alpha/2)(\tan\alpha_{a1} - \tan\alpha')$，$PB_2 = N_2B_2 - N_2P = (mz_2\cos\alpha/2)(\tan\alpha_{a2} - \tan\alpha')$，$B_1B_2 = B_1P + PB_2$。其中，$B_1B_2 = B_1P + PB_2$，表示 $P$ 在 $B_1$、$B_2$ 之间，$B_1P = PB_1$。于是 $\varepsilon_\alpha$ 的计算式为

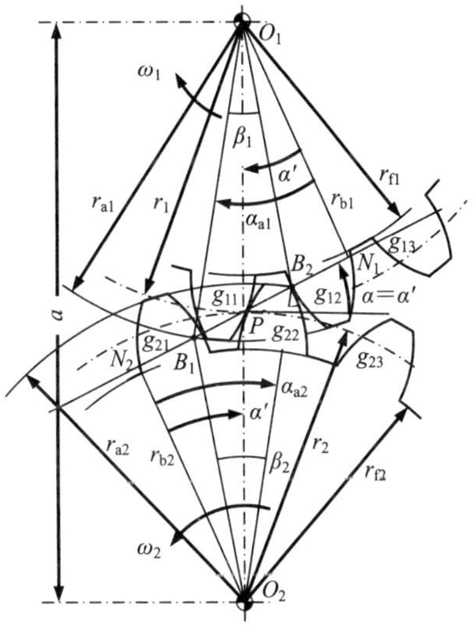


图 7-23　一对轮齿的啮合过程

$$\varepsilon_\alpha = B_1B_2 / p_b = (B_1P + PB_2)/(m\pi\cos\alpha) = [z_1(\tan\alpha_{a1} - \tan\alpha') + z_2(\tan\alpha_{a2} - \tan\alpha')]/(2\pi) \tag{7-9}$$

式中，$\alpha_{a1}$、$\alpha_{a2}$ 分别表示齿轮 1、2 齿顶圆的压力角，$\alpha_{a1}=\arccos(r_{b1}/r_{a1})$，$\alpha_{a2}=\arccos(r_{b2}/r_{a2})$；$\alpha'$ 为一对齿轮的啮合角，$\alpha'=\arccos(a\cos\alpha/a')$；当为标准中心距时，$\alpha'=\alpha$。

当齿轮与齿条传动时，如图 7-21 所示，$PB_2 = h_a/\sin\alpha$，于是重合度 $\varepsilon_\alpha$ 的计算式为 $\varepsilon_\alpha = B_1B_2 / p_b = (B_1P + h_a/\sin\alpha)/(m\pi\cos\alpha)$。

在齿轮设计时，应使 $\varepsilon_\alpha \geqslant [\varepsilon_\alpha]$，$[\varepsilon_\alpha]$ =1.2～1.4。

## 7.7 渐开线圆柱齿轮的加工

齿轮加工的方法很多，有模具成型法、数控切割法与机械加工法等。就切削加工原理而言，又可分为仿形法与展成法。

### 7.7.1 仿形法

仿形法是指刀具的切削刃的回转曲面的轴截面曲线与被加工齿轮的轮齿曲线相同的一种加工方法。图 7-24 为用指形齿轮铣刀(JB/T 11749—2013)进行齿轮的仿形加工；图 7-25 为用盘形齿轮铣刀(GB/T 28247—2012)进行齿轮的仿形加工。这两种加工方法只能一个齿槽一个齿槽地加工，刀具在作旋转运动的同时、沿被加工齿轮的轴线作进给运动，每加工完一个齿，分度机构转动 $2\pi/z$ 的角度，再加工下一个齿。刀具在垂直于被加工齿轮轴线的平面内的截形(切削刃)与被加工齿轮的齿槽形状相同。这两种方法适宜小批量齿轮的加工，加工精度较低，生产效率也较低。对每一个模数，需要准备 8 把刀具，如表 7.3 所示。

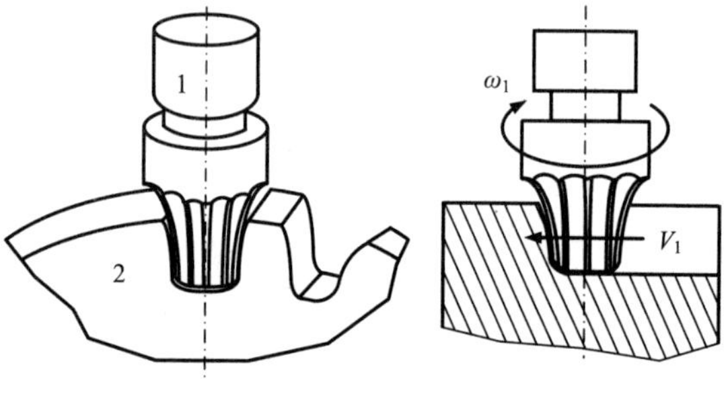


图 7-24 指状铣刀加工齿轮

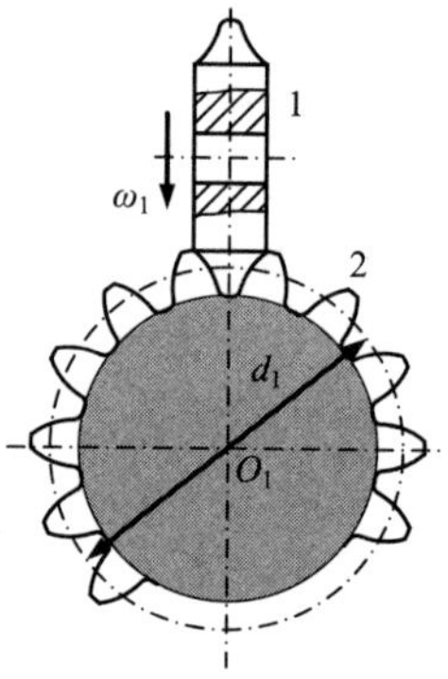


图 7-25 盘状铣刀加工齿轮

**表 7.3 铣刀铣削齿轮的齿数范围**

| 铣刀号 | 1 | 2 | 3 | 4 | 5 | 6 | 7 | 8 |
|---|---|---|---|---|---|---|---|---|
| 齿数范围 | 12～13 | 14～15 | 17～21 | 21～25 | 26～33 | 35～54 | 55～134 | ≥135 |

### 7.7.2 展成法

展成法(又称范成法)是利用一对齿轮相啮合时，两轮的齿廓是互为包络线的原理进行齿轮加工的一种方法。当把其中的一个齿轮或齿条做成刀具，在与被加工齿轮的轮坯作与啮合传动时一样的运动的同时，让刀具相对于轮坯再作切削运动与进给运动，一旦进给量达到齿全高，则被加工齿轮的齿廓就被切削出来。

图 7-26 是利用齿轮插刀加工齿轮的原理图。刀具 1 的齿数为 $z_1$，在以 $\omega_1$ 转动的同时，相对于被加工齿轮 2 向下以($-V_{11}$)作切削运动、以($-V_{21}$)向左作让刀运动、以$+V_{11}$ 向上作空程运动以及再向右作进给运动，然后循环以上过程。被加工齿轮 2 的齿数为 $z_2$，以 $\omega_2=\omega_1 z_1/ z_2$ 转动。

图 7-27 是利用齿条插刀加工齿轮的原理图。刀具 1 以 $V_{12}$ 移动的同时，相对于被加工齿轮 2 向下以($-V_{11}$)作切削运动、以($-V_{21}$)向左作让刀运动、以($+V_{11}$)向上作空程运动以及再向右作进给运动，然后循环以上过程。被加工齿轮 2 的齿数为 $z_2$，转速 $\omega_2=V_{12}/(0.5mz_2)$。

图 7-28(a)是齿轮刀具的插齿机，既可以插削外齿轮，也可以插削内齿轮；图 7-28(b)是插齿刀。

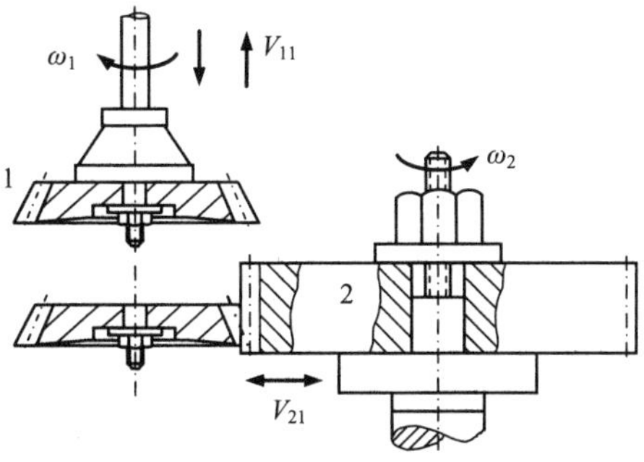

图 7-26　齿轮插刀加工齿轮

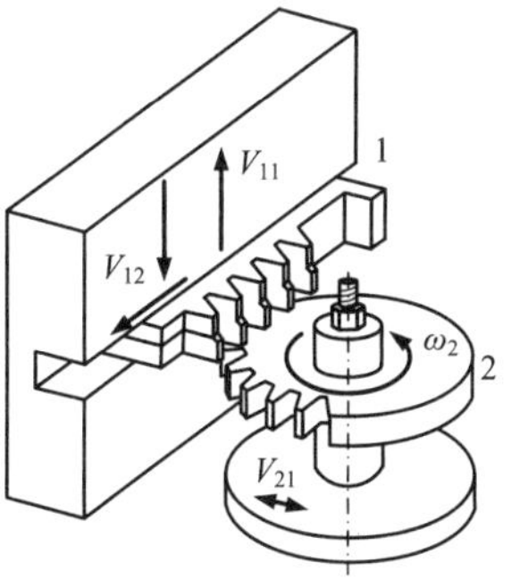

图 7-27　齿条型刀具加工轮齿

(a) 插齿机　(b) 插齿刀

图 7-28　插齿机与插齿刀

由于插齿加工存在空程，生产效率较低，所以，无空程加工的滚齿加工得到广泛的应用，其加工原理如图 7-29 所示。滚刀 1 是在分度圆直径为 $d_1$、螺旋升角为 $\lambda$ 的螺旋体上沿轴向切出一系列的槽，槽的一面边界形成切削刃，其切削面在被加工齿轮 2 上的投影齿形相当于齿条，滚刀 1 的轴线与被加工齿轮 2 的端面之间的夹角与滚刀 1 的螺旋升角 $\lambda$ 相等。

在利用齿轮插刀加工一对相啮合的齿轮时，齿轮插刀的齿数应大于一对被加工齿轮的齿数，以防止产生齿廓过渡曲线干涉。

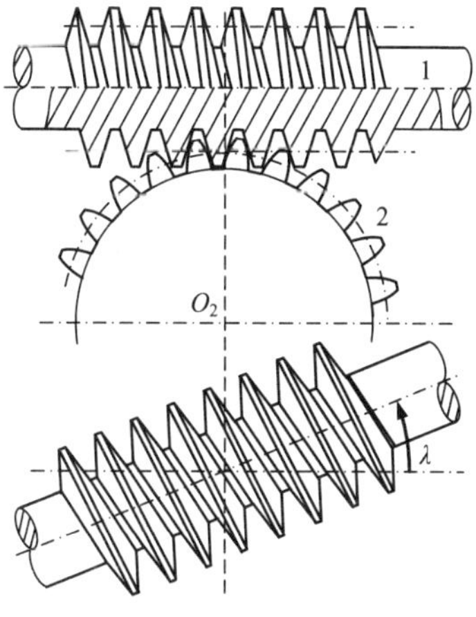

图 7-29　滚刀加工齿轮原理图

## 7.8 渐开线齿轮的变位加工与传动

在使用齿条型刀具(GB/T 1356—2001)加工齿轮时，若被加工齿轮的齿数较少，则被加工出的齿轮会出现根切现象，如图 7-30 所示。为了加工齿数较少而又不出现根切的齿轮，可以将刀具向外移动一段距离，此时加工出的齿轮称为变位齿轮。

### 7.8.1 齿条型刀具加工齿轮的最少齿数

图 7-31 为齿条型刀具加工齿轮的原理图，在机械原理阶段齿条型刀具的齿顶高只计入 $h_a^* m$，不考虑 $c^* m$ 这一段，齿条刀具的齿顶线 $L_1$ 超过 $N_1$ 点，到达 $N_1'$ 点。当刀具的切削点在 $B_1N_1$ 直线上从 $B_1$ 移动到 $N_1$ 时，对被加工的轮齿进行正常切削；当从 $N_1$ 点移动到 $N_1'$ 点时，刀具与被加工齿轮的齿廓已切削好的轮齿不分离，继续切削，为此，引起轮齿的根切现象，现说明如下。

图 7-30 齿条型刀具加工齿轮的根切图

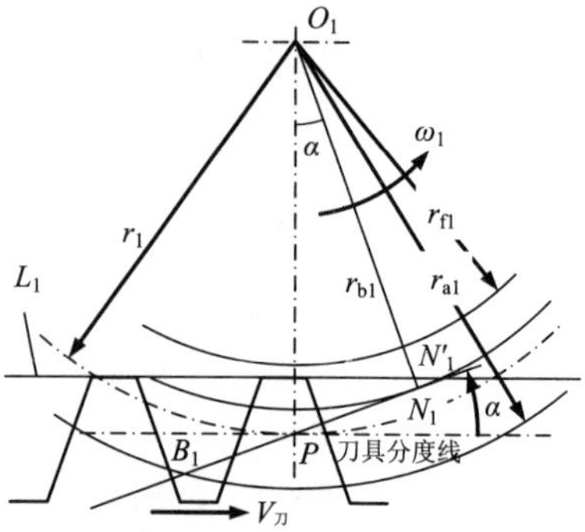


图 7-31 齿条型刀具加工齿轮的原理图

在图 7-31 中，齿条刀具切削齿轮的初始点为 $B_1$ 点，从 $B_1$ 点到 $P$ 点切削齿轮的齿顶部分，从 $P$ 点到 $N_1$ 点切削齿轮的齿根部分。当刀具从 $P$ 点切削到 $N_1$ 点时，设刀具沿水平方向位移 $S$，此时，刀具沿 $B_1N_1$ 方向的位移 $PN_1=S\cos\alpha$，与此对应，被加工齿轮转过 $S/r_1$ 角，基圆转过的弧长为$(S/r_1)r_{b1}$，该弧长$(S/r_1)\ r_{b1}=S\ (r_{b1}/r_1)=S\cos\alpha$。由此可见，基圆转过的弧长等于刀具沿 $B_1N_1$ 方向的位移。当 $N'_1$ 点在 $N_1$ 点上方时，在 $N_1N'_1$ 段，刀具沿 $B_1N_1$ 方向的位移为 $N_1N'_1$，被加工齿轮的基圆对应转过一段 $N_1N_1'$ 的弧长 $N_1N_1''$，由于起点都为 $N_1$，所以，基圆上的 $N_1''$ 点与 $N_1$ 的距离比直线上的 $N'_1$ 与 $N_1$ 的距离近，为此，刀具没有与齿轮的根部分开，继续切削，从而导致根切。

为了避免根切，刀具的顶线不能超过 $N_1$ 点，即 $h_a^* m \leqslant PN_1\sin\alpha$，$PN_1=r\sin\alpha=(mz\sin\alpha)/2$，于是，$h_a^* m \leqslant (mz\sin^2\alpha)/2$，$z \geqslant 2h_a^* / \sin^2\alpha$，为此，最少齿数 $z_{\min}$ 为

$$z_{\min} = 2h_a^* / \sin^2\alpha \tag{7-10}$$

当 $h_a^* = 1$，$\alpha=20°$时，$z_{\min} = (2\times 1)/\sin^2 20° = 17$。

### 7.8.2　齿轮型刀具加工齿轮的最少齿数

图 7-32 为齿轮型刀具加工齿轮的原理图，齿轮刀具 2 切削齿轮 1 的初始点为 $B_1$，当 $PB_2 \leqslant PN_1$ 时，被加工的轮齿 1 不产生根切。

$$PB_2 = B_2N_2 - PN_2$$

$$B_2N_2 = \sqrt{(0.5mz_2 + h_a^* m)^2 - (0.5mz_2\cos\alpha)^2}$$

$$PN_2 = 0.5mz_2\sin\alpha，\ PN_1 = 0.5mz_1\sin\alpha$$

于是，齿轮 1 不产生根切的齿数条件为

$$\sqrt{(z_2 + 2h_a^*)^2 - (z_2\cos\alpha)^2} - z_2\sin\alpha \leqslant z_1\sin\alpha \tag{7-11}$$

$$z_1 \geqslant z_{\min} = \frac{1}{\sin\alpha}\left[\frac{\sqrt{\left(1+\dfrac{2h_a^*}{z_2}\right)^2 - \cos^2\alpha} - \sin\alpha}{1/z_2}\right] \tag{7-12}$$

当 $z_2 \to \infty$时，就是齿条型刀具(滚刀)，式(7-12)为 0/0 型，应用洛必塔法则(L'Hospital rule)得 $z_{\min} = 2h_a^* / \sin^2\alpha = 2\times 1/\sin^2 20° = 17$，由式(7-12)计算出的 $z_{\min}$ 与式(7-10)计算出的结果相同。当齿轮型刀具加工齿轮时，不根切的最少齿数 $z_{\min}=14$。

### 7.8.3　齿条型刀具加工齿轮的最小变位系数

图 7-33 为齿条型刀具加工变位齿轮的原理图，齿条刀具的齿顶线超过 $N_1$ 点，加工齿轮时将产生根切。为了避免根切，将刀具的齿顶线外移一段距离 $xm$，$x$ 称为变位系数，此时，齿条刀具的齿顶线与线段 $PN_1$ 的交点 $B_2$ 在 $P$、$N_1$ 点之间，即

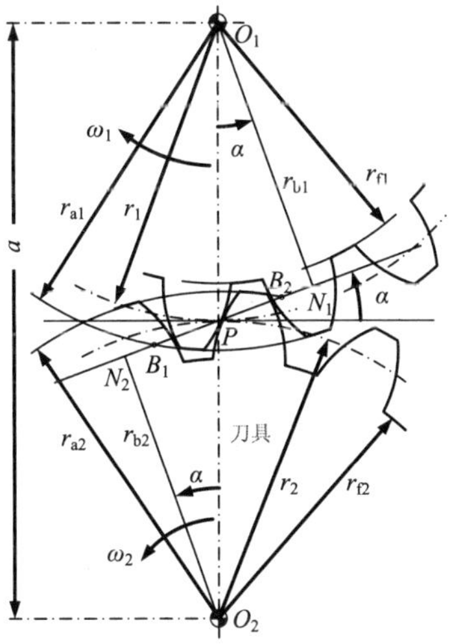


图 7-32　齿轮型刀具加工齿轮的根切图

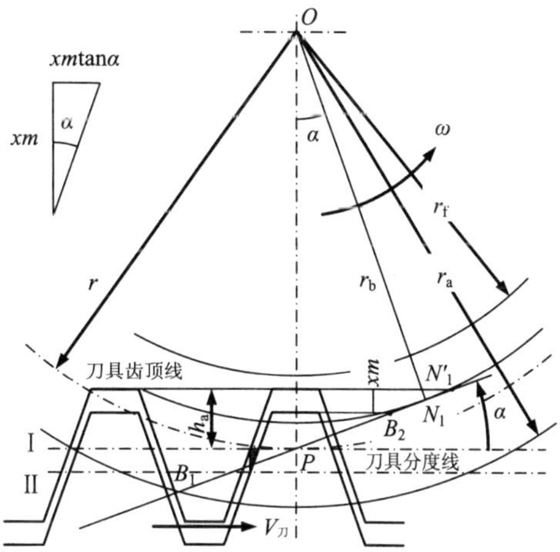


图 7-33　齿条型刀具加工变位齿轮的原理图

$$h_a^* m - xm \leqslant PN_1 \sin\alpha$$

将 $PN_1$=0.5$mz_1$sin$\alpha$ 代入上式，则最小变位系数 $x_{\min}$ 为

$$x \geqslant x_{\min} = h_a^* - 0.5z\sin^2\alpha = h_a^* - z\frac{h_a^*}{z_{\min}} = \frac{z_{\min} - z}{z_{\min}} h_a^* \tag{7-13}$$

## 7.8.4 变位齿轮的几何尺寸

与基本参数相同的标准齿轮相比，变位齿轮的模数 $m$、压力角 $\alpha$、齿数 $z$、分度圆直径 $d$、基圆直径 $d_b$ 和齿距 $p$ 都不变，但是，分度圆上的齿厚 $s$ 与齿槽宽 $e$、齿顶高 $h_a$ 和齿根高 $h_f$ 都发生变化。

在图 7-34 中，当刀具从加工标准位置外移 $xm$ 时，称为正变位，刀具的分度线从位置Ⅰ移动到位置Ⅱ，此时，被加工轮齿的齿厚增加了 $2xm\tan\alpha$，与之对应，被加工轮齿的齿槽宽减少了 $2xm\tan\alpha$，即分度圆上的齿厚 $s$ 与齿槽宽 $e$ 分别为

$$s = m\pi/2 + 2xm\tan\alpha \tag{7-14}$$

$$e = m\pi/2 - 2xm\tan\alpha \tag{7-15}$$

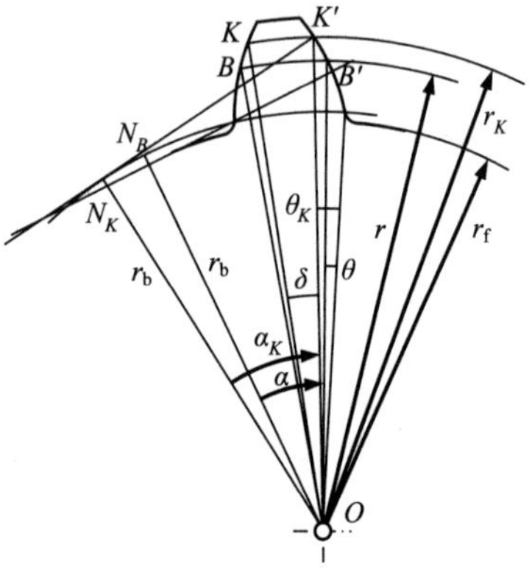


图 7-34 齿轮任意圆周上的齿厚

齿根高 $h_f$ 随着刀具外移减少 $xm$，若齿全高 $h$ 保持不变，则齿顶高 $h_a$ 要增加 $xm$。即 $h_f$ 与 $h_a$ 分别为

$$h_f = (h_a^* + c^*)m - xm \tag{7-16}$$

$$h_a = h_a^* m + xm \tag{7-17}$$

当刀具从加工标准位置内移 $xm$ 时，称为负变位。

任意圆周上的齿厚计算如图 7-34 所示。设任意半径 $r_K$ 上的齿厚为 $s_K$，$s_K$=$r_K\delta$，$\delta$ 的大小为

$$\begin{aligned}\delta &= \angle BOB' - 2\angle B'OK' = s/r - 2(\theta_K - \theta)\\ &= s/r - 2(\mathrm{inv}\alpha_K - \mathrm{inv}\alpha)\end{aligned}$$

于是，任意圆周上的齿厚 $s_K$ 为

$$s_K = s\frac{r_K}{r} - 2r_K(\mathrm{inv}\alpha_K - \mathrm{inv}\alpha) \tag{7-18}$$

当 $r_K$=$r_b$ 时，$\alpha_b = 0$，$\mathrm{inv}\alpha_b = 0$，基圆上的齿厚 $s_b$ 为

$$\begin{aligned}s_b &= s\frac{r_b}{r} - 2r_b(\mathrm{inv}\alpha_b - \mathrm{inv}\alpha)\\ &= s\cos\alpha + mz\cos\alpha \cdot \mathrm{inv}\alpha\\ &= \cos\alpha(s + mz \cdot \mathrm{inv}\alpha)\end{aligned} \tag{7-19}$$

在计算任意圆周上的齿厚时，若为标准齿轮，则式(7-18)中的分度圆齿厚 $s = m\pi/2$；若为变位齿轮，则分度圆上的齿厚 $s = m\pi/2 + 2xm\tan\alpha$。式(7-2)中，$\alpha_K = \arccos(r_b/r_K)$，当 $r_K$=$r_a$ 时，计算出齿顶厚 $s_a$；当 $r_K$=$r_f$ 时，计算出齿根厚 $s_f$。

### 7.8.5　变位齿轮传动

1) 无侧隙啮合方程

若不计入齿轮的制造误差，一对变位齿轮 1、2 应作无侧隙啮合传动，即在齿轮 1、2 的节圆上 $s_1' = e_2'$，$e_1' = s_2'$，齿距 $p_1' = s_1' + e_1'$、$p_2' = s_2' + e_2'$，$p_1' = p_2'$，即

$$s_1' + e_1' = s_2' + e_2' = s_1' + s_2' \tag{7-20}$$

节圆上的啮合角为 $\alpha'$，由式(7-18)得齿轮 1、2 节圆上的齿厚 $s_1'$、$s_2'$ 分别为

$$s_1' = s_1 r_1' / r_1 - 2r_1'(\mathrm{inv}\alpha' - \mathrm{inv}\alpha)$$

$$s_2' = s_2 r_2' / r_2 - 2r_2'(\mathrm{inv}\alpha' - \mathrm{inv}\alpha)$$

由式(7-14)得齿轮 1、2 分度圆上的齿厚 $s_1$、$s_2$ 分别为

$$s_1 = m\pi / 2 + 2x_1 m \tan\alpha$$

$$s_2 = m\pi / 2 + 2x_2 m \tan\alpha$$

由 $r_\mathrm{b} = r\cos\alpha = r'\cos\alpha'$，可得齿轮 1 的节圆半径 $r_1'$ 与分度圆半径 $r_1$、齿轮 2 的节圆半径 $r_2'$ 与分度圆半径 $r_2$ 的关系为

$$r_1' / r_1 = \cos\alpha / \cos\alpha'$$

$$r_2' / r_2 = \cos\alpha / \cos\alpha'$$

由 $d_\mathrm{b} = d\cos\alpha = mz\cos\alpha = (p/\pi)z\cos\alpha = d'\cos\alpha' = (p'/\pi)z\cos\alpha'$，得齿轮 1 节圆上的齿距 $p_1'$ 与分度圆上的齿距 $p_1 = m\pi$ 关系、齿轮 2 节圆上的齿距 $p_2'$ 与分度圆上的齿距 $p_2 = m\pi$ 关系分别为

$$p_1' = p_1 \cos\alpha / \cos\alpha'$$

$$p_2' = p_2 \cos\alpha / \cos\alpha'$$

将以上关系式代入式(7-20)得

$$\begin{aligned} m\pi\cos\alpha / \cos\alpha' = {} & (m\pi / 2 + 2x_1 m\tan\alpha)\cos\alpha / \cos\alpha' - mz_1\cos\alpha / \cos\alpha'(\mathrm{inv}\alpha' - \mathrm{inv}\alpha) \\ & + (m\pi / 2 + 2x_2 m\tan\alpha)\cos\alpha / \cos\alpha' - mz_2\cos\alpha / \cos\alpha'(\mathrm{inv}\alpha' - \mathrm{inv}\alpha) \end{aligned}$$

上式化简得

$$\mathrm{inv}\alpha' = 2(x_1 + x_2)\tan\alpha / (z_1 + z_2) + \mathrm{inv}\alpha \tag{7-21}$$

式(7-21)为一对变位齿轮作无侧隙啮合的几何条件。由此式可以计算出一对变位齿轮无侧隙啮合传动的啮合角 $\alpha'$。

2) 分度圆分离系数

一对变位外啮合齿轮无侧隙啮合所对应的中心距 $a'$为

$$a' = r_1' + r_2' = r_{\mathrm{b}1} / \cos\alpha' + r_{\mathrm{b}2} / \cos\alpha' = r_1\cos\alpha / \cos\alpha' + r_2\cos\alpha / \cos\alpha' = a\cos\alpha / \cos\alpha' \tag{7-22}$$

$a'$与标准齿轮标准中心距 $a$ 之差称为分度圆分离量，用 $ym$ 表示

$$ym = a' - a = a\cos\alpha / \cos\alpha' - a = 0.5m(z_1 + z_2)(\cos\alpha / \cos\alpha' - 1)$$

$y$ 称为分度圆分离系数，

$$y = 0.5(z_1 + z_2)(\cos\alpha / \cos\alpha' - 1) \tag{7-23}$$

3) 齿顶高变动系数

一对变位外啮合齿轮传动，若具有标准顶隙，则中心距 $a''$ 为

$$\begin{aligned} a'' &= r_{a1} + c^* m + r_{f2} = mz_1/2 + (h_a^* + x_1)m + c^* m + mz_2/2 - (h_a^* + c^* - x_2)m \\ &= m(z_1 + z_2)/2 + (x_1 + x_2)m \end{aligned} \tag{7-24}$$

$a''$ 与 $a'$ 不相等，$a'' \geqslant a'$。为了同时获得标准顶隙与无侧隙啮合，将齿轮的齿顶高减少一段 $\sigma m$

$$\sigma m = a'' - a' = (x_1 + x_2)m - ym$$

$\sigma$ 称为齿顶高变动系数，$\sigma$ 为

$$\sigma = x_1 + x_2 - y \tag{7-25}$$

此时的齿顶高 $h_a$ 为

$$h_a = h_a^* m + xm - \sigma m = (h_a^* + x - \sigma)m \tag{7-26}$$

可见，变位齿轮的齿顶高比标准齿轮的齿顶高短一些。

变位齿轮传动相对于标准齿轮传动有许多特点，当 $x_1+x_2=0$，$x_1=-x_2\neq 0$ 时，称为等移距变位齿轮传动；当 $x_1+x_2>0$ 时，称为正变位齿轮传动；当 $x_1+x_2<0$ 时，称为负变位齿轮传动。关于变位系数 $x_1$、$x_2$ 的选取与这些传动的特点请参阅相关文献。

即使设计的是标准齿轮，由于需要齿侧间隙，加工出的齿轮也是变位齿轮。

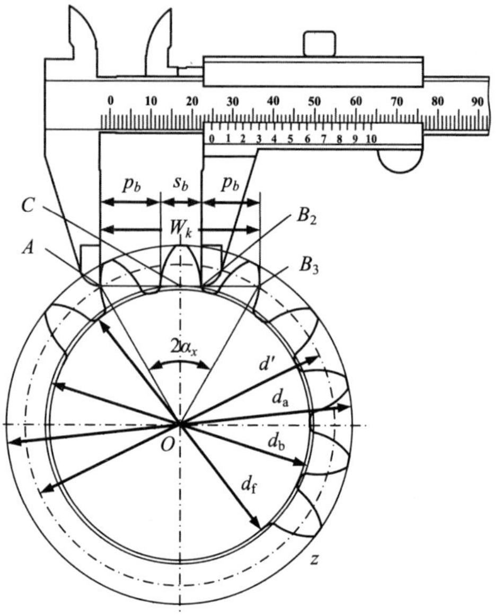


图 7-35 公法线长度与齿厚减薄量的控制

### 7.8.6 公法线长度与极限偏差

公法线是指一个轮齿左侧的法线同时又是另一个轮齿右侧的法线，如图 7-35 所示 2 个齿的公法线 $AB_2$ 与 3 个齿的公法线 $AB_3$，渐开线的公法线 $AB_2$ 与 $AB_3$ 必定切于基圆，$A$ 点与 $B_3$ 点位于节圆上，公法线的长度用 $W_k$ 表示，公法线长度的计算公式为 $W_k = (k-1)p_b+s_b$，$k$ 为跨齿数。

对于标准齿轮，基圆上的齿厚 $s_b$ 由式(7-19)计算可得，$s_b= \cos\alpha(m\pi/2 + mz\cdot \mathrm{inv}\alpha)$，基圆上的齿距 $p_b= m\pi\cos\alpha$，于是，公法线的长度 $W_k$ 为

$$\begin{aligned} W_k &= (k-1)m\pi\cos\alpha+\cos\alpha(m\pi/2 + mz\cdot \mathrm{inv}\alpha) \\ &= m\cos\alpha[(k-0.5)\pi+z\ \mathrm{inv}\alpha] \end{aligned} \tag{7-27}$$

对于非标准齿轮，基圆上的齿距 $p_b=m\pi\cos\alpha$，基圆上的齿厚 $s_b= \cos\alpha(m\pi/2 +2xm\tan\alpha + mz\cdot \mathrm{inv}\alpha)$，于是，公法线的长度 $W_k$ 为

$$\begin{aligned} W_k &= (k-1)\, m\pi\cos\alpha+\cos\alpha(m\pi/2 +2xm\tan\alpha + mz\cdot \mathrm{inv}\alpha) \\ &= m\cos\alpha[(k-0.5)\pi+z\ \mathrm{inv}\alpha]+2xm\sin\alpha \end{aligned} \tag{7-28}$$

测量公法线不需要基准(如齿顶圆)，测量方便。

节圆直径 $d'$ 与分度圆直径 $d$ 的关系为 $d' = d + 2xm$，在图 7-35 所示的 $\triangle OAB_3$ 中，$r' = r + xm$，

$\angle OAB_3=2\alpha_x$，$\cos\alpha_x=OC/OA=r_b/r'=d_b/d'=mz\cos\alpha/(mz+2xm)=z\cos\alpha/(z+2x)$，于是 $\alpha_x$ 为

$$\alpha_x=\arccos[z\cos\alpha/(z+2x)] \tag{7-29}$$

在图 7-35 中，公法线的长度 $W_k=2r_b\tan\alpha_x=mz\cos\alpha\tan\alpha_x$。

令 $mz\cos\alpha\tan\alpha_x=m\cos\alpha[(k-0.5)\pi+z(\tan\alpha-\alpha)]$，标准齿轮的跨齿数 $k$ 为

$$z\tan\alpha_x=(k-0.5)\pi+z(\tan\alpha-\alpha)$$

$$k\pi=0.5\pi+z\tan\alpha_x-z(\tan\alpha-\alpha)$$

$$k=0.5+z\alpha/\pi+z(\tan\alpha_x-\tan\alpha)/\pi$$

对于标准齿轮，$\alpha_x=\alpha$，于是 $k$ 为

$$k=z\alpha/\pi+0.5 \tag{7-30}$$

令 $mz\cos\alpha\tan\alpha_x=m\cos\alpha[(k-0.5)\pi+z(\tan\alpha-\alpha)]+2xm\sin\alpha$，非标准齿轮的跨齿数 $k$ 为

$$k=0.5+z\alpha/\pi+z(\tan\alpha_x-\tan\alpha)/\pi-2x\tan\alpha/\pi \tag{7-31}$$

事实上，跨齿数 $k$ 不需要精确计算，遇到小数四舍五入，式(7-30)与式(7-31)可简化为

$$k=z\alpha_x/\pi+0.5 \tag{7-32}$$

**[例 7.1]**　一个齿数 $z_1=18$，模数 $m=4\text{mm}$ 的标准齿轮，跨 3 个齿测量加工后的公法线 $W_{3c}=30.415\text{mm}$，与 $z_2=54$ 的齿轮啮合传动，试计算加工 $z_1=18$ 齿轮时刀具的负变位量 $x_1m$。

**[解]**　(1) 计算跨齿数 $k$。

$k=z_1\alpha/\pi+0.5=18\times(20°/180°)+0.5=2.5$，取 $k=3$。

(2) 计算基圆理论齿厚 $s_{b1}$。

分度圆上的理论齿厚 $s_1=m\pi/2=4\pi/2=6.283\text{mm}$，$r_{b1}=mz_1\cos\alpha/2=4\times18\times\cos20°/2=33.829\text{mm}$，$r_1=mz_1/2=4\times18/2=36\text{mm}$，

$$s_{b1}=s_1\frac{r_{b1}}{r_1}+2r_{b1}\text{inv}20°=\frac{4\pi}{2}\times\frac{33.829}{36}+2\times33.829\times(\tan20°-20°\times\pi/180°)=6.913\text{mm}。$$

(3) 计算理论公法线长度 $W_3$。

$p_{b1}=m\pi\cos\alpha=4\pi\cos20°=11.808\text{mm}$，

$W_3=(k-1)p_{b1}+s_{b1}=(k-1)m\pi\cos\alpha+s_{b1}=(3-1)\times4\pi\cos20°+6.913=30.530\text{mm}$。

(4) 计算 $W_{3c}$ 时的变位系数 $x_1$。

由 $W_k=m\cos\alpha[(k-0.5)\pi+z_1\,\text{inv}\alpha]+2xm\sin\alpha=W_{3c}$ 可得变位系数 $x_1$ 为

$W_{3c}=4\times\cos20°[(3-0.5)\pi+18\times(\tan20°-20\times\pi/180°)]+(2\times4)\,x_1\sin20°$，

$x_1=\{30.415-4\times\cos20°\times[2.5\pi+18\times(\tan20°-\pi/9)]\}/(8\times\sin20°)=-0.0419$，

加工齿轮时刀具的负变位量 $x_1m=-0.0419\times4=0.167\text{mm}$。

此时的齿顶圆直径不变、齿根圆的直径变小 $2(x_1m)$，分度圆上的实际齿厚 $s_{1c}=s_{2c}=m\pi/2+2xm\tan\alpha=4\pi/2-2\times0.0419\times4\times\tan20°=6.161\text{mm}$；

分度圆上的实际齿槽宽 $e_{1c}=e_{2c}=m\pi/2-2xm\tan\alpha=4\pi/2+2\times0.0419\times4\times\tan20°=6.405\text{mm}$，

分度圆上的齿厚减薄量为 $s_{1c}-s_1=6.161-6.283=-0.122\text{mm}$，

分度圆上的齿侧间隙为 $e_{2c}-s_{1c}=6.405-6.161=0.244\text{mm}$，

由 $r_b=r\cos\alpha$，$r_b(\Delta\varphi)=r(\Delta\varphi)\cos\alpha$，令 $r(\Delta\varphi)=e_{2c}-s_{1c}=0.244\text{mm}$，则基圆上或公法线上的齿侧间隙为 $r_b(\Delta\varphi)=0.244\times\cos\alpha=0.244\times\cos20°=0.229\text{mm}$，

中心距 $a = m(z_1 + z_1)/2 = 4\times(18+54)/2 = 144\text{mm}$，最小侧隙也可以按 $j_{\text{bnmin}} = 2\times(0.06 + 0.0005a + 0.03m)/3\ \text{mm}$ 计算，$j_{\text{bnmin}} = 2\times(0.06 + 0.0005\times144 + 0.03\times4)/3 = 0.168\text{mm}$。

公法线长度的平均偏差 $W_{3c}-W_3 = 30.415-30.530 = -0.115\text{mm}$。

比如，取上偏差为$-0.100$mm，下偏差为$-0.155$ mm，公法线长度与公差为$30.530_{-0.155}^{-0.100}$。

### 7.8.7 标准齿轮与齿条传动的齿面相对滑动分析

标准齿轮与齿条传动如图 7-36(a)所示、机构运动简图如图 7-36(b)所示。在图 7-36(b)中，$N_1N_2$ 称为理论啮合线，$B_1$ 点为齿轮 1 的齿顶圆与啮合线的交点，$B_2$ 点为齿条 2 的齿顶线与啮合线的交点，$B_1B_2$ 称为实际啮合线，$B$ 点为任意啮合点，当齿轮 1 顺时针转动时，$B$ 点从 $B_2$ 点移动到 $B_1$ 点，$\varphi_{12}$ 为齿轮 1 的运动角，$P$ 点称为节点，$C_1C_2$ 为齿条的分度线，$\alpha'$ 称为啮合角，$\alpha$ 称为压力角，此时 $\alpha'=\alpha$。

(a)

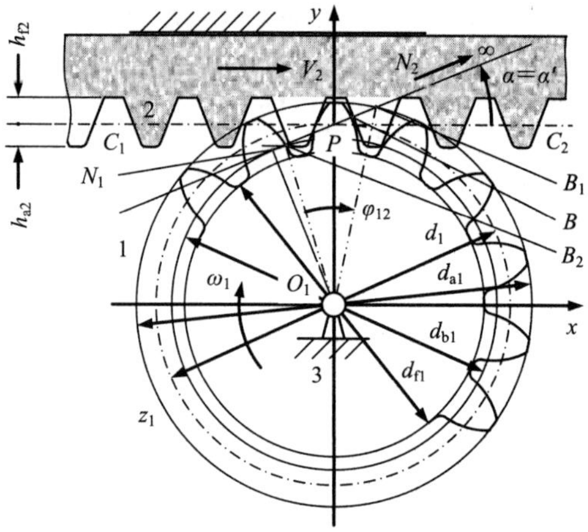


(b)

图 7-36 标准齿轮与齿条传动以及机构运动简图

在图 7-36(b)中，当齿轮 1 上的一个齿转动 $\varphi_{12}$ 时，齿条 2 位移为 $0.5d_1\varphi_{12}$。

在图 7-36(b)中，$B_1$ 点坐标 $x_{B1}$、$y_{B1}$ 由半径为 $r_{a1}$ 的圆与直线 $y=\tan\alpha\cdot x + r_1$ 的交点确定；$B_2$ 点坐标 $x_{B2} = -h_{a2}/\tan\alpha$、$y_{B2} = r_1 - h_{a2}$；$r_{B1} = O_1B_1 = \sqrt{x_{B1}^2 + y_{B1}^2}$，$r_{B2} = O_1B_2 = \sqrt{x_{B2}^2 + y_{B2}^2}$，由此确定 $\varphi_{12}$ 的大小。

当齿轮 1 顺时针转动 $\varphi_1$ 时，$0\leqslant\varphi_1\leqslant\varphi_{12}$、$r_{B2}\leqslant r_B\leqslant r_{B1}$，$B$ 点是齿轮 1 与齿条 2 的啮合点，于是得到齿轮 1 上 $B$ 点的速度 $V_{B1}$。

在图 7-37(a)所示的齿轮 1 中，渐开线上 $B_1$ 点的速度 $V_{B1} = r_{B1}\omega_1$；$B_1$ 点的速度在渐开线法线方向上的分量 $V_{B1n} = r_{B1}\omega_1\cos\alpha_B$ 推动齿条 2 移动，在切线方向上的分量 $V_{B1t} = r_{B1}\omega_1\sin\alpha_B$ 与齿条 2 的齿面产生相对滑动。在图 7-37(b)所示的齿条 2 中，齿条 2 的速度 $V_2 = r_1\omega_1$ 为常数。

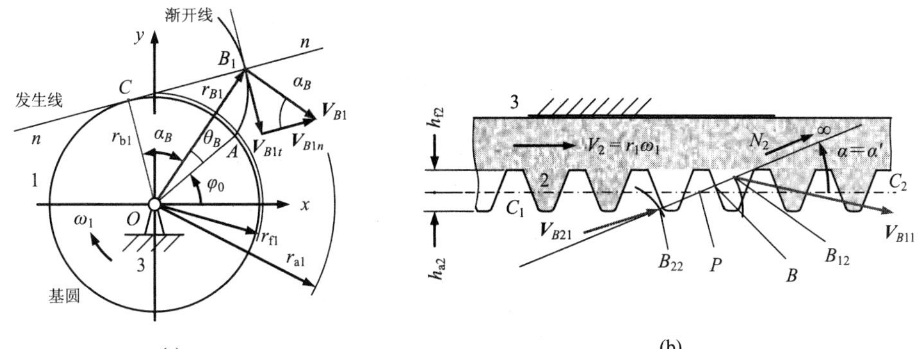


图 7-37　渐开线与接触点的相对速度

当 $r_{B1} = r_1$，或者说 $P$ 点成为啮合点时，$V_{B1} = V_2$，由于在 $P$ 点两齿面之间的相对滑动速度为零，所以，在 $P$ 点没有形成润滑油膜的条件，两齿面之间做瞬时纯滚动。除了 $P$ 点之外，两齿面啮合点之间的相对滑动速度不为零。

定义 $V_{Bt1}$ 为小齿轮在任意啮合点 $B$ 沿着渐开线切线方向的速度，$V_{Bt2}$ 为大齿轮在对应啮合点 $B$ 沿着渐开线切线方向的速度，再定义小齿轮的相对滑动率 $U_1 = (V_{Bt2} - V_{Bt1})/V_{Bt1}$，大齿轮的相对滑动率 $U_2 = (V_{Bt1} - V_{Bt2})/(V_{Bt2} \cdot i_{12})$，$i_{12} = \omega_1/\omega_2 = z_2/z_1$ 为小齿轮与大齿轮的传动比，$U_1$ 与 $U_2$ 在 $N_1N_2$ 区间的曲线关系如图 7-38 所示。

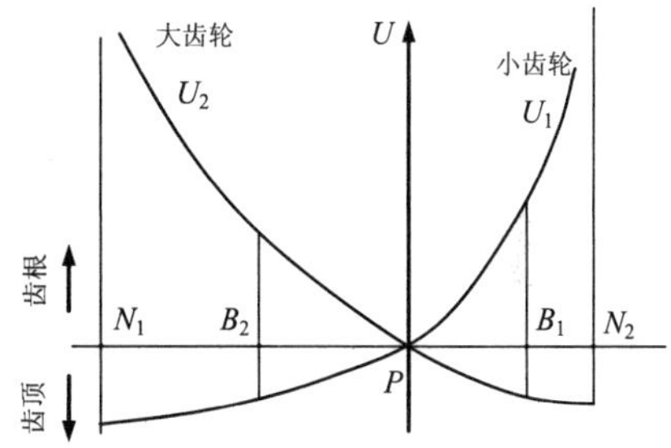


图 7-38　渐开线齿轮传动齿面之间的相对滑动率

由图 7-38 可见，只有选择合适的润滑油与载荷、相对速度相匹配，两齿面才可能被润滑油膜分开不再直接接触，也不会产生磨损。

## 7.8.8　标准齿条型刀具加工标准齿轮的齿根过渡曲线

在图 7-14 所示的渐开线形成原理中，发生线上 $K$ 点的轨迹为渐开线，发生线之外的 $K_1$ 与 $K_2$ 点的轨迹为延伸渐开线，如图 7-39 所示。

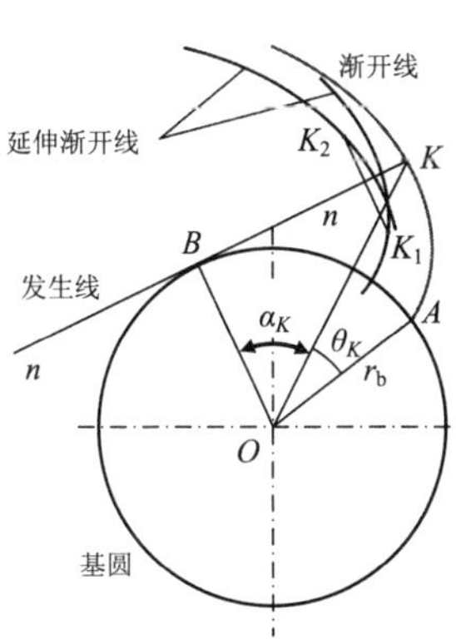


图 7-39　渐开线与延伸渐开线

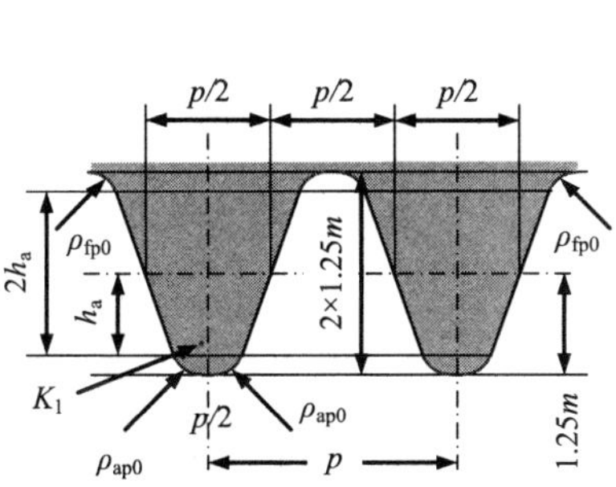

图 7-40　标准齿条型刀具

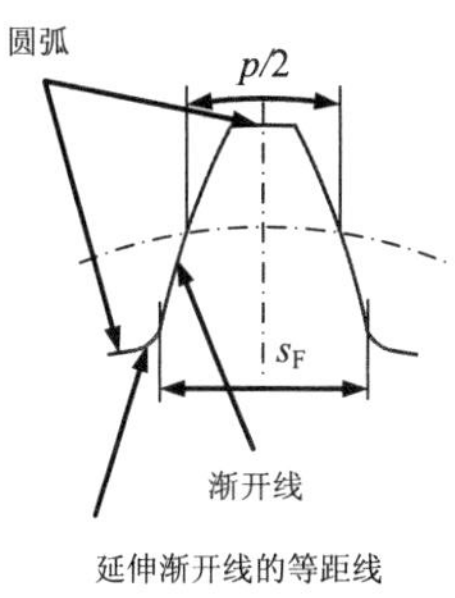


图 7-41　齿根过渡曲线

标准齿条型刀具如图 7-40 所示，刀具两侧面在 $2h_a$ 的高度上为直线、在上与下 $0.25m$ 的高度上为 $\rho_{ap0}=\rho_{fp0}=0.38m$ 的圆弧，其余的部分为直线。刀具 $\rho_{ap0}$ 部分的圆弧切削出被加工齿轮齿根部分的延伸渐开线的等距线，如图 7-41 所示，延伸渐开线的等距线与渐开线光滑相切、延伸渐开线的等距线与齿根圆弧光滑相切。两条延伸渐开线的等距线决定齿根抗弯齿厚 $s_F$，$s_F$ 的大小由 30°切线法确定。

## 7.9 斜齿圆柱齿轮传动

### 7.9.1 斜齿圆柱齿轮齿面的形成原理

斜齿圆柱齿轮齿面的形成原理如图 7-42 所示。在基圆柱上放置一发生面，发生面与基圆柱的交线为 $BB$，在发生面上放置一斜直线 $KK$，直线 $KK$ 与轴线的夹角为 $\beta_b$，当发生面相对于基圆柱作纯滚动时，直线 $KK$ 在空间留下的轨迹是一个螺旋面，该螺旋面便是斜齿圆柱齿轮的齿廓曲面。当 $\beta_b=0$ 时，直线 $KK$ 在空间留下的轨迹便是直齿轮的齿廓曲面。由此可见，直齿圆柱齿轮的齿廓曲面是斜齿圆柱齿轮的齿廓曲面的特例。

当一个螺旋面的螺旋角为 $\beta_b$，另一个螺旋面的螺旋角为 $-\beta_b$，两个螺旋面的基圆柱的轴线平行时，这两个螺旋面就形成一对斜齿轮中一对齿的啮合传动。

一种斜齿圆柱齿轮零件如图 7-43 所示；三对斜齿圆柱齿轮传动如图 7-44 所示。

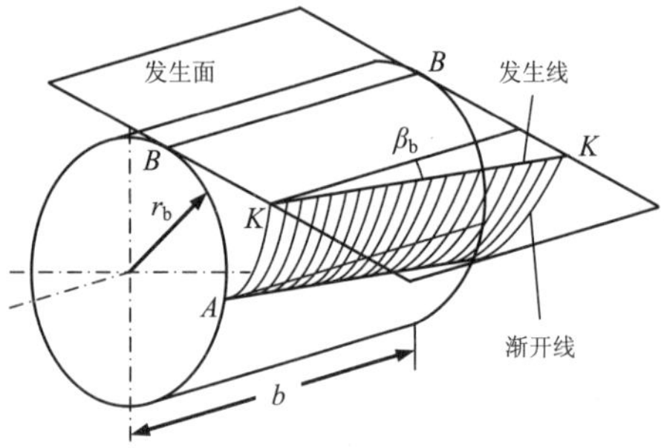


图 7-42 右旋螺旋面的形成原理图

图 7-43 斜齿圆柱齿轮

图 7-44 斜齿圆柱齿轮传动

### 7.9.2 斜齿圆柱齿轮的几何参数

由于螺旋面在不同直径上的螺旋角不同，所以，若螺旋面绕轴线转一周，则任意直径上一点的轨迹为一条绕轴线转 2π 角的螺旋线。设该螺旋线起点与终点在轴线方向上的长度为 $L_w$，则斜齿圆柱齿轮在分度圆柱面上的螺旋角 $\beta$($\beta$ 的余角 $\lambda$ 称为螺旋升角或导程角，$\lambda=\pi/2-\beta$) 与基圆柱面上的螺旋角 $\beta_b$ 存在以下关系

$$\tan\beta_b=\pi d_b/L_w$$

$$\tan\beta=\pi d/L_w$$

以上两式相除得

$$\beta=\arctan(d\tan\beta_b/d_b) \tag{7-33}$$

斜齿圆柱齿轮的几何参数存在法面参数与端面参数之分，法面是指分度圆柱上垂直于螺

旋线的切线的平面，又称为法截面，如图 7-45 所示。由于加工时，刀具是沿斜齿圆柱齿轮分度圆柱上螺旋线的切线方向进刀，所以，斜齿圆柱齿轮的法面参数与刀具的相同，为标准值，而端面参数为非标准值。若规定法面上分度圆的标准模数为 $m_n$、分度圆上的标准压力角为 $\alpha_n$(=20°)、标准齿顶高系数为 $h_{an}^*$ (=1)以及标准顶隙系数为 $c_n^*$ (=0.25)；同时规定端面分度圆上的模数为 $m_t$、分度圆压力角为 $\alpha_t$、齿顶高系数为 $h_{at}^*$ 以及顶隙系数为 $c_t^*$，则 $m_n$ 与 $m_t$，$\alpha_n$ 与 $\alpha_t$ 可以借助于图 7-46 所示的斜齿条予以说明。

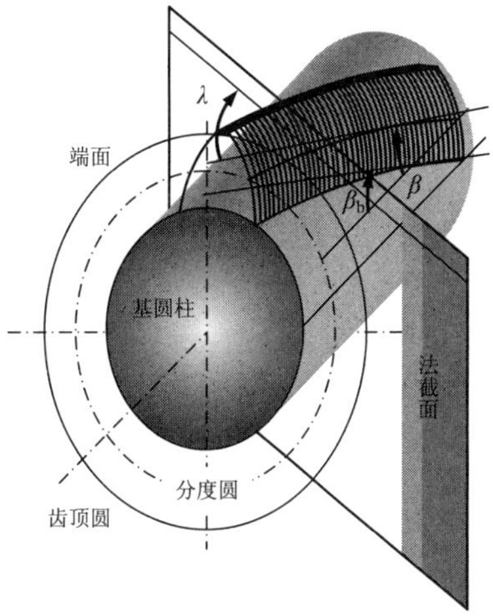


图 7-45　右旋斜齿轮

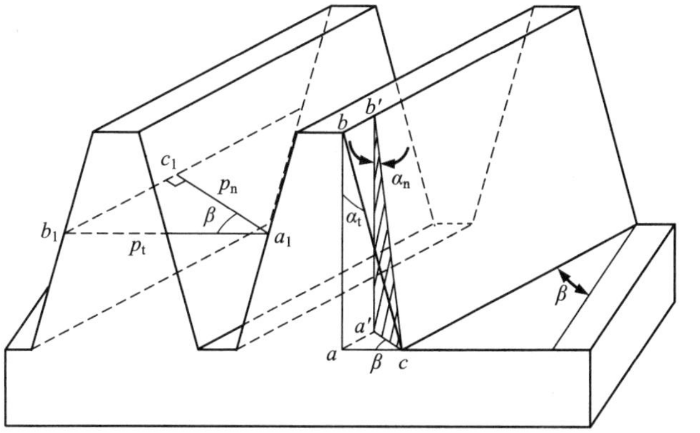


图 7-46　斜齿条的法面与端面模数以及压力角

在图 7-46 所示的斜齿条中，线段 $a_1b_1$ 表示斜齿条的端面齿距 $p_t$，$p_t$=$m_t\pi$，线段 $a_1c_1$ 表示斜齿条的法面齿距 $p_n$，$p_n$=$m_n\pi$，设斜齿条的螺旋角为 $\beta$，由图 7-46 得 $p_n$=$p_t\cos\beta$，所以有

$$m_n = m_t \cos\beta \tag{7-34}$$

在图 7-46 中，$\angle abc$ 表示斜齿条的端面压力角 $\alpha_t$，$\angle a'b'c$ 表示斜齿条的法面压力角 $\alpha_n$，$\angle aca'$=$\beta$，由 $\tan\alpha_t$=$ac/ab$，$\tan\alpha_n$=$a'c/a'b'$=$a'c/ab$，$\cos\beta$=$a'c/ac$，所以有

$$\tan\alpha_t = \tan\alpha_n / \cos\beta \tag{7-35}$$

斜齿轮端面上的齿顶高系数 $h_{at}^*$ 与法面上的齿顶高系数 $h_{an}^*$ 通过齿顶高的大小在端面上与法面上相等联系起来；端面上的顶隙系数 $c_t^*$ 与法面上的顶隙系数 $c_n^*$ 也通过顶隙的大小在端面上与法面上相等联系起来，即

$$h_{an}^* m_n = h_{at}^* m_t \tag{7-36}$$

$$c_n^* m_n = c_t^* m_t \tag{7-37}$$

引入端面压力角 $\alpha_t$ 之后，基圆柱上的螺旋角 $\beta_b$ 与分度圆柱面上的螺旋角 $\beta$ 可以通过 $\tan\beta_b = \pi d_b / L_w$， $\tan\beta = \pi d / L_w$ 得到

$$\tan\beta_b = (d_b / d)\tan\beta = \cos\alpha_t \tan\beta \tag{7-38}$$

若用端面的基本参数 $m_t$、$\alpha_t$、 $h_{at}^*$ 和 $c_t^*$ 代替表 7.2 中的基本参数 $m$、$\alpha$、 $h_a^*$ 和 $c^*$，则可以得到标准斜齿圆柱齿轮传动的几何尺寸计算公式。

### 7.9.3 斜齿圆柱齿轮的当量齿轮

标准斜齿圆柱齿轮的法截面齿形如图 7-47(a)、(b)所示，在法截面上，齿顶落在一个椭圆上，不同位置上的齿廓形状是不一样的，若落在椭圆短轴上的那个齿具有精确的渐开线齿形，如图 7-47(a)中的齿 $A$，则其余的轮齿曲线都不是渐开线。设齿 $A$ 具有标准模数 $m_n$，齿 $A$ 所在的分度圆直径为 $d_V$，齿 $A$ 所对应的完整齿轮称为当量齿轮，其齿数称为当量齿数，用 $z_V$ 表示，则 $d_V=m_n z_V$。由于椭圆的短轴长度 $b=d/2$，椭圆的长轴长度 $a=(d/2)/\cos\beta$，椭圆在短轴上的曲率半径 $\rho=a^2/b$，如图 7-47(b)所示，所以，$\rho=a^2/b=(d/2)/\cos^2\beta$，于是，当量齿数 $z_V=d_V/m_n=2\rho/m_n=(d/\cos^2\beta)/m_n=(m_t z/\cos^2\beta)/m_n=z/\cos^3\beta$。当量齿数 $z_V$ 不一定是整数，当量齿轮的标准参数就是斜齿圆柱齿轮在法面上的标准参数。

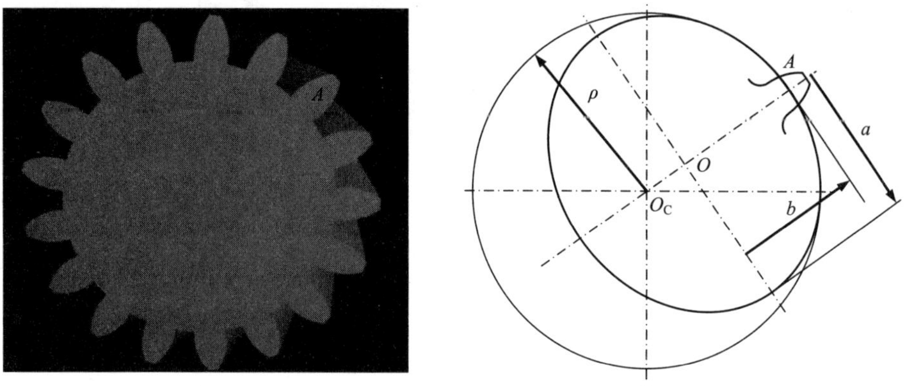


图 7-47 斜齿轮的法面截形与当量齿轮

### 7.9.4 斜齿圆柱齿轮传动的重合度

斜齿圆柱齿轮传动的重合度可以通过图 7-48 予以说明，图 7-48 (a)为直齿圆柱齿轮传动的啮合面，$B_2B_2$ 表示宽度为 $b$ 的一对轮齿进入啮合的位置，$B_1B_1$ 表示一对轮齿退出啮合的位置，$B_1B_2/p_{bt}$ 为直齿圆柱齿轮传动的重合度 $\varepsilon_\alpha$，即 $\varepsilon_\alpha=L/p_{bt}=B_1B_2/p_{bt}=[z_1(\tan\alpha_{at1}-\tan\alpha_t')+z_2(\tan\alpha_{at2}-\tan\alpha_t')]/(2\pi)$。由于一对斜齿圆柱齿轮在啮合面上的接触线为一条与轴线成 $\beta_b$ 夹角的斜线，如图 7-48(b)所示，所以，它不是用全齿宽进入接触，而是从一端进入啮合，然后接触宽度逐渐增大，再达到全齿宽，再逐渐减少接触宽度，直至从另一端完全退出啮合，为此，它的啮合长度为 $L+\Delta L=B_1B_2+b\tan\beta_b$，定义 $\varepsilon_\beta=b\tan\beta_b/p_{bt}$，称 $\varepsilon_\beta$ 为斜齿圆柱

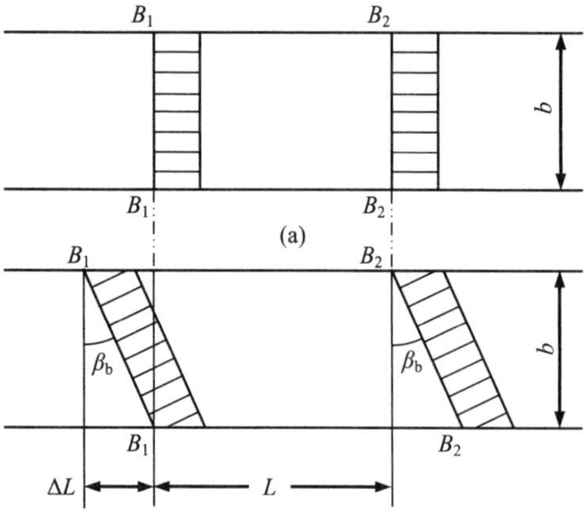


图 7-48 斜齿轮的端面重合度与轴向重合度

齿轮传动的轴向重合度，$\varepsilon_\beta$ 可以转化为 $b\sin\beta/(m_n\pi)$。为此，斜齿圆柱齿轮传动的重合度 $\varepsilon_\gamma=\varepsilon_\alpha+\varepsilon_\beta$，$\varepsilon_\gamma$ 的计算式为

$$\varepsilon_\gamma=\varepsilon_\alpha+\varepsilon_\beta=[z_1(\tan\alpha_{at1}-\tan\alpha_t')+z_2(\tan\alpha_{at2}-\tan\alpha_t')]/(2\pi)+b\sin\beta/(m_n\pi) \tag{7-39}$$

### 7.9.5　斜齿圆柱齿轮传动的特点

斜齿圆柱齿轮传动对比直齿圆柱齿轮传动具有以下特点：

(1) 啮合性能较好。一对斜齿圆柱齿轮啮合传动时，一对轮齿的啮合线是一条斜直线，轮齿从一端开始进入啮合，逐渐进入全齿宽，再从全齿宽逐渐减小，最后退出啮合，啮合线的最大长度为 $b/\cos\beta_b$。因而传动较平稳，振动与噪声都较小。

(2) 重合度大。由于螺旋角 $\beta$ 的引入，斜齿圆柱齿轮的重合度较直齿圆柱齿轮的大 $b\tan\beta_b/p_{bt}$，所以，在单位时间内双齿对工作的时间比例较多，承载能力提高。

(3) 斜齿圆柱齿轮不产生根切的最少齿数更少，其最少齿数 $z_{min}=z_{Vmin}\cos^3\beta$。

(4) 斜齿圆柱齿轮传动的标准中心距 $a=(d_1+d_2)/2=m_t(z_1+z_2)/2=m_n(z_1+z_2)/(2\cos\beta)$，通过改变螺旋角 $\beta$，可以调节标准中心距。

(5) 斜齿圆柱齿轮啮合传动时，会产生轴向力，这是它的一个缺点。为此，应限制螺旋角 $\beta$ 的取值，一般 $\beta=8°\sim20°$。

［例 7.2］　一对渐开线标准斜齿轮在标准中心距下传动，已知模数 $m_n=8\text{mm}$，齿数 $z_1=25$、$z_2=67$，螺旋角 $\beta=20°$，齿宽 $b=65\text{mm}$，试求重合度 $\varepsilon_\gamma$ 并与 $\beta=0°$时的重合度 $\varepsilon_\alpha$ 比较大小。

［解］　(1) 计算斜齿轮的端面参数。

由式(7-34)计算端面模数 $m_t=m_n/\cos\beta=8/\cos20°=8.513\text{mm}$，

由式(7-35)计算端面压力角 $\alpha_t=\arctan(\tan\alpha_n/\cos\beta)=\arctan(\tan20°/\cos20°)=21.173°$，

由式(7-36)计算端面齿顶高系数 $h_{at}^*=h_{an}^*m_n/m_t=1\times8/8.513=0.9397$，

由式(7-37)计算端面顶隙系数 $c_{at}^*=c_{an}^*m_n/m_t=0.25\times8/8.513=0.2349$，

小齿轮的基圆直径为 $d_{b1}=d_1\cos\alpha_t=m_t z_1\cos\alpha_t=8.513\times25\times\cos21.173°=198.458\text{mm}$，

大齿轮的基圆直径为 $d_{b2}=d_2\cos\alpha=m_t z_2\cos\alpha_t=8.513\times67\times\cos21.173°=531.868\text{mm}$，

小齿轮的顶圆直径为 $d_{a1}=(z_1+2h_{at}^*)m_t=(25+2\times0.9397)\times8.513=228.824\text{mm}$，

大齿轮的顶圆直径为 $d_{a2}=(z_2+2h_{at}^*)m_t=(67+2\times0.9397)\times8.513=586.370\text{mm}$，

小齿轮的顶圆压力角为 $\alpha_{at1}=\arccos(r_{b1}/r_{a1})=\arccos(198.458/228.824)=29.854°$，

大齿轮的顶圆压力角为 $\alpha_{at2}=\arccos(r_{b2}/r_{a2})=\arccos(531.868/586.370)-24.899°$。

(2) 计算重合度 $\varepsilon_\gamma$。

$$\begin{aligned}\varepsilon_\gamma=\varepsilon_\alpha+\varepsilon_\beta&=[z_1(\tan\alpha_{at1}-\tan\alpha_t')+z_2(\tan\alpha_{at2}-\tan\alpha_t')]/(2\pi)+b\sin\beta/(m_n\pi)\\&=[25\times(\tan29.854°-\tan20°)+67\times(\tan24.899°-\tan20°)]/(2\pi)+65\times\sin20°/(8\pi)\\&=(5.2497+6.7129)/(2\pi)+0.8845=1.9139+0.8845\approx2.798。\end{aligned}$$

(3) 计算直齿轮的端面参数。

若螺旋角 $\beta=0°$，则 $\alpha_{a1}$ 与 $\alpha_{a2}$ 分别为

$\alpha_{a1}=\arccos(r_{b1}/r_{a1})=\arccos[mz_1\cos\alpha/(mz_1+2m)]=\arccos[25\times\cos20°/(25+2)]=29.531°$，

$\alpha_{a2}=\arccos(r_{b2}/r_{a2})=\arccos[mz_2\cos\alpha/(mz_2+2m)]=\arccos[67\times\cos20°/(67+2)]=24.153°$。

(4) 计算直齿轮的重合度 $\varepsilon_\alpha$。

$$\varepsilon_\alpha = [z_1(\tan\alpha_{a1} - \tan\alpha') + z_2(\tan\alpha_{a2} - \tan\alpha')]/(2\pi)$$
$$= [25\times(\tan 29.531^\circ - \tan 20^\circ) + 67\times(\tan 24.153^\circ - \tan 20^\circ)]/(2\pi) = 1.706$$

(5) 比较斜齿轮的重合度 $\varepsilon_\gamma$ 与直齿轮的重合度 $\varepsilon_\alpha$。

$\varepsilon_\gamma/\varepsilon_\alpha = 2.788/1.706 = 1.634$，$\varepsilon_\gamma - \varepsilon_\alpha = 2.788 - 1.706 = 1.082$。

由于齿宽 $b$ 引入轴向重合度 $\varepsilon_\beta$，所以，一对渐开线标准斜齿轮传动同比一对渐开线标准直齿轮传动啮合的齿对数多，故有更高的承载能力。

## 7.10 圆柱蜗杆传动

圆柱蜗杆传动的类型较多，根据蜗杆轮齿螺旋面形状的不同，圆柱蜗杆分为：阿基米德蜗杆(ZA 蜗杆)，法向直廓蜗杆(ZN 蜗杆)和渐开线蜗杆(ZI 蜗杆)等。其中，ZA 蜗杆是在垂直于蜗杆轴线的截面(即端面)上，齿廓为阿基米德螺线($r = a + b\theta$)，在包含轴线的平面上的齿廓(即轴向齿廓)为直线，其齿形角 $\alpha = 20^\circ$；图 7-49 所示为圆柱蜗杆副的三维图。蜗杆 1 的几何轴线与蜗轮的几何轴线垂直交错，过蜗杆的轴线且垂直于蜗轮轴线的剖面称为中间截面。在中间截面内，蜗杆的齿形相当于齿条，蜗轮的齿形相当于外齿轮。

阿基米德蜗杆传动的中间截面如图 7-50 所示。蜗轮与蜗杆的传动相当于齿轮与齿条的传动。在中间截面内，蜗杆的轴向模数 $m_{a1}$ 等于蜗轮的端面模数 $m_{t2}$(为标准系列值，GB 10088—2018)，蜗杆的轴向压力角 $\alpha_{a1}$ 等于蜗轮的端面压力角 $\alpha_{t2}$(标准规定压力角 $\alpha$=20°，GB 10087—2018)，蜗杆与蜗轮的螺旋方向相同。

图 7-49 圆柱蜗杆传动的三维图

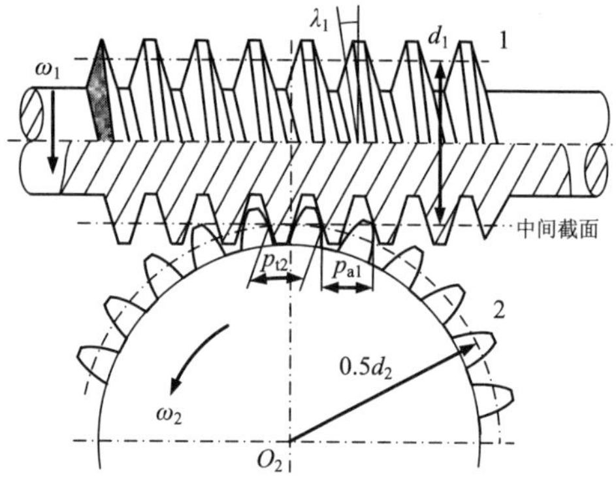


图 7-50 阿基米德蜗杆传动的中间截面图

蜗杆的螺旋面在轴向的距离称为导程，用 $L$ 表示，$L=z_1 p_{a1}$。其中，$z_1$ 为蜗杆的齿数；$p_{a1}$ 为蜗杆的轴向齿距，$p_{a1}=m_{a1}\pi$。蜗杆的螺旋面在分度圆上的螺旋升角或称为导程角用 $\lambda_1$ 表示，$\lambda_1$ 等于蜗轮在分度圆上的螺旋角 $\beta_2$。$\lambda_1$ 的计算式为

$$\lambda_1 = \arctan\left(\frac{L}{\pi d_1}\right) = \arctan\left(\frac{z_1 p_{a1}}{\pi d_1}\right) = \arctan\left(\frac{z_1 m_{a1}}{d_1}\right) = \arctan\left(\frac{z_1 m}{d_1}\right) \tag{7-40}$$

由于蜗杆的齿数 $z_1$ 较少，$z_1$ 通常取 1,2,4，蜗轮的齿数 $z_2$ 通常取 28～80，所以，蜗杆与蜗轮传动的传动比 $i=\omega_1/\omega_2=z_2/z_1$ 较大，通常在 28～80 之内。

定义 $z_1/\tan\lambda_1$ 为蜗杆的直径系数，用 $q$ 表示，即 $q=z_1/\tan\lambda_1$。于是，蜗杆的分度圆直径 $d_1$ 为

$$d_1 = mq \tag{7-41}$$

式中，$q$ 被规定为若干个值，取值范围为 8～18。蜗杆的分度圆直径 $d_1$ 与模数 $m$ 又被规定为若干组数值(GB/T 10085—2018)，由强度计算确定选择哪一组数值。

蜗杆传动的标准中心距 $a$ 为

$$a = r_1 + r_2 = m(q + z_2)/2 \tag{7-42}$$

蜗杆传动的优点是传动比大、传动平稳。

蜗杆与蜗轮啮合点的轨迹称为啮合线，由于在啮合点沿着啮合线的切线与相对速度之间的夹角较小，不易形成油膜，所以摩擦较大机械效率相对较低。这是蜗杆传动的缺点。

当 $\lambda_1$ 小于啮合轮齿间的当量摩擦角时，只能由蜗杆驱动蜗轮，不能由蜗轮驱动蜗杆，具有运动传递的单向性，也称为自锁。当要求机械效率较高时，$15° \leqslant \lambda_1 \leqslant 30°$，此时为多头蜗杆。

蜗杆旋向与蜗轮的转向如图 7-51 所示，左旋蜗杆驱动左旋蜗轮如图 7-51(a)所示，蜗轮上 $P_2$ 点的速度向里；右旋蜗杆驱动右旋蜗轮如图 7-51(b)所示，蜗轮上 $P_2$ 点的速度向外；左旋蜗杆驱动左旋蜗轮如图 7-51(c)所示，蜗轮逆时针转动；左旋蜗杆驱动左旋蜗轮如图 7-51(d)所示，蜗轮顺时针转动；右旋蜗杆驱动右旋蜗轮如图 7-51(e)所示，蜗轮顺时针转动；右旋蜗杆驱动右旋蜗轮如图 7-51(f)所示，蜗轮逆时针转动。判断蜗轮转向的规则是：右旋蜗杆，伸出右手，四指的方向与蜗杆的转向相同，拇指的相反方向对应蜗轮的转向；左旋蜗杆，伸出左手，四指的方向与蜗杆的转向相同，拇指的相反方向对应蜗轮的转向。

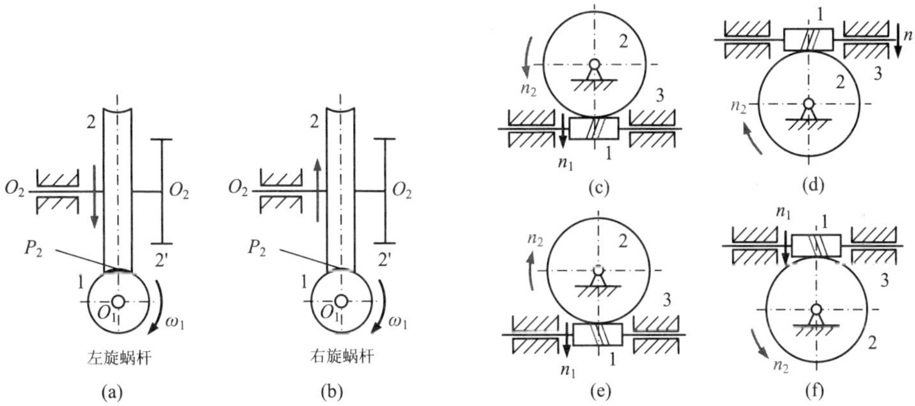


图 7-51 蜗杆旋向与蜗轮的转向

阿基米德蜗杆减速器如图 7-52 所示，把一对蜗杆蜗轮副变成蜗杆减速器，还有大量的工作要做。

为了提高圆柱蜗杆传动的承载能力与机械效率，在构型上，不但蜗轮包着蜗杆，如图 7-52 所示，也让蜗杆包着蜗轮，如图 7-53 所示；在螺旋齿面的形成原理上，当母线为直线时称为直廓环面蜗杆传动，当母面为平面时称为平面包络环面蜗杆传动，它们都显著增大接触线与相对速度之间夹角的大小，形成油膜的条件较好，摩擦较小机械效率相对较高。

图 7-52　阿基米德蜗杆减速器

图 7-53　环面蜗杆减速器

## 7.11　直齿圆锥齿轮传动

### 7.11.1　直齿圆锥齿轮的形成原理

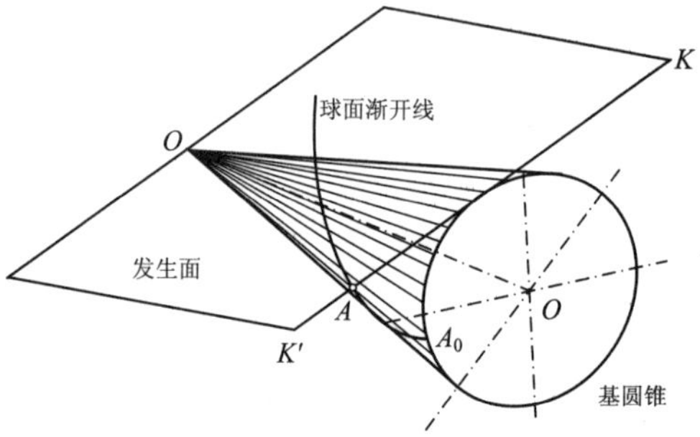


图 7-54　直齿圆锥齿轮齿廓曲面的形成原理图

直齿圆锥齿轮的形成原理如图 7-54 所示。将图 7-42 所示的基圆柱换成基圆锥，当发生面相对于基圆锥作纯滚动时，直线 $KK'$上的任意一点 $A$ 在空间留下的轨迹是一条球面渐开线，球面渐开线上所有点与锥顶的连线形成直齿圆锥齿轮的齿廓曲面。由于球面渐开线不好加工，所以，在实践中，用直齿圆锥齿轮大端与分度圆相切的圆锥面上的投影齿形来近似代替球面渐开线齿形。

### 7.11.2　直齿圆锥齿轮的背锥与当量齿数

图 7-55 所示为一对相啮合的直齿圆锥齿轮，过直齿圆锥齿轮 2 的大端分度圆作背锥，锥顶为 $O_2$，分度圆到锥顶的距离为 $r_{V2}$，将圆锥齿轮大端上的每一个齿形向背锥面上作正投影，得球面渐开线的近似齿形。将圆锥面展开，得不完整的扇形齿轮，将扇形齿轮假想地补成完整的齿轮，该齿轮称为直齿圆锥齿轮的当量齿轮，当量齿轮的齿数称为当量齿数，用 $z_{V2}$ 表示。当量齿轮的模数与压力角分别和圆锥齿轮大端分度圆上的模数与压力角相同。由图 7-55 得 $r_{V2}$ 为

$$r_{V2} = r_2 / \sin(\pi / 2 - \delta_2) = r_2 / \cos\delta_2 \tag{7-43}$$

由于 $r_{V2} = z_{V2}m / 2$，$r_2 = z_2 m / 2$，所以

$$z_{V2} = z_2 / \cos\delta_2 \tag{7-44}$$

## 7.11.3　直齿圆锥齿轮的几何参数计算

直齿圆锥齿轮的标准参数有模数 $m$(GB/T 12368—1990)、压力角 $\alpha$=20°、齿顶高系数 $h_a^*$=1 与顶隙系数 $c^*$=0.2。直齿圆锥齿轮有两种啮合顶隙，图 7-55 为不等顶隙型圆锥齿轮传动，图 7-56 为 GB/T 12369—1990、GB/T 123670—1990 规定的等顶隙型直齿圆锥齿轮传动，现多采用等顶隙型传动。直齿圆锥齿轮的标准参数关系见表 7.4。

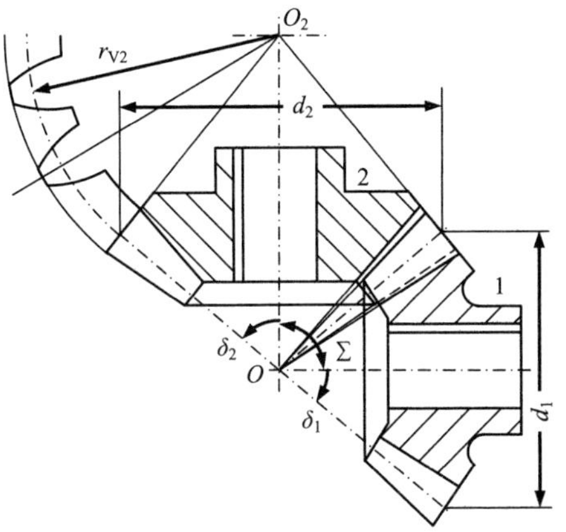


图 7-55　直齿圆锥齿轮的背锥与当量齿数

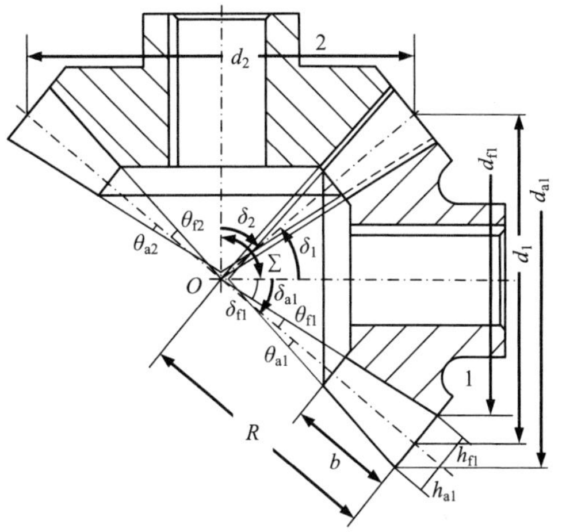


图 7-56　直齿圆锥齿轮的主要几何参数

**表 7.4　标准直齿圆锥齿轮传动的几何尺寸(∑=90°)**

| 名称 | 参数符号 | 计算公式 | |
|---|---|---|---|
| | | 小齿轮 | 大齿轮 |
| 模数 | $m$ | 由齿轮的抗弯强度确定并取标准值 | 由齿轮的抗弯强度确定并取标准值 |
| 压力角 | $\alpha$ | 取标准值 | 取标准值 |
| 大端分度圆直径 | $d$ | $d_1=mz_1$ | $d_2=mz_2$ |
| 大端齿顶高 | $h_a$ | $h_{a1}=h_a=h_a^*m$ | $h_{a2}=h_a=h_a^*m$ |
| 大端齿根高 | $h_f$ | $h_{f1}=h_f=(h_a^*+c^*)m$ | $h_{f2}=h_f=(h_a^*+c^*)m$ |
| 大端齿全高 | $h$ | $h_1=h=(2h_a^*+c^*)m$ | $h_2=h=(2h_a^*+c^*)m$ |
| 大端齿顶圆直径 | $d_a$ | $d_{a1}=d_1+2h_{a1}\cos\delta_1$ | $d_{a2}=d_2+2h_{a2}\cos\delta_2$ |
| 大端齿根圆直径 | $d_f$ | $d_{f1}=d_1-2h_{f1}\cos\delta_1$ | $d_{f2}=d_2-2h_{f2}\cos\delta_2$ |
| 锥距 | $R$ | $R=0.5m\sqrt{z_1^2+z_2^2}$ | $R=0.5m\sqrt{z_1^2+z_2^2}$ |
| 齿顶角 | $\theta_a$ | $\theta_{a1}=\arctan(h_a/R)$ | $\theta_{a2}=\arctan(h_a/R)$ |
| 齿根角 | $\theta_f$ | $\theta_{f1}=\arctan(h_f/R)$ | $\theta_{f2}=\arctan(h_f/R)$ |
| 分度圆锥角 | $\delta$ | $\delta_1=\arctan(1/i_{12})$ | $\delta_2=\arctan(i_{12})$ |
| 齿顶锥角 | $\delta_a$ | $\delta_{a1}=\delta_1+\theta_{f2}$(等顶隙)，$\delta_{a1}=\delta_1+\theta_{a1}$(收缩顶隙) | $\delta_{a2}=\delta_2+\theta_{f1}$(等顶隙)，$\delta_{a2}=\delta_2+\theta_{a2}$(收缩顶隙) |
| 齿根锥角 | $\delta_f$ | $\delta_{f1}=\delta_1-\theta_{f1}$ | $\delta_{f2}=\delta_2-\theta_{f2}$ |
| 齿宽 | $b$ | $b_1=\psi_R\cdot R$ | $b_2=\psi_R\cdot R$ |
| 传动比 | $i$ | $i_{12}=\omega_1/\omega_2=z_2/z_1$ | |

### 7.11.4 曲齿圆锥齿轮简介

直齿圆锥齿轮的承载能力相对较小，曲齿圆锥齿轮的承载能力相对较大，可以采用一段圆弧作为齿线，称为格里森制(Gleason)锥齿轮，用格里森铣齿机与磨齿机加工；也可以采用长幅外摆线作为齿线，称为克林贝格制(Klingelnberg)锥齿轮，用克林贝格铣齿机与磨齿机加工。齿线是指轮齿的齿面与分度圆锥面的交线。图 7-57 所示为弧齿锥齿轮。

用准双曲面作为分度曲面的齿轮称为准双曲面齿轮(hypoid gear)，其偏置距与螺旋角的关系是，偏置的方向取小轮增大螺旋角的方向，偏置距增大，小轮螺旋角也增大，小轮外径也随着增大。这样可以提高小轮的刚度和强度，减少小轮齿数，增大减速比。

准双曲面齿轮采用格里森机床加工或奥利康(Oerlikon)机床加工。奥利康锥齿轮切齿机如图 7-58 所示。

图 7-57 弧齿锥齿轮

图 7-58 奥利康锥齿轮切齿机

这三种曲齿圆锥齿轮具有机械效率高、噪声低、传动精度高、尺寸相对较小等特点。

## 习 题

**7.1** 一对渐开线标准齿轮在标准中心距下传动，传动比 $i_{12}=3.6$，模数 $m=6\text{mm}$，压力角 $\alpha=20°$，中心距 $a=345\text{mm}$，求小齿轮的齿数 $z_1$，分度圆直径 $d_1$，基圆直径 $d_{b1}$，齿厚 $s$ 与齿槽宽 $e$，基圆齿厚 $s_{b1}$。

题 7.2 图

**7.2** 一对渐开线标准齿轮在标准中心距下传动，如题 7.2 图所示，已知模数 $m=4\text{mm}$，齿数如图所示，压力角 $\alpha=20°$，求中心距 $a$，小齿轮分度圆直径 $d_1$，齿顶圆直径 $d_{a1}$，齿根圆直径 $d_{f1}$，基圆直径 $d_{b1}$，基圆齿厚 $s_{b1}$。

**7.3** 在题 7.2 图所示的齿轮传动中，$W_k$ 表示跨 $k=3$ 个齿的公法线，跨齿数 $k=\alpha z/180°+0.5$，$\alpha$ 为压力角，$\alpha=20°$，通过测量 $W_k$，可以检测标准齿轮分度圆上的齿厚。$W_k$ 的计算公式为 $W_k=(k-1)p_b+s_b=m\cos\alpha[(k-0.5)\pi+z\,\text{inv}\alpha]$，$\text{inv}\alpha$ 为渐开线函数，$\text{inv}\alpha=\tan\alpha-\alpha$。设 $W_3$ 的测量值 $W_{3c}=30.415\text{mm}$，试利用该式计算理论公法线长度 $W_3$，计算分度圆上的实际齿厚 $s_{1c}$ 与误差 $\Delta s_{1c}$。

**7.4**　一对渐开线标准齿轮在标准中心距下传动，已知模数 $m$=4mm，齿数 $z_1$=21、$z_2$=72，试求其重合度。

**7.5**　一对渐开线标准齿轮在标准中心距下传动，已知模数 $m$=6mm，齿数 $z_1$=23、$z_2$=64，当中心距 $a'$=263mm 时，试计算啮合角 $\alpha'$。

**7.6**　一对渐开线标准斜齿轮在标准中心距下传动，已知模数 $m_n$=8mm，齿数 $z_1$=25、$z_2$=67，螺旋角 $\beta$=20°，齿宽 $b$=65mm，试求重合度 $\varepsilon_\gamma$。

**7.7**　一对渐开线变位齿轮传动，已知模数 $m$=4mm，齿数 $z_1$=23、$z_2$=79，变位系数 $x_1$=0.65，$x_2$=–0.4，求啮合角 $\alpha'$，中心距 $a'$，小齿轮的分度圆直径 $d_1$，齿顶圆直径 $d_{a1}$，齿根圆直径 $d_{f1}$，齿高 $h$。

**7.8**　一对等顶隙型直齿圆锥齿轮传动，已知模数 $m$=6mm，齿数 $z_1$=21、$z_2$=62，齿宽 $b$=45mm，试计算小圆锥齿轮大端分度圆直径 $d_1$，大端齿顶高 $h_{a1}$，大端齿根高 $h_{f1}$，大端齿全高 $h_1$，分度圆锥角 $\delta_1$，大端齿顶圆直径 $d_{a1}$，大端齿根圆直径 $d_{f1}$，锥距 $R$，齿顶角 $\theta_{a1}$，齿根角 $\theta_{f1}$，齿顶锥角 $\delta_{a1}$，齿根锥角 $\delta_{f1}$。

**7.9**　一圆柱蜗杆传动，已知蜗杆的齿数 $z_1$=1，蜗轮的齿数 $z_2$=42，蜗杆的分度圆直径 $d_1$=80mm，蜗轮的分度圆直径 $d_2$=336mm，试计算：(1) 蜗轮的端面模数 $m_{t2}$ 与蜗杆的轴向模数 $m_{a1}$；(2) 蜗杆的轴向齿距 $p_{a1}$；(3) 导程 $L$；(4) 蜗杆的直径系数 $q$；(5) 蜗杆传动的标准中心距 $a$；(6) 蜗杆的导程角 $\lambda_1$。

**7.10**　现需要设计一对渐开线外啮合标准直齿圆柱齿轮机构。已知 $Z_1$=18，$Z_2$=37，$m$=5mm，$\alpha$=20°，$h_a^*$=1，$c^*$=0.25，试求：(1) 两轮的几何尺寸($d_1$、$d_2$；$d_{b1}$、$d_{b2}$；$d_{a1}$、$d_{a2}$；$d_{f1}$、$d_{f2}$)及标准中心距 $a$；(2) 计算重合度 $\varepsilon_\alpha$ 并绘出单、双齿啮合区。

**7.11**　当标准齿条的齿廓与被测量的外齿轮的齿廓对称相切时，两切点之间的距离 $AB$ 称为固定弦齿厚，以 $s_c$ 表示，固定弦至齿顶的距离称为固定弦齿高，以 $h_c$ 表示，如图所示。试证明 $s_c = s\cos^2\alpha$，$h_c = h_a-(s/4)\sin(2\alpha)$。固定弦齿厚 $s_c$ 用于检测齿厚误差。

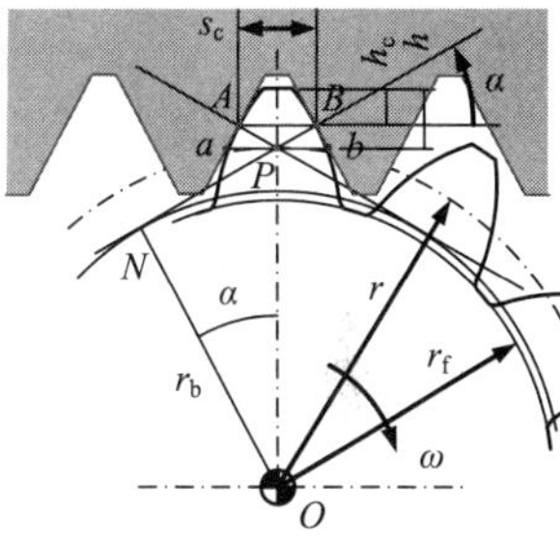

题 7.11 图

## 思　考　题

**7.1**　当把一个齿轮的齿换成销轴，则获得销齿传动，如思考题 7.1 图所示，一旦其中一个销轴失效就换成新的，销齿传动多用于大速比、工作环境相对较差、低速运行的大型设备中。这种传动的成本较低、制造相对容易，理论上销齿传动是纯滚动接触，运动副磨擦磨损均较小，传动效率较高。试分析销齿传动的齿轮齿形为外摆线的内侧等距曲线的理由(可参考成大先主编《机械设计手册》第六版第 3 卷)。

**7.2**　思考题 7.2 图所示为圆柱销式齿轮与齿条组成的传动，若圆柱销式齿轮做定轴匀速转动，希望齿条匀速移动。试分析齿条的齿侧面在端面上的投影为何种曲线？若齿条的齿侧面在端面上的投影用方便加工的直线，齿条的移动速度波动有多大？

思考题 7.1 图

思考题 7.2 图

# 第8章

# 齿轮系及其设计

## 8.1 概述

齿轮机构设计简单、制造方便、传动效率相对较高，但其能实现的传动比较小，输入输出方式相对单一。若采用 3 个或 3 个以上的齿轮组成一个传动系统，则传动的功能将大大增加。这种由一系列齿轮所组成的传动系统称为齿轮系，简称轮系。根据各个齿轮的相对运动状态不同，轮系可以分为 3 种基本的类型，即定轴轮系、转动行星轮周转轮系与平动行星轮周转轮系。当定轴轮系与周转轮系进一步组合、周转轮系与周转轮系进一步组合时，形成复合轮系。当一个齿轮在径向可变形时，则得到谐波轮系。当行星轮为光滑的滚动体、与行星轮接触的两个轮子也为光滑的滚动体，依靠轮子之间的摩擦力(或油膜的剪切力)实现传动时，形成牵引传动的周转轮系。当行星轮的轮齿为活动的时，形成活齿传动的周转轮系。

### 8.1.1 定轴轮系

当轮系运转时，若每个齿轮的几何中心线相对于机架的位置是固定的，则称为定轴轮系。图 8-1(a)为两级圆柱齿轮减速器，图 8-1(b)为两级圆柱齿轮减速器的机构简图，利用高速轴斜齿轮、中间斜齿轮与低速轴斜齿轮实现二级传动；图 8-2(a)为圆锥圆柱齿轮二级减速器，图 8-2(b)为圆锥圆柱齿轮二级减速器的机构简图，利用高速轴锥齿轮、低速轴斜齿轮实现二级传动。

(a) 两级圆柱齿轮减速器

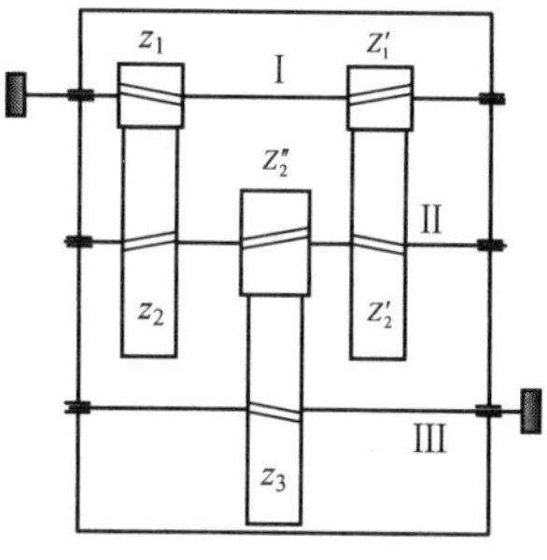


(b) 两级圆柱齿轮减速器机构简图

图 8-1 两级圆柱齿轮减速器与机构简图

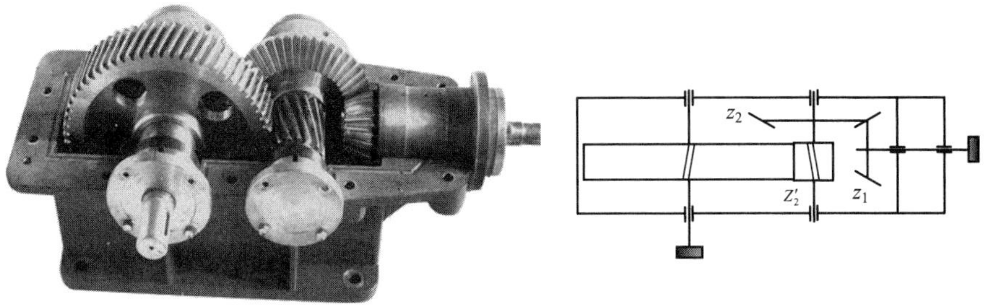


(a) 圆锥圆柱齿轮二级减速器　　(b) 圆锥圆柱齿轮二级减速器机构简图

图 8-2　圆锥圆柱齿轮二级减速器与机构简图

煤炭地下开采中，滚筒式采煤机连续割煤、刮板运输机外运、液压支架支顶，综采工作面如图 8-3 所示，其中的摇臂内部齿轮传动的结构简图如图 8-4 所示，输入花键轴 1 与前端的固定减速器输出轴连接，输出轴 13 与后端行星减速器连接，行星减速器的输出驱动截割滚筒，摇臂可以上下摆动。这里的齿轮 3、6、8、12、14 与机架 19 组成定轴轮系。

图 8-3　综采工作面

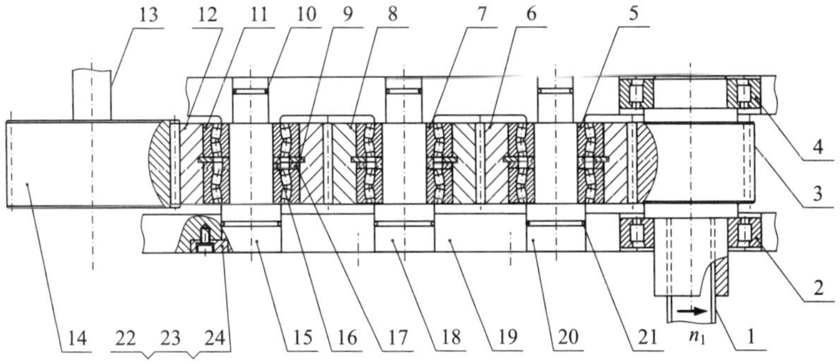


图 8-4　采煤机摇臂内部齿轮传动的结构简图

1–输入花键轴(单向转动)；2、4–NJ 型轴承；3–输入齿轮轴；5、7、11–调心滚子轴承；6、8、12–惰轮(直齿轮)；9–孔用弹性挡圈；10–上 O 型密封圈；13–输出轴；14–输出齿轮；15–第三轴；16–轴承内套筒；17–轴承外套筒；18–第二轴；19–摇臂壳体(机架)；20–第一轴；21–下 O 型密封圈；22–压板；23–螺钉；24–弹簧垫圈

### 8.1.2 周转轮系

当轮系运转时，若至少有一个齿轮的几何中心线相对于机架的位置是变化的，则称为周转轮系。图 8-5(a)为一种汽车轮边行星减速器，简化出其中的一级行星轮系的运动简图如图 8-5(b)、(c)所示，轮边减速器的作用是进一步降低主减速器传递的速度，但增加车轮上的扭矩，使车轮在地面附着力的反作用下产生更大的驱动力，在图 8-5(b)中，可动构件数 $n = 3$、低副数 $P_L = 3$、高副数 $P_H = 2$，自由度 $F = 3n - 2P_L - P_H = 3\times3 - 2\times3 - 1\times2 = 1$。显然，图 8-5(a)比图 8-5(b)复杂得多。

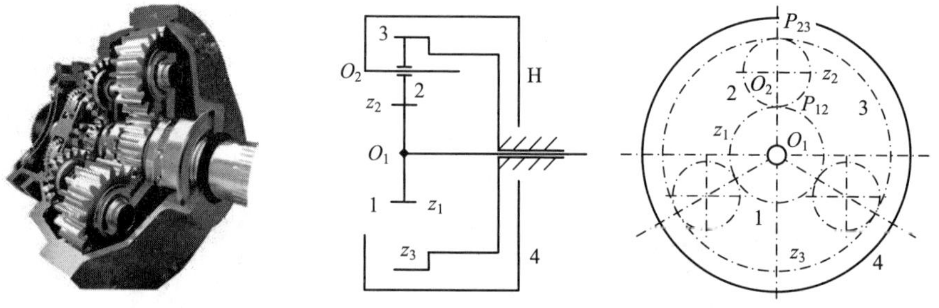


(a) (b) (c)

图 8-5 汽车轮边行星减速器

图 8-6 为电动汽车变速器，轮系的结构很复杂，具有三种变速功能。

图 8-7 为基本的 2K–H 型周转轮系，齿轮 1、3 为中心轮，用 K 表示，齿轮 1、3 与系杆 H 是基本构件，齿轮 2 称为行星轮，4 为机架。自由度 $F = 3n - 2P_L - P_H = 3\times3 - 2\times3 - 1\times2 = 1$，称为行星轮系；当中心轮 3 也可以转动，自由度 $F = 3n - 2P_L - P_H = 3\times4 - 2\times4 - 1\times2 = 2$，称为差动轮系。

图 8-6 电动汽车变速器

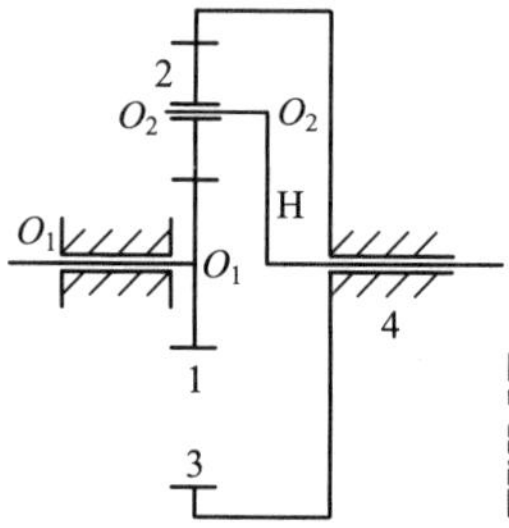


图 8-7 2K–H 型周转轮系

1、3—中心轮；2—行星轮；4—机架

图 8-8(a)为一种三环减速器，机构简图如图 8-8(b)所示，在图 8-8(b)中 $O_3ABO_4$ 为平行四边形机构，$O_1O_2$ 平行且等于 $O_3A$，内齿轮 2 相对于机架 5 作平动，为此，它是一个平动行星轮周转轮系。自由度 $F = 3n - 2P_L - P_H = 3\times4 - 2\times5 - 1\times1 = 1$。

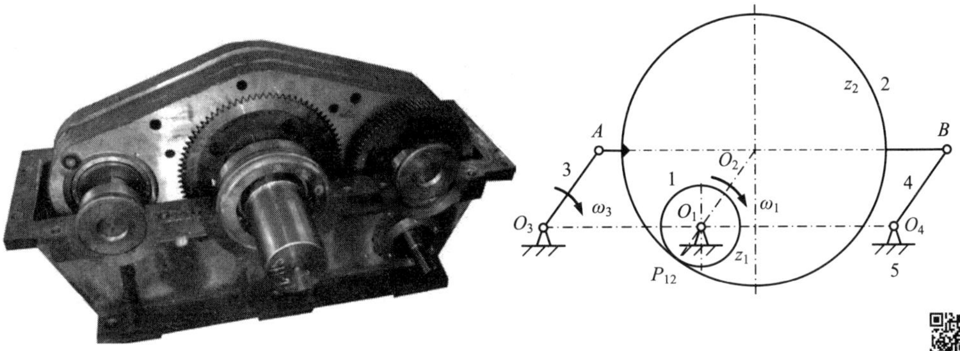


(a)　　(b)

图 8-8　三环减速器与其机构简图

## 8.1.3　复合轮系

由周转轮系组合而成的轮系或由周转轮系与定轴轮系组成的轮系称为复合轮系。图 8-9(a)为一种电动卷扬机，其滚筒内采用复合轮系如图 8-9(b)所示。在图 8-9(b)中，构件 5 的外壳是卷扬滚筒，筒内通过系杆 H 支撑轮系，内齿轮 5、行星轮 4 和中心轮 $3'$组成轮系。当制动器 $B_1$ 抱紧时，阻止滚筒转动；当制动器 $B_1$ 抱紧、制动器 $B_2$ 松开时，此时的自由度 $F_1 = 3n - 2P_L - P_H = 3\times5 - 2\times5 - 1\times4 = 1$，为定轴轮系的空转状态；当制动器 $B_1$ 松开、制动器 $B_2$ 抱紧时，此时的自由度 $F_2 = 3n - 2P_L - P_H = 3\times5 - 2\times5 - 1\times4 = 1$，为复合轮系的工作状态；当制动器 $B_1$ 与制动器 $B_2$ 都抱紧时，此时的自由度 $F_2 = 3n - 2P_L - P_H = 3\times4 - 2\times4 - 1\times4 = 0$，为制动状态。

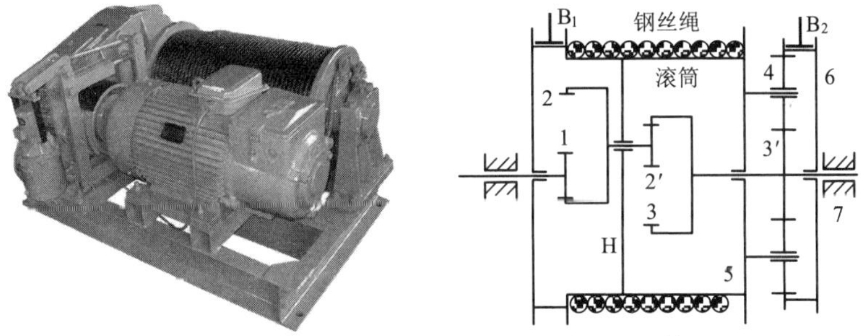


(a)　　(b)

图 8-9　电动卷扬机的复合轮系

图 8-10(a)为汽车差速器中的复合轮系，机构运动简图如图 8-10(b)所示，其中圆锥齿轮 5、圆锥齿轮 4 和机架 6 组成定轴轮系，圆锥齿轮 3 绕圆锥齿轮 4 上的轴线 $O_4O_4$ 转动，圆锥齿轮 4 绕支承架上的轴线 $O_1O_2$ 转动，因此，它也是一个复合轮系。

图 8-11 为定轴轮系与周转轮系组成的复合轮系，其中的构件 1、2、5 组成蜗杆机构。

图 8-12 为两个周转轮系组成的复合轮系，其中的系杆 H 支撑行星轮 2、$2'$、$2''$。

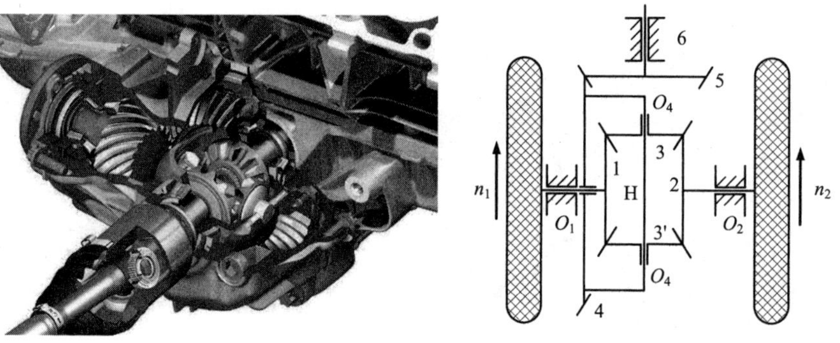


图 8-10　汽车差速器中的复合轮系

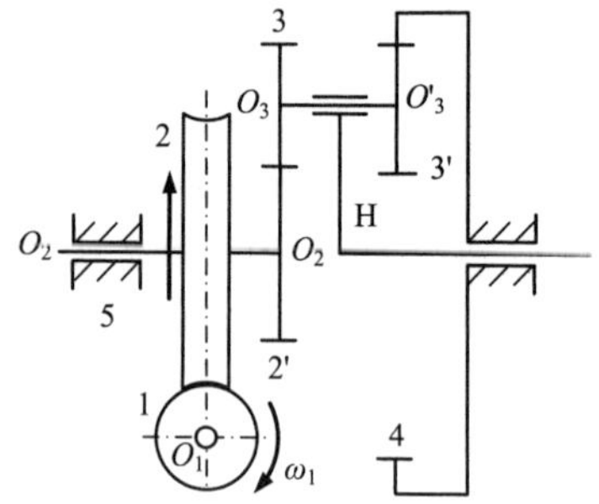


图 8-11　定轴轮系与周转轮系的复合轮系

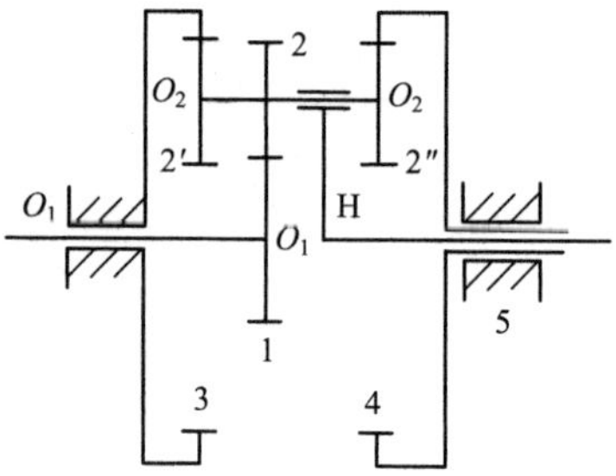


图 8-12　两个周转轮系组成的复合轮系

## 8.2　定轴轮系的传动比

在定轴轮系中，由于所有齿轮的几何中心线相对于机架都是固定的，所以，可以通过将每一级齿轮的传动比作连乘积的方式，计算定轴轮系的传动比。在图 8-13 中，输入轴 I 与输出轴III之间的传动比 $i_{13}$ 为

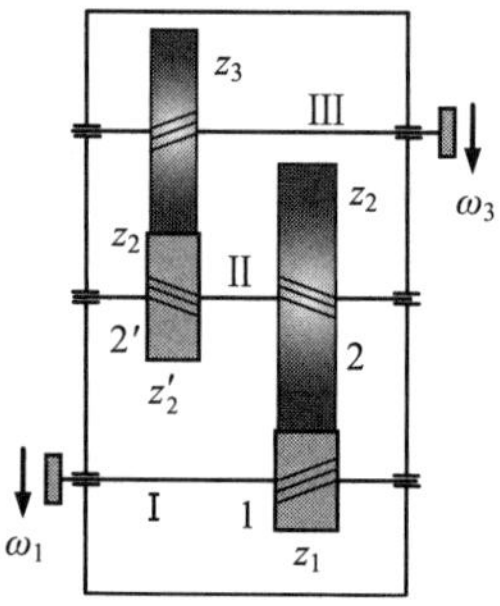


图 8-13　二级减速器机构简图

$$i_{13}=\frac{\omega_1}{\omega_3}=\frac{\omega_1}{\omega_2}\cdot\frac{\omega_2}{\omega_3}=i_{12}\cdot i_{23}=(-1)^2\frac{z_2}{z_1}\cdot\frac{z_3}{z_2'}$$

式中，$(-1)^2$ 中的 2 表示外啮合的次数，$(-1)^2$ 表示输出轴与输入轴转向之间的关系，为+1 时，表示两者转向相同，为–1 时，表示两者转向相反。图 8-13 为二级减速器称为展开式减速器，为了使两个大齿轮的直径接近相等，以利于齿轮啮合时的润滑、减小箱体的高度，$i_{12}$、$i_{23}$ 应满足 $i_{12}=(1.3\sim1.4)i_{23}$。为了使齿轮 1、齿轮 2 沿齿宽的载荷分布均匀，齿轮 1 尽可能远离输入端；同理，为了使齿轮 2′、齿轮 3 沿齿宽的载荷分布均匀，齿轮 3′尽可能远离输出端。

当一个轮系中所有齿轮的几何轴线相互平行、传动的级数超过 2 级，比如为 $k$ 级，外啮合的次数为 $m$ 时，则其输入与输出之间的传动比 $i_{1k}$ 为

$$i_{1k}=\frac{\omega_1}{\omega_k}=\frac{\omega_1}{\omega_2}\cdot\frac{\omega_2}{\omega_3}\cdots\frac{\omega_{k-1}}{\omega_k}=i_{12}\cdot i_{23}\cdots i_{(k-1)k}=(-1)^m\frac{z_2}{z_1}\cdot\frac{z_3}{z_2'}\cdots\frac{z_k}{z_{k-1}'}\tag{8-1}$$

当一个轮系中所有齿轮的几何轴线不完全相互平行、传动的级数超过 2 级，比如为 $k$ 级，外啮合的次数为 $m$ 时，则其输入与输出之间的传动比 $i_{1k}$ 为

$$i_{1k}=\frac{\omega_1}{\omega_k}=\frac{\omega_1}{\omega_2}\cdot\frac{\omega_2}{\omega_3}\cdots\frac{\omega_{k-1}}{\omega_k}=i_{12}\cdot i_{23}\cdots i_{(k-1)k}=\frac{z_2}{z_1}\cdot\frac{z_3}{z_2'}\cdots\frac{z_k}{z_{k-1}'}\tag{8-2}$$

在轮系中，若所有齿轮的几何轴线不完全相互平行，则称为空间齿轮传动，此时，输出轴与输入轴之间的转向不能用$(-1)^m$表示，只能用速度箭头表示。在用速度箭头表示转向的规则中，外啮合圆柱齿轮的两个速度箭头方向相反，内啮合圆柱齿轮的两个速度箭头方向相同，一对啮合圆锥齿轮的两个速度箭头要么同时指向啮合区，要么同时离开啮合区。蜗杆传动转向判别的规则为：右旋蜗杆用右手，四指握住蜗杆，四指的指向与蜗杆的转动方向相同，拇指的相反方向即为蜗轮的转向；左旋蜗杆用左手，四指握住蜗杆，四指的指向与蜗杆的转动方向相同，拇指的相反方向即为蜗轮的转向。图 8-14 为含有右旋蜗杆的轮系，图 8-15 为含有左旋蜗杆的轮系，图 8-16 为含有圆锥齿轮传动的轮系。

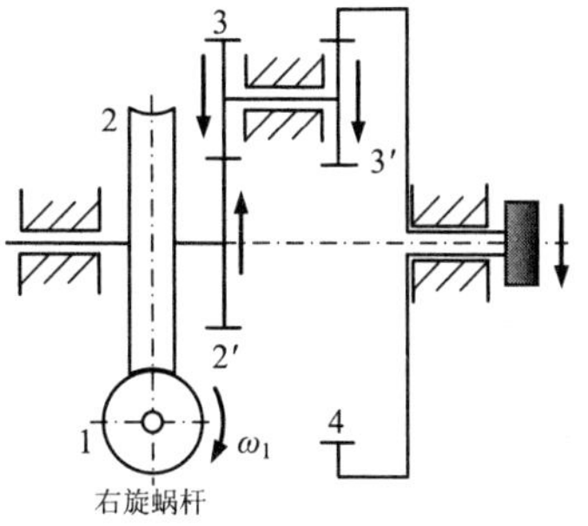


图 8-14　含右旋蜗杆的轮系

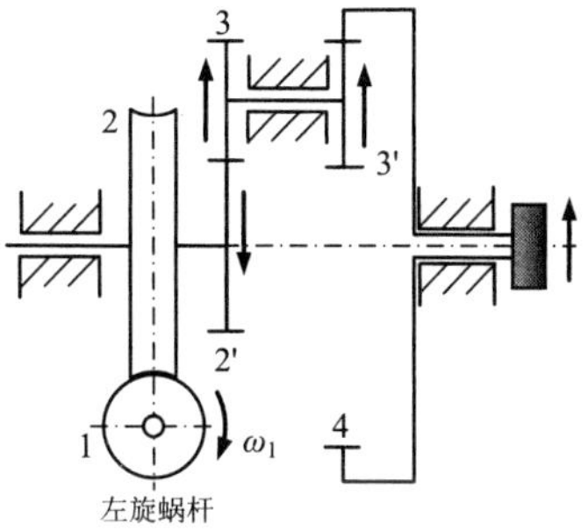


图 8-15　含左旋蜗杆的轮系

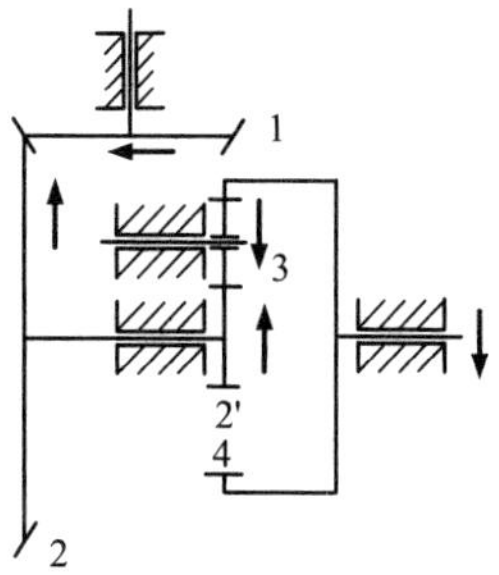


图 8-16　圆锥齿轮与齿轮组成的轮系

## 8.3　周转轮系的传动比

### 8.3.1　转动行星轮的传动比计算方法

在周转轮系中，由于行星齿轮的几何中心线相对于机架是运动的，所以，周转轮系的传动比计算不能直接使用定轴轮系的传动比计算方法。为了能够使用定轴轮系的传动比计算方法，可以作以下转化。以图 8-17 所示的行星轮系为例，其运动分析简图如图 8-17 所示。由于行星轮 2 支承在系杆 H 上，系杆 H 的角速度为 $\omega_H$，行星轮 2 关于系杆的相对角速度为 $\omega_2^H=\omega_2-\omega_H$，行星轮 2 关于机架 4 的角速度为 $\omega_2$，中心轮 1、3 关于机架的角速度分别为 $\omega_1$、$\omega_3$。

现在给整个轮系施加一个$-\omega_H$，该做法不影响轮系的相对运动，但是，此时的系杆相对于观察者静止不动，中心轮 1、3 关于系杆作“定轴运动”，此时中心轮 1、3 的相对角速度分别为 $\omega_1^H=\omega_1-\omega_H$、$\omega_3^H=\omega_3-\omega_H$，行星轮 2 关于系杆也作“定轴运动”，相对角速度为 $\omega_2^H=\omega_2-\omega_H$。

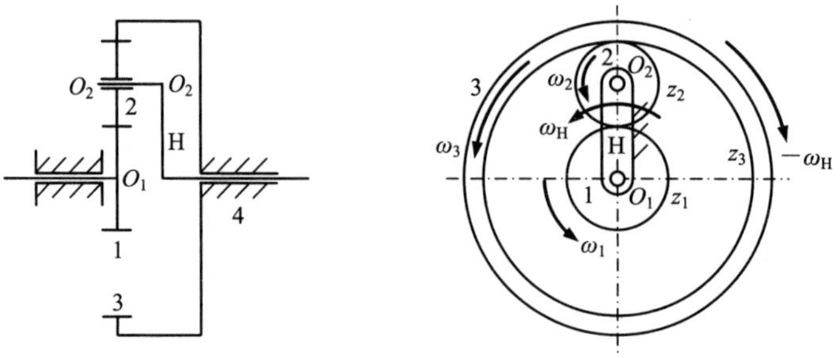


图 8-17　行星轮转动的行星轮系传动比的计算

经过这样的转化，所有的齿轮相对于系杆都作“定轴运动”。若计算中心轮 1 与系杆 H 之间的角速度比 $i_{1H}$，则计算方法为

$$i_{13}^{H}=\frac{\omega_1^{H}}{\omega_3^{H}}=\frac{\omega_1-\omega_H}{\omega_3-\omega_H}=-\frac{z_2}{z_1}\cdot\frac{z_3}{z_2}=-\frac{z_3}{z_1} \tag{8-3}$$

由于内齿轮 3 是固定的，$\omega_3$=0，所以

$$i_{13}^{H}=\frac{\omega_1^{H}}{\omega_3^{H}}=\frac{\omega_1-\omega_H}{\omega_3-\omega_H}=\frac{\omega_1-\omega_H}{0-\omega_H}=-\frac{z_3}{z_1}$$

$$i_{1H}=\frac{\omega_1}{\omega_H}=1+\frac{z_3}{z_1}$$

上述原理适用于一切行星轮作转动的周转轮系与行星轮系传动比的计算。

### 8.3.2　平动行星轮的传动比计算方法

对于行星轮作平动的行星轮系，其基本型式如图 8-18~图 8-20 所示。

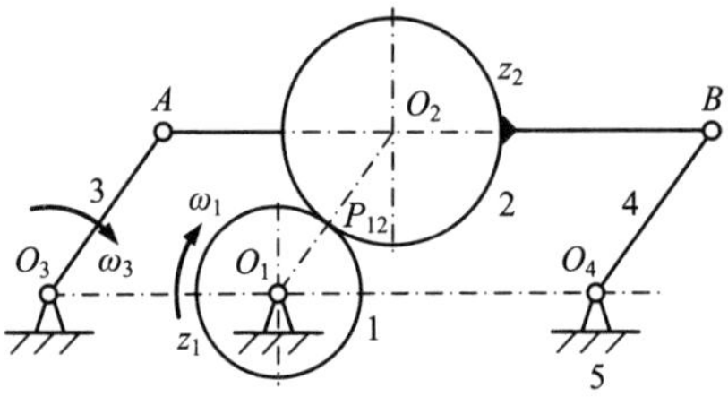


图 8-18　外平动行星轮外啮合行星轮系

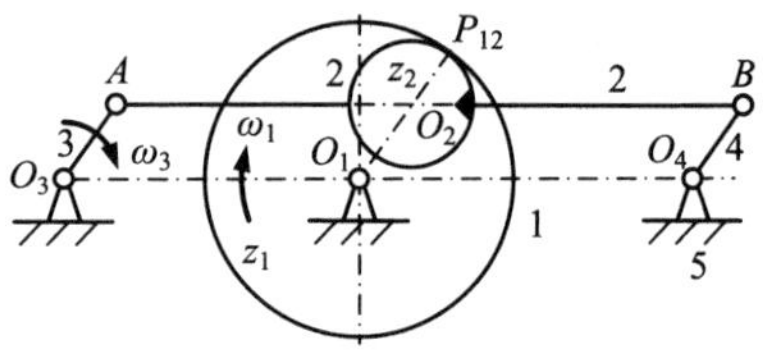


图 8-19　外平动行星轮内啮合行星轮系

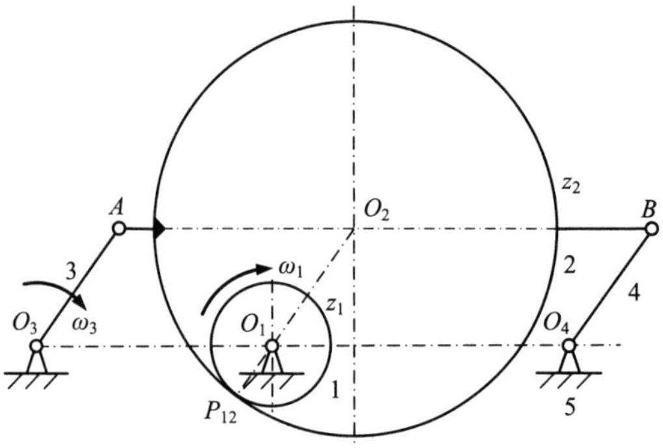


图 8-20　内平动行星轮内啮合行星轮系

对于外平动行星轮外啮合行星轮系(图 8-18)，其传动比的计算为，由于行星轮 2 作平动，其上任意一点的速度大小都相同，所以，行星轮 2 与中心轮 1 的啮合点 $P_{12}$ 的速度 $V_{P12}$ 为

$$V_{P12}=V_{O2}=V_A=V_B=\omega_3 L_{AO3}=\omega_3 m(z_1+z_2)/2=\omega_1 m z_1/2$$

于是，其传动比 $i_{13}$ 为

$$i_{13}=\omega_1/\omega_3=(z_1+z_2)/z_1$$

对于外平动行星轮内啮合行星轮系(图 8-19)，$P_{12}$ 的速度 $V_{P12}$ 为

$$V_{P12}=V_{O2}=V_A=V_B=\omega_3 L_{AO3}=\omega_3 m(z_1-z_2)/2=\omega_1 m z_1/2$$

于是，其传动比 $i_{13}$ 为

$$i_{13}=\omega_1/\omega_3=(z_1-z_2)/z_1$$

对于内平动行星轮内啮合行星轮系(图 8-20)，$P_{12}$ 的速度 $V_{P12}$ 为

$$V_{P12}=V_{O2}=V_A=V_B=\omega_3 L_{AO3}=\omega_3 m(z_2-z_1)/2=\omega_1 m z_1/2$$

于是，其传动比 $i_{13}$ 为

$$i_{13}=\omega_1/\omega_3=(z_2-z_1)/z_1$$

### 8.3.3 行星轮轴空间布置的传动比计算方法

转臂输出式行星减速器的结构简图如图 8-21(a)所示，外锥轮 1 驱动行星轮 2，行星轮 2 受到固定内锥轮 3 的约束，行星轮 2 安装在系杆 H 上，系杆 H 通过键与输出轴 4 固连，此时行星轮 2 的轴线与输入轴线夹角 $\beta$。这时再给整个轮系施加($-\omega_H$)，是行不通的，于是，只能采用矢量分析方法。

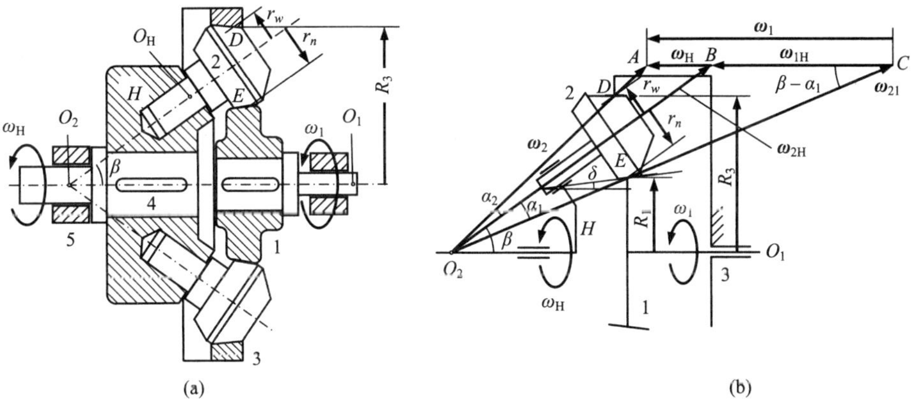


(a) (b)

图 8-21 转臂输出式行星减速器结构简图

转臂输出式行星减速器的速度矢量分析如图 8-21(b)所示，过 $O_2$ 点作 $\boldsymbol{\omega}_{21}$、作 $\boldsymbol{\omega}_{2H}$；由 $\boldsymbol{\omega}_{2H}=\boldsymbol{\omega}_{21}+\boldsymbol{\omega}_{1H}$ 作出 $\boldsymbol{\omega}_{1H}$、$\boldsymbol{\omega}_{1H}$ 平行于 $\boldsymbol{\omega}_1$；过 $B$ 点作 $\boldsymbol{\omega}_H$，$\boldsymbol{\omega}_H$ 平行于 $\boldsymbol{\omega}_1$；由 $\boldsymbol{\omega}_2=\boldsymbol{\omega}_{2H}+\boldsymbol{\omega}_H$ 作出 $\boldsymbol{\omega}_2$；由 $\boldsymbol{\omega}_1=\boldsymbol{\omega}_{1H}+\boldsymbol{\omega}_H$ 作出 $\boldsymbol{\omega}_1$。在图 8-21(b)中，$\alpha_1$ 与 $\alpha_2$ 为已知的结构角，行星轮 2 当前的瞬时固定转动轴线为 $O_2D$，$\boldsymbol{\omega}_2$ 在 $O_2D$ 直线上，行星轮 2 相对于外锥轮 1 当前的瞬时固定转动轴线为 $O_2E$，$\boldsymbol{\omega}_{21}$ 在 $O_2E$ 直线上。

对△$O_2AB$ 应用正弦定理得

$$\frac{\omega_2-\omega_H}{\sin[\pi-(\alpha_2+\beta)]}=\frac{\omega_H}{\sin\alpha_2},\quad \frac{\omega_2-\omega_H}{\omega_H}=\frac{\sin(\alpha_2+\beta)}{\sin\alpha_2}=\frac{OD\sin(\alpha_2+\beta)}{OD\sin\alpha_2}=\frac{R_3}{r_w},\quad \omega_2=\left(1+\frac{R_3}{r_w}\right)\omega_H$$

对$\triangle O_2BC$应用正弦定理得

$$\frac{\omega_1-\omega_H}{\sin\alpha_1}=\frac{\omega_2-\omega_H}{\sin(\beta-\alpha_1)},\quad \frac{\omega_1-\omega_H}{\omega_2-\omega_H}=\frac{\sin\alpha_1}{\sin(\beta-\alpha_1)}=\frac{OE\sin\alpha_1}{OE\sin(\beta-\alpha_1)}=\frac{r_n}{R_1},\quad \omega_1=\omega_H+\frac{r_n}{R_1}(\omega_2-\omega_H)$$

于是得输入轴 1、输出转臂 H 之间的传动比 $i_{1H}$ 为

$$i_{1H}=\frac{\omega_1}{\omega_H}=\frac{r_nR_3+r_wR_1}{r_wR_1}=\frac{z_nz_3+z_wz_1}{z_wz_1}$$

由此可见，对于不同类型的周转轮系，其传动比的计算方法是不一样的。

［**例 8.1**］ 计算图 8-5(b)所示轮系的传动比 $i_{14}$。设 $z_1$=16，$z_2$=20，$z_3$=56。

［**解**］ 在图 8-5(b)中，构件 1—2—3—4(H)组成周转轮系，中心轮 1 的角速度为 $\omega_1$，中心轮 3 的角速度 $\omega_3=0$，行星轮 2 的角速度为 $\omega_2$，传动比的计算公式为

$$i_{12}^{H}=\frac{\omega_1-\omega_H}{\omega_3-\omega_H}=\frac{\omega_1-\omega_4}{0-\omega_4}=-\frac{z_2}{z_1}\frac{z_3}{z_2}=-\frac{z_3}{z_1}$$

$$\omega_1-\omega_4=z_3/z_1\omega_4,\quad \omega_1=(1+z_3/z_1)\omega_4$$

$$i_{14}=\omega_1/\omega_4=1+z_3/z_1=1+56/16=4.5$$

## 8.4 复合轮系的传动比

由于复合轮系是由两个或两个以上的周转轮系组合而成、或由周转轮系与定轴轮系组合而成，所以，复合轮系传动比的计算首先区分出基本的周转轮系与定轴轮系，然后对基本的周转轮系与定轴轮系分别列出公式，最后化简。

［**例 8.2**］ 计算图 8-22 所示复合轮系的传动比 $i_{14}$。设 $z_1$=36，$z_2$=28，$z_2'$=24，$z_2''$=20，$z_3$=88，$z_4$=84。

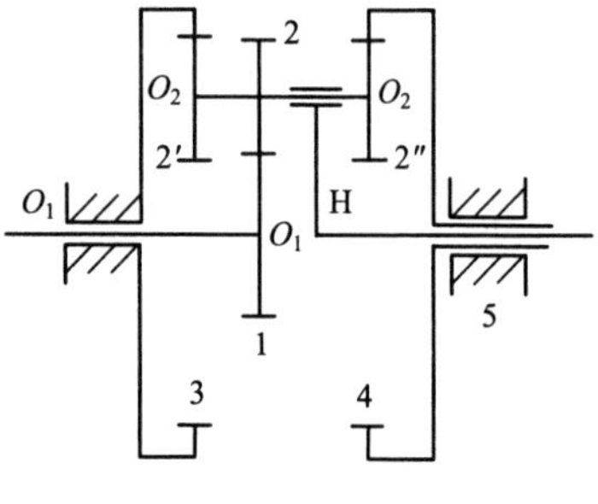


图 8-22 两个周转轮系的复合轮系

［**解**］ 图 8-22 为两个周转轮系组合而成的复合轮系，对构件 1—2—2′—H—3、1—2—2″—H—4 组成的两个周转轮系分别列传动比的计算公式得

$$i_{13}^{H}=\frac{\omega_1^H}{\omega_3^H}=\frac{\omega_1-\omega_H}{\omega_3-\omega_H}=-\frac{z_2}{z_1}\cdot\frac{z_3}{z_2'}=-\frac{28}{36}\times\frac{88}{24}=-2.852$$

$$i_{14}^{H}=\frac{\omega_1^H}{\omega_4^H}=\frac{\omega_1-\omega_H}{\omega_4-\omega_H}=-\frac{z_2}{z_1}\cdot\frac{z_4}{z_2''}=-\frac{28}{36}\times\frac{84}{20}=-3.267$$

对第一个基本方程式化简得

$$(\omega_1-\omega_H)/(0-\omega_H)=-2.852,\quad \omega_H=0.2596\omega_1$$

将 $\omega_H$=0.2596$\omega_1$ 代入第二个基本方程式得

$$(\omega_1-0.2596\omega_1)/(\omega_4-0.2596\omega_1)=-3.267$$

化简得

$$0.1077\omega_1=3.267\omega_4$$

传动比 $i_{14}=\omega_1/\omega_4=3.267/0.1077=30.334$

［例 8.3］ 计算图 8-23 所示复合轮系的传动比 $i_{15}$。已知 $z_1$=24，$z_2$=33，$z_2'$=21，$z_3$=78，$z_3'$=33，$z_4$=30，$z_5$=93。

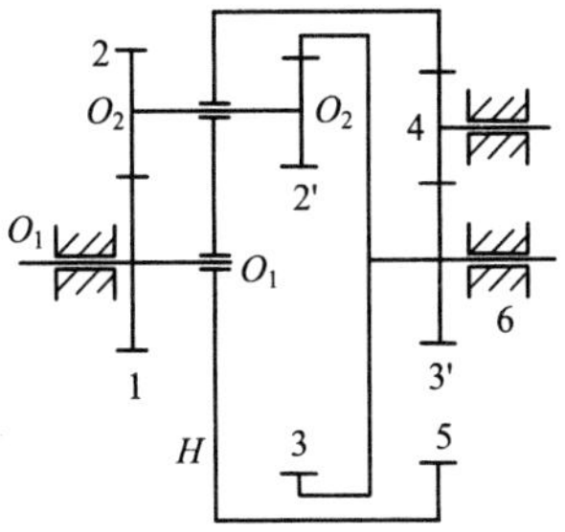


图 8-23 电动卷扬机的复合轮系

［解］ 图 8-23 为周转轮系与定轴轮系组合而成的复合轮系，对构件 1－2－2'－5(H)－3 组成的周转轮系与构件 3'－4－5 组成的定轴轮系分别列传动比的计算公式得

$$i_{13}^{\mathrm{H}}=\frac{\omega_1^{\mathrm{H}}}{\omega_3^{\mathrm{H}}}=\frac{\omega_1-\omega_{\mathrm{H}}}{\omega_3-\omega_{\mathrm{H}}}=-\frac{z_2}{z_1}\cdot\frac{z_3}{z_2'}=-\frac{33}{24}\times\frac{78}{21}=-5.107$$

$$i_{35}=\frac{\omega_3}{\omega_5}=\frac{\omega_3}{\omega_{\mathrm{H}}}=-\frac{z_4}{z_{3'}}\cdot\frac{z_5}{z_4}=-\frac{z_5}{z_{3'}}=-\frac{93}{33}=-2.818$$

化简以上两式得

$$\omega_1-\omega_{\mathrm{H}}=-5.107\times(\omega_3-\omega_{\mathrm{H}})$$
$$\omega_1-\omega_{\mathrm{H}}=-5.107\times(-2.818\omega_{\mathrm{H}}-\omega_{\mathrm{H}})$$
$$\omega_1-\omega_{\mathrm{H}}=-5.107\times(-3.818\omega_{\mathrm{H}})$$
$$\omega_1-\omega_{\mathrm{H}}=19.4985\omega_{\mathrm{H}}$$
$$\omega_1=20.4985\omega_{\mathrm{H}}$$
$$i_{15}=\frac{\omega_1}{\omega_5}=\frac{\omega_1}{\omega_{\mathrm{H}}}=20.4985$$

［例 8.4］ 计算图 8-11 所示复合轮系的传动比 $i_{1\mathrm{H}}$。设 $z_1$=2，$z_2$=66，$z_2'$=24，$z_3$=36，$z_3'$=20，$z_4$=80。

［解］ 图 8-11 为周转轮系与蜗杆传动组合而成的复合轮系，对构件 2'－3－3'－H－4 组成的周转轮系与构件 1－2 组成的定轴轮系分别列传动比的计算公式得

$$i_{24}^{\mathrm{H}}=\frac{\omega_2-\omega_{\mathrm{H}}}{\omega_4-\omega_{\mathrm{H}}}=-\frac{z_3}{z_2'}\cdot\frac{z_4}{z_3'}=-\frac{36}{24}\times\frac{80}{20}=-6\text{，}\quad i_{12}=\frac{\omega_1}{\omega_2}=\frac{z_2}{z_1}=\frac{66}{2}=33$$

化简以上两式得

$$\omega_2-\omega_{\mathrm{H}}=-6(0-\omega_{\mathrm{H}})=6\omega_{\mathrm{H}}\text{，}\quad \omega_2=7\omega_{\mathrm{H}}$$

$$i_{1\mathrm{H}}=\frac{\omega_1}{\omega_2}\cdot\frac{\omega_2}{\omega_{\mathrm{H}}}=33\times7=231$$

［例 8.5］ 求汽车后桥差速器中左右两个轮子的转速 $n_1$、$n_2$ 与输入转速 $n_4(=n_{\mathrm{H}})$之间的关系，图 8-10(a)中各个构件的相对转动与绝对转动如图 8-24 所示。

［解］ 在图 8-10(a)所示的复合轮系中，当系杆 H 为静止参考坐标系时，左右两个轮子的相对转速 $n_1^{\mathrm{H}}$、$n_2^{\mathrm{H}}$ 之标注如图 8-24 所示，$n_1^{\mathrm{H}}$ 与 $n_2^{\mathrm{H}}$ 转向相反。该轮系的转速方程为

$$i_{12}^{\mathrm{H}}=\frac{n_1^{\mathrm{H}}}{n_2^{\mathrm{H}}}=\frac{n_1-n_{\mathrm{H}}}{n_2-n_{\mathrm{H}}}=-\frac{z_3}{z_1}\cdot\frac{z_2}{z_3}=-\frac{z_2}{z_1}=-1$$

$$n_1-n_{\mathrm{H}}=-n_2+n_{\mathrm{H}}\text{，}\quad n_1+n_2=2n_{\mathrm{H}}$$

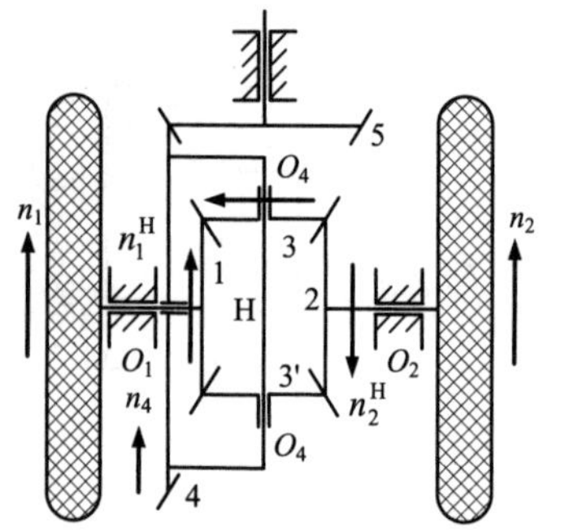


图 8-24　汽车差速器中各构件的转向

由此可见，左右两个轮子的转速之和等于 $2n_{\mathrm{H}}$，当一个轮子转得快时，另一个轮子一定转得慢。这为汽车的方向控制与对路面的自适应能力带来极大的好处，但当一个轮子陷入泥泞的地方时，由于该轮子与路面的摩擦力相对较小，所以，该轮子可能会出现打滑现象。解决该问题的技术路线有两条：一是设计新型的差速器，当轮子与路面的摩擦力相对较小，该轮子出现打滑时，自行锁住；二是汽车的前后轮同时驱动。

［**例 8.6**］　图 8-25(a)所示为某型轿车中的自动变速器机构简图。它由 4 套简单的 2K−H 型周转轮系经过适当的组合而成。图中 $B_1$、$B_2$ 和 $B_3$ 是由液力控制的制动器，C 是由液力控制的离合器，$B_r$ 是由司机控制的倒车用制动器。运动由 I 轴输入，由 II 轴输出，$B_1$、$B_2$、$B_3$、$B_r$ 和 C 中只有一个起作用，从而获得 5 种输出速度，4 个前进档，1 个后退档。该种设计可以在没有齿轮进入与退出啮合的状态下实现变速与换向。试计算第一档至第五档的传动比。

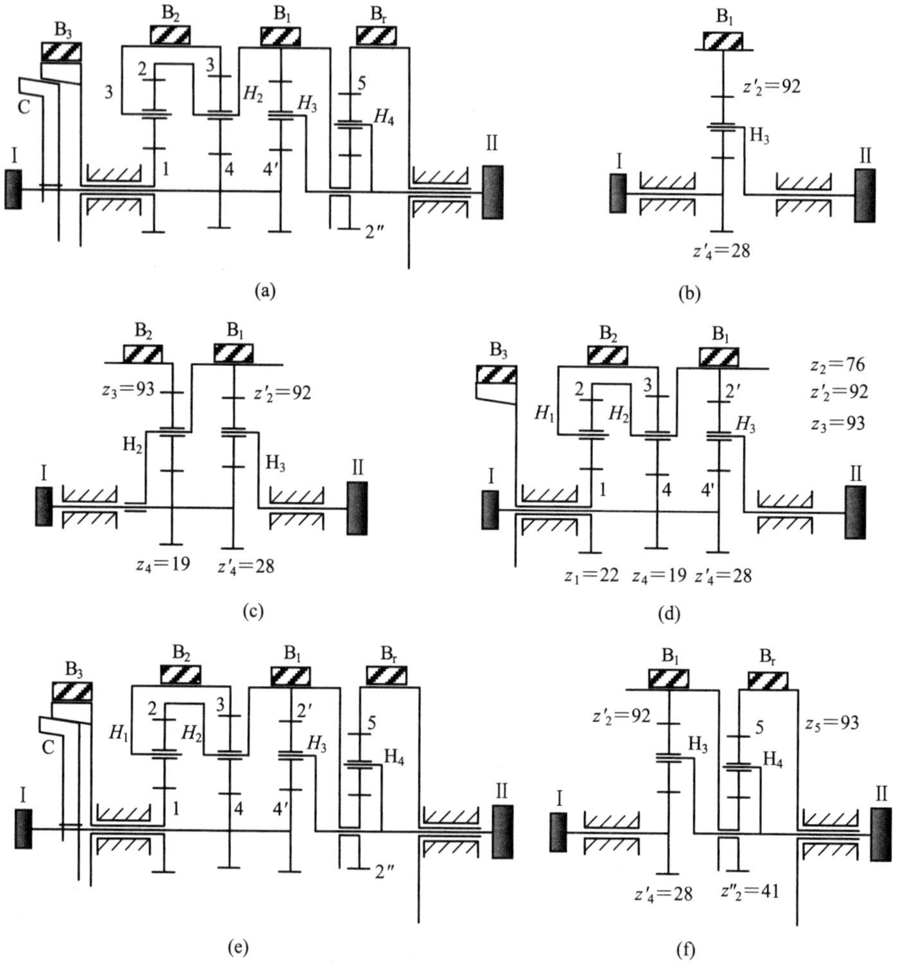


图 8-25　某型轿车中的自动变速器机构简图

［解］(1) 计算第一档的传动比。

当制动器 $B_1$ 制动时，如图 8-25(b)所示，中心轮 4'作为输入构件，$n_{4'}=n_{\mathrm{I}}$，中心轮 2'固定不动，系杆 $H_3$ 对外输出，$n_{H3}=n_{\mathrm{II}}$。其传动比计算的基本公式为

$$i_{4'2'}^{H_3}=\frac{n_{4'}-n_{H_3}}{n_{2'}-n_{H_3}}=-\frac{z_2'}{z_4'}=-\frac{92}{28}=-3.2857$$

$$\frac{n_{4'}-n_{H_3}}{0-n_{H_3}}=-\frac{z_2'}{z_4'}=-\frac{92}{28}=-3.2857$$

化简后得

$$i_{\mathrm{I\,II}}=\frac{n_{\mathrm{I}}}{n_{\mathrm{II}}}=4.2857$$

(2) 计算第二档的传动比。

当制动器 $B_2$ 制动时，如图 8-25(c)所示，中心轮 4、4'作为输入构件，$n_4=n_{4'}=n_{\mathrm{I}}$，中心轮 3 固定不动，$n_3=0$，系杆 $H_3$ 对外输出，$n_{H3}=n_{\mathrm{II}}$。其传动比计算的基本公式为

$$i_{4'2'}^{H_3}=\frac{n_{4'}-n_{H_3}}{n_{2'}-n_{H_3}}=-\frac{z_2'}{z_4'}=-\frac{92}{28}=-3.2857$$

$$i_{43}^{H_2}=\frac{n_4-n_{H_2}}{n_3-n_{H_2}}=-\frac{z_3}{z_4}=-\frac{93}{19}=-4.8947$$

在以上两式中，$n_{H_2}=n_{2'}$，由第一式可得，

$$n_{H_2}=\frac{4.2857n_{\mathrm{II}}-n_{\mathrm{I}}}{3.2857}$$

将 $n_{H_2}$ 代入第二式得

$$n_{\mathrm{I}}-\frac{4.2857n_{\mathrm{II}}-n_{\mathrm{I}}}{3.2857}=-4.8947\times\left(0-\frac{4.2857n_{\mathrm{II}}-n_{\mathrm{I}}}{3.2857}\right)$$

化简后得

$$i_{\mathrm{I\,II}}=\frac{n_{\mathrm{I}}}{n_{\mathrm{II}}}=\frac{5.8947\times4.2857}{3.2857+5.8947}=2.7518$$

(3) 计算第三档的传动比。

当制动器 $B_3$ 制动时，如图 8-25(d)所示，中心轮 4、4'作为输入构件，$n_4=n_{4'}=n_{\mathrm{I}}$，中心轮 1 固定不动，$n_1=0$，系杆 $H_3$ 对外输出，$n_{H_3}=n_{\mathrm{II}}$。其传动比计算的基本公式为

$$i_{4'2'}^{H_3}-\frac{n_{4'}-n_{H_3}}{n_{2'}-n_{H_3}}=-\frac{z_2'}{z_4'}=\frac{92}{28}=-3.2857$$

$$i_{43}^{H_2}=\frac{n_4-n_{H_2}}{n_3-n_{H_2}}=-\frac{z_3}{z_4}=-\frac{93}{19}=-4.8947$$

$$i_{12}^{H_1}=\frac{n_1-n_{H_1}}{n_2-n_{H_1}}=-\frac{z_2}{z_1}=-\frac{76}{22}=-3.4545$$

在以上三式中，$n_{H_2}=n_2=n_{2'}$，$n_{H_1}=n_3$，由第三式得 $n_3$ 为

$$n_3=\frac{3.4545}{4.4545}n_2$$

将 $n_3$ 代入第二式得 $n_2=0.4765n_{\mathrm{I}}$，将 $n_2$ 代入第一式得

$$i_{\mathrm{I\ II}}=\frac{n_{\mathrm{I}}}{n_{\mathrm{II}}}=\frac{4.2857}{2.5656}=1.6704$$

(4) 计算第四档的传动比。

当离合器 C 制动时，如图 8-25(e)所示，中心轮 1、4 和 4'作为输入构件，$n_1=n_4=n_{4'}=n_{\mathrm{I}}$，系杆 $H_3$ 对外输出，$n_{H_3}=n_{\mathrm{II}}$。其传动比计算的基本公式为

$$i_{43}^{H_2}=\frac{n_4-n_{H_2}}{n_3-n_{H_2}}=-\frac{z_3}{z_4}=-\frac{93}{19}=-4.8947$$

$$i_{12}^{H_1}=\frac{n_1-n_{H_1}}{n_2-n_{H_1}}=-\frac{z_2}{z_1}=-\frac{76}{22}=-3.4545$$

在以上两式中，$n_{H_2}=n_2=n_{2'}$，$n_{H_1}=n_3$，由第二式得 $n_3=0.2245n_{\mathrm{I}}+0.7755n_2$，将 $n_3$ 代入第一式得 $n_2=n_{\mathrm{I}}$，由于 $n_2=n_{\mathrm{I}}$，所以，齿轮 2'、4'与 $H_3$ 作为刚体运动，为此 $i_{\mathrm{I\ II}}$ 为

$$i_{\mathrm{I\ II}}=n_{\mathrm{I}}/n_{\mathrm{II}}=1$$

(5) 计算第倒车档的传动比。

当制动器 $B_r$ 制动时，如图 8-25(f)所示，中心轮 4'作为输入构件，$n_{4'}=n_{\mathrm{I}}$，系杆 $H_3$、$H_4$ 对外输出，速度关系为 $n_{H_3}=n_{H_4}=n_{\mathrm{II}}$，$n_5=0$。其传动比的基本公式为

$$i_{4'2'}^{H_3}=\frac{n_{4'}-n_{H_3}}{n_{2'}-n_{H_3}}=-\frac{z_2'}{z_4'}=-\frac{92}{28}=-3.2857$$

$$i_{2''5}^{H_4}=\frac{n_{2''}-n_{H_4}}{n_5-n_{H_4}}=-\frac{z_5}{z_2''}=-\frac{93}{41}=-2.2683$$

由第二式得 $n_{2'}=3.2683n_{(\mathrm{II})}$，将 $n_{2'}$ 代入第一式得

$$n_{\mathrm{I}}-n_{(\mathrm{II})}=-3.2857\times(3.2683-1)n_{(\mathrm{I})}=-7.4530n_{(\mathrm{I})}$$

于是，得倒车时的传动比 $i_{\mathrm{I\ II}}$ 为

$$i_{\mathrm{I\ II}}=n_{\mathrm{I}}/n_{(\mathrm{II})}=-6.4530$$

第一档到第五档的传动比如表 8.1 所示。

**表 8.1 变速器的传动比**

| 档位 | 制动器 | 传动比 |
|---|---|---|
| 第一档 | 制动器 $B_1$ 制动(图 8-25(b)) | $i_{\mathrm{I\ II}}=4.2857$ |
| 第二档 | 制动器 $B_2$ 制动(图 8-25(c)) | $i_{\mathrm{I\ II}}=2.7518$ |
| 第三档 | 制动器 $B_3$ 制动(图 8-25(d)) | $i_{\mathrm{I\ II}}=1.6704$ |
| 第四档 | 制动器 C 制动(图 8-25(e)) | $i_{\mathrm{I\ II}}=1$ |
| 第五档 | 制动器 $B_r$ 制动(图 8-25(f)) | $i_{\mathrm{I\ II}}=-6.4530$ |

## 8.5 轮系的功用

轮系的功用概括为能实现大的传动比，实现变速与换向，在较小的空间内实现大功率传

动，实现分路传动，实现运动的合成与分解，以及实现复杂的运动轨迹。

## 8.5.1　实现大的传动比

一对齿轮的传动比通常不超过 8，一对圆锥齿轮的传动比通常不超过 4，一对蜗轮蜗杆的传动比通常不超过 60，当把它们组成定轴轮系或周转轮系时，传动比的变化范围大大增加。

如图 8-14 所示的定轴轮系，设蜗轮蜗杆的传动比 $i_{12}$=30，外啮合齿轮的传动比 $i_{23}$=4，内啮合齿轮的传动比 $i_{34}$=6，则总的传动比 $i_{14}$=$i_{12}$ $i_{23}$ $i_{34}$=720。

图 8-26(a)为车床三爪卡盘，内部有阿基米德螺线($\rho = a\cdot\varphi$)与图 8-26(b)所示的轮系等，设 $n_3$=0，$z_1$=6，$z_2$=$z'_2$=25，$z_3$=57，$z_4$=56，其传动比 $i_{14}$ 计算如下：

$$i_{13}^{\mathrm{H}} = \frac{n_1 - n_{\mathrm{H}}}{n_3 - n_{\mathrm{H}}} = -\frac{z_3}{z_1} = -\frac{57}{6} = -9.5$$

$$i_{14}^{\mathrm{H}} = \frac{n_1 - n_{\mathrm{H}}}{n_4 - n_{\mathrm{H}}} = -\frac{z_2}{z_1}\cdot\frac{z_4}{z_2'} = -\frac{25}{6}\cdot\frac{56}{25} = -\frac{56}{6} = 9.667$$

化简以上两式得

$$i_{14}=-588$$

可见，由两个周转轮系的复合可以实现相当大的传动比。

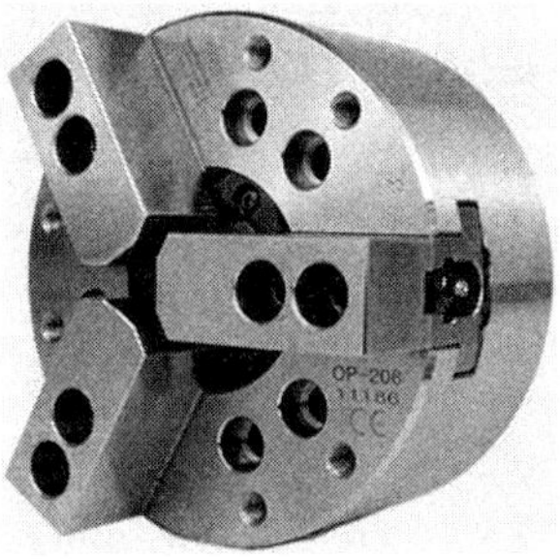

(a)

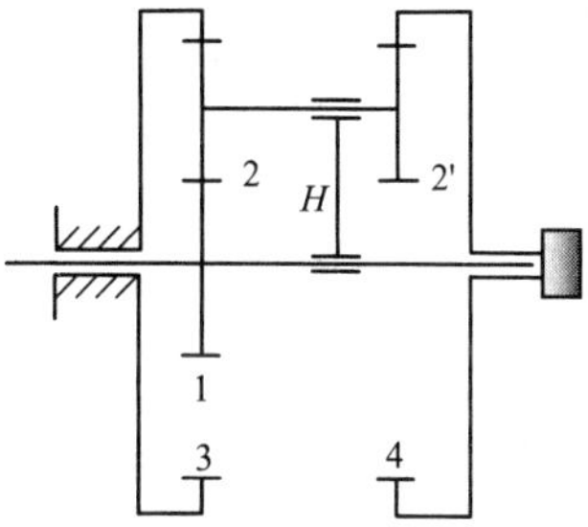


(b)

图 8-26　车床三爪卡盘

## 8.5.2　实现变速与换向

图 8-25(a)所示的某型轿车中的自动变速器既可以实现变速，也可以现实换向。在图 8-9(b)所示的轮系中，通过改变制动器的制动状态，则可以改变输出滚筒的转速。

## 8.5.3　实现大功率传动

在周转轮系中，在内外中心轮之间可以均匀设置多个行星轮，如图 8-27 所示。这样，同时啮合的齿对数增多，承载能力增加。各个行星轮的离心力自行抵消。

## 8.5.4　实现分路传动

采用定轴轮系或复合轮系，可以实现一路输入、多路输出。图 8-28 为滚齿机工作台中的传动机构，主动轴的运动通过圆锥齿轮 1、2 与齿轮 3、4 实现两路传动，一路驱动单头滚刀实现切削，另一路驱动轮坯实现分齿，其中蜗杆 8 为单头的，从而切制出要求的齿数 $z_{10}$ 来。在图 8-28 中，由于被加工齿轮 10 与传动齿轮 9 同轴同速转动，传动比 $i_{1,10}=i_{3,9}$，为此得传动比方程式以及被加工齿轮的齿数 $z_{10}$ 为

$$i_{1,10}=\frac{\omega_1}{\omega_{10}}=\frac{z_2}{z_1}\cdot\frac{z_{10}}{1}$$

$$i_{3,9}=\frac{\omega_3}{\omega_9}=\frac{z_4}{z_3}\cdot\frac{z_7}{z_5}\cdot\frac{z_9}{1}$$

$$z_{10}=\frac{z_4}{z_3}\cdot\frac{z_7}{z_5}\cdot\frac{z_1}{z_2}\cdot z_9$$

在图 8-25(a)所示的某型轿车变速器中，通过切换啮合齿轮的状态，实现分路传动。

图 8-27　三个行星轮的轮系

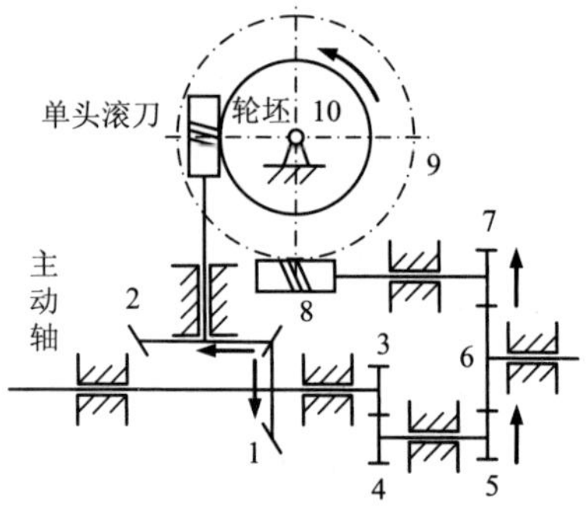


图 8-28　滚齿机工作台中的传动机构

## 8.5.5　实现运动的合成与分解

在图 8-24 所示的汽车后桥差速器中，发动机、变速箱的运动，经过自由度为 2 的差速器之后，被分解为左右两个驱动轮的运动，只要两个驱动轮的转速之和等于齿轮 4 的转速即可。左右两个驱动轮的实际转速完全取决于左右两个驱动轮的气压与几何尺寸、两个驱动轮与地面之间的摩擦状态以及路面的几何状态。

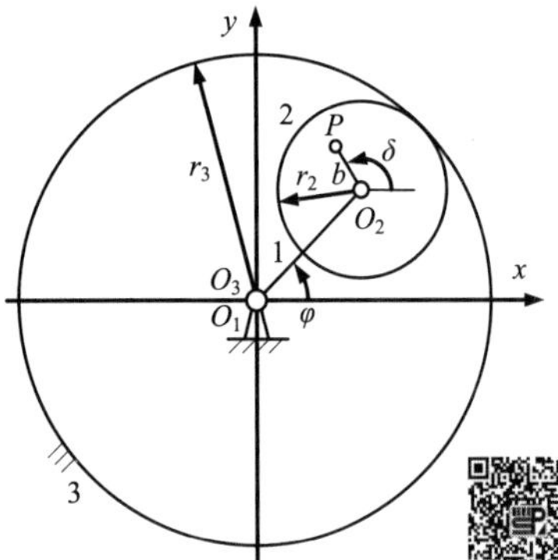


图 8-29　行星轮系中点的轨迹关系图

## 8.5.6　生成复杂的轨迹

在图 8-29 所示的行星轮系中，设主动件 1 的角位移为 $\varphi$，角速度为 $\omega_1$，行星轮 2 的节圆半径为 $r_2$，角位移为 $\delta$，角速度为 $\omega_2$，转动中心 $O_2$ 到行星轮上任意一点 $P$ 的有向距离 $O_2P$ 为 $b$，固定内齿轮 3 的节圆半径为 $r_3$。行星轮系的传动比为

$$i_{23}^{1}=\frac{\omega_2-\omega_1}{0-\omega_1}=\frac{\omega_2 t-\omega_1 t}{0-\omega_1 t}=\frac{\delta-\varphi}{0-\varphi}=\frac{z_3}{z_2}=\frac{r_3}{r_2}$$

令 $k=r_3/r_2$，由此得行星轮 2 的角位移 $\delta$ 为

$$\delta = (1 - r_3 / r_2)\varphi = (1 - k)\varphi \tag{8-4}$$

行星轮 2 上 $P$ 点的坐标 $x_P$、$y_P$ 分别为

$$\begin{cases} x_P = (r_3 - r_2)\cos\varphi + b\cos[(1-k)\varphi] \\ y_P = (r_3 - r_2)\sin\varphi + b\sin[(1-k)\varphi] \end{cases} \tag{8-5}$$

令 $P$ 点的坐标 $x_P$ 关于 $\varphi$ 的 1～3 阶导数在 $\varphi=0$ 的位置等于零，则得 $b=b_1=-r_2/(k-1)$；若继续令 $P$ 点的坐标 $x_P$ 关于 $\varphi$ 的 4 阶导数在 $\varphi=0$ 的位置等于零，则得 $b=b_2=-r_2/(k-1)^3$。当 $b_1=b_2$ 时，得 $k=2$，$r_3=2r_2$，$b=-r_2$，$b$ 取负值表示在 $\varphi=0$ 的位置，$O_2P$ 在 $x$ 轴上，沿 $-x$ 方向。此时 $P$ 点的轨迹为位于 $y$ 轴上、长度为 $2r_3$、关于 $x$ 轴对称的一段直线。

当 $b=b_1=-r_2/(k-1)$，$k=r_3/r_2=3,4,5,\cdots,n$，$n$ 为大于等于 3 的正整数时，$P$ 点的轨迹为弧角，具有一段近似直线边的规则多边形，行星轮只需公转一圈即可得到封闭的图形。

若 $n=3$，4，$b$ 取不同的值，当 $b=-r_2/(k-1)$时，$P$ 点的轨迹为弧角，近似直边的规则三边形与规则四边形，其图形如图 8-30(a)、(b)所示。

当 $r_2/(k-1) <|b|< r_2$ 时，$P$ 点的轨迹为外凹的规则三边形与规则四边形，如图 8-30(c)、(d)所示。

当$|b|=r_2$ 时，$P$ 点的轨迹为外凹尖角的规则三边形与规则四边形，如图 8-30(e)、(f)所示。

当$|b|>r_2$ 时，$P$ 点的轨迹为带有结点与外凹的规则三边形与规则四边形，如图 8-30(g)、(h)所示。

当$|b|<r_2/(k-1)$时，$P$ 点的轨迹为外凸的规则三边形与规则四边形，如图 8-30(i)、(j)所示。

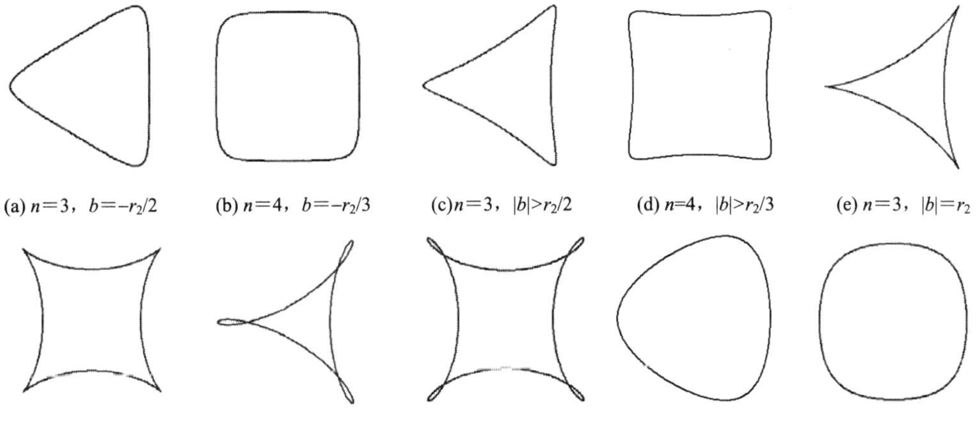

(a) $n=3$，$b=-r_2/2$　(b) $n=4$，$b=-r_2/3$　(c) $n=3$，$|b|>r_2/2$　(d) $n=4$，$|b|>r_2/3$　(e) $n=3$，$|b|=r_2$

(f) $n=4$，$|b|=r_2$　(g) $n=3$，$|b|>r_2$　(h) $n=4$，$|b|>r_2$　(i) $n=3$，$|b|<r_2/2$　(j) $n=4$，$|b|<r_2/3$

图 8-30　$k$ 为整数时行星轮上点的轨迹图

若 $b=-r_2/(k-1)$，将 $k$ 表达为两个正整数 $N$、$M$ 之商的形式，即 $k=r_3/r_2=N/M$。当 $M=2$ 时，$N$ 取除去 2 的整倍数的数，则行星轮公转 2 圈，$P$ 点的轨迹为除去 2 的整倍数角的弧角曲边正多角形。当 $M=3$ 时，$N$ 取除去 3 的整倍数的数，则行星轮公转 3 圈，$P$ 点的轨迹为除去 3 的整倍数角的弧角曲边正多角形。当 $M=4$ 时，$N$ 取除去 4 的整倍数的数，将 $M$、$N$ 的比值化简到不可再约，得 $M'$与 $N'$，则行星轮公转 $M'$圈，$P$ 点的轨迹为 $N'$角的弧角曲边正多角形。对于 $M$ 等于 5 及其以上的关系依此类推。只要 $M$ 为大于等于 3 的奇数，则 $N$ 取除去 $M$ 的整

倍数的数；只要 $M$ 为大于等于 4 的偶数，则 $N$ 取除去 $M$ 的整倍数的数，将 $M$、$N$ 的比值化简到不可再约。当 $|b|>r_2/(k-1)$ 时，$P$ 点的轨迹为外凹的规则多角形，当 $|b|<r_2/(k-1)$ 时，$P$ 点的轨迹为外凸的规则多角形。当 $M=3$，$N=11$ 时，$|b|=3r_2/8$、$|b|>3r_2/8$、$|b|<3r_2/8$ 和 $|b|=r_2$ 的几何图形如图 8-31 所示。

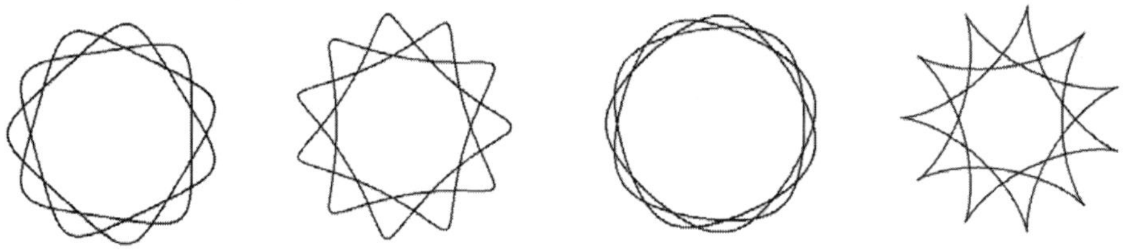

(a) $M=3$，$N=11$，$|b|=3r_2/8$ (b) $M=3$，$N=11$，$|b|>3r_2/8$ (c) $M=3$，$N=11$，$|b|<3r_2/8$ (d) $M=3$，$N=11$，$|b|=r_2$

图 8-31 $k=11/3$ 时行星轮上点的轨迹关系图

若 $b=-r_2/(k-1)$，$k=r_3/r_2$ 不表达为两个正整数商的形式，但是 $k$ 有界，比如 $k=r_3/r_2=2.888$，$b=-r_2/1.888$ 时，则行星轮公转的圈数 $Q$ 为 $0.888Q$ 等于最小正整数所对应的数，即 $Q=125$，当行星轮公转 9 圈时，$P$ 点的局部轨迹如图 8-32(a)所示；当行星轮公转 72 圈时，$P$ 点的局部轨迹如图 8-32(b)所示。

若 $b=-r_2/(k-1)$，$k=r_3/r_2$ 不表达为两个正整数商的形式，但是 $k$ 无界，比如 $k=r_3/r_2=\pi$，则行星轮公转的圈数为无限大。此时，在有限的区域内，图形不表现出规则性。当 $k=\pi$，$b=-r_2/(\pi-1)$，行星轮公转 72 圈时，$P$ 点的局部轨迹如图 8-33(a)所示；当 $k=e$，$b=-r_2/(\pi-1)$，行星轮公转 11 圈时，$P$ 点的局部轨迹如图 8-33(b)所示。

可见，通过选择不同的几何参数，行星轮上的点可以生成很多规则与不规则的几何图形。

(a) $k=2.888$，$b=-r_2/1.888$ (b) $k=2.888$，$b=-r_2/1.888$

图 8-32 $Q=125$ 的规则多边形局部图

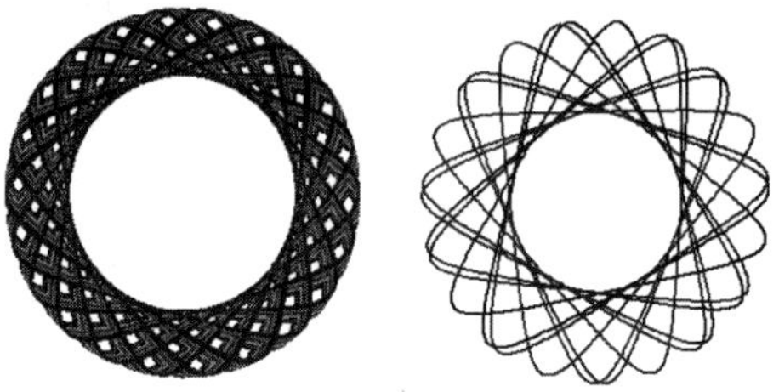

(a) $k=\pi$ (b) $k=e$

图 8-33 无规则多边形的局部图

## 8.6 周转轮系的设计

周转轮系的设计需要解决类型的选择、几何条件的相关以及多个行星轮的均载等一系列问题。周转轮系的类型很多，传动比的设计范围较大，机械效率各不相同，结构的复杂程度各异，因此，应从比较中确定相对较好的类型。周转轮系(转动行星轮)是一种同轴式传动机构，周转轮系设计的几何条件相关是指它必须满足行星轮与内中心轮的中心距等于行星轮与外中心轮的中心距的几何条件；必须满足传动比的条件；多个行星轮时的装配条件以及行星轮较多时的邻接条件。多个行星轮的均载设计，是指增加每一个行星轮的自由度，以使它们能够传递几乎相同的负载。

### 8.6.1　行星轮系中的齿数条件

1) 传动比条件

周转轮系的类型很多，以图 8-34 所示的 2K－H 型行星轮系为例，传动比条件为

$$i_{1H}=\frac{\omega_1}{\omega_H}=1+\frac{z_3}{z_1}$$

$$z_3=(i_{1H}-1)z_1 \tag{8-6}$$

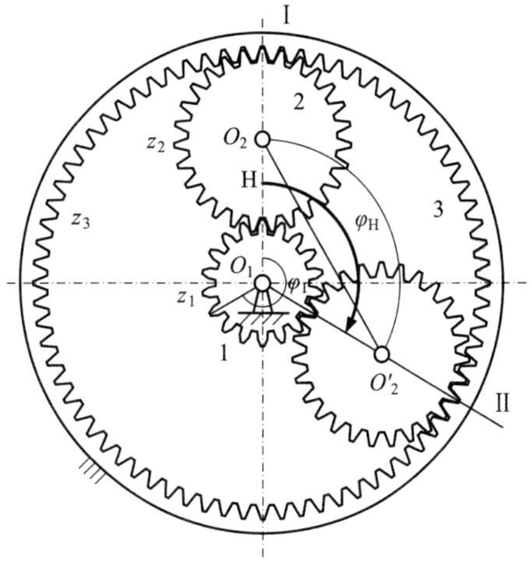


图 8-34　行星轮的均布条件

2) 同心条件

在图 8-34 所示的 2K－H 型行星轮系中，同心条件是指

$$a'_{12}=a'_{23}\,,\quad a'_{12}=r'_1+r'_2\,,\quad a'_{23}=r'_3-r'_2$$

当三个齿轮都是标准齿轮或高度变位齿轮传动时

$$r'_1=r_1\,,\quad r'_2=r_2\,,\quad r'_3=r_3$$

于是，同心条件为

$$m(z_1+z_2)/2=m(z_3-z_2)/2$$

$$z_2=(z_3-z_1)/2 \tag{8-7}$$

3) 装配条件

当 $k$ 个行星轮均布装配时，如图 8-34 所示，每一个行星轮之间的夹角必须相等，即都等于 360°/$k$，以便使每一个行星轮的离心力之和为零。设内中心轮 3 固定，在第 I 位置已装入第一个行星轮，此时，内、外中心轮之间的相对位置关系已被确定。为了能够装入第二个行星轮，设系杆转 $\varphi_H$=360°/$k$，第一个行星轮从 $O_2$ 位置转到 $O'_2$ 位置，由 $i_{1H}=\omega_1/\omega_H=\omega_1\cdot t/(\omega_H\cdot t)=\varphi_1/\varphi_H$ 得中心轮 1 转过的角度 $\varphi_1=i_{1H}$ (360°/$k$)。若中心轮 1 转过的角度 $\varphi_1$ 恰好为整数 $N$ 个齿，则内、外中心轮上轮齿之间的相对位置关系又回到初始状态，在 $O_2$ 位置又可以装入第二个行星轮，依次类推。该条件等价于以下角度关系

$$\varphi_1=\left(1+\frac{z_3}{z_1}\right)\frac{360°}{k}=N\frac{360°}{z_1}$$

为此，得装配条件为

$$N=\frac{z_1+z_3}{k} \tag{8-8}$$

式(8-8)表明，若要均匀地装入 $k$ 个行星轮，那么，内、外中心轮的齿数和应能被 $k$ 整除。

4) 邻接条件

如图 8-34 所示，相邻两个行星轮之间的距离 $O_2O'_2$ 必须大于两个行星轮的齿顶圆半径之

和，即

$$2(r_1+r_2)\sin(180°/k)>2(r_2+h_a^*m)$$

$$(z_1+z_2)\sin(180°/k)>(z_2+2h_a^*) \tag{8-9}$$

### 8.6.2 行星轮系中的均载设计

由于制造、装配与负载的作用，周转轮系中齿轮之间的实际相对位置已不是设计时的理想位置，为了减小齿轮之间的干涉，并由此引起的冲击与振动，提高承载能力与寿命，将周转轮系中的基本构件或行星轮设置为浮动的结构，实践表明，效果很好。

周转轮系中构件的浮动是指内、外中心轮、行星轮或系杆的浮动，浮动是指这些构件在不平衡力的作用下可以在小范围内偏离设计位置，以达到适应各种误差、变形和实现力平衡的目的。图 8-35 所示为采用齿轮联轴器将输入扭矩传递给外中心轮 1，外中心轮 1 可以在径向浮动。图 8-36 所示为采用齿轮联轴器将内中心轮 3 与机架连接，内中心轮 3 可以在径向浮动。图 8-37 所示为采用弹性元件支承行星轮的结构简图，此时，行星轮可以在径向浮动。

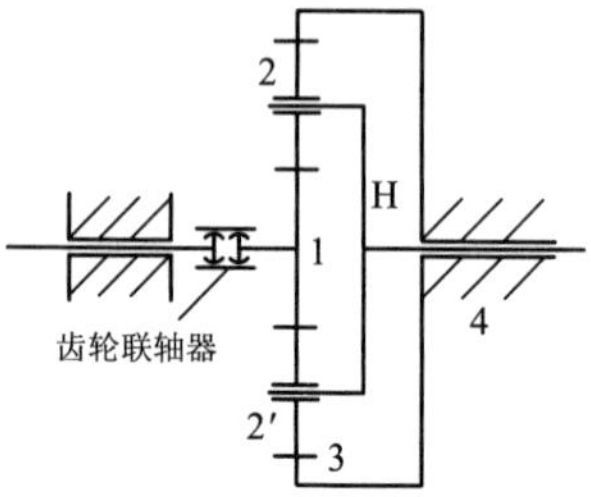

图 8-35 外中心轮浮动的周转轮系

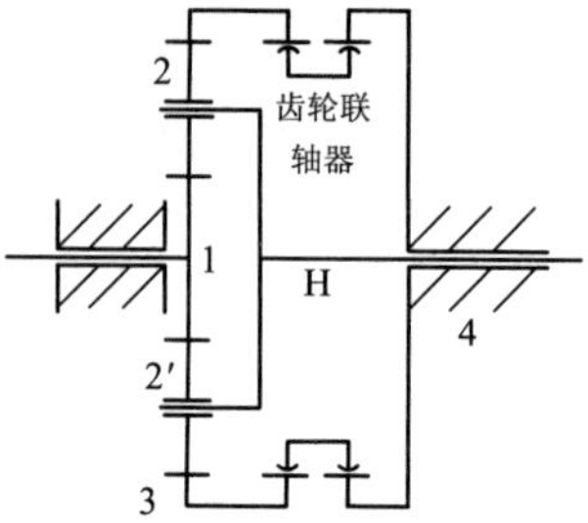

图 8-36 内中心轮浮动的周转轮系

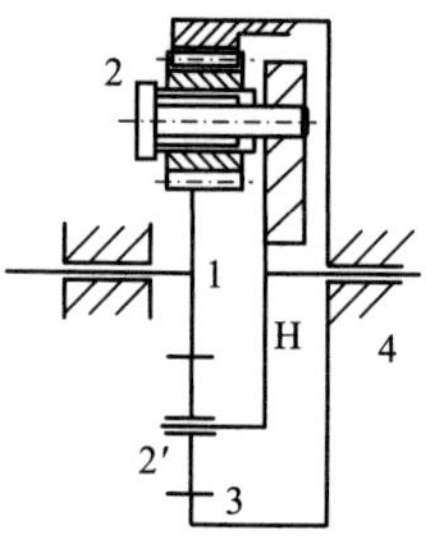

图 8-37 行星轮浮动的周转轮系

## 8.7 其他类型的行星传动简介

### 8.7.1 渐开线少齿差行星传动

若将周转轮系中的外中心轮去掉，将行星轮的齿数增加到比内中心轮的齿数少 1～4 个，通过双万向联轴节、十字滑块联轴节或偏心轮销孔式输出机构 $W$ 将作平面运动的行星轮的转动分量输出来，则得到渐开线少齿差行星传动机构，如图 8-38 所示。该机构的传动比 $i_{\mathrm{HV}}$ 计算如下：

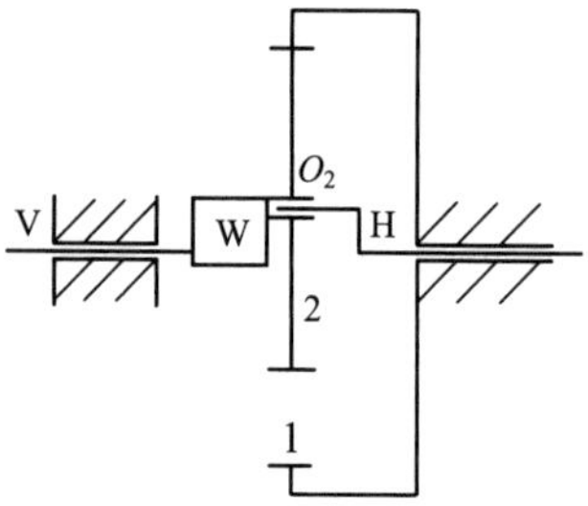

图 8-38 渐开线少齿差行星传动

$$i_{21}^{\mathrm{H}}=\frac{n_2-n_{\mathrm{H}}}{n_1-n_{\mathrm{H}}}=\frac{n_2-n_{\mathrm{H}}}{0-n_{\mathrm{H}}}=\frac{z_1}{z_2}$$

$$\frac{n_2}{n_{\mathrm{H}}}=1-\frac{z_1}{z_2}=\frac{z_2-z_1}{z_2}=-\frac{z_1-z_2}{z_2}$$

$$i_{\mathrm{HV}}=i_{\mathrm{H}2}=\frac{n_{\mathrm{H}}}{n_2}=-\frac{z_2}{z_1-z_2} \tag{8-10}$$

式(8-10)表明，当系杆为输入时，该机构的传动比可以较大，当 $z_1-z_2=1$ 时，称为一齿差行星传动机构，其传动比 $i_{HV}=-z_2$，“−”号表示输出与输入转向相反。偏心轮销孔式输出机构如图 8-39 所示。

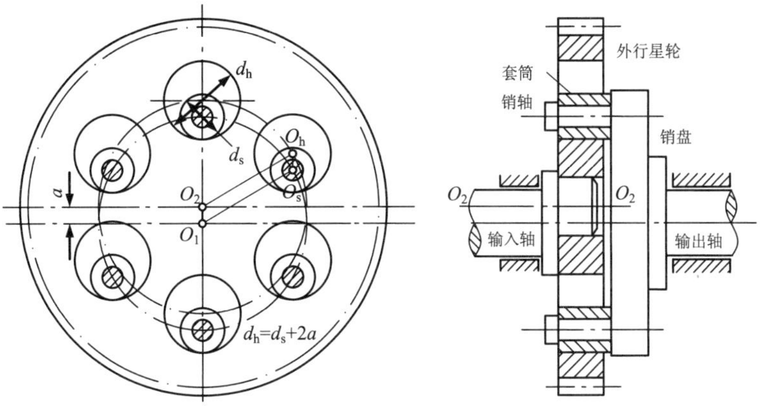


图 8-39　渐开线少齿差行星传动的偏心轮销孔式输出机构

## 8.7.2　摆线针轮行星传动

若将图 8-38 所示的行星轮的齿廓做成摆线结构，内齿轮的齿廓做成针轮的结构，仍然用图 8-39 所示的偏心轮销孔式输出机构，将摆线齿轮的平面运动中的转动分量输出出来，则得到摆线针轮行星传动，如图 8-40 所示。其传动比与式(8-10)相同。

摆线针轮行星传动的特点：

(1) 同时啮合的齿数多，重合度大，承载能力相对较高。

(2) 传动比较大，一级可达 11～100。由于轮齿之间以相对滚动为主，机械效率较高。

(3) 通过等速比机构输出摆线行星轮的运动，结构较复杂。

(4) 同时啮合的齿对数多，加工精度要求较高。摆线针轮减速器的产品结构图如图 8-41 所示。

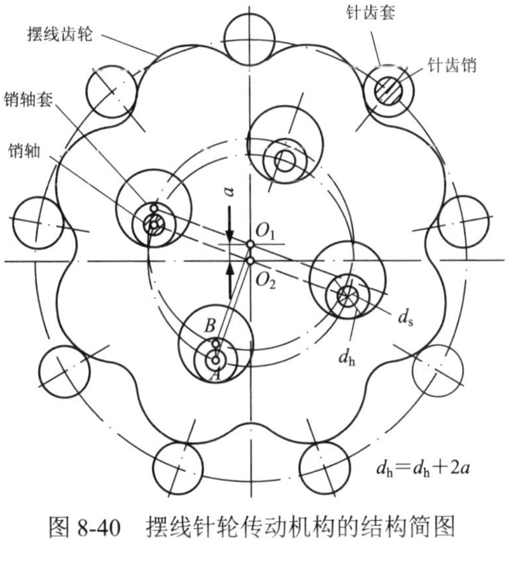


图 8-40　摆线针轮传动机构的结构简图

图 8-41　摆线针轮减速器的产品结构图

### 8.7.3 谐波齿轮传动

谐波齿轮传动是一种利用波发生器与柔轮、刚轮的齿数差进行变速的行星传动机构，谐波减速器的产品结构图如图 8-42 所示，谐波齿轮传动的分解图如图 8-43 所示，谐波齿轮传动的原理图如图 8-44 所示。在图 8-44 中，三个基本构件即柔轮 1、刚轮 2 与波发生器 H。若柔轮 1、刚轮 2 的齿数分别为 $z_1$、$z_2$，刚轮 2 固定，波发生器 H 上滚轮的数目为 2 个(称为双波)，则其传动比 $i_{H1}$ 计算如下：

$$i_{12}^{H}=\frac{n_1-n_H}{n_2-n_H}=\frac{n_1-n_H}{0-n_H}=\frac{z_2}{z_1}$$

$$i_{H1}=n_H/n_1=-z_1/(z_2-z_1) \tag{8-11}$$

谐波齿轮传动的特点为：

(1) 同时啮合的齿数多，承载能力相对较高。

(2) 传动比大，一级可达 100 以上。

(3) 零件数量相对较少，质量轻，结构较紧凑。

(4) 由于柔轮易发生疲劳失效，故寿命相对较短。

图 8-42 谐波减速器的产品结构图

图 8-43 谐波齿轮传动的分解图

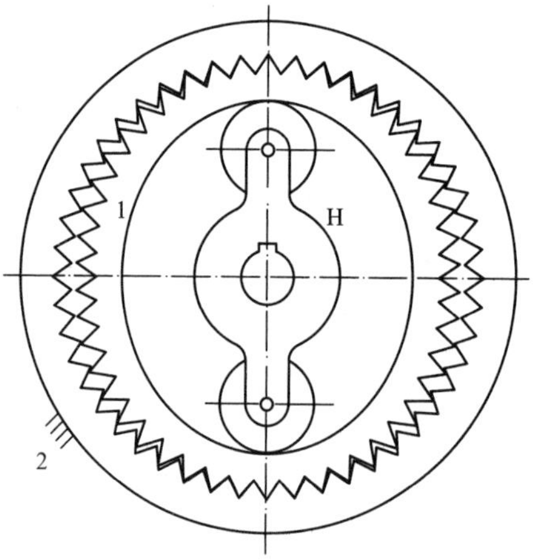


图 8-44 谐波齿轮传动的原理图

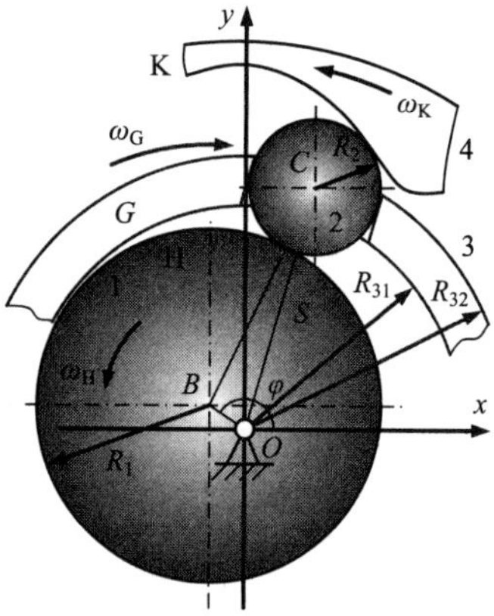


图 8-45 滚柱活齿传动的原理图

### 8.7.4 活齿传动

活齿传动是一类利用活齿传递两轴间回转运动和动力的传动机构。活动轮齿的形状可以是球、滚柱、套筒与推杆。图 8-45 为滚柱活齿传动的原理图。图 8-46(a)为滚柱活齿减速器，图 8-46(b)为滚柱活齿的结构简图。当用球或套筒作为活齿时，要求的制造精度相对低一些；当用滚柱或推杆作为活齿时，要求的制造精度相对高一些。

在图 8-46(b)中，滚柱活齿 1～8 与保持架 $G_1$ 组成活齿轮 G，激波器 H 为偏心圆，以 $\omega_H$ 转动，活齿轮 G 在激波器 H 的驱动下以 $\omega_G$ 转动，中心轮 K 的内侧是滚柱活齿 1～8 在一系列位置上的包络线，它以 $\omega_K$ 转动。

(a)

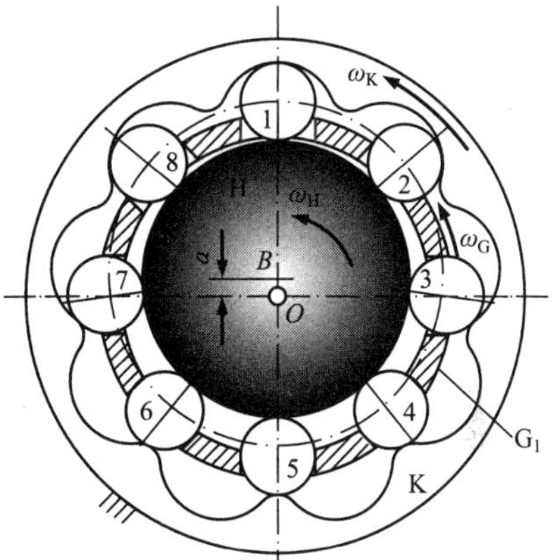


(b)

图 8-46 滚柱活齿减速器与传动原理图

在图 8-45 中，设激波器 H、活齿轮 G 以及中心轮 K 的角速度分别为 $\omega_H$，$\omega_G$ 和 $\omega_K$，活齿轮 G、中心轮 $K$ 的齿数分别为 $z_G$ 与 $z_K$，给活齿传动关于固定转动中心 $O$ 点施加一个$-\omega_H$，则活齿轮 G、中心轮 K 关于激波器 H 作“定轴运动”，此时，活齿轮 G、中心轮 K 的角速度分别为

$$\omega_G^H = \omega_G - \omega_H$$

$$\omega_K^H = \omega_K - \omega_H$$

传动比 $i_{GK}^H$ 为

$$i_{GK}^H = \frac{\omega_G - \omega_H}{\omega_K - \omega_H} = \frac{z_K}{z_G} \tag{8-12}$$

若中心轮 K 的角速度 $\omega_K=0$，则激波器 H 与活齿轮 G 之间的传动比 $i_{HG}$ 为

$$i_{HG} = \frac{z_G}{z_G - z_K} \tag{8-13}$$

在图 8-46(b)中，$z_G=8$，$z_K=9$，于是 $i_{HG} = \omega_H / \omega_G = -z_G = -8$，$\omega_H = -8\omega_G$。

若把图 8-46(b)中的滚柱换成推杆与两端滚柱的组合结构，则得推杆活齿传动的结构与传动原理图如图 8-47 所示。推杆活齿传动的结构简图和原理图如图 8-47 所示，推杆活齿 1～8 与保持架组成活齿轮 G，每个推杆活齿由两个滚柱一个推杆组成，活齿轮 G 在激波器 H 的驱动下以 $\omega_G$ 转动，中心轮 K 的内侧是推杆活齿 1～8 外端的滚柱在一系列位置上的包络线。该种活齿传动传动比的计算方法与图 8-45 的相同。

若把图 8-47(a)中的上滚柱与柱塞保留，柱塞孔的下端改为油腔，得到径向球塞的结构如图 8-48(a)所示。通过激波器 H 上的对应油路供油与回油(结构省略)，此时的激波器 H 成为输出构件，于是得到径向球塞轴转液压马达如图 8-48(b)所示，径向球塞轴转液压马达具有质量轻、体积小、调速范围大、可有级变量、可实现双速功能、机械制动器可自动启闭、低速稳定性能好、工作可靠、耐冲击、寿命长等优点。其作为混凝土泵车搅拌马达效果好。

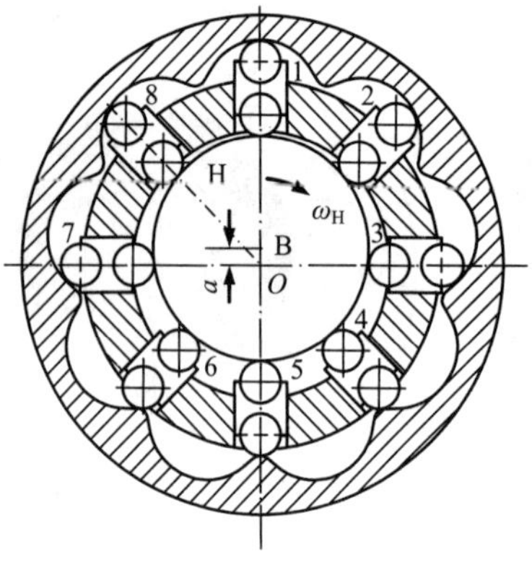


(a)

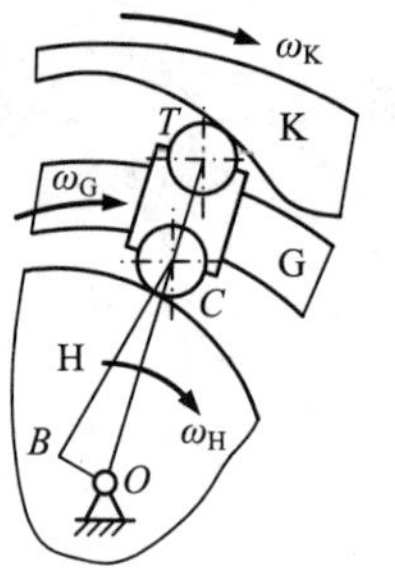


(b)

图 8-47　推杆活齿传动的结构简图与原理图

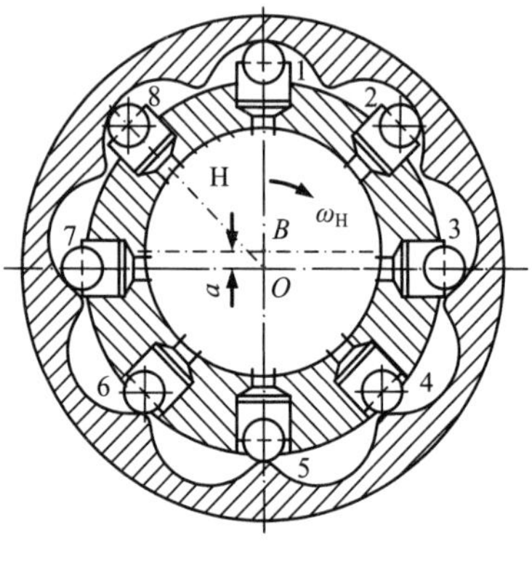


(a)

(b)

图 8-48　径向球塞的结构与径向球塞轴转液压马达

### 8.7.5　牵引传动

牵引传动，也称为油式摩擦传动，因依靠弹流油膜的牵引力进行传动而得名。牵引传动的基本方式是两个光滑滚动体的对滚，在高速传动中具有平稳的工作性能。在图 8-49 所示的中空行星轮牵引传动机构中，中心轮 1 为圆柱体，行星轮 2 为厚壁圆筒，中心轮 4 为弹性环，系杆 3 支承行星轮的部分为厚壁圆筒。当中心轮 1、行星轮 2 中心轮 4 之间被挤压且作传动时，在它们之间的油膜在压力的作用下产生剪切力，从而传递载荷。弹性环牵引传动适合于 $4\times10^4$ r/min 转速下的增减速传动。若忽略运动副之间的相对滑动，该种传动的传动比计算方法与图 8-17 所示的相同。

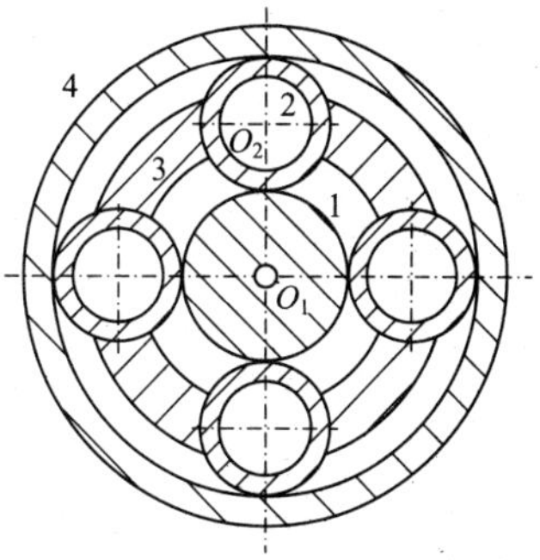


图 8-49　牵引传动机构

## 习　题

**8.1**　在题 8.1 图所示的行星轮系中，皮带轮作为系杆，已知 $z_1$=20，$z_2$=18，$z'_2$=21，$z_3$=17，试求传动比 $i_{1H}$。

**8.2**　在题 8.2 图所示的电动螺丝拧紧轮系中，已知 $z_1$=$z_4$=9，$z_3$=$z_6$=42，若中心轮 1 的转速 $n_1$=3 000 r/min，试求系杆 $H_2$ 的转速。

**8.3**　在题 8.3 图所示的输送皮带减速轮系中，要求输送皮带的启动加速度不能过大，为此，采用了制动器 $B_1$ 与离合器 $B_2$ 联合驱动滚筒 $B_3$。已知 $z_1$=30，$z_2$=66，$z'_2$=32，$z_3$=30，当制动器 $B_1$ 制动，离合器 $B_2$ 结合上时，试求传动比 $i_{1H}$。

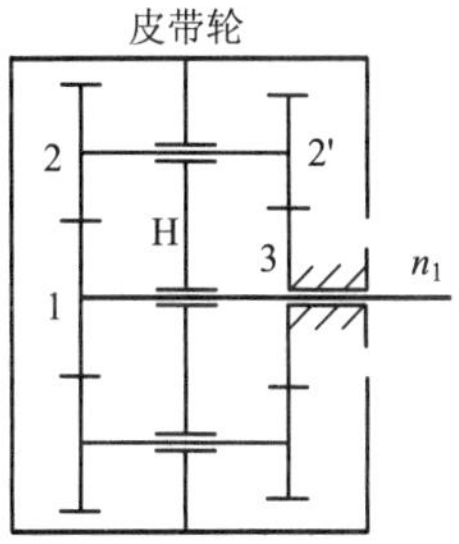


题 8.1 图

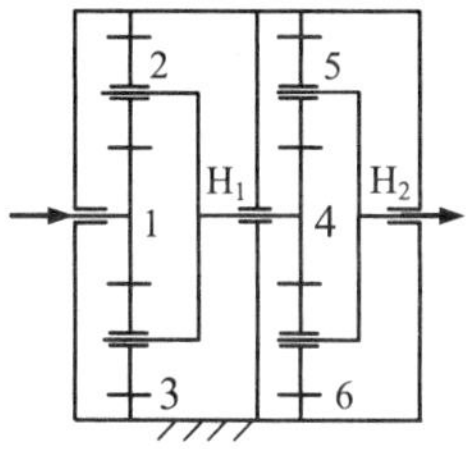


题 8.2 图

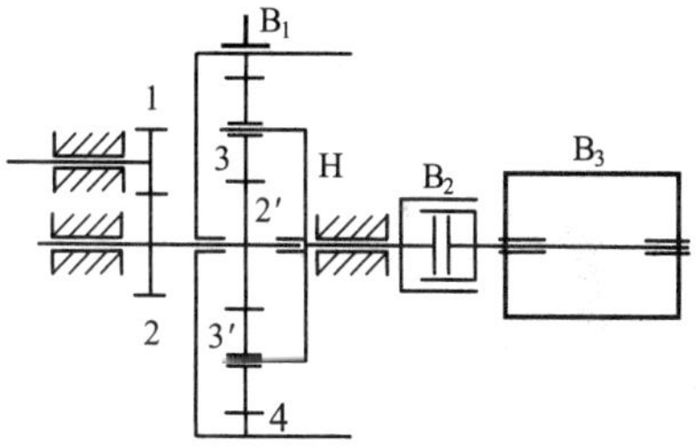


题 8.3 图

**8.4**　题 8.4 图所示为织机中的差动轮系，已知 $z_1$=26，$z_2$=30，$z'_2$=22，$z_3$=24，$z'_3$=18，$z_4$=120，$n_1$=50～200 r/min，$n_H$=300 r/min，试求内齿轮 4 的转速 $n_4$ 的变化范围。

**8.5**　题 8.5 图所示的复合轮系中，$z_1 = 22$，$z_2 = 28$，$z'_2 = 20$，$z_3 = 70$，$z'_3 = 26$，$z_4 = 30$，$z_5 = 86$，当齿轮 1 的转速 $n_1 = 980$ r/min 时，试求 $n_3$ 与 $n_5$ 的大小。

**8.6**　题 8.6 图所示为自由度等于 1($F$=3×5–2×5–1×4=1)的两层行星轮的行星轮系，已知 $z_1$=20，$z_2$=18，$z_3$=24，$z'_3$=22，$z_4$=104，$z_5$=58，试求传动比 $i_{1H}$ 与 $i_{15}$。

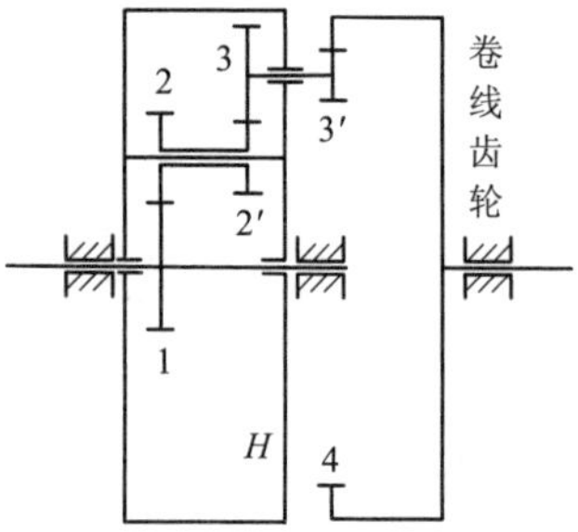


题 8.4 图

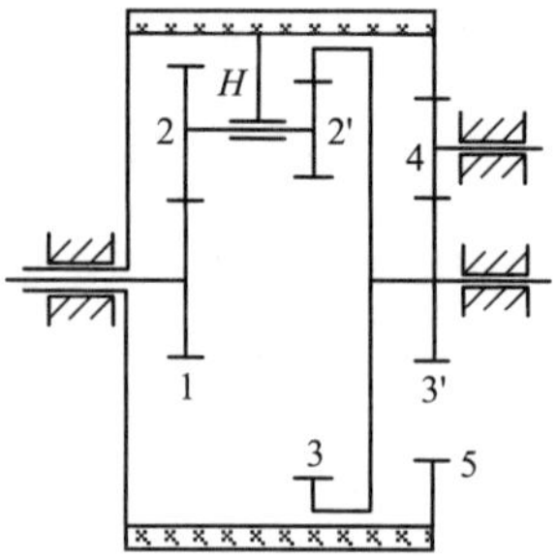


题 8.5 图

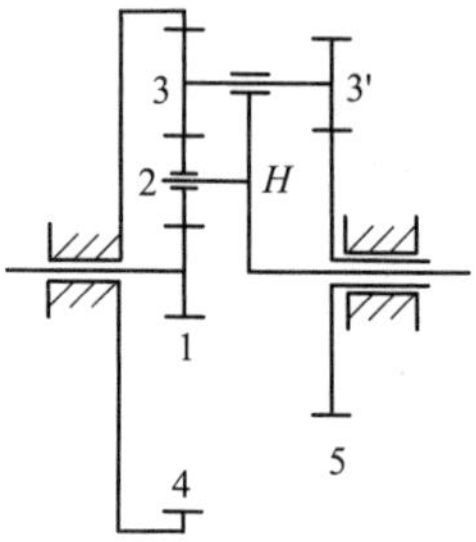


题 8.6 图

## 思 考 题

**8.1** 在图 8-23 所示的汽车后桥差速器中，左右两个轮子的转速 $n_1$、$n_2$ 满足 $n_1 + n_2 = 2n_H$，当汽车行驶在沥青路面上时，两个驱动轮与路面打滑的概率很小，除非遇到冰天雪地的时候。作为军车，它要在沙漠、田野与灌木丛中行军，其中一个驱动轮与地面打滑的概率很大，若真的遇到打滑情况，又只能自救，这时就不得不采用思考题 8.1 图所示的差速器与左右独立制动的后桥结构，当遇到左轮打滑时按下左制动的液控按钮，左轮不转，右轮转动将车辆驱动出来；当遇到右轮打滑时按下右制动的液控按钮，右轮不转，左轮转动将车辆驱动出来。两边各 5 个制动片，左边的 5 个制动片中 3 个与“左轴”固连，2 个与“左桥”固连，设制动片的内径为 $d_1$，外径为 $D_1$，试计算轴向液压压力 $F_1$ 与可以产生的制动力矩 $T_1$ 的关系。

**8.2** 轮系在汽车世界中总与离合器和制动器组合应用，思考题 8.2 图中有几个离合器与制动器，作用是什么？液力变矩器的作用是什么？

思考题 8.1 图

思考题 8.2 图

# 第9章

# 其他常用机构

## 9.1 概述

其他常用机构中，机器工作时，当主动件作连续运转，常需要从动件产生周期性的运动和停歇，实现这种运动的机构，称为间歇运动机构。

间歇运动机构的型式众多，根据从动件的运动特性可分为两大类：做停歇时间相对较长的间歇运动机构和具有瞬时停歇的间歇运动机构。

当从动件作单方向的、有规则的、时动时停的运动时，称为步进运动的间歇运动机构。当从动件在某一位置或某一点的速度、加速度或加速度的变化率为零时，称为瞬时停歇的间歇运动机构。

非圆齿轮机构是一种瞬时传动比按一定规律变化的齿轮机构。

## 9.2 棘轮机构

棘轮机构如图 9-1 所示，图中构件 1 为摇杆，构件 2 为棘爪，构件 3 为棘轮，构件 4 为止动爪，构件 5 为确保止动爪与棘轮接触的弹簧，构件 6 为机架。当摇杆 1 作往复摆动时，棘轮 3 单向间歇运动。若棘轮 3 的齿数为 $Z$，棘轮 3 每一次转过一个齿，则棘轮 3 的一次运动角为 $2\pi/Z$。若摇杆 1 的一次摆角为 $2\pi i/Z$，$i$ 为正整数，此时，可以采用在棘轮上增加遮板 7 的方法来解决摇杆 1 的一次摆角与棘轮 3 的一次运动角不同的问题，如图 9-2 所示。

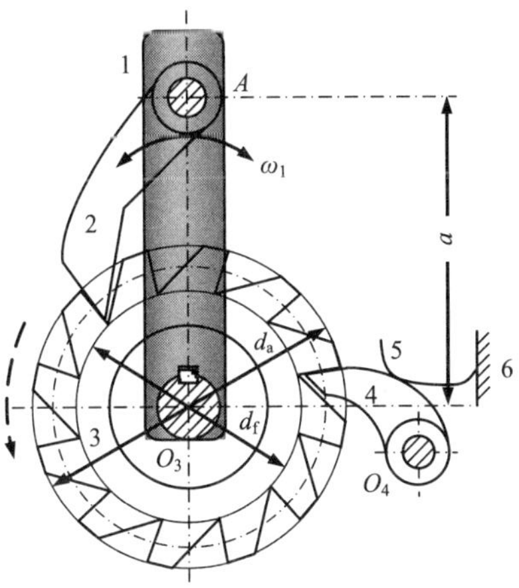


图 9-1　棘轮机构的组成及工作原理

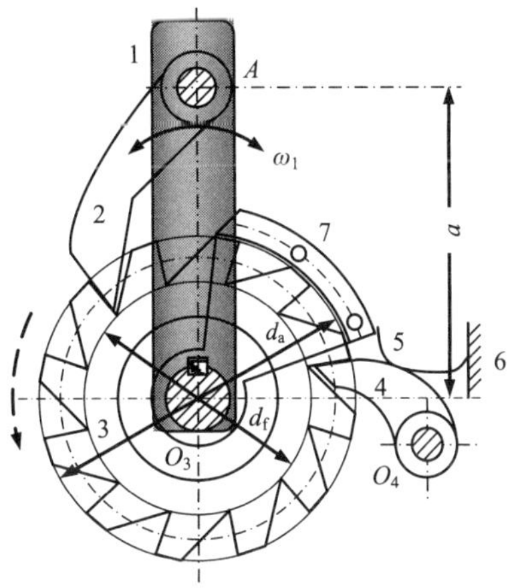


图 9-2　带遮板的棘轮机构

棘轮机构可以设计出多个爪，如图 9-3、图 9-4 所示，也可以设计成可换向的型式，如图 9-5 所示。当轮子上没有齿时，则变成摩擦轮机构，如图 9-6 所示，图 9-7 是摩擦轮机构在超越离合器上的应用。

图 9-3　三爪棘轮机构

图 9-4　双爪棘轮机构

图 9-5　可换向的棘轮机构

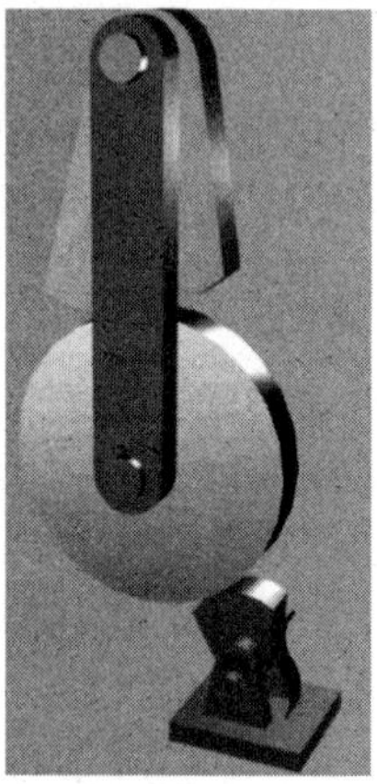
图 9-6　摩擦式间歇机构

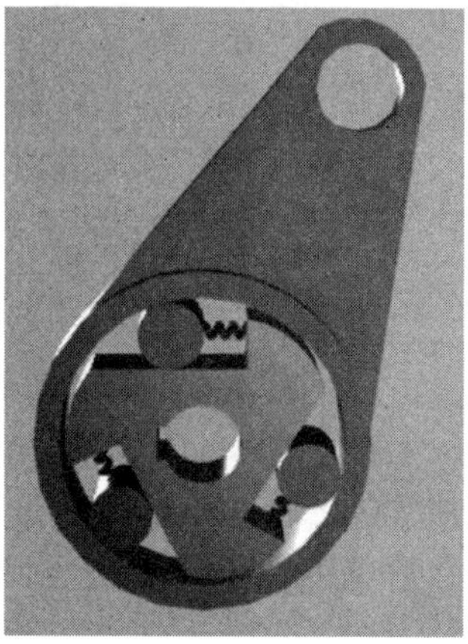
图 9-7　摩擦式超越离合器

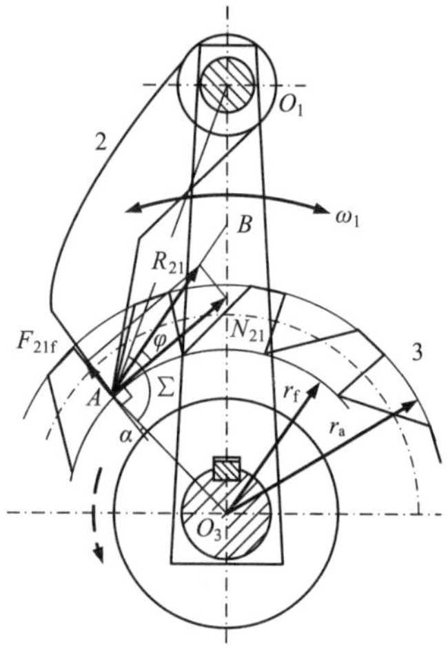

图 9-8　棘轮机构的受力分析

在设计棘轮机构时，棘爪不仅应能顺利进入棘轮的齿槽中，而且在受力时棘爪不应被挤出。图 9-8 为棘轮与棘爪的受力分析简图，$\boldsymbol{N}_{21}$ 为棘轮对棘爪的法向反力，$\boldsymbol{F}_{21\mathrm{f}}$ 为棘轮对棘爪的切向摩擦力，$\boldsymbol{F}_{21\mathrm{f}}$ 与 $O_3A$ 之间的夹角为 $\alpha$，$\alpha$ 也是棘轮工作齿面的倾斜角，$\boldsymbol{R}_{21}$ 为棘轮对棘爪的总作用力，$\boldsymbol{R}_{21}$ 与 $\boldsymbol{N}_{21}$ 之间的夹角为摩擦角 $\varphi$。若 $\boldsymbol{R}_{21}$ 的作用线与 $O_1$、$O_2$ 连线的交点 $B$ 在 $O_1$、$O_2$ 之间，$\boldsymbol{R}_{21}$ 关于 $O_1$ 点的力矩阻止棘爪滑出，则棘爪将不被挤出。若令 $\angle O_1AO_2=\Sigma$，则棘爪不被挤出的几何条件为

$$90^\circ-\alpha+\varphi<\Sigma \tag{9-1}$$

# 9.3　槽轮机构

## 9.3.1　槽轮机构的组成与运动特征

槽轮机构如图 9-9 所示，图中构件 1 为带有锁止弧的主动杆，构件 2 为槽轮，槽数 $z$=4，

构件 3 为机架。当主动杆 1 作转动时，槽轮 2 作单向间歇运动。4 槽槽轮机构的三维图如图 9-10 所示。图 9-9 所示槽轮机构的运动规律如图 9-11 所示，图中 $\omega_2=\mathrm{d}\psi/\mathrm{d}t$、$\alpha_2=\mathrm{d}^2\psi/\mathrm{d}t^2$，由图 9-11 可见，在槽轮运动的起始点与终止点，槽轮 2 的加速度 $a_2$，加速度的一、二次变化率分别为 $\mathrm{d}a_2/\mathrm{d}t$、$\mathrm{d}^2a_2/\mathrm{d}t^2$ 均较大。当输入与输出轴线垂直时，形成空间槽轮机构，拥有 4 个槽的空间槽轮机构的三维图如图 9-12 所示。

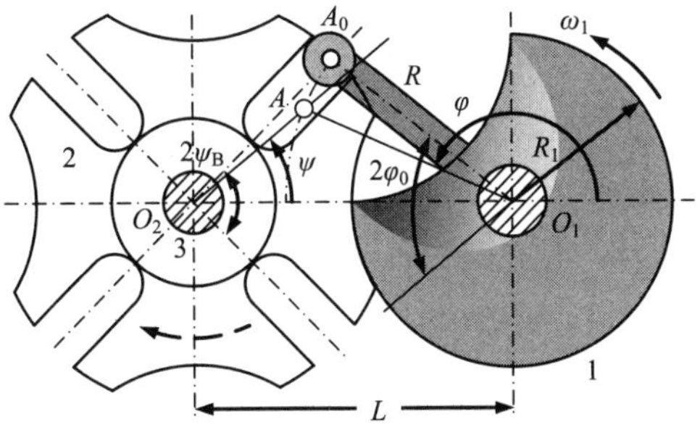


图 9-9　槽轮机构

图 9-10　槽轮机构的三维图

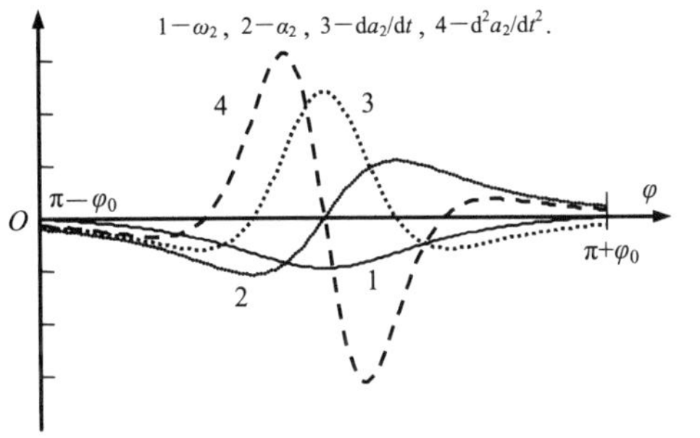


图 9-11　槽轮机构的运动规律

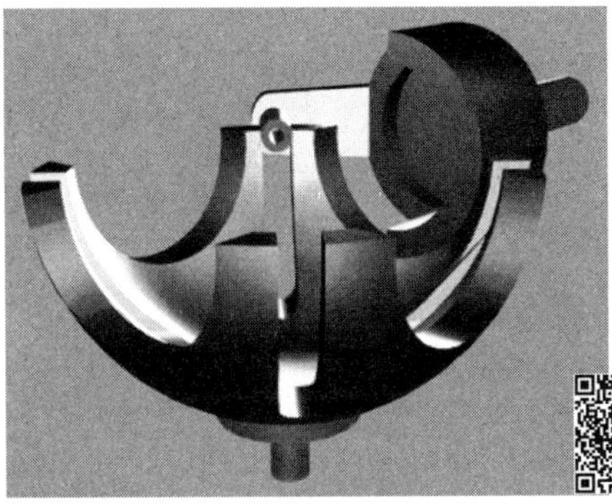

图 9-12　空间槽轮机构的三维图

### 9.3.2　槽轮机构的运动系数

在图 9-9 所示的槽轮机构中，主动销只有一个，若主动销转一圈的时间为 $T$，槽轮运动的时间为 $t_d$，则称 $t_d$ 与 $T$ 之比为槽轮机构的运动系数，并以 $k$ 表示，即

$$k=t_d/T \tag{9-2}$$

当主动销作匀速运转时，$T$ 对应 $2\pi$，$t_d$ 对应 $2\varphi_0$，$2\varphi_0=\pi-2\psi_B=\pi-2\pi/z$，为此，槽轮机构的运动系数 $k$ 与槽数 $z$ 的关系为

$$k=2\varphi_0/(2\pi)=(\pi-2\pi/z)/(2\pi)=0.5-1/z \tag{9-3}$$

由于 $k>0$，所以 $z\geqslant3$。由式(9-3)可见，$k$ 总小于 0.5。

当有 $n$ 个均匀分布的主动销时，槽轮机构的运动系数 $k_n=nk$，由于 $k_n\leqslant1$，所以 $n\leqslant2z/(z-2)$。

## 9.4 不完全齿轮机构

不完全齿轮机构是由齿轮机构演化而得的一种间歇运动机构。主动轮上的齿数是不完整的，从动轮上的齿数与位置由从动轮的运动与停歇时间确定。当主动轮作单向转动时，从动轮作单向间歇运动。在从动轮的停歇期间，两个齿轮的轮缘各有锁止弧以对从动轮实施定位。图 9-13 为一种型式的外啮合不完全齿轮机构，主动轮有 2 个齿，$z_1$=2；从动轮有 8 个齿，$z_2$=8，当主动轮转一圈时，从动轮被驱动 $2\pi z_1/z_2$ 角度，从动轮的停歇角为 $2\pi-2\pi z_1/z_2$。从动轮的齿顶有一段圆弧，其圆弧半径为 $r_{f1}$，用以锁住从动轮。图 9-14 为一种型式的内啮合不完全齿轮机构，当主动轮转一圈时，从动轮被驱动 1/8 圈。

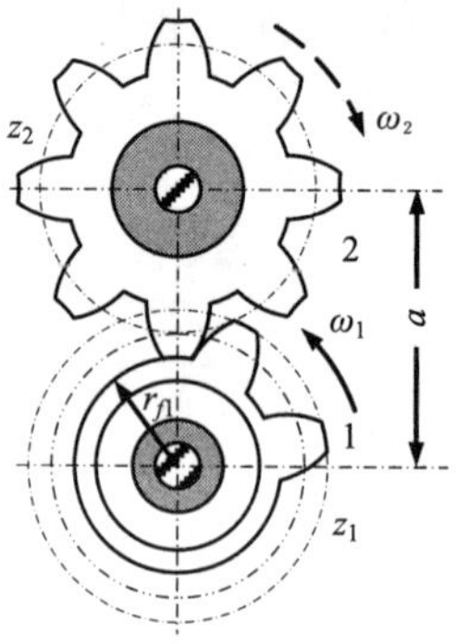

图 9-13　不完全齿轮机构

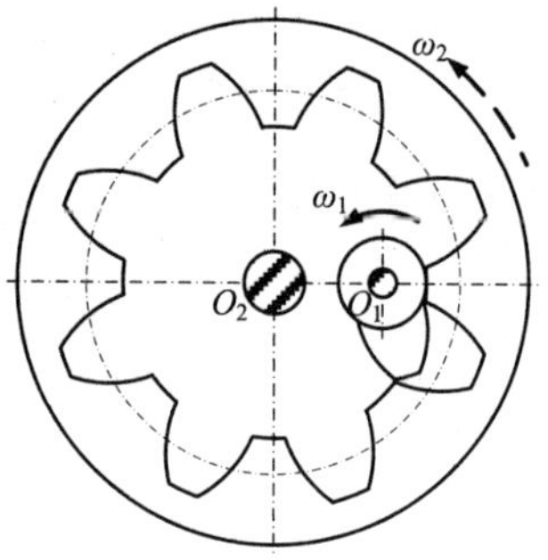

图 9-14　内啮合不完全齿轮机构

## 9.5 滚子分度凸轮机构

如图 9-15 所示为平行轴分度凸轮机构，当主动的共轭凸轮 1、1′作匀速转动时，从动的共轭滚子 2、2′作间歇运动。若凸轮 1 与共轭滚子 2 实现运动的主动变换，则凸轮 1′与共轭滚子 2′保证机构的被动锁止。

如图 9-16 所示为垂直轴滚子分度凸轮机构，当主动的凸轮 1 作匀速转动时，从动的滚子 2、2′作间歇运动。若凸轮 1 与滚子 2 实现运动的主动变换，则凸轮 1 与滚子 2′保证机构的被动锁止。

图 9-15　平行轴分度凸轮机构

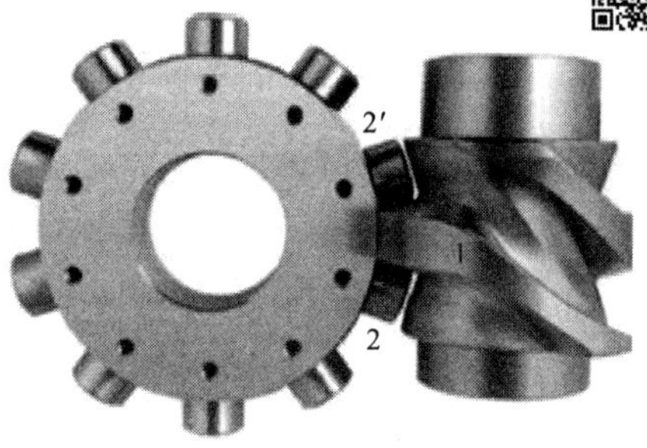

图 9-16　垂直轴滚子分度凸轮机构

## 9.6　瞬时停歇的间歇运动机构

瞬时停歇的间歇运动机构是指从动件在一个或两个极限位置的速度与加速度都等于零的一种停歇机构。图 9-17 为基于曲柄摇块机构的平面六杆瞬时停歇机构，当 $BP=(AB+AC)^2/AB$ 时，导杆 2 上 $P$ 点的轨迹在 $\varphi=\pi$ 处与垂线达到 3 阶相切，从动件 5 在左极限位置作瞬时停歇。图 9-18 为基于曲柄滑块机构的平面六杆瞬时停歇机构，当 $BP=(BC)^2/AB$ 时，连杆 2 上 $P$ 点的轨迹在 $\varphi=0$ 处与垂线达到 3 阶相切，从动件 5 在右极限位置作瞬时停歇。它们都可以用于物料的平稳传送。

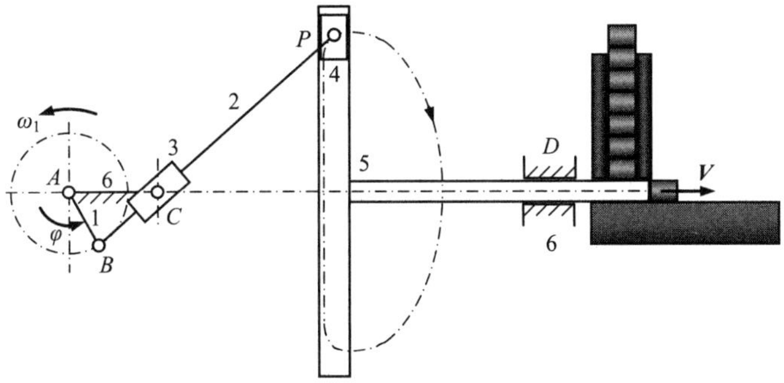


图 9-17　基于曲柄摇块机构的平面六杆瞬时停歇机构

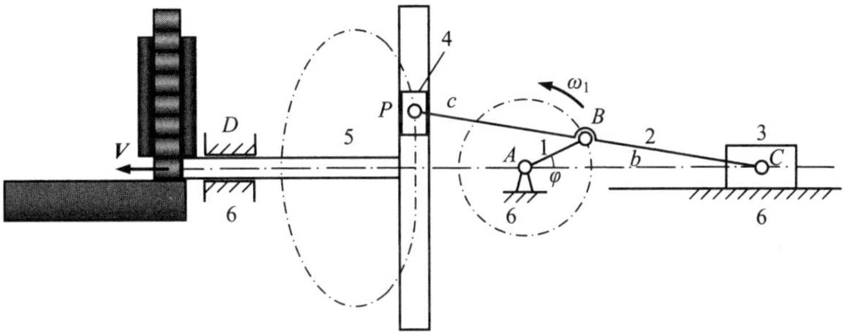


图 9-18　基于曲柄滑块机构的平面六杆瞬时停歇机构

## 9.7　万向节机构

在第 2 章中，图 2-6(e)为虎克型单万向节的机构运动简图，其结构简图如图 9-19 所示。十字轴 1 的外径安装滚针轴承 3，通过 O 型密封圈 2 密封，滚针轴承 3 的外面安装轴套 4，轴套 4 的外径分别安装在主动节叉 6 与被动节叉 7 的孔内，通过挡圈 5 定位。单万向节的运动分析如图 9-20 所示。单十字轴万向联轴器 WSD 和双十字轴万向联轴器 WS 的国家标准参见 GB/T 5901—1991。

在图 9-20 所示的 $xyz$ 坐标系中，$\alpha$ 为输入轴 1 与输出轴 3 之间的夹角，主动轴 1 上的单位矢量 $\boldsymbol{u}_0$ 绕 $x$ 轴转 $\varphi_1$ 角度到 $\boldsymbol{u}$，从动轴 3 上的单位矢量 $\boldsymbol{r}_0$ 绕输出轴上的单位矢量 $\boldsymbol{p}$ 转 $\varphi_3$ 角度到 $\boldsymbol{r}$。在 $xyz$ 坐标系中，$\boldsymbol{u}_0$ = 0i+1j+0k，$\boldsymbol{u}$ 与 $\boldsymbol{u}_0$ 的关系为

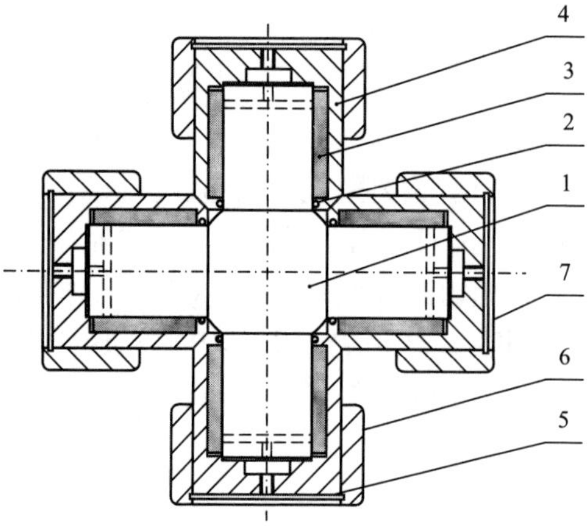


图 9-19　虎克型万向联轴节的结构图

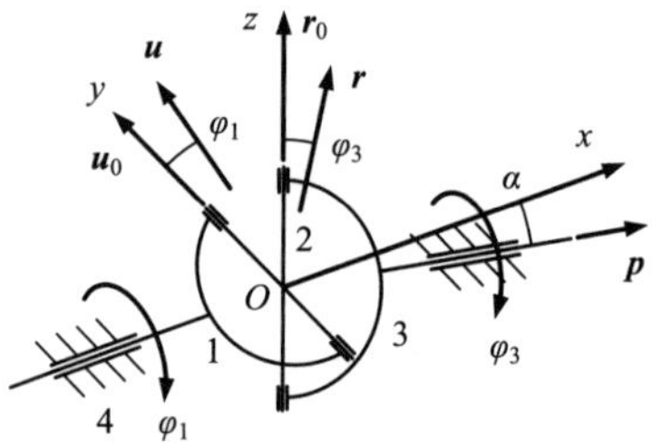


图 9-20　虎克型单万向节的运动分析

$$\left[R_{\varphi 1,x}\right]=\begin{bmatrix}1 & 0 & 0\\ 0 & \cos\varphi_1 & -\sin\varphi_1\\ 0 & \sin\varphi_1 & \cos\varphi_1\end{bmatrix} \tag{9-4}$$

$$\boldsymbol{u}=\left[R_{\varphi 1,x}\right]\begin{bmatrix}0\\1\\0\end{bmatrix}=\begin{bmatrix}1 & 0 & 0\\ 0 & \cos\varphi_1 & -\sin\varphi_1\\ 0 & \sin\varphi_1 & \cos\varphi_1\end{bmatrix}\begin{bmatrix}0\\1\\0\end{bmatrix}=\begin{bmatrix}0\\ \cos\varphi_1\\ \sin\varphi_1\end{bmatrix} \tag{9-5}$$

因此，$\boldsymbol{u}=0+\cos\varphi_1+\sin\varphi_1$。

在 $xyz$ 坐标系中 $\boldsymbol{r}_0=0\mathrm{i}+0\mathrm{j}+1\mathrm{k}$，从动轴 3 上的单位矢量 $\boldsymbol{r}_0$ 绕单位矢量 $\boldsymbol{p}$ 转 $\varphi_3$ 角度到达 $\boldsymbol{r}$，可以分解为先将 $\boldsymbol{p}$ 绕 $z$ 轴转 $\alpha$ 角使 $\boldsymbol{p}$ 绕 $x$ 轴重合、用 $\left[R_{+\alpha,z}\right]$ 表示变换关系，再将 $\boldsymbol{r}_0$ 绕 $x$ 轴转 $\varphi_3$ 角、用 $\left[R_{+\varphi 3,x}\right]$ 表示变换关系，最后让 $\boldsymbol{p}$ 绕 $z$ 轴转 $-\alpha$ 角到达原位，用 $\left[R_{-\alpha,z}\right]$ 表示变换关系，在这一变换中，$\boldsymbol{r}$ 与 $\boldsymbol{r}_0$ 的关系为

$$\boldsymbol{r}=\left[R_{-\alpha,z}\right]\left[R_{\varphi 3,x}\right]\left[R_{+\alpha,z}\right]r_0=\left[R_{-\alpha,z}\right]\left[R_{\varphi 3,x}\right]\left[R_{+\alpha,z}\right]\left[0\quad 0\quad 1\right]^{\mathrm{T}}$$

$$\begin{aligned}\boldsymbol{u}&=\begin{bmatrix}\cos(-\alpha) & -\sin(-\alpha) & 0\\ \sin(-\alpha) & \cos(-\alpha) & 0\\ 0 & 0 & 1\end{bmatrix}\begin{bmatrix}1 & 0 & 0\\ 0 & \cos\varphi_3 & -\sin\varphi_3\\ 0 & \sin\varphi_3 & \cos\varphi_3\end{bmatrix}\begin{bmatrix}\cos\alpha & -\sin\alpha & 0\\ \sin\alpha & \cos\alpha & 0\\ 0 & 0 & 1\end{bmatrix}\begin{bmatrix}0\\0\\1\end{bmatrix}\\ &=\begin{bmatrix}\cos(-\alpha) & -\sin(-\alpha) & 0\\ \sin(-\alpha) & \cos(-\alpha) & 0\\ 0 & 0 & 1\end{bmatrix}\begin{bmatrix}1 & 0 & 0\\ 0 & \cos\varphi_3 & -\sin\varphi_3\\ 0 & \sin\varphi_3 & \cos\varphi_3\end{bmatrix}\begin{bmatrix}0\\0\\1\end{bmatrix}\\ &=\begin{bmatrix}\cos(-\alpha) & -\sin(-\alpha) & 0\\ \sin(-\alpha) & \cos(-\alpha) & 0\\ 0 & 0 & 1\end{bmatrix}\begin{bmatrix}0\\ -\sin\varphi_3\\ \cos\varphi_3\end{bmatrix}=\begin{bmatrix}-\sin\alpha\sin\varphi_3\\ -\cos\alpha\sin\varphi_3\\ \cos\varphi_3\end{bmatrix}\end{aligned} \tag{9-6}$$

$\boldsymbol{r}=-\sin\alpha\sin\varphi_3\mathrm{i}-\cos\alpha\sin\varphi_3\,\mathrm{j}+\cos\varphi_3\mathrm{k}$。

由 $\boldsymbol{u}\cdot\boldsymbol{r}=(0\mathrm{i}+\cos\varphi_1\,\mathrm{j}+\sin\varphi_1\mathrm{k})\cdot(-\sin\alpha\sin\varphi_3\mathrm{i}-\cos\alpha\sin\varphi_3\,\mathrm{j}+\cos\varphi_3\mathrm{k})=0$ 得

$$-\cos\alpha\cos\varphi_1\sin\varphi_3+\sin\varphi_1\cos\varphi_3=0 \tag{9-7}$$

$$\tan\varphi_3=\tan\varphi_1/\cos\alpha \tag{9-8}$$

对式(9-7)求关于时间的一阶导数，$\mathrm{d}\varphi_1/\mathrm{d}t=\omega_1$，$\mathrm{d}\varphi_3\mathrm{d}t=\omega_3$，得角速度关系为

$$-\cos\alpha(-\omega_1\sin\varphi_1\sin\varphi_3+\omega_3\cos\varphi_1\cos\varphi_3)+\omega_1\cos\varphi_1\cos\varphi_3-\omega_3\sin\varphi_1\sin\varphi_3=0$$

$$(\sin\varphi_1\sin\varphi_3+\cos\alpha\cos\varphi_1\cos\varphi_3)\omega_3=(\cos\varphi_1\cos\varphi_3+\cos\alpha\sin\varphi_1\sin\varphi_3)\omega_1$$

$$\frac{\sin\varphi_1\sin\varphi_3+\cos\alpha\cos\varphi_1\cos\varphi_3}{\cos\varphi_1\cos\varphi_3}\omega_3=\frac{\cos\varphi_1\cos\varphi_3+\cos\alpha\sin\varphi_1\sin\varphi_3}{\cos\varphi_1\cos\varphi_3}\omega_1$$

$$(\tan\varphi_1\tan\varphi_3+\cos\alpha)\omega_3=(1+\cos\alpha\tan\varphi_1\tan\varphi_3)\omega_1$$

$$(\tan^2\varphi_1/\cos\alpha+\cos\alpha)\omega_3=(1+\cos\alpha\tan^2\varphi_1/\cos\alpha)\omega_1$$

$$(\tan^2\varphi_1/\cos\alpha+\cos\alpha)\omega_3=(1+\tan^2\varphi_1)\omega_1$$

$$\left(\frac{1-\cos^2\varphi_1}{\cos^2\varphi_1}\frac{1}{\cos\alpha}+\cos\alpha\right)\omega_3=\left(1+\frac{1-\cos^2\varphi_1}{\cos^2\varphi_1}\right)\omega_1$$

$$\left(\frac{\sin^2\varphi_1}{\cos\alpha}+\cos\alpha\cos^2\varphi_1\right)\omega_3=(\cos^2\varphi_1+\sin^2\varphi_1)\omega_1$$

$$(\sin^2\varphi_1+\cos^2\alpha\cos^2\varphi_1)\omega_3=\omega_1\cos\alpha$$

$$(1-\cos^2\varphi_1+\cos^2\alpha\cos^2\varphi_1)\omega_3=\omega_1\cos\alpha$$

$$[1-\cos^2\varphi_1(1-\cos^2\alpha)]\omega_3=\omega_1\cos\alpha$$

$$(1-\cos^2\varphi_1\sin^2\alpha)\omega_3=\omega_1\cos\alpha$$

$$i_{31}=\frac{\omega_3}{\omega_1}=\frac{\cos\alpha}{1-\sin^2\alpha\cos^2\varphi_1} \tag{9-9}$$

当 $\alpha=10°$、$20°$、$30°$时，输出轴的角速度 $\omega_3$ 与输入轴的角速度 $\omega_1$ 的比值如图 9-21 所示。显然，单万向节的传动比是变化的，为了解决这一问题，使用双万向节，如图 9-22 所示。前节的输入轴 1 与输出轴 3 之间的夹角为 $\alpha_1$，后节的输入轴 3 与输出轴 4 之间的夹角为 $\alpha_2$，双万向节的传动比 $i_{51}$ 函数为

$$i_{51}=\frac{\omega_5}{\omega_1}=\frac{\omega_3}{\omega_1}\frac{\omega_5}{\omega_3}=\frac{\cos\alpha_1}{1-\sin^2\alpha_2\cos^2\varphi_1}\frac{1-\sin^2\alpha_2\cos^2\varphi_2}{\cos\alpha_2} \tag{9-10}$$

显然，只要 $\alpha_1=\alpha_2$，中间轴 3 两端的叉面位于同一平面内，则传动比 $i_{51}$ 等于常数。

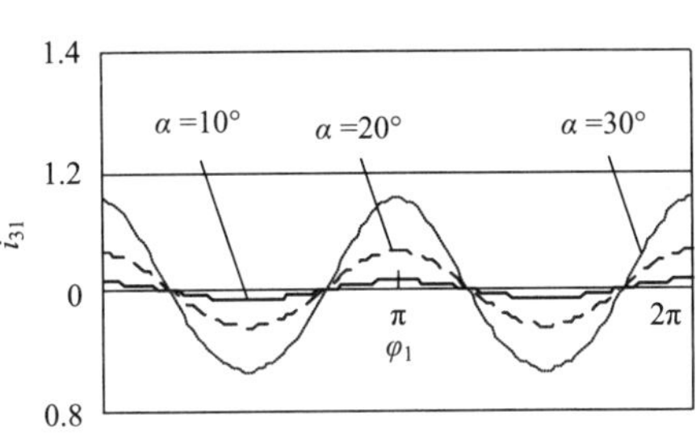


图 9-21　单万向节的传动比

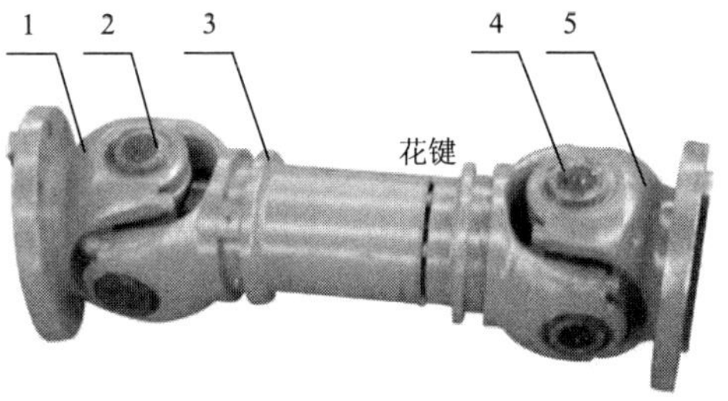


图 9-22　双万向联轴器

可见，对虎克型单万向节做运动分析，不得不使用矢量代数、坐标变换、隐函数的微分这些数学工具。

出生在浙江萧山童家塘的鲁冠球，是乡镇企业改革发展的先行者，坚持听党话，跟党走，创办了万向集团，1984年，鲁冠球首先把万向产品销往美国，迈出了“从田野走向世界”的第一步，从此，万向集团的万向节销售全球、品牌知名度享誉世界。

虎克型单万向节如图9-23所示，其中万向叉节的典型结构如图9-24所示，十字轴如图9-25所示，滚针与保持架如图9-26所示，无内圈滚针轴承如图9-27所示。

图9-23　虎克型单万向节

图9-24　万向叉节

图9-25　十字轴组件

图9-26　滚针与保持架

图9-27　无内圈滚针轴承

## 9.8　非圆高副机构

### 9.8.1　蜗线高副机构

蜗线高副机构的曲线如图9-28所示，蜗线轮1为主动轮，非圆线2为从动轮，蜗线1与非圆线2作纯滚动，蜗线轮1的基圆半径为$R$，偏心距为$e$，$n_1$为蜗线轮1转动一周时，传动比变化的(次数)周期数，$r_1$、$\varphi_1$分别表示蜗线轮1的向径与极角，$r_2$、$\varphi_2$分别表示非圆线2的向径与极角，蜗线轮1的节曲线极坐标与直角坐标方程分别为

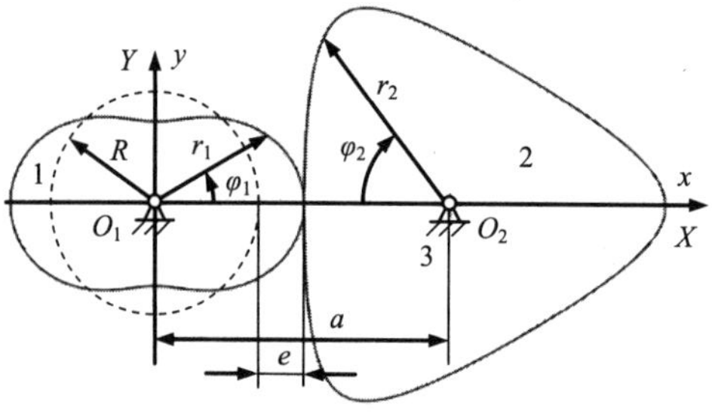


图9-28　蜗线齿轮副节曲线

$$r_1 = R + e\cos(n_1\varphi_1) \tag{9-11}$$

$$\begin{cases} x_1 = r_1\cos\varphi_1 \\ y_1 = r_1\sin\varphi_1 \end{cases} \tag{9-12}$$

若两轮的中心距为 $a$，令中心距比例系数 $d = a/R$，偏心率 $\varepsilon = e/R$，则其传动比 $i_{12}$ 为

$$i_{12} = \frac{\omega_1}{\omega_2} = \frac{\mathrm{d}\varphi_1}{\mathrm{d}\varphi_2} = \frac{a - r_1}{r_1} = \frac{a - R - e\cos(n_1\varphi_1)}{R + e\cos(n_1\varphi_1)} = \frac{d - 1 - \varepsilon\cos(n_1\varphi_1)}{1 + \varepsilon\cos(n_1\varphi_1)} \tag{9-13}$$

非圆线 2 的节曲线极坐标方程、在直角坐标系 $xO_1y$ 中的方程分别为

$$\begin{cases} r_2 = a - r_1 = a - R - e\cos(n_1\varphi_1) \\ \varphi_2 = \int_0^{\varphi_1} \mathrm{d}\varphi_1 / i_{12} = \int_0^{\varphi_1} \{[1 + \varepsilon\cos(n_1\varphi_1)] / [d - 1 - \varepsilon\cos(n_1\varphi_1)]\}\mathrm{d}\varphi_1 \end{cases} \tag{9-14}$$

$$\begin{cases} x_2 = a - r_2\cos\varphi_2 \\ y_2 = r_2\sin\varphi_2 \end{cases} \tag{9-15}$$

设 $n_2$ 表示非圆线 2 转动一周时，传动比变化的(次数)周期数，根据非圆齿轮节曲线封闭的约束条件，蜗线轮 1 在[0, $2\pi/n_1$]区间的曲线长度应等于非圆线 2 在[0, $2\pi/n_2$]区间的曲线长度，传动比函数应满足：

$$\frac{2\pi}{n_2} = \int_0^{\frac{2\pi}{n_1}} \frac{1 + \varepsilon\cos(n_1\varphi_1)}{d - 1 - \varepsilon\cos(n_1\varphi_1)}\mathrm{d}\varphi_1 \tag{9-16}$$

应用留数定理得 $d$，$\varepsilon$，$n_1$ 和 $n_2$ 的关系为

$$d = \frac{(n_2/n_1 + 1)(n_2/n_1 + 1 + \sqrt{(n_2/n_1)^2 + \varepsilon^2 + 2(n_2/n_1)\varepsilon^2})}{1 + 2n_2/n_1} \tag{9-17}$$

当 $n_1 = 2$，$n_2 = 3$ 时，蜗线轮 1 与非圆线 2 的节曲线形状如图 7-28 所示。

为了对蜗线高副机构做运动分析，不得不使用留数定理，可见，数学是机构分析与设计中离不开的工具。

## 9.8.2　椭圆高副机构

椭圆节曲线的高副机构如图 9-29 所示，$F_1$ 与 $O_1$ 是椭圆 1 的焦点，$F_1O_1 = 2c$，$F_2$ 与 $O_2$ 是椭圆 2 的焦点，$F_2O_2 = 2c$，椭圆的长轴为 $2a$、短轴为 $2b$、焦距为 $2c$，$c = \sqrt{a^2 - b^2}$、离心率 $e = c/a$。当椭圆 1 转 $\varphi_1$ 时，椭圆 2 转 $\varphi_2$，$r_1' = r_2$，$r_2 = 2a - r_1$，$c = ea$，由△$F_1P_1O_1$ 得

$$r_2^2 = r_1^2 + (2c)^2 - 2r_1(2c)\cos(\pi \quad \varphi_1) \tag{9-18}$$

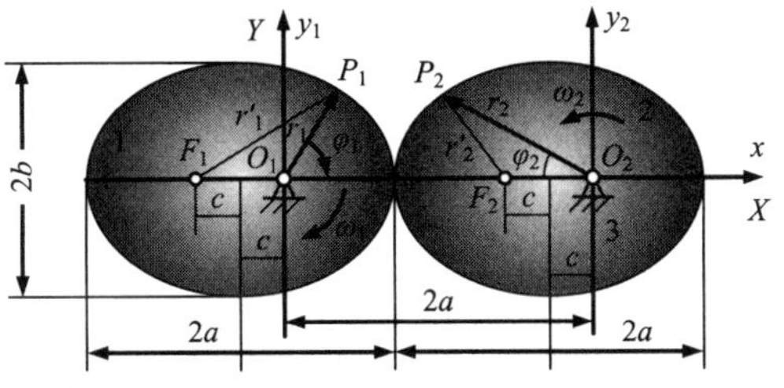


图 9-29　椭圆节曲线的高副机构

$$(2a-r_1)^2=r_1^2+(2ea)^2+2r_1(2ea)\cos\varphi_1$$

$$4a^2-4ar_1+r_1^2=r_1^2+4e^2a^2+4r_1ea\cos\varphi_1$$

$$a^2-ar_1=e^2a^2+r_1ea\cos\varphi_1,\quad r_1e\cos\varphi_1+r_1=(1-e^2)a$$

$$r_1=a(1-e^2)/(1+e\cos\varphi_1) \tag{9-19}$$

$$r_2=2a-r_1=\frac{2a+2ae\cos\varphi_1-a+ae^2}{1+e\cos\varphi_1}=\frac{a(1+2e\cos\varphi_1+e^2)}{1+e\cos\varphi_1} \tag{9-20}$$

传动比 $i_{12}$ 为

$$i_{12}=\frac{\omega_1}{\omega_2}=\frac{r_2}{r_1}=\frac{1+2e\cos\varphi_1+e^2}{1-e^2} \tag{9-21}$$

$$\varphi_2=\frac{r_1}{r_2}\varphi_1 \tag{9-22}$$

椭圆 1 在 $xO_1y_1$ 坐标系中在初始位置时的方程为

$$\begin{cases}x_1=r_1\cos\varphi_1=a(1-e^2)\cos\varphi_1/(1+e\cos\varphi_1)\\ y_1=r_1\sin\varphi_1=a(1-e^2)\sin\varphi_1/(1+e\cos\varphi_1)\end{cases},\quad 0\leqslant\varphi_1\leqslant 2\pi \tag{9-23}$$

椭圆 2 在 $xO_2y_2$ 坐标系中在初始位置时的方程为

$$\begin{cases}x_2=-r_2\cos\varphi_2\\ y_2=r_2\sin\varphi_2\end{cases},\quad 0\leqslant\varphi_2\leqslant 2\pi \tag{9-24}$$

当椭圆 1 顺时针转 $\varphi_{11}$($\varphi_{11}$ 为负值)，$P_1$、$P_2$ 成为接触点时，椭圆 2 逆时针转动 $\varphi_{22}$($\varphi_{22}$ 为正值)，椭圆 1 轮廓上的点$(x_1, y_1)$、椭圆 2 轮廓上的点$(x_2, y_2)$在固定坐标系 $XO_1Y$ 上的坐标$(X_1$，$Y_1)$、$(X_2$，$Y_2)$分别为

$$\begin{cases}X_1=x_1\cos\varphi_{11}-y_1\sin\varphi_{11}\\ Y_1=x_1\sin\varphi_{11}+y_1\cos\varphi_{11}\end{cases},\quad 0\geqslant\varphi_{11}\geqslant -2\pi \tag{9-25}$$

$$\begin{cases}X_2=a-(x_2\cos\varphi_{22}-y_2\sin\varphi_{22})\\ Y_2=x_2\sin\varphi_{22}+y_2\cos\varphi_{22}\end{cases},\quad 0\leqslant\varphi_{22}\leqslant 2\pi \tag{9-26}$$

当以椭圆 1 作为齿轮 1 的节曲线，椭圆 2 作为齿轮 2 的节曲线，则可以设计出椭圆齿轮机构。

在非圆齿轮机构的理论研究与制造方面，出生于江苏丰县宋楼镇杨楼村的王贵海是第二炮兵工程学院非圆齿轮研究所所长，攻克了非圆齿轮 CAD/CAM 技术这一世界性科研难题，并达到了国际先进水平。椭圆齿轮机构如图 9-30 所示，非圆行星机构如图 9-31 所示。

图 9-30 椭圆齿轮机构

图 9-31 非圆行星机构

# 思 考 题

**9.1** 虎克型单万向节的运动分析经历坐标变换、矢量点积、微分与求解，结果是单万向联轴节的传动比是变化的，再利用辩证法的三大规律，即对立统一规律、质量互变规律、否定之否定规律中的第三条，实现 $\omega_1$(常数) →$\omega_3$(变数)→$\omega_5$(常数)的变换，如图 9-22 所示。可否存在传动比是常数的单万向联轴节？结果是存在的，如思考题 9.1 图(a)所示的球笼式双万向联轴器(GB/T 7549—2008)，思考题 9.1 图(b)为球笼式万向联轴器的三维简图，思考题 9.1 图(c)为球笼式万向联轴器的运动分析简图。球笼式万向联轴器具有结构简单、缓冲减振性好、同步性好、噪声低与寿命长等优点，它是通过球笼外环、星形内环、保持架，分别与主、从动轴相连，传力钢球的中心都位于通过联轴器中心的平面内，并装在由球形外环和星形内环外球面凹槽组成的滚道中，两个球面的中心与万向联轴器的中心重合，为了保证所有钢球中心都在两轴轴线间夹角的平分面上，钢球装在保持架的槽内，从而保证联轴器主、从动轴之间的夹角变化时，传力点能始终位于夹角的平分线上，因此，球笼式万向联轴器主、从动轴间的转速得以保持同步。试分析思考题 9.1 图(c)中 $\alpha_1$ 与 $\alpha_2$，$r_1$ 与 $r_2$ 的数量关系。

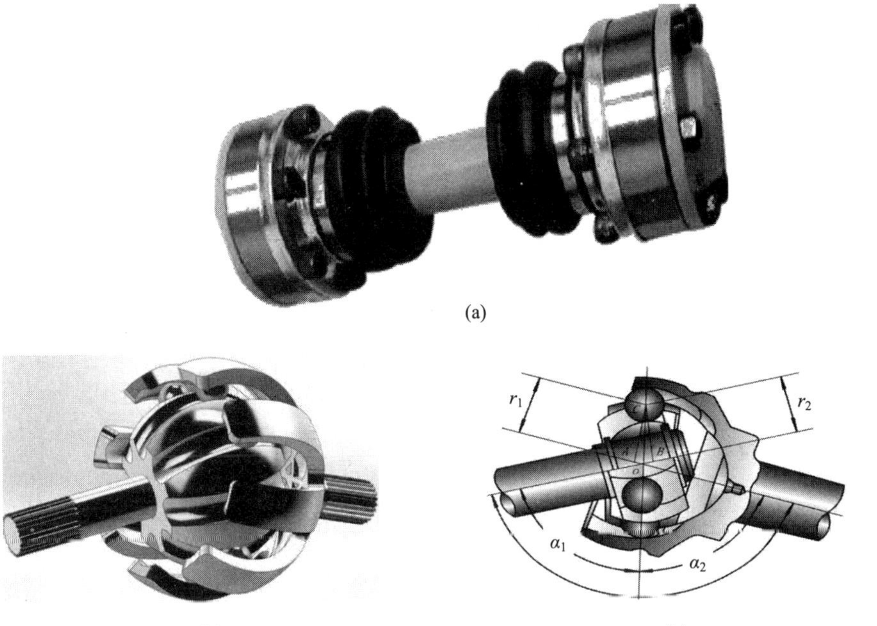


(a)

(b) (c)

思考题 9.1 图

**9.2** 在港口机械与起重机上大量应用径向闸瓦制动器，如思考题 9.2 图所示。比例尺径=实际尺寸/图上尺寸=10，制动轮 10 的直径 $d$ = 400mm、宽度 $b_{10}$ = 80mm。径向闸瓦制动器的机构中，压缩弹簧 11 使左右闸瓦处于常开状态，此时电磁推杆 2 与支座 1 处于非通电的自由状态；当电磁制动器得电后，推杆 2 下拉，通过连杆 3 使左右闸瓦 7、8 压紧制动轮 10 实现制动。这是平面五杆机构在径向闸瓦制动器上的应用。其中限位块 12 限定臂 5 的张开位置，从而确定臂 6 的张开位置。

当左闸瓦 7 和右闸瓦 8 与制动轮 10 都不接触时，试分析机构的自由度；

当左闸瓦 7 和右闸瓦 8 中的一个闸瓦与制动轮 10 接触时，试分析机构的自由度；

当两个闸瓦与制动轮 10 都接触时，试分析机构的自由度；

当左闸瓦 7 与左臂 6 固定，右闸瓦 8 与右臂 5 固定时，左右闸瓦与制动轮 10 都不接触时，试分析机构的自由度；

当左闸瓦 7 与左臂 6 固定，右闸瓦 8 与右臂 5 固定时，一个闸瓦与制动轮 10 接触时，试分析机构的自由度；

当左闸瓦 7 与左臂 6 固定，右闸瓦 8 与右臂 5 固定时，两个闸瓦都与制动轮 10 接触时，试分析机构的自由度。

当左闸瓦 7 与左臂 6 组成转动副 $G_1$、右闸瓦 8 与右臂 5 组成转动副 $G_2$，两个闸瓦与制动轮 10 都接触制动时，若已知拉力 $F_2 = 1000\text{N}$，弹簧的张力 $F_z = 500\text{ N}$，试问此时能产生多大的制动力矩？

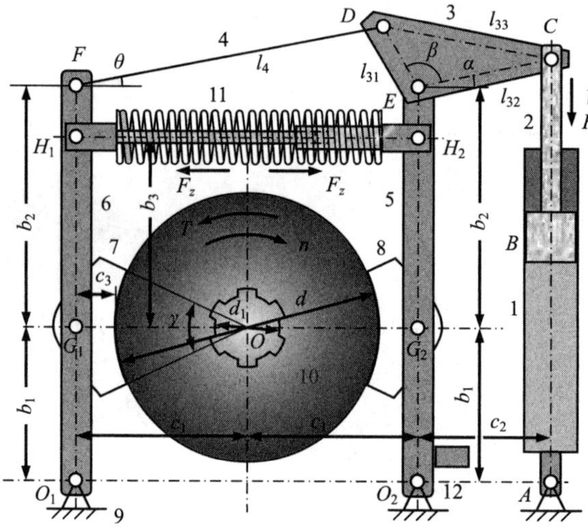


思考题 9.2 图

# 第 10 章

# 机械的运转及其速度波动的调节

## 10.1 概述

机械在工作时，其作用有驱动力(矩)、工作阻力(矩)、重力、惯性力(矩)和摩擦力(矩)，其中，驱动力矩(电机)常常是速度的函数，工作阻力常常是位移的函数。在它们的共同作用下，机器主动件的速度常常是变化的，在构件之间的相互作用力中，惯性力分量有时会超过或远远超过由外负载引起的分量。机械系统动力学，一方面研究机械在外力作用下真实运动规律的求解问题，另一方面研究如何调节机器的速度波动问题，同时研究减小或完全消除惯性力对机器工作性能的不利影响。

## 10.2 机械运动的微分方程及其解

对于自由度等于 1 的任何机器，由于描述它的运动规律只需一个独立坐标，其余构件的运动规律是机构的位置、机构的尺寸、构件的质量、构件的转动惯量与外力的函数，所以，当研究机械在外力作用下的运动规律时，只需确定该独立坐标的运动规律即可，其余构件的运动规律可以通过机构的位置方程进行求解，而无须再通过动力学方法进行求解。为了便于达到这一目的，人为地引入一个假想构件的概念，这个假想的构件称为等效构件。等效构件具有三个特征：第一，它与机器中某个选定的构件具有相同的运动规律；第二，它的动能与整个机器的动能相等；第三，作用在它上的力或力矩所做的功率与机器上全部外力(不包括重力)所做的功率相等。这样，便把对机器运动规律的研究转化为对等效构件运动规律的研究。只要求得等效构件的运动规律，其余构件的运动规律便可以通过对机构的位置方程及其微分方程的求解而获得，不再需要通过动力学的方法求解。依据这一原理，将对机器(由平面机构组成)运动微分方程组($3n$个)的求解问题转化为对一个等效构件的运动微分方程的求解问题，从而大大简化问题的求解。该等效构件的运动微分方程的一般形式为二阶变系数非齐次微分方程。

下面以图 10-1(a)所示的曲柄滑块机构为例，说明机器运动微分方程的建立与求解过程在图 10-1(a)所示的曲柄滑块机构中，设曲柄 1 为主动件，杆长为 $a$，角位移为 $\varphi_1$，角速度为 $\omega_1$，角加速度为 $\alpha_1$，质心在 $A$ 点、关于 $A$ 点的转动惯量为 $J_1$，其上作用有主动力矩 $M_{d1}$；滑块 3

为从动件，质量为 $m_3$，位移为 $S_3$，滑块 3 的偏心距为 $e$(滑块 3 在 $x$ 轴的下方，规定 $e$ 为负值)，其上作用有工作阻力 $F_r$；连杆 2 的长度为 $b$，质量为 $m_2$、关于质心 $C_2$ 的转动惯量为 $J_{C2}$，$C_2$ 至 $C$ 的长度为 $b_{C2}$，角位移为 $\varphi_2$。该机构在外力的作用下作变速运动。

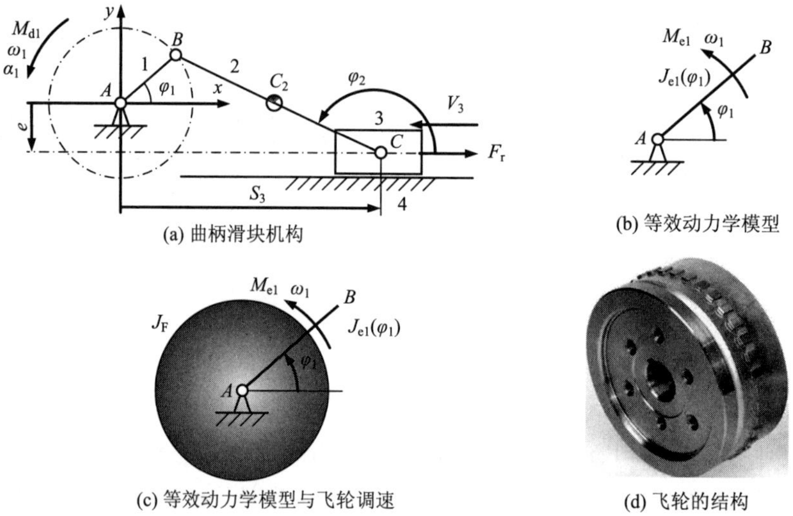


图 10-1 曲柄滑块机构的动力学模型

### 10.2.1 机构的运动分析

由图 10-1(a)得机构的位移方程及其解 $\varphi_2$、$S_3$ 分别为

$$a\cos\varphi_1 - b\cos\varphi_2 = S_3 \tag{10-1}$$

$$a\sin\varphi_1 - e = b\sin\varphi_2 \tag{10-2}$$

$$\varphi_2 = \arctan 2\left[(a\sin\varphi_1 - e)\Big/\left(-\sqrt{b^2-(a\sin\varphi_1 - e)^2}\right)\right] \tag{10-3}$$

$$S_3 = a\cos\varphi_1 - b\cos\varphi_2 \tag{10-4}$$

对式(10-1)、式(10-2)求关于时间 $t$ 的一阶导数，令 $\mathrm{d}S_3/\mathrm{d}t=V_3$，$\mathrm{d}\varphi_2/\mathrm{d}t=\omega_2$，得速度方程及其连杆 2 的角速度 $\omega_2$、滑块 3 的速度 $V_3$ 分别为

$$V_3 = -a\omega_1\sin\varphi_1 + b\omega_2\sin\varphi_2 \tag{10-5}$$

$$b\omega_2\cos\varphi_2 = a\omega_1\cos\varphi_1 \tag{10-6}$$

$$\omega_2 = a\omega_1\cos\varphi_1/(b\cos\varphi_2) \tag{10-7}$$

$$V_3 = -a\omega_1\sin\varphi_1 + b\omega_2\sin\varphi_2 = -a\omega_1(\sin\varphi_1 - \cos\varphi_1\tan\varphi_2) \tag{10-8}$$

由式(10-7)得 $\omega_2/\omega_1 = a\cos\varphi_1/(b\cos\varphi_2)$、由式(10-8)得 $V_3/\omega_1 = -a(\sin\varphi_1 - \cos\varphi_1\tan\varphi_2)$，$\omega_2/\omega_1$、$V_3/\omega_1$ 都是机构位置的函数，与 $\omega_1$ 的真实大小无关。

对式(10-5)、式(10-6)求关于时间 $t$ 的一阶导数，令 $\mathrm{d}^2S_3/\mathrm{d}t^2=a_3$，$\mathrm{d}^2\varphi_2/\mathrm{d}t^2=\alpha_2$，得加速度方程及其连杆 2 的角加速度 $\alpha_2$、滑块 3 的加速度 $a_3$ 分别为

$$a_3 = -a\alpha_1\sin\varphi_1 - a\omega_1^2\cos\varphi_1 + b\alpha_2\sin\varphi_2 + b\omega_2^2\cos\varphi_2 \tag{10-9}$$

$$b\alpha_2\cos\varphi_2 - b\omega_2^2\sin\varphi_2 = a\alpha_1\cos\varphi_1 - a\omega_1^2\sin\varphi_1 \tag{10-10}$$

$$\alpha_2 = (a\alpha_1\cos\varphi_1 - a\omega_1^2\sin\varphi_1 + b\omega_2^2\sin\varphi_2)/(b\cos\varphi_2) \tag{10-11}$$

$$a_3 = -a\alpha_1\sin\varphi_1 - a\omega_1^2\cos\varphi_1 + b\alpha_2\sin\varphi_2 + b\omega_2^2\cos\varphi_2 \tag{10-12}$$

连杆 2 上质心 $C_2$ 的位置 $x_{C2}$、$y_{C2}$、速度 $V_{xC2}$、$V_{yC2}$ 与加速度 $a_{xC2}$、$a_{yC2}$ 分别为

$$x_{C2} = S + b_{C2}\cos\varphi_2 \tag{10-13}$$

$$y_{C2} = e + b_{C2}\sin\varphi_2 \tag{10-14}$$

$$V_{xC2} = V_3 - \omega_2 b_{C2}\sin\varphi_2 = -a\omega_1(\sin\varphi_1 - \cos\varphi_1\tan\varphi_2 + \cos\varphi_1\tan\varphi_2 b_{C2}/b) \tag{10-15}$$

$$V_{yC2} = \omega_2 b_{C2}\cos\varphi_2 = a\omega_1 b_{C2}\cos\varphi_1/b \tag{10-16}$$

$$a_{xC2} = a_3 - \alpha_2 b_{C2}\sin\varphi_2 - \omega_2^2 b_{C2}\cos\varphi_2 \tag{10-17}$$

$$a_{yC2} = \alpha_2 b_{C2}\cos\varphi_2 - \omega_2^2 b_{C2}\sin\varphi_2 \tag{10-18}$$

$V_{xC2}/\omega_1$、$V_{yC2}/\omega_1$ 都是机构位置的函数，与 $\omega_1$ 的真实大小无关。该特性为利用等效构件研究单自由度机械系统的动力学提供必要条件。

### 10.2.2　机构的动能与等效转动惯量

已知曲柄 1 的质心在 $A$ 点、关于 $A$ 点的转动惯量为 $J_1$，连杆 2 的质量 $m_2$ 在 $C_2$ 点、关于质心 $C_2$ 点的转动惯量为 $J_{C2}$，滑块 3 的质量为 $m_3$。该机构的动能 $E$ 为

$$\begin{aligned}E &= \frac{1}{2}J_1\omega_1^2 + \frac{1}{2}m_2V_{xC2}^2 + \frac{1}{2}m_2V_{yC2}^2 + \frac{1}{2}J_{C2}\omega_2^2 + \frac{1}{2}m_3V_3^2 \\ &= \frac{1}{2}\omega_1^2\left[J_1 + m_2\left(\frac{V_{xC2}}{\omega_1}\right)^2 + m_2\left(\frac{V_{yC2}}{\omega_1}\right)^2 + J_{C2}\left(\frac{\omega_2}{\omega_1}\right)^2 + m_3\left(\frac{V_3}{\omega_1}\right)^2\right]\end{aligned} \tag{10-19}$$

引入等效转动构件的概念，该等效转动构件与曲柄 1 具有相同的运动规律，设等效转动构件关于图 10-1(a)中 $A$ 点的等效转动惯量为 $J_{e1}(\varphi_1)$，如图 10-1(b)所示。$J_{e1}(\varphi_1)$定义为式(10-19)中右端中括号里的内容，即

$$J_{e1}(\varphi_1) = J_1 + m_2\left(\frac{V_{xC2}}{\omega_1}\right)^2 + m_2\left(\frac{V_{yC2}}{\omega_1}\right)^2 + J_{C2}\left(\frac{\omega_2}{\omega_1}\right)^2 + m_3\left(\frac{V_3}{\omega_1}\right)^2 \tag{10-20}$$

于是，等效转动构件的动能 $E$ 为

$$E = \frac{1}{2}\omega_1^2 \cdot J_e(\varphi_1) \tag{10-21}$$

等效转动惯量 $J_{e1}(\varphi_1)$是为了便于分析问题而人为地引入的概念，它是机构位置的函数，与 $\omega_1$ 的真实大小无关，具有转动惯量的量纲，是一个假想的等效转动构件的转动惯量，它与机构具有相同的动能。

若一个机构具有 $n$ 个可动构件，$m_i$ 表示第 $i$ 个构件的质量，$J_{Ci}$ 表示第 $i$ 个构件关于质心 $C_i$ 的转动惯量，$\omega_i$ 表示第 $i$ 个构件的角速度，$V_{xCi}$、$V_{yCi}$ 表示第 $i$ 个构件质心 $C_i$ 位置的分速度，取机构中第一个构件的角位移作为等效转动构件的角位移，则机构的动能 $E$ 与等效转动惯量 $J_e$ 分别表示为

$$E=\frac{1}{2}\omega_1^2\sum_{i=1}^{n}\left[m_i\left(\frac{V_{xCi}}{\omega_1}\right)^2+m_i\left(\frac{V_{yCi}}{\omega_1}\right)^2+J_{Ci}\left(\frac{\omega_i}{\omega_1}\right)^2\right] \tag{10-22}$$

$$J_e=\sum_{i=1}^{n}\left[m_i\left(\frac{V_{xCi}}{\omega_1}\right)^2+m_i\left(\frac{V_{yCi}}{\omega_1}\right)^2+J_{Ci}\left(\frac{\omega_i}{\omega_1}\right)^2\right] \tag{10-23}$$

等效转动构件的动能 $E$ 为

$$E=\frac{1}{2}\omega_1^2\cdot J_e \tag{10-24}$$

### 10.2.3 机构的功率与等效力矩

已知作用在机构上的工作阻力 $F_r$ 与驱动力矩 $M_d$，它们所做功的微元 d$W$ 与功率 $N$ 分别为

$$\mathrm{d}W=M_{d1}\cdot\omega_1\cdot\mathrm{d}t-F_r\cdot|V_3|\cdot\mathrm{d}t=\omega_1\left(M_{d1}-F_r\frac{|V_3|}{\omega_1}\right)\mathrm{d}t \tag{10-25}$$

$$N=M_{d1}\cdot\omega_1-F_r\cdot|V_3|=\omega_1\left(M_{d1}-F_r\frac{|V_3|}{\omega_1}\right) \tag{10-26}$$

引入等效力矩 $M_{e1}$ 的概念，它作用在等效转动构件上，它对等效转动构件所做的功率等于机构中全部外力所做的功率，如图 10-1(b)所示。由式(10-26)得机构的等效力矩 $M_{e1}$ 为

$$M_{e1}=M_{d1}-F_r\frac{|V_3|}{\omega_1} \tag{10-27}$$

在一般情况下，$M_{e1}$ 是机构的位置、速度与时间的函数 $M_{e1}(\varphi_1,\omega_1,t)$，或是机构的位置与速度的函数 $M_{e1}(\varphi_1,\omega_1)$，或是机构位置的函数 $M_{e1}(\varphi_1)$，只有在特殊情况下才等于零。

若一个机构具有 $n$ 个可动构件，在构件上作用有外力 $F_i$ 或外力矩 $M_i$，外力 $F_i$ 作用点的速度为 $V_i$，$F_i$ 与 $V_i$ 之间的夹角为 $\alpha_i$。$M_i$ 与 $\omega_i$ 同向时，$M_i$ 做正功，$M_i$ 与 $\omega_i$ 的乘积为正；$M_i$ 与 $\omega_i$ 反向时，$M_i$ 做负功，$M_i$ 与 $\omega_i$ 的乘积为负。则外力对机构所做的功率 $N$ 与等效力矩 $M_{e1}$ 分别为

$$N=\sum_{i=1}^{n}(F_i\cdot V_i\cos\alpha_i\pm M_i\cdot\omega_i) \tag{10-28}$$

$$M_{e1}=\sum_{i=1}^{n}\left(F_i\frac{V_i}{\omega_1}\cos\alpha_i\pm M_i\frac{\omega_i}{\omega_1}\right) \tag{10-29}$$

式(10-29)等号的右项，数值为正的那些项之和称为等效驱动力矩，用 $M_{ed}$ 表示；数值为负的那些项之和称为等效阻力矩，用 $M_{er}$ 表示，则等效力矩 $M_{e1}$ 又可以表示为 $M_{e1}=M_{ed}+M_{er}$。

定义了等效转动构件之后，就把对曲柄滑块机构动力学的研究转化成对等效转动构件动力学的研究。等效转动构件的等效转动惯量由其动能与机构的动能相等而求得，等效转动构件的等效力矩由其功率与机构中所有外力的功率相等而求得。

若定义等效移动构件，其具有等效质量 $m_e$，作用有等效力 $F_{e1}$，等效移动构件的位移为 $S_1$、速度为 $V_1$，等效移动构件的运动规律与机构中序号为 1 的那个选定的移动构件的相同，则与式(10-23)、式(10-29)相对应，得等效质量 $m_e$、等效力 $F_{e1}$ 分别为

$$m_e = \sum_{i=1}^{n}\left[m_i\left(\frac{V_{xCi}}{V_1}\right)^2 + m_i\left(\frac{V_{yCi}}{V_1}\right)^2 + J_{Ci}\left(\frac{\omega_i}{V_1}\right)^2\right] \tag{10-30}$$

$$F_{e1} = \sum_{i=1}^{n}\left(F_i\frac{V_i}{V_1}\cos\alpha_i \pm M_i\frac{\omega_i}{V_1}\right) \tag{10-31}$$

因此，等效移动构件与机构具有相同的动能与功率。

### 10.2.4 机械的运动微分方程及其解

在不计摩擦的情况下，外力对机构所做的功 $\mathrm{d}W$ 应等于机构动能的增量 $\mathrm{d}E$。对于等效转动构件，等效力矩 $M_{e1}$ 所做的功 $\mathrm{d}W = M_{e1}\omega_1\mathrm{d}t$，等效转动惯量动能的增量 $\mathrm{d}E = \mathrm{d}(J_e\omega_1^2/2)$；对于等效移动构件，等效力 $F_{e1}$ 所做的功 $\mathrm{d}W = F_{e1}V_1\mathrm{d}t$，等效质量动能的增量 $\mathrm{d}E = \mathrm{d}(m_eV_1^2/2)$，为此可得等效构件的能量平衡方程为

$$M_{e1}\omega_1\mathrm{d}t = \mathrm{d}\left(\frac{1}{2}J_e\omega_1^2\right) \tag{10-32}$$

$$F_{e1}V_1\mathrm{d}t = \mathrm{d}\left(\frac{1}{2}m_eV_1^2\right) \tag{10-33}$$

式(10-32)、式(10-33)即为单自由度机构用等效构件表示的能量平衡方程。通过式(10-32)或式(10-33)可以求解出机械在外力作用下作独立运动的构件(等效转动构件或等效移动构件)的运动规律。

对于式(10-32)表示的机械运动微分方程，为了便于求解，将其进一步转化为

$$\frac{\mathrm{d}(J_e\omega_1^2/2)}{\mathrm{d}t} = M_{e1}\omega_1$$

$$\frac{1}{2}\frac{\mathrm{d}J_e}{\mathrm{d}\varphi_1}\frac{\mathrm{d}\varphi_1}{\mathrm{d}t}\omega_1^2 + \frac{J_e}{2}(2\omega_1)\frac{\mathrm{d}\omega_1}{\mathrm{d}t} = M_{e1}\omega_1$$

$$\frac{\omega_1^2}{2}\frac{\mathrm{d}J_e}{\mathrm{d}\varphi_1} + J_e\frac{\mathrm{d}\omega_1}{\mathrm{d}t} = M_{e1} \tag{10-34a}$$

或表达为以 $\varphi_1$ 为自变量的微分形式

$$\frac{\omega_1^2}{2}\frac{\mathrm{d}J_e}{\mathrm{d}\varphi_1} + J_e\omega_1\frac{\mathrm{d}\omega_1}{\mathrm{d}\varphi_1} = M_{e1} \tag{10-34b}$$

式(10-34b)所表示的机械运动微分方程，除了特殊的情况之外，一般不能通过直接积分的方法求解出机构中指定构件的运动规律，只能通过数值方法进行求解。

采用数值方法进行求解，设 $M_{e1}$ 是机构位置与速度的函数，$M_{e1} = M_{e1}\{\varphi_1(i),\omega_1[\varphi_1(i)]\}$，$J_e$ 是机构位置的函数，$J_e = J_e[\varphi_1(i)]$，将连续变量 $\varphi_1$、$\omega_1$ 转化为离散变量，即 $\varphi_1 = \varphi_1(i)$，$\omega_1 = \omega_1[\varphi_1(i)]$，于是，微分形式的式(10-34b)被转化为差分形式的差分方程为

$$\frac{\omega_1^2[\varphi_1(i)]}{2}\frac{\Delta J_e[\varphi_1(i)]}{\Delta\varphi_1} + J_e[\varphi_1(i)]\cdot\omega_1[\varphi_1(i)]\frac{\Delta\omega_1}{\Delta\varphi_1} = M_{e1}\{\varphi_1(i),\omega_1[\varphi_1(i)]\} \tag{10-35}$$

将式(10-35)中各个变量的增量取为 $\varphi_1(i+1)$ 位置与 $\varphi_1(i)$ 位置的数值差，于是，式(10-35)进一

步改写为

$$\frac{\omega_1^2[\varphi_1(i)]}{2}\frac{J_e[\varphi_1(i+1)]-J_e[\varphi_1(i)]}{\Delta\varphi_1}+J_e[\varphi_1(i)]\cdot\omega_1[\varphi_1(i)]\frac{\omega_1[\varphi_1(i+1)]-\omega_1[\varphi_1(i)]}{\Delta\varphi_1} \tag{10-36}$$
$$=M_{e1}\{\varphi_1(i),\omega_1[\varphi_1(i)]\}\qquad i=1,2,3,\cdots,n$$

为此，推出求解 $\omega_1[\varphi_1(i)]$ 的迭代格式为

$$\omega_1[\varphi_1(i+1)]=$$
$$\frac{M_{e1}\{\varphi_1(i),\omega_1[\varphi_1(i)]\}\times\Delta\varphi_1-0.5\omega_1^2[\varphi_1(i)]\{J_e[\varphi_1(i+1)]-J_e[\varphi_1(i)]\}+J_e[\varphi_1(i)]\times\omega_1^2[\varphi_1(i)]}{J_e[\varphi_1(i)]\times\omega_1[\varphi_1(i)]} \tag{10-37}$$

式(10-37)称为机器动力学求解的直接方法，只要 $\omega_1$ 关于时间的变化比较平滑，则求解的精度是比较高的。

关于 $\omega_1[\varphi_1(i)]$ 的初值 $\omega_1[\varphi_1(1)]$ 与求解历程，可以区分为 3 种情况。

情况一，$\omega_1$ 的初值 $\omega_1[\varphi_1(1)]=0$，$\omega_1$ 的终值 $\omega_1[\varphi_1(n)]=\omega_{1m}$，$\omega_{1m}$ 为等效构件角速度的平均值。该条件表明，机器从静止开始运动，机器经历加速启动的过程，直至达到稳定变速运转；数值迭代计算时，只要 $\omega_1[\varphi_1(i)]$ 出现周期性，就可以停止迭代计算。

情况二，$\omega_1$ 的初值 $\omega_1[\varphi_1(1)]=\omega_{1m}$，则表明机器工作在稳定变速运转状态；数值迭代计算时，只需在 $M_{e1}$ 与 $J_e$ 的最小公周期内进行数值迭代计算即可。

情况三，$\omega_1$ 的初值 $\omega_1[\varphi_1(1)]=\omega_{1m}$，$\omega_1$ 的终值 $\omega_1[\varphi_1(n)]=0$，则表明机器处于制动状态。

一旦确定 $\omega_1[\varphi_1(i)]$ 的初值 $\omega_1[\varphi_1(1)]$，即可计算 $\varphi_1(i)$ 位置上的 $\omega_1[\varphi_1(i)]$ 的数值，$i$=2，3，4，…，$n$，$n=\varphi_T/\Delta\varphi_1$，$\varphi_T$ 为等效构件在一个周期内的角位移，$\Delta\varphi_1$ 为等效构件的角位移增量，$\varphi_1(i)$ 的计算公式为 $\varphi_1(i)=0+i\Delta\varphi_1$，$i$=2,3,4,…,$n$。

式(10-37)的具体计算过程如下：

步骤 1. 计算 $M_{e1}$ 对应于 $\varphi_1(i)$ 位置与 $\omega_1[\varphi_1(i)]$ 角速度下的 $M_{e1}\{\varphi_1(i),\omega_1[\varphi_1(i)]\}$；

步骤 2. 计算 $J_e$ 对应于 $\varphi_1(i)$、$\varphi_1(i+1)$ 位置上的 $J_e[\varphi_1(i)]$ 与 $J_e[\varphi_1(i+1)]$，$J_e[\varphi_1(i+1)]$ 由式(10-3)～式(10-8)、式(10-13)～式(10-16)、式(10-20)计算，此时，曲柄 1 的角位移 $\varphi_1(i+1)=0+(i+1)\Delta\varphi_1$。

步骤 3. 计算 $\varphi_1(i+1)$ 位置上的 $\omega_1[\varphi_1(i+1)]$。

当 $i$ 取遍 2,3,4,…,$n$ 时，即可求出等效转动构件在一个周期 $\varphi_T$ 内的 $\omega_1$ 数值。

若想提高求解的计算精度，可以采用龙格-库塔(Runge-Kutta)方法或其他方法。下面给出二阶龙格-库塔方法的迭代格式。

令 $\omega_1'=\mathrm{d}\omega_1/\mathrm{d}\varphi_1$，$f(M_{e1},J_e,J_e',\omega_1)=[M_{e1}-(\omega_1^2/2)(\mathrm{d}J_e/\mathrm{d}\varphi_1)]/(J_e\omega_1)$，于是，式(10-34b)转化为 $\omega_1$ 关于 $\varphi_1$ 的导数形式，即

$$\omega_1'=f(M_{e1},\ J_e,\ J_e',\ \omega_1)=\frac{M_{e1}[\varphi_1(i)]-\dfrac{1}{2}\omega_1^2[\varphi_1(i)]\dfrac{\mathrm{d}J_e[\varphi_1(i)]}{\mathrm{d}\varphi_1}}{J_e[\varphi_1(i)]\times\omega_1[\varphi_1(i)]} \tag{10-38}$$

将连续变量 $\varphi_1$ 在第 $i$ 个位置上的数值转化为离散变量 $\varphi_1(i)$ 在第 $i$ 个位置上的数值，即 $\varphi_1=\varphi_1(i)$，设 $M_{e1}=M_{e1}[\varphi_1(i)]$，$J_e=J_e[\varphi_1(i)]$，仅仅考虑 $M_{e1}=M_{e1}[\varphi_1(i)]$ 增量的影响，令 $K_1$、$K_2$ 分别为

$$K_1 = f\{M_{e1}[\varphi_1(i)],\ J_e[\varphi_1(i)],\ J'_e[\varphi_1(i)],\ \omega_1[\varphi_1(i)]\} = \frac{M_{e1}[\varphi_1(i)] - \dfrac{1}{2}\omega_1^2[\varphi_1(i)]\dfrac{dJ_e[\varphi_1(i)]}{d\varphi_1}}{J_e[\varphi_1(i)] \times \omega_1[\varphi_1(i)]} \tag{10-39}$$

$$K_2 = f\left\{M_{e1}\left[\varphi_1(i) + \frac{\Delta\varphi_1}{2}\right],\ J_e[\varphi_1(i)],\ J'_e[\varphi_1(i)],\ \omega_1[\varphi_1(i)] + \frac{\Delta\varphi_1}{2}K_1\right\} = \frac{M_{e1}\left[\varphi_1(i) + \dfrac{\Delta\varphi_1}{2}\right] - \dfrac{1}{2}\left\{\omega_1[\varphi_1(i)] + \dfrac{\Delta\varphi_1}{2}K_1\right\}^2 \dfrac{dJ_e[\varphi_1(i)]}{d\varphi_1}}{J_e[\varphi_1(i)] \times \left\{\omega_1[\varphi_1(i)] + \dfrac{\Delta\varphi_1}{2}K_1\right\}} \tag{10-40}$$

于是，得到$\omega_1[\varphi_1(i)]$的迭代格式为

$$\omega_1[\varphi_1(i+1)] = \omega_1[\varphi_1(i)] + K_2 \times \Delta\varphi_1 \tag{10-41}$$

式中，$\Delta\varphi_1$为曲柄1角位移$\varphi_1$的增量。式(10-39)～式(10-41)为等效转动构件或曲柄1运动的差分方程。

设$M_{e1}$与$J_e$的最小公周期为$\varphi_T$，于是，$\Delta\varphi_1 = \varphi_T / n$，$n$为在一个周期内的计算点数。$M_{e1}[\varphi_1(i)]$、$J_e[\varphi_1(i)]$与$\omega_1[\varphi_1(i)]$为对应于$\varphi_1(i)$位置时，$M_{e1}$、$J_e$与$\omega_1$的数值，$M_{e1}[\varphi_1(i)]$、$J_e[\varphi_1(i)]$由以上对应的公式计算。

$M_{e1}[\varphi_1(i) + 0.5\Delta\varphi_1]$为对应于$\varphi_1(i) + 0.5\Delta\varphi_1$位置时，$M_{e1}$的数值为

$$M_{e1}[\varphi_1(i) + 0.5\Delta\varphi_1] = M_{d1}[\varphi_1(i) + 0.5\Delta\varphi_1] - F_r[\varphi_1(i) + 0.5\Delta\varphi_1]\frac{|V_3[\varphi_1(i) + 0.5\Delta\varphi_1]|}{\omega_1[\varphi_1(i) + 0.5\Delta\varphi_1]} \tag{10-27$'$}$$

$\omega_1[\varphi_1(i+1)]$为$\omega_1$在$\varphi_1(i+1) = \varphi_1(i) + \Delta\varphi_1$位置上的数值，是一个待求量。

$J'_e[\varphi_1(i)]$为$J_e[\varphi_1(i)]$关于$\varphi_1$的导数，对式(10-20)求关于$\varphi_1$的导数得

$$J'_e[\varphi_1(i)] = \frac{dJ_e[\varphi_1(i)]}{d\varphi_1} = \frac{2m_2V_{xC2}}{\omega_1^3}\left(a_{xC2} - \alpha_1\frac{V_{xC2}}{\omega_1}\right) + \frac{2m_2V_{yC2}}{\omega_1^3}\left(a_{yC2} - \alpha_1\frac{V_{yC2}}{\omega_1}\right) + \frac{2J_2\omega_2}{\omega_1^3}\left(\alpha_2 - \alpha_1\frac{\omega_2}{\omega_1}\right) + \frac{2m_3V_3}{\omega_1^3}\left(a_3 - \alpha_1\frac{V_3}{\omega_1}\right) \tag{10-42}$$

式中，$\alpha_1$是等效构件的角加速度，$\alpha_1$的初值可以选为$\alpha_1[\varphi_1(1)] = M_{e1}[\varphi_1(1)] / J_e[\varphi_1(1)]$，在其后的计算中，$\alpha_1(i)$可以近似取为$\alpha_1[\varphi_1(i)] = \omega_1[\varphi_1(i-1)] \times \{\omega_1[\varphi_1(i)] - \omega_1[\varphi_1(i-1)]\} / \Delta\varphi_1$，$i$=2,3,4,…,$n$。

式(10-42)中，连杆2的角速度$\omega_2$、角加速度$\alpha_2$、质心$C_2$点的速度与加速度，滑块3的速度$V_3$与加速度$a_3$都为对应于$\varphi_1(i)$位置上的数值，由式(10-1)～式(10-18)计算。

$\varphi_1(i)$的计算公式为$\varphi_1(i) = 0 + \Delta\varphi_1 i = 0 + \dfrac{\varphi_T}{n}i$，$i$=1,2,3,…,$n$。

当求解出$\omega_1$关于$\varphi_1$的数值关系，可以进一步求解出$\omega_1$关于时间$t$的数值关系，此时时间$t$的增量$\Delta t(i) = \Delta\varphi_1 / \omega_1[\varphi_1(i)]$，时间历程$t(i) = \sum_{j=0}^{i}\Delta\varphi_1 / \omega_1[\varphi_1(i)]$，于是得到$\omega_1[\varphi_1(i)]$与$t(i)$一一对应的数组。

当求解出 $\omega_1$ 关于 $\varphi_1$ 的数值关系，$\omega_1$ 的变化量要么在允许的范围内，要么超出允许的范围。若 $\omega_1$ 的变化量超出允许的范围，可以在机器中增加一个圆盘，称为飞轮，其转动惯量用 $J_F$ 表示，此时，机器的角速度变化范围可以被控制在要求的指标之内。若飞轮的角位移也为 $\varphi_1$，如图 10-1(c)所示，则式(10-37)转化为

$$\omega_1[\varphi_1(i+1)] = \frac{M_{e1}\{\varphi_1(i),\omega_1[\varphi_1(i)]\}\times\Delta\varphi_1 - 0.5\omega_1^2[\varphi_1(i)]\times\{J_e[\varphi_1(i+1)]-J_e[\varphi_1(i)]\}+\{J_e[\varphi_1(i)]+J_F\}\times\omega_1^2[\varphi_1(i)]}{\{J_e[\varphi_1(i)]+J_F\}\times\omega_1[\varphi_1(i)]} \tag{10-37′}$$

式(10-39)、式(10-40)分别转化为

$$K_1 = \frac{M_{e1}[\varphi_1(i)] - \{\omega_1^2[\varphi_1(i)]/2\}\times\{\mathrm{d}J_e[\varphi_1(i)]/\mathrm{d}\varphi_1\}}{\{J_e[\varphi_1(i)]+J_F\}\times\omega_1[\varphi_1(i)]} \tag{10-39′}$$

$$K_2 = \frac{M_{e1}\left[\varphi_1(i)+\dfrac{\Delta\varphi_1}{2}\right] - \dfrac{1}{2}\left\{\omega_1[\varphi_1(i)]+\dfrac{\Delta\varphi_1}{2}K_1\right\}^2\dfrac{\mathrm{d}J_e[\varphi_1(i)]}{\mathrm{d}\varphi_1}}{\{J_e[\varphi_1(i)]+J_F\}\times\left\{\omega_1[\varphi_1(i)]+\dfrac{\Delta\varphi_1}{2}K_1\right\}} \tag{10-40′}$$

通过选择不同的 $J_F$，可以使 $\omega_1$ 的变化范围控制在设计要求之内。

若机器的等效转动惯量 $J_e$ 为常量，如各种电梯、矿山提升机与工厂的行车，则式(10-34)简化为

$$J_e\frac{\mathrm{d}\omega_1}{\mathrm{d}t} = M_{e1} \tag{10-43}$$

由于等效力矩 $M_{e1}=M_{ed}+M_{er}$ 在通常情况下是一个较复杂的函数，所以，式(10-43)一般难以直接积分求解。若 $M_{ed}$ 为 $\omega_1$ 的函数，如各种交流电机与直流电机，在额定工作点附近，将 $M_{ed}$ 近似表达为 $M_{ed}=a+b\omega_1+c\omega_1^2$，其中，$a$、$b$、$c$ 分别为常数；假定 $M_{er}$ 近似为常数，取 $M_{er}=-C_r$，则式(10-43)可以进一步变换为

$$J_e\frac{\mathrm{d}\omega_1}{M_{ed}+M_{er}} = J_e\frac{\mathrm{d}\omega_1}{(a-C_r)+b\omega_1+c\omega_1^2} = \mathrm{d}t \tag{10-44}$$

式(10-44)的积分解为

$$\int_{\omega_1(1)}^{\omega_1(n)}\frac{\mathrm{d}\omega_1}{(a-C_r)+b\omega_1+c\omega_1^2} = \frac{2}{\sqrt{4(a-C_r)c-b^2}}\arctan\left[\frac{2c\omega_1+b}{\sqrt{4(a-C_r)c-b^2}}\right]\Bigg|_{\omega_1(t_0)}^{\omega_1(t_n)} = \frac{1}{J_e}t\Bigg|_{t_0}^{t_n} \tag{10-45}$$

若机器的等效转动惯量 $J_e$ 为常量，如矿山上的风机等，同时等效力矩 $M_{e1}=M_{ed}+M_{er}=0$，则由式(10-43)可知，机器将作等速运转。由此可见，机器作等速运转的条件是十分苛刻的。不过，机器速度波动的程度是可以被调节的。

［**例 10.1**］ 在图 10-1(a)所示的曲柄滑块机构中，已知曲柄 1 的杆长 $a$=0.100m，转动惯量 $J_1$=1.05kg·m$^2$；连杆 2 的杆长 $b$=0.350m，$C_2C=b_{C2}$=0.45$b$，质量 $m_2$=160kg，转动惯量 $J_2$=1.15kg·m$^2$；偏心距 $e$=–0.15$a$，滑块 3 的质量 $m_3$=180kg，加入飞轮的转动惯量 $J_F$=8kg·m$^2$。当 $V_3$≤0 时，滑块 3 上的工作阻力 $F_r=100\times[2+\sin(2\varphi)]$N；当 $V_3$>0 时，$F_r$=0。曲柄 1

上的驱动力矩 $M_{d1}$=6.366N·m。

试求：(1) 当 $i$=1 时，令 $\varphi_1(1)$ =0°，$\omega_1$ 的初值 $\omega_1[\varphi_1(1)]=10$rad/s，角位移 $\varphi_1$ 的增量 $\Delta\varphi_1=\pi/180°$，不加飞轮时，分别采用直接方法与龙格-库塔方法求解 $\omega_1$ 关于 $\varphi_1$ 的曲线关系，$0\leqslant\varphi_1\leqslant4\pi$。

(2) 当 $i$=1 时，令 $\varphi_1(1)$ =0°，$\omega_1$ 的初值 $\omega_1[\varphi_1(1)]=10$rad/s，角位移 $\varphi_1$ 的增量 $\Delta\varphi_1=\pi/180°$，加飞轮时，分别采用直接方法与龙格-库塔方法求解 $\omega_1$ 关于 $\varphi_1$ 的曲线关系，$0\leqslant\varphi_1\leqslant4\pi$。

［**解**］　采用直接方法，不加飞轮时，由以上公式计算与式(10-37)的求解，得曲柄 1 的角速度 $\omega_1=\omega_1[\varphi_1(i)]$ 如图 10-2(a)中的曲线 1 所示；加飞轮时，由以上公式计算与式(10-37′)的求解，得曲柄 1 的角速度 $\omega_1=\omega_1[\varphi_1(i)]$ 如图 10-2(a)中的曲线 2。

采用龙格-库塔方法，不加飞轮时，由以上公式计算与式(10-39)～式(10-41)的求解，得曲柄 1 的角速度 $\omega_1=\omega_1[\varphi_1(i)]$ 如图 10-2(b)中的曲线 1 所示；加飞轮时，由以上公式计算与式(10-39′)、式(10-40′)、式(10-41)的求解，得曲柄 1 的角速度 $\omega_1=\omega_1[\varphi_1(i)]$ 如图 10-2(b)中的曲线 2。

由图 10-2(b)可见，加飞轮后，角速度 $\omega_1$ 的变化量明显减小。飞轮的结构如图 10-1(d)所示。

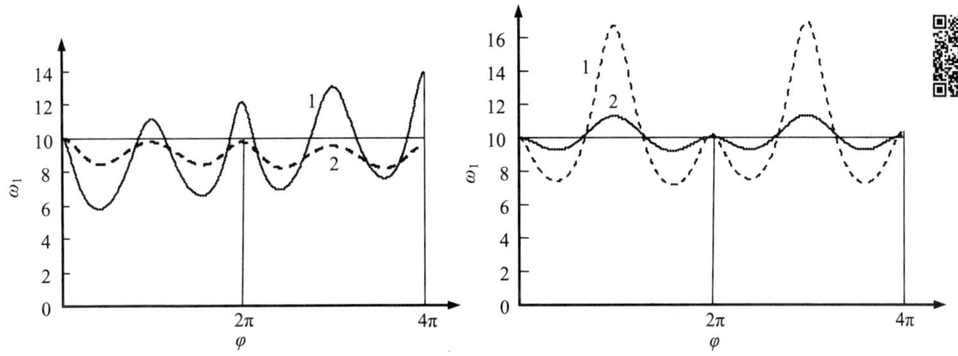


(a) 直接方法　　(b) 二阶龙格–库塔方法

图 10-2　曲柄滑块机构的动力学曲线

## 10.3　稳定运转状态下机械的周期性速度波动及其调节

作用在机器上的驱动力和阻力是多种多样的，它们作用的结果是，机器的速度作周期性的变化或非周期性的变化。由于速度作非周期性变化的机器速度波动调节的问题超出本教材的研究范围，所以，这里只研究速度作周期性变化的机器速度波动的调节。

### 10.3.1　周期性速度波动产生的原因

由于等效力矩 $M_{e1}=M_{ed}+M_{er}$ 常常表现为机构的位置与速度的函数 $M_{e1}(\varphi_1,\omega_1)$，等效转动惯量 $J_e$ 一般表现为机构位置的函数 $J_{e1}(\varphi_1)$，$M_{e1}$ 与 $J_e$ 或者没有周期性，或者具有不同的周期，所以，机构中与等效构件具有相同运动规律的那一个构件，其速度一般不为常数。$M_{ed}$ 与 $-M_{er}$ 的一般变化情况如图 10-3(a)所示。

由图 10-3(a)可见，当 $M_{ed}>-M_{er}$ 时，外力对机器做正功，称为盈功，机器的速度增加；当 $M_{ed}<-M_{er}$ 时，外力对机器做负功，称为亏功，机器的速度减小。若机器的速度变化为周期性的，其周期为 $\varphi_T$，则 $M_{ed}$ 与 $M_{er}$ 在一个周期 $\varphi_T$ 内所做功的大小相等，符号相反，即

$$\int_{\varphi_a}^{\varphi_f}(M_{ed}+M_{er})\mathrm{d}\varphi_1=0$$

事实上，$M_{ed}+M_{er}\neq0$ 和 $J_e$ 不为常数是机器产生速度波动的根本原因。机器动能的变化 $\Delta E$ 与外力功的变化 $\Delta W$ 如图 10-3(b)、(c)所示，当动能 $E$ 的变化达到最大值 $\Delta E_{max}$ 时，机器的速度常常达到最大值 $\omega_{max}$；当动能 $E$ 的变化达到最小值 $\Delta E_{min}$ 时，机器的速度常常达到最小值 $\omega_{min}$。

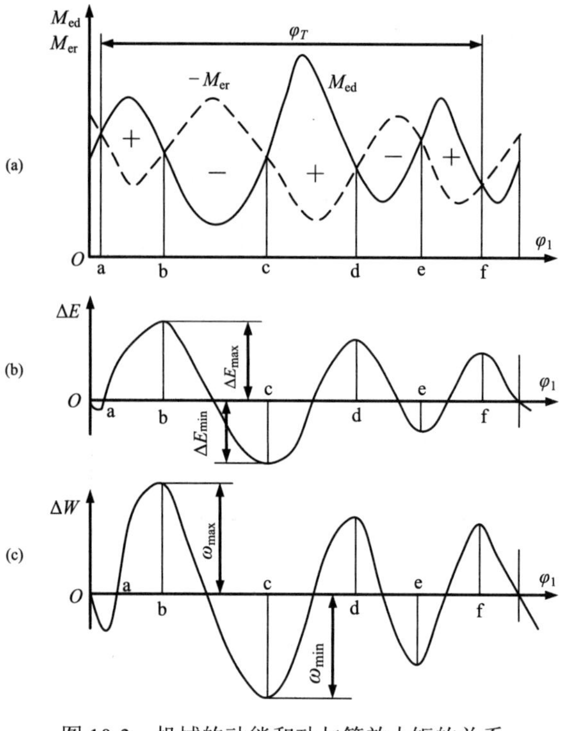


图 10-3 机械的动能和功与等效力矩的关系

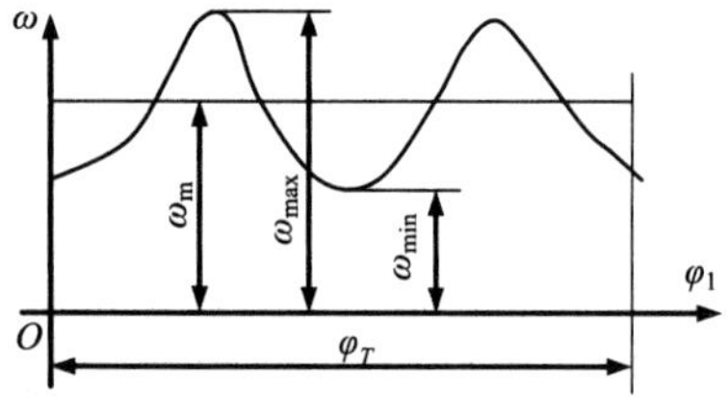


图 10-4 一个周期内角速度曲线

## 10.3.2 周期性速度波动程度的衡量指标

如果一个周期内角速度 $\omega$ 的变化如图 10-4 所示，其最大角速度为 $\omega_{max}$，最小角速度 $\omega_{min}$，则一个周期内角速度的平均值 $\omega_m$ 应为

$$\omega_m=\frac{1}{\varphi_T}\int_0^{\varphi_T}\omega\mathrm{d}\varphi_1 \tag{10-46}$$

实际应用中，角速度的平均值 $\omega_m$ 取如下简单的形式

$$\omega_m=(\omega_{max}+\omega_{min})/2 \tag{10-47}$$

为了全面衡量角速度的变化情况，定义 $\delta=(\omega_{max}-\omega_{min})/\omega_m$，称为速度波动系数，以反映

速度变化的相对大小。不同类型机械的许用速度波动系数[$\delta$]是不同的，表 10.1 列出一些常用机械的许用速度波动系数[$\delta$]。在设计机械时，应使机械的速度波动系数 $\delta \leqslant [\delta]$。

**表 10.1　常用机械的速度波动系数的许用值**

| 机械的名称 | [$\delta$] | 机械的名称 | [$\delta$] |
|---|---|---|---|
| 碎石机 | $\frac{1}{5} \sim \frac{1}{20}$ | 水泵、鼓风机 | $\frac{1}{30} \sim \frac{1}{50}$ |
| 冲床、剪床 | $\frac{1}{7} \sim \frac{1}{10}$ | 造纸机、织布机 | $\frac{1}{40} \sim \frac{1}{50}$ |
| 轧压机 | $\frac{1}{10} \sim \frac{1}{25}$ | 纺纱机 | $\frac{1}{60} \sim \frac{1}{100}$ |
| 汽车、拖拉机 | $\frac{1}{20} \sim \frac{1}{60}$ | 直流发电机 | $\frac{1}{100} \sim \frac{1}{200}$ |
| 金属切削机床 | $\frac{1}{30} \sim \frac{1}{40}$ | 交流发电机 | $\frac{1}{2000} \sim \frac{1}{3000}$ |

### 10.3.3　周期性速度波动的调节原理

由式(10-32)得外力对机械所做功的微元 d$W$ 与机械动能的变化量 d$E$ 之间的关系为

$$dE = d(J_e\omega_1^2/2) = M_{e1}\omega_1 dt = (M_{ed} + M_{er})d\varphi_1 = dW \tag{10-48}$$

将功的微分 d$W$ 改为增量 $\Delta W$，机械动能的微分 d$E$ 改为增量 $\Delta E$，当 $\Delta W$ 达到最大值 $\Delta W_{max}$ 时，$\Delta E$ 近似达到最大值 $\Delta E_{max}$(由于等效转动惯量 $J_e$ 为变数)。为此，将式(10-48)积分，令 $\Delta W$ 达到最大值 $\Delta W_{max}$，得

$$\Delta W_{max} = E_{max} - E_{min} = \int_{\varphi_b}^{\varphi_c}(M_{ed} + M_{er})d\varphi_1 \tag{10-49}$$

设 $\varphi_1=\varphi_b$ 时，$\omega_1=\omega_{1max}$；$\varphi_1=\varphi_c$ 时，$\omega_1=\omega_{1min}$，如图 10-3(b)、(c)所示。

为了调节速度波动的大小，可以在机械上安装一个飞轮，飞轮的角位移可以为 $\varphi_1$，也可以是其他的角位移，此处飞轮的角位移取为 $\varphi_1$，飞轮的转动惯量用 $J_F$ 表示，其几何结构为由轮毂、轮辐与轮缘三部分组成。设 $\Delta W_{max}$ 已经求出，$J_e$ 取机械的等效转动惯量在一个周期内的平均值，则由式(10-49)得

$$\Delta W_{max} = E_{max} - E_{min} = (J_e + J_F)(\omega_{1max}^2 - \omega_{1min}^2)/2 = (J_e + J_F)\omega_{1m}^2\delta \tag{10-50}$$

由上式求出机械速度波动 $\delta$ 的大小为

$$\delta = \Delta W_{max}/[\omega_{1m}^2(J_e + J_F)] \tag{10-51}$$

若要求 $\delta \leqslant [\delta]$，则由式(10-51)得飞轮的转动惯量 $J_F$ 的设计式

$$J_F \geqslant \Delta W_{max}/(\omega_{1m}^2[\delta]) - J_e \tag{10-52}$$

由式(10-52)可见：

(1) $J_F$ 与[$\delta$]成反比，当[$\delta$]较小时，飞轮的转动惯量 $J_F$ 将很大，这是不太合适的，因此，[$\delta$]不应选得太小。

(2) $J_F$ 与 $\omega_{1m}^2$ 成反比，为了减小 $J_F$，飞轮应安装在机器中速度较高的轴上。

(3) $J_F$ 与 $\Delta W_{max}$ 成正比，为了减小 $J_F$，应使作用在机械上的外力的变化量不至于过大。

［例 10.2］ 已知作用在某机械上的关于主动轴的等效驱动力矩 $M_{ed}=5000+800\sin(2\varphi)$ N·m，关于主动轴的等效阻力矩 $M_{er}=-5000-500\sin\varphi$N·m，主动轴的平均转速 $n_1=220$r/min，许用速度波动系数$[\delta]=0.08$；该机械关于主动轴的等效转动惯量 $J_{e1}(\varphi)$的平均值 $J_{e1}=15$kg·m$^2$，$J_{e1}(\varphi)$的周期为 2π。求应加在主动轴上的飞轮转动惯量 $J_F$。

［解］步骤 1. 确定等效驱动力矩 $M_{ed}(\varphi)$、等效阻力矩 $M_{er}(\varphi)$与等效转动惯量 $J_{e1}(\varphi)$的周期为 2π。

步骤 2. 计算等效力矩 $M_{e1}=M_{ed}+M_{er}$ 在一个周期内的功 $W_T$，即

$$W_T=\int_0^{2\pi}\left[M_{ed}(\varphi)+M_{er}(\varphi)\right]\mathrm{d}\varphi=\int_0^{2\pi}[800\sin(2\varphi)-500\sin\varphi]\,\mathrm{d}\varphi$$
$$=-400\cos(4\pi)+500\cos(2\pi)-100=0$$

$W_T=0$ 表明，机器的角速度变化为周期性的。

步骤 3. 计算主动轴的平均角速度 $\omega_{1m}=2\pi n_1/60=2\pi\times220/60=23.04$rad/s。

步骤 4. 由 $M_{ed}(\varphi)=-M_{er}(\varphi)$，得等效驱动力矩曲线与等效阻力矩曲线的交点所对应的主动轴的转角分别为 $\varphi_a=0°$，$\varphi_b=71.79°$，$\varphi_c=180°$，$\varphi_d=288.21°$ 和 $\varphi_e=360°$，如图 10-5(a)所示。

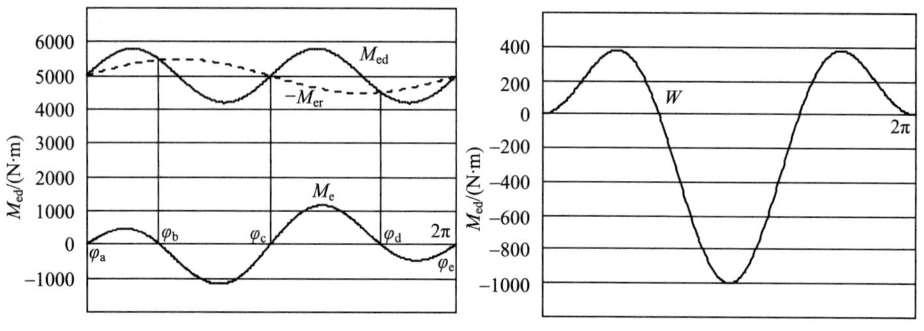


(a) 等效驱动力矩、等效阻力矩与等效力矩曲线　(b) 等效力矩的功

(c) 主动轴的角速度曲线　(d) 主动轴角速度的相对变化率曲线

图 10-5 主动轴上的力矩、功与角速度曲线

步骤 5. 计算 $M_{e1}=M_{ed}+M_{er}$ 在［0，71.79°］、［71.79°，180°］、［180°，288.21°］和［288.21°，360°］区间内所做的功 $W_1$、$W_2$、$W_3$ 与 $W_4$ 分别为

$$W=\int_0^{\varphi}\left[M_{ed}(\varphi)+M_{er}(\varphi)\right]\mathrm{d}\varphi=\int_0^{\varphi}\left[800\sin(2\varphi)-500\sin\varphi\right]\mathrm{d}\varphi=-400\cos(2\varphi)+500\cos\varphi-100$$

$$W_1=\int_0^{71.79^\circ}[800\sin(2\varphi)-500\sin\varphi]\mathrm{d}\varphi=[-400\cos(2\varphi)+500\cos\varphi]\Big|_0^{71.79^\circ}=378.125\,\mathrm{N\cdot m}$$

$$W_2=\int_{71.79^\circ}^{180^\circ}[800\sin(2\varphi)-500\sin\varphi]\mathrm{d}\varphi=[-400\cos(2\varphi)+500\cos\varphi]\Big|_{71.79^\circ}^{180^\circ}=-1378.125\,\mathrm{N\cdot m}$$

$$W_3=\int_{180^\circ}^{288.21^\circ}[800\sin(2\varphi)-500\sin\varphi]\mathrm{d}\varphi=[-400\cos(2\varphi)+500\cos\varphi]\Big|_{180^\circ}^{288.21^\circ}=1378.125\,\mathrm{N\cdot m}$$

$$W_4=\int_{288.21^\circ}^{360^\circ}[800\sin(2\varphi)-500\sin\varphi]\mathrm{d}\varphi=[-400\cos(2\varphi)+500\cos\varphi]\Big|_{288.21^\circ}^{360^\circ}=-378.125\,\mathrm{N\cdot m}$$

等效驱动力矩 $M_e$ 在一个周期内所做功 $W$ 的曲线如图 10-5(b)所示。

步骤 6. 计算一个周期内功的累计量，令计算始点的功 $W_0$ 为 0，则

$$W_0+W_1=378.125\mathrm{N\cdot m}$$

$$W_0+W_1+W_2=-1000\mathrm{N\cdot m}$$

$$W_0+W_1+W_2+W_3=378.125\mathrm{N\cdot m}$$

$$W_0+W_1+W_2+W_3+W_3=0\mathrm{N\cdot m}$$

步骤 7. 判别出最大盈功 $W_{max}$，即

$$W_{max}=378.125\mathrm{N\cdot m}$$

步骤 8. 判别出最小亏功 $W_{min}$，即

$$W_{min}=-1000\mathrm{N\cdot m}$$

步骤 9. 计算最大盈亏功 $\Delta W_{max}$，即

$$\Delta W_{max}=378.125-(-1000)=1378.125\mathrm{N\cdot m}$$

最后，由 $J_F\geqslant\Delta W_{max}/(\omega_{1m}^2[\delta])-J_e$ 计算飞轮的转动惯量 $J_F$ 为

$$J_F\geqslant1378.125/(23.04^2\times0.08)-15=17.45\ \mathrm{kg\cdot m^2}。$$

飞轮的结构设计略。

由于 $M_{e1}$ 为可积函数，所以，应用式(10-43)得，$J_e\dfrac{\mathrm{d}\omega_1}{\mathrm{d}t}=800\sin(2\varphi)-500\sin\varphi$，将 $\mathrm{d}t$ 转化为 $\mathrm{d}\varphi$ 得，$J_e\omega_1\dfrac{\mathrm{d}\omega_1}{\mathrm{d}\varphi}=800\sin(2\varphi)-500\sin\varphi$，分离变量得，$J_e\omega_1\mathrm{d}\omega_1=[800\sin(2\varphi)-500\sin\varphi]\mathrm{d}\varphi$

积分得 $\int_{\omega_{1m}}^{\omega_1}J_e\omega_1\mathrm{d}\omega_1=\int_0^{\varphi}[800\sin(2\varphi)-500\sin\varphi]\mathrm{d}\varphi$，为此得主动轴的角速度 $\omega_1$、增加飞轮的转动惯量 $J_F$ 时的角速度 $\omega_{1F}$ 分别为

$$\omega_1=\sqrt{[-400\cos(2\varphi)+500\cos\varphi-100+0.5J_e\omega_{1m}^2]/(0.5J_e)}$$

$$\omega_{1F}=\sqrt{[-400\cos(2\varphi)+500\cos\varphi-100+0.5(J_e+J_F)\omega_{1m}^2]/[0.5(J_e+J_F)]}$$

主动轴的角速度 $\omega_1$、$\omega_{1F}$ 关于 $\varphi$ 的曲线关系如图 10-5(c)所示。

令 $\delta=(\omega_1-\omega_{1m})/\omega_{1m}$、$\delta_F=(\omega_{1F}-\omega_{1m})/\omega_{1m}$，$\delta$ 与 $\delta_F$ 关于 $\varphi$ 的曲线关系如图 10-5(d)所示。无飞轮的转动惯量 $J_F$ 时，$\delta_{max}=0.18$；有飞轮的转动惯量 $J_F$ 时，$\delta_{Fmax}=0.08$。显然，飞轮起到减小速度波动的目的。

［**例 10.3**］　作用在某一机器主动轴上的等效阻力矩 $-M_{er}$ 如图 10-6 所示，主动轴上的等

效驱动力矩 $M_{ed}$ 近似为一常数，主动轴的平均转速 $n_1$=100r/min，速度不均匀系数 $\delta$=0.055，该机器关于主动轴的等效转动惯量的平均值 $J_e=2kg\cdot m^2$，$J_e(\varphi)$的周期为 2π。求安装在该机器主动轴上的飞轮转动惯量 $J_F$ 的大小。

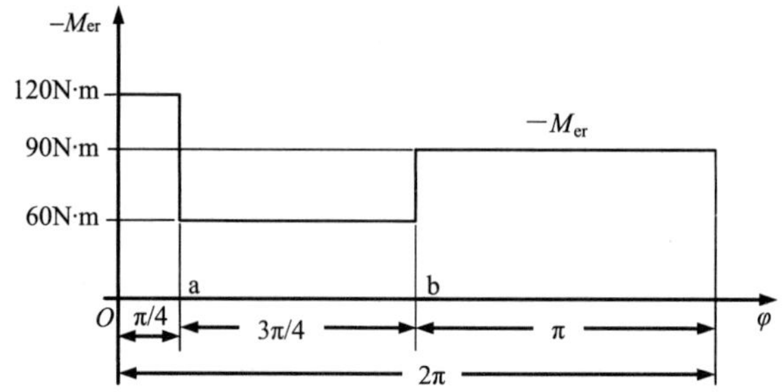


图 10-6　等效阻力矩曲线图

［解］　首先，计算 $\omega_{1m}$，即 $\omega_{1m}=2\pi n_1/60=2\pi\times100/60=10.472$ rad/s。

其次，由等效阻力矩$|-M_{er}|$在一个周期内所做的功等于等效驱动力矩 $M_{ed}$ 所做的功，计算等效驱动力矩 $M_{ed}$

$$M_{ed}=(120\times\pi/4+60\times3\pi/4+90\times\pi)/\ (2\pi)=82.5\text{N}\cdot\text{m}$$

$M_{ed}$ 如图 10-7 所示。

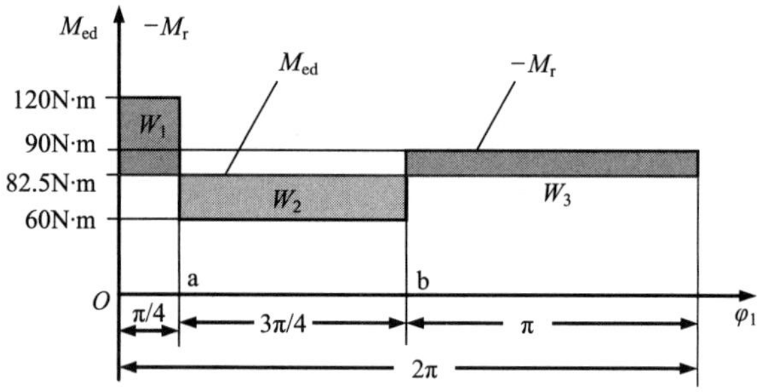


图 10-7　力矩与功的计算图

由于等效力矩 $M_{e1}$ 是分段函数，所以，当 $0\leqslant\varphi\leqslant\pi/4$ 时，$M_{e1}=82.5-120=-37.5$N·m；当 $\pi/4\leqslant\varphi\leqslant\pi$ 时，$M_{e1}=82.5-60=22.5$N·m；当 $\pi\leqslant\varphi\leqslant2\pi$ 时，$M_{e1}=82.5-90=-7.5$N·m。

再次，计算[0，π/4]，[π/4，π]，[π，2π]区间内外力矩所做的功，即

$$W_1=(M_{ed}+M_{er})\times\pi/4=(82.5-120)\times\pi/4=-29.452\text{N}\cdot\text{m}$$

$$W_2=(M_{ed}+M_{er})\times3\pi/4=(82.5-60)\times3\pi/4=53.014\text{N}\cdot\text{m}$$

$$W_3=(M_{ed}+M_{er})\times\pi=(82.5-90)\times\pi=-23.562\text{N}\cdot\text{m}$$

计算功的累计量，令 $W_0=0$，得

$$W_0+W_1=-29.452\text{N}\cdot\text{m}$$

$$W_0+W_1+W_2=-29.452+53.014=23.562\text{N}\cdot\text{m}$$

$$W_0+W_1+W_2+W_3=-29.452+53.014+(-23.562)=0$$

为此，最大盈功为 $W_{max}$=23.562 N·m。

最小亏功为 $W_{min}$=–29.452 N·m。

最大盈亏功为 $\Delta W_{max}$=23.562–(–29.452)=53.014 N·m。

最后，由 $J_F \geqslant \Delta W_{max}/(\omega_{1m}^2[\delta])-J_e$ 计算飞轮的转动惯量 $J_F$ 为

$$J_F \geqslant 53.014/(10.472^2\times 0.055)-2=6.790\ \text{kg}\cdot\text{m}^2$$

由于 $M_{e1}$ 为可积的分段函数，所以，应用式(10-43)得

$$J_e\omega_1\frac{d\omega_1}{d\varphi}=\begin{cases}-37.5, & 0\leqslant\varphi\leqslant\pi/4\\ 22.5, & \pi/4\leqslant\varphi\leqslant\pi\\ -7.5, & \pi\leqslant\varphi\leqslant 2\pi\end{cases}$$

分离变量得

$$J_e\omega_1 d\omega_1=\begin{cases}-37.5d\varphi, & 0\leqslant\varphi\leqslant\pi/4\\ 22.5d\varphi, & \pi/4\leqslant\varphi\leqslant\pi\\ -7.5d\varphi, & \pi\leqslant\varphi\leqslant 2\pi\end{cases}$$

积分得 $\omega_1=\sqrt{(-37.5\varphi+0.5J_e\omega_{1m}^2)/(0.5J_e)}$，$\varphi$ 的取值区间为 $0\leqslant\varphi\leqslant\pi/4$，在区间的终点，$\omega_{1a}$ 为

$\omega_{1a}=\sqrt{(-37.5\pi/4+0.5\times 2\times 10.472^2)/(0.5\times 2)}=8.956\ \text{rad/s}$；

$\omega_1=\sqrt{(22.5\varphi+0.5J_e\omega_{1a}^2)/(0.5J_e)}$，$\varphi$ 的取值区间为 $0\leqslant\varphi\leqslant 3\pi/4$，在区间的终点，$\omega_{1b}$ 为

$\omega_{1b}=\sqrt{(22.5\times 3\pi/4+0.5\times 2\times 8.956^2)/(0.5\times 2)}=11.542\ \text{rad/s}$；

$\omega_1=\sqrt{(-7.5\varphi+0.5J_e\omega_{1b}^2)/(0.5J_e)}$，$\varphi$ 的取值区间为 $0\leqslant\varphi\leqslant\pi$。

当增加飞轮时，对应区间上的 $\omega_{1F}$ 与 $\omega_{1aF}$、$\omega_{1bF}$ 分别为

$\omega_{1F}=\sqrt{[-37.5\varphi+0.5(J_e+J_F)\omega_{1m}^2]/[0.5(J_e+J_F)]}$，$\varphi$ 的取值区间为 $0\leqslant\varphi\leqslant\pi/4$，在区间的终点，$\omega_{1aF}$ 为

$\omega_{1aF}=\sqrt{[-37.5\pi/4+0.5\times(2+6.790)\times 10.472^2]/[0.5\times(2+6.790)]}=10.147\ \text{rad/s}$；

$\omega_{1F}=\sqrt{[22.5\varphi+0.5(J_e+J_F)\omega_{1aF}^2]/[0.5(J_e+J_F)]}$，$\varphi$ 的取值区间为 $0\leqslant\varphi\leqslant 3\pi/4$，在区间的终点，$\omega_{1bF}$ 为

$\omega_{1bF}=\sqrt{[22.5\times 3\pi/4+0.5\times(2+6.790)\times 10.147^2]/[0.5\times(2+6.790)]}=10.725\ \text{rad/s}$；

$\omega_{1F}=\sqrt{[-7.5\varphi+0.5(J_e+J_F)\omega_{1bF}^2]/[0.5(J_e+J_F)]}$，$\varphi$ 的取值区间为 $0\leqslant\varphi\leqslant\pi$。

主动轴的角速度 $\omega_1$、$\omega_{1F}$ 关于 $\varphi$ 的曲线关系如图 10-8(a)所示。

令 $\delta=(\omega_1-\omega_{1m})/\omega_{1m}$、$\delta_F=(\omega_{1F}-\omega_{1m})/\omega_{1m}$，$\delta$ 与 $\delta_F$ 关于 $\varphi$ 的曲线关系如图 10-8(b)所示。无飞轮的转动惯量 $J_F$ 时，$\delta_{max}$=0.247；有飞轮的转动惯量 $J_F$ 时，$\delta_{Fmax}$=0.055。显然，飞轮起到减小速度波动的目的。

飞轮的结构如图 10-9 所示。飞轮由轮缘 A、轮辐 B 和轮毂 C 组成，图 10-9(a)的轮辐为板状，图 10-9(b)的轮辐为筋板。飞轮的转动惯量主要集中在轮缘上，设飞轮的重量为 $G$(N)，轮缘的外径为 $D_1$，内径为 $D_2$，中径 $D=(D_1+D_2)/2$，宽度为 $b$(m)，则飞轮的转动惯量 $J_F$(kg·m$^2$)约为

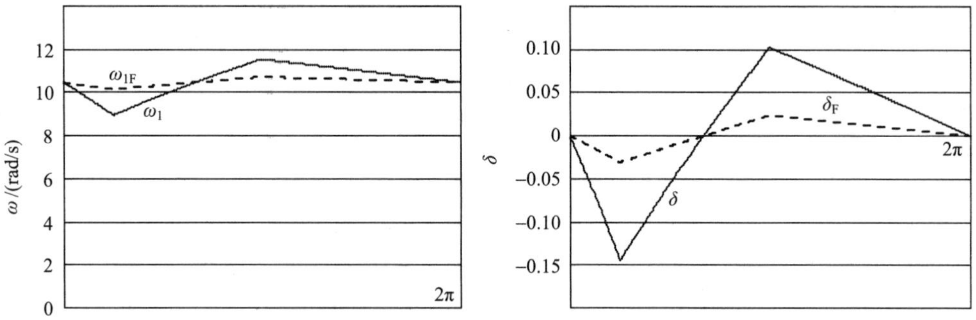

(a) 主动轴的角速度曲线　　(b) 主动轴角速度的相对变化率曲线

图 10-8　主动轴的角速度与角速度的相对变化率曲线

$$J_F \approx \frac{1}{2}\frac{G}{g}\left[\left(\frac{D_1}{2}\right)^2 + \left(\frac{D_2}{2}\right)^2\right] = \frac{G}{8g}(D_1^2 + D_2^2) \tag{10-53}$$

设飞轮材料的密度为 $\gamma(\mathrm{N/m^3})$，则飞轮的重量 $G$ 约为

$$G = (\pi D)[(D_1 - D_2)/2]b\gamma = \pi(D_1 + D_2)(D_1 - D_2)b\gamma/4 \tag{10-54}$$

当计算出飞轮的转动惯量 $J_F$ 时，将式(10-54)代入式(10-53)，得飞轮的结构尺寸关系为

$$J_F \approx \pi b\gamma(D_1^2 - D_2^2)(D_1^2 + D_2^2)/(32g) \tag{10-55}$$

根据实际情况选择 $D_1$ 与 $D_2$，由式(10-55)计算出飞轮的宽度 $b$。

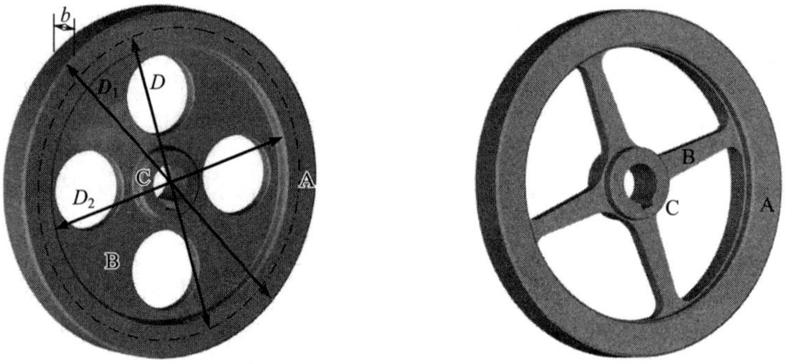

(a)　　(b)

图 10-9　飞轮的结构

［**例 10.4**］　在图 10-10 中，左侧部分为曲柄导杆与正切机构串联的平面六杆机构，右侧部分为电机与齿轮传动系统。令 $q=AB/AC=r_1/d_1$，当曲柄 1 从 $B_2$ 沿 $\omega_1$ 方向转动到 $B_1$ 时，对应从动件 5 的工作行程，行程为 $H$，导杆 3 的半摆角 $\theta_B=\arctan\left[q/\sqrt{(1-q^2)}\right]$，移动从动件 5 关于 $C$ 点的距离 $d_2=0.5H/\tan\theta_B$，当已知曲柄 1 的杆长 $r_1$ 时，$A$、$C$ 之间的距离 $d_1=r_1/\sin\theta_B$。该机构的行程速比系数 $K=(\pi+2\theta_B)/(\pi-2\theta_B)$，最小传动角 $\gamma_{\min}=\pi/2-\theta_B$，$AB_1$ 的方位角 $\varphi_s=\pi/2+\theta_B$，$AB_2$ 的方位角 $\varphi_x=3\pi/2-\theta_B$。

设曲柄 1 的长度 $r_1=0.100\mathrm{m}$；构件 2、4 的质量与转动惯量忽略不计；导杆 3 的质量 $m_3=360\mathrm{kg}$，质心在 $C$ 点，关于 $C$ 点的转动惯量 $J_C=1.04\mathrm{kg\cdot m^2}$；移动从动件 5 的质量 $m_5=150\mathrm{kg}$。

机架 6 上 $d_1$ 的长度 $d_1$=0.200m，$d_2$ 的长度 $d_2$=0.160m，为此 $q=r_1/d_1=0.5$，$\theta_B=30°$，$H=2d_2\tan\theta_B=2\times0.160\tan30°=0.18475$m。

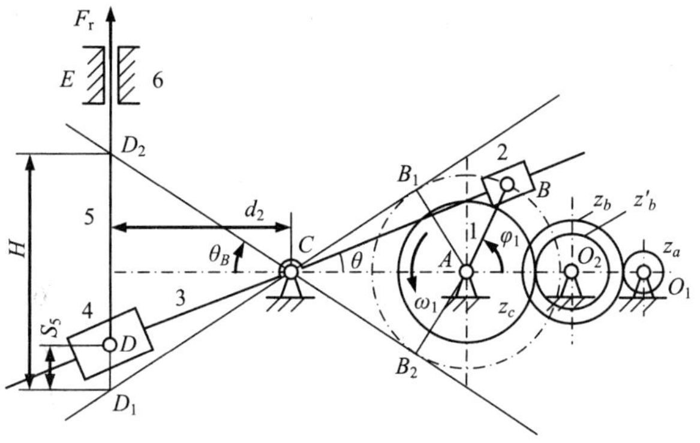


图 10-10　曲柄导杆与正切机构串联的平面六杆机构以及传动系统

$\varphi_1$ 的初值 $\varphi_1(1)=0°$，$\omega_1$ 的初值 $\omega_1[\varphi_1(1)]=10\text{rad/s}$。

在图 10-10 中，右侧部分为电机与齿轮传动系统，齿轮 $a$ 的轴通过联轴器与三相异步电动机的输出轴连接，齿轮 $a$ 与齿轮 $b$ 啮合，齿轮 $b'$与齿轮 $c$ 啮合，齿轮 $b$ 与齿轮 $b'$为双联齿轮，齿轮 $c$ 与曲柄 1 同轴同速转动。

电动机的额定功率 $P_e$=4 kW，额定转速 $n_e$=960 r/min，电动机转子的转动惯量 $J_D=0.01\text{kg·m}^2$，齿轮减速系统的总传动比 $i=n_e/n_1=\omega_e/\omega_1=10$，电动机与齿轮减速部分转化到曲柄 1 上 $A$ 点的等效转动惯量 $J_A=2.56\ \text{kg·m}^2$。

当 $V_5\leqslant0$ 时，工作阻力 $F_r$=1350N；当 $V_5>0$ 时，$F_r$=0。

试建立该机构系统的动力学微分方程，给出求解 $\omega_1$ 的迭代式。

［解］　首先分析机构的运动学参数，在图 10-10 中，杆 1、2、3 与 6 组成曲柄导杆机构，当曲柄 1 的角位移为 $\varphi_1$、角速度为 $\omega_1$、角加速度为 $\alpha_1$ 时，导杆机构的位置方程、导杆 3 的角位移 $\theta$、滑块 2 相对于 3 导杆 3 的位移 $r_{23}$ 分别为

$$\begin{cases}d_1+r_1\cos\varphi_1-r_{23}\cos\theta\\ r_1\sin\varphi_1=r_{23}\sin\theta\end{cases}\tag{10-56}$$

$$\theta=\arctan[q\sin\varphi_1/(1+q\cos\varphi_1)]\tag{10-57}$$

$$r_{23}=\sqrt{d_1^2+r_1^2+2d_1r_1\cos\varphi_1}\tag{10-58}$$

对式(10-56)求关于时间 $t$ 的一阶导数，得速度方程、导杆 3 的角速度 $\omega_3$、滑块 2 相对于 3 导杆 3 的速度 $V_{23}$ 分别为

$$\begin{cases}V_{23}\cos\theta-r_{23}\omega_3\sin\theta=-r_1\omega_1\sin\varphi_1\\ V_{23}\sin\theta+r_{23}\omega_3\cos\theta=r_1\omega_1\cos\varphi_1\end{cases}\tag{10-59}$$

$$\omega_3=r_1\omega_1\cos(\theta-\varphi_1)/r_{23}\tag{10-60}$$

$$V_{23}=r_1\omega_1\sin(\theta-\varphi_1)\tag{10-61}$$

对式(10-60)、式(10-61)求关于时间 $t$ 的一阶导数，得导杆 3 的角加速度 $\alpha_3$、滑块 2 相对于 3 导杆 3 的加速度 $a_{23}$ 分别为

$$\alpha_3 = [r_1 r_{23} \alpha_1 \cos(\theta - \varphi_1) - r_1 r_{23} \omega_1 (\omega_3 - \omega_1) \sin(\theta - \varphi_1) - V_{23} r_1 \omega_1 \cos(\theta - \varphi_1)] / r_{23}^2 \quad (10\text{-}62)$$

$$a_{23} = r_1 \alpha_1 \sin(\theta - \varphi_1) + r_1 \omega_1 (\omega_3 - \omega_1) \cos(\theta - \varphi_1) \quad (10\text{-}63)$$

在图 10-10 中，杆 3、4、5 与 6 组成正弦机构，当导杆 3 的运动已知时，滑块 5 的位移 $S_5$、速度 $V_5$ 与加速度 $a_5$ 分别为

$$S_5 = 0.5H - d_2 \tan\theta \quad (10\text{-}64)$$

$$V_5 = -d_2 \omega_3 / \cos^2\theta \quad (10\text{-}65)$$

$$a_5 = -d_2 (\alpha_3 \cos\theta + 2\omega_3^2 \sin\theta) / \cos^3\theta \quad (10\text{-}66)$$

其次，分析机构的动力学参数，电动机的额定角速度 $\omega_e=2n_e\pi/60=100.531\text{rad/s}$，额定力矩 $M_{ed}=9.55\times10^3 P_e/n_e=9.55\times10^3\times4/960=39.792\text{N·m}$，最大力矩 $M_{max}=\lambda_m \cdot M_{ed}$，$\lambda_m$ 为电动机的额定过载倍数，$\lambda_m=2$。电动机的输出力矩 $M$ 与转差率 $s$ 的函数关系为

$$M = 2M_{max} / (s / s_m + s_m / s) \quad (10\text{-}67)$$

式中，$s$ 为电动机的转差率，$s=(n_0-n)/n_0=(\omega_0-\omega)/\omega_0$，$n_0$、$\omega_0$ 分别为电动机的同步转速与同步角速度，$n_0=1000\text{r/min}$，$\omega_0=2n_0\pi/60=104.720\ \text{rad/s}$；$s_m$ 为对应于额定转差率 $s_e$ 的函数，即 $s_m = s_e(\lambda_m + \sqrt{\lambda_m - 1})$，$s_e=(n_0-n_e)/n_0=(\omega_0-\omega_e)/\omega_0=(1000-960)/1000=0.04$，为此，$s_m=0.12$。由式(10-67)得，启动力矩 $M_Q=2\times2\times39.792/(1/0.12+0.12)=18.829\text{N·m}$。电动机的输出力矩 $M$ 与角速度 $\omega$ 的函数关系为

$$M = \frac{2M_{max}}{\dfrac{\omega_0 - \omega}{\omega_0 s_m} + \dfrac{\omega_0 s_m}{\omega_0 - \omega}} \quad (10\text{-}68)$$

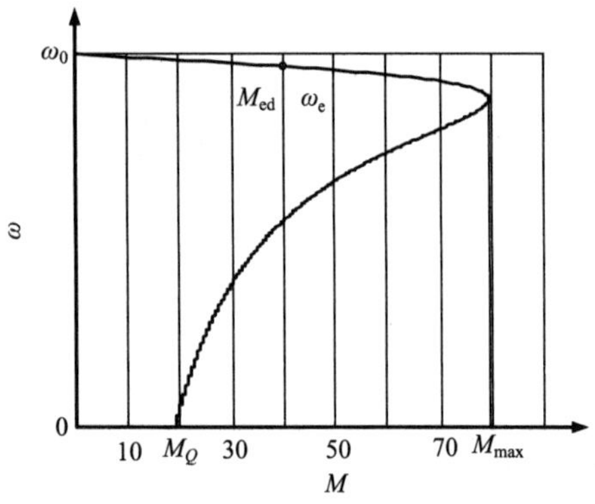


图 10-11 电动机的力矩与角速度

式(10-68)所对应的曲线如图 10-11 所示。

现在把电动机的输出力矩 $M$ 与角速度 $\omega$ 转化到曲柄 1 上，曲柄 1 上的力矩用 $M_1$ 表示，角速度用 $\omega_1$ 表示，则曲柄 1 的角速度 $\omega_1=\omega/i$，$M_1$ 与 $\omega_1$ 的函数关系为

$$M_1 = \frac{2M_{max} i}{\dfrac{\omega_0 / i - \omega_1}{\omega_0 s_m / i} + \dfrac{\omega_0 s_m / i}{\omega_0 / i - \omega_1}} \text{N} \cdot \text{m} \quad (10\text{-}69)$$

$\omega_1$ 对应于电动机额定角速度 $\omega_e$ 时的角速度 $\omega_{1e}=\omega_e/i=10.053\text{rad/s}$，$\omega_1$ 在电动机处于同步角速度时的角速度 $\omega_{10}=\omega_0/i=10.472\ \text{rad/s}$，$\omega_1$ 的变化区间为 $0\leqslant\omega_1<\omega_{10}$。

该机构关于曲柄 1 的等效转动惯量 $J_e$ 为

$$J_e = J_A + J_C \left(\frac{\omega_3}{\omega_1}\right)^2 + m_5 \left(\frac{V_5}{\omega_1}\right)^2 \quad (10\text{-}70)$$

该机构关于曲柄 1 的等效力矩 $M_{e1}$ 为

$$M_{e1} = M_1 + F_r \cdot V_5 / \omega_1 \quad (10\text{-}71)$$

由于 $M_1$ 是 $\omega_1$ 的函数，$F_r \cdot V_5 / \omega_1$ 是 $\varphi_1$ 的函数，所以，$M_{e1}$ 是曲柄 1 的角位置 $\varphi_1$ 与角速度 $\omega_1$ 的函数，即 $M_{e1} = M_{e1}(\varphi_1, \omega_1)$。

然后，建立机构的动力学微分方程，机构的动力学微分方程为

$$\frac{\omega_1^2}{2}\frac{\mathrm{d}J_{\mathrm{e}}}{\mathrm{d}\varphi_1}+J_{\mathrm{e}}\omega_1\frac{\mathrm{d}\omega_1}{\mathrm{d}\varphi_1}=M_{\mathrm{e1}} \tag{10-72}$$

最后，采用龙格-库塔(Runge-Kutta)方法对式(10-72)进行求解。下面给出二阶龙格-库塔方法的迭代式。

令 $J_{\mathrm{e}}'=\mathrm{d}J_{\mathrm{e}}/\mathrm{d}\varphi_1$，$\omega_1'=\mathrm{d}\omega_1/\mathrm{d}\varphi_1$，$f(M_{\mathrm{e1}},J_{\mathrm{e}},J_{\mathrm{e}}',\omega_1)=\left(M_{\mathrm{e1}}-\frac{\omega_1^2}{2}\frac{\mathrm{d}J_{\mathrm{e}}}{\mathrm{d}\varphi_1}\right)\Big/(J_{\mathrm{e}}\cdot\omega_1)$，于是式(10-72)转化为

$$\omega_1'=f(M_{\mathrm{e1}},J_{\mathrm{e}},J_{\mathrm{e}}',\omega_1) \tag{10-73}$$

式(10-73)是关于 $\omega_1$ 的一阶微分方程，变量为 $M_{\mathrm{e1}}=M_{\mathrm{e1}}(\varphi_1,\omega_1)$、$J_{\mathrm{e}}=J_{\mathrm{e}}(\varphi_1)$、$J_{\mathrm{e}}'=J_{\mathrm{e}}'(\varphi_1)$，只要 $f(M_{\mathrm{e1}},J_{\mathrm{e}},J_{\mathrm{e}}',\omega_1)$ 适当光滑，给予初值，就可以得到 $\omega_1$ 的数值解。

为了求解式(10-73)，将连续变量 $\varphi_1$ 在第 $i$ 个位置上的数值转化为离散变量 $\varphi_1(i)$ 在第 $i$ 个位置上的数值，即 $\varphi_1=\varphi_1(i)$；将连续函数 $\omega_1$ 转化为离散数值 $\omega_1[\varphi_1(i)]$；将连续函数 $M_{\mathrm{e1}}(\varphi_1,\omega_1)$ 转化为离散数值 $M_{\mathrm{e1}}\{[\varphi_1(i)],\omega_1[\varphi_1(i)]\}$；将连续函数 $J_{\mathrm{e}}(\varphi_1)$、$J_{\mathrm{e}}'(\varphi_1)$ 转化为离散数值 $J_{\mathrm{e}}[\varphi_1(i)]$、$J_{\mathrm{e}}'[\varphi_1(i)]$。于是，式(10-73)转化为 $\omega_1[\varphi_1(i)]$ 关于 $\varphi_1(i)$ 的导数形式，即

$$\begin{aligned}\omega_1'[\varphi_1(i)]&=f\{M_{\mathrm{e1}}\{[\varphi_1(i)],\omega_1[\varphi_1(i)]\},J_{\mathrm{e}}[\varphi_1(i)],J_{\mathrm{e}}'[\varphi_1(i)],\omega_1[\varphi_1(i)]\}\\&=\frac{M_{\mathrm{e1}}\{[\varphi_1(i)],\omega_1[\varphi_1(i)]\}-\dfrac{\omega_1^2[\varphi_1(i)]}{2}\dfrac{\mathrm{d}J_{\mathrm{e}}[\varphi_1(i)]}{\mathrm{d}\varphi_1}}{J_{\mathrm{e}}[\varphi_1(i)]\times\omega_1[\varphi_1(i)]}\end{aligned} \tag{10-74}$$

由于 $M_{\mathrm{e1}}\{[\varphi_1(i)],\omega_1[\varphi_1(i)]\}$ 为双变量的函数，当应用二阶龙格-库塔方法对式(10-74)进行求解时，两个变量的增量都给予考虑。令 $K_1$、$K_2$ 分别为

$$\begin{aligned}K_1&=f\{M_{\mathrm{e1}}\{[\varphi_1(i)],\omega_1[\varphi_1(i)]\},J_{\mathrm{e}}[\varphi_1(i)],J_{\mathrm{e}}'[\varphi_1(i)],\omega_1[\varphi_1(i)]\}\\&=\frac{M_{\mathrm{e1}}\{\varphi_1(i),\omega_1[\varphi_1(i)]\}-\dfrac{\omega_1^2[\varphi_1(i)]}{2}\dfrac{\mathrm{d}J_{\mathrm{e}}[\varphi_1(i)]}{\mathrm{d}\varphi_1}}{J_{\mathrm{e}}[\varphi_1(i)]\times\omega_1[\varphi_1(i)]}\end{aligned} \tag{10-75}$$

$$\begin{aligned}K_2&=f\left\{M_{\mathrm{e1}}\left\{\varphi_1(i)+\frac{\Delta\varphi_1}{2},\omega_1[\varphi_1(i)]+\frac{\Delta\varphi_1}{2}K_1\right\},\ J_{\mathrm{e}}\left[\varphi_1(i)+\frac{\Delta\varphi_1}{2}\right],\right.\\&\qquad\left.J_{\mathrm{e}}'\left[\varphi_1(i)+\frac{\Delta\varphi_1}{2}\right],\ \omega_1[\varphi_1(i)]+\frac{\Delta\varphi_1}{2}K_1\right\}\\&=\frac{M_{\mathrm{e1}}\left\{\varphi_1(i)+\dfrac{\Delta\varphi_1}{2},\omega_1[\varphi_1(i)]+\dfrac{\Delta\varphi_1}{2}K_1\right\}-\dfrac{1}{2}\left\{\omega_1[\varphi_1(i)]+\dfrac{\Delta\varphi_1}{2}K_1\right\}^2\dfrac{\mathrm{d}J_{\mathrm{e}}\left[\varphi_1(i)+\dfrac{\Delta\varphi_1}{2}\right]}{\mathrm{d}\varphi_1}}{J_{\mathrm{e}}\left[\varphi_1(i)+\dfrac{\Delta\varphi_1}{2}\right]\times\left\{\omega_1[\varphi_1(i)]+\dfrac{\Delta\varphi_1}{2}K_1\right\}}\end{aligned} \tag{10-76}$$

于是，得到 $\omega_1[\varphi_1(i)]$ 的迭代式为

$$\omega_1[\varphi_1(i+1)]=\omega_1[\varphi_1(i)]+K_2\times(\Delta\varphi_1)\qquad i=1,2,3,\cdots,n \tag{10-77}$$

式(10-75)～式(10-77)为等效转动构件或曲柄 1 运动的差分方程。

式(10-75)～式(10-77)中，$\Delta\varphi_1$ 为曲柄 1 角位移 $\varphi_1$ 的增量，$M_{e1}$ 与 $J_e$ 的最小公周期为 $2\pi$，于是，$\Delta\varphi_1 = 2\pi / n$，$n$ 为在一个周期内的计算点数，取 $n$=360。

式(10-75)中，$M_{e1}\{[\varphi_1(i)],\omega_1[\varphi_1(i)]\}$ 为 $M_{e1}$ 对应于 $\varphi_1(i)$ 位置、$\omega_1$ 在 $\varphi_1(i)$ 位置上的角速度 $\omega_1[\varphi_1(i)]$ 的数值，即

$$M_{e1}\{[\varphi_1(i)],\omega_1[\varphi_1(i)]=M_1\{\omega_1[\varphi_1(i)]\}+F_r\cdot V_5[\varphi_1(i)]/\omega_1[\varphi_1(i)] \tag{10-78}$$

式(10-78)中，$M_1\{\omega_1[\varphi_1(i)]\}$ 为 $M_1$ 对应于 $\omega_1[\varphi_1(i)]$ 角速度下的数值，即

$$M_1\{\omega_1[\varphi_1(i)]\}=\frac{2M_{\max}i}{\dfrac{\omega_0/i-\omega_1[\varphi_1(i)]}{\omega_0 s_m/i}+\dfrac{\omega_0 s_m/i}{\omega_0/i-\omega_1[\varphi_1(i)]}}\text{N}\cdot\text{m} \tag{10-79}$$

式(10-78)中，$V_5[\varphi_1(i)]/\omega_1[\varphi_1(i)]$ 为 $V_5/\omega_1$ 在 $\varphi_1(i)$ 位置上的数值，由式(10-57)～式(10-65)计算。

式(10-75)中，$J_e[\varphi_1(i)]$ 为 $J_e$ 对应于 $\varphi_1(i)$ 位置上的数值，即

$$J_e[\varphi_1(i)]=J_A+J_C\left\{\frac{\omega_3[\varphi_1(i)]}{\omega_1[\varphi_1(i)]}\right\}^2+m_5\left\{\frac{V_5[\varphi_1(i)]}{\omega_1[\varphi_1(i)]}\right\}^2 \tag{10-80}$$

$\omega_3[\varphi_1(i)]/\omega_1[\varphi_1(i)]$ 为 $\omega_3/\omega_1$ 在 $\varphi_1(i)$ 位置上的数值，由式(10-57)～式(10-60)计算。

式(10-75)中，$J_e'[\varphi_1(i)]$ 为 $J_e'$ 对应于 $\varphi_1(i)$ 位置上的数值；对式(10-70)求关于连续变量 $\varphi_1$ 的导数得连续函数 $J_e'$、求关于离散变量 $\varphi_1(i)$ 的导数得离散函数 $J_e'[\varphi_1(i)]$ 分别为

$$J_e'=\frac{dJ_e}{d\varphi_1}=\frac{2J_C\omega_3}{\omega_1^3}\left(\alpha_3-\alpha_1\frac{\omega_3}{\omega_1}\right)+\frac{2m_5V_5}{\omega_1^3}\left(a_5-\alpha_1\frac{V_5}{\omega_1}\right) \tag{10-81}$$

$$\begin{aligned}J_e'[\varphi_1(i)]=\frac{dJ_e[\varphi_1(i)]}{d\varphi_1}&=\frac{2J_C\omega_3[\varphi_1(i)]}{\omega_1^3[\varphi_1(i)]}\left\{\alpha_3[\varphi_1(i)]-\alpha_1[\varphi_1(i)]\frac{\omega_3[\varphi_1(i)]}{\omega_1[\varphi_1(i)]}\right\}\\&+\frac{2m_5V_5[\varphi_1(i)]}{\omega_1^3[\varphi_1(i)]}\left\{a_5[\varphi_1(i)]-\alpha_1[\varphi_1(i)]\frac{V_5[\varphi_1(i)]}{\omega_1[\varphi_1(i)]}\right\}\end{aligned} \tag{10-82}$$

在以上公式中，$\omega_3[\varphi_1(i)]$、$\alpha_3[\varphi_1(i)]$、$\alpha_1[\varphi_1(i)]$、$V_5[\varphi_1(i)]$、$a_5[\varphi_1(i)]$ 为 $\omega_3$、$\alpha_3$、$\alpha_1$、$V_5$、$a_5$ 对应于 $\varphi_1(i)$ 位置上的数值，由对应的公式求解。

式(10-76)中，$J_e\left[\varphi_1(i)+\dfrac{\Delta\varphi_1}{2}\right]$ 为 $J_e$ 对应于 $\varphi_1(i)+\dfrac{\Delta\varphi_1}{2}$ 位置上的数值，令 $J_{e\Delta}=J_e\left[\varphi_1(i)+\dfrac{\Delta\varphi_1}{2}\right]$，即

$$J_{e\Delta}=J_A+J_C\left\{\frac{\omega_3\left[\varphi_1(i)+\dfrac{\Delta\varphi_1}{2}\right]}{\omega_1[\varphi_1(i)]+\dfrac{\Delta\varphi_1}{2}K_1}\right\}^2+m_5\left\{\frac{V_5\left[\varphi_1(i)+\dfrac{\Delta\varphi_1}{2}\right]}{\omega_1[\varphi_1(i)]+\dfrac{\Delta\varphi_1}{2}K_1}\right\}^2 \tag{10-83}$$

式中，$\omega_3\left[\varphi_1(i)+\dfrac{\Delta\varphi_1}{2}\right]$ 为 $\omega_3$ 在 $\varphi_1(i)+\dfrac{\Delta\varphi_1}{2}$ 位置上的数值。令 $\varphi_{1\Delta}=\varphi_1(i)+\dfrac{\Delta\varphi_1}{2}$，$\theta_\Delta=\theta+\dfrac{\Delta\theta}{2}$，

$r_{23\Delta}=r_{23}+\dfrac{\Delta r_{23}}{2}$，$\omega_{3\Delta}=\omega_3\left[\varphi_1(i)+\dfrac{\Delta\varphi_1}{2}\right]$，于是，由式(10-57)、式(10-58)、式(10-60)得 $\omega_3\left[\varphi_1(i)+\dfrac{\Delta\varphi_1}{2}\right]$的求解方程为

$$\theta_\Delta=\arctan[q\sin\varphi_{1\Delta}/(1+q\cos\varphi_{1\Delta})] \tag{10-84}$$

$$r_{23\Delta}=\sqrt{d_1^2+r_1^2+2d_1r_1\cos\varphi_{1\Delta}} \tag{10-85}$$

$$\omega_{3\Delta}=\omega_3\left[\varphi_1(i)+\frac{\Delta\varphi_1}{2}\right]=r_1\left\{\omega_1[\varphi_1(i)]+\frac{\Delta\varphi_1}{2}K_1\right\}\cos(\theta_\Delta-\varphi_{1\Delta})\Big/r_{23\Delta} \tag{10-86}$$

$V_5\left[\varphi_1(i)+\dfrac{\Delta\varphi_1}{2}\right]$为 $V_5$ 在 $\varphi_1(i)+\dfrac{\Delta\varphi_1}{2}$位置上的数值，令 $V_{5\Delta}=V_5\left[\varphi_1(i)+\dfrac{\Delta\varphi_1}{2}\right]$，于是，由式(10-65)得 $V_5\left[\varphi_1(i)+\dfrac{\Delta\varphi_1}{2}\right]$的求解方程为

$$V_{5\Delta}=V_5\left[\varphi_1(i)+\frac{\Delta\varphi_1}{2}\right]=-d_2\omega_{3\Delta}/\cos^2(\theta_\Delta) \tag{10-87}$$

式(10-76)中，$\mathrm{d}\left\{J_e\left[\varphi_1(i)+\dfrac{\Delta\varphi_1}{2}\right]\right\}\Big/\mathrm{d}\varphi_1$ 为 $J_e'$ 对应于 $\varphi_1(i)+\dfrac{\Delta\varphi_1}{2}$ 位置上的数值，令 $J_e'\left[\varphi_1(i)+\dfrac{\Delta\varphi_1}{2}\right]=\mathrm{d}\left\{J_e\left[\varphi_1(i)+\dfrac{\Delta\varphi_1}{2}\right]\right\}\Big/\mathrm{d}\varphi_1$，由式(10-82)得

$$\begin{aligned}J_e'\left[\varphi_1(i)+\frac{\Delta\varphi_1}{2}\right]&=\frac{\mathrm{d}J_e\left[\varphi_1(i)+\dfrac{\Delta\varphi_1}{2}\right]}{\mathrm{d}\varphi_1}\\&=\frac{2J_C\omega_3\left[\varphi_1(i)+\dfrac{\Delta\varphi_1}{2}\right]}{\left\{\omega_1[\varphi_1(i)]+\dfrac{\Delta\varphi_1}{2}K_1\right\}^3}\left\{\alpha_3\left[\varphi_1(i)+\frac{\Delta\varphi_1}{2}\right]-\alpha_1\left[\varphi_1(i)+\frac{\Delta\varphi_1}{2}\right]\frac{\omega_3\left[\varphi_1(i)+\dfrac{\Delta\varphi_1}{2}\right]}{\omega_1[\varphi_1(i)]+\dfrac{\Delta\varphi_1}{2}K_1}\right\}\\&\quad+\frac{2m_5V_5\left[\varphi_1(i)+\dfrac{\Delta\varphi_1}{2}\right]}{\left\{\omega_1[\varphi_1(i)]+\dfrac{\Delta\varphi_1}{2}K_1\right\}^3}\left\{a_5\left[\varphi_1(i)+\frac{\Delta\varphi_1}{2}\right]-\alpha_1\left[\varphi_1(i)+\frac{\Delta\varphi_1}{2}\right]\frac{V_5\left[\varphi_1(i)+\dfrac{\Delta\varphi_1}{2}\right]}{\omega_1[\varphi_1(i)]+\dfrac{\Delta\varphi_1}{2}K_1}\right\}\end{aligned} \tag{10-88}$$

式中，$\alpha_1\left[\varphi_1(i)+\dfrac{\Delta\varphi_1}{2}\right]$、$\alpha_3\left[\varphi_1(i)+\dfrac{\Delta\varphi_1}{2}\right]$、$a_5\left[\varphi_1(i)+\dfrac{\Delta\varphi_1}{2}\right]$为 $\alpha_1$、$\alpha_3$、$a_5$ 对应于 $\varphi_1(i)+\dfrac{\Delta\varphi_1}{2}$位置上的数值，令 $\alpha_{1\Delta}=\alpha_1\left[\varphi_1(i)+\dfrac{\Delta\varphi_1}{2}\right]$，其近似计算式为

$$\alpha_{1\Delta}=\alpha_1\left[\varphi_1(i)+\frac{\Delta\varphi_1}{2}\right]=\frac{\left\{\omega_1[\varphi_1(i)]+\dfrac{\Delta\varphi_1}{2}K_1\right\}-\omega_1[\varphi_1(i)]}{\dfrac{\Delta\varphi_1}{2}}\frac{\dfrac{\Delta\varphi_1}{2}}{\dfrac{\Delta t}{2}}=K_1\omega_1[\varphi_1(i)] \tag{10-89}$$

令 $\alpha_{3\Delta}=\alpha_3\left[\varphi_1(i)+\dfrac{\Delta\varphi_1}{2}\right]$，由式(10-62)得

$$\begin{aligned}\alpha_{3\Delta}=\alpha_3\left[\varphi_1(i)+\frac{\Delta\varphi_1}{2}\right]&=\{r_1\cdot r_{23\Delta}\cdot\alpha_{1\Delta}\cos(\theta_\Delta-\varphi_{1\Delta})\\&-r_1\cdot r_{23\Delta}\left\{\omega_1[\varphi_1(i)]+\frac{\Delta\varphi_1}{2}K_1\right\}\left\{\omega_{3\Delta}-\left\{\omega_1[\varphi_1(i)]+\frac{\Delta\varphi_1}{2}K_1\right\}\right\}\sin(\theta_\Delta-\varphi_{1\Delta})\\&-V_{23\Delta}\cdot r_1\left\{\omega_1[\varphi_1(i)]+\frac{\Delta\varphi_1}{2}K_1\right\}\cos(\theta_\Delta-\varphi_{1\Delta})\}/r_{23\Delta}^2\end{aligned}\tag{10-90}$$

式中，$V_{23\Delta}$ 为 $V_{23}$ 对应于 $\varphi_1(i)+\dfrac{\Delta\varphi_1}{2}$ 位置上的数值，且由式(10-61)得

$$V_{23\Delta}=V_{23}\left[\varphi_1(i)+\frac{\Delta\varphi_1}{2}\right]=r_1\left\{\omega_1[\varphi_1(i)]+\frac{\Delta\varphi_1}{2}K_1\right\}\sin[\theta_\Delta-\varphi_{1\Delta}]\tag{10-91}$$

式(10-88)中，令 $a_{5\Delta}=a_5\left[\varphi_1(i)+\dfrac{\Delta\varphi_1}{2}\right]$，由式(10-66)得

$$a_{5\Delta}=a_5\left[\varphi_1(i)+\frac{\Delta\varphi_1}{2}\right]=-d_2(\alpha_{3\Delta}\cos\theta_\Delta+2\omega_{3\Delta}^2\sin\theta_\Delta)/\cos^3\theta_\Delta\tag{10-92}$$

$\varphi_1(i)$ 的计算式为 $\varphi_1(i)=0+(\Delta\varphi_1)(i-1)=0+\dfrac{2\pi}{n}(i-1)$，$i$=1,2,3,…,$n$。

式(10-82)中，$\alpha_1$ 的初值 $\alpha_1(1)=\alpha_1[\varphi_1(1)]$ 可以取为

$$\alpha_1[\varphi_1(1)]=M_{e1}\{[\varphi_1(1)],\omega_1[\varphi_1(1)]\}/J_e[\varphi_1(1)]\tag{10-93}$$

在其后的计算中，$\alpha_1(i)$ 可以近似取为

$$\alpha_1(i)=\omega_1[\varphi_1(i-1)]\{\omega_1[\varphi_1(i)]-\omega_1[\varphi_1(i-1)]\}/(\Delta\varphi_1)\quad i=2,3,4,\cdots,n\tag{10-94}$$

式(10-76)中，$M_{e1}\left\{\varphi_1(i)+\dfrac{\Delta\varphi_1}{2},\omega_1[\varphi_1(i)]+\dfrac{\Delta\varphi_1}{2}K_1\right\}$ 为 $M_{e1}$ 对应于 $\varphi_1(i)+\dfrac{\Delta\varphi_1}{2}$ 位置、$\omega_1$ 在 $\varphi_1(i)+\dfrac{\Delta\varphi_1}{2}$ 位置上的角速度 $\omega_1[\varphi_1(i)]+\dfrac{\Delta\varphi_1}{2}K_1$ 的数值，即

$$\begin{aligned}&M_{e1}\left\{\varphi_1(i)+\frac{\Delta\varphi_1}{2},\omega_1[\varphi_1(i)]+\frac{\Delta\varphi_1}{2}K_1\right\}\\&=M_1\left\{\omega_1[\varphi_1(i)]+\frac{\Delta\varphi_1}{2}K_1\right\}+F_r\cdot V_{5\Delta}\Big/\left\{\omega_1[\varphi_1(i)]+\frac{\Delta\varphi_1}{2}K_1\right\}\end{aligned}\tag{10-95}$$

式中，$M_1\left\{\omega_1[\varphi_1(i)]+\dfrac{\Delta\varphi_1}{2}K_1\right\}$ 为 $M_1$ 对应于 $\omega_1[\varphi_1(i)]+\dfrac{\Delta\varphi_1}{2}K_1$ 角速度的数值，即

$$\begin{aligned}&M_1\left\{\omega_1[\varphi_1(i)]+\frac{\Delta\varphi_1}{2}K_1\right\}\\&=\frac{2M_{\max}i}{\dfrac{\omega_0/i-\left\{\omega_1[\varphi_1(i)]+\dfrac{\Delta\varphi_1}{2}K_1\right\}}{\omega_0 s_m/i}+\dfrac{\omega_0 s_m/i}{\omega_0/i-\left\{\omega_1[\varphi_1(i)]+\dfrac{\Delta\varphi_1}{2}K_1\right\}}}\text{N}\cdot\text{m}\end{aligned}\tag{10-96}$$

若在机器中增加一个飞轮，其转动惯量用 $J_F$ 表示，此时，机器的角速度变化范围可以被控制在要求的指标之内。若飞轮的角位移也为 $\varphi_1$，令式(10-75)～式(10-77)中的 $K_1=K_{1F}$、$K_2=K_{2F}$，$\omega_1=\omega_{1F}$，则式(10-75)～式(10-77)转化为

$$K_{1F}=f\{M_{e1}\{[\varphi_1(i)],\omega_1[\varphi_1(i)]\},\ J_e[\varphi_1(i)]+J_F,J'_e[\varphi_1(i)],\omega_1[\varphi_1(i)]\}$$
$$=\frac{M_{e1}\{\varphi_1(i),\omega_1[\varphi_1(i)]\}-\dfrac{\omega_1^2[\varphi_1(i)]}{2}\dfrac{dJ_e[\varphi_1(i)]}{d\varphi_1}}{\{J_e[\varphi_1(i)]+J_F\}\times\omega_1[\varphi_1(i)]} \tag{10-97}$$

$$K_{2F}=f\left\{M_{e1}\left\{\varphi_1(i)+\frac{\Delta\varphi_1}{2},\omega_1[\varphi_1(i)]+\frac{\Delta\varphi_1}{2}K_{1F}\right\},\ J_e\left[\varphi_1(i)+\frac{\Delta\varphi_1}{2}\right]+J_F,\ J'_e\left[\varphi_1(i)+\frac{\Delta\varphi_1}{2}\right],\right.$$
$$\left.\omega_1[\varphi_1(i)]+\frac{\Delta\varphi_1}{2}K_{1F}\right\}$$

$$=\frac{M_{e1}\left\{\varphi_1(i)+\dfrac{\Delta\varphi_1}{2},\omega_1[\varphi_1(i)]+\dfrac{\Delta\varphi_1}{2}K_{1F}\right\}-\dfrac{1}{2}\left\{\omega_1[\varphi_1(i)]+\dfrac{\Delta\varphi_1}{2}K_{1F}\right\}^2\dfrac{dJ_e\left[\varphi_1(i)+\dfrac{\Delta\varphi_1}{2}\right]}{d\varphi_1}}{\left\{J_e\left[\varphi_1(i)+\dfrac{\Delta\varphi_1}{2}\right]+J_F\right\}\times\left\{\omega_1[\varphi_1(i)]+\dfrac{\Delta\varphi_1}{2}K_{1F}\right\}} \tag{10-98}$$

于是，得到 $\omega_{1F}$ 的迭代式为

$$\omega_{1F}[\varphi_1(i+1)]=\omega_{1F}[\varphi_1(i)]+K_{2F}\times(\Delta\varphi_1)\qquad i=1,2,3,\cdots,n \tag{10-99}$$

式(10-97)～式(10-99)中，所有变量的计算公式与式(10-75)～式(10-77)中的参数相同，通过选择不同的 $J_F$，可以使 $\omega_{1F}$ 的变化范围控制在设计要求之内。

若对式(10-74)直接求解，不加飞轮转动惯量 $J_F$ 时，令 $\omega_{1dir}=\omega_1$，得 $\omega_{1dir}$ 的迭代式为

$$\omega_{1dir}[\varphi_1(i+1)]=$$
$$\frac{M_{e1}\{\varphi_1(i),\omega_1[\varphi_1(i)]\}(\Delta\varphi_1)-0.5\omega_1^2[\varphi_1(i)]\times\{J_e[\varphi_1(i+1)]-J_e[\varphi_1(i)]\}+J_e[\varphi_1(i)]\times\omega_1^2[\varphi_1(i)]}{J_e[\varphi_1(i)]\times\omega_1[\varphi_1(i)]} \tag{10-100}$$

增加飞轮转动惯量 $J_F$ 时，令 $\omega_{1Fdir}=\omega_1$，得 $\omega_{1Fdir}$ 的迭代式为

$$\omega_{1Fdir}[\varphi_1(i+1)]=$$
$$\frac{M_{e1}\{\varphi_1(i),\omega_1[\varphi_1(i)]\}(\Delta\varphi_1)-0.5\omega_1^2[\varphi_1(i)]\times\{J_e[\varphi_1(i+1)]-J_e[\varphi_1(i)]\}+\{J_e[\varphi_1(i)]+J_F\}\times\omega_1^2[\varphi_1(i)]}{\{J_e[\varphi_1(i)]+J_F\}\times\omega_1[\varphi_1(i)]} \tag{10-101}$$

式(10-100)～式(10-101)中，所有变量的计算公式同前。

采用龙格-库塔方法所求得的 $\omega_{1L}$ 与直接法求解的 $\omega_{1dir}$ 关于 $\varphi_1(i)$ 的曲线如图 10-12(a)所示；当加入飞轮转动惯量 $J_F=10\text{kg}\cdot\text{m}^2$ 时，采用龙格-库塔方法所求得的 $\omega_{1FL}$ 与直接法求解的 $\omega_{1Fdir}$ 关于 $\varphi_1(i)$ 的曲线如图 10-12(b)所示。

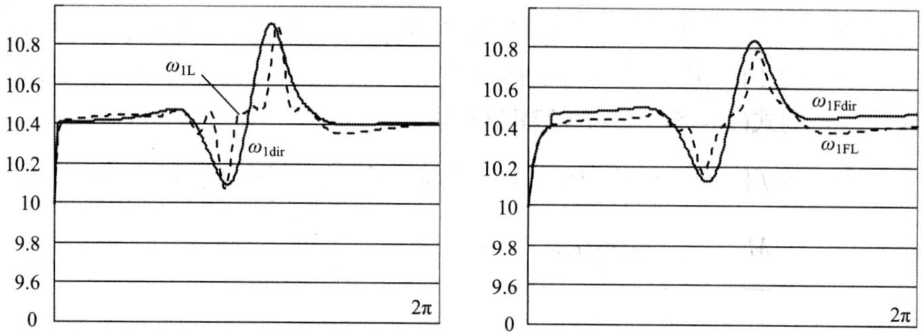


(a) $\omega_{1L}$与$\omega_{1dir}$关于$\varphi_1$的曲线　　(b) $\omega_{1FL}$与$\omega_{1Fdir}$关于$\varphi_1$的曲线

图 10-12　主动轴上的角速度曲线

## 习　　题

**10.1**　题 10.1 图(a)为一偏置曲柄滑块机构。偏心距 $e=-0.15$m；曲柄 1 是圆盘上的一条线，杆长 $a=0.35$m，圆盘的质心在 $A$ 点，质量 $m_1=80$kg，转动惯量 $J_1=0.07\text{kg}\cdot\text{m}^2$，角速度 $\omega_1$ 的平均值 $\omega_{1m}=16$rad/s，连杆 2 的杆长 $b=1.05$m，关于质心 $C_2$ 的转动惯量 $J_{C2}=0.25\text{kg}\cdot\text{m}^2$，$DC_2=b_{C2}=0.65$m，质量 $m_2=100$kg，滑块 3 的质量 $m_3=120$kg。当滑块 3 的速度 $V_3\leqslant 0$ 时，滑块 3 上的工作阻力 $F_r=8000$N；当 $V_3>0$ 时，$F_r=0$，如题 10-1 图(b)所示。若以曲柄 1 的角位移 $\varphi_1$ 作为等效构件的角位移，安装在曲柄 1 轴上的飞轮转动惯量 $J_F=100\text{kg}\cdot\text{m}^2$，忽略构件的等效转动惯量。试求：

(1) 机构关于 $A$ 点的等效转动惯量 $J_{e1}$；

(2) 作用在等效构件上的等效阻力矩 $M_{er1}$；

(3) 若驱动力矩为常数，求驱动力矩 $M_{d1}$ 的大小；

(4) 求最大盈亏功 $\Delta W_{max}$；

(5) 求曲柄 1 的速度波动不均匀系数 $\delta$。

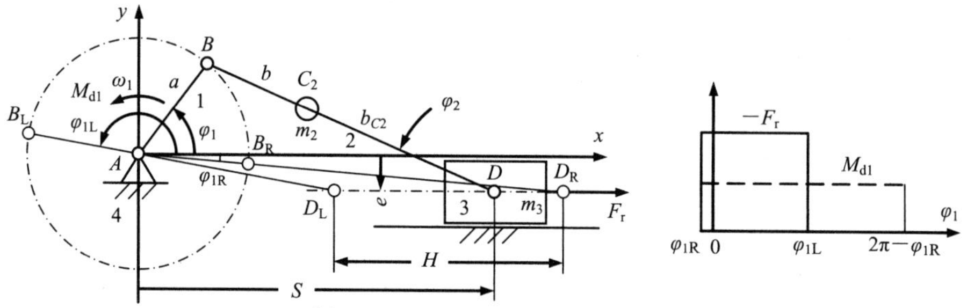


(a)　　(b)

题 10.1 图

**10.2**　题 10.2 图为转化到多缸发动机曲轴上的等效驱动力矩 $M_{ed}$ 和等效阻力矩 $M_{er}$ 在一个运动循环内的变化曲线，等效阻力矩为常数，其等效驱动力矩曲线与阻抗力矩线所围成的各块面积依次为 $A_1=+680$、$A_2=-420$、$A_3=+490$、$A_4=-620$、$A_5=+290$、$A_6=-490$、$A_7=+360$ 及 $A_8=-290\text{ mm}^2$，该图的比例尺为 $\mu_M=120\text{ N}\cdot\text{m/mm}$，$\mu_\varphi=0.01$rad/mm。设曲轴的平均转速为 $n_1=600$r/min，其他构件的转动惯量忽略不计。若要求速度不均匀系数为 $\delta=0.015$，求在曲轴上应安装飞轮的转动惯量 $J_F$ 的大小。

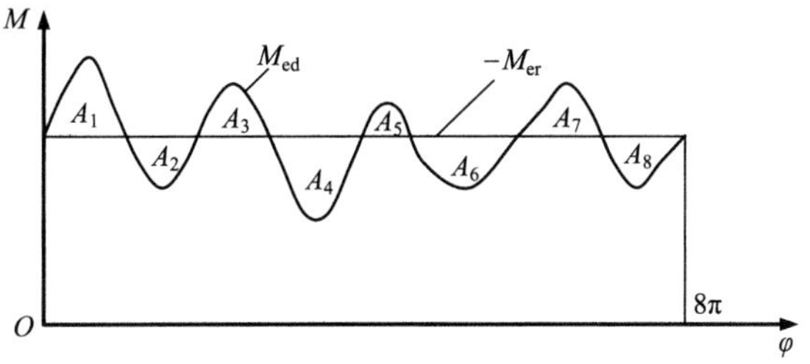


题 10.2 图

**10.3**　作用在某一机器从动件上的等效阻力矩 $M_{er}$ 如题 10.3 图所示，等效驱动力矩 $M_{ed}$ 近似为一常数，从动件的平均转速 $n$=240r/min，从动件的不均匀系数 $\delta$=0.026，关于该从动件的等效转动惯量的平均值 $J_{ep}$=2kg·m$^2$，求安装在该从动件上的飞轮转动惯。

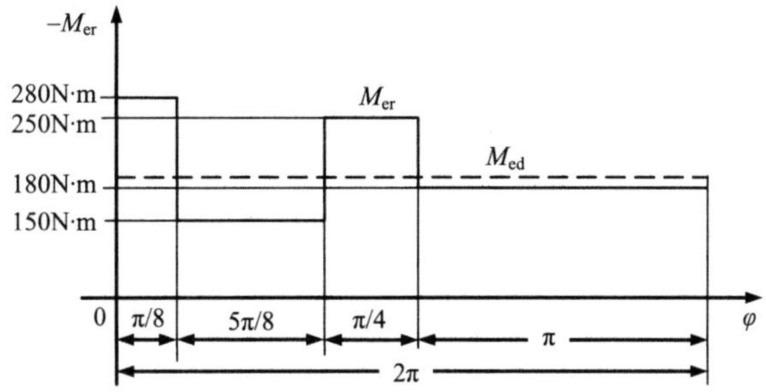


题 10.3 图

**10.4**　题 10.4 图(a)为一齿轮机构与余弦机构组合的平面六杆机构，已知齿轮 1 的齿数 $Z_1$=24，转动惯量 $J_1$=0.08kg·m$^2$，角速度 $\omega_1$ 的平均值 $\omega_{1m}$=25.133rad/s；齿轮 2 的齿数 $Z_2$=52，转动惯量 $J_2$=0.15kg·m$^2$；齿轮 2 上的 $C$ 点到转动中心 $B$ 点的距离 $b_2$=0.200m。滑块 3 及其销轴的质量 $m_3$=40kg，滑块 4 的质量 $m_4$=120kg。当滑块 4 的速度 $V_4$≤0 时，工作阻力 $F_r$=3000N；当滑块 4 的速度 $V_4$>0 时，$F_r$=0。设驱动力矩 $M_{d1}$ 为常数。试求：

(1) 机构以齿轮 1 的角位移 $\varphi_1$ 为等效构件角位移的等效转动惯量 $J_{e1}$；

(2) 求驱动力矩 $M_{d1}$；

(3) 求等效力矩 $M_{e1}$，其图形如题 10.4 图(b)所示；

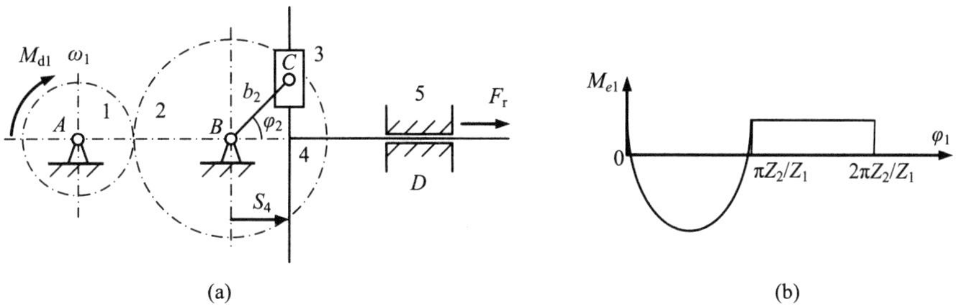


题 10.4 图

(4) 求最大盈亏功 $\Delta W_{max}$；

(5) 无飞轮时，求齿轮 1 的速度波动不均匀系数 $\delta$；

(6) 有飞轮时，设 $J_F$=10kg·m$^2$，求齿轮 1 的速度波动不均匀系数 $\delta_F$。

**10.5** 题 10.5 图为一行星轮系，已知 $Z_1$=30，$J_1$=0.04kg·m$^2$；$Z_2$=24，$m_2$=80kg，$J_2$=0.03kg·m$^2$；$Z_3$=78，系杆的转动惯量 $J_H$=0.05kg·m$^2$，齿轮的模数 $m$=8mm；作用在系杆 $H$ 上的阻力矩 $M_r$=100N·m。当取中心轮 1 的角位移作为等效构件的角位移时，求等效转动惯量 $J_{e1}$ 和等效阻力矩 $M_{er1}$。

**10.6** 题 10.6 图为四槽槽轮机构，设中心距 $L$=360mm，主动杆 1 的长度 $R$=$L$cos45°，驱动力矩 $M_d$=5N·m，阻力矩 $M_r$=20N·m，主动杆及其锁止弧(相当于飞轮)关于转动中心 $O_1$ 的转动惯量 $J_1$=1.2kg·m$^2$，槽轮 3 关于转动中心 $O_3$ 的转动惯量 $J_3$=0.25kg·m$^2$，在槽轮开始运动时，主动杆 1 的角速度 $\omega_{10}$=150.8rad/s，槽轮 3 的间歇步进转动角速度为 $\omega_3$。试求：

(1) 机构以主动杆的角位移 $\varphi$ 为等效构件角位移的等效转动惯量 $J_{e1}$；

(2) 求等效力矩 $M_{e1}$；

(3) 求最大盈亏功 $\Delta W_{max}$；

(4) 求主动杆 1 的速度波动不均匀系数 $\delta$。

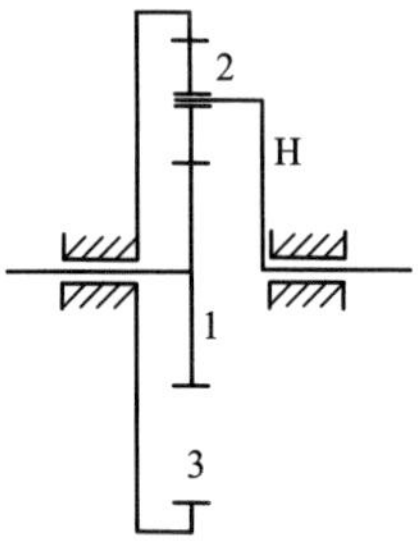


题 10.5 图

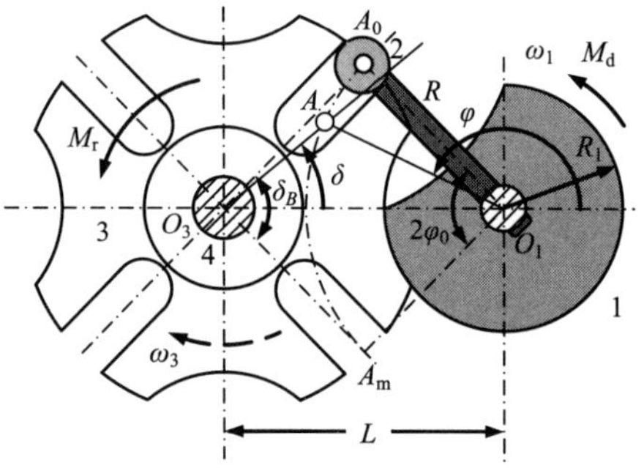


题 10.6 图

## 思 考 题

**10.1** 涡轮风扇发动机的部分结构如思考题 10.1(a)图所示，在涡轮风扇上取单位质量 $dm = \rho(dx,dy,dz)$在 $XYZ$ 坐标系中的表达如题 10.1(b)图所示，要想通过三重积分 $\int_0^{Lx}\rho(x^2+z^2)dx\int_0^{Rz}dz\int_0^{Ry}dy$ 求解其转动惯量 $J_W$ 实在是太困难，因为边界为空间曲面。若在涡轮风扇一端连接一个半径为 $R$ 的轮子，该轮子的转动惯量 $J_1$ 已知，在轮子的外径上固连一根尼龙绳子，绳子的下端固连一个质量为 $m_1$ =160kg 的重块，从静止开始释放重块，在 5s 内质量为 $m_1$ 的重块下降 4m；为了消除涡轮风扇与支撑的摩擦力矩，换用一个质量为 $m_2$= 80kg 的重块，从静止开始释放重块，在 5s 内质量为 $m_2$ 的重块下降 1.5m；暂且认为摩擦力矩与 $m_1$ 和 $m_2$ 的大小无关。试建立求解涡轮风扇转动惯量 $J_W$ 的力学方程。

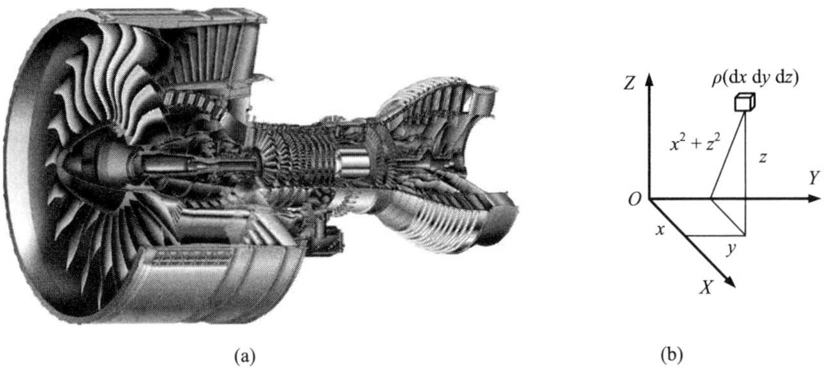


思考题 10.1 图

# 第 11 章

# 机械的平衡

## 11.1　概述

机械的平衡，一是要消除定轴转动构件离心惯性力的问题，称为回转构件的平衡，又称为转子的平衡，如图 11-1 所示的一根齿轮轴，想要实现所有质点的离心力之合为零。二是要解决机械中各个构件的惯性力之和为零的问题，称为机构的平衡，如图 11-2 所示的单缸内燃机曲轴，部分抵消连杆与活塞的惯性力；如图 11-3 所示的三缸内燃机曲轴，也是想要抵消三组连杆与活塞的惯性力；如图 11-4 所示的白鹤滩水轮发电机组，单机发电容量 100 万 kW，8000 多吨重，想让整个转子的离心力之合为零，显然是极其困难的。在一般情况下，机械的惯性力之和不为零，机械工作于非平衡状态；转动副要承受工作阻力所产生的支反力，还要承受构件的惯性力与惯性力矩所产生的支反力，以及重力所产生的支反力。机械的平衡，

图 11-1　齿轮轴

图 11-2　单缸内燃机曲轴

图 11-3　三缸内燃机曲轴

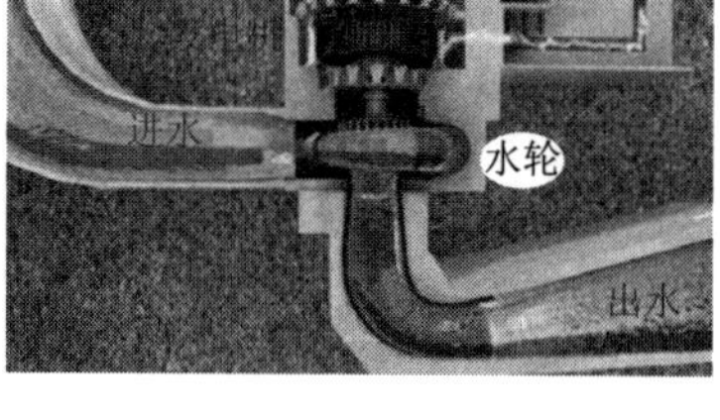


图 11-4　白鹤滩水轮发电机组

就是研究机械中各构件的惯性力之合为零，或达到最小以及消除回转构件中惯性力的原理与方法。

在由平面机构组成的机械中，存在四类构件，相对静止的机架、作定轴转动的构件、作往复移动的构件与作平面运动的构件。对于作定轴转动的构件，若其中心惯性主轴与转动轴线不重合，则其上各质点产生的惯性力与惯性力矩之合不为零或不同时为零，这些力会在转动副中产生附加的动压力。对于作往复移动的构件，其惯性力必然由别的运动副承担。对于作平面运动的构件，一般情况下，既产生惯性力，又产生惯性力矩，这些力也会在运动副中产生附加的动压力。为此，消除或减少机械中的惯性力，以提高机械的承载能力，降低机械产生的振动与噪声是机械设计中一项重要的工作。

## 11.2　平面连杆机构的平衡

研究平面连杆机构惯性力平衡的方法较多，这里仅介绍线性独立向量法。该方法的基本出发点是使机构的总质心保持静止。具体做法是列出机构总质心的位置向量表达式，设法使与时间相关的向量的系数为零，则机构总质心的位置不随时间变化而变化，机构的惯性力达得平衡。下面以铰链四杆机构、曲柄滑块机构为例，介绍平面连杆机构惯性力完全平衡的线性独立向量法。

### 11.2.1　铰链四杆机构惯性力的平衡

在图 11-5 所示的铰链四杆机构中，设三个活动构件的质量分别为 $m_1$、$m_2$ 和 $m_3$，质心位置分别为 $S_1$、$S_2$ 和 $S_3$，它们的总质量为 $M=m_1+m_2+m_3$。

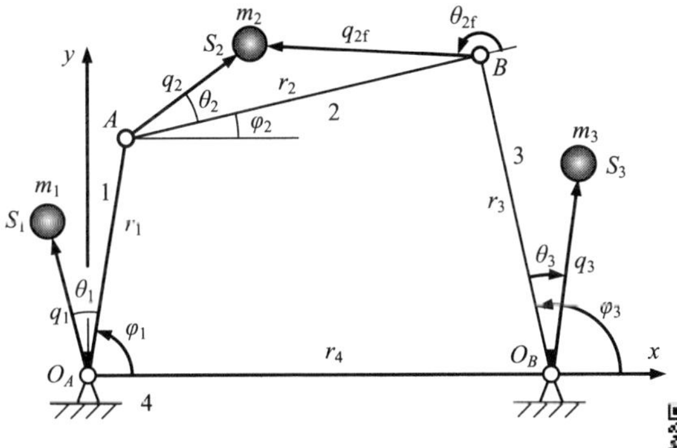


图 11-5　铰链四杆机构惯性力的计算简图

该机构活动构件的总质心 $S$ 点的向量方程为

$$r_S=(m_1\cdot r_{S1}+m_2\cdot r_{S2}+m_3\cdot r_{S3})\ /\ M \tag{11-1}$$

$S_1$、$S_2$ 和 $S_3$ 点的矢量表达式分别为

$$r_{S1}=q_1\mathrm{e}^{\mathrm{i}(\varphi_1+\theta_1)} \tag{11-2}$$

$$r_{S2}=r_1\mathrm{e}^{\mathrm{i}\varphi_1}+q_2\mathrm{e}^{\mathrm{i}(\varphi_2+\theta_2)} \tag{11-3}$$

$$r_{S3}=r_4\mathrm{e}^{\mathrm{i}0}+q_3\mathrm{e}^{\mathrm{i}(\varphi_3-\theta_3)} \tag{11-4}$$

将它们代入式(11-1)，得总质心 $S$ 点的向量方程为

$$\begin{aligned} r_S &= [m_1 \cdot q_1 e^{i(\varphi_1+\theta_1)} + m_2(r_1 e^{i\varphi_1} + q_2 e^{i(\varphi_2+\theta_2)}) + m_3(r_4 e^{i0} + q_3 e^{i(\varphi_3-\theta_3)})] / M \\ &= (m_1 q_1 e^{i\theta_1} e^{i\varphi_1} + m_2 r_1 e^{i\varphi_1} + m_2 q_2 e^{i\theta_2} e^{i\varphi_2} + m_3 r_4 + m_3 q_3 e^{-i\theta_3} e^{i\varphi_3}) / M \end{aligned} \tag{11-5}$$

式中，$e^{i\varphi_1}$、$e^{i\varphi_2}$ 和 $e^{i\varphi_3}$ 都是时间的函数，但它们不相互独立，受到杆长四边形的约束，即

$$r_1 e^{i\varphi_1} + r_2 e^{i\varphi_2} = r_4 e^{i0} + r_3 e^{i\varphi_3} \tag{11-6}$$

将式(11-6)中的 $e^{i\varphi_2} = (r_4 e^{i0} + r_3 e^{i\varphi_3} - r_1 e^{i\varphi_1}) / r_2$ 代入式(11-5)，得 $r_S$ 为

$$\begin{aligned} r_S &= [m_1 q_1 e^{i\theta_1} e^{i\varphi_1} + m_2 r_1 e^{i\varphi_1} + m_2 q_2 e^{i\theta_2}(r_4 + r_3 e^{i\varphi_3} - r_1 e^{i\varphi_1}) / r_2 + m_3 r_4 + m_3 q_3 e^{-i\theta_3} e^{i\varphi_3}] / M \\ &= [(m_1 q_1 e^{i\theta_1} + m_2 r_1 - m_2 q_2 r_1 e^{i\theta_2} / r_2) e^{i\varphi_1} + (m_2 q_2 r_3 e^{i\theta_2} / r_2 + m_3 q_3 e^{-i\theta_3}) e^{i\varphi_3} \\ &\quad + m_3 r_4 + m_2 q_2 r_4 e^{i\theta_2} / r_2] / M \end{aligned} \tag{11-7}$$

令式(11-7)中 $e^{i\varphi_1}$ 与 $e^{i\varphi_3}$ 的系数等于零，即

$$(m_1 q_1) e^{i\theta_1} + m_2 r_1 - (m_2 q_2 r_1 / r_2) e^{i\theta_2} = 0 \tag{11-8}$$

$$(m_2 q_2 r_3 / r_2) e^{i\theta_2} + (m_3 q_3) e^{-i\theta_3} = 0 \tag{11-9}$$

则总质心 $S$ 点的向量方程简化为

$$r_S = (m_2 q_2 r_4 e^{i\theta_2} r_2 / + m_3 r_4) / M \tag{11-10}$$

式(11-10)表明，此时，总质心 $S$ 是一个与时间无关的静止点，既没有速度，也没有加速度，机构的惯性力之和为零。式(11-8)、式(11-9)为铰链四杆机构惯性力平衡的几何条件。

为了计算方便，由图 11-5 得 $q_2 e^{i\theta_2} = r_2 + q_{2f} e^{i\theta_{2f}}$，将该几何条件代入式(11-8)中，得

$$m_1 q_1 e^{i\theta_1} - m_2 (r_1 / r_2) q_{2f} e^{i\theta_{2f}} = 0 \tag{11-11}$$

式(11-9)、式(11-11)进一步写为

$$m_1 q_1 = m_2 (r_1 / r_2) q_{2f}, \quad \theta_1 = \theta_{2f} \tag{11-12}$$

$$m_2 q_2 r_3 / r_2 = m_3 q_3, \quad \theta_3 = \pi - \theta_2 \tag{11-13}$$

若机构原始的质量 $m_1$、$m_2$ 和 $m_3$ 及分布不满足以上条件，则可以在构件 1、2 和 3 上重新安装附加质量，以使上式成立。

### 11.2.2 曲柄滑块机构惯性力的平衡

在图 11-6 所示的偏置曲柄滑块机构中，曲柄 1 的杆长为 $a$，连杆 2 的杆长为 $b$，滑块 3 的偏心距为 $h$(滑块 3 在 $x$ 轴下方取值为负)，设三个活动构件的质量分别为 $m_1$、$m_2$ 和 $m_3$，质心位置分别为 $C_1$、$C_2$ 和 $C_3$，$AC_1=a_1$，$BC_2=b_2$，它们的总质量 $M=m_1+m_2+m_3$。设 $C_1$、$C_2$ 和 $C_3$ 到坐标原点的向径分别为 $r_{C1}$、$r_{C2}$ 与 $r_{C3}$，该机构活动构件的总质心 $C$ 点的向量方程为

$$r_C=(m_1 \cdot r_{C1}+m_2 \cdot r_{C2}+m_3 \cdot r_{C3}) / M \tag{11-14}$$

$r_{C1}$、$r_{C2}$ 与 $r_{C3}$ 的复数矢量表达式分别为

$$r_{C1} = a_1 e^{i(\varphi+\pi)} \tag{11-15}$$

$$r_{C2} = a e^{i\varphi} + b_2 e^{i(\delta+\pi)} \tag{11-16}$$

$$r_{C3} = a e^{i\varphi} + b e^{i(\delta+\pi)} \tag{11-17}$$

将它们代入式(11-14)，得总质心 $C$ 点的向量方程为

$$
\begin{aligned}
r_C &= \left[ m_1 a_1 \mathrm{e}^{\mathrm{i}(\varphi+\pi)} + m_2 \left( a\mathrm{e}^{\mathrm{i}\varphi} + b_2 \mathrm{e}^{\mathrm{i}(\delta+\pi)} \right) + m_3 \left( a\mathrm{e}^{\mathrm{i}\varphi} + b\mathrm{e}^{\mathrm{i}(\delta+\pi)} \right) \right] \Big/ M \\
&= (-m_1 a_1 \mathrm{e}^{\mathrm{i}\varphi} + m_2 a\mathrm{e}^{\mathrm{i}\varphi} - m_2 b_2 \mathrm{e}^{\mathrm{i}\delta} + m_3 a\mathrm{e}^{\mathrm{i}\varphi} - m_3 b\mathrm{e}^{\mathrm{i}\delta}) / M \qquad (11\text{-}18) \\
&= [(-m_1 a_1 + m_2 a + m_3 a)\mathrm{e}^{\mathrm{i}\varphi} - (m_2 b_2 + m_3 b)\mathrm{e}^{\mathrm{i}\delta}] / M
\end{aligned}
$$

令式(11-18)中 $\mathrm{e}^{\mathrm{i}\varphi}$ 和 $\mathrm{e}^{\mathrm{i}\delta}$ 的系数等于零，即

$$-m_1 a_1 + m_2 a + m_3 a = 0 \qquad (11\text{-}19)$$

$$m_2 b_2 + m_3 b = 0 \qquad (11\text{-}20)$$

为此，得偏置曲柄滑块机构惯性力完全平衡的质量与几何条件为

$$b_2 = -m_3 b / m_2 \qquad (11\text{-}21)$$

$$a_1 = (m_2 + m_3) a / m_1 \qquad (11\text{-}22)$$

式(11-21)中的 $b_2$ 为负，表明质心 $C_2$ 在 $C_3B$ 的延长线上，式(11-21)同时表明 $m_2$ 与 $m_3$ 的合质心在转动副 $B$ 的几何中心上；式(11-22)表明 $m_2$ 与 $m_3$ 的合质心再与 $m_1$ 组成合质心，总的质心 $C$ 在转动副 $A$ 的几何中心上，为一个静止的点，如图 11-7 所示。

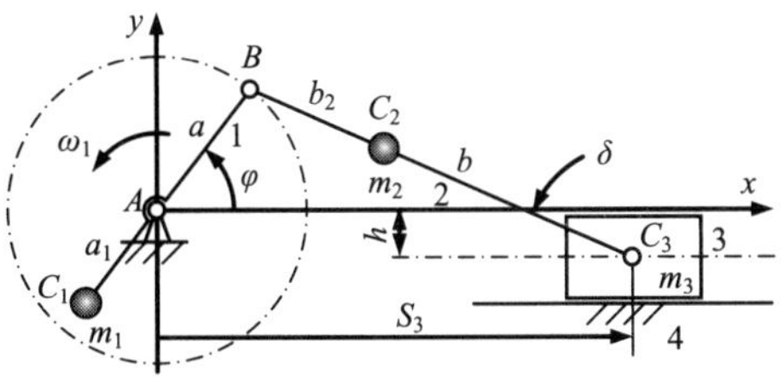


图 11-6　偏置曲柄滑块机构惯性力的计算简图

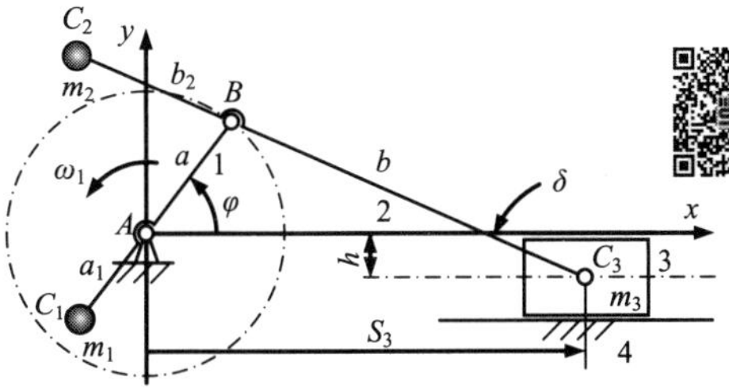


图 11-7　偏置曲柄滑块机构惯性力完全平衡图

［**例 11.1**］　在图 11-6 所示的偏置曲柄滑块机构中，若 $a$=0.150m，$a_1$=0.100m，$h$=–0.25$a$，$b$=0.450m，$m_2$=80kg，$m_3$=100kg，当曲柄滑块机构的惯性力完全平衡时，求曲柄 1 应该具有的质量 $m_1$。

［**解**］　由式(11-21)得 $b_2 = -m_3 b / m_2 = -100\times0.450/80 = -0.5625\text{m}$。

由式(11-22)得 $m_1 = (m_2 + m_3)a / a_1 = (80+100)\times0.150/0.100 = 270\text{kg}$。

当曲柄滑块机构的惯性力得到完全平衡时，曲柄 1 上的质量为 270kg，显然，惯性力达到完全平衡所应增加的质量是较大的，由于 $b_2$ 的存在(图 11-6)，结构尺寸也比较大。不过，在实际设计中，可以只增加较小的质量，使平面连杆机构的惯性力达到部分平衡，从而减轻机器的重量，减小机器的尺寸。

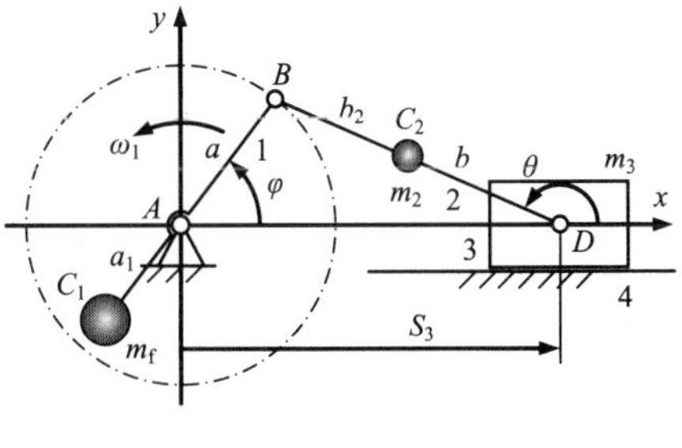


图 11-8　曲柄滑块机构惯性力部分平衡的计算简图

下面以图 11-8 所示的对心曲柄滑块机构为例，介绍平面连杆机构惯性力部分平衡的方法。

设曲柄 1 为主动件，杆长为 $a$，以 $\omega_1$ 作匀速运转；连杆 2 的杆长为 $b$，质心 $C_2$ 到 $B$ 点的长度为 $b_2$；滑块 3 为从动件。滑块 3 的位移为 $S_3$ 为

$$S_3 = a\cos\varphi + \sqrt{b^2 - a^2\sin^2\varphi} = a\cos\varphi + b\sqrt{1-(a\sin\varphi / b)^2}$$

令 $x=(a\sin\varphi/b)^2$，得幂级数 $\sqrt{1-x}$，展开并取前 2 项得 $\sqrt{1-x}\approx 1-x/2$，于是 $S_3$ 为

$$S_3 \approx a\cos\varphi + b[1-a^2/(2b^2)\sin^2\varphi] \tag{11-23}$$

滑块 3 的速度 $V_3$ 和加速度 $a_3$ 分别为

$$V_3 = -a\omega_1[\sin\varphi + a/(2b)\sin(2\varphi)] \tag{11-24}$$

$$a_3 = -a\omega_1^2[\cos\varphi + (a/b)\cos(2\varphi)] \tag{11-25}$$

滑块 3 的惯性力 $F_{I3}$ 为

$$F_{I3} = -m_3 a_3 = m_3 a\omega_1^2[\cos\varphi + (a/b)\cos(2\varphi)] \tag{11-26}$$

若 $a/b \leqslant 1/3$，则 $m_3 a\omega_1^2(a/b)\cos(2\varphi)$ 项比 $m_3 a\omega_1^2\cos\varphi$ 项小得多，略去不计，为此，$F_{I3}$ 的主项为

$$F_{I3} \approx -m_3 a_3 = m_3 a\omega_1^2\cos\varphi \tag{11-27}$$

若在曲柄 1 上增加一个惯性力部分平衡的质量 $m_f$，位置在 $C_1$ 点，相位角为 $\varphi+\pi$，其大小满足下式

$$m_f\omega_1^2 a_1\cos(\varphi+\pi) + m_3 a\omega_1^2\cos\varphi = 0 \tag{11-28}$$

则得惯性力部分平衡的质量 $m_f$ 为

$$m_f = m_3 a / a_1 \tag{11-29}$$

于是，滑块 3 的惯性力在水平方向可以得到部分平衡。

在图 11-8 中，当滑块 3 的惯性力在水平方向得到部分平衡时，曲柄滑块机构在水平方向与垂直方向的剩余惯性力 $F_x$、$F_y$ 分别为

$$F_x = -m_f a_{xC1} - m_2 a_{xC2} - m_3 a_3 \tag{11-30}$$

$$F_y = -m_f a_{yC1} - m_2 a_{yC2} \tag{11-31}$$

式中，$a_{xC1}$、$a_{xC2}$ 为质量 $m_f$、$m_2$ 在水平方向的加速度；$a_{yC1}$、$a_{yC2}$ 为质量 $m_f$、$m_2$ 在垂直方向的加速度，$a_{xC1}$、$a_{yC1}$ 分别为 $a_{xC1} = -a_1\omega_1^2\cos(\varphi+\pi)$，$a_{yC1} = -a_1\omega_1^2\sin(\varphi+\pi)$；$a_{xC2}$、$a_{yC2}$ 分别为

$$\theta = \arctan 2[a\sin\varphi / (-\sqrt{b^2-(a\sin\varphi)^2})] \tag{11-32}$$

$$\omega_2 = a\omega_1\cos\varphi / (b\cos\theta) \tag{11-33}$$

$$\alpha_2 = \omega_1^2[-a\sin\varphi + b(\omega_2/\omega_1)^2\sin\theta] / (b\cos\theta) \tag{11-34}$$

$$a_{xC2} = a_3 - \alpha_2(b-b_2)\sin\theta - \omega_2^2(b-b_2)\cos\theta \tag{11-35}$$

$$a_{yC2} = \alpha_2(b-b_2)\cos\theta - \omega_2^2(b-b_2)\sin\theta \tag{11-36}$$

**[例 11.2]** 在图 11-8 所示的曲柄滑块机构中，若除了滑块 3 无偏心距之外，其余的参数与图 11-3 相同，求曲柄 1 上应该具有的惯性力部分平衡的质量 $m_f$。

**[解]** 由式(11-29)得曲柄 1 上应该具有的惯性力部分平衡的质量 $m_f = m_3 a / a_1$=100×0.150/0.100=150kg。

显然，$m_f$=150kg 与例 11.1 中的 $m_1$=270kg 相比，小很多。当然，$m_f$ 只对滑块 3 的惯性力

进行部分平衡，对连杆 2 的惯性力没有考虑，因此，平衡效果没有惯性力完全平衡的好。

连杆 2 的惯性力也是可以给予部分的平衡，如图 11-8 中的连杆 2，将连杆 2 在 $C_2$ 点的质量 $m_2$ 按照一定的原理，转移一部分 $m_{23}$ 到运动副 $D$ 上，从而使 $D$ 处的质量为 $m_3+m_{23}$，如图 11-9 所示。再对 $m_3+m_{23}$ 进行惯性力的部分平衡，这样就考虑连杆 2 的惯性力的部分平衡问题。当然，连杆 2 的质量 $m_2$ 转移到运动副 $B$ 上的那一部分 $m_{21}$ 就无法考虑。

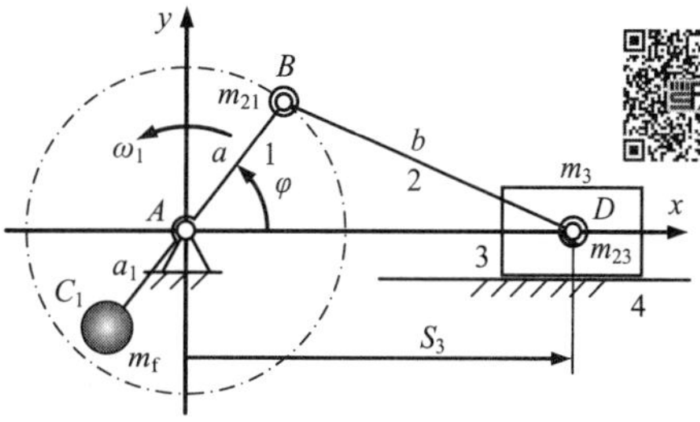

图 11-9　曲柄滑块机构惯性力部分平衡的计算简图

一个质量可以用两个集中质量来替代，称为质量替代，质量替代分为质量静替代与质量动替代。质量静替代是指质量替代前后的质心位置不变，该种质量替代的效果是构件原来的惯性力与替代之后的惯性力相同；质量动替代是指质量替代前后的质心位置不变，转动惯量也不变，该种质量替代的效果是构件原来的惯性力、惯性力矩与替代之后的惯性力、惯性力矩相同。

首先，研究一个质量用两个质量静替代表示的计算公式，在图 11-10 中，连杆 2 的长度为 $b$，质心在 $C_2$ 点，质量为 $m_2$，$BC_2=b_2$，现在把 $m_2$ 转移到 $B$、$D$ 两点，设 $B$ 点上分得的质量为 $m_{21}$，$D$ 点上分得的质量为 $m_{23}$，于是，得 $m_{21}$、$m_{23}$ 的计算公式为

$$\begin{cases} m_{21}+m_{23}=m_2 \\ m_{21}b_2-m_{23}(b-b_2)=0 \end{cases} \tag{11-37}$$

$$\begin{cases} m_{21}=m_2(b-b_2)/b \\ m_{23}=m_2b_2/b \end{cases} \tag{11-38}$$

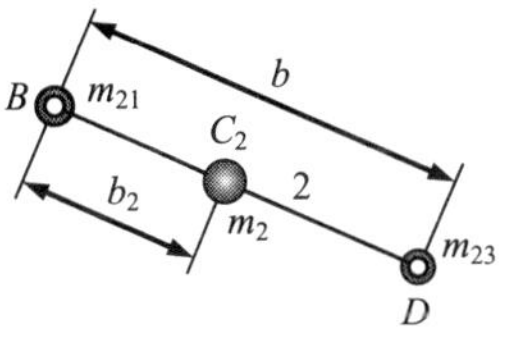

图 11-10　质量静替代的计算简图

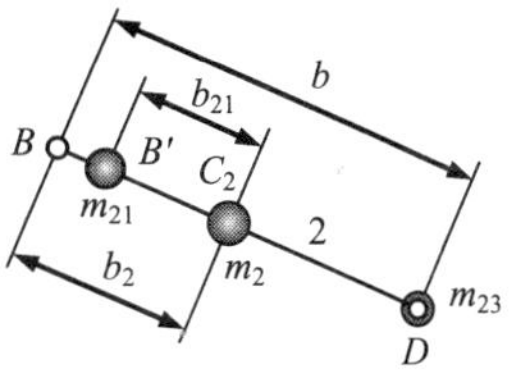

图 11-11　质量动替代的计算简图

其次，研究一个质量用两个质量动替代表示的计算公式，在图 11-11 中，连杆 2 的长度为 $b$，质心在 $C_2$ 点，质量为 $m_2$，$BC_2-b_2$，现在把 $m_2$ 转移到 $B$、$D$ 两点。设 $B$ 中，连杆 2 的长度为 $b$，质心在 $C_2$ 点，质量为 $m_2$，现在把 $m_2$ 转移到 $B'$、$D$ 两点，$C_2B'=b_{21}$。设 $B'$点上分得的质量为 $m_{21}$，$D$ 点上分得的质量为 $m_{23}$，于是，得 $m_{21}$、$m_{23}$ 的计算公式为

$$\begin{cases} m_{21}+m_{23}=m_2 \\ m_{21}b_{21}-m_{23}(b-b_2)=0 \\ m_{21}b_{21}^2+m_{23}(b-b_2)^2=J_{C2} \end{cases} \tag{11-39}$$

$$\begin{cases} m_{23} = m_2 b_{21} / [(b - b_2) + b_{21}] \\ m_{21} = m_2 (b - b_2) / [(b - b_2) + b_{21}] \\ b_{21} = J_{C2} / m_2 (b - b_2) \end{cases} \tag{11-40}$$

显然，质量动替代中的一个位置可以任意选择，另一个位置(如 $b_{21}$)是不能任意选择的。

［例 **11.3**］ 在图 11-8 所示的曲柄滑块机构中，若 $m_3$=100kg，$b$=0.450m，$b_2$=0.200m，$m_2$=80kg，$a$=0.150m，$a_1$=0.100m，考虑连杆 2 的质量静替代 $m_{23}$ 后，求曲柄 1 上应该具有的惯性力部分平衡的质量。

［解］ 由式(11-38)得连杆 2 的质量 $m_2$ 转移到 $D$ 点上的质量 $m_{23} = m_2 b_2 / b = m_2$=80×0.200/0.450=35.5kg，从而使 $D$ 处的质量 $m_3+m_{23}$=100+35.5=135.5kg。由式(11-29)得曲柄 1 上应该具有的惯性力部分平衡的质量 $m_{\mathrm{f}} = (m_3 + m_{23})a / a_1$ =135.5×0.150/0.100=203.3kg。

此时 203.3 kg 比 270 kg 小一些，连杆 2 的惯性力在水平方向也得到部分的平衡。

［例 **11.4**］ 在图 11-8 所示的曲柄滑块机构中，若 $m_3$=100kg，$b$=0.450m，$b_2$=0.200m，$m_2$=80kg，$J_{C2}$=1.35kg·m$^2$，$a$=0.150m，$a_1$=0.100m，考虑连杆 2 的质量动替代 $m_{23}$ 后，求曲柄 1 上应该具有的惯性力部分平衡的质量。

［解］ 由式(11-40)得连杆 2 上的 $b_{21} = J_{C2} / [m_2(b - b_2)]$ =1.35/[80×(0.450–0.200)] =0.0675m，$m_{23} = m_2 b_{21} / [(b - b_2) + b_{21}]$ =80×0.0675/(0.450–0.200+0.0675)=17kg。从而使 $D$ 处的质量 $m_3+m_{23}$=100+17=117kg。由式(11-29)得曲柄 1 上应该具有的惯性力部分平衡的质量 $m_{\mathrm{f}} = (m_3 + m_{23})a / a_1$ =117×0.150/0.100=175.5kg。

此时的 175.5 kg 比 270 kg 小不少，这时，连杆 2 的惯性力在水平方向也得到部分平衡，同时，惯性力矩的效应也得到减小。

为了反映惯性力部分平衡后的效果，给出图 11-12。图 11-12(a)中，曲线 1 为例 11.2 中 $m_{\mathrm{f}}$=150kg 时，水平方向的剩余惯性力 $F_{x1}$ 曲线；曲线 2 为例 11.3 中 $m_{\mathrm{f}}$=203.3 kg 时，水平方向的剩余惯性力 $F_{x2}$ 曲线；曲线 3 为例 11.4 中 $m_{\mathrm{f}}$=175.5kg 时，水平方向的剩余惯性力 $F_{x3}$ 曲线。图 11-12(b)中，曲线 1 为例 11.2 中 $m_{\mathrm{f}}$=150kg 时，垂直方向的剩余惯性力 $F_{y1}$ 曲线；曲线 2 为例 11-3 中 $m_{\mathrm{f}}$=203.3kg 时，垂直方向的剩余惯性力 $F_{y2}$ 曲线；曲线 3 为例 11.4 中 $m_{\mathrm{f}}$=175.5kg 时，垂直方向的剩余惯性力 $F_{y3}$ 曲线。

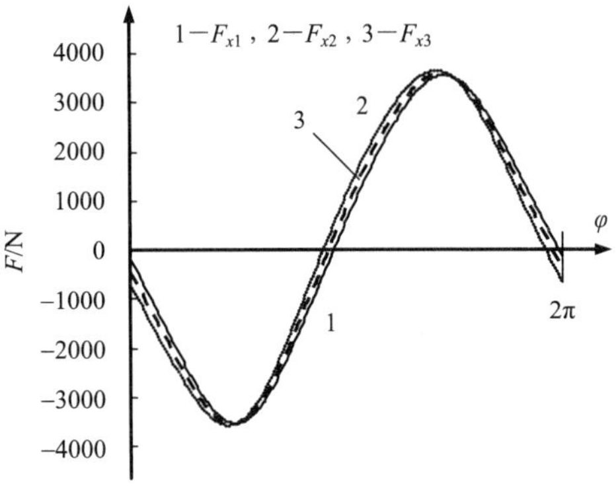


(a) 水平方向的剩余惯性力

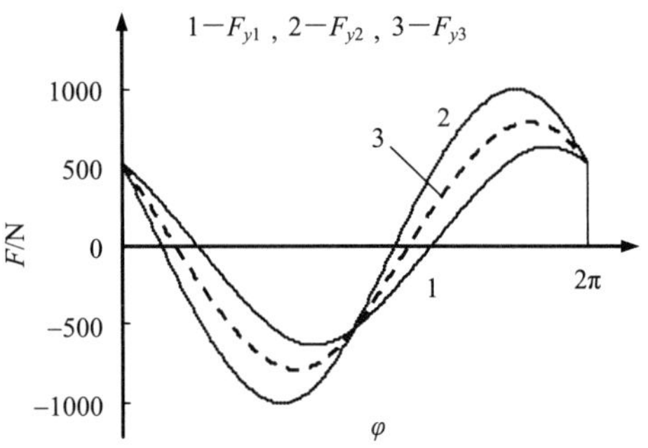


(b) 垂直方向的剩余惯性力

图 11-12 曲柄滑块机构惯性力部分平衡的效果图

# 11.3　圆盘类零件的静平衡

圆盘类零件是指其厚度 $b$ 与直径 $D$ 之比小于 0.2 的圆盘类零件，在机械设计中应用较多，如齿轮、凸轮、飞轮、皮带轮、链轮、叶轮等，图 11-13 所示为轴上安装一个圆盘、一对轴承支撑轴。

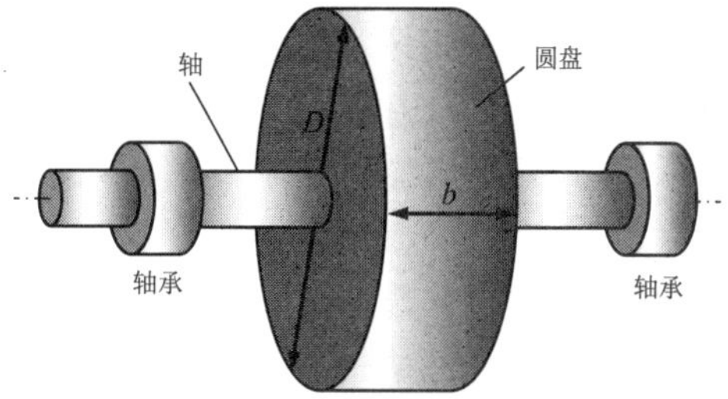


图 11-13　圆盘类零件

## 11.3.1　圆盘类零件的静平衡原理与计算

圆盘类零件静平衡的原理为：圆盘类零件上所有质点的离心力之矢量和为零。

静平衡的方法为：当圆盘上安装已知质量的其他零件或打掉已知直径的孔，通过在零件的适当位置增加质量或减少质量的办法来达到惯性力的平衡。以图 11-14(a)所示的圆盘为例，说明圆盘类零件静平衡的计算方法。

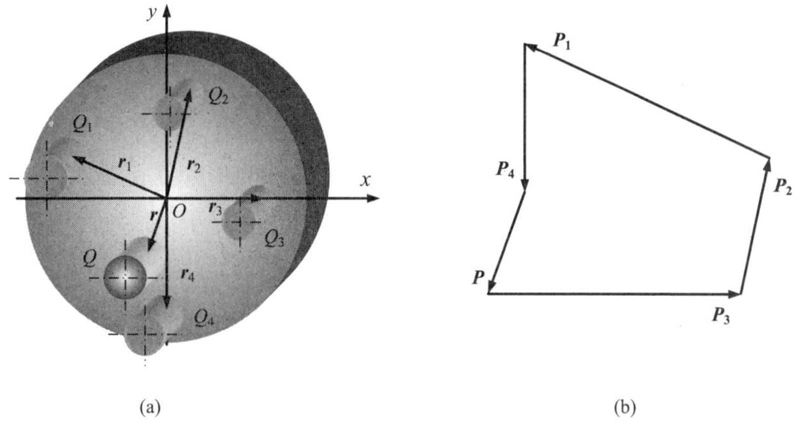


图 11-14　圆盘类零件静平衡计算的原理图

设圆盘以角速度 $\omega$ 转动，圆盘上存在 4 个分布质量 $m_1$、$m_2$、$m_3$ 和 $m_4$，其重量分别为 $Q_1$、$Q_2$、$Q_3$ 和 $Q_4$，其位置矢量分别为 $\boldsymbol{r}_1$、$\boldsymbol{r}_2$、$\boldsymbol{r}_3$ 和 $\boldsymbol{r}_4$，其惯性力 $\boldsymbol{P}_1$、$\boldsymbol{P}_2$、$\boldsymbol{P}_3$ 和 $\boldsymbol{P}_4$ 分别为

$$\boldsymbol{P}_1=Q_1\omega^2\boldsymbol{r}_1/\boldsymbol{g}$$

$$\boldsymbol{P}_2=Q_2\omega^2\boldsymbol{r}_2/\boldsymbol{g}$$

$$\boldsymbol{P}_3=Q_3\omega^2\boldsymbol{r}_3/\boldsymbol{g}$$

$$\boldsymbol{P}_4=Q_4\omega^2\boldsymbol{r}_4/\boldsymbol{g}$$

设在圆盘上增加一个质量 $m$，其重量为 $Q$，其位置矢量为 $\boldsymbol{r}$，其产生的惯性力 $\boldsymbol{P}$ 为

$$\boldsymbol{P}=Q\omega^2\boldsymbol{r}/\boldsymbol{g}$$

由 $\boldsymbol{P}_1$、$\boldsymbol{P}_2$、$\boldsymbol{P}_3$、$\boldsymbol{P}_4$ 与 $\boldsymbol{P}$ 之和等于零得

$$\boldsymbol{P}_1+\boldsymbol{P}_2+\boldsymbol{P}_3+\boldsymbol{P}_4+\boldsymbol{P}=0 \tag{11-41}$$

或表达为重量 $Q_1$、$Q_2$、$Q_3$、$Q_4$ 和 $Q$ 与向径的形式

$$Q_1 \boldsymbol{r}_1+Q_2 \boldsymbol{r}_2+Q_3 \boldsymbol{r}_3+Q_4 \boldsymbol{r}_4+Q \boldsymbol{r}=0 \tag{11-41'}$$

或表达为质量 $m_1$、$m_2$、$m_3$、$m_4$ 和 $m$ 与向径的形式

$$m_1 \boldsymbol{r}_1+m_2 \boldsymbol{r}_2+m_3 \boldsymbol{r}_3+m_4 \boldsymbol{r}_4+m \boldsymbol{r}=0 \tag{11-41''}$$

选择作图比例尺 $\mu_P$=力的大小(N)/图上的长度(mm)，根据式(11-41)作力多边形，如图 11-14(b)所示。由图 11-14(b)得惯性力 $\boldsymbol{P}$ 的大小，由此得 $Q$ 与 $\boldsymbol{r}$ 的大小与相位。若在 $Q$ 的位置上无法增加一个质量，可以在 $Q$ 的相反方向减少一个质量，其静平衡的效果是一样的。

式(11-41′)称为静平衡的重径积方程，式(11-41″)称为静平衡的质径积方程，它们在解决静平衡的计算上与式(11-41)等价。

由于式(11-41)与 $\omega$ 无关，所以，寻找不平衡的质量、位置与圆盘是否转动无关，为此，称圆盘类零件惯性力的平衡为静平衡。

### 11.3.2 圆盘类零件的静平衡实验

事实上，圆盘上的分布质量是难以观察到的，此时，圆盘惯性力的静平衡只能通过实验的方法予以解决。

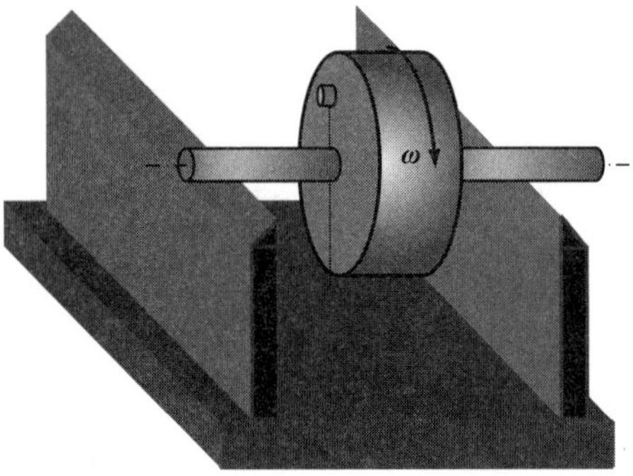

图 11-15 圆盘类零件的静平衡实验

圆盘类零件的静平衡实验方法通过图 11-15 予以说明。将圆盘装于芯轴上，放在水平支撑上，若圆盘存在不平衡质量，它将发生摆动。当圆盘停止摆动时，在圆盘的正上方 $r_1$ 处试着增加一块质量 $m_1$，看圆盘是否摆动。若圆盘还是摆动且停止后，$m_1$ 仍然在正上方，则在 $m_1$ 的位置继续增加质量 $m_2$；若摆动后$(m_1+m_2)$在正下方，则将$(m_1+m_2)$的质量减少 $m_3$，继续以上过程，直到圆盘不摆动为止。由此确定圆盘的不平衡质量与位置。

对于一些圆盘类零件，若无法直观找到圆盘上的不平衡质量与位置，只有通过实验的方法找出圆盘的不平衡质量与位置。

## 11.4 刚性转子的动平衡

对于轴向尺寸 $L$ 与直径 $D$ 之比大于 0.2 的刚性转子，由于其上所有质点的离心力之矢量和、离心力关于任意一点的力矩之和不一定同时为零，所以，当刚性转子转动时，会在支撑中产生附加的动压力。即使其上所有质点的离心力之矢量和等于零，如图 11-16 所示，由于惯性力 $P$ 产生力偶 $P \cdot L$，所以，依然会在支撑中产生附加的动压力。

### 11.4.1 刚性转子的动平衡原理与计算

刚性转子的动平衡原理为：刚性转子上所有质点的离心力之矢量和为零，离心力关于任意一点的力矩之和等于零。

刚性转子的动平衡计算过程为：将刚性转子上每一个不平衡质量产生的惯性力分解到选定的两个校正平面上，通过在两个校正平面上增加质量或减少质量的办法，使两个校正平面上的惯性力达到平衡，从而实现刚性转子的动平衡。

下面以图 11-17 所示的刚性转子与校正平面为例，说明刚性转子的动平衡计算过程。

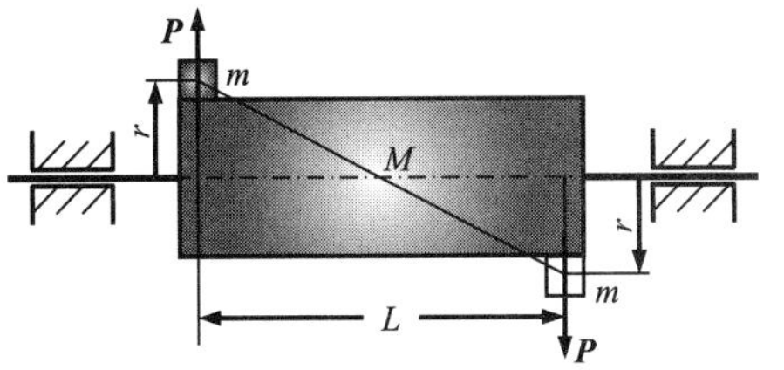


图 11-16　存在附加动压力的刚性转子

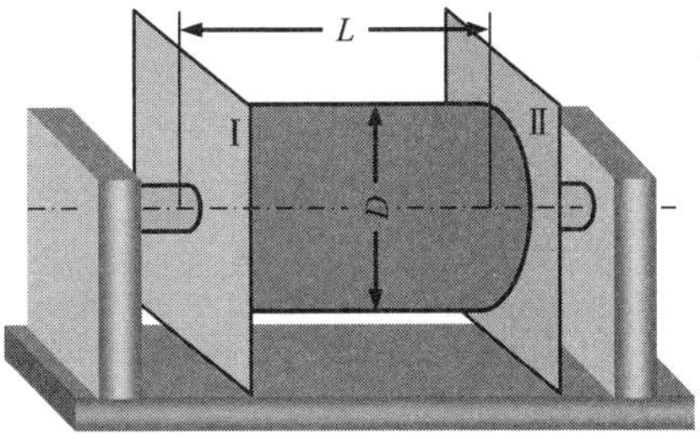


图 11-17　刚性转子校正平面的选择

假设在图 11-17 所示的刚性转子的 3 个位置上存在不平衡质量 $m_1$、$m_2$ 和 $m_3$，如图 11-18(a) 所示，它们产生的惯性力分别为

$$\boldsymbol{P}_1=m_1\omega^2\boldsymbol{r}_1，\boldsymbol{P}_2=m_2\omega^2\boldsymbol{r}_2 \text{ 和 } \boldsymbol{P}_3=m_3\omega^2\boldsymbol{r}_3$$

它们在校正平面 I 上的分量分别为

$$P_{1\mathrm{I}}=P_1L_1/L，\quad P_{2\mathrm{I}}=P_2L_2/L \text{ 和 } P_{3\mathrm{I}}=P_3L_3/L$$

在校正平面 II 上的分量分别为

$$P_{1\mathrm{II}}=P_1-P_{1\mathrm{I}}，\quad P_{2\mathrm{II}}=P_2-P_{2\mathrm{I}} \text{ 和 } P_{3\mathrm{II}}=P_3-P_{3\mathrm{I}}$$

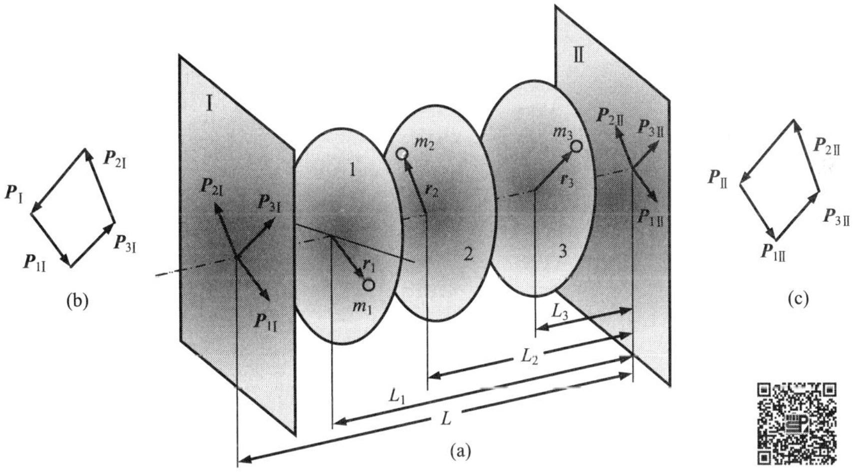


图 11-18　刚性转子不平衡质量分解计算原理图

假设在校正平面 I 上增加校正质量 $m_{\mathrm{I}}$，其产生的惯性力为 $\boldsymbol{P}_{\mathrm{I}}=m_{\mathrm{I}}\omega^2\boldsymbol{r}_{\mathrm{I}}$；在校正平面 II 上增加校正质量 $m_{\mathrm{II}}$，其产生的惯性力为 $\boldsymbol{P}_{\mathrm{II}}=m_{\mathrm{II}}\omega^2\boldsymbol{r}_{\mathrm{II}}$，令校正平面 I、II 上的惯性力之和分别等于零，即

$$P_{\mathrm{I}}+P_{1\mathrm{I}}+P_{2\mathrm{I}}+P_{3\mathrm{I}}=0 \tag{11-42}$$

$$P_{\mathrm{II}}+P_{1\mathrm{II}}+P_{2\mathrm{II}}+P_{3\mathrm{II}}=0 \tag{11-43}$$

选择作图比例尺 $\mu_F$=力的大小(N)/图上的长度(mm)，其矢量多边形如图 11-18(b)、(c)所示。$\boldsymbol{P}_{\mathrm{I}}$、$\boldsymbol{P}_{\mathrm{II}}$的大小等于图上长度乘以比例尺 $\mu_F$，由 $\boldsymbol{P}_{\mathrm{I}}=m_{\mathrm{I}}\boldsymbol{r}_{\mathrm{I}}\omega^2$ 得校正平面 I 上的质径积为 $m_{\mathrm{I}}\boldsymbol{r}_{\mathrm{I}}$；由 $\boldsymbol{P}_{\mathrm{II}}=m_{\mathrm{II}}\boldsymbol{r}_{\mathrm{II}}\omega^2$ 得校正平面 II 上的质径积为 $m_{\mathrm{II}}\boldsymbol{r}_{\mathrm{II}}$。

由以上分析可见，无论刚性转子上存在多少个不平衡质量，通过以上方法，总可以在选定的两个校正平面上实现其动平衡，从而，当刚性转子转动时，支撑上没有惯性力与惯性力矩产生的附加分量。

## 11.4.2 刚性转子的动平衡试验

由于刚性转子上的不平衡质量是难以发现的，所以，实现刚性转子动平衡的一般做法是进行刚性转子的动平衡试验。

刚性转子动平衡试验机的结构简图如图 11-19 所示。当刚性转子被转动时，刚性转子上的不平衡质量将在两端的支撑 1、2 上产生惯性力，其水平分量分别为 $P_{11}=m_{\mathrm{I}}\omega^2\boldsymbol{r}_{\mathrm{I}}\cos\theta_{\mathrm{I}}$ 和 $P_{12}=m_{\mathrm{II}}\omega^2\boldsymbol{r}_{\mathrm{II}}\cos\theta_{\mathrm{II}}$，该惯性力 $P_{11}$、$P_{\mathrm{I}}$将在左、右两个支撑上分别产生水平振动。为了获得两个校正平面 I 、II 上应增加或减少的质量的大小与相位，首先，通过传感器拾取支撑上的水平位移信号，即将不平衡质量产生的惯性力转化为电信号，设置一个基准信号作为判断惯性力所在的相位，其次，通过分离与解算电路使左、右两个校正平面 I 、II 上的惯性力相互独立并转化为两个校正平面 I 、II 上应增加或减少的质量大小与相位，再经过信号放大、选频、A/D 变换以及标定等过程，最后，通过数码管或显示器将左右两个校正平面 I 、II 上应增加或减少的质量大小与相位显示出来。刚性转子动平衡试验机如图 11-20 所示。

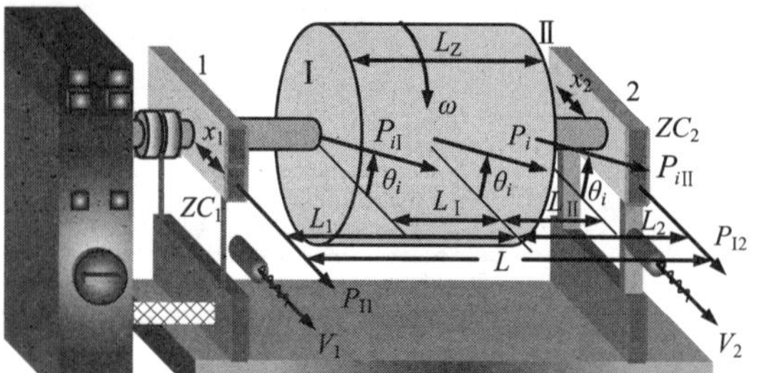


图 11-19 刚性转子的动平衡试验机结构简图

图 11-20 刚性转子的动平衡试验机

一个刚性转子安装在硬支撑的动平衡试验机上，力学分析简图如图 11-21 所示，刚性转子的质量为 $M$、质心在 $S$ 点，在 $xOy$ 平面里，在 $y$ 轴上的位移为 $y_S$(在图示坐标系中 $y_S$ 为负值)、速度为 $\mathrm{d}y_S/\mathrm{d}t$、加速度为 $\mathrm{d}^2y_S/\mathrm{d}t^2$；关于 $z$ 轴的转动惯量为 $J_z$、摆角为 $\theta$(在图示坐标系中 $\theta$ 为负值)、角速度为 $\mathrm{d}\theta/\mathrm{d}t$、角加速度为 $\mathrm{d}^2\theta/\mathrm{d}t^2$，左端的支撑刚度为 $k_1$(单位为 N/μm)，右端的支撑刚度为 $k_2$(单位为 N/μm)，数值均较大。左端支撑处的位移 $\Delta y_1=y_S-(h_1+b_{\mathrm{L}})\theta$，弹性支反力 $F_{k1}=-k_1\Delta y_1$；右端支撑处的位移 $\Delta y_2=y_S+(h_2+b_{\mathrm{R}})\theta$、弹性支反力 $F_{k2}=-k_2\Delta y_2$；$m_1$ 为左端面上的偏心质量，偏心距为 $r_1$；$m_2$ 为右端面上的偏心质量，偏心距为 $r_2$。

刚性转子的运动微分方程为

$$M\ddot{y}_S = -k_1\Delta y_1 - k_2\Delta y_2 + m_1 r_1\omega^2\cos\varphi_1 + m_2 r_2\omega^2\cos\varphi_2 \tag{11-44}$$

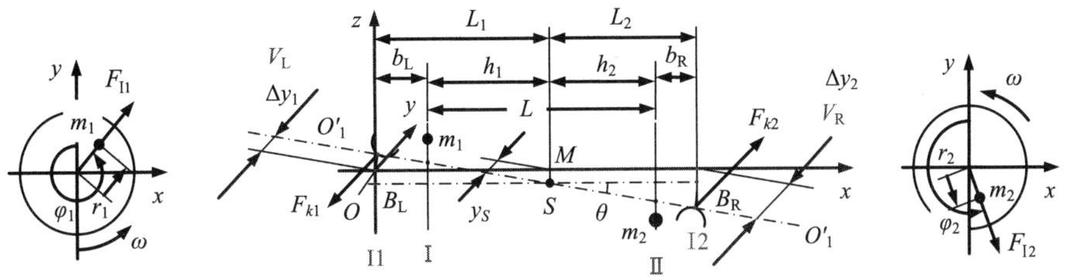

图 11-21　刚性转子不平衡量相关性的分解

$$J_z\ddot{\theta} = k_1\Delta y_1(h_1 + b_L) - k_2\Delta y_2(h_2 + b_R) - m_1 r_1\omega^2 h_1\cos\varphi_1 + m_2 r_2\omega^2 h_2\cos\varphi_2 \tag{11-45}$$

式(11-44)、式(11-45)表明，$\Delta y_1$、$\Delta y_2$ 是独立变量 $y_S$ 与 $\theta$ 的相关联函数，包含着 $m_1$ 与 $m_2$ 的共同影响，这对确定 $m_1$ 与 $m_2$ 的数值是困难的，下面将 $m_1$ 与 $m_2$ 分离开来。

当把刚性转子的不均匀性理解为是由刚性转子左端面 I1 上的 $m_1$、$r_1$、$\varphi_1$ 与右端面 I2 上的 $m_2$、$r_2$、$\varphi_2$ 引起的时，如图 11-22 所示，左水平支撑 I1 处的支反力为 $F_{k1} = -k_1\Delta y_1$、右水平支撑 I2 处的支反力为 $F_{k2} = -k_2\Delta y_2$，$\Delta y_1$ 与 $\Delta y_2$ 为传感器检测到的左水平支撑与右水平支撑处振动位移的幅值，质量 $m_1$、$m_2$ 产生的惯性力幅值分别为 $F_{\mathrm{I}1} = m_1 r_1\omega^2$、$F_{\mathrm{I}2} = m_2 r_2\omega^2$，在 $xOy$ 平面里关于左端面 I 的力矩 $\sum M_{\mathrm{I}}$ 平衡方程、在 $xOy$ 平面里的关于右端面 II 的力矩 $\sum M_{\mathrm{II}}$ 平衡方程分别为

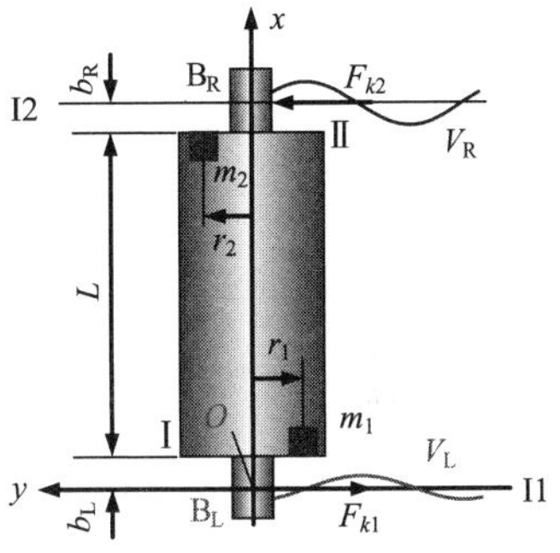

图 11-22　左右端面不平衡量的受力分析

$$\sum M_{\mathrm{I}} = F_{k2}(L + b_R) + m_2 r_2\omega^2 L\cos\varphi_2 + F_{k1}b_L = 0$$

$$\sum M_{\mathrm{II}} = F_{k1}(L + b_L) + m_1 r_1\omega^2 L\cos\varphi_1 + F_{k2}b_R = 0$$

$$F_{k1}b_L + F_{k2}(L + b_R) = -m_2 r_2\omega^2 L\cos\varphi_2 = -F_{\mathrm{I}2}L\cos\varphi_2 \tag{11-46}$$

$$F_{k1}(L + b_L) + F_{k2}b_R = -m_1 r_1\omega^2 L\cos\varphi_1 = -F_{\mathrm{I}1}L\cos\varphi_1 \tag{11-47}$$

对式(11-46)与式(11-47)取惯性力的最大值，得质径积$(m_1r_1)$与$(m_2r_2)$分别为

$$F_{k1}b_L + F_{k2}(L + b_R) = m_2 r_2\omega^2 L$$

$$F_{k1}(L + b_L) + F_{k2}b_R = m_1 r_1\omega^2 L$$

$$m_1 r_1 = [F_{k1}(L + b_L) + F_{k2}b_R]/(L\omega^2) \tag{11-48}$$

$$m_2 r_2 = [F_{k2}(L + b_R) + F_{k1}b_L]/(L\omega^2) \tag{11-49}$$

左端面 I 与右端面 II 上不平衡量的测量由设计出的电路实现，通过如图 11-23 所示的左端面不平衡影响量与校正电路予以说明。设 I 面上单位不平衡量 $m$ 在 $B_L$ 与 $B_R$ 处产生的振动位移幅值分别为 $\alpha_{L1}$ 与 $\alpha_{R1}$，$\alpha_{R1}/\alpha_{L1}<1$，如图 11-23(a)所示；II 面上单位不平衡量 $m$ 在 $B_L$ 与 $B_R$ 处产生的振动位移幅值分别为 $\alpha_{L2}$ 与 $\alpha_{R2}$，$\alpha_{L2}/\alpha_{R2}<1$，如图 11-24(a)所示。

在图 11-23(a)中，左侧、右侧水平位移 $x_L = U_L$(对应电压)与 $x_R = U_R$(对应电压)分别为

$$U_L = x_L = \alpha_{L1}(m_1 r_1) + \alpha_{L2}(m_2 r_2)$$

$$U_R = x_R = \alpha_{R1}(m_1r_1) + \alpha_{R2}(m_2r_2)$$

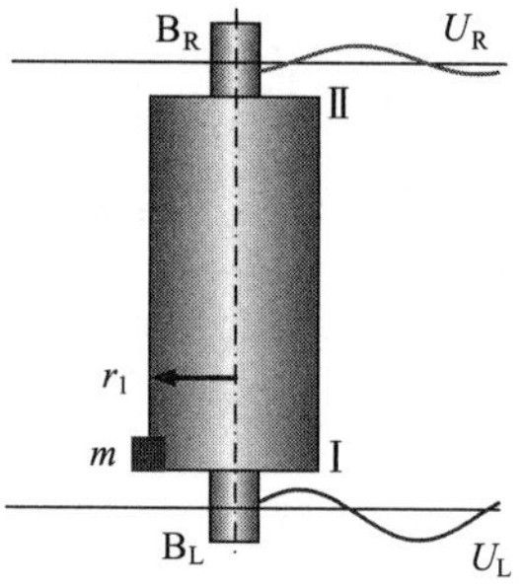

(a) 左端面不平衡校正质量

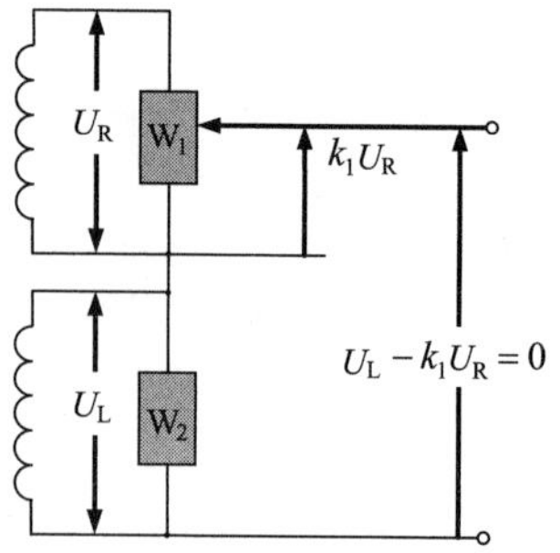

(b) 左端面不平衡量校零电路

图 11-23 左端面不平衡影响量与校正电路

$$\begin{bmatrix} \alpha_{L1} & \alpha_{L2} \\ \alpha_{R1} & \alpha_{R2} \end{bmatrix} \begin{bmatrix} m_1r_1 \\ m_2r_2 \end{bmatrix} = \begin{bmatrix} U_L \\ U_R \end{bmatrix}$$

令 $\alpha = \alpha_{L1}\alpha_{R2} - \alpha_{L2}\alpha_{R1}$，得

$$\begin{cases} m_1r_1 = (U_L\alpha_{R2} - U_R\alpha_{L2}) / \alpha \\ m_2r_2 = (U_R\alpha_{L1} - U_L\alpha_{R1}) / \alpha \end{cases} \tag{11-50}$$

只要知道 4 个影响系数 $\alpha_{L1}$，$\alpha_{R1}$，$\alpha_{L2}$，$\alpha_{R2}$，测量出 $U_L$ 与 $U_R$ 的数值，就可以计算出$(m_1r_1)$与$(m_2r_2)$的大小。

左端面Ⅰ不平衡量的校零电路如图 11-23(b)所示，调整电位器 $W_1$ 使 $U_L - k_1U_R = 0$，就消除Ⅱ面对Ⅰ面的影响，只有Ⅱ面上的独立信号。$k_1$ 的关系为

$$\alpha_{L1}(m_1r_1) + \alpha_{L2}(m_2r_2) - k_1\alpha_{R1}(m_1r_1) - k_1\alpha_{R2}(m_2r_2) = 0$$

$$0 + \alpha_{L2}(m_2r_2) - 0 - k_1\alpha_{R2}(m_2r_2) = 0$$

$$k_1 = \alpha_{L2} / \alpha_{R2} \tag{11-51}$$

同理，右端面Ⅱ不平衡量的校零电路如图 11-24(b)所示，调整电位器 $W_3$ 使 $U_R - k_2U_L = 0$，就消除Ⅰ面对Ⅱ面的影响，$k_2 = \alpha_{R1} / \alpha_{L1}$。

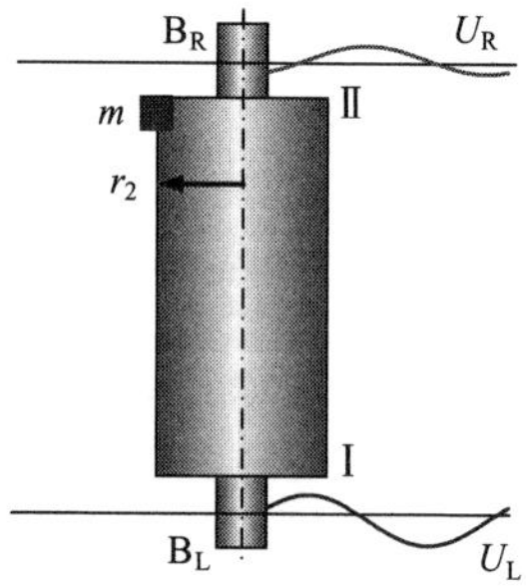

(a) 右端面不平衡校正质量

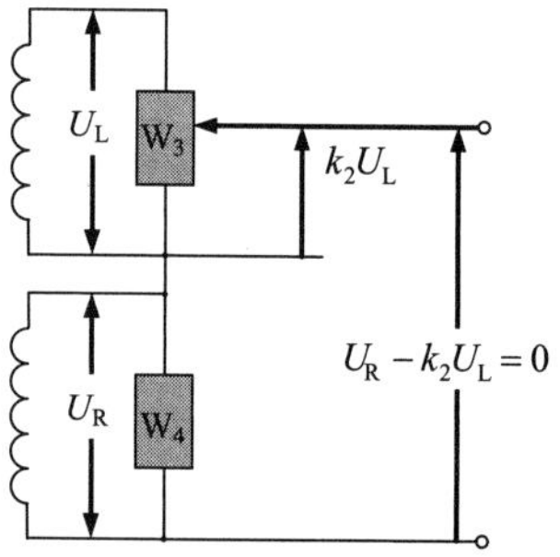

(b) 右端面不平衡量校零电路

图 11-24 右端面不平衡影响量与校正电路

事实上，动平衡试验机不需要求出 $\alpha_{L1}$，$\alpha_{R1}$，$\alpha_{L2}$，$\alpha_{R2}$ 的数值，只要通过解算电路就可

以计算出$(m_1r_1)$与$(m_2r_2)$。为此，将式(11-50)改写为

$$\begin{cases}(\alpha/\alpha_{R2})(m_1r_1)=U_L-(\alpha_{L2}/\alpha_{R2})U_R\\(\alpha/\alpha_{L1})(m_2r_2)=U_R-(\alpha_{R1}/\alpha_{L1})U_L\end{cases} \tag{11-52}$$

式(11-52)的物理意义是，Ⅰ面上的不平衡量$(m_1r_1)$等于 $U_L$ 减去 $U_R$ 与$\alpha_{L2}/\alpha_{R2}$的乘积，再乘以$\alpha_{R2}/\alpha$；Ⅱ面上的不平衡量$(m_2r_2)$等于 $U_R$ 减去 $U_L$ 与$\alpha_{R1}/\alpha_{L1}$的乘积，再乘以$\alpha_{L1}/\alpha$。

图 11-25 为左端面不平衡量$(m_1r_1)$的测量电路，将电位器 $W_1$ 调节为$\alpha_{L2}/\alpha_{R2}$，电位器 $W_3$ 调节为$\alpha_{R2}/\alpha$，则$m_1r_1=[U_L-(\alpha_{L2}/\alpha_{R2})U_R](\alpha_{R2}/\alpha)$。

图 11-26 为右端面不平衡量$(m_2r_2)$的测量电路，将电位器 $W_4$ 调节为$\alpha_{R1}/\alpha_{L1}$，电位器 $W_6$ 调节为$\alpha_{L1}/\alpha$，则$m_2r_2=[U_R-(\alpha_{R1}/\alpha_{L1})U_L](\alpha_{L1}/\alpha)$。

电位器 $W_1$～$W_6$ 的调节由硬支撑动平衡试验机生产厂家完成。

硬支撑动平衡试验机生产厂家在一个标准转子的左端增加已知的质量 $m_1$ 与半径 $r_1$ 时，由于 $V_L$、$V_R$ 与 $\alpha_{L2}/\alpha_{R2}$ 为已知，所以，式(11-52)中的$\alpha_{R2}/\alpha=m_1r_1/[U_L-(\alpha_{L2}/\alpha_{R2})U_R]$。

在一个标准转子的右端增加已知的质量 $m_2$ 与半径 $r_2$ 时，由于 $U_L$、$U_R$ 与 $\alpha_{R1}/\alpha_{L1}$ 为已知，所以，在实际测量中，式(11-52)中的$\alpha_{L1}/\alpha=m_2r_2/[U_R-(\alpha_{R1}/\alpha_{L1})U_L]$。

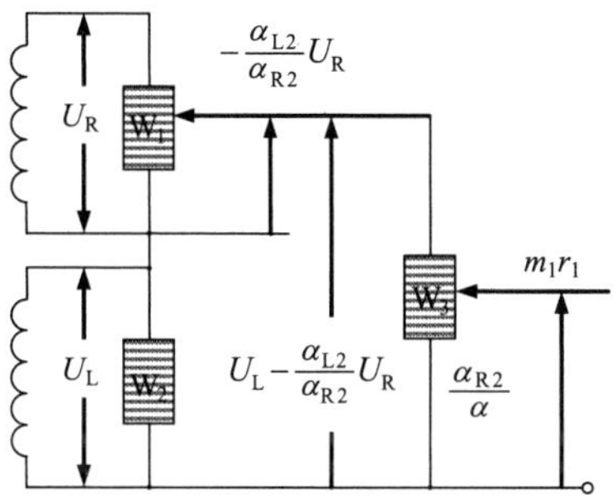


图 11-25　左端面不平衡量的测量电路

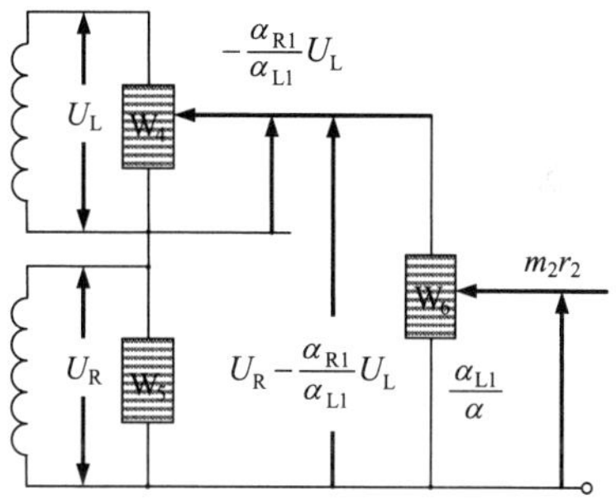


图 11-26　右端面不平衡量的测量电路

左端面不平衡量$(m_1r_1)$的相位角 $\theta_1$ 与右端面不平衡量$(m_2r_2)$的相位角 $\theta_2$ 通过鉴相电路测量，时基脉冲等间距地产生脉冲信号，等价于 $\varphi=i$，$i=1,2,3,\cdots,360°$。当忽略系统的阻尼对振动信号的影响时，取振动输出电压的最大值对应不平衡量的相位角，如图 11-27 所示，于是，得到左端面不平衡量的相位角 $\theta_1$ 与右端面不平衡量的相位角 $\theta_2$。实际上系统存在阻尼，阻尼导致的相位差由系统标定予以消除。

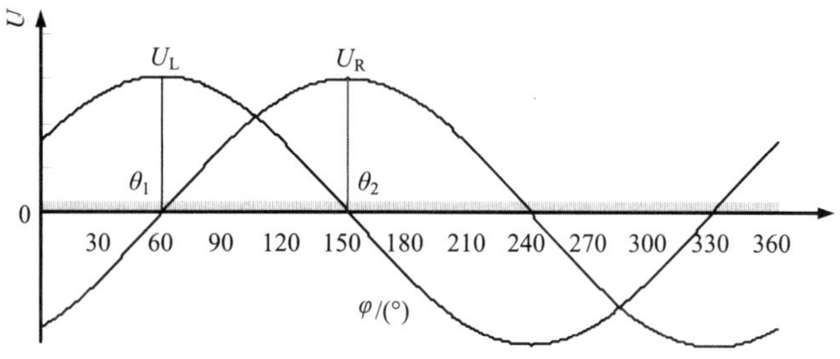


图 11-27　左右端面上不平衡量相位角的测量原理

## 习 题

**11.1** 题 11.1 图(a)为一偏置曲柄滑块机构。偏心距 $e=-0.15\text{m}$；曲柄 1 的杆长 $a=0.35\text{ m}$，质心在 $A$ 点，转动惯量 $J_A=0.08\text{kg}\cdot\text{m}^2$，角速度 $\omega_1=18\text{rad/s}$；连杆 2 的杆长 $b=1.05\text{m}$，关于质心 $C_2$ 的转动惯量 $J_{C2}=0.45\text{kg}\cdot\text{m}^2$，$b_2=BC_2=0.5\text{m}$，质量 $m_2=60\text{kg}$；滑块 3 的质量 $m_3=100\text{kg}$。

(1) 若对机构的惯性力作完全平衡，求应加在曲柄 1 上的平衡质量 $m_{f1}$(取 $r_1=0.3\text{m}$)以及连杆 2 上的平衡质量 $m_{f2}$(取 $r_2=0.4b$)，如题 11.1 图(b)所示。

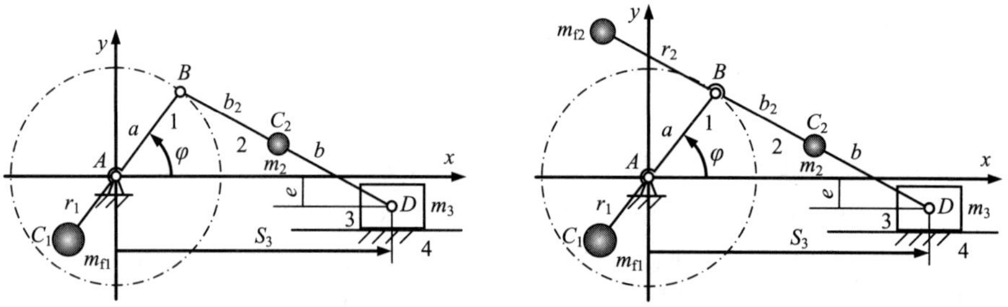


(a) (b)

题 11.1 图

(2) 若对机构惯性力的水平分量作部分平衡，求应加在曲柄 1 上的平衡质量 $m_{f1}$(取 $r_1=0.3\text{m}$)。

**11.2** 题 11.2 图为等厚圆盘中，在 $A$ 处有一偏心凸出圆柱体，质量 $m_A=2\text{kg}$，其凸出厚度与圆盘等厚，其直径 $d_1=15\text{mm}$，$r_A=160\text{mm}$。在结构上要求在 $B$、$C$ 处开两个圆孔以达到静平衡的目的，已知 $r_B=r_C=140\text{mm}$，求这两个圆孔的直径 $d_B$、$d_C$ 的大小。

**11.3** 在题 11.3 图示的铰链四杆机构中，已知 $L_{AB}=48\text{mm}$，$L_{BC}=160\text{mm}$，$L_{CD}=105\text{mm}$，$L_{AD}=200\text{mm}$，各构件的质量分别为 $m_1=10\text{kg}$，质心在 $A$ 点；$m_2=36\text{kg}$，$L_{BS2}=90\text{mm}$；$m_3=25\text{kg}$，$L_{DS3}=80\text{mm}$。如在曲柄 $AB$ 和摇杆 $CD$ 上设置配重，$r_{f1}=50\text{mm}$，$r_{f3}=80\text{mm}$，使机构的惯性力达到完全平衡，求配重的大小和位置。

**11.4** 题 11.4 图为凸轮轴，三个凸轮相互错开 120°，其质量均为 6kg，质心到转动中心的距离 $r=16\text{mm}$，若选择Ⅰ、Ⅱ两个平面为动平衡校正平面，$r_{\text{I}}=r_{\text{II}}=32\text{mm}$，求所加平衡质量的大小与相位。

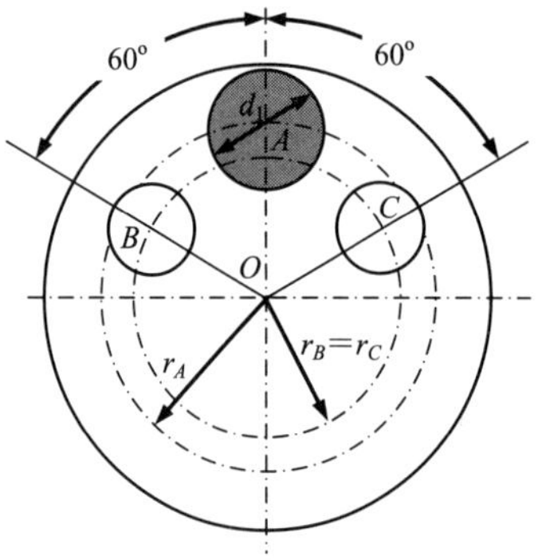


题 11.2 图

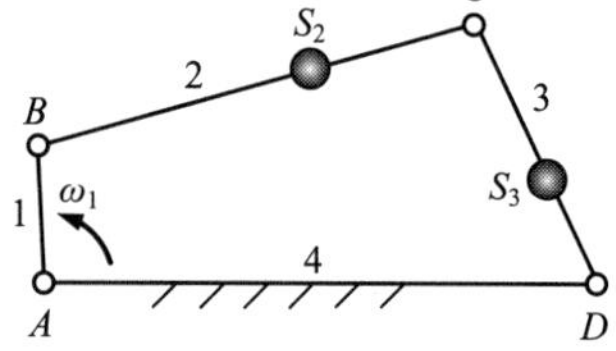


题 11.3 图

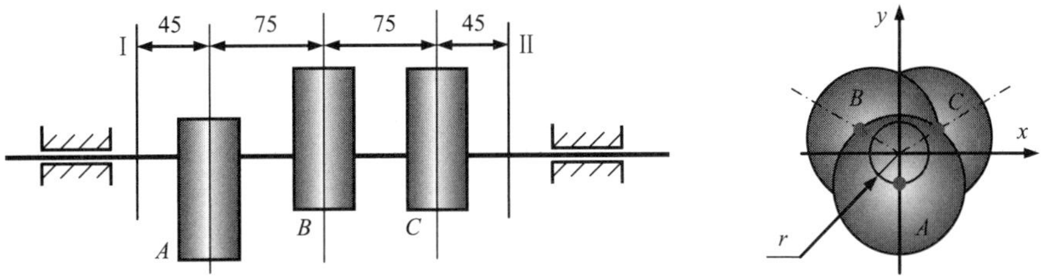


题 11.4 图(单位：mm)

**11.5**　题 11.5 图为曲轴上安装 $A$ 和 $B$ 两个飞轮，已知曲柄的长度 $e$=200mm，曲柄在距转动中心为 $e$ 处的不平衡质量 $m$=400kg。若在 $A$ 和 $B$ 两个飞轮上安装两个平衡质量 $m_A$、$m_B$，其距轴线 $OO$ 的距离均为 $r$=500mm，求应加平衡质量 $m_A$、$m_B$ 的大小与相位。

**11.6**　题 11.6 图所示的圆盘上存在两个不平衡质量，$m_1$=1kg，$r_1$=50mm；$m_2$=1.2kg，$r_2$=80mm，$m_1$ 与 $m_2$ 之间的夹角为 90°。圆盘的转速 $n$=1460r/min，若不进行静平衡，求支承上附加动压力的 $\boldsymbol{P}_\Sigma$ 大小。

**11.7**　题 11.7 图为一个刚性转子，在 4 个位置上存在不平衡质量，$m_1$=10kg、$r_1$=150mm、$\theta_1$=0°，$m_2$=15kg、$r_2$=140mm、$\theta_2$=90°、$y_2$=200mm，$m_3$=20kg、$r_3$=200mm、$\theta_3$=180°、$y_3$=400mm，$m_4$=10kg、$r_4$=160mm、$\theta_4$=270°、$y_4$=600mm。设增加平衡质量的校正平面为两个端面，平衡质量所在的半径 $r_{\rm I}$=$r_{\rm II}$=200mm，求平衡质量 $m_{\Sigma\rm I}$ 与 $m_{\Sigma\rm II}$ 的大小及其相位 $\varphi_{\Sigma\rm I}$ 与 $\varphi_{\Sigma\rm II}$。

**11.8**　题 11.8 图为一个叶片，已知质量 $m_1$ = 600g 与 $m_2$ = 300g，求位于 $r_b$ = 200mm 上 $A$、$B$ 处应该增加的平衡质量 $m_{31}$ 与 $m_{32}$。

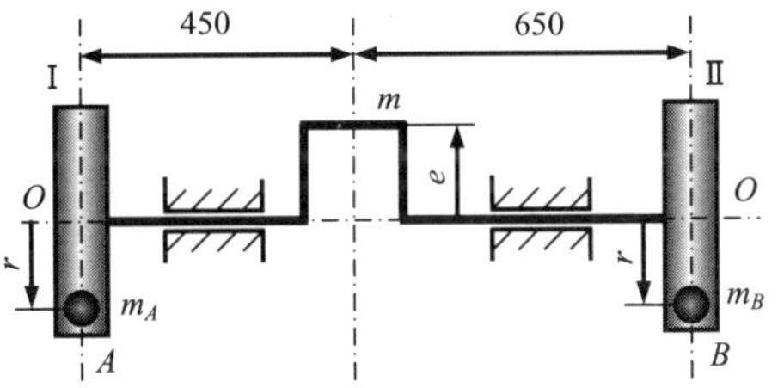


题 11.5 图

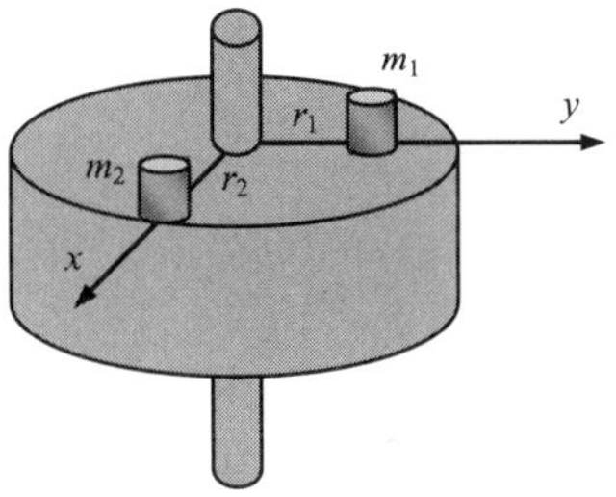


题 11.6 图

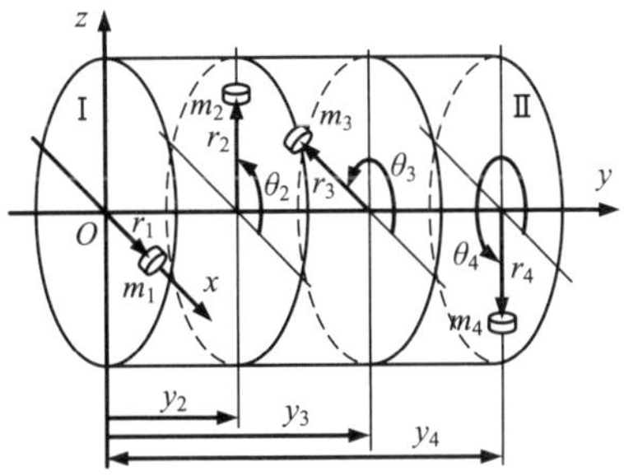


题 11.7 图

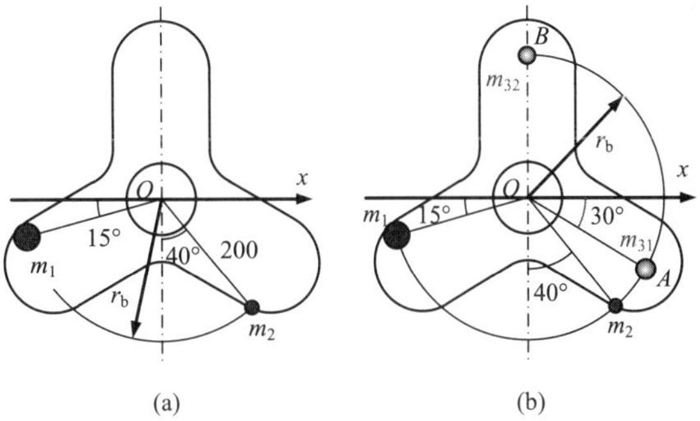


题 11.8 图

## 思 考 题

**11.1** 四缸内燃机的曲轴如思考题 11.1 图所示，通常采用模锻的方法成型以提高其强度与刚度并减少机加工量，其上打了三类孔 $Z$、$Q$、$P$，这三类孔的作用分别是什么？哪一类孔是本章讲述的内容？

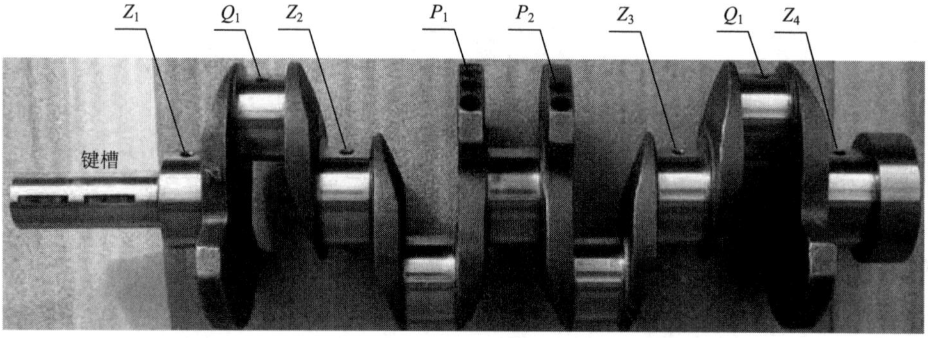


思考题 11.1 图

# 第 12 章

# 机械无级变速机构

## 12.1 概述

无级变速传动是一种输出转速在一定范围内可以调节的独立工作单元，无级变速传动分为电力无级变速传动、液力无级变速传动和机械无级变速传动。电力无级变速传动的原理是改变电机的磁通、电压、电流或频率；液力无级变速传动的原理是通过流体动能与机械能的相互转换来实现自适应负载的无级变速传动；机械无级变速传动的原理是改变某一构件的位置或尺寸。从传动原理上划分，机械无级变速传动分为牵引力(摩擦力)式与机构传动式；从结构上划分，机械无级变速传动分为定轴无中间滚动体式、定轴有中间滚动体定轴式和行星式。本书仅介绍机械无级变速传动的类型、工作原理、传动特性与应用。在某些生产工艺中，采用机械无级变速传动有利于简化传动的结构，提高生产率与产品质量，节约能源，便于实现自动控制。

## 12.2 定轴无中间滚动体式机械无级变速传动

### 12.2.1 正交轴无级传动

定轴无中间滚动体式机械无级变速传动是一种结构相对简单的牵引力式无级变器。图 12-1 为一种正交轴结构的移动滚轮平盘式无级变速器，通过滑键或花键将滚轮 2 安装于输入轴 1 上，输入轴 1 向下压滚轮 2，滚轮 2 与输出轴 3 上的圆盘之间产生摩擦力，滚轮 2 在水平方向由调速机构 (如螺旋机构) 改变位置。设输入轴 1 的转速为 $\omega_1$，输出轴 3 的转速为 $\omega_3$，滚轮 2 的位置为 $R_3$，滚轮 2 的直径为 $d_2$，滚轮 2 与圆盘 3 之间无相对滑动时，输出轴 3 的转速 $\omega_3$ 与传动比 $i_{13}$ 分别为

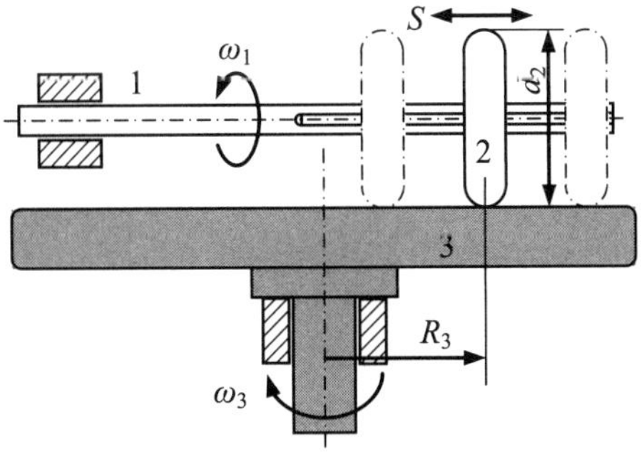


图 12-1　正交轴结构的移动滚轮平盘式无级变速器

$$\omega_3 = 0.5d_2\omega_1 / R_3 \tag{12-1}$$

$$i_{13} = \omega_1 / \omega_3 = R_3 / (0.5d_2) \tag{12-2}$$

当 $R_3$ 在一定范围内变化时，输出轴的转速得到调节，$\omega_3$ 与 $R_3$ 成反比关系。

当输入轴 1 主动时，设滚轮 2 与圆盘 3 之间的正压力为 $N_{23}$，两者之间的摩擦系数为 $f$，摩擦力 $F_{23}=N_{23}f$，则圆盘 3 获得的功率 $P_3=N_{23}f R_3\omega_3=N_{23}f R_3(0.5d_2\omega_1)/ R_3=0.5N_{23}fd_2\omega_1$，不论 $R_3$ 如何变化，即滚轮 2 在任何位置，其输出的功率 $P_3$ 不变，称为恒功率型无级传动。

当输入轴 1 主动时，圆盘 3 获得的转矩 $T_3=N_{23}f R_3$，$T_3$ 与 $R_3$ 成正比。

当圆盘 3 主动时，输入轴 1 获得的功率 $P_1=N_{23}f(0.5d_2\omega_1)=N_{23}f(0.5d_2)R_3/(0.5d_2)\omega_3=N_{23}fR_3\omega_3$，$P_1$ 与 $R_3$、$\omega_3$ 成正比；输入轴 1 获得的转矩 $T_1=0.5d_2N_{23}f$，不论 $R_3$ 如何变化，即滚轮 2 在任何位置，输入轴 1 所得到的转矩 $T_1$ 不变，称为恒转矩型无级传动。

该种无级变速器传递的功率可达 4kW，机械效率在 0.8～0.85 之间，传动比在 0.2～2.0 之间。

### 12.2.2 相交轴锥盘环锥式无级传动

图 12-2 为一种相交轴锥盘环锥式无级变速器。锥盘 2 的半锥角为 $\theta$，通过滑键或花键将锥盘 2 安装于输入轴 1 上，输入轴 1 向下压锥盘 2，锥盘 2 与输出轴 3 上的内圆环端面之间产生摩擦力，促使输出轴 3 转动。锥盘 2 在其轴线方向由调速机构 (如螺旋机构) 改变位置，设位置的改变量为 $S$，同时，输入轴 1 在垂直于自身轴线的方向上也产生附加的径向位移 $a$，$a = S\tan\theta$。当输入轴 1 的转速为 $\omega_1$，锥盘 2 的初始接触半径为 $R_2$，对应于位置改变量 $S$ 后的接触半径 $R_{2t} = R_2 - S\tan\theta$，锥盘 2 与输出轴 3 上的内圆环端面之间无相对滑动时，输出轴 3 的转速 $\omega_3$ 与传动比 $i_{13}$ 分别为

$$\omega_3 = (R_2 - S\tan\theta)\omega_1 / R_3 \tag{12-3}$$

$$i_{13} = \omega_1 / \omega_3 = R_3 / (R_2 - S\tan\theta) \tag{12-4}$$

当 $S$ 在一定范围内变化时，输出轴的转速得到调节。

该种无级变速器传递的功率可达 11kW，机械效率在 0.5～0.92 之间，传动比在 0.25～1.15 之间。设 $P_3$、$T_3$ 分别表示输出轴 3 的功率与转矩，则锥盘环锥式无级变速器的机械特征如图 12-3 所示。

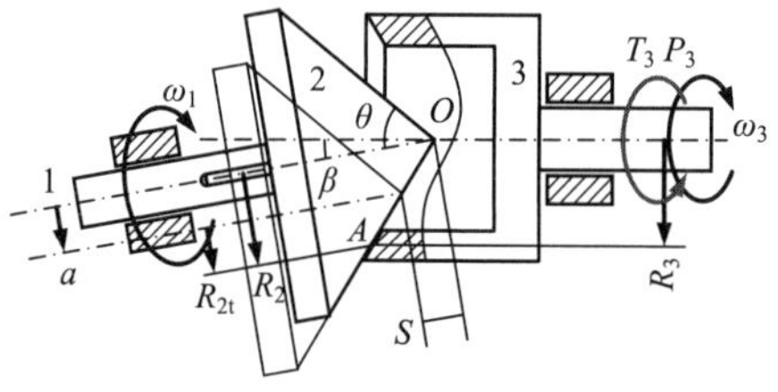


图 12-2 相交轴锥盘环锥式无级变速器

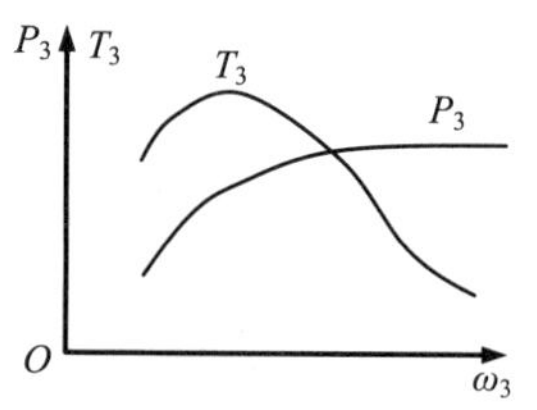


图 12-3 锥盘环锥式无级变速器的机械特征

### 12.2.3 光轴斜盘式无级传动

图 12-4 为一种光轴斜盘式无级变速器，将输入转动转化为输出的往复移动。光轴 1 只单向转动，不沿轴向移动，三个轴承的内圆环以倾角为 $\beta$ 压紧在光轴上，三个轴承的外圆环通

过构件 2 连接在一起，当光轴 1 转动时，三个轴承带动构件 2 以及框架 3 沿一个方向移动，当移动一段距离时，三个轴承的倾角被改变为反方向的(换向装置未示出)，于是框架 3 沿相反方向移动，如此反复，输出构件便作往复移动。当三个轴承的倾角为 $\beta$ 时，输出构件的移动速度 $V_2$ 为

$$V_2 = \pi d_1 n_1 \tan\beta / 60000(\text{m/s}) \tag{12-5}$$

式中，$d_1$ 为光轴 1 的直径，mm；$n_1$ 为光轴 1 的转速，r/min。

当调节 $\beta$ 时，输出构件的移动速度得到调节。该种无级变速器主要用于电缆机械中。

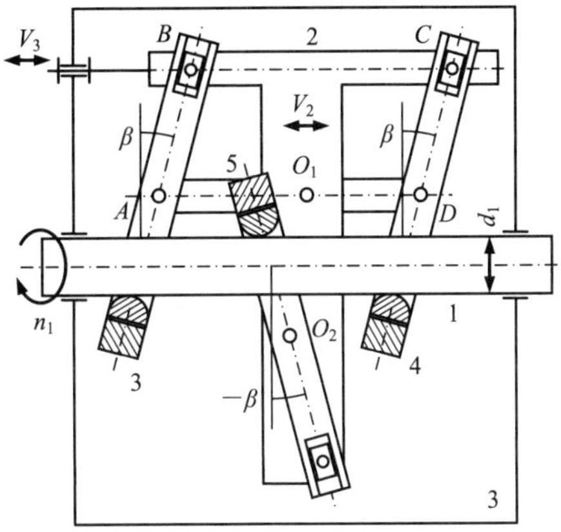

图 12-4　光轴斜盘式无级变速器

## 12.3　定轴有中间滚动体式机械无级变速传动

### 12.3.1　滚锥平盘式无级传动

图 12-5 为一种滚锥平盘式无级变速器。输入轴 1 的转速为 $\omega_1$，滚锥 2 被压紧在输入与输出轴端部的平盘之间，滚锥 2 作定轴转动，滚锥 2 的位置由调节机构实现。设滚轮 2 与输入端盘的接触点到输入轴的距离为 $R_1$，滚轮 2 与输入端盘的接触半径 $r_a$；滚轮 2 与输出端盘的接触点到输出轴的距离为 $R_3$，滚轮 2 与输出端盘的接触半径 $r_b$，滚轮 2 与两个端盘之间无相对滑动，则输出轴 3 的转速 $\omega_3$ 与传动比 $i_{13}$ 分别为

$$\omega_3 = (r_b R_1)\omega_1 / (r_a R_3) \tag{12-6}$$

$$i_{13} = \omega_1 / \omega_3 = r_a R_3 / (r_b R_1) \tag{12-7}$$

当滚轮 2 在一定范围内变化时，输出轴的转速得到调节。

该种无级变速器传递的功率可达 3kW，机械效率在 0.77～0.92 之间，传动比在 0.17～1.46 之间。设 $P_3$、$T_3$ 分别表示输出轴 3 的功率与转矩，则滚锥平盘式无级变速器的机械特征如图 12-6 所示。

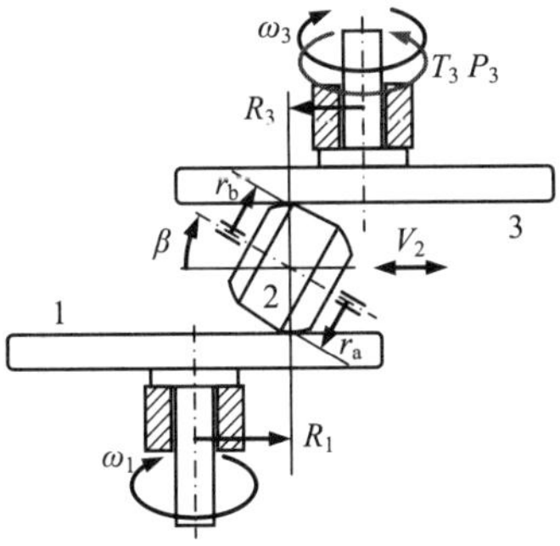

图 12-5　滚锥平盘式无级变速器

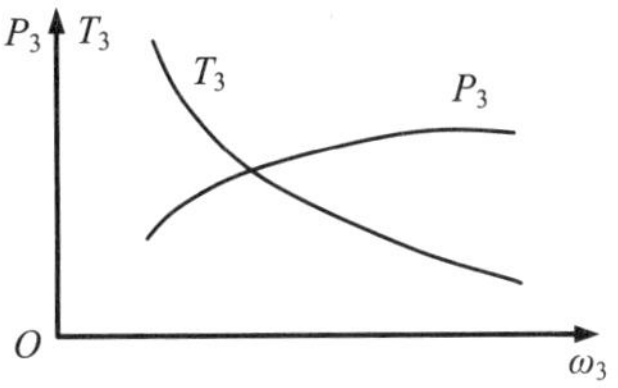

图 12-6　滚锥平盘式无级变速器的机械特征

### 12.3.2 钢球平盘式无级传动

图 12-7 为一种钢球平盘式无级变速器。输入轴 1 的转速为 $\omega_1$，钢球 2 被压紧在输入与输出轴端部的平盘之间，钢球 2 相对于自身的机架 4 作定轴转动，钢球 2 由位置调节机构改变水平位置。设钢球 2 与输入盘的接触点到输入轴的距离为 $R_1$，钢球 2 与输出盘的接触点到输出轴的距离为 $R_3$，输入与输出轴之间的中心距为 $a$，$a=R_1+R_3$，$a$ 为定值，钢球 2 与圆盘之间无相对滑动，则输出轴 3 的转速 $\omega_3$ 与传动比 $i_{13}$ 分别为

$$\omega_3 = R_1\omega_1 / R_3 = R_1\omega_1 / (a - R_1) \tag{12-8}$$

$$i_{13} = \omega_1 / \omega_3 = R_3 / R_1 = (a - R_1) / R_1 \tag{12-9}$$

当钢球 2 在一定范围内变化时，输出轴的转速得到调节。

该种无级变速器传递的功率可达 3kW，机械效率小于 0.8，传动比在 0.05～1.5 之间。设 $P_3$、$T_3$ 分别表示输出轴 3 的功率与转矩，则钢球平盘式无级变速器的机械特征如图 12-8 所示。

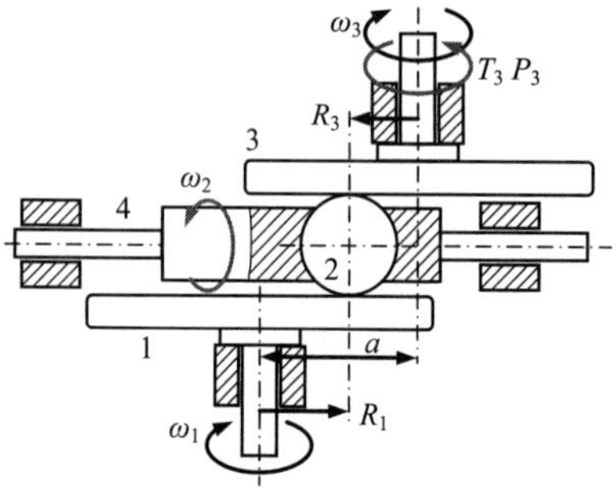


图 12-7 钢球平盘式无级变速器

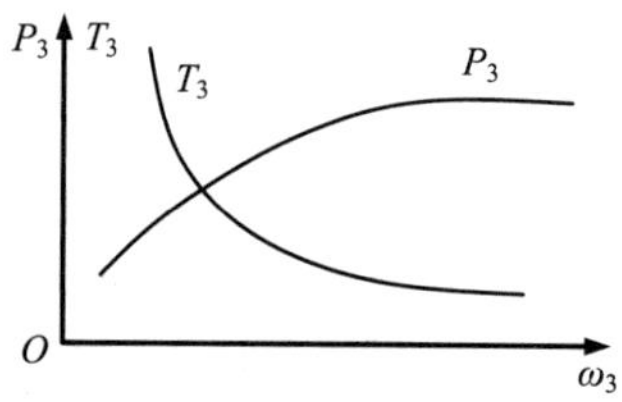


图 12-8 钢球平盘式无级变速器的机械特征

### 12.3.3 钢环分离锥盘式无级传动

轿车变速器中应用钢环分离锥盘式无级变速器，如图 12-9 所示。图 12-10(a)、(b)为不同传动比时的结构简图，输入轴 1 的转速为 $\omega_1$，钢环 2 被涨紧在输入轴与输出轴上的 V 形槽之间，V 形槽的夹角为 $2\alpha$，钢环可以是整体式的，也可以是一节一节装配式的。设钢环 2 与输入锥盘的初始接触点到输入轴的距离为 $R_{10}$，钢环 2 与输出锥盘的初始接触点到输出轴的距离为 $R_{30}$，如图 12-10(a)所示。当输入锥盘向外张开一段距离$\Delta b$ 时，如图 12-10(c)所示，$R_{10}$ 减小到 $R_{10}-\Delta b/\tan\alpha$；与此过程相对应，输出锥盘向内缩小$\Delta b$ 的距离，$R_{30}$ 增大到 $R_{30}+\Delta b/\tan\alpha$，如图 12-10(d)所示。设钢环 2 与两个锥盘之间无相对滑动，则输出轴 3 的转速 $\omega_3$ 与传动比 $i_{13}$ 分别为

$$\omega_3 = (R_{10} - \Delta b / \tan\alpha)\omega_1 / (R_{30} + \Delta b / \tan\alpha) \tag{12-10}$$

$$i_{13} = \omega_1 / \omega_3 = (R_{30} + \Delta b / \tan\alpha) / (R_{10} - \Delta b / \tan\alpha) \tag{12-11}$$

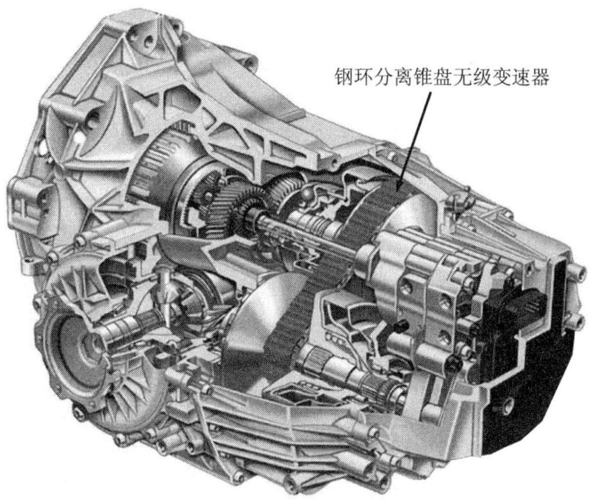


图 12-9　轿车变速器中应用的钢环分离锥盘式无级变速器

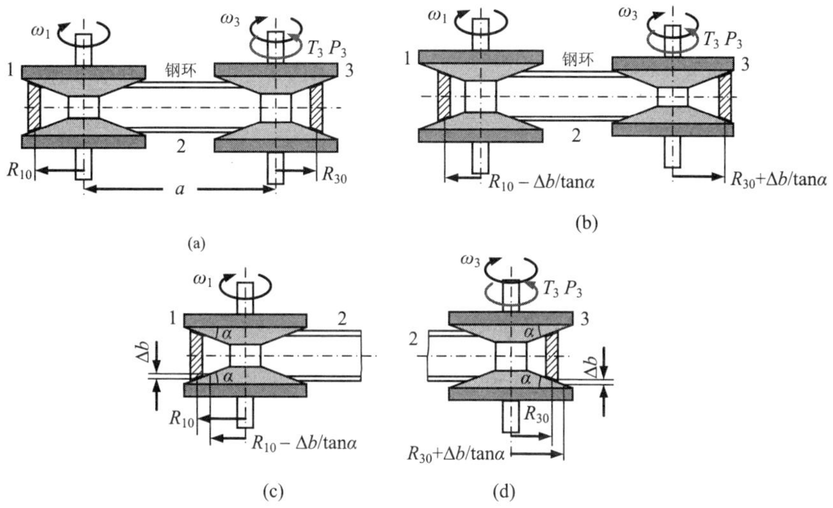


图 12-10　钢环分离锥盘式无级变速器

当$\Delta b$在一定范围内变化时，输出轴的转速得到调节。

该无级变速器传递的功率可达 50 kW，机械效率在 0.75～0.9 之间，传动比在 0.31～3.2 之间。设 $P_3$、$T_3$ 分别表示输出轴 3 的功率与转矩，则钢环分离锥盘无级变速器的机械特征如图 12-11 所示。

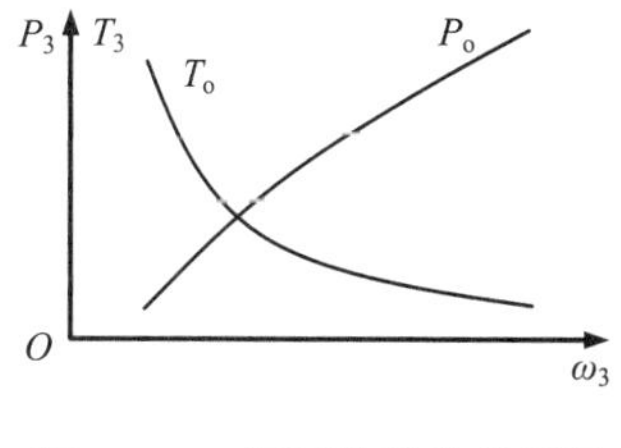


图 12-11　钢环分离锥盘无级变速器的机械特征

### 12.3.4 弧锥环盘式无级传动

图 12-12 为一种弧锥环盘式无级变速器。输入轴 1 的转速为 $\omega_1$，环盘 2 被压紧在输入轴与输出轴的弧锥上，环盘 2 的圆弧半径为 $R$，两段圆弧的中点 $A$、$B$ 关于圆心 $O$ 的张角为 $2\theta$，环盘 2 关于转动中心 $O$ 的偏转角为 $\delta$，两弧锥 1、3 与环盘 2 的接触点 $A$、$B$ 所对应的节径分别为 $d_{1t}$、$d_{2t}$，设环盘 2 与两弧锥 1、3 之间无相对滑动，由图 12-12 得 $R$、$\theta$、$\delta$、$d_{1t}$、$d_{2t}$ 以及两环盘的中心距 $a$ 之间的几何关系为

$$0.5d_{1t} + R\sin\theta\sin\delta + R\cos\theta\cos\delta = 0.5a \tag{12-12}$$

$$0.5d_{3t} - R\sin\theta\sin\delta + R\cos\theta\cos\delta = 0.5a \tag{12-13}$$

于是，输出转速 $\omega_3$ 与传动比 $i_{13}$ 分别为

$$\omega_3 = -[0.5a - R\cos(\theta-\delta)]/[0.5a - R\cos(\theta+\delta)]\omega_1 \tag{12-14}$$

$$i_{13} = |\omega_1/\omega_3| = d_{3t}/d_{1t} = [0.5a - R\cos(\theta+\delta)]/[0.5a - R\cos(\theta-\delta)] \tag{12-15}$$

当 $\delta$ 在$[-\delta_0,\ \delta_0]$之间变化时，输出轴的转速得到调节。该无级变速器传递的功率可达 10kW，机械效率在 0.90～0.95 之间，传动比在 0.22～2.2 之间。设 $P_3$、$T_3$ 分别表示输出轴 3 的功率与转矩，则弧锥环盘式无级变速器的机械特征如图 12-13 所示。

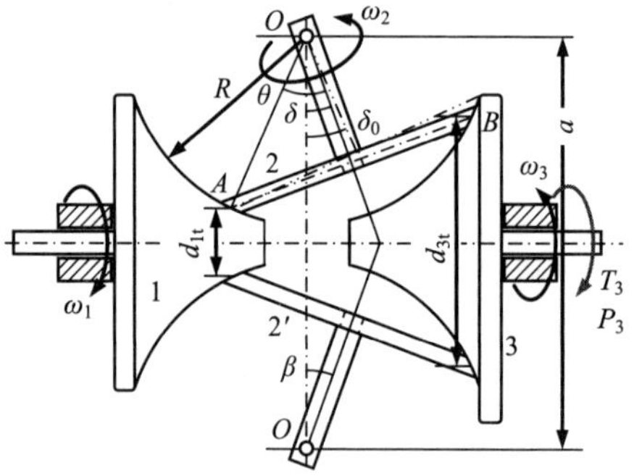


图 12-12 弧锥环盘式无级变速器

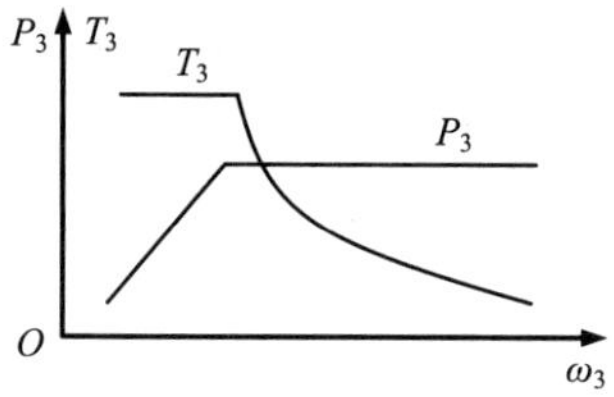


图 12-13 弧锥环盘式无级变速器的机械特征

### 12.3.5 棱锥式无级传动

图 12-14(a)为一种棱锥式无级变速器。输入轴 1 的转速为 $\omega_1$，棱锥 2 被压紧在输入轴与输出轴端部的环状空间之间，棱锥 2 的轴线与输入轴 1 的轴线之间的夹角为 $\alpha$，棱锥 2 绕自身的轴线转动，棱锥 2 的水平位置由位置调节机构进行调节。设棱锥 2 与输入轴环的接触点到输入轴线的距离为 $0.5d_1$，棱锥 2 的接触半径为 $r_{21}$；棱锥 2 与输出环的接触点到输出轴线的距离为 $0.5d_3$，棱锥 2 的接触半径为 $r_{23}$。由图 12-14(b)的尺寸关系得 $r_{21}$、$r_{23}$ 的函数式分别为 $r_{21}=(L-b-H)\tan\delta$，$r_{23}=b\tan\delta$，$L$、$H$ 为结构常数，$b$ 为自变量。设棱锥 2 做无相对滑动的相对滚动，棱锥 2 与输入轴环之间的速度关系为 $0.5d_1\,\omega_1=\omega_2\,r_{21}$，棱锥 2 与输出环之间的速度关系为 $0.5d_3\,\omega_3=\omega_2\,r_{23}$，则输出轴 3 的转速 $\omega_3$ 与传动比 $i_{13}$ 分别为

$$\omega_3 = -(r_{23}d_1)\omega_1/(r_{21}\cdot d_3) = -b\cdot d_1\omega_1/[(L-H-b)d_3] \tag{12-16}$$

$$i_{13} = |\omega_1/\omega_3| = |-(L-H-b)d_3/(bd_1)| \tag{12-17}$$

当棱锥 2 在水平方向移动(在垂直方向也产生附加的移动)时，输出轴的转速得到调节。该无级变速器传递的功率可达 37kW，机械效率在 0.8～0.93 之间，传动比在 0.8～7 之间。设 $P_3$、$T_3$ 分别表示输出轴 3 的功率与转矩，则棱锥式无级变速器的机械特征如图 12-15 所示。

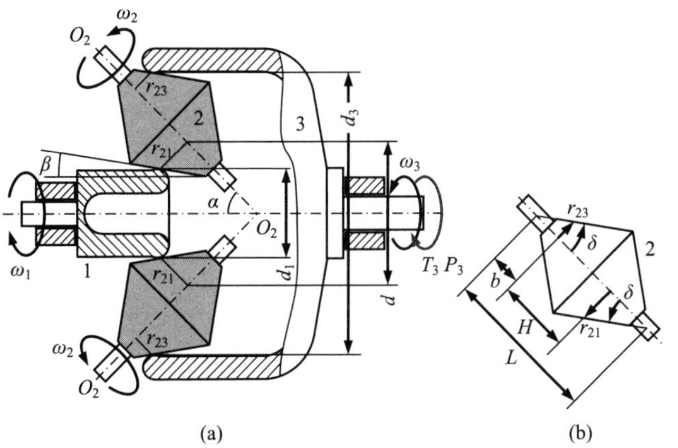


图 12-14　棱锥式无级变速器

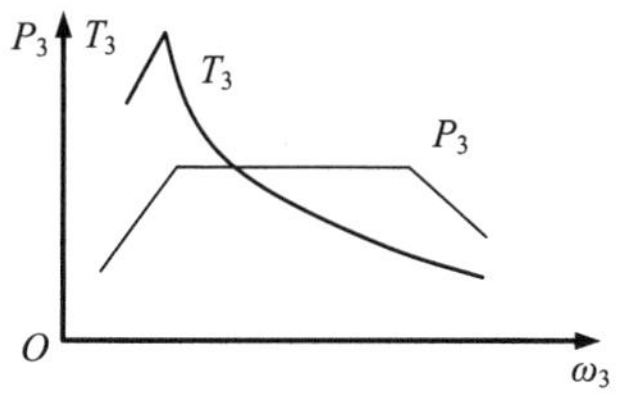


图 12-15　棱锥式无级变速器的机械特征

## 12.3.6　钢球外锥轮式无级传动

图 12-16 为一种钢球外锥轮式无级变速器。输入轴 1 的转速为 $\omega_1$，直径为 $d_2$ 的钢球 2 被压紧在输入轴与输出轴的锥面上，接触点分别为 $A_1$、$A_3$，两个锥面的顶角都为 $2\beta$，钢球 2 的转动轴线与输入轴、输出轴成 $\alpha$ 角，$\alpha$ 角的大小由位置调节机构调节，且为调速的自变量。设输入锥与钢球 2 的接触点 $A_1$ 到输入轴线的距离为 $0.5d_1$，钢球 2 的接触半径为 $r_{21}$，$r_{21}$ 垂直于自身的转动轴线；输出锥与钢球 2 的接触点 $A_3$ 到输出轴线的距离为 $0.5d_3$，$d_3=d_1$，钢球 2 的接触半径为 $r_{23}$，$r_{23}$ 垂直于自身的转动轴线。由图 12-16 得 $r_{21}=0.5d_2\cos(\beta+\alpha)$，$r_{23}=0.5d_2\cos(\beta-\alpha)$，设钢球 2 作无相对滑动的纯滚动，输入锥与钢球 2 之间的速度关系为 $0.5d_1\omega_1=\omega_2r_{21}=0.5\omega_2d_2\cos(\beta+\alpha)$，输出锥与钢球 2 之间的速度关系为 $0.5d_3\omega_3=\omega_2r_{23}=0.5\omega_2d_2\cos(\beta-\alpha)$，则输出轴 3 的转速 $\omega_3$ 与传动比 $i_{13}$ 分别为

$$\omega_3 = (d_1\cdot r_{23})\omega_1/(d_3\cdot r_{21}) = d_1\omega_1\cos(\beta-\alpha)/[d_3\cos(\beta+\alpha)] \tag{12-18}$$

$$i_{13} = \omega_1/\omega_3 = r_{21}\cdot d_3/(r_{23}\cdot d_1) = d_3\cos(\beta+\alpha)/[d_1\cos(\beta-\alpha)] \tag{12-19}$$

当钢球 2 改变轴线的角度时，输出轴的转速得到调节。该无级变速器传递的功率可达 11kW，机械效率在 0.8～0.9 之间，传动比在 0.3～3 之间。设 $P_3$、$T_3$ 分别表示输出轴 3 的功率与转矩，则钢球外锥轮式无级变速器的机械特征如图 12-17 所示。

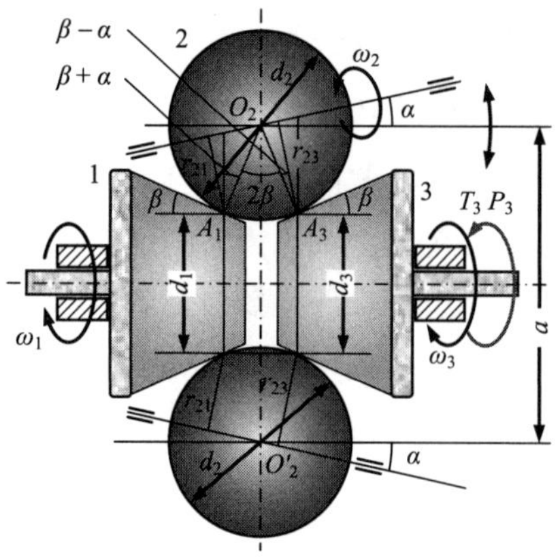


图 12-16　钢球外锥轮式无级变速器

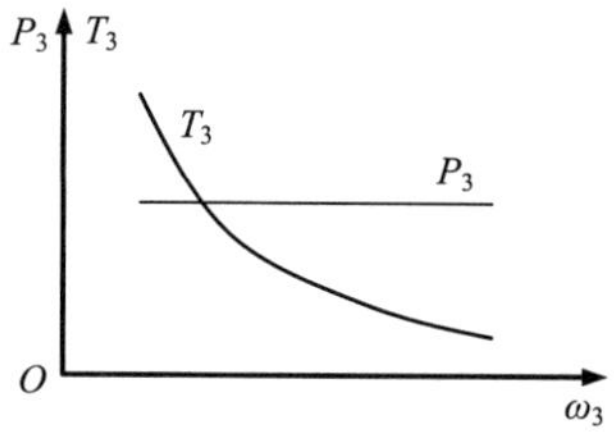


图 12-17　钢球外锥轮式无级变速器的机械特征

## 12.4　行星式机械无级变速传动

行星式机械无级变速器利用光滑行星轮与内、外中心轮之间的牵引力来实现运动与动力的传递，通过改变行星轮或内、外中心轮的工作半径实现无级变速传动。

### 12.4.1　转臂输出式无级传动

转臂输出式无级变速器如图 12-18(a)所示。输入轴 1 的角速度为 $\boldsymbol{\omega}_1$，光滑行星锥轮 2 以倾斜 $\beta$ 角安装在行星架(转臂)H 上，行星锥轮 2 的外侧与内锥轮 3 相互压紧，内锥轮 3 的轴向位置可调节但不转动，行星锥轮 2 的内侧与转动的外锥轮 1 相互压紧。设行星锥轮 2 相对于转臂 H 的角速度为 $\boldsymbol{\omega}_{2H}$，相对于内锥轮 3 的角速度 $\boldsymbol{\omega}_2$，相对于外锥轮 1 的角速度 $\boldsymbol{\omega}_{21}$；转臂 H 的角速度为 $\boldsymbol{\omega}_H$，外锥轮 1 相对于转臂 H 的角速度为 $\boldsymbol{\omega}_{1H}$。由于角速度矢量 $\boldsymbol{\omega}_1$、$\boldsymbol{\omega}_2$、$\boldsymbol{\omega}_H$，$\boldsymbol{\omega}_{21}$；$\boldsymbol{\omega}_{2H}$ 与 $\boldsymbol{\omega}_{1H}$ 存在 $\boldsymbol{\omega}_1=\boldsymbol{\omega}_H+\boldsymbol{\omega}_{1H}$，$\boldsymbol{\omega}_2=\boldsymbol{\omega}_H+\boldsymbol{\omega}_{2H}$，$\boldsymbol{\omega}_{2H}=\boldsymbol{\omega}_2-\boldsymbol{\omega}_H=\boldsymbol{\omega}_{21}+\boldsymbol{\omega}_{1H}$ 的关系，所以，它们构成的速度图形如图 12-18(b)所示。当外锥轮 1 为主动件、转臂 H 为从动件时，由图 12-18(b)得以下速度关系。

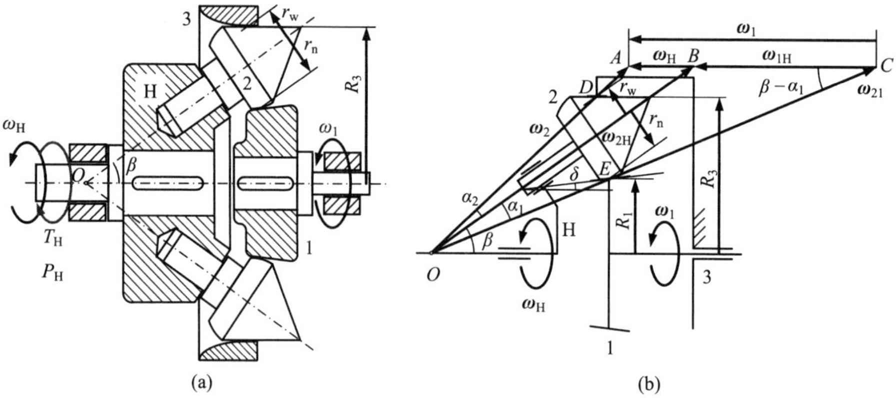


图 12-18　转臂输出式无级变速器与运动分析简图

对△$OAB$ 应用正弦定理得

$$\frac{\omega_2-\omega_{\mathrm{H}}}{\sin[\pi-(\alpha_2+\beta)]}=\frac{\omega_{\mathrm{H}}}{\sin\alpha_2} \tag{12-20}$$

对△$OBC$ 应用正弦定理得

$$\frac{\omega_1-\omega_{\mathrm{H}}}{\sin\alpha_1}=\frac{\omega_2-\omega_{\mathrm{H}}}{\sin(\beta-\alpha_1)} \tag{12-21}$$

结合图 12-18 (b)化简式(12-20)得

$$\frac{\omega_2-\omega_{\mathrm{H}}}{\omega_{\mathrm{H}}}=\frac{\sin(\alpha_2+\beta)}{\sin\alpha_2}=\frac{OD\sin(\alpha_2+\beta)}{OD\sin\alpha_2}=\frac{R_3}{r_{\mathrm{w}}}$$

$$\omega_2=\left(1+\frac{R_3}{r_{\mathrm{w}}}\right)\omega_{\mathrm{H}} \tag{12-22}$$

结合图 12-18 (b)化简式(12-21)得

$$\frac{\omega_1-\omega_{\mathrm{H}}}{\omega_2-\omega_{\mathrm{H}}}=\frac{\sin\alpha_1}{\sin(\beta-\alpha_1)}=\frac{OE\sin\alpha_1}{OE\sin(\beta-\alpha_1)}=\frac{r_{\mathrm{n}}}{R_1}$$

$$\omega_1=\omega_{\mathrm{H}}+\frac{r_{\mathrm{n}}}{R_1}(\omega_2-\omega_{\mathrm{H}}) \tag{12-23}$$

由式(12-22)、式(12-23)得输入轴 1、输出转臂 H 之间的传动比 $i_{1\mathrm{H}}$ 为

$$i_{1\mathrm{H}}=\frac{\omega_1}{\omega_{\mathrm{H}}}=\frac{r_{\mathrm{n}}\cdot R_3+r_{\mathrm{w}}\cdot R_1}{r_{\mathrm{w}}\cdot R_1} \tag{12-24}$$

当改变内锥轮 3 的轴向位置时，转臂的转速得到调节。该种无级变速器传递的功率可达 15kW，机械效率在 0.6～0.8 之间，传动比在 4～16 之间。设 $P_{\mathrm{H}}$、$T_{\mathrm{H}}$ 分别表示转臂 H 的功率与转矩，则转臂输出式无级变速器的机械特征如图 12-19 所示。

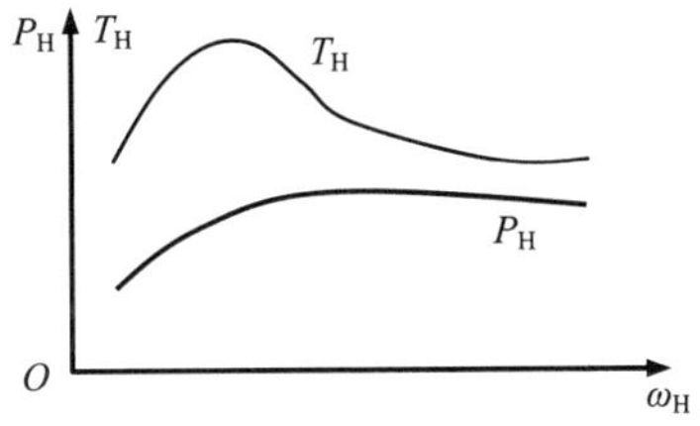


216

图 12-19　转臂输出式无级变速器的机械特征

## 12.4.2　转臂输出式封闭行星锥轮无级传动

转臂输出式封闭行星锥轮无级变速器如图 12 20(a)所示。输入轴 1 的角速度为 $\boldsymbol{\omega}_1$，光滑锥轮 2 以倾斜 $\beta$ 角安装在机架 5 上，内侧与主动中心轮 1 压紧，外侧与转动中心轮 3 压紧；光滑行星锥轮 4 以倾斜 $\beta$ 角安装在行星架(转臂)H 上，内侧与主动中心轮 1′ 压紧，外侧与转动中心轮 3 压紧，中心轮 3 的轴向位置可以调节，以达到调速的目的。设定轴转动的光滑锥轮 2 的角速度为 $\boldsymbol{\omega}_2$、中心轮 3 的角速度为 $\boldsymbol{\omega}_3$，由图 12-20(a)得它们之间的运动关系分别为

$$\omega_2=R_1\omega_1/r_{21} \tag{12-25}$$

$$\omega_3=-\frac{R_1}{r_{21}}\frac{r_{23}}{R_3}\omega_1 \tag{12-26}$$

当外锥轮 1′为主动件、转臂 H 为从动件时，设行星锥轮 4 相对于转臂 $H$ 的角速度为 $\boldsymbol{\omega}_{4\mathrm{H}}$，相对于内锥轮 3 的角速度 $\boldsymbol{\omega}_{43}$，相对于外锥轮 1′的角速度 $\boldsymbol{\omega}_{41}$；设转臂 H 的角速度为 $\boldsymbol{\omega}_{\mathrm{H}}$，转臂 H 相对于内锥轮 3 的角速度为 $\boldsymbol{\omega}_{\mathrm{H}3}$；输入轴 1 相对于内锥轮 3 的角速度为 $\boldsymbol{\omega}_{13}$，相对于转

臂 H 的角速度为 $\omega_{1H}$。由于角速度矢量 $\omega_1$、$\omega_3$、$\omega_4$、$\omega_H$、$\omega_{13}$、$\omega_{1H}$、$\omega_{4H}$ 与 $\omega_{H3}$ 存在 $\omega_{4H}=\omega_{41}+\omega_{1H}$，$\omega_{43}=\omega_{4H}+\omega_{H3}$，$\omega_{43}=\omega_{41}+\omega_{13}$ 的关系，所以，它们构成的速度图形如图 12-20(b)所示。

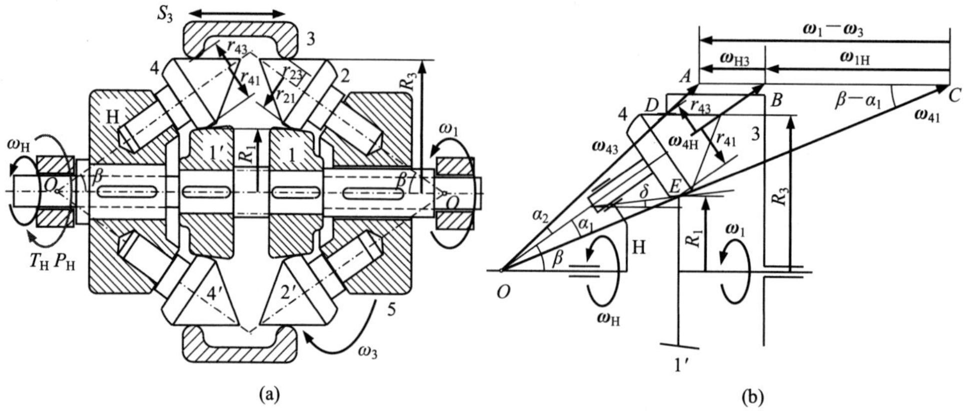


图 12-20 转臂输出式封闭行星锥轮无级变速器与运动分析简图

对△$OAB$ 应用正弦定理得

$$\frac{\omega_H-\omega_3}{\sin\alpha_2}=\frac{\omega_4-\omega_H}{\sin[\pi-(\alpha_2+\beta)]}=\frac{\omega_4-\omega_H}{\sin(\alpha_2+\beta)} \tag{12-27}$$

对△$OBC$ 应用正弦定理得

$$\frac{\omega_1-\omega_H}{\sin\alpha_1}=\frac{\omega_4-\omega_H}{\sin(\beta-\alpha_1)} \tag{12-28}$$

对△$OAC$ 应用正弦定理得

$$\frac{\omega_1-\omega_3}{\sin(\alpha_1+\alpha_2)}=\frac{\omega_4-\omega_3}{\sin(\beta-\alpha_1)} \tag{12-29}$$

结合图 12-20(a)与式(12-26)、式(12-27)～式(12-29)得传动比 $i_{1H}$ 为

$$\frac{\omega_H-\omega_3}{\omega_4-\omega_H}=\frac{\sin\alpha_2}{\sin(\beta+\alpha_2)}=\frac{OD\sin\alpha_2}{OD\sin(\beta+\alpha_2)}=\frac{r_{43}}{R_3}$$

$$\frac{\omega_1-\omega_H}{\omega_4-\omega_H}=\frac{\sin\alpha_1}{\sin(\beta-\alpha_1)}=\frac{OE\sin\alpha_1}{OE\sin(\beta-\alpha_1)}=\frac{r_{41}}{R_1}$$

$$\frac{\omega_1-\omega_H}{\omega_H-\omega_3}=\frac{r_{41}}{R_1}\cdot\frac{R_3}{r_{43}}$$

$$\omega_1-\omega_H=\frac{r_{41}}{R_1}\cdot\frac{R_3}{r_{43}}(\omega_H-\omega_3)=\frac{r_{41}}{R_1}\cdot\frac{R_3}{r_{43}}\left(\omega_H+\frac{r_{23}}{r_{21}}\cdot\frac{R_1}{R_3}\omega_1\right)$$

$$\omega_1-\omega_H=\frac{r_{41}}{R_1}\cdot\frac{R_3}{r_{43}}\omega_H+\frac{r_{23}}{r_{21}}\cdot\frac{r_{41}}{r_{43}}\omega_1$$

$$\left(1-\frac{r_{23}}{r_{21}}\cdot\frac{r_{41}}{r_{43}}\right)\omega_1=\left(1+\frac{r_{41}}{R_1}\cdot\frac{R_3}{r_{43}}\right)\omega_H$$

$$i_{1\mathrm{H}}=\frac{\omega_1}{\omega_\mathrm{H}}=\left(1+\frac{r_{41}}{R_1}\cdot\frac{R_3}{r_{43}}\right)\Big/\left(1-\frac{r_{23}}{r_{21}}\cdot\frac{r_{41}}{r_{43}}\right)$$

$$i_{1\mathrm{H}}=\frac{\omega_1}{\omega_\mathrm{H}}=\frac{R_1\cdot r_{43}+R_3\cdot r_{41}}{R_1\cdot r_{43}}\Big/\left(\frac{r_{21}\cdot r_{43}-r_{23}\cdot r_{41}}{r_{21}\cdot r_{43}}\right)$$

$$i_{1\mathrm{H}}=\frac{\omega_1}{\omega_\mathrm{H}}=\frac{r_{21}}{R_1}\frac{R_1\cdot r_{43}+R_3\cdot r_{41}}{r_{21}\cdot r_{43}-r_{23}\cdot r_{41}} \tag{12-30}$$

当改变内环 3 的轴向位置时，转臂的转速得到调节。该种无级变速器传递的功率可达 4kW，机械效率约为 0.6。

### 12.4.3 内锥轮输出式行星无级传动

内锥轮输出式无级变速器如图 12-21(a)所示。输入轴 1(外锥轮 1)的转速为 $\boldsymbol{\omega}_1$，行星锥轮 2 以倾角 $\alpha$ 安装在行星架(转臂)H 上，行星锥轮 2 的上侧与轴向位置可调节，但不转动的内锥轮 3 相互压紧、行星锥轮 2 的左侧与输出内锥轮 4 相互压紧，行星锥轮 2 的下侧与转动的外锥轮 1 相互压紧。当外锥轮 1 为主动件、内锥轮 4 为从动件时，设行星锥轮 2 相对于不转动内锥轮 3 的角速度为 $\boldsymbol{\omega}_2$，行星锥轮 2 相对于转臂 H 的角速度为 $\boldsymbol{\omega}_{2\mathrm{H}}$，相对于内锥轮 4 的角速度 $\boldsymbol{\omega}_{24}$，相对于外锥轮 1 的角速度 $\boldsymbol{\omega}_{21}$；设转臂 H 的角速度为 $\boldsymbol{\omega}_\mathrm{H}$；外锥轮 1 相对于转臂 H 的角速度为 $\boldsymbol{\omega}_{1\mathrm{H}}$；输出内锥轮 4 的角速度为 $\boldsymbol{\omega}_4$。由于角速度矢量 $\boldsymbol{\omega}_1$、$\boldsymbol{\omega}_2$、$\boldsymbol{\omega}_4$、$\boldsymbol{\omega}_\mathrm{H}$、$\boldsymbol{\omega}_{21}$、$\boldsymbol{\omega}_{1\mathrm{H}}$、$\boldsymbol{\omega}_{24}$ 与 $\boldsymbol{\omega}_{2\mathrm{H}}$ 存在 $\boldsymbol{\omega}_2=\boldsymbol{\omega}_{24}+\boldsymbol{\omega}_4=\boldsymbol{\omega}_{2\mathrm{H}}+\boldsymbol{\omega}_\mathrm{H}=\boldsymbol{\omega}_{21}+\boldsymbol{\omega}_1$ 与 $\boldsymbol{\omega}_{2\mathrm{H}}=\boldsymbol{\omega}_{21}+\boldsymbol{\omega}_{1\mathrm{H}}$ 的关系，所以，它们构成的速度图形如图 12-21(b)所示。

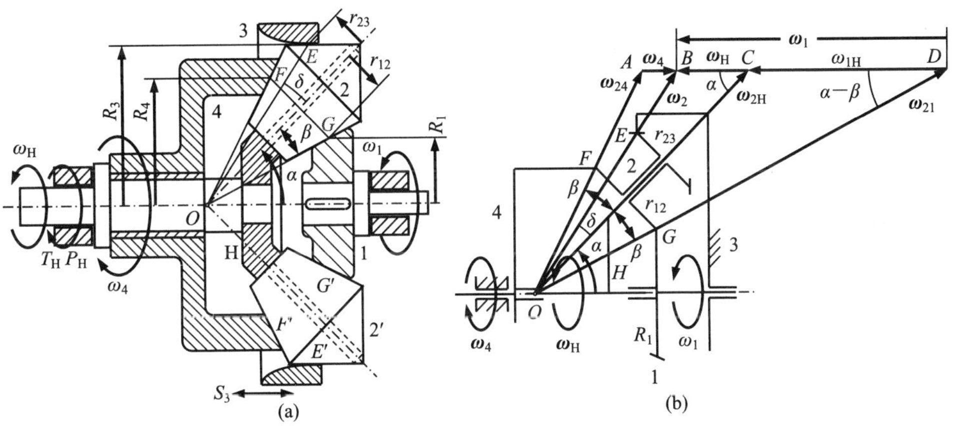


图 12-21　内锥轮输出式行星无级变速器与运动分析简图

对△$OCD$ 应用正弦定理

$$\frac{\omega_2-\omega_\mathrm{H}}{\sin(\alpha-\beta)}=\frac{\omega_1-\omega_\mathrm{H}}{\sin\beta} \tag{12-31}$$

对△$OBC$ 应用正弦定理得

$$\frac{\omega_2-\omega_\mathrm{H}}{\sin(\alpha+\delta)}=\frac{\omega_\mathrm{H}}{\sin\delta} \tag{12-32}$$

结合图 12-21(a)与式(12-31)、式(12-32)，得转臂 H 的角速度 $\omega_H$ 与输入角速度 $\omega_1$ 的函数关系为

$$\frac{\omega_1-\omega_H}{\omega_H}=\frac{\sin(\alpha+\delta)}{\sin\delta}\frac{\sin\beta}{\sin(\alpha-\beta)}=\frac{OE\sin(\alpha+\delta)}{OE\sin\delta}\frac{OF\sin\beta}{OG\sin(\alpha-\beta)}=\frac{R_3}{r_{23}}\frac{r_{12}}{R_1} \tag{12-33}$$

$$\omega_H=\omega_1\Big/\left(1+\frac{R_3}{r_{23}}\frac{r_{12}}{R_1}\right)=\frac{r_{23}R_1}{r_{23}R_1+r_{12}R_3}\omega_1 \tag{12-33'}$$

由式(12-32)得行星锥轮 2 的角速度 $\omega_2$ 与输入角速度 $\omega_1$ 的函数关系为

$$\begin{aligned}\omega_2&=\left[1+\frac{\sin(\alpha+\delta)}{\sin\delta}\right]\omega_H=\left[1+\frac{OE\sin(\alpha+\delta)}{OE\sin\delta}\right]\omega_H=\left[1+\frac{R_3}{r_{23}}\right]\omega_H\\&=\frac{r_{23}+R_3}{r_{23}}\frac{r_{23}R_1}{r_{23}R_1+r_{12}R_3}\omega_1\end{aligned} \tag{12-34}$$

对△$OAC$ 应用正弦定理得

$$\frac{\omega_H-\omega_4}{\sin\beta}=\frac{\omega_2-\omega_H}{\sin(\alpha+\beta)} \tag{12-35}$$

结合图 12-21(a)与式(12-35)得内锥轮 4 与转臂 H、行星锥轮 2 之间的角速度关系为

$$\begin{aligned}\omega_4&=\left[1+\frac{\sin\beta}{\sin(\alpha+\beta)}\right]\omega_H-\frac{\sin\beta}{\sin(\alpha+\beta)}\omega_2=\left[1+\frac{OF\sin\beta}{OF\sin(\alpha+\beta)}\right]\omega_H-\frac{OF\sin\beta}{OF\sin(\alpha+\beta)}\omega_2\\&=\frac{R_4+r_{12}}{R_4}\omega_H-\frac{r_{12}}{R_4}\omega_2\end{aligned} \tag{12-36}$$

将式(12-33′)、式(12-34)代入式(12-36)，得内锥轮 4 的角速度 $\omega_4$ 与输入角速度 $\omega_1$ 的函数关系为

$$\omega_4=\frac{R_4+r_{12}}{R_4}\frac{r_{23}R_1}{r_{23}R_1+r_{12}R_3}\omega_1-\frac{r_{12}}{R_4}\frac{r_{23}+R_3}{r_{23}}\frac{r_{23}R_1}{r_{23}R_1+r_{12}R_3}\omega_1 \tag{12-37}$$

由式(12-37)得传动比 $i_{14}$ 为

$$i_{14}=\frac{\omega_1}{\omega_4}=1\Big/\left[\frac{R_4+r_{12}}{R_4}\frac{r_{23}R_1}{r_{23}R_1+r_{12}R_3}-\frac{r_{12}}{R_4}\frac{R_1(r_{23}+R_3)}{r_{23}R_1+r_{12}R_3}\right] \tag{12-38}$$

由图 12-21(a)得知，传动比 $i_{14}$ 为负值，输出轴的转向与输入轴的转向相反。

### 12.4.4 环锥行星式无级传动

环锥行星式无级变速器如图 12-22(a)所示。输入轴 1 的转速为 $\boldsymbol{\omega}_1$，行星锥轮 2 以倾角 $\alpha$ 安装在行星架(转臂)H 上，行星锥轮 2 的上侧与轴向位置可调节，但不转动的内锥轮 3 相互压紧、行星锥轮 2 的左侧与输出内锥轮 4 相互压紧，行星锥轮 2 的下侧与转动的外锥轮 1 相互压紧。当外锥轮 1 为主动件、内锥轮 4 为从动件时，设行星锥轮 2 相对于不转动内锥轮 3 的角速度为 $\boldsymbol{\omega}_2$，行星锥轮 2 相对于转臂 H 的角速度为 $\boldsymbol{\omega}_{2H}$，相对于内锥轮 4 的角速度 $\boldsymbol{\omega}_{24}$，相对于外锥轮 1 的角速度 $\boldsymbol{\omega}_{21}$；设转臂 H 的角速度为 $\boldsymbol{\omega}_H$；外锥轮 1 相对于转臂 H 的角速度为 $\boldsymbol{\omega}_{1H}$。由于角速度矢量 $\boldsymbol{\omega}_1$、$\boldsymbol{\omega}_2$、$\boldsymbol{\omega}_4$、$\boldsymbol{\omega}_{21}$、$\boldsymbol{\omega}_{1H}$、$\boldsymbol{\omega}_{24}$ 与 $\boldsymbol{\omega}_{2H}$ 存在 $\boldsymbol{\omega}_2=\boldsymbol{\omega}_{24}+\boldsymbol{\omega}_4=\boldsymbol{\omega}_{2H}+\boldsymbol{\omega}_H=\boldsymbol{\omega}_{21}+\boldsymbol{\omega}_1$ 与 $\boldsymbol{\omega}_{2H}=\boldsymbol{\omega}_{21}+\boldsymbol{\omega}_{1H}$ 的关系，所以，它们构成的速度图形如图 12-22(b)所示。

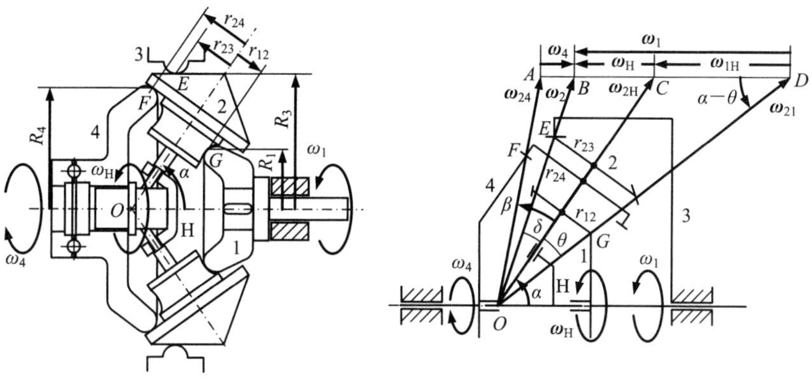


(a) (b)

图 12-22 环锥行星式无级变速器与运动分析简图

对△$OCD$ 应用正弦定理

$$\frac{\omega_2-\omega_{\mathrm{H}}}{\sin(\alpha-\theta)}=\frac{\omega_1-\omega_{\mathrm{H}}}{\sin\theta} \tag{12-39}$$

对△$OBC$ 应用正弦定理得

$$\frac{\omega_2-\omega_{\mathrm{H}}}{\sin(\alpha+\delta)}=\frac{\omega_{\mathrm{H}}}{\sin\delta} \tag{12-40}$$

结合图 12-22(a)与式(12-39)、式(12-40)，得转臂 H 的角速度 $\omega_{\mathrm{H}}$ 与输入角速度 $\omega_1$ 的函数关系为

$$\frac{\omega_1-\omega_{\mathrm{H}}}{\omega_{\mathrm{H}}}=\frac{\sin(\alpha+\delta)}{\sin\delta}\frac{\sin\theta}{\sin(\alpha-\theta)}=\frac{OE\sin(\alpha+\delta)}{OE\sin\delta}\frac{OG\sin\theta}{OG\sin(\alpha-\theta)}=\frac{R_3}{r_{23}}\frac{r_{12}}{R_1} \tag{12-41}$$

$$\omega_{\mathrm{H}}=\omega_1\Big/\left(1+\frac{R_3}{r_{23}}\frac{r_{12}}{R_1}\right)=\frac{r_{23}R_1}{r_{23}R_1+r_{12}R_3}\omega_1 \tag{12-41′}$$

由式(12-41)得行星锥轮 2 的角速度 $\omega_2$ 与输入角速度 $\omega_1$ 的函数关系为

$$\begin{aligned}\omega_2&=\left[1+\frac{\sin(\alpha+\delta)}{\sin\delta}\right]\omega_{\mathrm{H}}=\left[1+\frac{OE\sin(\alpha+\delta)}{OE\sin\delta}\right]\omega_{\mathrm{H}}=\left[1+\frac{R_3}{r_{23}}\right]\omega_{\mathrm{H}}\\&=\frac{r_{23}+R_3}{r_{23}}\frac{r_{23}R_1}{r_{23}R_1+r_{12}R_3}\omega_1\end{aligned} \tag{12-42}$$

对△$OAC$ 应用正弦定理得

$$\frac{\omega_{\mathrm{H}}-\omega_4}{\sin\beta}=\frac{\omega_2-\omega_{\mathrm{H}}}{\sin(\alpha+\beta)} \tag{12-43}$$

结合 12-22(a)与式(12-43)得内锥轮 4 与转臂 H、行星锥轮 2 之间的角速度关系为

$$\begin{aligned}\omega_4&=\left[1+\frac{\sin\beta}{\sin(\alpha+\beta)}\right]\omega_{\mathrm{H}}-\frac{\sin\beta}{\sin(\alpha+\beta)}\omega_2=\left[1+\frac{OF\sin\beta}{OF\sin(\alpha+\beta)}\right]\omega_{\mathrm{H}}-\frac{OF\sin\beta}{OF\sin(\alpha+\beta)}\omega_2\\&=\frac{R_4+r_{24}}{R_4}\omega_{\mathrm{H}}-\frac{r_{24}}{R_4}\omega_2\end{aligned} \tag{12-44}$$

将式(12-41′)、式(12-42)代入式(12-44)，得内锥轮 4 的角速度 $\omega_4$ 与输入角速度 $\omega_1$ 的函数

关系为

$$\omega_4=\frac{R_4+r_{24}}{R_4}\frac{r_{23}R_1}{r_{23}R_1+r_{12}R_3}\omega_1-\frac{r_{24}}{R_4}\frac{R_1(r_{23}+R_3)}{r_{23}R_1+r_{12}R_3}\omega_1 \tag{12-45}$$

由式(12-45)得传动比 $i_{14}$ 为

$$i_{14}=\frac{\omega_1}{\omega_4}=1\Big/\left[\frac{R_4+r_{24}}{R_4}\frac{r_{23}R_1}{r_{23}R_1+r_{12}R_3}-\frac{r_{24}}{R_4}\frac{R_1(r_{23}+R_3)}{r_{23}R_1+r_{12}R_3}\right] \tag{12-46}$$

### 12.4.5 钢球行星式无级传动

钢球行星式无级变速器的工作原理如图 12-23(a)所示。输入轴 1 的转速为 $\omega_1$，半径为 $r_2$ 的行星钢球 2 与输入轴 1 上的凹弧面的接触点为 $b$、与输入轴 1 上的锥面的接触点为 $c$，与不转动调速环 3 的接触点为 $d$，与从动轮 4 的凹弧面的接触点为 $a$。钢球 2 相对于输入轴 1 的角速度为 $\boldsymbol{\omega}_{21}$，$\boldsymbol{\omega}_{21}$ 的转动轴线为相对瞬心 $b$、$c$ 的连线，点 $b$、$c$ 的连线与轴线 $O_1O_1$ 的交点为 $O_J$，$O_J$ 为钢球 2 的绝对瞬心；钢球 2 的绝对角速度为 $\boldsymbol{\omega}_2$，$\boldsymbol{\omega}_2$ 的转动轴线为绝对瞬心 $d$ 与 $O_J$ 的连线；钢球 2 的公转角速度(行星架 H 的角速度)为 $\omega_H$；自转角速度为 $\boldsymbol{\omega}_{2H}$，$\boldsymbol{\omega}_{2H}$ 的转动轴线为其几何中心 $O_2$ 与 $O_J$ 的连线。主动件 1 上锥面的工作半径为 $r_{12}$、凹弧面的工作半径为 $r'_{12}$，主动件 1 的角速度为 $\boldsymbol{\omega}_1$；不转动调速环的工作半径为 $r_{23}$；从动轮 4 的工作半径为 $r_{24}$，角速度为 $\boldsymbol{\omega}_4$。$\boldsymbol{\omega}_1$、$\boldsymbol{\omega}_2$、$\boldsymbol{\omega}_4$、$\boldsymbol{\omega}_H$、$\boldsymbol{\omega}_{21}$、$\boldsymbol{\omega}_{24}$ 与 $\boldsymbol{\omega}_{2H}$ 存在 $\boldsymbol{\omega}_2=\boldsymbol{\omega}_1+\boldsymbol{\omega}_{21}=\boldsymbol{\omega}_4+\boldsymbol{\omega}_{41}=\boldsymbol{\omega}_H+\boldsymbol{\omega}_{2H}$ 的关系，所以，它们构成的速度图形如图 12-23(b)所示。在图 12-23(a)中，过钢球 2 与从动轮 4、主动件 1 的接触点 $a$、$b$、$c$ 作绝对瞬心 $dO_J$ 的垂线，得垂足分别为 $a'$、$b'$、$c'$，线段 $aa'$、$bb'$、$cc'$的长度分别为

$$aa'=r_2[\cos(\alpha_{23}-\theta_3)+r_2\sin[\alpha_{24}-(\pi/2-\theta_3)] \tag{12-47}$$

$$cc'=r_2\cos(\alpha_{23}-\theta_3)+r_2\sin[(\pi/2-\theta_3)-\alpha_{12}] \tag{12-48}$$

$$bb'=r_2\cos(\alpha_{23}-\theta_3)+r_2\sin(\alpha'_{12}+\theta_3) \tag{12-49}$$

钢球 2 与主动件 1 在接触点 $b$ 具有相同的线速度，即 $V_{b1}=V_{b2}$；钢球 2 与主动件 1 在接触点 $c$ 具有相同的线速度，即 $V_{c1}=V_{c2}$。由此得钢球 2 的角速度 $\omega_2$ 为

$$\omega_2\cdot bb'=\omega_1\cdot r'_{12} \tag{12-50}$$

$$\omega_2=\omega_1\cdot r'_{12}/bb' \tag{12-51}$$

$$\omega_2\cdot cc'=\omega_1\cdot r_{12} \tag{12-52}$$

$$\omega_2=\omega_1\cdot r_{12}/cc' \tag{12-53}$$

由式(12-51)、式(12-53)得几何关系为

$$r'_{12}/bb'=r_{12}/cc' \tag{12-54}$$

由钢球 2 与从动件 4 在 $a$ 点具有相同的线速度 $V_{a1}=V_{a4}$，得从动件 4 的角速度 $\omega_4$ 为

$$\omega_4\cdot r_{24}=\omega_2\cdot aa'=\omega_1\cdot r'_{12}\cdot aa'/bb' \tag{12-55}$$

$$\omega_4=\omega_2\cdot aa'/r_{24}=\omega_1\cdot r'_{12}\cdot aa'/(bb'\cdot r_{24}) \tag{12-56}$$

于是，该机构的传动比 $i_{14}$ 为

$$i_{14}=\omega_1/\omega_4=bb'\cdot r_{24}/(aa'\cdot r'_{12}) \tag{12-57}$$

该机构的传动比 $i_{14}$ 与结构参数 $\alpha_{12}$、$\alpha'_{12}$、$\alpha_{23}$、$\alpha_{24}$、$\theta_3$、$r_2$、$r_{12}$、$r'_{12}$、$r_{24}$ 有关，对于一个变速器，$\alpha_{23}$、$\alpha_{24}$、$r_2$ 为固定值，当 $r_{12}$、$r'_{12}$ 的数值被调节时，传动比 $i_{14}$ 得到调节。

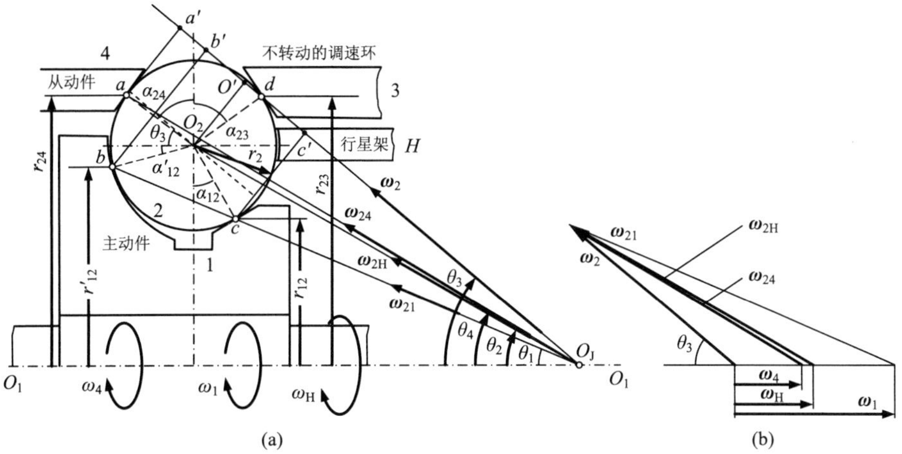


图 12-23　钢球行星式无级变速器的工作原理与速度分析简图

# 12.5　脉动无级变速传动

## 12.5.1　曲柄摇杆式脉动无级传动

脉动无级变速器是由多套连杆机构与单向超越离合器组合而成的一种变速器，图 12-24(a)为其中的一种型式，一个摇杆 4 的运动曲线如图 12-24(b)所示。在图 12-24(a)中，若曲柄 1 的长度 $a$ 被调节，则摇杆 4 的摆角与角速度 $\omega_4$ 都发生变化，通过单向超越离合器，输出角速度 $\omega_7$ 变成单向间歇的运动。若在输入轴与输出轴之间安装 $Z$ 套相位差为 $2\pi/Z$ 的图12-24(a)所示的机构，这些机构在输出方向上瞬时角速度最大的那一套对外做功，即几个单向超越离合器交替、重叠起作用，则输出角速度 $\omega_7$ 变成单向脉动的运动。当 $Z$=3 时，其运动曲线如图 12-24(c)所示，其中 $ab$、$bc$、$cd$ 段构成输出轴的角速度曲线。

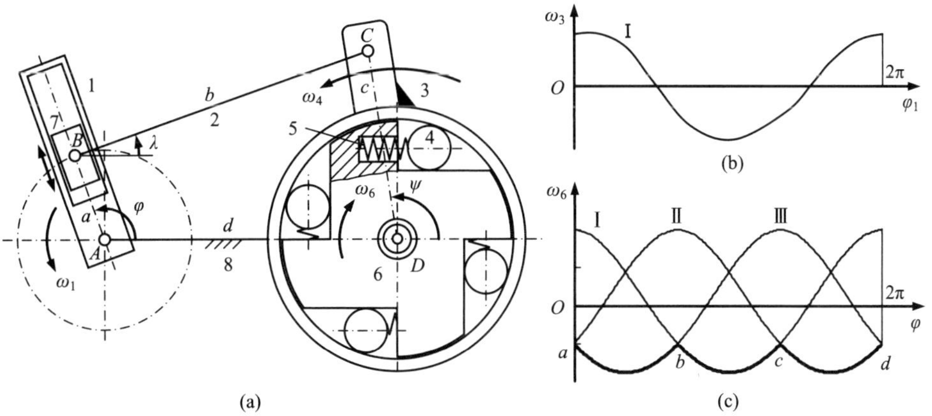


图 12-24　曲柄摇杆式脉动无级变速器的工作原理与输出曲线图

### 12.5.2 曲柄摇块摇杆式脉动无级传动

图 12-25(a)为曲柄摇块摇杆式脉动无级变速器的机构简图，一个摇杆 6 的运动曲线如图 12-25(b)所示。通过调节滑块 5 在机架 8 上的位置，则摇杆 6 的摆角与角速度 $\omega_6$ 都发生变化(图 12-25(b))，通过单向超越离合器，输出角速度 $\omega_9$ 变成单向间歇的运动。若在输入轴与输出轴之间安装 $Z$ 套相位差为 $2\pi/Z$ 的图 12-25(a)所示的机构，这些机构在输出方向上瞬时角速度最大的那一套对外做功，即几个单向超越离合器交替、重叠起作用，则输出角速度 $\omega_9$ 变成单向脉动的运动。当 $Z$=3 时，其运动曲线如图 12-25(c)所示，其中 $ab$、$bc$、$cd$ 段构成输出轴的角速度曲线。

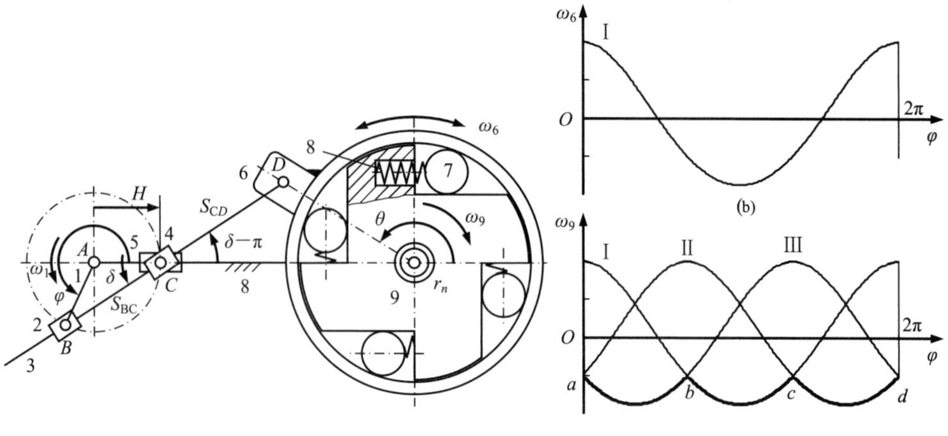


图 12-25　曲柄摇块摇杆式脉动无级变速器的工作原理与输出曲线图

## 思 考 题

**12.1**　液力无级变速传动是流体参与动能交换的自适应负载的变速传动，液力耦合器(fluid coupling)的产品如思考题 12.1 图(a)所示、产品的剖切图如思考题 12.1 图(b)所示、其中一种产品的剖面图如思考题 12.1 图(c)所示，液力耦合器的泵轮和涡轮组成一个可使液体循环流动的密闭工作腔，主动轮又称为泵轮装在输入轴上，从动轮又称为涡轮装在输出轴上。两轮为沿径向排列着许多叶片的半圆环，它们相向耦合布置，互不接触，中间有 2～4mm 的间隙，并形成一个圆环状的工作轮。泵轮和涡轮装合后，形成环形空腔，其内充装液压油。

当电机驱动叶片带动油液时，油液在离心力作用下被甩向泵轮叶片边缘，泵轮和涡轮的半径相等，当泵轮的转速大于涡轮转速时，泵轮叶片外缘的液压力大于涡轮叶片外缘的液压力，由于压差液体冲击涡轮叶片，当冲击力足以克服外阻力时，涡轮开始转动，即泵轮通过油液将动能传给涡轮，使涡轮与泵轮同方向旋转。油液动能下降后从涡轮的叶片边缘又流回到泵轮，形成循环回路，其流动路线如同一个首尾相连的环形螺旋线。若忽略其他机械损失，涡轮的输出扭矩等于泵轮的输入扭矩。

液力耦合器被分为普通型液力耦合器、限矩型液力耦合器和调速型液力耦合器。试从名称上设想，调速型液力耦合器器(variable speed fluid coupling)是如何实现调速的？

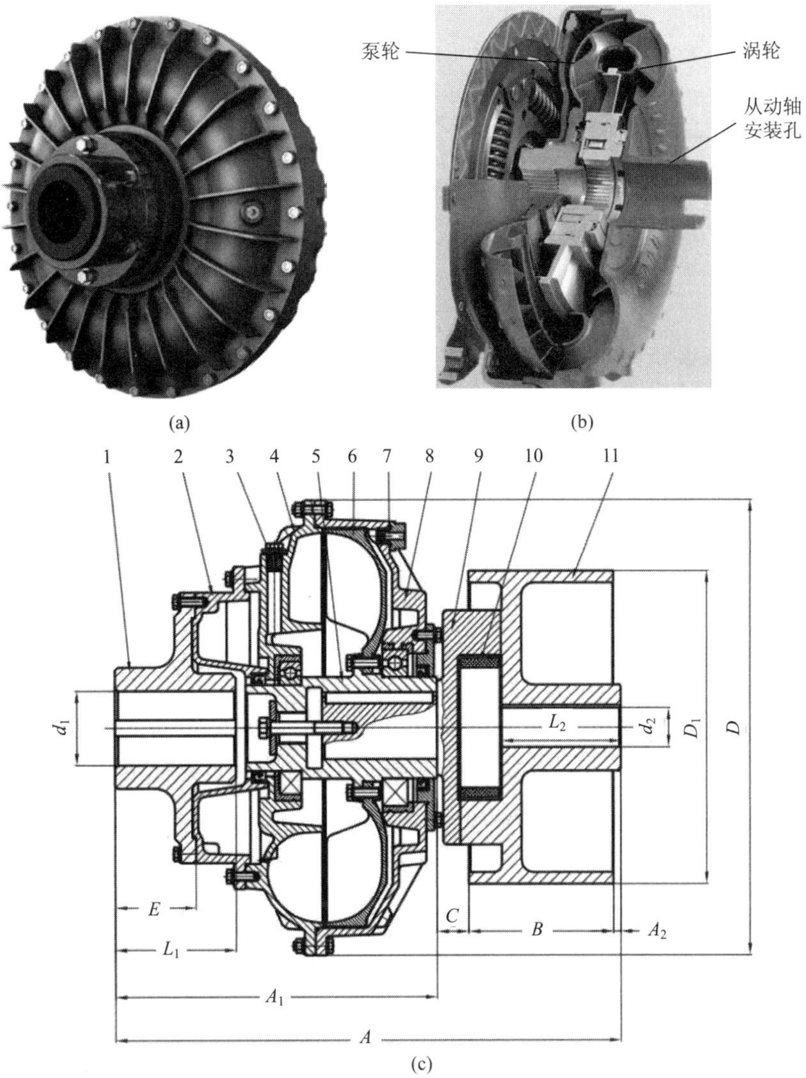


思考题 12.1 图

# 第 13 章

# 工业机器人机构学

## 13.1 概述

机器人的类型很多，当前工业机器人的数量最多，工业机器人被用来搬运各种物料、进行零件装配、焊接与喷涂作业等。图 13-1 为汽车生产线上的机器人群，它们协同工作，完成整个汽车的装配作业。图 13-2 为一种开式链关节型机器人，通过安装不同的末端操作器，实现焊接、喷涂、装拆零件与转运零件等。图 13-3 为一种开式链与闭式链混联型机器人，它的末端操作可以搬起较重的货物。图 13-4 为人形机器人，可以做多种服务工作。图 13-5 为并联关节型机器人，当末端操作器为力控型电动夹爪时，夹爪对被抓对象的适应性大大增加。图 13-6 为一种四组开式链的机器狗，可以在战场上完成侦察、运送弹药与自杀式攻击任务。工业机器人最显著的特点是可编程、拟人化、通用和机电一体化。可编程使其可以通过编程而实现不同的工作。拟人化是指其结构上类似于人。通用是指其末端操作器可以完成多种操作，更换操作器后，可以做的工作更多。机电一体化是指由机构、液压元件、电器元件、电子元件、光学元件、计算机以及程序组成，既可以是开环控制的，也可以是闭环控制的，还可以是示教再现的。根据工作的需要，机器人可以具有听觉、视觉、触觉或接近觉。有些机器人还具有思维、判断与决策能力。

图 13-1　汽车生产线上的工业机器人

图 13-2　开式链关节型机器人

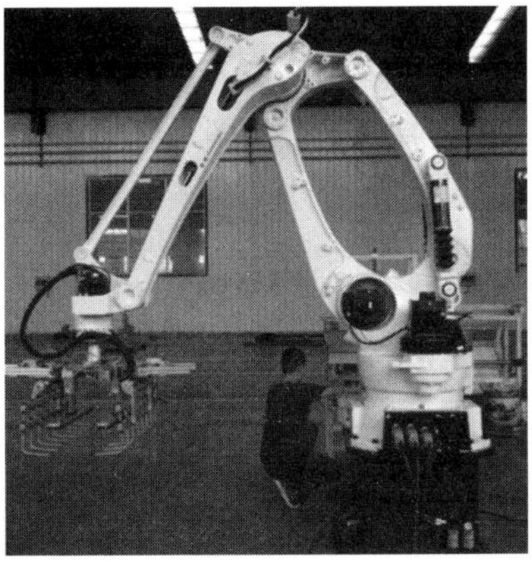

图 13-3　开式链与闭式链混联型机器人

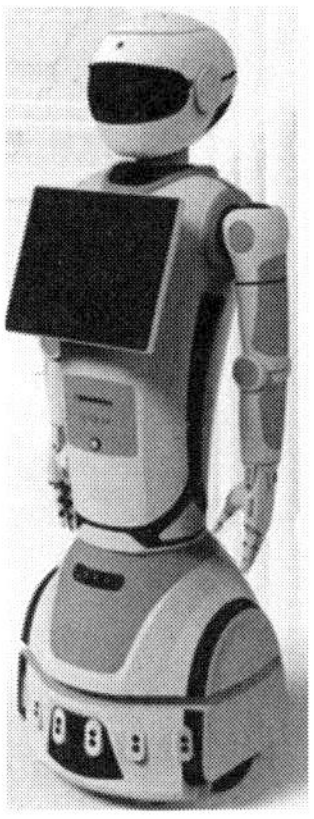

图 13-4　人形机器人

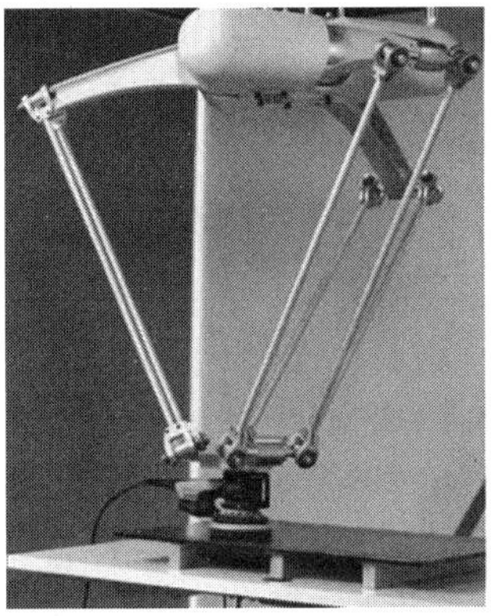

图 13-5　并联关节型机器人

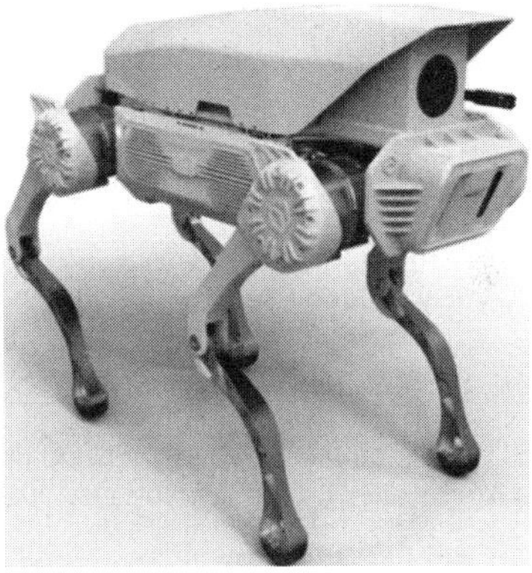

图 13-6　机器狗

## 13.2　工业机器人的组成

工业机器人由三大部分与六个子系统组成。三大部分是机械部分、传感部分和控制部分。六个系统是驱动系统、机构与结构系统、感觉系统、机器人与环境交互系统、人机交互系统和控制系统。

### 13.2.1　驱动系统

驱动系统是使机器人的各个关节产生相对运动的动力系统。驱动系统可以是液压的、气动的或伺服电机的系统，也可以是它们的组合。原动机的速度常常是较高的、输出力矩往往是较低的，为此，总是使用同步带、链条、轮系或谐波减速器中的一个或多个作为减速环节，其中的谐波减速器如图 13-7 所示，单级的传动比可达 80 以上，传递的功率可达数十千瓦。

### 13.2.2 机构与结构系统

工业机器人的机械部分由机身、大臂、小臂与末端操作器组成。机身可以是固定的，也可以是移动的。大臂与机身形成肩关节，小臂与大臂形成肘关节，小臂与末端操作器形成腕关节，如图 13-8 所示。

图 13-7 谐波减速器

图 13-8 腕关节与电磁吸盘操作器

### 13.2.3 感觉系统

机器人的感觉系统划分为内部传感器模块和外部传感器模块，以获取机器人的内部与外部的多种信息。内部传感器，如检测各个关节的相对位移的传感器，可以是旋转变压器、感应同步器或光电编码盘。外部传感器，如接触觉传感器用来判别末端操作器是否与目标对象接触，根据接触觉传感器的输出，机器人可以搜索目标对象的相对位置。压觉传感器用来检测末端操作器与目标对象接触面之间的压力的大小。滑觉传感器用来检测末端操作器与目标对象接触面之间的相对滑移的大小。力觉传感器用来检测机器人自身的内部力以及机器人与目标对象接触时的相互作用力。接近觉传感器用来检测末端操作器与目标对象之间的相对位置或距离。还有光觉传感器，气味传感器等。其中的增量式光电编码盘如图 13-9 所示，其对角位移的识别量可达 $360°/2^{27}$。光电编码盘中的原理图如图 13-10 所示。

图 13-9 增量式光电编码盘

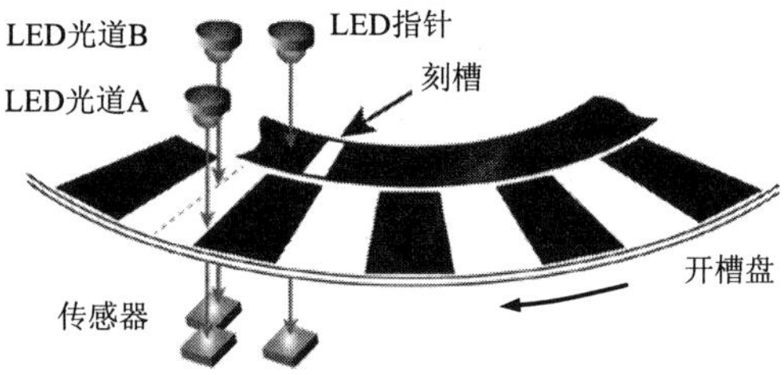


图 13-10 光电编码盘中的原理图

### 13.2.4　机器人与环境交互系统

工业机器人与环境交互系统是机器人与外部设备联系、协调的一个子系统。工业机器人与外部设备可以集成为一个功能单元，如加工单元、装配单元和焊接单元等；也可以是机器人群，如图 13-1 所示的汽车生产线。

### 13.2.5　人机交互系统

人机交互系统是操作人员对机器人实施过程控制的一个子系统。它由指令给定装置与信息显示装置组成。

### 13.2.6　控制系统

控制系统是一个对机器人实施作业控制的子系统。通过指令程序和传感器的反馈信号，控制机器人执行规定的动作。若机器人不利用传感器的反馈信号，则称为开环控制系统；反之，则称为闭环控制系统。根据控制原理，机器人的控制区分为程序控制、适应性控制和人工智能控制。根据控制末端操作器的运动形式，机器人的控制又区分为点位控制和连续轨迹控制。

## 13.3　工业机器人的分类与性能

工业机器人操作机的机构可以是平面开链机构，也可以是空间开链机构。其运动副称为关节，有移动关节 P、转动关节 R 等。若关节是独立驱动的，则称为主动关节，否则，称为从动关节。在工业机器人操作机的机构中，主动关节的数目称为操作机的自由度。工业机器人按照手臂运动的形式可以分为以下四种类型。

### 13.3.1　直角坐标型

直角坐标型操作机如图 13-11 所示，它有三个移动关节(*PPP*)，可使末端操作器作三个方向的独立位移。该种型式的工业机器人定位精度较高，空间轨迹规划与求解相对较容易，计算机控制相对较简单。其不足是空间尺寸较大，运动的灵活性相对较差，运动的速度相对较低。

### 13.3.2　圆柱坐标型

圆柱坐标型操作机如图 13-12 所示，它有两个移动关节和一个转动关节(RPP)组成，末端操作器的安装轴线之位姿由坐标($z$，$r$，$\theta$)予以表示。该种型式的工业机器人空间尺寸较小，工作范围较大，末端操作器可获得较高的运动速度。它的缺点是末端操作器离 $z$ 轴愈远，其切向线位移的分辨精度就愈低。

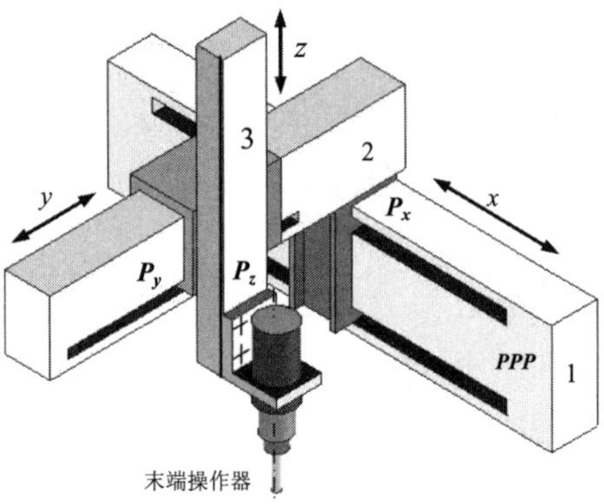


图 13-11　直角坐标型操作机

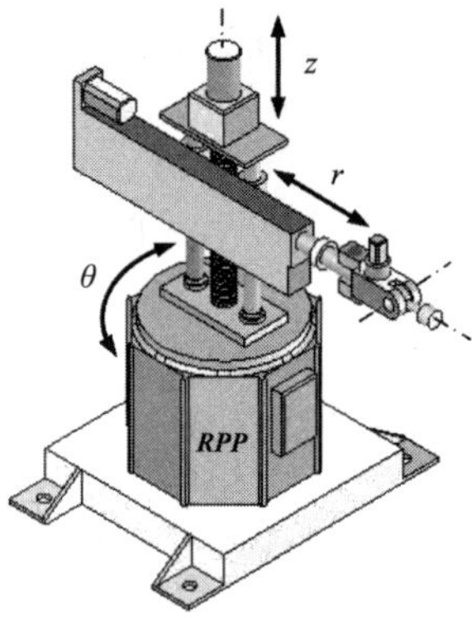


图 13-12　圆柱坐标型操作机

### 13.3.3　球坐标型

球坐标型操作机如图 13-13 所示，它有两个转动关节和一个移动关节(*RRP*)，末端操作器的安装轴线之位姿由坐标($\theta$，$\varphi$，$r$)予以表示。该种型式的工业机器人空间尺寸较小，工作范围较大。

### 13.3.4　关节型

关节型操作机如图 13-14 所示，它有三个转动关节(*RRR*)，即机身上部相对于下部的转动 $\theta_{Y0}$，肩关节的转动 $\theta_{Z1}$ 和肘关节的转动 $\theta_{Z2}$。腕关节的转动 $\theta_{Z3}$ 属于末端操作器的自由度。该种结构的工业机器人空间尺寸相对较小，工作范围相对较大，还可以绕过机座周围的障碍物，是目前应用较多的一种机型。

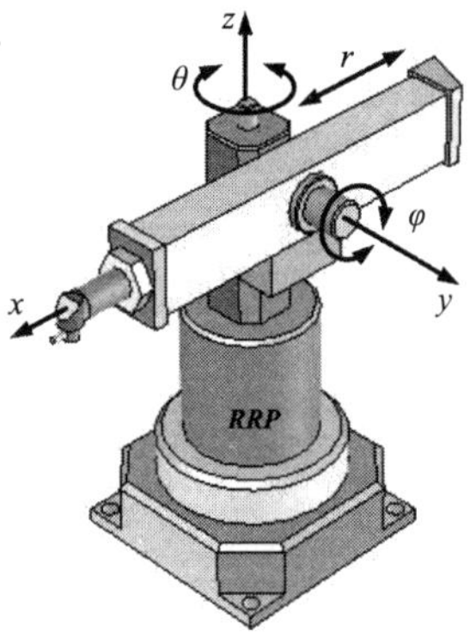


图 13-13　球坐标型操作机

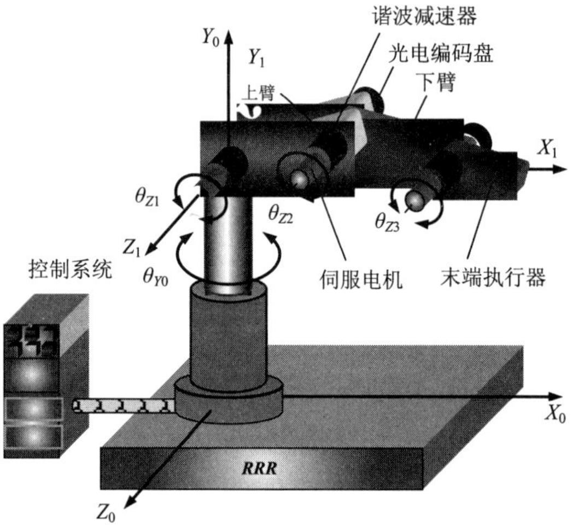


图 13-14　关节型操作机

# 13.4　工业机器人的运动学基础

在机构的层次上研究工业机器人，大多数工业机器人是由若干个关节联系起来的一种开链，其一端固结在机座上，另一端安装有末端操作器。确定工业机器人末端操作器安装轴线的方位；确定末端操作器的位姿与位移；确定工业机器人的操作对象，即目标物体的位姿与位移，构成了工业机器人运动学研究的主要工作。

## 13.4.1　目标物体的空间转动矩阵

设一个物体 $B$ 通过坐标原点 $O$ 的单位矢量 $\boldsymbol{u}$ 转动 $\varphi$ 角从 $B_1$ 到达 $B_2$，其上的矢量从 $\boldsymbol{V}_1$ 到达 $\boldsymbol{V}_2$，如图 13-15 所示。

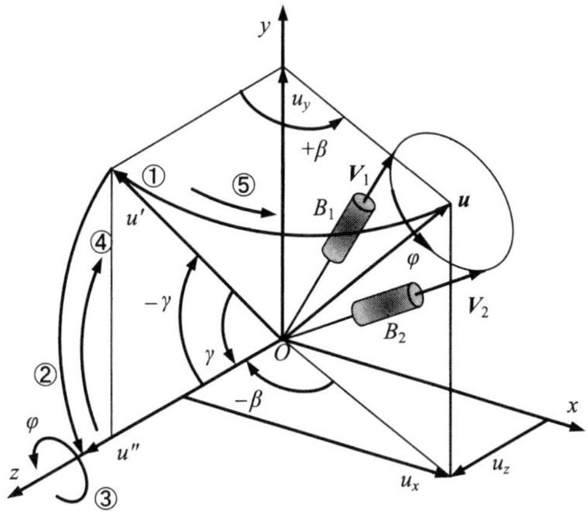

图 13-15　目标物体的空间转动

现在建立 $\boldsymbol{V}_2$ 与 $\boldsymbol{V}_1$ 的关系。这是一个不绕坐标轴的转动问题，为了确定矢量 $\boldsymbol{V}_1$ 绕量 $\boldsymbol{u}$ 转动 $\varphi$ 角到达 $\boldsymbol{V}_2$ 的位姿，将其作如下变换，以便利用通过坐标原点的矢量绕坐标轴转动的公式。

步骤 1. 将矢量 $\boldsymbol{u}$ 绕 $y$ 轴转动$-\beta$ 角，使 $\boldsymbol{u}$ 位于 $yoz$ 平面上，位置为 $u'$，此时的矢量 $\boldsymbol{V}_1$ 到达 $V'$；

步骤 2. 将矢量 $u'$ 绕 $x$ 轴转动 $\gamma$ 角，使 $\boldsymbol{u}'$ 到达 $z$ 轴上，位置为 $u''$，此时的矢量 $\boldsymbol{V}_1$ 到达 $\boldsymbol{V}''$；

步骤 3. 将矢量 $\boldsymbol{V}''$ 绕 $z$ 轴转动 $\varphi$ 角，使其到达 $\boldsymbol{V}'''$；

步骤 4. 将矢量 $\boldsymbol{u}''$ 绕 $x$ 轴转动$-\gamma$ 角，使其返回到 $u'$，此时的矢量 $\boldsymbol{V}'''$ 到达 $\boldsymbol{V}''''$；

步骤 5. 将矢量 $\boldsymbol{u}'$ 绕 $y$ 轴转动 $\beta$ 角，使其返回到原位置 $\boldsymbol{u}$，此时的矢量 $\boldsymbol{V}''''$ 到达 $\boldsymbol{V}_2$。以上变换所得到的 $\boldsymbol{V}_2$，即为矢量 $\boldsymbol{V}_1$ 绕通过坐标原点的单位矢量 $\boldsymbol{u}$ 转动 $\varphi$ 角后到达的位置。

为了公式的简洁，定义 $[R_{-\beta,y}]$、$[R_{+\gamma,x}]$、$[R_{+\psi,z}]$、$[R_{-\gamma,x}]$、$[R_{+\beta,y}]$ 分别表示以上顺序的转动矩阵，$[R_{\varphi,u}]_{3\times3}$ 表示矢量 $\boldsymbol{V}_1$ 绕通过坐标原点的单位矢量 $\boldsymbol{u}$ 转动 $\varphi$ 角的矩阵，由于是相对于固定坐标系作转动，所以，转动矩阵依次左乘，则矢量 $\boldsymbol{V}_2$ 的位姿为

$$\boldsymbol{V}_2 = [R_{\varphi,u}]_{3\times3}\boldsymbol{V}_1 = [R_{+\beta,y}][R_{-\gamma,x}][R_{+\varphi,z}][R_{+\gamma,x}][R_{-\beta,y}]\boldsymbol{V}_1 \tag{13-1}$$

式中，$[R_{+\gamma,x}]$，$[R_{+\beta,y}]$，$[R_{+\varphi,z}]$ 分别为

$$[R_{+\gamma,x}] = \begin{bmatrix} 1 & 0 & 0 \\ 0 & \cos\gamma & -\sin\gamma \\ 0 & \sin\gamma & \cos\gamma \end{bmatrix} \tag{13-2}$$

$$[R_{+\beta,y}] = \begin{bmatrix} \cos\beta & 0 & \sin\beta \\ 0 & 1 & 0 \\ -\sin\beta & 0 & \cos\beta \end{bmatrix} \tag{13-3}$$

$$[R_{+\varphi,z}]=\begin{bmatrix}\cos\varphi & -\sin\varphi & 0\\ \sin\varphi & \cos\varphi & 0\\ 0 & 0 & 1\end{bmatrix} \tag{13-4}$$

$[R_{+\gamma,x}]$、$[R_{+\beta,y}]$与$[R_{+\varphi,z}]$也可以扩展成四维形式，矩阵的第四行与第四列的元素为 1，其余元素为 0。$[R_{+\gamma,x}],[R_{+\beta,y}],[R_{+\varphi,z}]$又称为关于坐标轴的旋转算子。

在图 13-15 中，$\mu_y=\sin\gamma, \sin\beta=u_x/\sqrt{u_x^2+u_z^2}$，$\cos\beta=u_z/\sqrt{u_x^2+u_z^2}$，$\cos\gamma=\sqrt{u_x^2+u_z^2}$，为此 $u_x=\cos\gamma\sin\beta$，$u_z=\cos\gamma\cos\beta$。令 $V\varphi=1-\cos\varphi$，$S\varphi=\sin\varphi$，$C\varphi=\cos\varphi$，则式(13-1)中的$[R_{\varphi,u}]_{3\times3}$简化为

$$[R_{\varphi,u}]_{3\times3}=\begin{bmatrix}u_x^2V\varphi+C\varphi & u_xu_yV\varphi-u_zS\varphi & u_xu_zV\varphi+u_yS\varphi\\ u_xu_yV\varphi-u_zS\varphi & u_y^2V\varphi+C\varphi & u_yu_zV\varphi-u_xS\varphi\\ u_xu_zV\varphi+u_yS\varphi & u_yu_zV\varphi+u_xS\varphi & u_z^2V\varphi+C\varphi\end{bmatrix} \tag{13-5}$$

设 $\boldsymbol{V}_2=[V_{2x}\ V_{2y}\ V_{2z}]^{\mathrm{T}}$，$\boldsymbol{V}_1=[V_{1x}\ V_{1y}\ V_{1z}]^{\mathrm{T}}$，则 $\boldsymbol{V}_2$ 与 $\boldsymbol{V}_1$ 之间的变换关系为

$$\begin{bmatrix}V_{2x}\\ V_{2y}\\ V_{2z}\end{bmatrix}=\begin{bmatrix}u_x^2V\varphi+C\varphi & u_xu_yV\varphi-u_zS\varphi & u_xu_zV\varphi+u_yS\varphi\\ u_xu_yV\varphi-u_zS\varphi & u_y^2V\varphi+C\varphi & u_yu_zV\varphi-u_xS\varphi\\ u_xu_zV\varphi+u_yS\varphi & u_yu_zV\varphi+u_xS\varphi & u_z^2V\varphi+C\varphi\end{bmatrix}\begin{bmatrix}V_{1x}\\ V_{1y}\\ V_{1z}\end{bmatrix} \tag{13-6}$$

若用齐次坐标表示，则$[R_{\varphi,u}]_{3\times3}$扩展为$[R_{\varphi,u}]_{4\times4}$。$[R_{\varphi,u}]_{4\times4}$的第 4 行第 4 列的元素为 1，其余元素为 0。

将式(13-5)改写为齐次坐标形式，$[R_{\varphi,u}]_{4\times4}$中的对应元素进一步简化为

$$[R_{\varphi,u}]_{4\times4}=\begin{bmatrix}N_x & M_x & Q_x & 0\\ N_y & M_y & Q_y & 0\\ N_z & M_z & Q_z & 0\\ 0 & 0 & 0 & 1\end{bmatrix} \tag{13-7}$$

当式(13-7)中的每一个元素为已知时，利用式(13-5)中的元素与式(13-7)中的前 3 行、3 列元素对应相等，即可求出矢量 $\boldsymbol{V}_1$ 绕矢量 $\boldsymbol{u}$ 转动的转角 $\varphi$ 和矢量 $\boldsymbol{u}$ 的姿态。

$$\sin\varphi=\pm\frac{1}{2}\sqrt{(M_z-Q_y)^2+(Q_x-N_z)^2+(N_y-M_x)^2} \tag{13-8}$$

$$\tan\varphi=\pm\left[\frac{\sqrt{(M_z-Q_y)^2+(Q_x-N_z)^2+(N_y-M_x)^2}}{N_x+M_y+Q_z-1}\right] \tag{13-9}$$

$$u_x=\frac{M_z-Q_y}{2\sin\varphi},\quad u_y=\frac{Q_x-N_z}{2\sin\varphi},\quad u_z=\frac{N_y-M_x}{2\sin\varphi} \tag{13-10}$$

当 $\varphi$=0～180°时，$\sin\varphi$ 和 $\tan\varphi$ 取“+”号。

［**例 13.1**］ 图 13-16 为单臂操作机械手，手臂相对于机身拥有一个转动自由度，手腕相对于手臂拥有一个转动自由度。已知手腕上的当前坐标系 *oxyz* 相对于机身坐标系 *OXYZ* 经历$[R_{\pi/2,Z}]$到$[R_{\pi,Y}]$变换与(2,6,2)的位移得到，如图 13-17 所示，在从动坐标系到固定坐标系的矩阵变换过程中，后变换的矩阵乘积时左乘，$[R_{\pi,Y}]\,[R_{\pi/2,Z}]$为

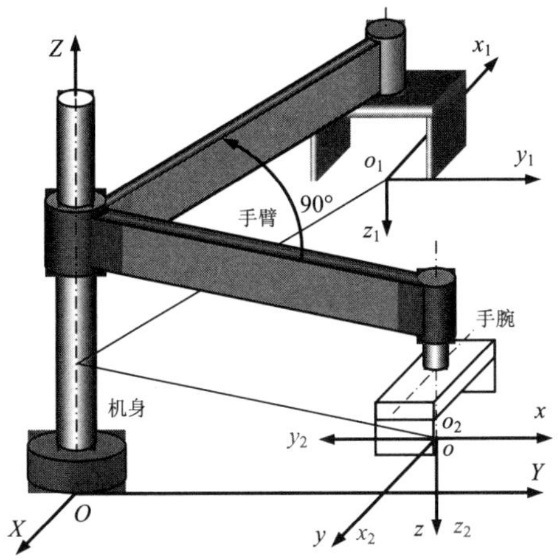


图 13-16　单臂操作机械手

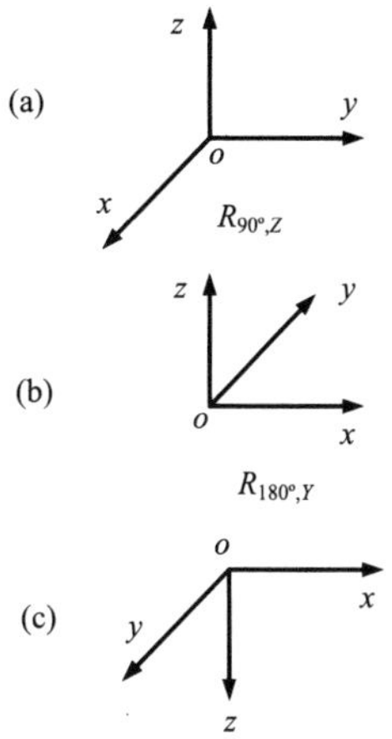


图 13-17　手腕上坐标系 $oxyz$ 的变换过程

$$[R_{\pi,Y}][R_{\pi/2,Z}]=\begin{bmatrix}\cos\pi & 0 & \sin\pi\\ 0 & 1 & 0\\ -\sin\pi & 0 & \cos\pi\end{bmatrix}\begin{bmatrix}\cos(\pi/2) & -\sin(\pi/2) & 0\\ \sin(\pi/2) & \cos(\pi/2) & 0\\ 0 & 0 & 1\end{bmatrix}$$

$$[R_{\pi,Y}][R_{\pi/2,Z}]=\begin{bmatrix}-1 & 0 & 0\\ 0 & 1 & 0\\ 0 & 0 & -1\end{bmatrix}\begin{bmatrix}0 & -1 & 0\\ 1 & 0 & 0\\ 0 & 0 & 1\end{bmatrix}=\begin{bmatrix}0 & 1 & 0\\ 1 & 0 & 0\\ 0 & 0 & -1\end{bmatrix}$$

于是，当前坐标系 $oxyz$ 相对于机身坐标系 $OXYZ$ 的位姿矩阵 $\boldsymbol{SW}$ 为

$$\boldsymbol{SW}=\begin{bmatrix}0 & 1 & 0 & 2\\ 1 & 0 & 0 & 6\\ 0 & 0 & -1 & 2\\ 0 & 0 & 0 & 1\end{bmatrix}$$

$\boldsymbol{SW}$ 中前 3 行、前 3 列的元素表示手腕坐标系的姿态；$[2,6,2]^{\mathrm{T}}$ 表示手腕坐标系原点的位置。

(1) 若手臂相对于机身坐标系 $OXYZ$ 的 $Z$ 轴转动$+\pi/2$，则坐标系 $oxyz$ 转到坐标系 $o_1x_1y_1z_1$。

(2) 若手臂相对于机身不动，手腕上的坐标系 $oxyz$ 相对于手臂上的 $z$ 轴转动$+\pi/2$，则坐标系 $oxyz$ 转到坐标系 $o_2x_2y_2z_2$。试写出以上两种转动的矩阵 $\boldsymbol{SW}_1$、$\boldsymbol{SW}_2$。

［解］　(1) 从坐标系 $oxyz$ 到坐标系 $o_1x_1y_1z_1$ 的矩阵变换$[R_{+\pi/2,Z}]$是相对于固定坐标系 $OXYZ$ 进行的，因此，$[R_{+\pi/2,Z}]$左乘 $\boldsymbol{SW}$ 得坐标系 $o_1x_1y_1z_1$ 在固定坐标系 $OXYZ$ 的位姿矩阵 $\boldsymbol{SW}_1$ 为

$$\boldsymbol{SW}_1=[R_{+\pi/2,Z}]\boldsymbol{SW}=\begin{bmatrix}0 & -1 & 0 & 0\\ 1 & 0 & 0 & 0\\ 0 & 0 & 1 & 0\\ 0 & 0 & 0 & 1\end{bmatrix}\begin{bmatrix}0 & 1 & 0 & 2\\ 1 & 0 & 0 & 6\\ 0 & 0 & -1 & 2\\ 0 & 0 & 0 & 1\end{bmatrix}=\begin{bmatrix}-1 & 0 & 0 & -6\\ 0 & 1 & 0 & 2\\ 0 & 0 & -1 & 2\\ 0 & 0 & 0 & 1\end{bmatrix}$$

(2) 从坐标系 $oxyz$ 到坐标系 $o_2x_2y_2z_2$ 的矩阵变换$[R_{+\pi/2,z}]$是相对于动坐标系进行的，在从动坐标系到动定坐标系的矩阵变换过程中，后变换的矩阵乘积时后置，因此，$[R_{+\pi/2,z}]$右乘 $\boldsymbol{SW}$ 得 $o_2x_2y_2z_2$ 坐标系在固定坐标系 $OXYZ$ 的位姿矩阵 $\boldsymbol{SW}_2$ 为

$$SW_2 = SW[R_{+\pi/2,z}] = \begin{bmatrix} 0 & 1 & 0 & 2 \\ 1 & 0 & 0 & 6 \\ 0 & 0 & -1 & 2 \\ 0 & 0 & 0 & 1 \end{bmatrix} \begin{bmatrix} 0 & -1 & 0 & 0 \\ 1 & 0 & 0 & 0 \\ 0 & 0 & 1 & 0 \\ 0 & 0 & 0 & 1 \end{bmatrix} = \begin{bmatrix} 1 & 0 & 0 & 2 \\ 0 & -1 & 0 & 6 \\ 0 & 0 & -1 & 2 \\ 0 & 0 & 0 & 1 \end{bmatrix}$$

### 13.4.2 坐标系之间的空间变换矩阵

设在一个连杆上设置坐标系 $o'xyz$，连杆上有一个 $o'$ 点与一个 $A$ 点，$o'A$ 对应单位矢量 $\boldsymbol{v}$，该坐标系的原点 $o'$ 相对于固定坐标系 $OXYZ$ 原点 $O$ 的矢量为 $\boldsymbol{P}$，如图 13-18 所示。现在求单位矢量 $\boldsymbol{v}$ 在固定坐标系 $OXYZ$ 中的矢量 $\boldsymbol{V}(V_X,V_Y,V_Z)$。

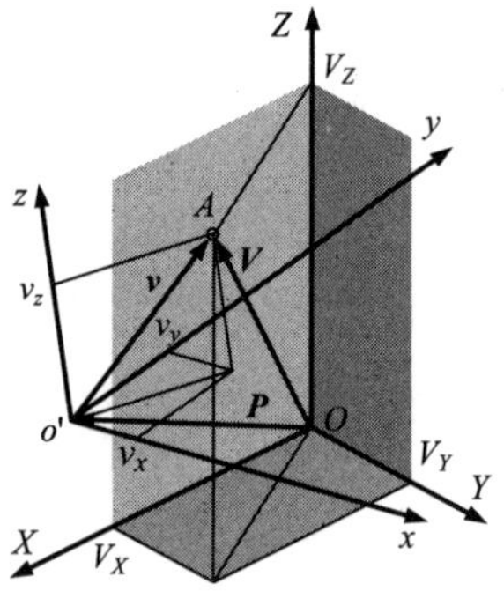


图 13-18 坐标系之间的空间变换

设单位矢量 $\boldsymbol{v}$ 在坐标系 $o'xyz$ 中的投影分别为 $v_x, v_y$ 和 $v_z$；矢量 $\boldsymbol{P}$ 在坐标系 $OXYZ$ 中的投影分别为 $P_X$，$P_Y$ 和 $P_Z$；$x$ 轴在坐标系 $OXYZ$ 中 $X$，$Y$ 和 $Z$ 上的投影分别为 $t_{xX}$，$t_{xY}$ 和 $t_{xZ}$；$y$ 轴在坐标系 $OXYZ$ 中 $X, Y$ 和 $Z$ 上的投影分别为 $t_{yX}, t_{yY}$ 和 $t_{yZ}$；$z$ 轴在坐标系 $OXYZ$ 中 $X$，$Y$ 和 $Z$ 上的投影分别为 $t_{zX}$，$t_{zY}$ 和 $t_{zZ}$。$t_{xX}$，$t_{xY}$ 和 $t_{xZ}$ 的表达式分别为 $t_{xX}=\cos(x, X)$，$t_{xY}=\cos(x, Y)$，$t_{xZ}=\cos(x, Z)$，其余的关系式类推。

为此，连杆坐标系 $o'xyz$ 相对于固定坐标系 $OXYZ$ 的位姿为

$$\begin{bmatrix} V_X \\ V_Y \\ V_Z \end{bmatrix} = \begin{bmatrix} t_{xX} & t_{yX} & t_{zX} \\ t_{xY} & t_{yY} & t_{zY} \\ t_{xZ} & t_{yZ} & t_{zZ} \end{bmatrix} \begin{bmatrix} v_x \\ v_y \\ v_z \end{bmatrix} + \begin{bmatrix} P_X \\ P_Y \\ P_Z \end{bmatrix} \tag{13-11}$$

为了计算机求解方便，将上式改写为齐次坐标形式

$$\boldsymbol{V} = \begin{bmatrix} V_X \\ V_Y \\ V_Z \\ 1 \end{bmatrix} = \begin{bmatrix} t_{xX} & t_{yX} & t_{zX} & P_X \\ t_{xY} & t_{yY} & t_{zY} & P_Y \\ t_{xZ} & t_{yZ} & t_{zZ} & P_Z \\ 0 & 0 & 0 & 1 \end{bmatrix} \begin{bmatrix} v_x \\ v_y \\ v_z \\ 1 \end{bmatrix} = \boldsymbol{T}(4\times 4) \begin{bmatrix} v_x \\ v_y \\ v_z \\ 1 \end{bmatrix} \tag{13-12}$$

式中，$\boldsymbol{T}(4\times4)$为空间两个坐标系之间的齐次变换，也是刚体或连杆在另一坐标系中位姿的描述。

### 13.4.3 目标物体的齐次坐标表示

在如图 13-19(a)所示的固定坐标系 $OXYZ$ 中放置一个楔块，在楔块上设置坐标系 $oxyz$，其上的特征点为 $A_1$，$A_2$，$A_3$，$A_4$，$A_5$ 和 $A_6$。这些特征点在自身坐标系 $oxyz$ 中的坐标分别为 $A_1(1，0，0)$，$A_2(-1，0，0)$，$A_3(-1，0，2)$，$A_4(1，0，2)$，$A_5(1，4，0)$，$A_6(-1，4，0)$。用齐次坐标 $W_{xyz}(4\times6)$表示这些点在自身坐标系 $oxyz$ 中的位置为

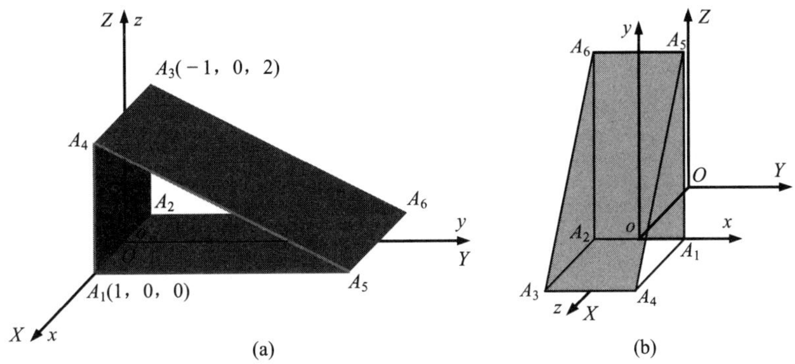


图 13-19 目标物体的齐次坐标

$$\boldsymbol{W}_{xyz}(4\times 6)=\begin{bmatrix}1 & -1 & -1 & 1 & 1 & -1\\ 0 & 0 & 0 & 0 & 4 & 4\\ 0 & 0 & 2 & 2 & 0 & 0\\ 1 & 1 & 1 & 1 & 1 & 1\end{bmatrix} \tag{13-13}$$

若让楔块绕 $Z$ 轴转过 90°，用$[R_{+\pi/2,Z}]$表示该转动；再绕 $Y$ 轴转过 90°，用$[R_{+\pi/2,Y}]$表示该转动；最后沿 $X$ 轴方向平移 4，用 $\boldsymbol{T}_{\mathrm{r}}[4，0，0，1]^{\mathrm{T}}$表示该移动，则楔块到达图 13-19(b)所示的位置。以上的变换用 $\boldsymbol{T}[xyz\to XYZ]$表示，$\boldsymbol{T}[xyz\to XYZ]=\boldsymbol{T}_{\mathrm{r}}[4，0，0，1]^{\mathrm{T}}[R_{+\pi/2,Y}]_{4\times4}\,[R_{+\pi/2,Z}]_{4\times4}$为

$$\boldsymbol{T}[xyz\to XYZ]=\boldsymbol{T}_{\mathrm{r}}[4,0,0,1]^{\mathrm{T}}[R_{+\pi/2,Y}][R_{+\pi/2,Z}]=\begin{bmatrix}0 & 0 & 1 & 4\\ 1 & 0 & 0 & 0\\ 0 & 1 & 0 & 0\\ 0 & 0 & 0 & 1\end{bmatrix}$$

此时，楔块上的特征点在 $OXYZ$ 坐标系中的齐次坐标 $\boldsymbol{W}_{XYZ}(4\times6)$为

$$\begin{aligned}\boldsymbol{W}_{XYZ}(4\times 6)&=\boldsymbol{T}_{\mathrm{r}}[4，0，0，1]^{\mathrm{T}}[R_{+\pi/2,Y}]_{4\times4}\,[R_{+\pi/2,Z}]_{4\times4}\,\boldsymbol{W}_{xyz}(4\times 6)\\ &=\begin{bmatrix}0 & 0 & 1 & 4\\ 1 & 0 & 0 & 0\\ 0 & 1 & 0 & 0\\ 0 & 0 & 0 & 1\end{bmatrix}\begin{bmatrix}1 & -1 & -1 & 1 & 1 & -1\\ 0 & 0 & 0 & 0 & 4 & 4\\ 0 & 0 & 2 & 2 & 0 & 0\\ 1 & 1 & 1 & 1 & 1 & 1\end{bmatrix}=\begin{bmatrix}4 & 4 & 6 & 6 & 4 & 4\\ 1 & -1 & -1 & 1 & 1 & -1\\ 0 & 0 & 0 & 0 & 4 & 4\\ 1 & 1 & 1 & 1 & 1 & 1\end{bmatrix}\end{aligned} \tag{13-14}$$

由图 13-19(b)也可以得到坐标系 $OXYZ$ 在坐标系 $oxyz$ 中的齐次坐标。

已知 $X$ 轴在坐标系 $oxyz$ 中的方位为$[0，0，1，0]^{\mathrm{T}}$，$Y$ 轴在坐标系 $oxyz$ 中的方位为$[1，0，0，0]^{\mathrm{T}}$，$Z$ 轴在坐标系 $oxyz$ 中的方位为$[0，1，0，0]^{\mathrm{T}}$，坐标系 $OXYZ$ 的原点 $O$ 在坐标系 $oxyz$ 中的位置为$[0，0，-4，1]^{\mathrm{T}}$。为此，坐标系 $OXYZ$ 在坐标系 $oxyz$ 中的位姿矩阵 $\boldsymbol{T}[XYZ\to xyz]$为

$$\boldsymbol{T}[XYZ\to xyz]=\begin{bmatrix}0 & 1 & 0 & 0\\ 0 & 0 & 1 & 0\\ 1 & 0 & 0 & -4\\ 0 & 0 & 0 & 1\end{bmatrix}$$

可以证明，$\boldsymbol{T}[XYZ\to xyz]$与 $\boldsymbol{T}[xyz\to XYZ]$的乘积为单位矩阵，即 $\boldsymbol{T}[XYZ\to xyz]=\boldsymbol{T}^{-1}[xyz\to XYZ]$。若 $\boldsymbol{T}[xyz\to XYZ]$的一般形式为

$$T[xyz \to XYZ] = \begin{bmatrix} N_X & M_X & Q_X & P_X \\ N_Y & M_Y & Q_Y & P_Y \\ N_Z & M_Z & Q_Z & P_Z \\ 0 & 0 & 0 & 1 \end{bmatrix} \tag{13-15}$$

则 $\boldsymbol{T}[xyz \to XYZ]$的逆变换矩阵 $\boldsymbol{T}[XYZ \to xyz]$为

$$T[XYZ \to xyz] = T^{-1}[xyz \to XYZ] = \begin{bmatrix} N_X & N_Y & N_Z & -\boldsymbol{P}\cdot\boldsymbol{N} \\ M_X & M_Y & M_Z & -\boldsymbol{P}\cdot\boldsymbol{M} \\ Q_X & Q_Y & Q_Z & -\boldsymbol{P}\cdot\boldsymbol{Q} \\ 0 & 0 & 0 & 1 \end{bmatrix} \tag{13-16}$$

式(13-15)中的第一列矢量 $\boldsymbol{N}=[N_X, N_Y, N_Z]^{\mathrm{T}}$，第二列矢量 $\boldsymbol{M}=[M_X, M_Y, M_Z]^{\mathrm{T}}$，第三列矢量 $\boldsymbol{Q}=[Q_X, Q_Y, Q_Z]^{\mathrm{T}}$ 以及第四列矢量 $\boldsymbol{P}=[P_X, P_Y, P_Z]^{\mathrm{T}}$。$-\boldsymbol{P}$ 与 $\boldsymbol{N}$、$\boldsymbol{M}$ 和 $\boldsymbol{Q}$ 分别作点积，组成式(13-16)第四列的前三行的位置矢量。式(13-15)与式(13-16)组成互逆变换对。

### 13.4.4 刚体的空间位移矩阵

在如图 13-20 所示的坐标系 $OXYZ$ 中，一个连杆上有两个点，初始位置分别为 $p_1$、$q_1$，位移后的位置分别为 $p$、$q$，$p_1$ 点的位置矢量 $Op_1 = \boldsymbol{R}$，$p_1$ 点沿一单位矢量 $\boldsymbol{u}$ 位移 $\boldsymbol{s}$ 的同时绕 $\boldsymbol{u}$ 转动 $\varphi$ 角，现在确定 $q$ 点相对于 $q_1$ 点的位置。

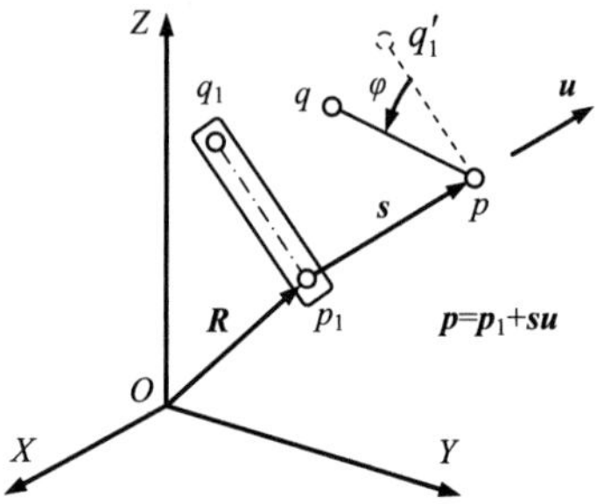

图 13-20 刚体的空间位移

$p_1$ 点的位置用 $\boldsymbol{p}_1=[p_{1X}, p_{1Y}, p_{1Z}]^{\mathrm{T}}$ 表示，$q_1$ 点的位置用 $\boldsymbol{q}_1=[q_{1X}, q_{1Y}, q_{1Z}]^{\mathrm{T}}$，$q$ 点的位置用 $\boldsymbol{q}=[q_X, q_Y, q_Z]^{\mathrm{T}}$ 表示。$q$ 点相对于 $q_1$ 点的矢量表达式与矩阵表达式分别为

$$[\boldsymbol{q}-(\boldsymbol{p}_1+s\boldsymbol{u})]=[R_{\varphi,u}](\boldsymbol{q}_1-\boldsymbol{p}_1) \tag{13-17}$$

$$\boldsymbol{q}=[R_{\varphi,u}]\boldsymbol{q}_1+\boldsymbol{p}_1+s\boldsymbol{u}-[R_{\varphi,\mathrm{u}}]\boldsymbol{p}_1 \tag{13-18}$$

$$\begin{bmatrix} q_X \\ q_Y \\ q_Z \\ 1 \end{bmatrix} = \begin{bmatrix} [R_{\varphi,u}]_{3\times3} & (p_1 + su - [R_{\varphi,u}]p_1) \\ 0 \quad 0 \quad 0 & 1 \end{bmatrix} \begin{bmatrix} q_{1X} \\ q_{1Y} \\ q_{1Z} \\ 1 \end{bmatrix} \tag{13-19}$$

式中，$[R_{\varphi,u}]_{3\times3}$ 同式(13-5)；等号右端第一个矩阵为刚体的有限螺旋位移矩阵。

### 13.4.5 欧拉角表示的变换矩阵

在图 13-21(a)所示的固定坐标系 $OXYZ$ 中放置矢量 $\boldsymbol{U}$，其初始位置为 $\boldsymbol{U}_1$，将 $OXYZ$ 绕 $Z$ 轴转 $\psi$ 角得到坐标系 $OX'Y'Z'$，此时，矢量 $\boldsymbol{U}_1$ 同时转到 $\boldsymbol{U}_2$ 的位置；将 $OX'Y'Z'$绕 $X'$轴转 $\theta$ 得到坐标系 $OX''Y''Z''$，此时，矢量 $\boldsymbol{U}_2$ 同时转到 $\boldsymbol{U}_3$ 的位置；矢量 $\boldsymbol{U}_3$ 再绕 $Z''$转动 $\varphi$ 角到达 $\boldsymbol{U}_4$ 的位置。在以上的相对转动中，矢量 $\boldsymbol{U}$ 绕 $X'$轴转 $\theta$、绕 $Z''$转动 $\varphi$ 角是相对于动坐标系进行的。$\psi$、$\theta$ 和 $\varphi$ 称为欧拉角，该变换称为欧拉变换 $[E_{\psi,\theta,\varphi}]$，$[E_{\psi,\theta,\varphi}]$ 的表达式为 $[E_{\psi,\theta,\varphi}]=[R_{\varphi,Z''}][R_{\theta,X'}][R_{\psi,Z}]$，其中 $X'=[R_{\psi,Z}]X$ , $Z''=[R_{\theta,X'}]Z$ 。

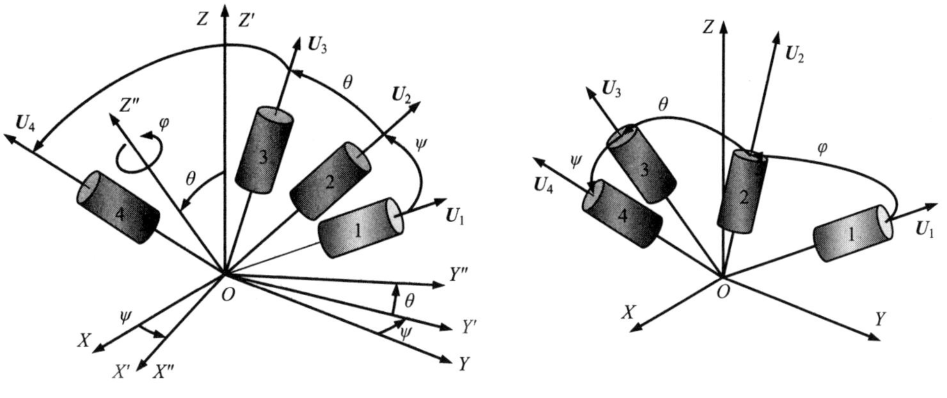

图 13-21　刚体的欧拉角表示

若让所有的转动都是相对于固定坐标系 $OXYZ$ 进行的，如图 13-21(b)所示，且转动顺序为：矢量 $\boldsymbol{U}$ 先绕 $Z$ 轴转 $\varphi$ 角，再绕 $X$ 轴转 $\theta$ 角，最后，绕 $Z$ 轴转 $\psi$ 角。于是，欧拉变换为 $[E_{\psi,\theta,\varphi}]=[R_{\psi,Z}][R_{\theta,X}][R_{\varphi,Z}]$。

以上两种变换的展开式均为

$$[R_{\psi,\theta,\varphi}]=$$

$$\begin{bmatrix} \cos\psi\cos\varphi-\sin\psi\cos\theta\sin\varphi & -\cos\psi\sin\varphi-\sin\psi\cos\theta\cos\varphi & \sin\psi\sin\theta & 0 \\ \sin\psi\cos\varphi+\cos\psi\cos\theta\sin\varphi & -\sin\psi\sin\varphi+\cos\psi\cos\theta\cos\varphi & -\cos\psi\sin\theta & 0 \\ \sin\theta\sin\varphi & \sin\theta\cos\varphi & \cos\theta & 0 \\ 0 & 0 & 0 & 1 \end{bmatrix} \quad (13\text{-}20)$$

## 13.4.6　转动关节之间的位移矩阵

在图 13-22 所示的转动关节中，关节 $n$ 的两端有关节 $n-1$ 和 $n+1$；连杆 $n$ 的两端有连杆 $n-1$ 和 $n+1$。从关节 $n-1$ 的轴线 $Z_{n-2}$ 到关节 $n$ 的轴线 $Z_{n-1}$ 之公垂线取为 $a_{Xn-1}$，该有向直线取为 $X_{n-1}$ 轴，$X_{n-1}$ 与 $Z_{n-1}$ 的交点取为坐标系 $X_{n-1}Y_{n-1}Z_{n-1}$ 的原点 $O_{n-1}$。从关节 $n$ 的轴线 $Z_{n-1}$ 到关节

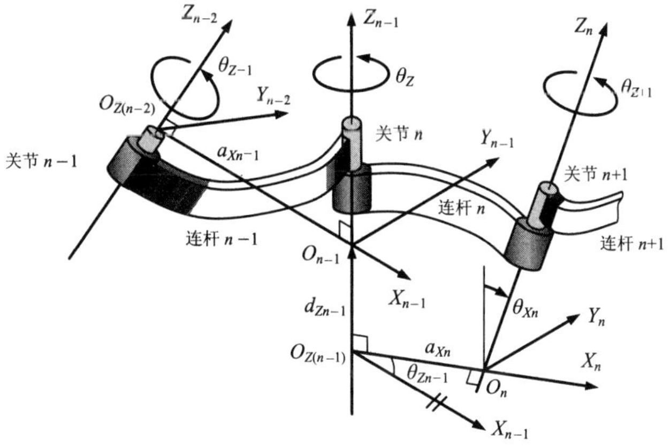

图 13-22　转动关节之间的位移

$n+1$ 的轴线 $Z_n$ 之公垂线取为 $a_{Xn}$，该有向直线取为 $X_n$ 轴，$X_n$ 与 $Z_n$ 的交点取为坐标系 $X_nY_nZ_n$ 的原点 $O_n$。所有 $Y$ 轴的方向按右手法则确定。$X_{n-1}$ 与 $Z_{n-1}$ 的交点为 $O_{n-1}$，$X_n$ 与 $Z_{n-1}$ 的交点为 $O_{Z(n-1)}$，$O_{n-1}$ 与 $O_{Z(n-1)}$ 之间的距离用 $d_{Z(n-1)}$ 表示。轴线 $Z_{n-1}$ 与 $Z_n$ 之间的夹角为 $\theta_{Xn}$；轴线 $X_{n-1}$ 与 $X_n$ 之间的夹角为 $\theta_{Zn-1}$。$\theta_{Xn}$ 称为一连杆两端关节轴线的相对扭角。

在各个连杆上建立坐标系后，连杆 $n$ 两端的坐标系之间的变换关系可以用坐标系的相对平移和旋转表示。先令 $O_{n-1}X_{n-1}Y_{n-1}Z_{n-1}$ 坐标系绕 $Z_{n-1}$ 轴旋转 $\theta_{Zn-1}$ 角，用 $[R_{+\theta_{Zn-1},Zn-1}]$ 表示；再沿 $Z_{n-1}$ 轴的正向平移 $d_{Zn-1}$，用 $\boldsymbol{T}_{\mathrm{r}}[0, 0, d_{Zn-1}, 1]^{\mathrm{T}}$ 表示；然后沿 $X_n$ 轴的正向平移连杆长度 $a_{Xn}$，用 $\boldsymbol{T}_{\mathrm{r}}[a_{Xn}, 0, 0, 1]^{\mathrm{T}}$ 表示；最后，绕 $X_n$ 轴旋转 $\theta_{Xn}$ 角，用 $[R_{+\theta_{Xn},Xn}]$ 表示，于是，$O_{n-1}X_{n-1}Y_{n-1}Z_{n-1}$ 坐标系与 $O_nX_nY_nZ_n$ 坐标系重合。

下面给出以上变换的矩阵表达式。由于后一次变换都是相对于动坐标系进行的，所以，在运算中，变换算子应该右乘。于是，连杆 $n$ 右端的坐标系 $O_nX_nY_nZ_n$ 在左端的坐标系 $O_{n-1}X_{n-1}Y_{n-1}Z_{n-1}$ 中的齐次变换矩阵 $\boldsymbol{T}_n$ 为

$$
\begin{aligned}
\boldsymbol{T}_n &= [R_{+\theta_{Zn-1},Zn-1}]\,\boldsymbol{T}_{\mathrm{r}}[0,\ 0,\ d_{Zn-1},\ 1]^{\mathrm{T}}\,\boldsymbol{T}_{\mathrm{r}}[a_{Xn},\ 0,\ 0,\ 1]^{\mathrm{T}}\,[R_{+\theta_{Xn},Xn}] \\
&= \begin{bmatrix} \cos\theta_{Zn-1} & -\sin\theta_{Zn-1} & 0 & 0 \\ \sin\theta_{Zn-1} & \cos\theta_{Zn-1} & 0 & 0 \\ 0 & 0 & 1 & 0 \\ 0 & 0 & 0 & 1 \end{bmatrix}
\begin{bmatrix} 1 & 0 & 0 & a_{Xn} \\ 0 & 1 & 0 & 0 \\ 0 & 0 & 1 & d_{Zn-1} \\ 0 & 0 & 0 & 1 \end{bmatrix}
\begin{bmatrix} 1 & 0 & 0 & 0 \\ 0 & \cos\theta_{Xn} & -\sin\theta_{Xn} & 0 \\ 0 & \sin\theta_{Xn} & \cos\theta_{Xn} & 0 \\ 0 & 0 & 0 & 1 \end{bmatrix} \\
&= \begin{bmatrix} \cos\theta_{Zn-1} & -\sin\theta_{Zn-1}\cos\theta_{Xn} & \sin\theta_{Zn-1}\sin\theta_{Xn} & a_{Xn}\cos\theta_{Zn-1} \\ \sin\theta_{Zn-1} & \cos\theta_{Zn-1}\cos\theta_{Xn} & -\cos\theta_{Zn-1}\sin\theta_{Xn} & a_{Xn}\sin\theta_{Zn-1} \\ 0 & \sin\theta_{Xn} & \cos\theta_{Xn} & d_{Zn-1} \\ 0 & 0 & 0 & 1 \end{bmatrix}
\end{aligned}
\tag{13-21}
$$

为了设计、制造与控制的简化，也为了确保末端操作器的位移精度在工作范围内的一致性，实际应用的工业机器人的结构中 $\theta_{Xn}=0°$或 $90°$。也有的工业机器人的结构中或者 $d_{Zn\text{-}1}=0$，或者 $a_{Xn}=0$。

## 13.5 工业机器人的正向运动学

工业机器人的正向运动学是指在已知各关节的类型、相邻关节之间的尺寸和相邻关节相对运动量的大小时，如何确定工业机器人末端操作器在固定坐标系中的位姿。

设工业机器人为关节型的，其中一个连杆一端关节上的坐标系相对于另一端关节上的坐标系的位姿由齐次变换矩阵 $\boldsymbol{T}_i$ 表示，设 $\boldsymbol{T}_1$ 表示第一个连杆一端动关节上的坐标系相对于另一端固定关节上的坐标系的位姿；设第二个连杆的一端与第一个连杆形成动关节，另一端与下一个连杆形成动关节，齐次变换矩阵用 $\boldsymbol{T}_2$ 表示，则第二个连杆相对于固定关节上的坐标系的位姿 $\boldsymbol{W}_2=\boldsymbol{T}_1\,\boldsymbol{T}_2$。依次类推，若有 6 个连杆，则第六个连杆相对于固定关节上的坐标系的位姿 $\boldsymbol{W}_6$ 为

$$\boldsymbol{W}_6=\boldsymbol{T}_1\,\boldsymbol{T}_2\,\boldsymbol{T}_3\,\boldsymbol{T}_4\,\boldsymbol{T}_5\,\boldsymbol{T}_6 \tag{13-22}$$

式(13-22)称为机器人的运动学方程，$\boldsymbol{W}_6$ 的表现形式可以用以下的(4×4)矩阵予以表示

$$W_6(4\times4)=\begin{bmatrix} N_x & M_x & Q_x & P_x \\ N_y & M_y & Q_y & P_y \\ N_z & M_z & Q_z & P_z \\ 0 & 0 & 0 & 1 \end{bmatrix} \tag{13-23}$$

式中，等号右边的前三列、前三行表示末端操作器的姿态，第四列、前三行表示末端操作器的位置。

### 13.5.1　平面关节型机器人的正向运动方程

图 13-23(a)所示为由肩关节、肘关节和腕关节组成的平面关节型的机器人简图，它的三个关节的轴线 $Z_0$、$Z_1$ 和 $Z_2$ 是平行的，结构参数如表 13.1 所示。

**表 13.1　平面关节型的机器人的结构参数**

| 连杆序号 $n$ | 关于 $Z_n$ 轴的转角 $\theta_i$ | 杆间距离 $d_{Zn\text{-}1}$ | 连杆的长度 $a_{Xn}$ | 杆间扭角 $\theta_{Xn}$ |
|---|---|---|---|---|
| 1 | $\theta_{Z0}=\theta_1$(逆时针为正) | 0 | $a_{X1}=a_1=100$ (mm) | $\theta_{X1}=0$ |
| 2 | $\theta_{Z1}=\theta_2$(逆时针为正) | 0 | $a_{X2}=a_2=100$ (mm) | $\theta_{X2}=0$ |
| 3 | $\theta_{Z2}=\theta_3$(逆时针为正) | 0 | $a_{X3}=a_3=100$ (mm) | $\theta_{X3}=0$ |

图 13-23(a)所示的平面关节型机器人的运动分析简图如图 13-23(b)所示。该平面关节型机器人的运动学方程为

$$W_3=T_1\,T_2\,T_3$$

式中，

$T_3=[R_{\theta_3,Z_2}]\,T_r[a_{X3}，0，0，1]^T$；$T_2=[R_{\theta_2,Z_1}]\,T_r[a_{X2}，0，0，1]^T$；$T_1=[R_{\theta_1,Z_0}]\,T_r[a_{X1}，0，0，1]^T$

即

$$T_3=\begin{bmatrix} \cos\theta_3 & -\sin\theta_3 & 0 & 0 \\ \sin\theta_3 & \cos\theta_3 & 0 & 0 \\ 0 & 0 & 1 & 0 \\ 0 & 0 & 0 & 1 \end{bmatrix}\begin{bmatrix} 1 & 0 & 0 & a_3 \\ 0 & 1 & 0 & 0 \\ 0 & 0 & 1 & 0 \\ 0 & 0 & 0 & 1 \end{bmatrix}=\begin{bmatrix} \cos\theta_3 & -\sin\theta_3 & 0 & a_3\cos\theta_3 \\ \sin\theta_3 & \cos\theta_3 & 0 & a_3\sin\theta_3 \\ 0 & 0 & 1 & 0 \\ 0 & 0 & 0 & 1 \end{bmatrix} \tag{13-24}$$

$$T_2=\begin{bmatrix} \cos\theta_2 & -\sin\theta_2 & 0 & 0 \\ \sin\theta_2 & \cos\theta_2 & 0 & 0 \\ 0 & 0 & 1 & 0 \\ 0 & 0 & 0 & 1 \end{bmatrix}\begin{bmatrix} 1 & 0 & 0 & a_2 \\ 0 & 1 & 0 & 0 \\ 0 & 0 & 1 & 0 \\ 0 & 0 & 0 & 1 \end{bmatrix}=\begin{bmatrix} \cos\theta_2 & -\sin\theta_2 & 0 & a_2\cos\theta_2 \\ \sin\theta_2 & \cos\theta_2 & 0 & a_2\sin\theta_2 \\ 0 & 0 & 1 & 0 \\ 0 & 0 & 0 & 1 \end{bmatrix} \tag{13-25}$$

$$T_1=\begin{bmatrix} \cos\theta_1 & -\sin\theta_1 & 0 & 0 \\ \sin\theta_1 & \cos\theta_1 & 0 & 0 \\ 0 & 0 & 1 & 0 \\ 0 & 0 & 0 & 1 \end{bmatrix}\begin{bmatrix} 1 & 0 & 0 & a_1 \\ 0 & 1 & 0 & 0 \\ 0 & 0 & 1 & 0 \\ 0 & 0 & 0 & 1 \end{bmatrix}=\begin{bmatrix} \cos\theta_1 & -\sin\theta_1 & 0 & a_1\cos\theta_1 \\ \sin\theta_1 & \cos\theta_1 & 0 & a_1\sin\theta_1 \\ 0 & 0 & 1 & 0 \\ 0 & 0 & 0 & 1 \end{bmatrix} \tag{13-26}$$

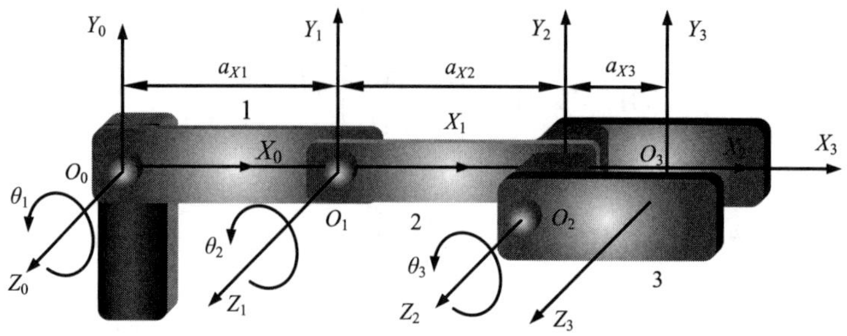


(a)

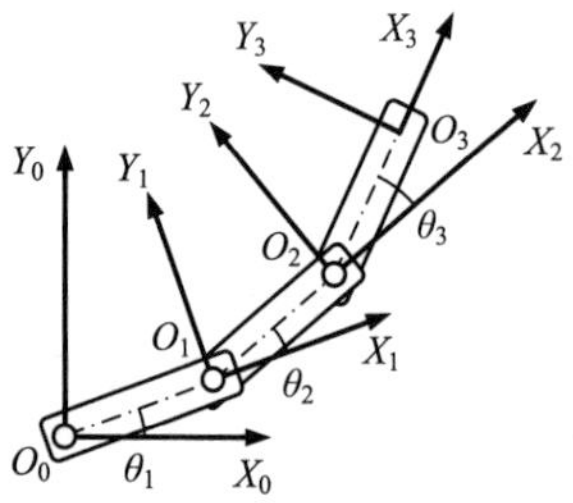


(b)

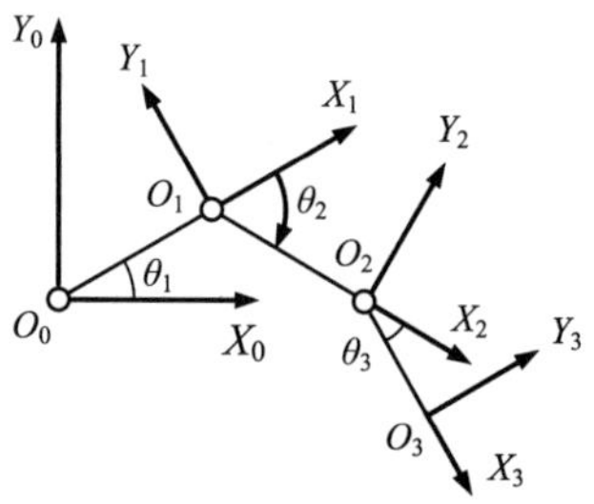


(c)

图 13-23 平面关节型的机器人

因此，

$$\boldsymbol{W}_3=\begin{bmatrix}\cos(\theta_1+\theta_2+\theta_3) & -\sin(\theta_1+\theta_2+\theta_3) & 0 & a_3\cos(\theta_1+\theta_2+\theta_3)+a_2\cos(\theta_1+\theta_2)+a_1\cos\theta_1\\ \sin(\theta_1+\theta_2+\theta_3) & \cos(\theta_1+\theta_2+\theta_3) & 0 & a_3\sin(\theta_1+\theta_2+\theta_3)+a_2\sin(\theta_1+\theta_2)+a_1\sin\theta_1\\ 0 & 0 & 1 & 0\\ 0 & 0 & 0 & 1\end{bmatrix} \tag{13-27}$$

$\boldsymbol{W}_3$ 表示手部坐标系 $O_3X_3Y_3Z_3$ 在固定坐标系 $O_0X_0Y_0Z_0$ 中的位姿，若令

$$\boldsymbol{W}_3=\begin{bmatrix}N_X & M_X & Q_X & P_X\\ N_Y & M_Y & Q_Y & P_Y\\ N_Z & M_Z & Q_Z & P_Z\\ 0 & 0 & 0 & 1\end{bmatrix} \tag{13-27′}$$

于是，手部的位置列阵为

$$\boldsymbol{P}_3=\begin{bmatrix}P_X\\ P_Y\\ P_Z\\ 1\end{bmatrix}=\begin{bmatrix}a_3\cos(\theta_1+\theta_2+\theta_3)+a_2\cos(\theta_1+\theta_2)+a_1\cos\theta_1\\ a_3\sin(\theta_1+\theta_2+\theta_3)+a_2\sin(\theta_1+\theta_2)+a_1\sin\theta_1\\ 0\\ 1\end{bmatrix} \tag{13-28}$$

手部姿态的列阵 $\boldsymbol{N}_3=[N_X,\ N_Y,\ N_Z,\ 1]^{\mathrm{T}}$，$\boldsymbol{M}_3=[M_X,\ M_Y,\ M_Z,\ 1]^{\mathrm{T}}$ 和 $\boldsymbol{Q}_3=[Q_X,\ Q_Y,\ Q_Z,\ 1]^{\mathrm{T}}$ 分别为

$$\boldsymbol{N}_3=\begin{bmatrix}N_X\\N_Y\\N_Z\\0\end{bmatrix}=\begin{bmatrix}\cos(\theta_1+\theta_2+\theta_3)\\\sin(\theta_1+\theta_2+\theta_3)\\0\\0\end{bmatrix}$$

$$\boldsymbol{M}_3=\begin{bmatrix}M_X\\M_Y\\M_Z\\0\end{bmatrix}=\begin{bmatrix}-\sin(\theta_1+\theta_2+\theta_3)\\\cos(\theta_1+\theta_2+\theta_3)\\0\\0\end{bmatrix}$$

$$\boldsymbol{Q}_3=\begin{bmatrix}Q_X\\Q_Y\\Q_Z\\0\end{bmatrix}=\begin{bmatrix}0\\0\\1\\0\end{bmatrix}$$

若转角 $\theta_1$=30°，$\theta_2$= –60°和 $\theta_3$= –30°，如图 13-23(c)所示，则该平面关节型机器人的手部坐标系 $O_3X_3Y_3Z_3$ 在固定坐标系 $O_0X_0Y_0Z_0$ 中的位姿 $\boldsymbol{W}_3$ 为

$$\boldsymbol{W}_3=\begin{bmatrix}0.5 & 0.866 & 0 & 183.2\\-0.866 & 0.5 & 0 & -17.32\\0 & 0 & 1 & 0\\0 & 0 & 0 & 1\end{bmatrix}$$

### 13.5.2　一种关节型机器人的正向运动方程

图 13-24 所示为一种关节型机器人的结构简图，针对图示的坐标系，其参数如表 13.2 所示。

**表 13.2　一种关节型机器人的结构参数**

| 杆件编号 | 关节关于 $Z_i$ 轴的转角 | 关节关于 $X_i$ 轴的扭转角 $\theta_{Xn}$ | 杆件长度 |
|---|---|---|---|
| 1 | $\theta_{Z0}=\theta_1=\pi/2$ | $-\pi/2$ | 0 |
| 2 | $\theta_{Z1}=\theta_2=\pi/2$ | $\pi/2$ | $d_2$=100mm |
| 3 | $\theta_{Z2}=\theta_3=0°$ | 0° | $d_3$=300mm |
| 4 | $\theta_{Z3}=\theta_4=\pi/2$ | $-\pi/2$ | 0 |
| 5 | $\theta_{Z4}=\theta_5=\pi/2$ | $\pi/2$ | 0 |
| 6 | $\theta_{Z5}=\theta_6=\pi/2$ | 0° | $H$=50mm |

下面求末端操作器的位姿。

1) 坐标系 $X_1Y_1Z_1$ 相对于固定坐标系 $X_0Y_0Z_0$ 的位姿

首先，将坐标系 $X_0Y_0Z_0$ 绕 $X_0$ 轴转动 $\theta_{X1}$= –90°得坐标系 $X_1Y_1Z_1$，然后，绕 $Z_0$ 轴转动 $\theta_{Z0}$。该变换矩阵 $\boldsymbol{T}_1=[R_{\theta_{Z0},Z_0}][R_{\theta_{X1},X_0}]$ 为

$$
\begin{aligned}
\boldsymbol{T}_1 &= [R_{\theta_{Z0},Z_0}][R_{\theta_{X1},X_0}] \\
&= \begin{bmatrix} \cos\theta_1 & -\sin\theta_1 & 0 & 0 \\ \sin\theta_1 & \cos\theta_1 & 0 & 0 \\ 0 & 0 & 1 & 0 \\ 0 & 0 & 0 & 1 \end{bmatrix} \begin{bmatrix} 1 & 0 & 0 & 0 \\ 0 & \cos(-90^\circ) & -\sin(-90^\circ) & 0 \\ 0 & \sin(-90^\circ) & \cos(-90^\circ) & 0 \\ 0 & 0 & 0 & 1 \end{bmatrix} \\
&= \begin{bmatrix} \cos\theta_1 & 0 & -\sin\theta_1 & 0 \\ \sin\theta_1 & 0 & \cos\theta_1 & 0 \\ 0 & -1 & 0 & 0 \\ 0 & 0 & 0 & 1 \end{bmatrix}
\end{aligned}
\tag{13-29}
$$

2) 坐标系 $X_2Y_2Z_2$ 相对于 $X_1Y_1Z_1$ 的位姿

首先，将坐标系 $X_1Y_1Z_1$ 绕 $X_1$ 轴转动 $\theta_{X2}$=+90°得坐标系 $X_2Y_2Z_2$，然后，沿 $Z_1$ 轴的正向移动 $d_2$，最后，绕 $Z_1$ 轴转动 $\theta_{Z1}$。该变换矩阵为

$$
\begin{aligned}
\boldsymbol{T}_2 &= [R_{\theta_{Z1},Z_1}]T_{\rm r}[0,0,d_2,1]^{\rm T}[R_{\theta_{Z2},X_1}] \\
&= \begin{bmatrix} \cos\theta_2 & -\sin\theta_2 & 0 & 0 \\ \sin\theta_2 & \cos\theta_2 & 0 & 0 \\ 0 & 0 & 1 & 0 \\ 0 & 0 & 0 & 1 \end{bmatrix} \begin{bmatrix} 1 & 0 & 0 & 0 \\ 0 & 1 & 0 & 0 \\ 0 & 0 & 1 & d_2 \\ 0 & 0 & 0 & 1 \end{bmatrix} \begin{bmatrix} 1 & 0 & 0 & 0 \\ 0 & \cos 90^\circ & -\sin 90^\circ & 0 \\ 0 & \sin 90^\circ & \cos 90^\circ & 0 \\ 0 & 0 & 0 & 1 \end{bmatrix} \\
&= \begin{bmatrix} \cos\theta_2 & 0 & \sin\theta_2 & 0 \\ \sin\theta_2 & 0 & -\cos\theta_2 & 0 \\ 0 & 1 & 0 & d_2 \\ 0 & 0 & 0 & 1 \end{bmatrix}
\end{aligned}
\tag{13-30}
$$

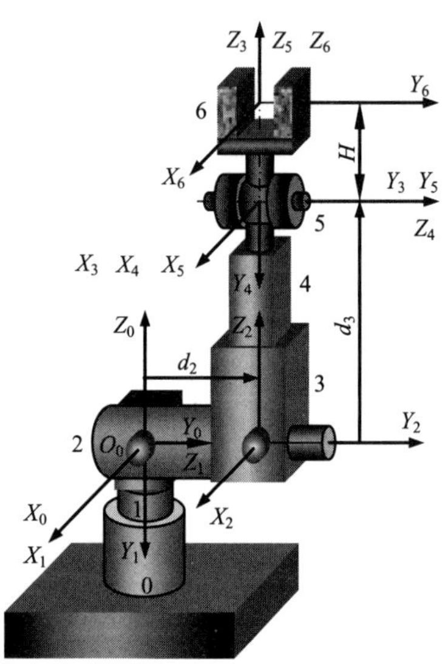

图 13-24 关节型机器人结构简图

3) 坐标系 $X_3Y_3Z_3$ 相对于 $X_2Y_2Z_2$ 的位姿

坐标系 $X_3Y_3Z_3$ 相对于 $X_2Y_2Z_2$ 具有移动关节，该变换矩阵为

$$
\boldsymbol{T}_3 = \begin{bmatrix} 1 & 0 & 0 & 0 \\ 0 & 1 & 0 & 0 \\ 0 & 0 & 1 & d_3 \\ 0 & 0 & 0 & 1 \end{bmatrix}
\tag{13-31}
$$

4) 手腕坐标系相对于 $X_3Y_3Z_3$ 的位姿

手腕关节具有 3 个自由度，坐标系 $X_3Y_3Z_3$、$X_4Y_4Z_4$ 和 $X_5Y_5Z_5$ 的原点 $O_3$、$O_4$ 和 $O_5$ 重合，手部绕 $Z_3$、$Z_4$ 和 $Z_5$ 轴的转角分别 $\theta_4$、$\theta_5$ 和 $\theta_6$。

(1) 坐标系 $X_4Y_4Z_4$ 相对于 $X_3Y_3Z_3$ 的变换矩阵。首先，将坐标系 $X_3Y_3Z_3$ 绕 $X_3$ 轴转动 $\theta_{X4}$= –90°得坐标系 $X_4Y_4Z_4$，

然后，绕 $Z_3$ 轴转动 $\theta_{Z3}$。坐标系 $X_4Y_4Z_4$ 相对于 $X_3Y_3Z_3$ 的变换矩阵 $\boldsymbol{T}_4=[R_{\theta_{Z3},Z_3}][R_{\theta_{X4},X_3}]$ 为

$$\boldsymbol{T}_4=[R_{\theta_{Z3},Z_3}][R_{\theta_{X4},X_3}]=\begin{bmatrix}\cos\theta_4 & -\sin\theta_4 & 0 & 0\\ \sin\theta_4 & \cos\theta_4 & 0 & 0\\ 0 & 0 & 1 & 0\\ 0 & 0 & 0 & 1\end{bmatrix}\begin{bmatrix}1 & 0 & 0 & 0\\ 0 & \cos(-90^\circ) & -\sin(-90^\circ) & 0\\ 0 & \sin(-90^\circ) & \cos(-90^\circ) & 0\\ 0 & 0 & 0 & 1\end{bmatrix}$$
$$=\begin{bmatrix}\cos\theta_4 & 0 & -\sin\theta_4 & 0\\ \sin\theta_4 & 0 & \cos\theta_4 & 0\\ 0 & -1 & 0 & 0\\ 0 & 0 & 0 & 1\end{bmatrix}\tag{13-32}$$

(2) 坐标系 $X_5Y_5Z_5$ 相对于 $X_4Y_4Z_4$ 的变换矩阵。首先，将坐标系 $X_4Y_4Z_4$ 绕 $X_4$ 轴转动 $\theta_{X5}$=+90° 得坐标系 $X_5Y_5Z_5$，然后，绕 $Z_4$ 轴转动 $\theta_{Z4}$。坐标系 $X_5Y_5Z_5$ 相对于 $X_4Y_4Z_4$ 的变换矩阵为

$$\boldsymbol{T}_5=[R_{\theta_{Z4},Z_4}][R_{\theta_{X5},X_4}]=\begin{bmatrix}\cos\theta_5 & -\sin\theta_5 & 0 & 0\\ \sin\theta_5 & \cos\theta_5 & 0 & 0\\ 0 & 0 & 1 & 0\\ 0 & 0 & 0 & 1\end{bmatrix}\begin{bmatrix}1 & 0 & 0 & 0\\ 0 & \cos 90^\circ & -\sin 90^\circ & 0\\ 0 & \sin 90^\circ & \cos 90^\circ & 0\\ 0 & 0 & 0 & 1\end{bmatrix}$$
$$=\begin{bmatrix}\cos\theta_5 & 0 & \sin\theta_5 & 0\\ \sin\theta_5 & 0 & -\cos\theta_5 & 0\\ 0 & 1 & 0 & 0\\ 0 & 0 & 0 & 1\end{bmatrix}\tag{13-33}$$

(3) 坐标系 $X_6Y_6Z_6$ 相对于 $X_5Y_5Z_5$ 的变换矩阵。坐标系 $X_6Y_6Z_6$ 相对于 $X_5Y_5Z_5$ 先在 $Z_5$ 的方向上位移 $H$，该位移矩阵为 $\boldsymbol{T}_\mathrm{r}[0，0，H，1]^\mathrm{T}$，然后，绕 $Z_5$ 轴转动 $\theta_{Z5}$。该变换矩阵为

$$\boldsymbol{T}_6=[R_{\theta_{Z5},Z_5}]T_\mathrm{r}[0,0,H,1]^\mathrm{T}=\begin{bmatrix}\cos\theta_6 & -\sin\theta_6 & 0 & 0\\ \sin\theta_6 & \cos\theta_6 & 0 & 0\\ 0 & 0 & 1 & 0\\ 0 & 0 & 0 & 1\end{bmatrix}\begin{bmatrix}1 & 0 & 0 & 0\\ 0 & 1 & 0 & 0\\ 0 & 0 & 1 & H\\ 0 & 0 & 0 & 1\end{bmatrix}=\begin{bmatrix}\cos\theta_6 & -\sin\theta_6 & 0 & 0\\ \sin\theta_6 & \cos\theta_6 & 0 & 0\\ 0 & 0 & 1 & H\\ 0 & 0 & 0 & 1\end{bmatrix}\tag{13-34}$$

一旦知道 $\boldsymbol{T}_1\sim\boldsymbol{T}_6$，则任意杆件之间的变换矩阵可以使用以上公式求解。下面依次给出 $[{}^5\boldsymbol{T}_6]$、非相邻杆件之间的变换矩阵 $[{}^4\boldsymbol{T}_6]$、$[{}^3\boldsymbol{T}_6]$、$[{}^2\boldsymbol{T}_6]$ 和 $[{}^1\boldsymbol{T}_6]$ 的矩阵乘积形式分别为 $[{}^5\boldsymbol{T}_6]=\boldsymbol{T}_6$，$[{}^4\boldsymbol{T}_6]=\boldsymbol{T}_5\boldsymbol{T}_6$，$[{}^3\boldsymbol{T}_6]=\boldsymbol{T}_4\boldsymbol{T}_5\boldsymbol{T}_6$，$[{}^2\boldsymbol{T}_6]=\boldsymbol{T}_3\boldsymbol{T}_4\boldsymbol{T}_5\boldsymbol{T}_6$ 和 $[{}^1\boldsymbol{T}_6]=\boldsymbol{T}_2\boldsymbol{T}_3\boldsymbol{T}_4\boldsymbol{T}_5\boldsymbol{T}_6$。首先，给出杆件 6 相对于 4 的位姿矩阵为

$$[{}^4\boldsymbol{T}_6]=\boldsymbol{T}_5\boldsymbol{T}_6=\begin{bmatrix}\cos\theta_5 & 0 & \sin\theta_5 & 0\\ \sin\theta_5 & 0 & -\cos\theta_5 & 0\\ 0 & 1 & 0 & 0\\ 0 & 0 & 0 & 1\end{bmatrix}\begin{bmatrix}\cos\theta_6 & -\sin\theta_6 & 0 & 0\\ \sin\theta_6 & \cos\theta_6 & 0 & 0\\ 0 & 0 & 1 & H\\ 0 & 0 & 0 & 1\end{bmatrix}$$

$$
=\begin{bmatrix} \cos\theta_5\cos\theta_6 & -\cos\theta_5\sin\theta_6 & \sin\theta_5 & H\sin\theta_5 \\ \sin\theta_5\cos\theta_6 & -\sin\theta_5\sin\theta_6 & -\cos\theta_5 & -H\cos\theta_5 \\ \sin\theta_6 & \cos\theta_6 & 0 & 0 \\ 0 & 0 & 0 & 1 \end{bmatrix} \tag{13-35}
$$

其次，给出杆件 6 相对于 3 的位姿矩阵$[{}^3\boldsymbol{T}_6]=\boldsymbol{T}_4\boldsymbol{T}_5\boldsymbol{T}_6$以及杆件 6 相对于 2 的位姿矩阵$[{}^2\boldsymbol{T}_6]=\boldsymbol{T}_3\boldsymbol{T}_4\boldsymbol{T}_5\boldsymbol{T}_6$分别为

$$
[{}^3\boldsymbol{T}_6]=\boldsymbol{T}_4\boldsymbol{T}_5\boldsymbol{T}_6=\begin{bmatrix} \cos\theta_4 & 0 & -\sin\theta_4 & 0 \\ \sin\theta_4 & 0 & \cos\theta_4 & 0 \\ 0 & -1 & 0 & 0 \\ 0 & 0 & 0 & 1 \end{bmatrix}\begin{bmatrix} \cos\theta_5\cos\theta_6 & -\cos\theta_5\sin\theta_6 & \sin\theta_5 & H\sin\theta_5 \\ \sin\theta_5\cos\theta_6 & \sin\theta_5\sin\theta_6 & -\cos\theta_5 & -H\cos\theta_5 \\ \sin\theta_6 & \cos\theta_6 & 0 & 0 \\ 0 & 0 & 0 & 1 \end{bmatrix}
$$

$$
=\begin{bmatrix} C_4C_5C_6-S_4S_6 & -C_4C_5S_6-S_4C_6 & C_4S_5 & H\cos\theta_4\sin\theta_5 \\ S_4C_5C_6+C_4S_6 & -S_4C_5S_6+C_4C_6 & S_4C_5 & H\sin\theta_4\sin\theta_5 \\ -S_5C_6 & S_5S_6 & C_5 & H\cos\theta_5 \\ 0 & 0 & 0 & 1 \end{bmatrix} \tag{13-36}
$$

$$
[{}^2\boldsymbol{T}_6]=\boldsymbol{T}_3\boldsymbol{T}_4\boldsymbol{T}_5\boldsymbol{T}_6
$$

$$
=\begin{bmatrix} 1 & 0 & 0 & 0 \\ 0 & 1 & 0 & 0 \\ 0 & 0 & 1 & d_3 \\ 0 & 0 & 0 & 1 \end{bmatrix}\begin{bmatrix} C_4C_5C_6-S_4S_6 & -C_4C_5S_6-S_4C_6 & C_4S_5 & H\cos\theta_4\sin\theta_5 \\ S_4C_5C_6+C_4S_6 & -S_4C_5S_6+C_4C_6 & S_4C_5 & H\sin\theta_4\sin\theta_5 \\ -S_5C_6 & S_5S_6 & C_5 & H\cos\theta_5 \\ 0 & 0 & 0 & 1 \end{bmatrix}
$$

$$
=\begin{bmatrix} C_4C_5C_6-S_4S_6 & -C_4C_5S_6-S_4C_6 & C_4S_5 & H\cos\theta_4\sin\theta_5 \\ S_4C_5C_6+C_4S_6 & -S_4C_5S_6+C_4C_6 & S_4C_5 & H\sin\theta_4\sin\theta_5 \\ -S_5C_6 & S_5S_6 & C_5 & H\cos\theta_5+d_3 \\ 0 & 0 & 0 & 1 \end{bmatrix} \tag{13-37}
$$

最后，给出杆件 6 相对于 1 的位姿矩阵为

$$
[{}^1\boldsymbol{T}_6]=\boldsymbol{T}_2\boldsymbol{T}_3\boldsymbol{T}_4\boldsymbol{T}_5\boldsymbol{T}_6
$$

$$
=\begin{bmatrix} \cos\theta_2 & 0 & \sin\theta_2 & 0 \\ \sin\theta_2 & 0 & -\cos\theta_2 & 0 \\ 0 & 1 & 0 & d_2 \\ 0 & 0 & 0 & 1 \end{bmatrix}\begin{bmatrix} C_4C_5C_6-S_4S_6 & -C_4C_5S_6-S_4C_6 & C_4S_5 & H\cos\theta_4\sin\theta_5 \\ S_4C_5C_6+C_4S_6 & -S_4C_5S_6+C_4C_6 & S_4S_5 & H\sin\theta_4\sin\theta_5 \\ -S_5C_6 & S_5S_6 & C_5 & H\cos\theta_5+d_3 \\ 0 & 0 & 0 & 1 \end{bmatrix}
$$

$$
=\begin{vmatrix} C_2(C_4C_5C_6-S_4S_6)-S_2S_5C_6 & -C_2(C_4C_5S_6+S_4C_6)+S_2S_5S_6 & C_2C_4S_5+S_2C_5 & HC_2C_4S_5+S_2(HC_5+d_3) \\ S_2(C_4C_5C_6-S_4S_6)+C_2S_5C_6 & -S_2(C_4C_5S_6+S_4C_6)-C_2S_5S_6 & S_2C_4S_5-C_2C_5 & HS_2C_4S_5-C_2(HC_5+d_3) \\ S_4C_5C_6+C_4S_6 & -S_4C_5S_6+C_4C_6 & S_4S_5 & HS_4S_5+d_2 \\ 0 & 0 & 0 & 1 \end{vmatrix} \tag{13-38}
$$

于是，手部坐标系$X_6Y_6Z_6$相对于固定坐标系$X_0Y_0Z_0$的变换矩阵$[{}^0\boldsymbol{T}_6]$为

$$
[{}^0\boldsymbol{T}_6]=\boldsymbol{T}_1\boldsymbol{T}_2\boldsymbol{T}_3\boldsymbol{T}_4\boldsymbol{T}_5\boldsymbol{T}_6 \tag{13-39}
$$

若给定各个关节关于 $Z_i$ 轴的转角 $\theta_i$，$d_2$、$d_3$ 和 $H$ 的大小，如表 13-2 所示，设$[{}^0\boldsymbol{T}_6]$的矩阵元素如下

$$[{}^0\boldsymbol{T}_6]=\begin{bmatrix} N_X & M_X & Q_X & P_X \\ N_Y & M_Y & Q_Y & P_Y \\ N_Z & M_Z & Q_Z & P_Z \\ 0 & 0 & 0 & 1 \end{bmatrix}=\boldsymbol{T}_1\boldsymbol{T}_2\boldsymbol{T}_3\boldsymbol{T}_4\boldsymbol{T}_5\boldsymbol{T}_6 \tag{13-40}$$

式中，各个元素的表达式分别为：$N_X=C_1[C_2(C_4C_5C_6-S_4S_6)-C_6S_2S_5]-(C_5C_6S_4+C_4S_6)S_1$；$N_Y=[C_2(C_4C_5C_6-S_4S_6)-C_6S_2S_5]\ S_1+C_1\ (C_5C_6\ S_4+C_4S_6)$；$N_Z=-(C_4C_5C_6-S_4S_6)\ S_2-C_2C_6S_5$；$M_X=C_1[-C_2(C_4C_5S_6+C_6S_4)+S_2S_5S_6]-(-C_5\ S_4S_6+C_4C_6)S_1$；$M_Y=S_1[-C_2(C_4C_5S_6+C_6S_4)+S_2S_5S_6]+C_1\ (-C_5S_4S_6+C_4C_6)$；$M_Z=(C_4C_5S_6+C_6S_4)\ S_2+C_2S_5\ S_6$；$Q_X=C_1(C_2C_4S_5+C_5S_2)-S_1S_4\ S_5$；$Q_Y=(C_2C_4S_5+C_5S_2)\ S_1+C_1S_4\ S_5$；$Q_Z=-C_4S_2S_5+C_2C_5$；$P_X=C_1d_3S_2-d_2S_1+H(C_1C_2C_4S_5-C_1C_5S_2-S_1S_4S_5)$；$P_Y=S_1d_3S_2+C_1d_2+H(S_1C_2C_4S_5-C_5S_1S_2+C_1S_4S_5)$；$P_Z=C_2d_3-H(C_4S_2S_5+C_2C_5)$。以上诸式中，$C_i=\cos\theta_i$，$S_i=\sin\theta_i$，$i=1$～6。则$[{}^0\boldsymbol{T}_6]$的运算结果为

$$[{}^0\boldsymbol{T}_6]=\begin{bmatrix} 0 & 0 & -1 & -150 \\ 0 & 1 & 0 & 300 \\ 1 & 0 & 0 & 0 \\ 0 & 0 & 0 & 1 \end{bmatrix}$$

## 13.6　工业机器人的逆向运动学

工业机器人的逆向运动学是指在已知被操作对象的初始位姿与终止位姿时，如何确定工业机器人各关节的相对运动量的大小和末端操作器的相对位姿。根据被操作对象的初始位姿与终止位姿，确定工业机器人各关节的相对运动量的大小是对工业机器人进行运动控制的基础。

本节以图 13-24 所示的一种关节型机器人为例，说明工业机器人的逆向运动学的求解方法。关节型机器人手部坐标系 $X_6Y_6Z_6$ 相对于固定坐标系 $X_0Y_0Z_0$ 的变换矩阵$[{}^0\boldsymbol{T}_6]$如式(13-39)所示，即$[{}^0\boldsymbol{T}_6]=\boldsymbol{T}_1\boldsymbol{T}_2\boldsymbol{T}_3\boldsymbol{T}_4\boldsymbol{T}_5\boldsymbol{T}_6$，$[{}^0\boldsymbol{T}_6]$的矩阵形式如式(13 40)所示。设给定所有的结构参数并已知手部坐标系 $X_6Y_6Z_6$ 相对于固定坐标系 $X_0Y_0Z_0$ 的位姿式(13-40)，令 $H=0$。下面求各个关节的相对运动量的大小。

### 13.6.1　求坐标系 $X_1Y_1Z_1$ 相对于 $X_0Y_0Z_0$ 的转角 $\theta_1$

用 $\boldsymbol{T}_1^{-1}$ 左乘式(13-40)，得 $\boldsymbol{T}_1^{-1}[{}^0\boldsymbol{T}_6]=\boldsymbol{T}_1^{-1}\boldsymbol{T}_1\boldsymbol{T}_2\boldsymbol{T}_3\boldsymbol{T}_4\boldsymbol{T}_5\boldsymbol{T}_6=\boldsymbol{T}_2\boldsymbol{T}_3\boldsymbol{T}_4\boldsymbol{T}_5\boldsymbol{T}_6$，其中 $\boldsymbol{T}_1^{-1}$ 由式(13-29)和式(13-15)、式(13-16)的变换关系得到，于是 $\boldsymbol{T}_1^{-1}$ 和 $\boldsymbol{T}_1^{-1}[{}^0\boldsymbol{T}_6]$分别为

$$\boldsymbol{T}_1^{-1}=\begin{bmatrix} \cos\theta_1 & \sin\theta_1 & 0 & 0 \\ 0 & 0 & -1 & 0 \\ -\sin\theta_1 & \cos\theta_1 & 0 & 0 \\ 0 & 0 & 0 & 1 \end{bmatrix} \tag{13-41}$$

$$\boldsymbol{T}_1^{-1}[{}^0\boldsymbol{T}_6]=\begin{bmatrix}\cos\theta_1 & \sin\theta_1 & 0 & 0\\ 0 & 0 & -1 & 0\\ -\sin\theta_1 & \cos\theta_1 & 0 & 0\\ 0 & 0 & 0 & 1\end{bmatrix}\begin{bmatrix}N_X & M_X & Q_X & P_X\\ N_Y & M_Y & Q_Y & P_Y\\ N_Z & M_Z & Q_Z & P_Z\\ 0 & 0 & 0 & 1\end{bmatrix}=\boldsymbol{T}_2\boldsymbol{T}_3\boldsymbol{T}_4\boldsymbol{T}_5\boldsymbol{T}_6 \tag{13-42}$$

式(13-42)右端 $\boldsymbol{T}_2\boldsymbol{T}_3\boldsymbol{T}_4\boldsymbol{T}_5\boldsymbol{T}_6$ 的展开矩阵如式(13-38)所示，只要令式(13-38)中的 $H$=0 即可。下面展开式(13-42)中间两个矩阵的乘积，得 $\boldsymbol{T}_1^{-1}[{}^0\boldsymbol{T}_6]$。

$$\boldsymbol{T}_1^{-1}[{}^0\boldsymbol{T}_6]$$

$$=\begin{bmatrix}N_X\cos\theta_1+N_Y\sin\theta_1 & M_X\cos\theta_1+M_Y\sin\theta_1 & Q_X\cos\theta_1+Q_Y\sin\theta_1 & P_X\cos\theta_1+P_Y\sin\theta_1\\ -N_Z & -M_Z & -Q_Z & -P_Z\\ -N_X\sin\theta_1+N_Y\cos\theta_1 & -M_X\sin\theta_1+M_Y\cos\theta_1 & -Q_X\sin\theta_1+Q_Y\cos\theta_1 & -P_X\sin\theta_1+P_Y\cos\theta_1\\ 0 & 0 & 0 & 1\end{bmatrix}$$

$$=\begin{bmatrix}C_2(C_4C_5C_6-S_4S_6)-S_2S_5C_6 & -C_2(C_4C_5S_6+S_4C_6)+S_2S_5S_6 & C_2C_4S_5+S_2C_5 & S_2d_3\\ S_2(C_4C_5C_6-S_4S_6)+C_2S_5C_6 & -S_2(C_4C_5S_6+C_4C_6)-C_2S_5S_6 & S_2C_4S_5-C_2C_5 & -C_2d_3\\ S_4C_5C_6+C_4S_6 & -S_4C_5S_6+C_4C_6 & S_4S_5 & d_2\\ 0 & 0 & 0 & 1\end{bmatrix} \tag{13-43}$$

令式(13-43)两端矩阵的第三行、第四列的对应元素相等，得含有 $\theta_1$ 的三角方程为

$$-P_X\sin\theta_1+P_Y\cos\theta_1=d_2 \tag{13-44}$$

由于

$$\sin\theta_1=\frac{2\tan(0.5\theta_1)}{1+\tan^2(0.5\theta_1)}=\frac{2x}{1+x^2};\quad \cos\theta_1=\frac{1-\tan^2(0.5\theta_1)}{1+\tan^2(0.5\theta_1)}=\frac{1-x^2}{1+x^2}$$

所以，式(13-44)简化成代数方程为

$$(d_2+P_Y)x^2+2P_Xx+d_2-P_Y=0$$

中间变量 $x$ 与 $\theta_1$ 的解为

$$\theta_1=2\arctan 2(x)=2\arctan 2\left[\frac{-P_X\pm\sqrt{P_X^2-(d_2+P_Y)(d_2-P_Y)}}{d_2+P_Y}\right] \tag{13-45}$$

式中，arctan2 是一种双变量反正切函数，它可以根据分子、分母的正负号确定 $\theta_1$ 的象限，从而使 $\theta_1$ 可以得到 1～4 象限的真实解；符号“±”中的“+”对应于右肩的位姿，“–”对应于左肩的位姿。

### 13.6.2 求坐标系 $X_2Y_2Z_2$ 相对于 $X_1Y_1Z_1$ 的转角 $\theta_2$

令式(13-43)两个矩阵的第一行、第四列的对应元素相等，第二行、第四列的对应元素相等，得含有 $\theta_2$ 的三角方程为

$$P_X\cos\theta_1+P_Y\sin\theta_1=d_3\sin\theta_2 \tag{13-46}$$

$$-P_Z=-d_3\cos\theta_2 \tag{13-47}$$

式(13-46)除以式(13-47)得 $\theta_2$ 为

$$\theta_2 = \arctan 2\left[\frac{-P_Y \cos\theta_1 + P_Y \sin\theta_1}{P_Z}\right] \tag{13-48}$$

### 13.6.3　求坐标系 $X_3Y_3Z_3$ 相对于 $X_2Y_2Z_2$ 的位移 $d_3$

将式(13-46)两端乘以 $\sin\theta_2$，式(13-47)两端乘以 $\cos\theta_2$，然后两式相加得位移 $d_3$

$$d_3 = (P_X \cos\theta_1 + P_Y \sin\theta_1)\sin\theta_2 + P_Z \cos\theta_2 \tag{13-49}$$

### 13.6.4　求坐标系 $X_4Y_4Z_4$ 相对于 $X_3Y_3Z_3$ 的转角 $\theta_4$

由于$[{}^3\boldsymbol{T}_6]=\boldsymbol{T}_4\boldsymbol{T}_5\boldsymbol{T}_6$，$\boldsymbol{T}_4^{-1}[{}^3\boldsymbol{T}_6]=\boldsymbol{T}_4^{-1}\boldsymbol{T}_4\boldsymbol{T}_5\boldsymbol{T}_6=\boldsymbol{T}_5\boldsymbol{T}_6=[{}^4\boldsymbol{T}_6]=\boldsymbol{T}_4^{-1}\boldsymbol{T}_3^{-1}\boldsymbol{T}_2^{-1}\boldsymbol{T}_1^{-1}[{}^0\boldsymbol{T}_6]$，所以，由式(13-32)、式(13-31)、式(13-30)以及式(13-15)与式(13-16)的变换关系，首先可以求出 $\boldsymbol{T}_4$ 、$\boldsymbol{T}_3$ 和 $\boldsymbol{T}_2$ 的逆矩阵 $\boldsymbol{T}_4^{-1}$ 、$\boldsymbol{T}_3^{-1}$ 和 $\boldsymbol{T}_2^{-1}$ 分别为

$$\boldsymbol{T}_4^{-1} = \begin{bmatrix} \cos\theta_4 & \sin\theta_4 & 0 & 0 \\ 0 & 0 & -1 & 0 \\ -\sin\theta_4 & \cos\theta_4 & 0 & 0 \\ 0 & 0 & 0 & 1 \end{bmatrix} \tag{13-50}$$

$$\boldsymbol{T}_3^{-1} = \begin{bmatrix} 1 & 0 & 0 & 0 \\ 0 & 1 & 0 & 0 \\ 0 & 0 & 1 & -d \\ 0 & 0 & 0 & 1 \end{bmatrix} \tag{13-51}$$

$$\boldsymbol{T}_2^{-1} = \begin{bmatrix} \cos\theta_2 & \sin\theta_2 & 0 & 0 \\ 0 & 0 & 1 & -d_2 \\ \sin\theta_2 & -\cos\theta_2 & 0 & 0 \\ 0 & 0 & 0 & 1 \end{bmatrix} \tag{13-52}$$

$[{}^4\boldsymbol{T}_6]=\boldsymbol{T}_4^{-1}\,\boldsymbol{T}_3^{-1}\,\boldsymbol{T}_2^{-1}\,\boldsymbol{T}_1^{-1}[{}^0\boldsymbol{T}_6]$的表达式为

$$\begin{aligned}
&[{}^4\boldsymbol{T}_6] = \boldsymbol{T}_4^{-1}\boldsymbol{T}_3^{-1}\boldsymbol{T}_2^{-1}\boldsymbol{T}_1^{-1}[{}^0\boldsymbol{T}_6] \\
&= \begin{bmatrix} \cos\theta_4 & \sin\theta_4 & 0 & 0 \\ 0 & 0 & -1 & 0 \\ -\sin\theta_4 & \cos\theta_4 & 0 & 0 \\ 0 & 0 & 0 & 1 \end{bmatrix} \begin{bmatrix} 1 & 0 & 0 & 0 \\ 0 & 1 & 0 & 0 \\ 0 & 0 & 1 & -d_3 \\ 0 & 0 & 0 & 1 \end{bmatrix} \\
&= \begin{bmatrix} \cos\theta_2 & \sin\theta_2 & 0 & 0 \\ 0 & 0 & 1 & -d_2 \\ \sin\theta_2 & -\cos\theta_2 & 0 & 0 \\ 0 & 0 & 0 & 1 \end{bmatrix} \begin{bmatrix} \cos\theta_1 & \sin\theta_1 & 0 & 0 \\ 0 & 0 & -1 & 0 \\ -\sin\theta_1 & \cos\theta_1 & 0 & 0 \\ 0 & 0 & 0 & 1 \end{bmatrix} \begin{bmatrix} N_X & M_X & Q_X & P_X \\ N_Y & M_Y & Q_Y & P_Y \\ N_Z & M_Z & Q_Z & P_Z \\ 0 & 0 & 0 & 1 \end{bmatrix}
\end{aligned}$$

$$\begin{bmatrix} C_4C_2(N_XC_1+N_YS_1)-C_4N_2S_2 & C_4C_2(M_XC_1+M_YS_1)-C_4M_ZS_2 & C_4C_2(Q_XC_1+Q_YS_1)-C_4Q_ZS_2 & C_4C_2(P_XC_1+P_YS_1)-C_4P_ZS_2 \\ +S_4(-N_XS_1+N_YC_1) & +S_4(-M_XS_1+M_YC_1) & +S_4(-Q_XS_1+Q_YC_1) & +S_4(-P_XS_1+P_YC_1-d_2) \\ -S_2(N_XC_1+N_YS_1)-N_ZC_2 & -S_2(M_XC_1+M_YS_1)-M_ZC_2 & -S_2(Q_XC_1+Q_YS_1)-Q_ZC_2 & -S_2(P_XC_1+P_YS_1)-P_ZS_2+d_3 \\ S_4C_2(N_XC_1+N_YS_1)-S_4N_2S_2 & S_4C_2(M_XC_1+M_YS_1)-S_4M_ZS_2 & S_4C_2(Q_XC_1+Q_YS_1)-S_4Q_ZS_2 & S_4C_2(P_XC_1+P_YS_1)-S_4P_ZS_2 \\ +C_4(-N_XS_1+N_YC_1) & +C_4(-M_XS_1+M_YC_1) & +C_4(-Q_XS_1+Q_YC_1) & +C_4(-P_XS_1+P_YC_1-d_2) \\ 0 & 0 & 0 & 1 \end{bmatrix} \tag{13-53}$$

令式(13-53)与式(13-35)的第三行、第三列的矩阵元素对应相等，得关于转角 $\theta_4$ 的三角方程为

$$S_4C_2(Q_XC_1+Q_YS_1)-S_4Q_ZS_2+C_4(-Q_XS_1+Q_YC_1)=0$$

即

$$\sin\theta_4\cos\theta_2(Q_X\cos\theta_1+Q_Y\sin\theta_1)-\sin\theta_4Q_Z\sin\theta_2+\cos\theta_4(-Q_X\sin\theta_1+Q_Y\cos\theta_1)=0 \tag{13-54}$$

由式(13-54)得 $\theta_4$ 为

$$\theta_4=\arctan 2\left[\frac{Q_X\sin\theta_1-Q_Y\cos\theta_1}{\cos\theta_2(Q_X\cos\theta_1+Q_Y\sin\theta_1)-Q_Z\sin\theta_2}\right] \tag{13-55}$$

### 13.6.5 求坐标系 $X_5Y_5Z_5$ 相对于 $X_4Y_4Z_4$ 的转角 $\theta_5$

令式(13-53)与式(13-35)的第一行、第三列的矩阵元素对应相等，第二行、第三列的矩阵元素对应相等，得关于转角 $\theta_5$ 的三角方程为

$$C_4C_2(Q_XC_1+Q_YS_1)-C_4Q_ZS_2+S_4(-Q_XS_1+Q_YC_1)=S_5 \tag{13-56}$$

$$-S_2(Q_XC_1+Q_YS_1)-Q_ZC_2=-C_5 \tag{13-57}$$

由式(13-56)、式(13-57)得 $\theta_5$ 为

$$\theta_5=\arctan 2\left[\frac{C_4C_2(Q_XC_1+Q_YS_1)-C_4Q_ZS_2+S_4(-Q_XS_1+Q_YC_1)}{S_2(Q_XC_1+Q_YS_1)+Q_ZC_2}\right] \tag{13-58}$$

### 13.6.6 求坐标系 $X_6Y_6Z_6$ 相对于 $X_5Y_5Z_5$ 的转角 $\theta_6$

由式(13-33)以及式(13-15)与式(13-16)的变换关系得 $\boldsymbol{T}_5$ 的逆矩阵 $\boldsymbol{T}_5^{-1}$ 为

$$\boldsymbol{T}_5^{-1}=\begin{bmatrix}\cos\theta_5 & \sin\theta_5 & 0 & 0\\ 0 & 0 & 1 & 0\\ \sin\theta_5 & -\cos\theta_5 & 0 & 0\\ 0 & 0 & 0 & 1\end{bmatrix} \tag{13-59}$$

由于 $\boldsymbol{T}_5\boldsymbol{T}_6=[{}^4\boldsymbol{T}_6]=\boldsymbol{T}_4^{-1}\boldsymbol{T}_3^{-1}\boldsymbol{T}_2^{-1}\boldsymbol{T}_1^{-1}[{}^0\boldsymbol{T}_6]$，$\boldsymbol{T}_5^{-1}\boldsymbol{T}_5\boldsymbol{T}_6=\boldsymbol{T}_6=[{}^5\boldsymbol{T}_6]=\boldsymbol{T}_5^{-1}\boldsymbol{T}_4^{-1}\boldsymbol{T}_3^{-1}\boldsymbol{T}_2^{-1}\boldsymbol{T}_1^{-1}[{}^0\boldsymbol{T}_6]$，所以，$\boldsymbol{T}_5^{-1}\boldsymbol{T}_4^{-1}\boldsymbol{T}_3^{-1}\boldsymbol{T}_2^{-1}\boldsymbol{T}_1^{-1}[{}^0\boldsymbol{T}_6]$的表达式为

$$\begin{aligned}\boldsymbol{T}^6&=[{}^5\boldsymbol{T}_6]=\boldsymbol{T}_5^{-1}\boldsymbol{T}_4^{-1}\boldsymbol{T}_3^{-1}\boldsymbol{T}_2^{-1}\boldsymbol{T}_1^{-1}[{}^0\boldsymbol{T}_6]\\&=\begin{bmatrix}\cos\theta_5 & \sin\theta_5 & 0 & 0\\ 0 & 0 & 1 & 0\\ \sin\theta_5 & -\cos\theta_5 & 0 & 0\\ 0 & 0 & 0 & 1\end{bmatrix}\begin{bmatrix}\cos\theta_4 & \sin\theta_4 & 0 & 0\\ 0 & 0 & -1 & 0\\ -\sin\theta_4 & \cos\theta_4 & 0 & 0\\ 0 & 0 & 0 & 1\end{bmatrix}\begin{bmatrix}1 & 0 & 0 & 0\\ 0 & 1 & 0 & 0\\ 0 & 0 & 1 & -d_3\\ 0 & 0 & 0 & 1\end{bmatrix}\end{aligned}$$

$$\times\begin{bmatrix}\cos\theta_2 & \sin\theta_2 & 0 & 0\\ 0 & 0 & 1 & -d_2\\ \sin\theta_2 & -\cos\theta_2 & 0 & 0\\ 0 & 0 & 0 & 1\end{bmatrix}\begin{bmatrix}\cos\theta_1 & \sin\theta_1 & 0 & 0\\ 0 & 0 & -1 & 0\\ -\sin\theta_1 & \cos\theta_1 & 0 & 0\\ 0 & 0 & 0 & 1\end{bmatrix}\begin{bmatrix}N_X & M_X & Q_X & P_X\\ N_Y & M_Y & Q_Y & P_Y\\ N_Z & M_Z & Q_Z & P_Z\\ 0 & 0 & 0 & 1\end{bmatrix}$$

$$=\begin{bmatrix}\cos\theta_5 & \sin\theta_5 & 0 & 0\\ 0 & 0 & 1 & 0\\ \sin\theta_5 & -\cos\theta_5 & 0 & 0\\ 0 & 0 & 0 & 1\end{bmatrix}\begin{bmatrix}A_{11} & A_{12} & A_{13} & B_{14}\\ A_{21} & A_{22} & A_{23} & B_{24}\\ A_{31} & A_{32} & A_{33} & B_{34}\\ 0 & 0 & 0 & 1\end{bmatrix}$$

$$=\begin{bmatrix}\cos\theta_5 A_{11}+\sin\theta_5 A_{21} & \cos\theta_5 A_{12}+\sin\theta_5 A_{22} & \cos\theta_5 A_{13}+\sin\theta_5 A_{23} & \cos\theta_5 B_{14}+\sin\theta_5 B_{24}\\ A_{31} & A_{32} & A_{33} & B_{34}\\ \sin\theta_5 A_{11}-\cos\theta_5 A_{21} & \sin\theta_5 A_{12}-\cos\theta_5 A_{22} & \sin\theta_5 A_{13}-\cos\theta_5 A_{23} & \sin\theta_5 B_{14}-\cos\theta_5 B_{24}\\ 0 & 0 & 0 & 1\end{bmatrix}$$

(13-60)

式中，$A_{ij}$与$B_{i4}$组成的矩阵就是$\boldsymbol{T}_4^{-1}\boldsymbol{T}_3^{-1}\boldsymbol{T}_2^{-1}\boldsymbol{T}_1^{-1}[{}^0\boldsymbol{T}_6]$的连乘积矩阵。

令式(13-60)与式(13-34)的第一行、第二列的矩阵元素对应相等，第二行、第二列的矩阵元素对应相等，得关于转角$\theta_6$的三角方程为

$$\cos\theta_5 A_{12}+\sin\theta_5 A_{22}=-\sin\theta_6 \tag{13-61}$$

$$A_{32}=\cos\theta_6 \tag{13-62}$$

由式(13-61)与式(13-62)得$\theta_6$为

$$\theta_6=\arctan 2\left[\frac{-\cos\theta_5 A_{12}-\sin\theta_5 A_{22}}{A_{32}}\right] \tag{13-63}$$

至此，各个关节的运动参数$\theta_1$、$\theta_2$、$d_3$、$\theta_4$、$\theta_5$、$\theta_6$已全部求出。

从以上的求解过程可以看出，这种求解方法就是将一个未知数从方程的右端移到左端，使其与其他未知数分离开，从而解出这个未知数。重复这一过程，解出所有的未知数。

值得注意的是，若目标物体不在机器人的操作范围之内，则解可能不存在。由以上求解公式可以看出，关节的相对位移不一定唯一，可能出现多个解。在多个解的情况下，一定有一个解是相对较优的，或者是路径最短，或者可以避开其他障碍物。当然，还有其他的相对位移求解方法，本书不再介绍，请阅读相关文献。

## 习　题

**13.1**　在题13.1图所示的坐标系中，动坐标系$oxyz$与固定坐标系$OXYZ$初始时重合，动坐标系相对于固定坐标系作以下变换，先绕$Z$轴转动+90°，再绕$Y$轴转动+90°，最后相对于固定坐标系移动$\boldsymbol{T}_r[+4,-3,+7,1]^T$。

试求：(1) 动坐标系相对于固定坐标的位姿$[R_{(Z,Y,T_r)}]$。(2) 动坐标系相对于固定坐标系，先移动$\boldsymbol{T}_r[4,-3,+7,1]^T$，再绕动坐标系的$y$轴转动+90°，最后相对于动坐标系的$z$轴转动+90°。试求动坐标系相对于固定坐标的位姿$[R_{(T_r,y,z)}]$。

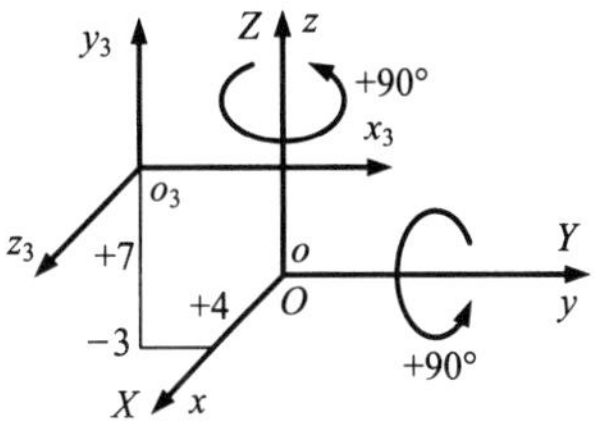

题13.1图

**13.2** 在题 13.2 图所示的坐标系 $OXYZ$ 中放置一个立方体，在立方体上设置坐标系 $oxyz$，其上的特征点 $A_1$，$A_2$，$A_3$，$A_4$，$A_5$，$A_6$，$A_7$ 和 $A_8$ 组成的矩阵 $\boldsymbol{W}_{xyz}(4\times8)$如下。

$$\boldsymbol{W}_{xyz}(4\times 8)=\begin{bmatrix} 2 & -2 & -2 & 2 & 2 & -2 & -2 & 2 \\ 2 & 2 & 2 & 2 & 12 & 12 & 12 & 12 \\ 0 & 0 & 6 & 6 & 0 & 0 & 6 & 6 \\ 0 & 0 & 0 & 0 & 0 & 0 & 0 & 0 \end{bmatrix}$$

坐标系 $oxyz$ 的原点 $o$ 在坐标系 $OXYZ$ 中的坐标为(0，2，0)。若让立方体绕 $Z$ 轴转过 90°，用$[R_{+90°,Z}]$表示；再绕 $Y$ 轴转过 90°，用$[R_{+90°,Y}]$表示；最后沿 $X$ 轴方向平移 4，用 $\boldsymbol{T}_{\rm r}[4,0,0,1]^{\rm T}$表示。求以上变换后立方体的位姿 $\boldsymbol{T}[xyz\rightarrow XYZ]=\boldsymbol{T}_{\rm r}[4,0,0,1]^{\rm T}[R_{+90,Y}][R_{+90,Z}]W_{xyz}(4\times8)$。

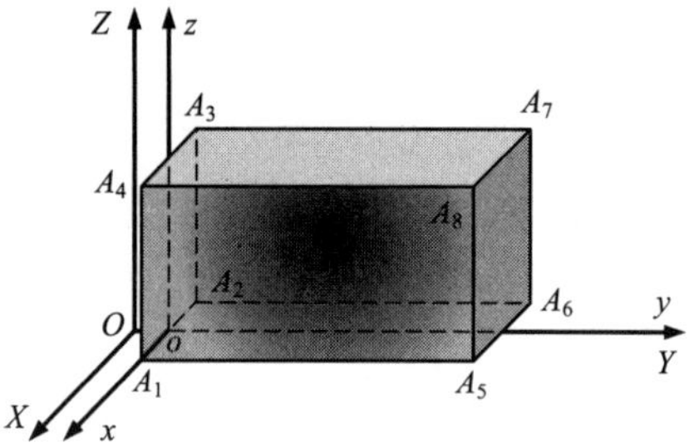


题 13.2 图

**13.3** 题 13.3 图为由三个平行轴关节和一个垂直轴关节组成的关节型机器人简图，它的结构参数如下表所示。求该关节型机器人的运动学方程 $\boldsymbol{W}_3=\boldsymbol{T}_1\ \boldsymbol{T}_2\ \boldsymbol{T}_3\ \boldsymbol{T}_4$。

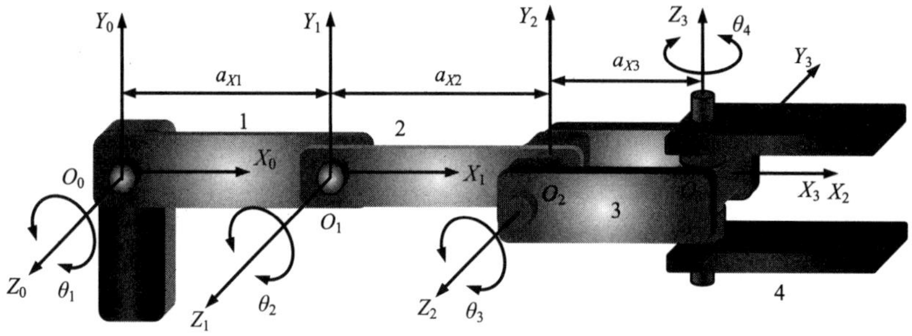


题 13.3 图

**题 13.3 表**

| 连杆序号 $n$ | 关于 $Z_n$ 轴的转角 | 两连杆之间的距离 $d_{Zn-1}$ | 连杆的长度 $a_{Xn}$ | 连杆的扭角 $\theta_{Xn}$ |
|---|---|---|---|---|
| 1 | $\theta_{Z0}=\theta_1$=30° | 0 | $a_{X1}=a_1$= 100mm | $\theta_{X1}$= 0° |
| 2 | $\theta_{Z1}=\theta_2$=–60° | 0 | $a_{X2}=a_2$= 100mm | $\theta_{X2}$= 0° |
| 3 | $\theta_{Z2}=\theta_3$=–30° | 0 | $a_{X3}=a_3$= 100mm | $\theta_{X3}$=–90° |
| 4 | $\theta_{Z3}=\theta_4$=45° | 0 | $a_{X3}=a_4$= 0mm | $\theta_{X4}$= 0° |

**13.4**　在题 13.4 图所示的坐标系 $OXYZ$ 中，手臂相对于机身拥有一个转动自由度，手腕相对于手臂有两个自由度，即关于 $x$，$z$ 轴的转动。已知手腕上的坐标系 $oxyz$ 相对于机身坐标系 $OXYZ$ 的位姿矩阵 $\boldsymbol{SW}$ 已知。

试求：(1) 若手臂相对于机身坐标系 $OXYZ$ 的 $Z$ 轴转动–90°，则坐标系 $oxyz$ 转到坐标系 $o_1x_1y_1z_1$ 的矩阵 $\boldsymbol{SW}_1$。

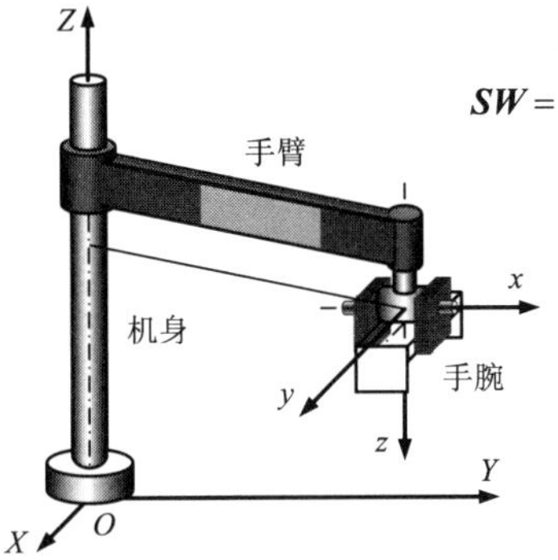


$$\boldsymbol{SW}=\begin{bmatrix}0&1&0&2\\1&0&0&6\\0&0&-1&2\\0&0&0&1\end{bmatrix}$$

题 13.4 图

(2) 若手臂相对于机身坐标系 $OXYZ$ 的 $Z$ 轴转动+90°，手腕上的坐标系 $oxyz$ 相对于手臂上的 $z$ 轴转动+90°，关于 $x$ 轴转动+90°，则坐标系 $oxyz$ 转到坐标系 $o_2x_2y_2z_2$ 的矩阵 $\boldsymbol{SW}_2$。

## 思　考　题

**13.1**　由三个平行轴关节和一个垂直轴关节组成的关节型机器人简图如思考题 13.1 图所示，参数如题 13.3 图所示。设臂杆 1、2、3 的质心位于杆长的中间、质量分别为 $m_1$、$m_2$、$m_3$，关于质心的转动惯量分别为 $J_1$、$J_2$、$J_3$，暂时不考虑机械手与抓取的重物，$\theta_{10}\leqslant\theta_{1i}\leqslant\theta_{1m}$、$\theta_{20}\leqslant\theta_{2i}\leqslant\theta_{2m}$、$\theta_{30}\leqslant\theta_{3i}\leqslant\theta_{3m}$，设 $\theta_{1i}=\sin[(\theta_1-\theta_{10})(\theta_1-\theta_{1m})/(\theta_{1m}-\theta_{10})]$、$\theta_{2i}=\sin[(\theta_2-\theta_{20})(\theta_2-\theta_{2m})/(\theta_{1m}-\theta_{20})]$、$\theta_{3i}=\sin[(\theta_3-\theta_{30})(\theta_3-\theta_{3m})/(\theta_{3m}-\theta_{30})]$，臂杆 1 的角速度 $\omega_{1i}=\mathrm{d}\theta_{1i}/\mathrm{d}t$、臂杆 2 的绝对角速度 $\omega_{2i}=\mathrm{d}\theta_{2i}/\mathrm{d}t$、臂杆 3 的绝对角速度 $\omega_{3i}=\mathrm{d}\theta_{3i}/\mathrm{d}t$，臂杆 1 的角加速度 $\alpha_{1i}=\mathrm{d}^2\theta_{1i}/\mathrm{d}t^2$、臂杆 2 的绝对角加速度 $\alpha_{2i}=\mathrm{d}^2\theta_{2i}/\mathrm{d}t^2$、臂杆 3 的绝对角加速度 $\alpha_{3i}=\mathrm{d}^2\theta_{3i}/\mathrm{d}t^2$，$\theta_{10}$、$\theta_{1m}$，$\theta_{20}$、$\theta_{2m}$，$\theta_{30}$、$\theta_{3m}$ 的数值自行规定，$\theta_{2i}-\theta_{1i}$ 为臂杆 2 相对于臂杆 1 的相对角位移，$\theta_{3i}-\theta_{2i}$ 为臂杆 3 相对于臂杆 2 的相对角位移，用三个伺服电机分别驱动 $\theta_{1i}$、$\theta_{2i}$ 与 $\theta_{3i}$，第一个伺服电机驱动系统安装在支架 0 上，第二个伺服电机驱动系统安装在臂杆 1 上，第三个伺服电机驱动系统安装在臂杆 2 上。

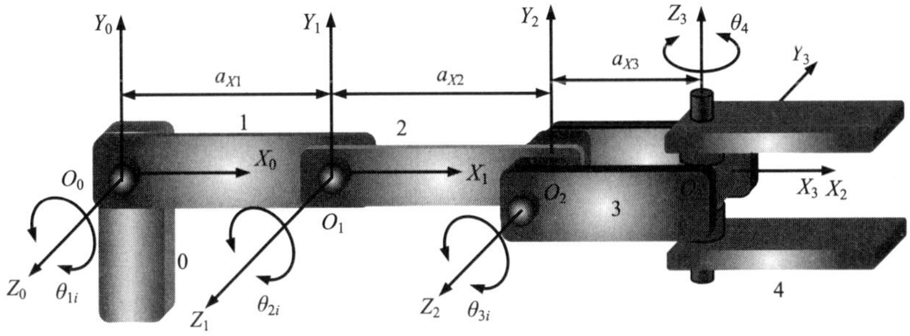


思考题 13.1 图

第一个伺服电机驱动系统的质量为 $m_{d0}$、质心在 $O_0$ 点、关于 $O_0$ 的转动惯量为 $J_{d0}$、电机到臂杆 1 的传动比 $i_{01}$ =200；第二个伺服电机驱动系统的质量为 $m_{d1}$、质心在 $O_1$ 点、关于 $O_1$ 的转动惯量为 $J_{d1}$、电机到臂杆 2 的传动比 $i_{12}$ =160；第三个伺服电机驱动系统的质量为 $m_{d2}$、质心在 $O_2$ 点、关于 $O_2$ 的转动惯量为 $J_{d2}$、电机到臂杆 3 的传动比 $i_{23}$ =120；当三个伺服电机同时动作时，试求第一个伺服电机、第二个伺服电机、第三个伺服电机上的驱动力矩。

**13.2** 在思考题 13.2 图所示的机器人中，大臂回转驱动系统(伺服电机+谐波减速器+光电编码盘+动力与信号线接口)实现大臂的回转，大臂俯仰驱动系统实现大臂的俯仰，小臂俯仰驱动系统实现小臂相对于大臂的俯仰，腕关节调姿螺杆实现末端执行器的调姿。试分析设置一对氮气弹簧的作用。

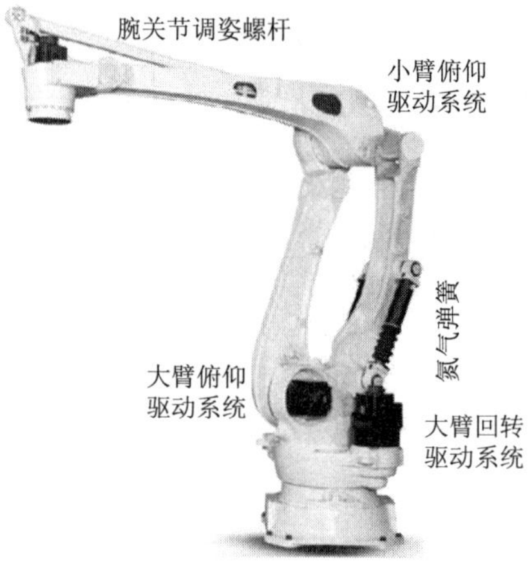


思考题 13.2 图

# 第 14 章

# 机械系统方案设计

## 14.1 概述

机械是机构与机器的统称。机构只关注自身内部的相互作用与联系，而机器既关注内部的相互作用与联系，也关注与外部的相互作用与联系。机器是人类设计与制造的产物，目的在于代替人类做有用功、进行能量转换或进行信息变换。例如，如图 14-1 所示的曲柄滑块机构，在机构的层次上研究它，无非是研究 $S_3$ 与 $\varphi$ 的关系、$P$ 点轨迹对应的几何条件，或是惯性力平衡的条件。可是，到了机器的层次上，当 $BP=(BC)^2/AB$ 时，连杆 2 上 $P$ 点的轨迹在 $\varphi=0$ 处与垂线达到 3 阶相切，利用 $P$ 点轨迹的这一特征可以设计出等待物料与平稳传送物料的机器，如图 14-2 所示。当连杆上的 $P_1$ 点与 $P_2$ 点重合时称为二重点，如图 14-3 所示，若一条平面连杆曲线用隐函数 $f(x, y) = 0$ 表示，$f(x, y) = 0$ 为 6 次代数曲线，连杆曲线的某点为 $P_0(x_0, y_0)$，令 $\partial f(x_0,y_0)/\partial x=0$、$\partial f(x_0,y_0)/\partial y=0$，$\partial^2 f(x_0,y_0)/\partial x^2$ 与 $\partial^2 f(x_0,y_0)/\partial y^2$ 不全为 0，则称 $P_0(x_0, y_0)$点为连杆曲线上的一个二重点。若一根钢丝与一对曲柄滑块机构连杆上的 $P$ 点固连，则可以将连续挤出的相对较硬的冰激凌切成一块又一块的冰糕，落入皮带上立即插入手把，然后外运包装入冷冻室，如图 14-4 所示，1 为冰激凌搅拌与外挤容器；2 为冰激凌挤出筒；3 为设计长度与宽度的冰激凌柱，以速度 $V_1$ 外出；4 为设计长度、宽度与厚度的冰糕；5 为冰糕把；6 为外运皮带，以速度 $V_2$ 外出；$\Gamma$ 为连杆上的 $P$ 点的轨迹。这样曲柄滑块机构参与其中的冰糕生产机器就被设计出来。

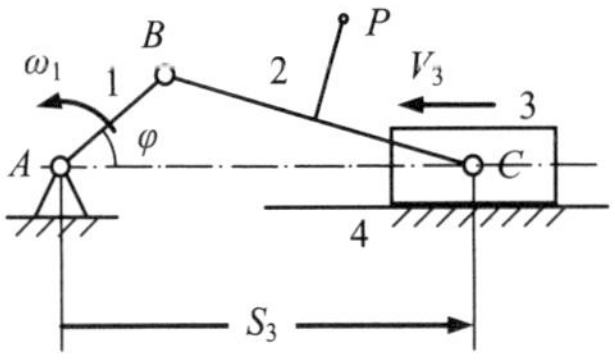


图 14-1　曲柄滑块机构

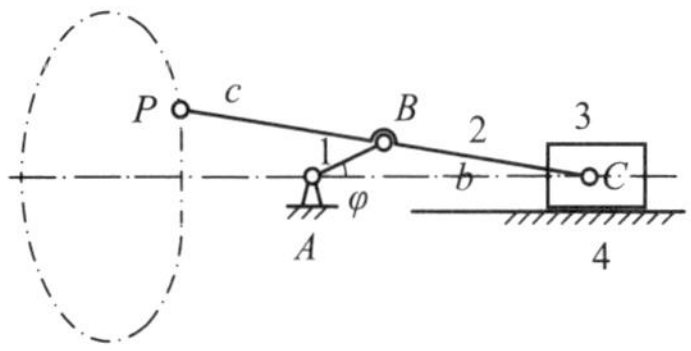


图 14-2　等待物料与平稳传送的机器的简单机构

由于客观世界的复杂性，现实中一台机器往往无法完成需要的作业，如图 14-5 所示的煤炭地下开采的三机联动开采，把煤炭割下来需要采煤机，采空区必须支撑需要液压支架，采下的煤及时外运需要刮板运输机，割完一个工作面之后推移所有的装备，这时就出现系统的问题。

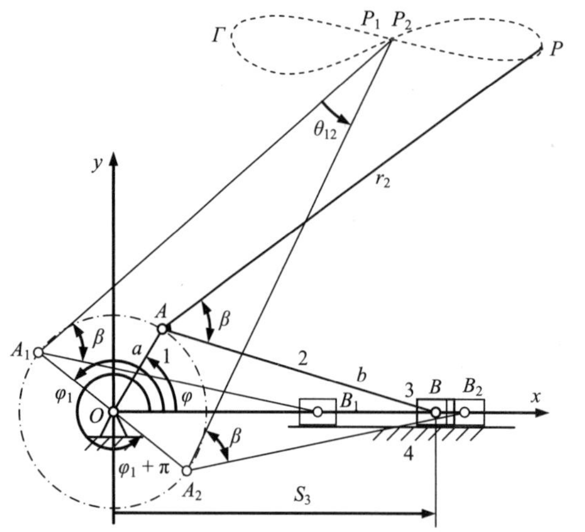


图 14-3　连杆曲线上存在二重点的对心曲柄滑块机构

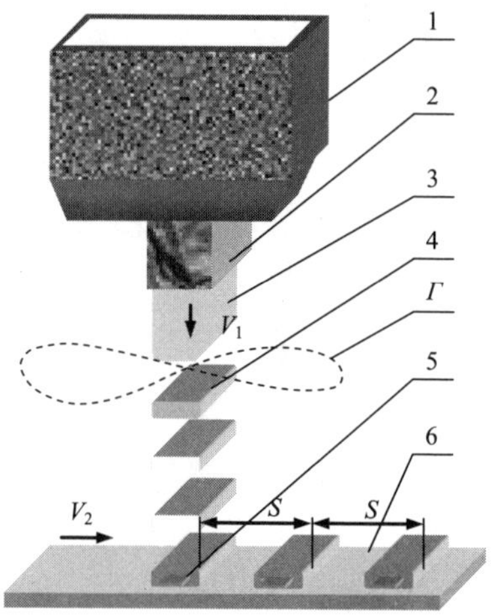


图 14-4　钢丝横向切断冰激凌成冰糕

图 14-5　煤炭地下开采的三机联动开采

如图 14-6 所示的全断面巷道开采。使用盾构机，其直径可达 16m、长度超过 150m、重量大于 4300t，这看上去是一台机器，实际上，它集成了材料、电机与液压马达、液压油缸、电机与传动机构、执行机构与结构、皮带外运、控制等。这里也出现系统的问题。

系统是为实现规定功能以达到某一目标而构成的相互关联的一个集合体或装置。

系统结构是系统组成部分及其相关关系的集合。如图 14-3 所示的二重点，只有在特定的几何条件下才能产生。

系统功能是系统在与环境相互作用的过程中所表现出来的系统能力，在不同的环境条件下可发挥出不同的功能。如图 14-5 所示的采煤机，只有截齿的硬度远大于煤岩的硬度才能把煤岩截割下来，截割的速度与功率消耗存在最佳匹配点。

方案是根据机械产品的功能要求，确定产品的组成、功能、结构及接口等原理方案的设计。如图 14-6 所示的盾构机，既要在地下打洞又不要顶层岩土下沉，如建造城市地铁，在地下打洞，而地上或是高层建筑，或是铁路，或是高铁等，禁止地表下沉。方案的产生多数是继承与创新的结果，首创的相对较少。

图 14-6 全断面巷道开采

设计是将需求或创新变成产品、工艺或服务，以满足企业和顾客期望的过程。设计将一组功能需求转换成可工作的产品、过程或服务。

机械系统方案设计，根据机械产品的功能要求，确定产品的组成、功能、结构及接口等原理方案设计。其实现方法和效果就是把语言描述的目标通过宏观方法与具体方法综合起来，达到解决问题的效果好、解决问题的成本小、解决问题中环境友好、好用且好维护，可靠且寿命长。

## 14.2 一种管道移动机器人迈动行走及自适机构

城市地下排水管道随着材料科技的发展不断更新，最早使用烧制的陶瓷管道，由于其易脆裂，不知缘由地就裂开，导致管道自然漏水。后来改用脆性相对较小的钢筋混凝土管道，该管道是一节一节串联的，虽在接头处用了橡胶密封圈，由于安装时有的轴向压紧力大，有的轴向压紧力小，接头处还是易漏水。再后来，球墨铸铁管用于城市地下排水管道，它是 100 年不锈，接头处密封性也好，但就是太贵。高分子材料为解决城市地下排水管道带来最好的解决方案，其中采用高密度聚乙烯 (HDPE)树脂制造的双壁波纹管应用最为广泛。HDPE 无毒又无味，软化点为 125℃～135℃，使用温度可达 100℃；硬度与拉伸强度和蠕变性优于低密度聚乙烯；耐磨性、电绝缘性、韧性及耐寒性较好；在室温条件下，不溶于任何有机溶剂，耐酸、耐碱和各种盐类的腐蚀；在耐环境应力开裂 (ESCR) 与加工性能之间实现出色的平衡，价格较低。双壁波纹排水管如图 14-7(a)所示，其铺设排水管如图 14-7(b)所示。

排水管道一定会污泥淤积，会导致过流截面减小，因此要不定期地清淤，用泥浆泵吸入罐车送污水处理厂处理。若能检测到淤积的程度，认为必要时再清淤，那就好了。

埋在地下的双壁波纹排水管的截面不再是圆形的，受到来自顶层的土或者道路的压力，截面是接近椭圆形，同时沿着轴向还有等距的环形凸棱。

若用移动机器人沿内壁轴向移动，检测管道内淤积的程度，面对的环境是，管道内部的能见度几乎为零；管道内壁为非圆且不同轴向位置为不同的非圆，存在等距的环形凸棱；底部有含硫化物、磷化物等的污泥与微生物群落，顶部有 $CO$、$CH_4$、$H_2$、$NH_3$(氨气)、$N_2H_4$(联氨)与 $HN_3$(叠氮化氢)等，中下部为污水，内含多种病毒、细菌、有机化合物以及固体杂物。

(a)双壁波纹排水管　　(b)铺设排水管

图 14-7　排水管

移动机器人的足最好不要与污泥直接接触，除非用于支撑作用，移动机器人的探头(超声波探头)能在污水中识别淤积的高度。移动机器人既要防水又要防爆，并通过电线与外界联系。显然该移动机器人在极其复杂恶劣的环境中工作，有许多问题需要解决，这里只就以足与内壁之间恒力支撑为例，说明机构与结构方案的设计过程。

由于排水管道的内壁太湿滑，采用图 14-8 所示的多节轮式移动机器人显然是不行的。三足三节步进方式移动机器人应为合理的选择，如图 14-9 所示，当前节 1 的三足与内壁撑紧时，后节 3 的三足与内壁松开一点再向前迈进一个步距；当后节 3 的三足与内壁撑紧时，前节 1 的三足与内壁松开一点再向前迈进一个步距；中间节 2 为轴向位移驱动机构，从而实现向前步进或向后步进。

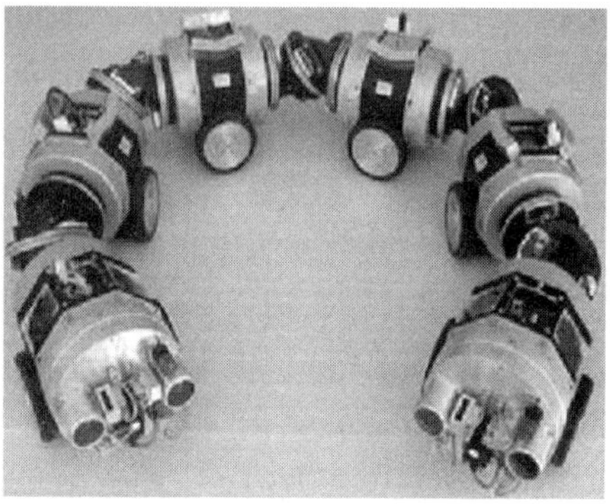

图 14-8　多节轮式机器人

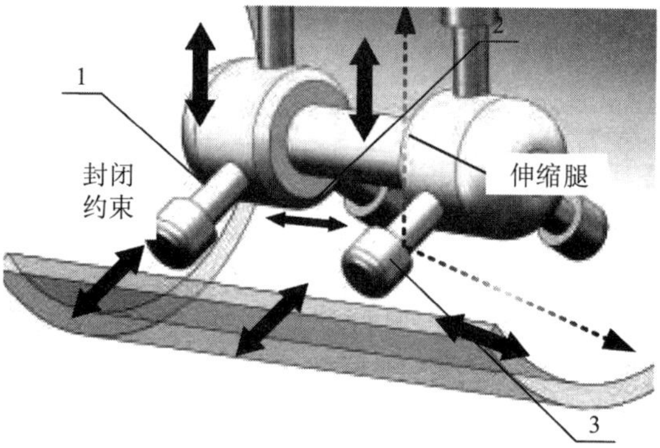


图 14-9　三足三节步进位移原理图

可以通过凸轮连杆式机器人实现正、反向迈动行走，如图 14-10 与图 14-11 所示；也可以通过凸轮-凸轮式机器人实现正、反向迈动行走，如图 14-12 与图 14-13 所示。

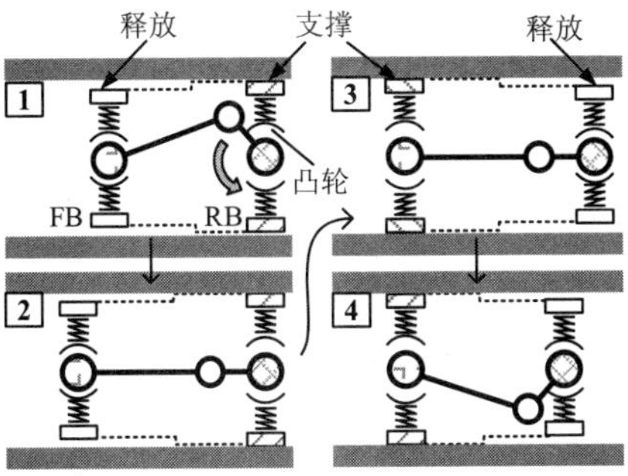

图 14-10 凸轮连杆式机器人正向迈动行走

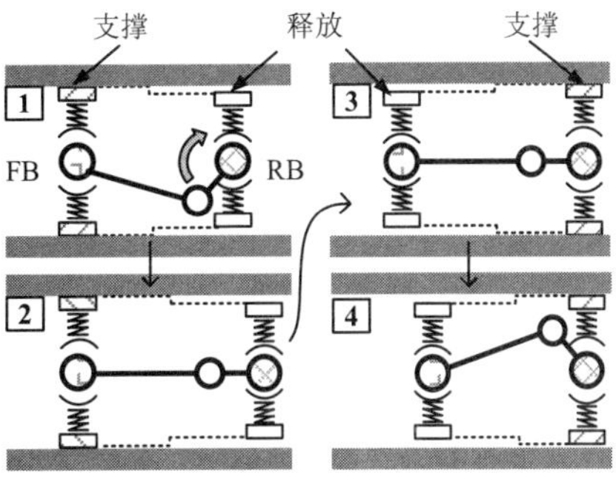

图 14-11 凸轮连杆式机器人反向迈动行走

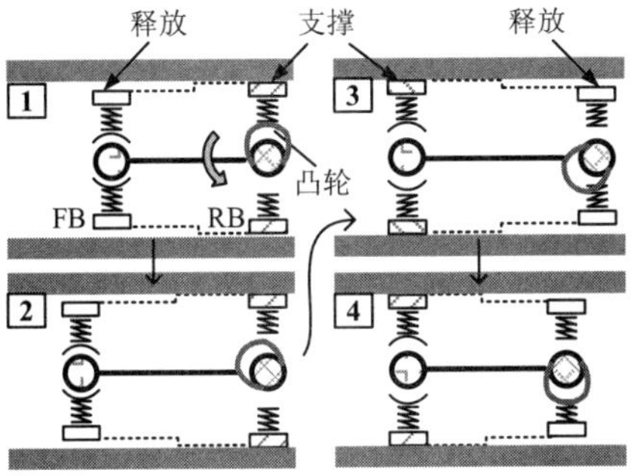

图 14-12 凸轮-凸轮式机器人正向迈动行走

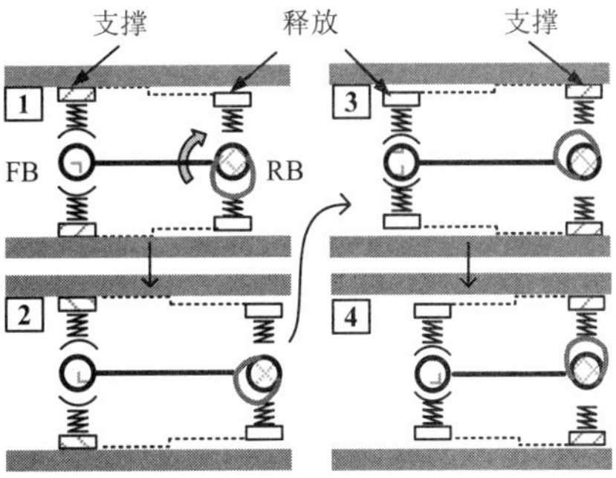

图 14-13 凸轮-凸轮式机器人反向迈动行走

凸轮连杆式机器人连续轴向伸缩机构如图 14-14 所示；凸轮-凸轮式机器人间歇轴向伸缩机构如图 14-15 所示。

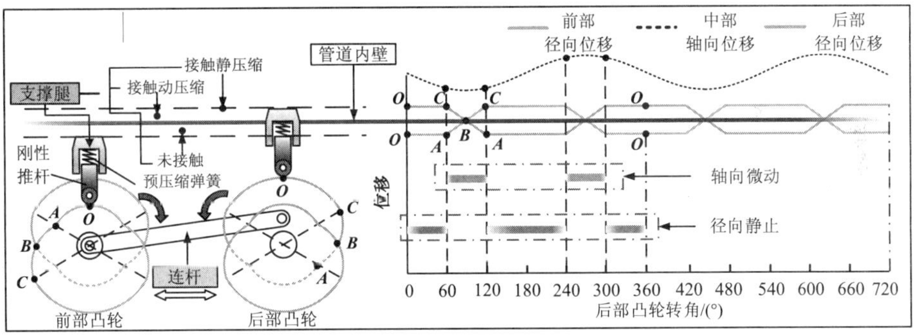

图 14-14 凸轮连杆式机器人连续轴向伸缩机构

径向尺寸随机变化时，支撑力恒定的机构模型称为恒力自适机构，如图 14-16 所示。当 $F = k\cdot\Delta y$ 时称为正刚度机构，用 PSM 表示；当 $F = -k\cdot\Delta y$ 时称为负刚度机构，用 NSM 表示。恒力自适机构的核心是压缩弹簧，进一步压缩的压力增量被凸轮轮廓对滚子的反作用力给予抵消。设压缩弹簧进一步压缩的压力增量 $k_2\cdot\Delta y$ 被凸轮轮廓对滚子的反作用力 $F_n\sin\theta$ 给予抵消，其中，$k_2$ 为压缩弹簧的刚度；$\Delta y$ 为压缩弹簧的压缩变形量；$F_n$ 为凸轮对滚子的法向支反力，$F_n = K_j\cdot k_1\cdot\Delta x$，$k_1$ 为弹簧的刚度，$\Delta x$ 为弹簧的拉伸变形量，$K_j$ 为结构系数；$\theta$ 为凸轮与滚子接触点的法线方位角。这时的凸轮轮廓设计是在满足力学条件下实现的。

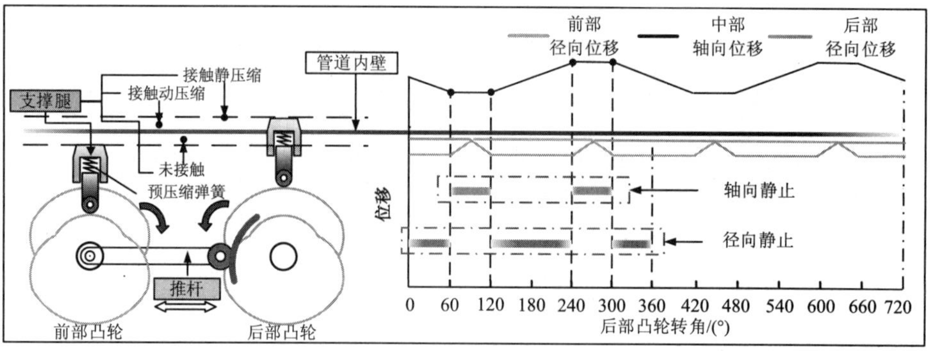


图 14-15 凸轮-凸轮式机器人间歇轴向伸缩机构

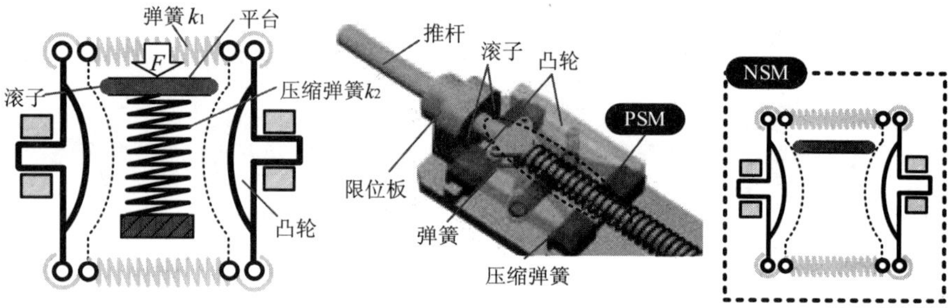


图 14-16 恒力自适机构

径向尺寸随机变化时支撑力恒定的机构实物如图 14-17 所示。

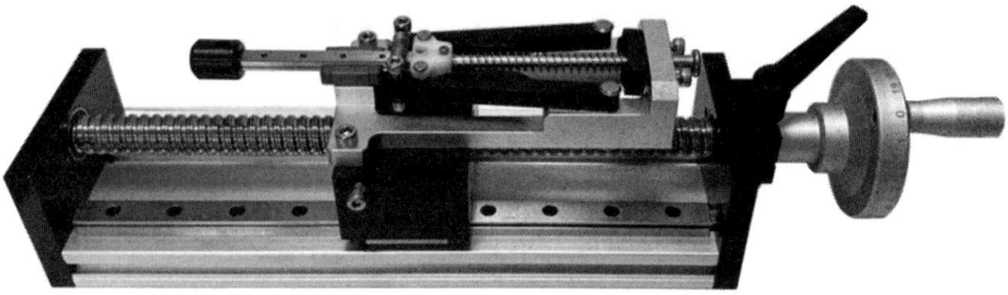

图 14-17 管道变径自适应与恒压力压紧机构

## 14.3 一种碳化硅粉末膏状体挤压成圆管机器

碳化硅(SiC)是一种半导体化合物，被列入宽带隙半导体(WBG)材料。纯碳化硅无色透明，工业碳化硅因含少量的游离铁、硅、碳等杂质呈现浅绿色或黑色。碳化硅主要有两种晶体结构，即立方晶系的β-SiC 和六方晶系的α-SiC。大颗粒碳化硅如图 14-18 所示，纳米级颗粒碳化硅如图 14-19 所示，烧结后的碳化硅管如图 14-20 所示，碳化硅管可以用于换热管、强酸性高压气管、强碱性高压气管等。

自然界中的碳化硅少之又少，且不富集，需要通过化学方法制备。

图 14-18　大颗粒碳化硅

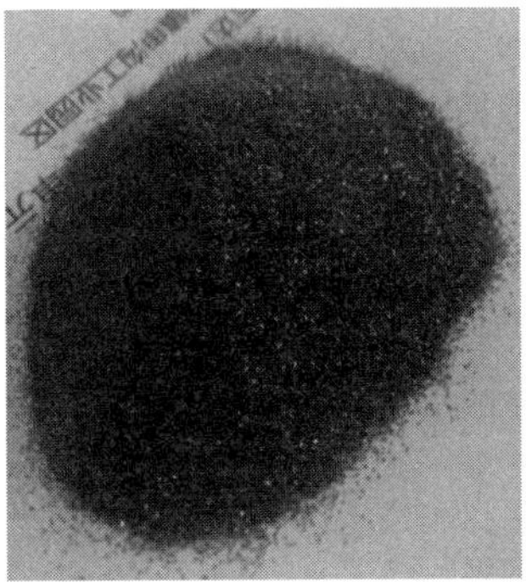

图 14-19　纳米级颗粒碳化硅

图 14-20　烧结后的碳化硅管

碳化硅具有以下特点：

(1) 密度低，常温下为 3.20g/cm$^3$ 左右，远优于钢材(8.00g/cm$^3$ 左右)。

(2) 硬度高，莫氏硬度(Mohs hardness)为 9.5，仅次于金刚石(莫氏硬度为 10)。

(3) 抗热震性好，导热率高(1490W/mK，硅的导热率为 150W/mK)、热膨胀系数小、热震性高。

(4) 耐高温，碳化硅陶瓷耐受温度达 1300℃以上。

(5) 耐腐蚀，碳化硅陶瓷耐强酸、耐强碱腐蚀。

(6) 抗磨损，抗氧化、抗磨损、较低的摩擦系数。

碳化硅具有优良的导电性能、高温稳定性等特点，被广泛应用于各种高温电器、传感器和电线材料等领域。在航空、航天、核能等领域，碳化硅被用作高温热丝、阴极保护材料和导电陶瓷等元器件，表现出极高的性能和稳定性。此外，碳化硅还被应用于半导体行业，制造高功率二极管、MOSFET 和 IGBT 等元器件。

当前，制作碳化硅管分两步，第一步是成型，第二步是烧结。

当前，碳化硅管的成型方法是采用电机+减速器+双螺杆转子+型腔+入料斗+出口模具+定长人工切断+翻转+转移+晾干。其中双螺杆转子与型腔的结构如图 14-21 与图 14-22 所示。

图 14-21　双螺杆挤压制作碳化硅筒

图 14-22　双螺杆转子

由于碳化硅太硬，碳化硅在被螺杆挤出时，螺杆与型腔的磨损都很快，以致制造成本的 30%是由螺杆与型腔的磨损所致。又由于螺杆与型腔磨损掉的 Fe、Si、Mn 混入 SiC 中，导致碳化硅膏体中再次掺入杂质，降低碳化硅管的品质。

要想减少成型过程中磨损影响，则不能再使用螺杆与型腔的挤出方式。现在改为活塞与缸体相对移动的挤压成型方式。将活塞与缸体的材料都选为奥氏体(austenite)不锈钢，例如022Cr17Ni12Mo2 不锈钢的化学成分如下：0.030%，C；1.00%，Si；2.00%，Mn；0.035%，P；0.030%，S；10.00%～14.00%，Ni；16.00%～18.00%，Cr；2.00%～3.00%，Mo。如图 14-23 所示，在缸体的内层套装一层聚四氟乙烯(PTFE)管；或活塞前外段也为 PTFE；活塞相对于缸体的移动，采用外部螺旋传动，不采用液压传动。因为液压传动的成本高、机械效率低、故障率高、噪声大、漏油污染环境。

图 14-23 缸体内层套装一层聚四氟乙烯管

聚四氟乙烯(polytetrafluoroethylene，缩写为 PTFE)，化学式为$(C_2F_4)_n$，拉伸弹性模量 $E_1$ = 400N/mm$^2$，弯曲弹性模量 $E_w$ = 345N/mm$^2$，压缩弹性模量 $E_y$ = 410N/mm$^2$，压缩强度 $\sigma_y$ =11N/mm$^2$。

PTFE 与金属的摩擦系数 $f_1$ = 0.07，自身之间的摩擦系数 $f_2$ = 0.01，表面不黏性突出，PTFE 是阻燃的，换位作业时不产生噪声。

不锈钢与 PTFE 之间的摩擦系数小，不仅避免了磨损杂质混入碳化硅膏状体中，而且大大减少了双螺杆与型腔方法中碳化硅膏状体对双螺杆转子与型腔产生的摩擦功耗，同时不再需要循环水冷却型腔。

活塞与缸体相对移动的挤压成型方式，对应的部件与流程为：电机+分动减速箱+行星减速器+外啮合齿轮传动组件+螺杆传动组件+推头组件+可换位供料型腔组件+模具组件+机架+定长人工切断+翻转+转移+晾干。碳化硅膏状体被挤压成管子的机器方案如图 14-24 所示。

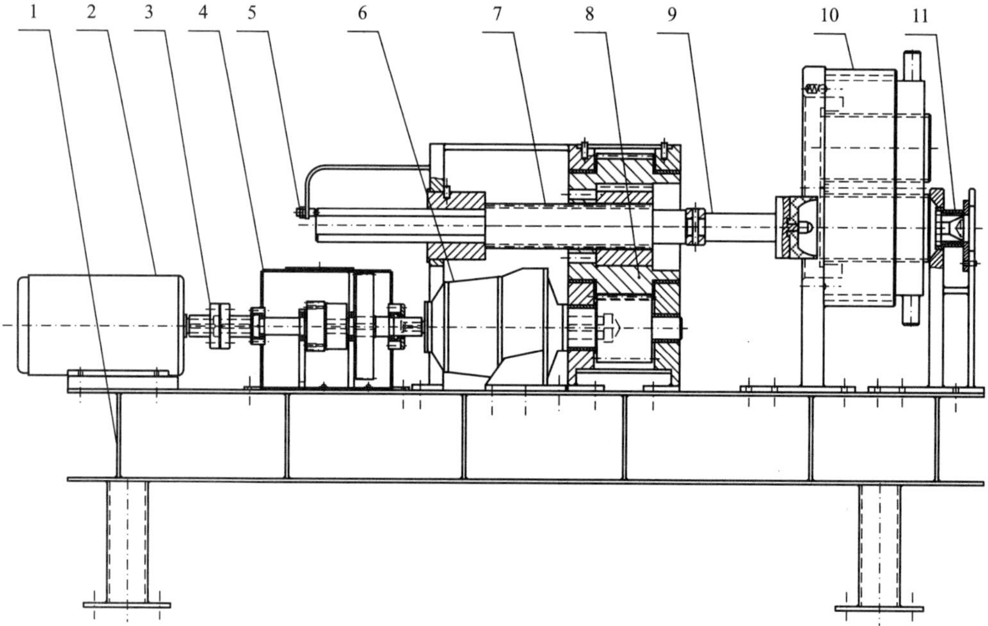


图 14-24 碳化硅膏状体被挤压成管子的机器方案图

1–机架；2–三相异步电动机；3–柱销式联轴器；4–分动减速箱；5–行程开关；6–同轴式二级行星减速器；7–螺杆传动组件；8–外啮合齿轮传动组件；9–推头组件；10–可换位供料型腔组件；11–模具组件

显然，这时就不能再用机械制图、机构运动简图用图形符号(GB 4460—2013)中规定的简单符号了，因为用简单的符号不能表达出设计的空间范围与构成，不得不使用结构图形，如齿轮等。

在图 14-24 中，分动减速箱 4 的作用是为了满足推头组件 9 的慢速挤压成型与快速返回装料的需要而设计的；同轴式二级行星减速器 6 的作用是进一步减速，因为挤压成型的速度是不能快的；外啮合齿轮传动组件 8 主要是为了减小整机的长度。

### 14.3.1　一种碳化硅粉末膏状体挤压成圆管机器中的子机构自由度与传动比

从单输入中获得反向的双速需要分动减速箱，在机械原理的层次上表达分动减速箱，如图 14-25 所示，当前的图形相对简单但无法制造，$R_i$ 为转动副，$P_{Hi}$ 为高副，$z_i$ 为齿数，齿轮轴 1 与机架 8 组成转动副 $R_1$，齿轮轴 1 上的齿轮与齿轮轴 2 上的齿轮和齿轮轴 3 上的齿轮外啮合，齿轮轴 7 与电磁离合器 4 固连，齿轮轴 6 与电磁离合器 5 固连，当电磁离合器 4 接合上时电磁离合器 5 分离，构件 2、4、7 成为一个整体，当电磁离合器 5 接合上时电磁离合器 4 分离，构件 3、5、6 成为一个整体。在图 14-25 中，当电磁离合器 4 得电，同时电磁离合器 5 失电时，传动比 $i_{17} = n_1/n_{74} = -z_2/z_1$，自由度 $F_1 = 3n - 2P_L - P_H = 3\times2 - 2\times2 - 1\times1 = 1$；当电磁离合器 5 得电，同时电磁离合器 4 失电时，传动比 $i_{17} = n_1/n_{75} = (-1)^2(z_3/z_1\cdot z_7/z_6)$，自由度 $F_2 = 3n - 2P_L - P_H = 3\times3 - 2\times3 - 1\times2 = 1$。自由度计算中去除虚约束。

图 14-25 中齿轮轴 7 的转速需要进一步减速，同轴式二级行星减速器图 14-26 所示，自由度 $F = 3n - 2P_L - P_H = 3\times5 - 2\times5 - 1\times4 = 1$，自由度计算中去除虚约束。

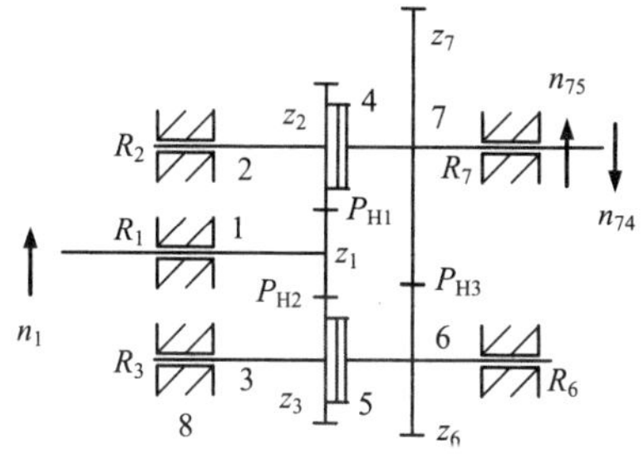


图 14-25　分动减速箱图

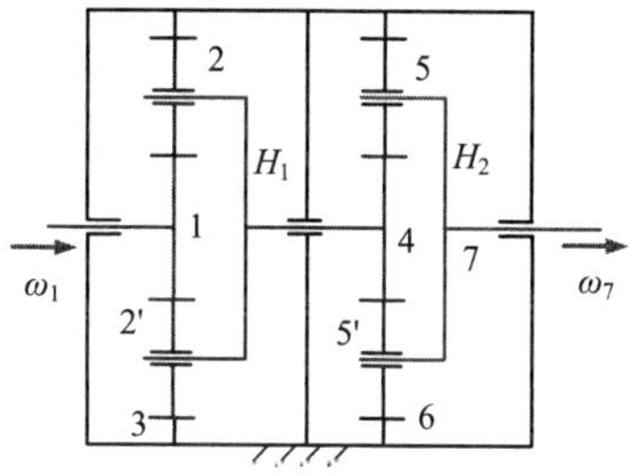


图 14-26　同轴式二级行星减速器

在图 14-26 中，传动比 $i_{1H2}$ 为

$$i_{13}^{H1} = \frac{\omega_1 - \omega_{H1}}{\omega_3 - \omega_{H1}} = \frac{\omega_1 - \omega_4}{0 - \omega_4} = -\frac{z_3}{z_1}, \quad \omega_1 - \omega_4 = (z_3/z_1)\omega_4, \quad \omega_1 = (1 + z_3/z_1)\omega_4, \quad \omega_4 = \omega_1 z_1/(z_1 + z_3)$$

$$i_{46}^{H2} = \frac{\omega_4 - \omega_{H2}}{\omega_6 - \omega_{H2}} = \frac{\omega_4 - \omega_7}{0 - \omega_7} = -\frac{z_6}{z_4}, \quad \omega_4 - \omega_7 = (z_6/z_4)\omega_7, \quad \omega_4 = (1 + z_6/z_4)\omega_7, \quad \omega_7 = \omega_4 z_4/(z_4 + z_6)$$

$$\omega_7 = \omega_4 z_4/(z_4 + z_6) = \omega_1 z_1 \cdot z_4/[(z_1 + z_3)(z_4 + z_6)]$$

$$i_{17} = \omega_1/\omega_7 = (z_1 + z_3)(z_4 + z_6)/(z_1 \cdot z_4)$$

二级行星减速器 NBD(N 为 NGW 型、B 为二级、D 为底座安装)的外形图与特征参数如图 14-27 所示。

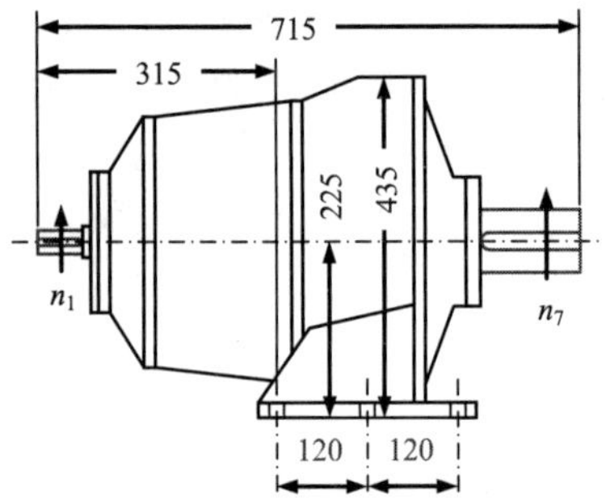


图 14-27　二级行星减速器(单位：mm)

二级行星减速器的输出轴驱动齿轮传动与螺旋传动组件如图 14-28 所示。在图 14-28(b)、(d)中，3 为螺杆，2–1 为从动齿轮，2–2 为键，2–3 为螺母(有色金属材料)。在图 14-28(a)、(c)中，齿轮轴 1 上的齿轮驱动齿轮 2，齿轮 2 与螺杆 3 组成矩形螺旋副 $H$(helix)，齿轮 2 只转动无轴向移动，$P_{H2}$ 约束齿轮 2 向左移动，$P_{H3}$ 约束齿轮 2 向右移动，螺杆 3 与机架 4 的左侧组成移动副 $P_2$(prism)，螺杆 3 与机架 4 的右侧组成移动副 $P_1$，实现从齿轮轴 1 的转动 $n_1$ 到螺杆 3 移动 $S_3$ 的变换。

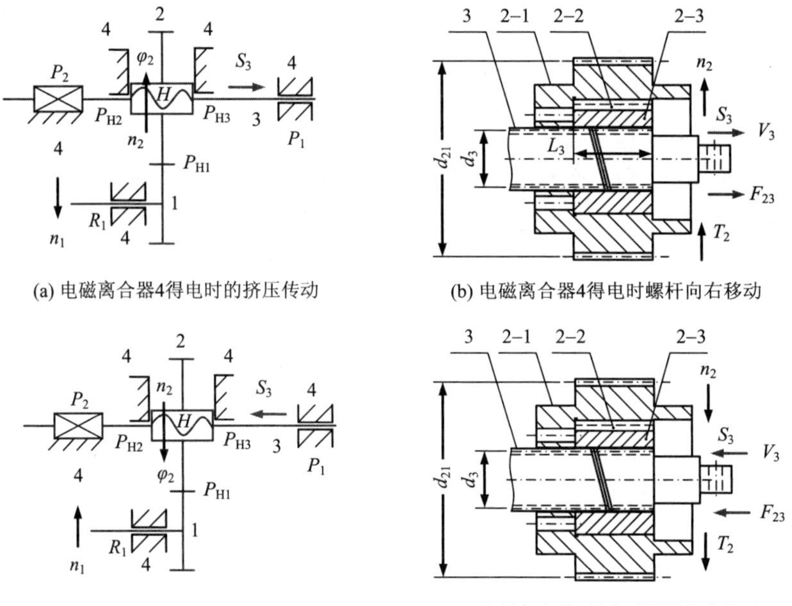

(a) 电磁离合器4得电时的挤压传动　(b) 电磁离合器4得电时螺杆向右移动

(c) 电磁离合器5得电时的挤压传动　(d) 电磁离合器5得电时螺杆向左移动

图 14-28　齿轮传动与螺旋传动组件

当运动传递经历 1→2→3 的路径且螺杆向右移动时，低副有 3 个($R_1$、$H$、$P_2$)，高副 2 个($P_{H1}$ 与 $P_{H2}$)，此时 $P_{H3}$ 等价于不存在，自由度 $F = 3n - 2P_L - 1P_H = 3\times3 - 2\times3 - 1\times2 = 1$。

螺杆 3 上矩形螺旋的螺距为 $P$(mm)、升角为 $\lambda$、中径为 $d_3$(mm)，与螺母 2-3 的接触长度为 $L_3$(mm)。

螺杆 3 的位移 $S_3$ 与从动齿轮 2–1 转角 $\varphi_2$ 与速度关系分别为 $S_3 = P\varphi_2/(2\pi)$、$V_3 = P\omega_2/(2\pi)$，当矩形螺旋副中的当量摩擦角为 $\rho_V$ 时，从动齿轮 2–1 上得到的驱动力矩 $T_2 = F_{23}\cdot\tan(\lambda+\rho_V)d_3/2$ (N·mm)，螺杆 3 获得的轴向推力 $F_{23} = 2T_2/[d_3\tan(\lambda+\rho_V)]$ (N)。

当已知螺杆 3 的移动速度 $V_3$(m/s)时，$\omega_2 = (2\pi)V_3/P$，$n_2 = 60\omega_2/(2\pi) = 60V_3/P$ (r/min)。

当运动传递经历 1→2→3 的路径且螺杆向左移动时，低副有 3 个($R_1$、$H$、$P_2$)，高副有 2 个($P_{H1}$ 与 $P_{H3}$)，此时 $P_{H2}$ 等价于不存在，自由度 $F = 3n - 2P_L - 1P_H = 3\times3 - 2\times3 - 1\times2 = 1$。

这里去掉虚约束 $P_1$，$P_{H2}$ 与 $P_{H3}$ 究竟谁起作用，与相对移动相关，把 $P_{H2}$ 与 $P_{H3}$ 看作高副，是因为它们只对螺母的单向移动产生一个约束相对移动的作用。

一个运动副是低副还是高副，不能只看简图符号，还要看它到底要产生几个约束。

这里的虚约束 $P_1$，将螺杆 3 的悬臂梁受力转化成简支梁受力，虚约束 $P_1$ 的存在是必不可少的。

### 14.3.2　一种碳化硅粉末膏状体挤压成圆管机器在成型过程中消耗的功率

成型外径为 $D_2$ 与内径为 $D_1$ 管子的组合模具结构图如图 14-29 所示，成型管子的压力 $p_0$ 是已知的，$L_1$ 为保压定型要求的长度，$L_2$ 为物料均质化塑性流动对应的长度，$L_3$ 为输送物料对应的长度，$L_4$ 为前腔物料通过 6 个 $D_5$ 的孔进入后腔的通道。

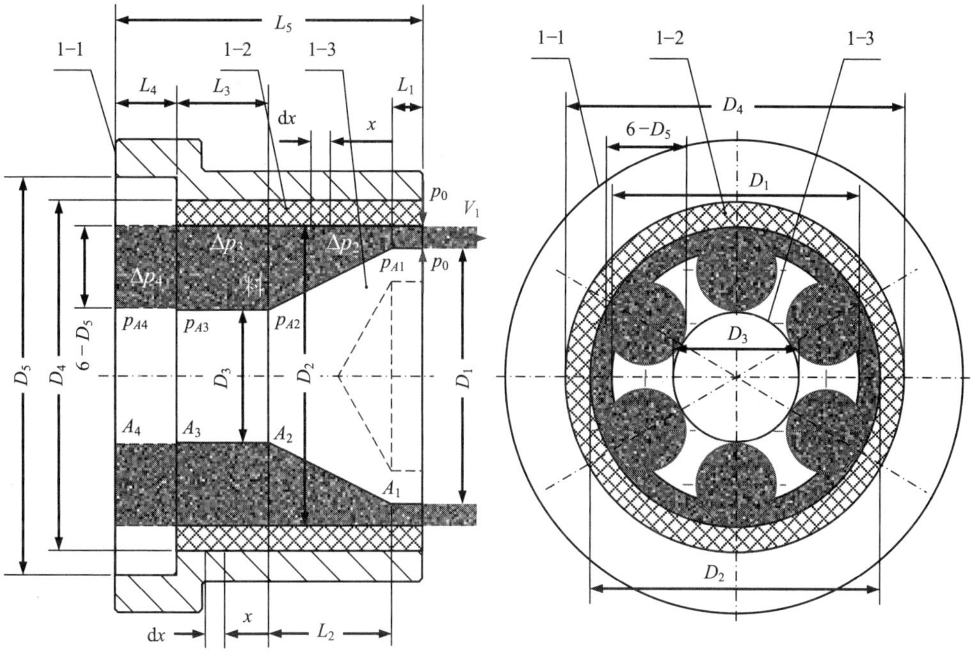


图 14-29　成型外径 $D_2$ 与内径 $D_1$ 管子的组合模具结构图

1–1 凹模；1–2 小套；1–3 凸模

把物料在压应力 $p$(N/mm$^2$)上近似视为各向同性的，成型路径中 $L_5$ 被划分为$(0, L_1)$、$(0, L_2)$、$(0, L_3)$、$(0, L_4)$区间，如图 14-30 所示。

(1) $L_1$ 区间内消耗功率的计算

在$(0, L_1)$区间，出口截面上物料的外出速度为 $V_1$、出口截面上物料的压力为 $p_0$，物料与孔的摩擦系数为 $f_k$，物料与凸模的摩擦系数为 $f_z$，近似认为 $f_k = f_z = f$，避免物料剪切流对后续计算的影响。

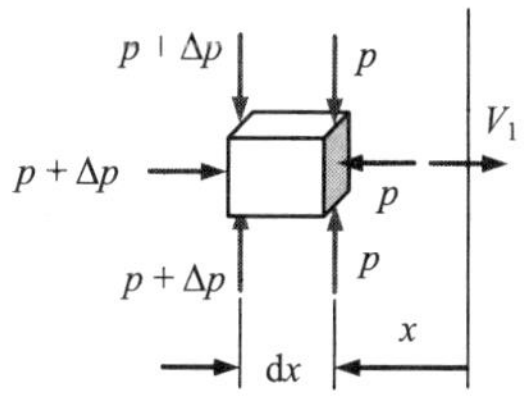


图 14-30　第一区间单元体分析

如图 14-30 所示，在$(0, L_1)$区间，$x$ 位置的环形截面上取单元体，物料左侧的压力为 $p$，在 d$x$ 位置物料的压力为 $p + \Delta p$，直径为 $D_2$ 的圆与直径为 $D_1$ 的圆组成一个圆环，圆环形单元体轴向力的平衡方程为

$$\Delta p \cdot \pi(D_2^2 - D_1^2)/4 = \pi(D_2 + D_1)\mathrm{d}x \cdot p \cdot f，\quad \mathrm{d}p/p \cdot \pi(D_2 - D_1) = 4\pi\mathrm{d}x \cdot f$$

$$\int_{p_0}^{p_{A1}} (D_2 - D_1)/p \cdot \mathrm{d}p = \int_0^{L_1} 4f\mathrm{d}x,\quad (D_2 - D_1)(\ln p_{A1} - \ln p_0) = 4L_1 \cdot f$$

$$\ln p_{A1} = \ln p_0 + 4L_1 f / (D_2 - D_1)$$

在$(0, L_1)$区间，管子各段的外出速度都是$V_1$(m/s)，因而在$(0, L_1)$区间，$A_1$截面消耗的功率$P_{01}$为$P_{01} = 10^{-3} \times V_1 \cdot p_{A1}[\pi(D_2^2 - D_1^2)/4]$ (kW)。

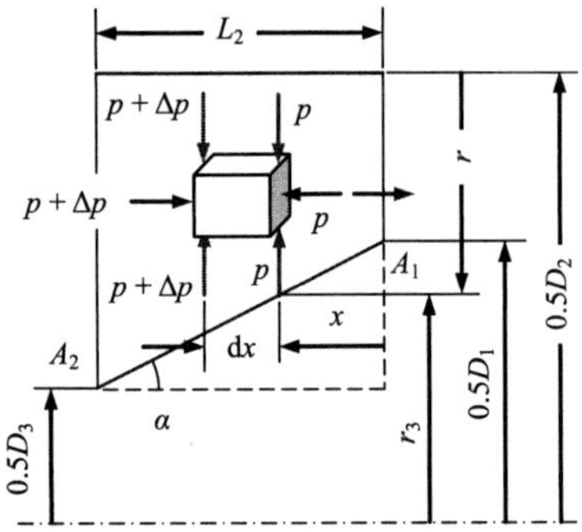


图 14-31 第二区间单元体分析

(2) $L_2$区间内消耗功率的计算。

如图 14-31 所示，在$(0, L_2)$区间，几何关系为：凸模的半锥角$\alpha = \arctan[0.5(D_1 - D_3)/L_2]$，在$x$处过流环的径向长度$r$为

$(r_3 - 0.5D_3)/(0.5D_1 - 0.5D_3) = (L_2 - x)/L_2$

$r_3 = 0.5D_3 + (0.5D_1 - 0.5D_3)(L_2 - x)/L_2$

$r_3 = 0.5D_1 - 0.5(D_1 - D_3)x/L_2$

令$k_1 = 0.5D_1$，$k_2 = 0.5(D_1 - D_3)/L_2$，$r_3 = k_1 - k_2 x$，则$r = 0.5D_2 - r_3 = 0.5D_2 - k_1 + k_2 x$。

令$k_3 = 0.5D_2 - k_1$，则$r = k_3 + k_2 x$。

直径为$D_2$的圆与直径为$2r_3$的圆组成一个圆环，取轴向长度$\mathrm{d}x$，环形单元体轴向力的平衡方程为

$$\Delta p \cdot \pi(D_2^2/4 - r_3^2) = \pi D_2 \cdot \mathrm{d}x \cdot p \cdot f + 2\pi r_3 \cdot \mathrm{d}x \cdot p \cdot f\cos\alpha$$

$$[(D_2/2)^2 - (k_1 - k_2 x)^2]\mathrm{d}p = (D_2 \cdot p \cdot f + 2r_3 \cdot p \cdot f\cos\alpha)\mathrm{d}x$$

令$y = k_1 - k_2 x$，当$x = 0$时，$y = k_1 = 0.5D_1 < 0.5D_2$；当$x = L_2$时，$y = k_1 - k_2 L_2 = 0.5D_1 - 0.5 \times (D_1 - D_3) = 0.5D_3 < 0.5D_2$；$\mathrm{d}y = -k_2\,\mathrm{d}x$，$\mathrm{d}x = -\mathrm{d}y/k_2$

$$[(D_2/2)^2 - y^2]\mathrm{d}p = -(D_2 \cdot p \cdot f + 2r_3 \cdot p \cdot f\cos\alpha)\mathrm{d}y/k_2$$

$$\frac{k_2}{-(D_2 \cdot f + 2r_3 \cdot f\cos\alpha)}\frac{\mathrm{d}p}{p} = \frac{\mathrm{d}y}{(D_2/2)^2 - y^2}$$

令$k_4 = -k_2/(D_2 \cdot f + 2r_3 \cdot f\cos\alpha)$，$k_5 = 0.5D_2$，则

$$k_4\frac{\mathrm{d}p}{p} = \frac{\mathrm{d}y}{k_5^2 - y^2},\quad \int_{p_{A1}}^{p_{A2}}\frac{\mathrm{d}p}{p} = \int_{k_1}^{0.5D_3}\frac{\mathrm{d}y}{k_5^2 - y^2}$$

$$\ln p_{A2} = \ln p_{A1} + \frac{1}{2k_5}\ln\frac{k_5 + y}{k_5 - y}\Bigg|_{k_1}^{0.5D_3}$$

在$(0, L_2)$区间，管子各截面的外出速度$V_i$ (m/s)是变化的，根据在$A_1$处的体积等于在$A_2$处的体积，即$\mathrm{d}x_{A1}\pi(D_2^2 - D_1^2)/4 = \mathrm{d}x_{A2}\pi(D_2^2 - D_3^2)/4$，流量为$V_{A1}\pi(D_2^2 - D_1^2)/4 = V_{A2}\pi(D_2^2 - D_3^2)/4$，于是

$$V_{A2} = V_{A1}(D_2^2 - D_1^2)/(D_2^2 - D_3^2)$$

因而，在$(0, L_2)$区间，$A_2$截面消耗的功率$P_{12}$为

$$P_{12} = 10^{-3} \times V_{A2} \cdot p_{A2}[\pi(D_2^2 - D_3^2)/4]\,(\mathrm{kW})$$

(3) $L_3$区间内消耗功率的计算

$L_3$ 区间与 $L_1$ 区间的计算条件相同。

$$\Delta p\cdot\pi(D_2^2-D_3^2)/4=\pi(D_2+D_3)\mathrm{d}x\cdot p\cdot f\text{；}\quad \mathrm{d}p/p\cdot\pi(D_2-D_3)=4\pi\mathrm{d}x\cdot f$$

$$\int_{p_{A2}}^{p_{A3}}(D_2-D_3)/p\cdot\mathrm{d}p=\int_0^{L_3}(4f)\mathrm{d}x\text{；}\quad (D_2-D_3)(\ln p_{A3}-\ln p_{A2})=4L_3\cdot f$$

$$\ln p_{A3}=\ln p_{A2}+4L_3\cdot f/(D_2-D_3)$$

在$(0, L_3)$区间，管子各段的外出速度都相同，即 $V_{A3}=V_{A2}$ (m/s)，因而在$(0, L_3)$区间，$A_3$ 截面消耗的功率 $P_{23}$ 为

$$P_{23}=10^{-3}\times V_{A3}\cdot p_{A3}[\pi(D_2^2-D_3^2)/4]\,(\mathrm{kW})$$

(4) $L_4$ 区间内消耗功率的计算。

在 $L_4$ 区间内，设置 6 个直径为 $D_5$ 的孔，根据在 $A_4$ 处的物料体积等于在 $A_3$ 处的物料体积，即 $\mathrm{d}x_{A4}(6\pi D_5^2/4)=\mathrm{d}x_{A3}\pi(D_2^2-D_3^2)/4$，流量为 $V_{A4}(6\pi D_5^2/4)=V_{A3}\pi(D_2^2-D_3^2)/4$，于是

$$V_{A4}=V_{A3}(D_2^2-D_3^2)/(6D_5^2)$$

在图 14-29 中，$p_{A4}$ 与 $p_{A3}$ 的关系为

$$\Delta p\cdot 6(\pi D_5^2/4)=6(\pi D_5)\mathrm{d}x\cdot p\cdot f\text{；}\quad \mathrm{d}p/p\cdot D_5=4\mathrm{d}x\cdot f\text{；}\quad \int_{p_{A3}}^{p_{A4}}(D_5/p)\mathrm{d}p=\int_0^{L_4}(4f)\mathrm{d}x$$

$$\ln p_{A4}=\ln p_{A3}+4L_4\cdot f/D_5$$

在$(0, L_4)$区间，消耗的功率 $P_{34}$ 为

$$P_{34}=10^{-3}\times V_{A4}\cdot p_{A4}[6(\pi D_5^2/4)]\,(\mathrm{kW})$$

当 $P_{34}$ 成立时，凸凹模内的物料向前移动，所以，$P_{34}$ 就是管子成型在 $A_4$ 截面消耗的输入功率。

### 14.3.3 一种碳化硅粉末膏状体挤压成圆管机器中供料筒内消耗的功率

推料头、供料筒以及凸凹模组件如图 14-32 所示，供料筒 2–1 设置为可旋转换位的结构，空的被满的替换，推料头组件 3 的行程为 $L_{21}$，在 $D_{21}$ 与 $L_{21}$ 的空间内提供至少生产 2 根管子的物料。

在 $L_{21}$ 区间内，$D_{21}$ 与 $L_{21}$ 组成的圆柱腔室内 $A_5$ 点的物料移动速度 $V_{A5}$ 为

$$\mathrm{d}x_{A5}\pi D_{21}^2/4=\mathrm{d}x_{A4}(6\pi D_5^2/4)\text{，}\quad V_{A5}=6V_{A4}\cdot D_5^2/D_{21}^2\text{，}\quad V_{A6}=V_{A5}$$

在$(0, L_{21})$区间内，直径为 $D_{21}$ 的单元体轴向力的平衡方程为

$$\Delta p\cdot\pi D_{21}^2/4=\pi D_{21}\mathrm{d}x\cdot p\cdot f_1\text{，}\quad \mathrm{d}p/p=(4f_1/D_{21})\mathrm{d}x$$

当考察 $A_6$ 点对应的最大挤压应力 $p_{A6}$ 时，积分得

$$\int_{p_{A4}}^{p_{A6}}(1/p)\mathrm{d}p=\int_0^{L_{21}}(4f_1/D_{21})\mathrm{d}x\text{，}\quad \ln p_{A6}=\ln p_{A4}+4L_{21}\cdot f_1/D_{21}$$

在$(0, L_{21})$区间内，在 $A_6$ 点消耗的功率 $P_{A6}$ 达到最大

$$P_{A6}=10^{-3}\times V_{A6}\cdot p_{A6}[6(\pi D_5^2/4)]\quad(\mathrm{kW})$$

在$(0, L_{21})$区间内，在 $A_6$ 点需要的推力为 $F_{A6}$ 达到最大

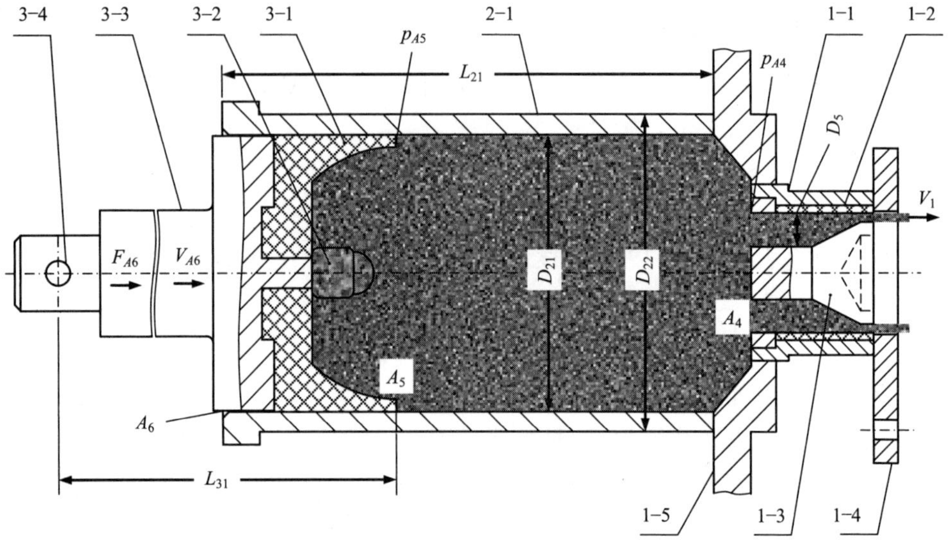


图 14-32 推料头、供料筒以及凸凹模组件主视剖面图

1–1 凹模；1–2 小套；1–3 凸模；1–4 凸模右挡板；1–5 支座左支板；2–1 供料筒；3–1 PTFE 推料头；3–2 连接螺母；3–3 推头支撑轴；3–4 推头销轴

$$F_{A6} = p_{A6}(\pi D_{21}^{2}/4)$$

当 $P_{34}$ 成立时，凸凹模内的物料向前以速度 $V_1$ 移动，所以，$P_{A6}$ 就是管子成型在 $A_6$ 截面处消耗的输入功率；$F_{A6}$ 就是管子成型在 $A_6$ 截面处需要的推力，也是其前端螺旋传动螺杆的推力，$F_{A6} = F_{23}$；$V_{A6}$ 就是管子成型在 $A_6$ 截面处需要的速度，也是其前端螺旋传动螺杆的轴向速度。

### 14.3.4 一种碳化硅粉末膏状体挤压成圆管机器中相关组件的设计

一次挤压出两根管子的供料结构图如图 14-33 所示，下面的 2 个料筒用于挤出管子，上面的 2 个料筒处于等待状态。当下面的 2 个料筒用完后，转动 180°，空的到上部，满的到下部，空的被抽出，满的被装入，如此循环。

一次挤压出两根管子的推料头与可换位料盘主视图如图 14-34 所示，推料头前段的结构在内部物料的压力作用下外涨，从而实现紧密的密封。

一次挤压出两根管子的推料头、可换位料盘以及凸凹模组件主视图如图 14-35 所示，其中定位球 2–5 与压簧 2–6 实现对供料筒支撑盘 2–2 的定位。

一次挤压出两根管子的行星减速、齿轮副和螺杆副以及支撑结构主视图如图 14-36 所示，其中前端齿轮轴 3–14 通过小齿轮左轴套 3–25 与小齿轮右轴套 3–28 实现简支梁的方式支撑；末端齿轮 3–17 通过左右对称的大齿轮轴套 3–10 实现简支梁的方式支撑、通过左右对称的大齿轮端环 3–11 实现左右限位；孔用弹性挡圈 3–29 约束梯形牙螺母 3–12 相对于末端齿轮 3–17 的可能右移；第五键 3–13 实现梯形牙螺母 3–12 与末端齿轮 3–17 的轴向固定；滑键 3–7 使螺杆 3–6 只能相对于固定外支座 3–8 做相对移动。梯形牙螺母 3–12 采用有色金属材料制造。

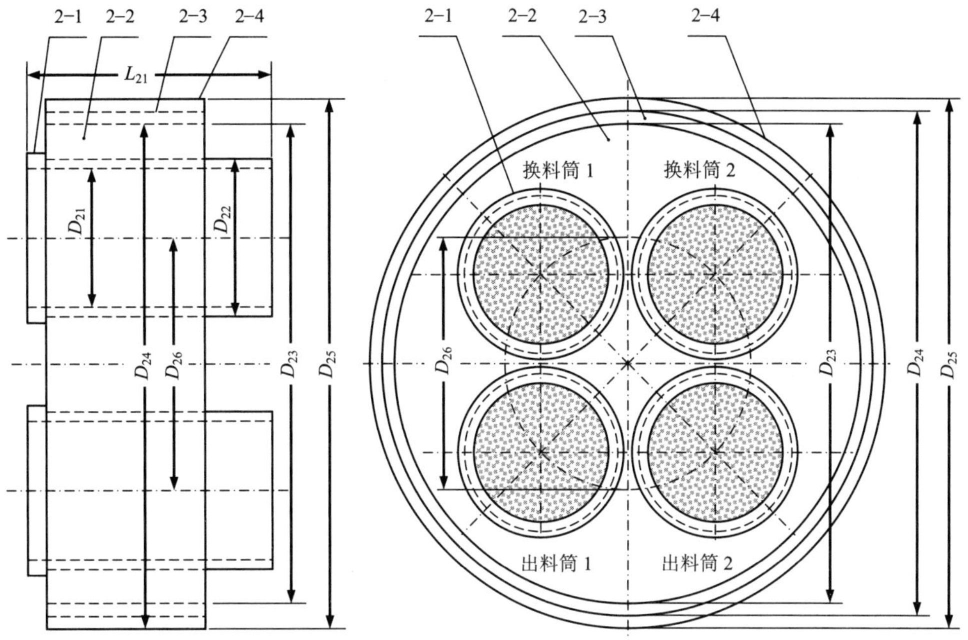


图 14-33　一次挤压出两根管子的供料结构图

2–1 供料筒；2–2 供料筒支撑盘；2–3 供料筒支撑盘外套；2–4 供料筒支撑盘外座；$D_{21}$ 料筒内径；$D_{22}$ 料筒外径；$L_{21}$ 供料筒的长度；$D_{23}$ 供料筒支撑盘外套内径；$D_{24}$ 供料筒支撑盘外套外径；$D_{25}$ 供料筒支撑盘支座外径；$D_{26}$ 4 个供料筒圆心所在圆直径

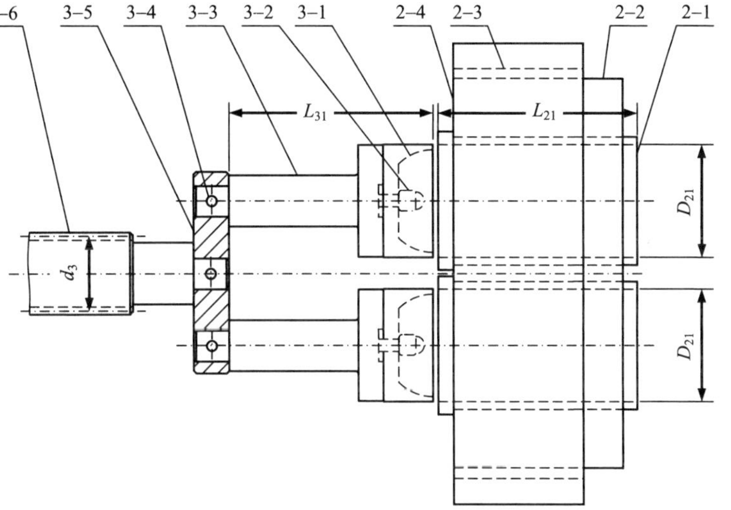


图 14-34　一次挤压出两根管子的推料头与可换位料盘主视图

3–1 推料头；3–2 螺母；3–3 推头支座；3–4 推头支座销轴；3–5 推头梁；3–6 螺杆；$L_{31}$ 推料结构组件输出段长度；$d_3$ 螺杆中径

一次挤压出两根管子的分动变速传动结构的俯视图如图 14-37 所示，电机 4–1 通过联轴器 4–2 与第一键 4–3 驱动第一齿轮轴 4–4，第一齿轮轴 4–4 通过左侧的第一轴承 4–6 和右侧的第八轴承 4–30 支撑在上箱体组件 4–33 与下箱体组件 4–34 的孔中，第一密封圈 4–5 实现左侧的密封，甩油环 4–27 实现甩油润滑轴承。

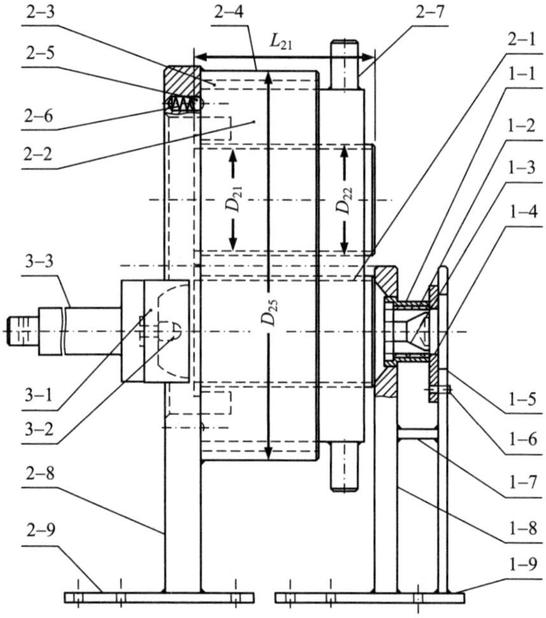


图 14-35　一次挤压出两根管子的推料头与可换位料盘以及凸凹模组件主视图

1–1 凹模；1–2 小套；1–3 凸模；1–4 凸模右挡板；1–5 右挡板；1–6 右挡板销；1–7 左支板与右挡板的筋板； 1–8 左支板；1–9 左支板与右挡板的底板；2–1 供料筒；2–2 供料筒支撑盘；2–3 供料筒支撑盘外套；2–4 供料筒支撑盘外座；2–5 定位球；2–6 压簧；2–7 手柄；2–8 支撑盘竖梁；2–9 支撑盘底板；3–1 推料头；3–2 螺母；3–3 推头支座

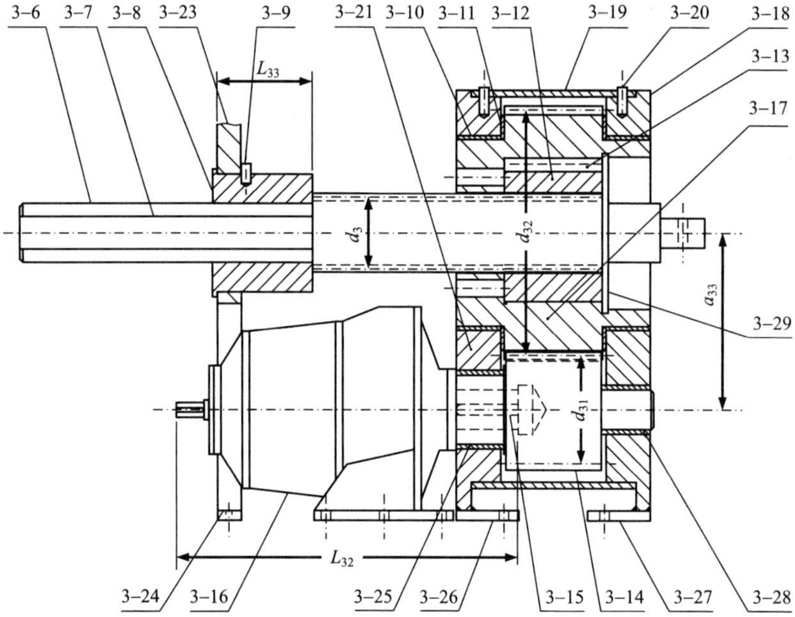


图 14-36　一次挤压出两根管子的行星减速与齿轮副和螺杆副以及支撑结构主视图

3–6 螺杆；3–7 滑键；3–8 外支座；3–9 外支座销；3–10 大齿轮轴套；3–11 大齿轮端环；3–12 梯形牙螺母；3–13 第五键；3–14 前端齿轮轴；3–15 第六键；3–16 行星减速器；3–17 末端齿轮；3–18 右支座；3–19 中间套；3–20 中间套销轴；3–21 左支座；3–22 外支座顶板；3–23 外支座竖板；3–24 外支座底板；3–25 小齿轮左轴套；3–26 左底座；3–27 右底座；3–28 小齿轮右轴套；3–29 孔用弹性挡圈 $d_3$ 螺杆中径；$d_{31}$ 第五齿轮分度圆直径；$d_3$ 输出齿轮分度圆直径；$a_{33}$ 末端传动的中心距；$L_{32}$ 行星减速器的长度；$L_{33}$ 外支座的支撑长度

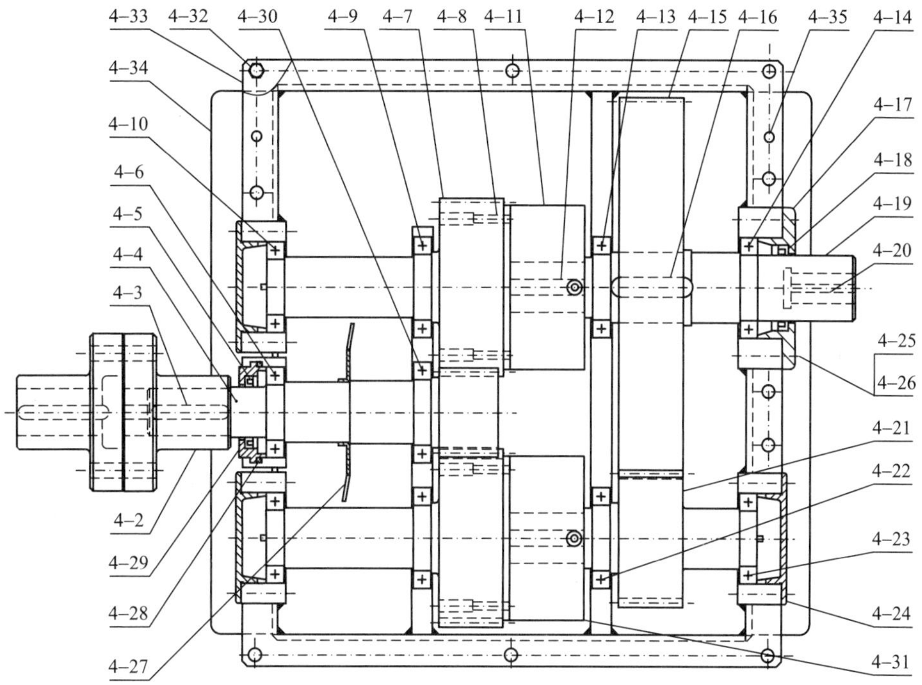


图 14-37　一次挤压出两根管子的分动变速传动箱的俯视图

4–1 电机；4–2 联轴器；4–3 第一键；4–4 第一齿轮轴；4–5 第一密封圈；4–6 第一轴承；4–7 第二齿轮轴；4–8 第一销轴；4–9 第二轴承；4–10 第三轴承；4–11 正向电磁离合器；4–12 第二键；4–13 第四轴承；4–14 第五轴承；4–15 输出齿轮；4–16 第三键；4–17 输出轴端盖；4–18 第二密封圈；4–19 输出轴；4–20 第四键；4–21 第三齿轮轴；4–22 第六轴承；4–23 第七轴承；4–24 中间端盖；4–25 端盖螺钉；4–26 端盖垫圈；4–27 甩油环；4–28 O 型密封圈；4–29 输入轴端盖；4–30 第八轴承；4–31 反向电磁离合器；4–32 箱体连接螺栓；4–33 上箱体组件；4–34 下箱体组件；4–35 箱体定位销

第二齿轮轴 4–7 与第一齿轮轴 4–4 外啮合，第二齿轮轴 4–7 通过第二轴承 4–9 与第三轴承 4–10 支撑在上箱体组件 4–33 与下箱体组件 4–34 的孔中。

第三齿轮轴 4–21 通过第六轴承 4–22 与第七轴承 4–23 支撑在上箱体组件 4–33 与下箱体组件 4–34 的孔中，第三齿轮轴 4–21 的左侧固连反向电磁离合器 4–31。反向电磁离合器 4–31 所在的传动链对应推料头返回的过程。

输出轴 4–19 通过第四轴承 4–13 与第五轴承 4–14 支撑在下箱体组件 4–33 与上箱体组件 4–34 的孔中，输出轴 4–19 的左侧固连正向电磁离合器 4–11。正向电磁离合器 4–11 所在的传动链对应陶瓷粉末膏状体被挤压成圆管的过程。

分动变速箱的内部需要润滑，齿轮的润滑选用 L-CKF150(GB 5903—2001)润滑油；轴承的润滑选用二硫化钼极压锂基润滑脂(SH/T 0578—1994)。

前述中螺旋副需要润滑，选用二硫化钼极压锂基润滑脂(SH/T 0578—1994)。

事实上，上箱体组件中还有通过螺纹连接的窥视盖，下箱体组件中还有放油螺塞与油标指示器。

从图 14-25 到图 14-37 的变换与物质属性的确定将在后续机械工程专业课程中逐步展开讨论。

同时成型 2 根管子，如图 14-38 所示的一次挤压出两根管子的托持与支架主视图，相对于操作者而言，前管子 10–1 缓慢进入前承接槽 8–1；后管子 10–2 缓慢进入后承接槽 9–1，前承接槽 8–1 与后承接槽 9–1 的右端都设置行程开关，如右前行程开关 7–1，达到规定的长度后，行程开关 7–1 指示切断作业。

如图 14-39 所示，一次挤压出两根管子的托持与支架左视图，切断后，前操作者将内铺一张白纸的前管子托梁 11–1 快速轻轻地放在前管子 10–1 上，后操作者将内铺一张白纸的后管子托梁 11–2 快速轻轻地放在后管子 10–2 上，前操作者将前承接槽 8–1 逆时针旋转 120°，后操作者将后承接槽 9–1 顺时针旋转 120°，管子从承接槽倒入托梁，然后搬运到库房晾干。重复以上过程，继续生产管子。

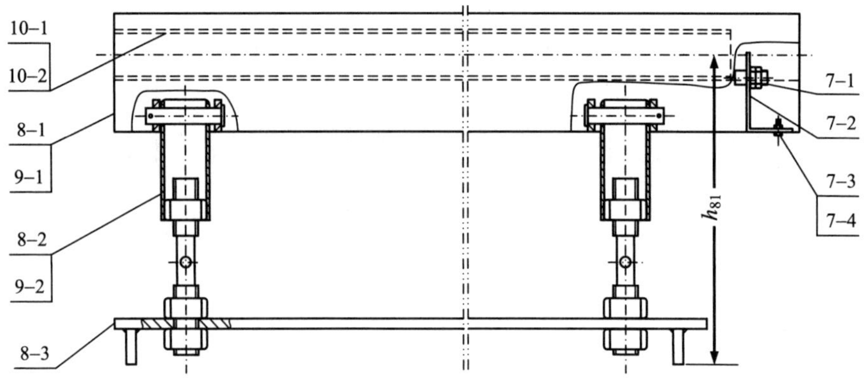


图 14-38　一次挤压出两根管子的托持与支架主视图

7–1 右前行程开关；7–2 右前开关支架；7–3 右前开关连接螺栓；7–4 右前开关连接螺母

10–1 前管子；10–2 后管子；8–1 前承接槽；8–2 前支腿组件；8–3 底支座组件；9–1 后承接槽；9–2 后支腿组件

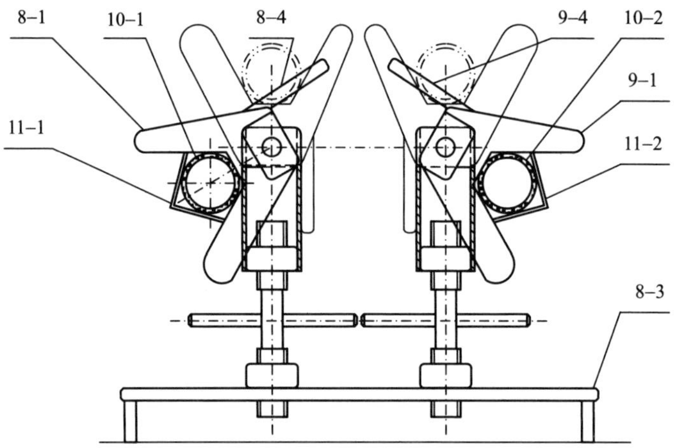


图 14-39　一次挤压出两根管子的托持与支架左视图

8–4 前承接槽复位杆；9–4 后承接槽复位杆；11–1 前管子托梁；11–2 后管子托梁

当成型出的管子晾干后，进入烧结炉烧结，烧结后的管子需要放在货架上自然时效处理。

一台机器从方案设计开始。方案是继承与创新的产物，但不能是无尺寸的说明，方案中的简图通过机械原理课程中的图形表达，结构图通过工程图学的方法绘制，涉及的几何关系通过高等数学计算，涉及的力学关系通过理论力学、材料力学、弹塑性力学计算，用到的材料通过机械设计、材料学与摩擦学中的知识进行选择，等等。

## 思　考　题

**14.1**　一种桌子，当人多时桌面直径为 2000 mm；当人少时桌面直径为 1312 mm。从大直径到小直径时只需搬动桌子边缘顺时针转 90°；从小直径到大直径时只需搬动桌子边缘逆时针转 90°。大直径桌面的构成如思考题图 14.1 所示，6 块扇形 1 与 1 块正十二角形以及 6 块五边形构成大桌面。

(1) 试计算 $R_1$、$R_2$、$R_b$ 的函数关系。

(2) 试想桌面下的变换机构。

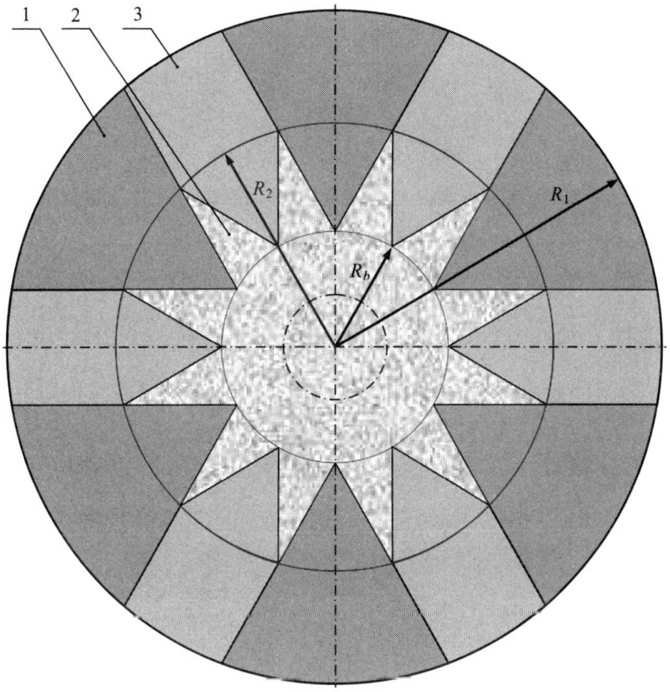


思考题 14.1 图

1–扇形桌面（6 块）；2–正十二角形；3–五边形桌面（6 块）

**14.2**　蜂窝煤柱与带孔煤球，如思考题 14.2 图所示，多层蜂窝煤柱必须眼对眼，否则煤球不燃烧或烧不透，带孔煤球就不一样，它无方向性。试想两者的成型方法区别在哪里？论述带孔煤球如何连续成型？

**14.3**　天然气主要由气态低分子烃和非烃气体混合组成，主要由甲烷(85%)和少量乙烷(9%)、丙烷(3%)、氮(2%)和丁烷(1%)等组成。输送天然气(思考题 14.3 图)最常用的管道内径是 406.4mm 和 508mm。内壁采用 3PE 加强级防腐的钢管、三层聚乙烯防腐的钢管、三油两布防腐直缝钢管等。若让机器人带摄像机摄取内壁照片，以便观察管道是否存在瑕疵，试想如何让摄像机获取 500m 长度的完整内壁照片？

(a) 蜂窝煤柱

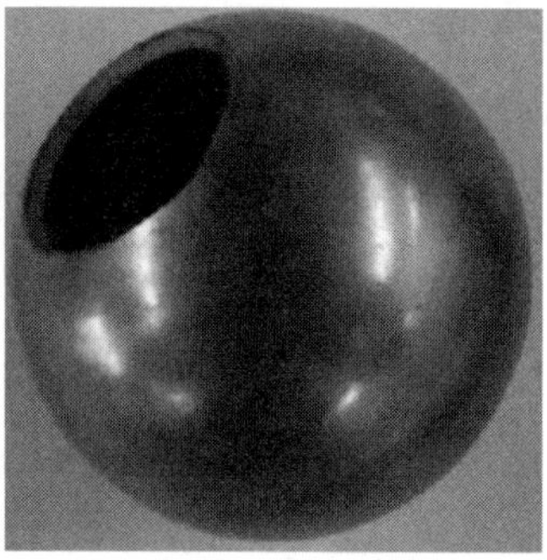

(b) 带孔煤球

思考题 14.2 图

思考题 14.3 图

**14.4** 当在路面上时用轮子跑得快，当不在路面时用履带跑得快，试想如何用机构的方法让轮子变成履带，再让履带变成轮子？

**14.5** 高速公路上的路桩、护梁以及杂草的空间布置图如思考题 14.5 图所示。护栏的第一作用是警示行人与车辆不要随意穿越；第二作用是设置黄色反光模块，引导司机夜间安全行车。为了降低公路的建设费用、减少不行车地面的硬化与吸热效应，有意让杂草在路旁生长以产生绿色，各种野草在风中舞动使司机的心情愉快从而提高行车安全，但杂草长得太高反而有害，它们会遮挡住黄色反光模块，杂草、落花与枯叶随风飘舞会分散司机的注意力，为此，需要对公路两旁的杂草进行定期割除。试想如何用机构的方法把路桩周围的杂草连续割除？

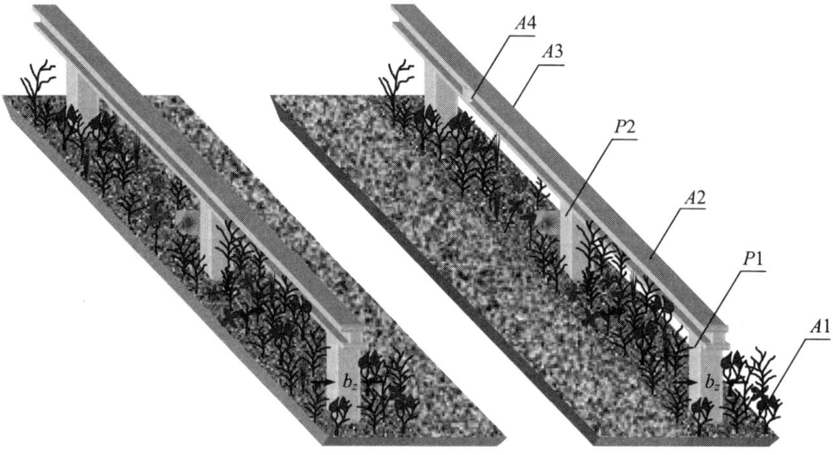


思考题 14.5 图

*A*1–路边地面；*A*2–水平护梁；*A*3–杂草；*A*4–反光块； *P*1–前路桩；*P*2–后路桩

**14.6**　第九届全国大学生机械创新大赛的第一项主题是设计帮助老年人独自活动起居的机械装置，试想如何用机构的方法帮助老年人独自活动起居？比如坐久了利用储存自身势能助力站起来的椅子等。

**14.7**　液压凿岩台车在岩石巷道开凿中负责打眼，打完规定数量的炮眼后，安装炸药、起爆、然后铲运机运走碎岩。一种液压凿岩台车如思考题 14.7 图所示。只考察打眼的工况，液压凿岩台车固定在巷道宽度的中间，在宽度上打 30 个均匀的炮眼，在高度上打 25 个均匀的炮眼，炮眼深度均为 1m，试想这 750 个均匀的炮眼是相互平行的吗？若想让 750 个均匀的炮眼是相互平行的，还应该增加什么机构？

思考题 14.7 图

1–钎杆；2–凿岩机；3–推进器；4–托架；5–上俯仰油缸；6–上支架；7–伸缩俯仰支臂；8–俯仰油缸；9–摆动油缸；10–车体

**14.8**　铲运机如思考题 14.8(a)图所示，它的前车身与后车身通过垂直的支轴连接，再通过下面的一对油缸实现左右摆动，或称作为左右转向。前车身长 $L_1$、后车身长 $L_2$ 与轮距为 $b$ 如思考题 14.8(b) 图所示，当右转弯时，$A_2A_1$ 的延长线与 $B_2B_1$ 的延长线交于速度瞬心 $P_{12}$ 点、夹角为 $\theta$。令 $P_{12}A_2 = R_1$、$P_{12}B_2 = R_2$，$R_1$ 为前轮的转弯半径、$R_2$ 为后轮的转弯半径。试分析 $R_1$、$R_2$ 与 $L_1$、$L_2$ 以及 $\theta$ 的函数关系。

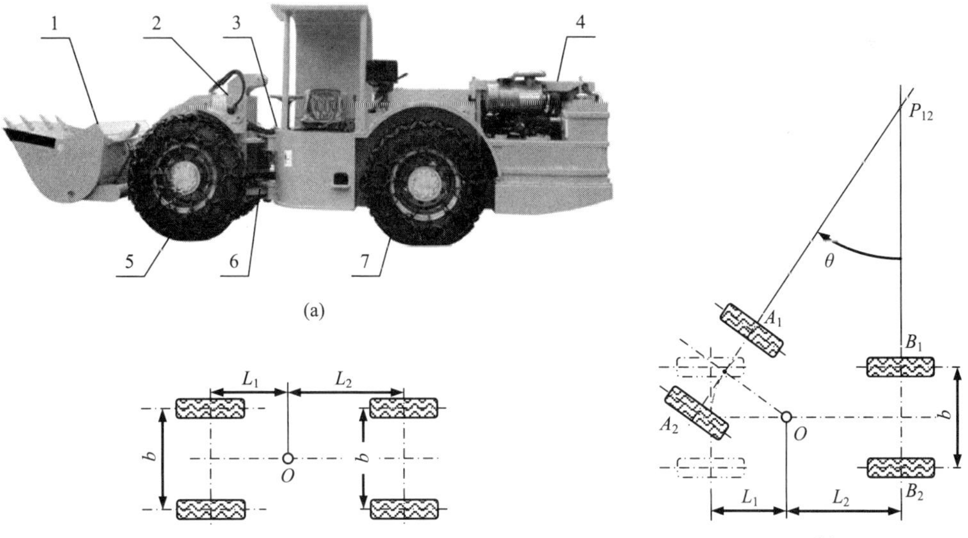


思考题 14.8 图

1–铲斗；2–前车身；3–前后车身铰接支轴；4–后车身；5–前轮；6–摆动油缸；7–后轮

# 参考文献

[1] 郑文伟, 吴克坚. 机械原理[M]. 7版. 北京: 高等教育出版社, 1997.
[2] 申永胜. 机械原理[M]. 北京: 清华大学出版社, 1999.
[3] 王知行, 刘廷荣. 机械原理[M]. 北京: 高等教育出版社, 2000.
[4] 华大年. 机械原理[M]. 北京: 高等教育出版社, 1994.
[5] 孙桓, 陈作模. 机械原理[M]. 6版. 北京: 高等教育出版社, 2001.
[6] 孟宪源, 姜琪. 机构构型与应用[M]. 北京: 机械工业出版社, 2004.
[7] 石永刚, 徐振华. 凸轮机构设计[M]. 上海: 上海科学技术出版社, 1995.
[8] R. L. 诺顿. 机械设计[M]. 北京: 机械工业出版社, 2003.
[9] K. 洛克, K. H. 莫德勒. 机械原理: 分析、综合与优化[M]. 孔建益, 译. 北京: 机械工业出版社, 2003.
[10] Suh C H, Radcliffe C W. Kinematics and Mechanisms Design[M]. New York: John Wiley, 1978.
[11] Rosheim M E. Robot Evolution[M]. New York: John Wiley & Sons, 1994.
[12] Ye Z H, Lan Z H, Smith M R. Mechanisms and Machine Theory[M]. Peking: Higher Education Press, 2001.
[13] 吴振标, 熊友伦. 工业机器人[M]. 武汉: 华中科技大学出版社, 2002.
[14] 熊友伦, 丁汉, 刘恩沧. 机器人学[M]. 北京: 机械工业出版社, 2001.
[15] 张铁, 谢存禧. 机器人学[M]. 广州: 华南理工大学出版社, 2001.
[16] 理查德·摩雷, 李泽湘, 夏恩卡·萨恩特里. 机器人操作的数学导论[M]. 北京: 机械工业出版社, 1998.
[17] 许林成, 彭国勋. 包装机械[M]. 长沙: 湖南大学出版社, 1989.
[18] 曲继方. 活齿传动理论[M]. 北京: 机械工业出版社, 1993.
[19] 阮忠唐. 机械无级变速器设计与选用指南[M]. 北京: 化学工业出版社, 1999.
[20] 于云满, 张敏, 张义选. 精密间歇机构[M]. 北京: 机械工业出版社, 1999
[21] 江旭昌. 大变位齿轮[M]. 北京: 中国建材工业出版社, 2001.
[22] 董学朱. 摆线齿锥齿轮及准双曲面齿轮设计和制造[M]. 北京: 机械工业出版社, 2003.
[23] 王洪欣, 李木, 刘秉忠. 机械设计工程学[M]. 徐州: 中国矿业大学出版社, 2004.
[24] 王洪欣. 机械原理[M]. 3版. 南京: 东南大学出版社, 2011.
[25] 王洪欣. 机械原理课程上机与设计[M]. 南京: 东南大学出版社, 2007.
[26] 李庆杨, 王能超, 易大义. 数值方法[M]. 武汉: 华中理工大学出版社, 1988.
[27] 张恩广. 筛分破碎及脱水设备[M]. 北京: 煤炭工业出版社, 1991.
[28] 王洪欣. 高阶停歇机构设计原理[M]. 北京: 科学出版社, 2015.
[29] 李允旺, 王洪欣. 机械原理数值计算与仿真[M]. 北京: 科学出版社, 2017.
[30] 王洪欣. 机构学数值计算与仿真[M]. 徐州: 中国矿业大学出版社, 2018.
[31] 王洪欣, 张元山. 一种实用的齿轮连杆组合传动机构的综合及铰链反力的求解法[J]. 现代机械, 1993, (4): 24-26.
[32] 程志红, 王洪欣. 机械原理与机械设计实验教程[M]. 徐州: 中国矿业大学出版社, 2020.
[33] 王洪欣, 张元山, 张雪梅. 辊式破碎机变轴距恒速比传动机构的设计计算[J]. 矿山机械, 1996, (1): 28-31.

[34] 王洪欣, 张元山. 变轴距恒速比传动机构的改进设计[J]. 矿山机械, 1997, (11): 58-59.
[35] 王洪欣, 王新宇. 动态轴距恒速比传动机构的研究[J]. 传动技术, 1998, (2): 40-41.
[36] 王洪欣, 张爱淑, 唐大放, 等. 菱形金属网编织机能耗机理的研究[J]. 矿山机械, 1994, (4): 32-34.
[37] 王洪欣, 段嗣福, 张爱淑, 等. 二分之奇数转主轴的缓冲定位装置与实验研究[J]. 矿山机械. 1994, (6): 57-58.
[38] 王洪欣. 曲柄齿条机构的运动分析与综合[J]. 机械传动, 1996, 20 (1): 42-45.
[39] 王洪欣, 张雪梅, 陈海英, 等. 按许用压力角设计曲柄摇杆机构的非迭代方法[J]. 机械设计, 1998, 15(1): 4-6.
[40] 王洪欣, 张元山. 正多边形轨迹机构及特性研究[J]. 机械设计, 1995, 12(1): 10-11.
[41] 王洪欣, 段雄. 星轮点轨迹的图形特征与应用研究[J]. 机械, 2005, 32(7): 24-25.
[42] Wang H X, Li A J, Duan X, et al. Visualized Study and Teaching of Mechanism Theory and Characteristics Proceedings[C]//7th China-Japan Joint Conference on Graphics Education, 2005, China.
[43] 王洪欣. 螺旋副钢球行星传动机构的运动学与受力分析[J]. 机械传动, 1998, 22(1): 9-12.
[44] 王洪欣, 高谦, 付顺玲. 斜楔机构的受力分析和设计[J]. 机械制造, 1999, (3): 19-20.
[45] 王洪欣, 刘翠娟, 闫海锋. 行星轮皮带间歇传动机构的运动学与设计研究[J]. 机械, 1999, 26(1): 30-33.
[46] 王洪欣, 张雪, 梅仪馨. 一种同轴式凸轮链条步进机构的运动分析与综合[J]. 机械传动, 1996, 20(4): 20-23.
[47] 王洪欣. 两导杆机构串联的近似等速比传动机构[J]. 机械设计, 1996, 13(4): 14-15.
[48] 王洪欣, 杨修德, 余小燕. 一种近似等速比传动的串联导杆机构综合[J]. 机械设计与研究, 1999, (3): 30-31.
[49] 王洪欣, 杨修德, 刘玉宝. 一种近似等速比传动的平面六杆机构的设计原理[J]. 机械传动, 1999, 23(3): 21-22.
[50] 姚新港, 王洪欣. 小型石材刨削机的设计[J]. 机械设计, 2002, 19(11): 59-60.
[51] 王洪欣, 张雪梅, 张元山. 双侧近似停歇的行星式齿轮连杆组合机构[J]. 机械, 1995, 22(4): 25-26.
[52] 王洪欣, 李爱军. 一类组合机构在极限位置作直到三阶停歇的设计原理[J]. 机械设计, 2004, 21(7): 34-35.
[53] 王洪欣, 张雪梅. 一类从动件在两极限位置无冲击效应的机构设计原理[J]. 机械传动, 1997, 21(3): 1-4.
[54] 王洪欣, 段雄, 李爱军. 曲柄齿条摆杆双极位三阶停歇七杆机构的设计[J]. 机械设计与研究, 2005, 21(4): 16-18, 26.
[55] 王洪欣, 段雄. 曲柄齿条滑块极位三阶停歇的七杆机构设计[J]. 机械传动, 2006, 30(1): 21-22.
[56] 王洪欣. 一种摆杆极位五阶停歇机构的设计[J]. 机械设计, 2006, 23(2): 34-35.
[57] 王洪欣, 聂如春, 弯家立, 等. 一种平面+杆曲柄滑块机构传动特性的研究[J]. 机械设计, 1998, 15(5): 28-29.
[58] 王洪欣, 常荣生. 钢丝扁螺旋成型原理[J]. 机械设计, 1995, 12(1): 19-20.
[59] Wang H X, Dai N. Graphics Characteristics Study and Teaching on Mechanism[C]//12th International Conference on Geometry and Graphics. 2006, Salvador, Brazil.
[60] 姚新港, 王洪欣. 平口钳的设计与三维动画[J]. 机械, 2002, 29(6): 48-49.
[61] 周有强, 崔学良, 董志峰. 机械无级变速器发展概述[J]. 机械传动, 2005, 29(1): 65-68.
[62] 曲秀全, 陆念力, 车仁炜. 超越离合器概述[J]. 机械传动, 2005, 29(1): 69-72.
[63] Fujii T, Kanehara S. 金属 V-带推块型 CTV 的研究(I)——传递转矩和带轮推力间关系[J]. 传动技术, 2000, (1): 28-37.

[64] 郭毅超, 何维廉, 黄宏成. 金属带式无级变速器的力学分析模型[J]. 传动技术, 2001, (3): 28-47.
[65] Nskltd H, Machida H, Itoth T, et al. 半环无级变速箱的设计原理[J]. 传动技术, 1998, (4): 36-40.
[66] 钱立新, 陆君毅, 吴荣仁, 等. 定速比牵引传动-高速传动的新选择[J]. 传动技术, 1998, (3): 21-25.
[67] 杨锐. 液黏传动性能研究[J]. 传动技术, 2004, (3): 32-35.
[68] Mantriota G. 一种功率分流的无级变速装置的理论和实验研究(一)[J]. 传动技术, 2002, (1): 46-47.
[69] Mantriota G. 高效率的功率分流无级变速器[J]. 传动技术, 2003, (1): 18-25.
[70] ф. л. 李特文. 齿轮啮合原理[M]. 2 版. 上海: 上海科学技术出版社, 1984.